"十四五"时期国家重点出版物出版专项规划项目

现代数学基础丛书 192

可积系统、正交多项式 和随机矩阵
——Riemann-Hilbert 方法

范恩贵 著

科 学 出 版 社

北 京

内 容 简 介

本书以反散射理论、Riemann-Hilbert 方法、Deift-Zhou 非线性速降法和 $\bar{\partial}$ 速降法为分析工具,系统阐述这些方法在可积系统、正交多项式和随机矩阵理论方面的应用. 主题部分取材于 Deift、McLaughlin、Biondini、Jenkins 等一些学者近年来最新前沿成果. 内容主要包括 Riemann-Hilbert 方法与 Schrödinger 方程的零边界和非零边界求解;Deift-Zhou 非线性速降法与 mKdV 方程的长时间渐近性;$\bar{\partial}$ 速降法与 Schrödinger 方程在孤子区域的长时间渐近性;正交多项式和随机矩阵的渐近性分析.

本书可作为数学系、物理系研究生教材,也可作为高年级本科生学习非线性方程求解和渐近分析、正交多项式和随机矩阵渐近分析的教材,亦可作为有关科技工作者从事科研的实用参考书.

图书在版编目(CIP)数据

可积系统、正交多项式和随机矩阵: Riemann-Hilbert 方法/范恩贵著. —北京:科学出版社,2022.5

ISBN 978-7-03-071847-1

I. ①可··· II. ①范··· III. ①数学物理方程–研究 IV. ①O175.24

中国版本图书馆 CIP 数据核字 (2022) 第 041392 号

责任编辑: 胡庆家 李香叶 / 责任校对: 樊雅琼
责任印制: 吴兆东 / 封面设计: 陈 敬

科 学 出 版 社 出版

北京东黄城根北街 16 号
邮政编码: 100717
http://www.sciencep.com

固安县铭成印刷有限公司印刷
科学出版社发行 各地新华书店经销

*

2022 年 5 月第 一 版 开本: 720 × 1000 B5
2024 年 3 月第四次印刷 印张: 29 3/4
字数: 600 000

定价: 198.00 元
(如有印装质量问题, 我社负责调换)

《现代数学基础丛书》序

对于数学研究与培养青年数学人才而言，书籍与期刊起着特殊重要的作用. 许多成就卓越的数学家在青年时代都曾钻研或参考过一些优秀书籍，从中汲取营养，获得教益.

20 世纪 70 年代后期，我国的数学研究与数学书刊的出版由于"文化大革命"的浩劫已经破坏与中断了 10 余年，而在这期间国际上数学研究却在迅猛地发展着. 1978 年以后，我国青年学子重新获得了学习、钻研与深造的机会. 当时他们的参考书籍大多还是 50 年代甚至更早期的著述. 据此，科学出版社陆续推出了多套数学丛书，其中《纯粹数学与应用数学专著》丛书与《现代数学基础丛书》更为突出，前者出版约 80 卷，后者则逾 80 卷. 它们质量甚高，影响颇大，对我国数学研究、交流与人才培养发挥了显著效用.

《现代数学基础丛书》的宗旨是面向大学数学专业的高年级学生、研究生以及青年学者，针对一些重要的数学领域与研究方向，作较系统的介绍. 既注意该领域的基础知识，又反映其新发展，力求深入浅出，简明扼要，注重创新.

近年来，数学在各门科学、高新技术、经济、管理等方面取得了更加广泛与深入的应用，还形成了一些交叉学科. 我们希望这套丛书的内容由基础数学拓展到应用数学、计算数学以及数学交叉学科的各个领域.

这套丛书得到了许多数学家长期的大力支持，编辑人员也为其付出了艰辛的劳动. 它获得了广大读者的喜爱. 我们诚挚地希望大家更加关心与支持它的发展，使它越办越好，为我国数学研究与教育水平的进一步提高做出贡献.

杨 乐

2003 年 8 月

前　言

1900 年, 在国际数学家大会上, 著名数学家 Hilbert 提出著名的 23 个数学问题, 其中第 21 个问题称为 Riemann-Hilbert (RH) 问题. 1908 年, Plemelj 对 RH 问题作出肯定回答. 1989 年, 苏联数学家 Bolibruch 对 RH 问题举出反例. 尽管 RH 问题在一般情况下不成立, 但在解决问题过程中所建立的概念与方法已经发展成为解决一大类纯粹和应用数学问题的强有力的分析工具——RH 方法, 被广泛应用于可积系统、正交多项式理论、随机矩阵理论等领域, 形成了国内外数学领域的研究热点和前沿领域之一.

自 2009 年, 作者带领复旦大学博士研究生开展 RH 方法在可积系统、正交多项式、随机矩阵理论中应用研究. 近年来, 国内可积系统界很多年轻学者也陆续转向这些领域研究, 但目前只有美国纽约大学 Deift 院士出版了关于 RH 方法研究随机矩阵的一本书, 而这本书起点高, 至今还没有 RH 方法在可积系统应用方面的书籍. 因此, 有必要编写一本起点低、自封性强、系统完整的学习书籍; 另外, 国内虽然有几本反散射方面的著作, 但都没专门讲述 RH 方法和 $\bar{\partial}$ 方法, 这方面空白也有必要填补. 基于这种目的, 作者根据在复旦大学的教学和科研经验, 编写了本书.

考虑大部分学生是硕博连读, 大学本科知识是真正的起点, 为保持教材的自封性, 本书补充了学习 RH 方法所需要的基础知识, 而对于 RH 方法应用中的关键技术, 以及学生理解困难的地方, 作者给出了详细严格推导. 虽然这样做, 对数学基础好的学生, 显得叙述啰嗦、表达不够精炼等, 但对于大学知识起点入门的新学生是非常必要的, 可以避免学生因为遇到困难望而却步, 以及因为在某些关键地方卡住, 而失去学下去的信心. 按照知识点和叙述的前后顺序考虑, 全书分为 15 章, 主要内容如下:

第 1 章, 首先介绍 RH 问题的起源、发展和实施的步骤; 之后, 重点阐述 RH 方法在可积系统、正交多项式和随机矩阵理论三个方向的研究概况和最新进展; 同时分析了 RH 方法与反散射变换、$\bar{\partial}$ 穿衣方法的区别和联系, 以及各自的应用范围.

第 2 章, 介绍用矩阵 RH 方法研究可积系统、正交多项式和随机矩阵过程中, 经常遇到矩阵的范数、矩阵函数的导数和积分、矩阵级数的收敛性等, 这方面内容一般不包括在大学线性代数教材中, 因此, 对矩阵分析初步的基础知识做了简单的补充和介绍.

第 3 章, 因为 RH 问题本身是复问题, 所以复分析工具必不可少, 为此, 本章介绍后续所需要的基础知识, 包括 Cauchy 积分、共形映射、Plemelj 公式、标量 RH 问题、矩阵 RH 问题和速降法等.

第 4 章, 广义函数是现代数学和物理的重要分析工具, 在后续随机矩阵理论和 $\bar{\partial}$ 方法中都要涉及, 为此, 本章补充介绍了广义函数的基本定义、性质和随机矩阵特征值分布和偏微分方程基本解、Peakon 解等方面的一些应用.

第 5 章, 以零边界的聚焦 NLS 方程为例, 详细介绍用 RH 方法构造可积系统的 N 孤子解的主要方法和技巧, 包括两个标准步骤: 首先通过特征函数的解析性和对称性, 将 NLS 方程初值问题转化为 RH 问题, 然后求解 RH 问题得到 NLS 方程的 N 孤子解.

第 6 章, 以非零边界的聚焦 NLS 方程为例, 详细介绍用 RH 方法构造带有非零边界可积系统 N 孤子解的主要方法和技巧; 这里与零边界有本质的区别, 在求解渐近谱问题时, 会遇到多值函数, 需要引入单值化参数, 在新的谱参数复平面上讨论 RH 问题. 最后, 在前面结果基础上, 再进一步介绍构造带有非零边界 NLS 方程的双重极点解.

第 7 章, 首先介绍 $\bar{\partial}$-问题的概念和性质, 包括广义 Cauchy 积分定理、广义 Cauchy-Green 公式、$\bar{\partial}$-问题的一般解; 然后给出 $\bar{\partial}$-方法在构造 1+1 维和高维可积系统的 Lax 对、方程族和精确解方面的应用.

第 8 章, 以散焦 NLS 方程初值问题为例, 详细介绍在 Schwartz 空间初值条件下, 用 Deift-Zhou 非线性速降法, 研究可积系统初值问题的长时间渐近性的主要方法和技巧, 首先将 NLS 方程初值问题转化为 RH 问题, 然后对得到的 RH 问题通过一系列形变, 化为可解的 RH 问题, 从而得到 NLS 方程初值问题解的长时间渐近性估计.

第 9 章, 以散焦 NLS 方程初值问题为例, 详细介绍在加权 Sobolev 空间初值条件下, 用 $\bar{\partial}$-速降法研究可积系统初值问题在无孤子解区域中的长时间渐近性的方法和技巧, 首先将 NLS 方程初值问题转化为 RH 问题, 通过散射数据连续延拓, 得到一个混合 RH 问题, 并进一步分解成纯 RH 问题和一个纯 $\bar{\partial}$-问题, 纯 RH 问题可用抛物柱面模型逼近, 纯 $\bar{\partial}$-问题控制误差. 与上述 Deift-Zhou 非线性速降法相比, $\bar{\partial}$-方法更简单, 得到的结果误差更小.

第 10 章, 以聚焦 NLS 方程初值问题为例, 在加权 Sobolev 空间初值条件下, 用 $\bar{\partial}$-速降法研究可积系统初值问题在有孤子解区域中的长时间渐近性的方法和技巧, 所得到解的长时间渐近性估计分为三部分, 有限孤子解、色散部分和误差项.

第 11 章, 正交多项式是研究随机矩阵的重要工具, 作为基础知识, 这一章详细介绍正交多项式的定义、基本性质、与 Jacobi 算子的联系, 以及与 RH 问题的联系.

第 12 章, 详细介绍随机矩阵的一些概念和性质, 包括系综、特征值的分布、联合概率密度、间隙概率、关联核的普适性、随机矩阵与正交多项式和 RH 问题的联系等.

第 13 章, 平衡测度是正交多项式零点或者随机矩阵特征值的极限分布, 在正交多项式和随机矩阵研究中起着作用, 本章介绍平衡测度的存在性及如何计算平衡测度.

第 14 章, 特殊函数在正交多项式和随机矩阵理论研究中起着重要作用, 这一章介绍一些常用特殊函数的性质、渐近展开和与 RH 的联系.

第 15 章, 以 Gauss 型系综为例, 详细介绍用 Deift-Zhou 非线性速降法研究正交多项式一致渐近性的主要方法和技巧, 并进一步证明了关联核、Fredholm 行列式的普适性.

范恩贵

2021 年 12 月于复旦大学

目　　录

《现代数学基础丛书》序

前言

第1章　绪论 ……………………………………………………………… 1

  1.1　RH 问题 ……………………………………………………………… 1

    1.1.1　RH 问题的产生和发展 …………………………………………… 1

    1.1.2　RH 方法和思想 …………………………………………………… 2

  1.2　RH 方法在可积系统初值问题应用状况 …………………………… 3

    1.2.1　求解可积系统方面 ………………………………………………… 4

    1.2.2　分析解的渐近性方面 ……………………………………………… 7

    1.2.3　RH 方法、反散射和 $\bar{\partial}$-方法比较 …………………………… 10

  1.3　在正交多项式和随机矩阵应用状况 ……………………………… 10

第2章　矩阵分析初步 …………………………………………………… 12

  2.1　矩阵范数 …………………………………………………………… 12

  2.2　矩阵序列和级数 …………………………………………………… 14

  2.3　矩阵的导数和积分 ………………………………………………… 17

  2.4　张量积和外积 ……………………………………………………… 21

  2.5　矩阵特征值估计 …………………………………………………… 24

第3章　复分析和 RH 问题 ……………………………………………… 26

  3.1　Jordan 定理 ………………………………………………………… 26

  3.2　解析变换 …………………………………………………………… 27

    3.2.1　保域性 ……………………………………………………………… 28

    3.2.2　保角性 ……………………………………………………………… 29

  3.3　共形映射 …………………………………………………………… 31

  3.4　Cauchy 积分定理和 Painlevé 开拓定理 ………………………… 35

  3.5　Cauchy 主值积分和 Plemelj 公式 ……………………………… 37

    3.5.1　Cauchy 主值积分 ………………………………………………… 37

    3.5.2　Cauchy 主值积分存在性 ………………………………………… 40

    3.5.3　Plemelj 公式 ……………………………………………………… 41

  3.6　Laplace 积分 ……………………………………………………… 44

3.7　最速下降法 ·· 45

　　3.7.1　速降方向 ·· 45

　　3.7.2　稳态相位点和速降线 ································ 47

　　3.7.3　复积分的渐近估计与应用 ························ 49

3.8　矩阵 RH 问题 ·· 50

3.9　积分型 Taylor 公式 ·· 53

第 4 章　广义函数及其应用 ······································ 56

4.1　广义函数的定义 ·· 56

　　4.1.1　历史概述 ·· 56

　　4.1.2　基本空间 ·· 57

4.2　广义函数的性质 ·· 59

　　4.2.1　广义函数导数 ·· 59

　　4.2.2　广义函数 Fourier 变换 ···························· 61

　　4.2.3　广义函数卷积 ·· 62

4.3　多元广义函数 ·· 63

4.4　广义函数的应用 ·· 64

　　4.4.1　Gauss 分布 ··· 64

　　4.4.2　热传导方程 ··· 66

　　4.4.3　Camassa-Holm 方程 ································ 67

第 5 章　RH 方法求解零边界的 NLS 方程 ···················· 69

5.1　聚焦 NLS 方程 ··· 69

　　5.1.1　特征函数 ·· 69

　　5.1.2　渐近性 ·· 69

5.2　解析性和对称性 ·· 71

　　5.2.1　解析性 ·· 72

　　5.2.2　对称性 ·· 75

5.3　相关的 RH 问题 ··· 76

　　5.3.1　规范化 RH 问题 ····································· 76

　　5.3.2　RH 问题的可解性 ··································· 78

5.4　NLS 方程的 N 孤子解 ······································ 83

　　5.4.1　矩阵向量解的时空演化 ···························· 83

　　5.4.2　N 孤子解公式 ·· 84

　　5.4.3　单孤子解 ·· 86

第 6 章　RH 方法求解非零边界的 NLS 方程 ·················· 88

6.1　非零边界问题 ·· 88

6.2　NLS 方程的 Lax 对 ·· 89

6.3　Riemann 面和单值化坐标 ·· 91

6.4　Jost 函数的解析性、对称性和渐近性 ··························· 94

　　6.4.1　Jost 函数 ·· 94

　　6.4.2　$\mu_\pm$ 的依赖性 ·· 95

　　6.4.3　$\mu_\pm$ 和 $S(z)$ 的解析性 ······························ 96

　　6.4.4　$\mu_\pm$ 和 $S(z)$ 的对称性 ······························ 99

　　6.4.5　$\mu_\pm$ 和 $S(z)$ 的渐近性 ····························· 101

6.5　相关广义 RH 问题 ·· 102

6.6　离散谱和留数条件 ·· 103

6.7　RH 问题的可解性 ·· 105

　　6.7.1　重构公式 ·· 105

　　6.7.2　迹公式和 θ 条件 ······································ 106

　　6.7.3　无反射势情况 ··· 107

6.8　NLS 方程的 N 孤子解 ·· 108

6.9　带有非零边界的 NLS 方程的双重极点解 ······················ 110

　　6.9.1　双重极点的离散谱和留数条件 ··························· 111

　　6.9.2　双重极点下的 RH 问题和重构公式 ······················ 113

　　6.9.3　迹公式和相位差 ··· 115

　　6.9.4　无反射势情况和双重极点解 ····························· 117

第 7 章　$\bar{\partial}$-方法与可积系统 ······································· 120

7.1　$\bar{\partial}$-问题 ··· 120

　　7.1.1　$\bar{\partial}$-问题的概念 ···································· 120

　　7.1.2　广义 Cauchy 积分定理 ································· 122

　　7.1.3　广义 Cauchy 公式 ····································· 123

　　7.1.4　$\bar{\partial}$ 算子的 Green 函数 ····························· 125

　　7.1.5　求解 $\bar{\partial}$-问题 ···································· 126

　　7.1.6　$\bar{\partial}$-问题与 RH 问题的联系 ·························· 128

7.2　ZS 谱问题和 NLS 方程族 ······································ 131

　　7.2.1　$\bar{\partial}$-问题和 Lax 对 ································ 131

　　7.2.2　推导方程族 ··· 136

　　7.2.3　构造孤子解 ··· 139

　　7.2.4　谱问题的规范等价性 ···································· 143

7.3　WKI 谱问题和 mNLS 方程族 ·································· 145

　　7.3.1　WKI 谱问题 ·· 145

7.3.2　mNLS 方程族 ·· 146

7.3.3　孤子解 ·· 148

7.3.4　规范等价性 ·· 149

7.4　非局部 $\bar{\partial}$-问题和 2+1 维可积系统 ·································· 150

7.4.1　2+1 维谱问题 ·· 150

7.4.2　2+1 维演化方程 ·· 153

7.4.3　递推算子 ·· 155

7.5　$\bar{\partial}$-方法求解 KPII 方程 ··· 157

7.5.1　特征函数和 Green 函数 ··· 157

7.5.2　散射方程和 $\bar{\partial}$-问题 ·· 160

7.5.3　反谱问题 ·· 162

第 8 章　Deift-Zhou 速降法分析 NLS 方程的渐近性 ···················· 165

8.1　散焦 NLS 方程的特征函数 ··· 165

8.2　解析性和对称性 ··· 167

8.3　相关 RH 问题 ·· 171

8.4　稳态相位点和速降线 ·· 172

8.5　跳跃矩阵上下三角分解 ·· 174

8.6　散射数据的有理逼近估计 ·· 177

8.7　振荡 RH 问题到标准 RH 问题形变 ··· 181

8.7.1　跳跃矩阵的解析延拓 ·· 181

8.7.2　RH 问题的有理逼近 ·· 185

8.7.3　RH 问题的尺度化 ··· 192

8.7.4　去除 RH 问题的振荡因子 ·· 196

8.7.5　对 RH 问题取极限 ·· 198

8.8　预解算子的一致有界性 ·· 204

8.9　标准 RH 问题 ·· 209

8.10　求解标准 RH 问题 ·· 211

8.10.1　Weber 方程 ··· 211

8.10.2　NLS 方程初值问题解的渐近性 ··· 215

第 9 章　$\bar{\partial}$-速降法分析 NLS 方程在非孤子解区域中的渐近性 ········ 218

9.1　散焦 NLS 方程的 RH 问题 ··· 218

9.2　跳跃矩阵三角分解 ··· 221

9.3　散射数据的连续延拓 ·· 224

9.4　混合 RH 问题 ·· 227

9.5　纯 $\bar{\partial}$-问题及其解的渐近性 ····································· 231

9.6　散焦 NLS 方程的长时间渐近性 ·· 236
附录　可解的矩阵 RH 问题 ·· 238
第 10 章　$\bar{\partial}$-速降法与 NLS 方程在孤子区域中的渐近性 ·············· 243
10.1　初值问题的适定性和解的整体存在性 ··································· 243
10.2　Lax 对和谱分析 ··· 244
10.3　聚焦 NLS 方程的 RH 问题 ··· 250
10.4　跳跃矩阵三角分解 ·· 252
10.5　跳跃矩阵的连续延拓 ·· 263
10.6　混合 RH 问题及其分解 ··· 266
　　10.6.1　混合 RH 问题 ·· 266
　　10.6.2　混合 RH 问题分解 ··· 272
10.7　纯 RH 问题及其渐近性 ··· 274
　　10.7.1　外部孤子解区域 ·· 274
　　10.7.2　内部非孤子解区域 ·· 286
10.8　纯 $\bar{\partial}$-问题及其解的渐近性 ·· 293
10.9　聚焦 NLS 方程的孤子解区域长时间渐近性 ························· 300
附录　可解的矩阵 RH 问题 ·· 303
第 11 章　正交多项式 ·· 308
11.1　正交多项式基本概念 ·· 308
11.2　正交多项式的性质 ·· 309
　　11.2.1　三项递推公式 ·· 310
　　11.2.2　Darboux-Christoffel 公式 ·· 311
　　11.2.3　Hankel 行列式表示 ·· 313
11.3　正交多项式与 Jacobi 矩阵 ·· 316
　　11.3.1　正交多项式与 Jacobi 矩阵联系 ·································· 316
　　11.3.2　正交多项式零点分布 ··· 316
11.4　正交多项式与 RH 问题联系 ··· 321
11.5　多重正交多项式 ·· 327
第 12 章　随机矩阵 ·· 329
12.1　随机矩阵系综 ··· 329
　　12.2.1　常见的系综 ··· 329
12.2　特征值的联合概率密度 ··· 333
12.3　随机矩阵与正交多项式联系 ·· 338
　　12.3.1　关联核函数 ··· 338
　　12.3.2　m 点关联核函数 ··· 342

12.4　随机矩阵与 RH 问题联系 ······················344
12.5　间隙概率 ······································344
12.6　特征值的间距分布 ·····························349
12.7　随机矩阵与 Painlevé 方程 ·····················350
第 13 章　平衡测度 ····································352
13.1　变分法 ··352
13.1.1　单重积分 ·····························353
13.1.2　多未知函数 ···························356
13.1.3　多重积分 ·····························356
13.1.4　条件极值 ·····························357
13.2　平衡测度的定义和存在性 ·······················358
13.2.1　平衡测度的定义 ·······················358
13.2.2　平衡测度的存在性 ·····················360
13.3　计算平衡测度 ··································361
13.3.1　第一种方法 ···························361
13.3.2　第二种方法 ···························366
第 14 章　特殊函数与 RH 问题 ·························371
14.1　Airy 函数 ·····································371
14.1.1　定义和性质 ···························371
14.1.2　渐近性 ·······························372
14.1.3　Stokes 现象 ··························375
14.1.4　RH 问题刻画 ·························377
14.2　Bessel 函数 ···································379
14.2.1　定义和性质 ···························379
14.2.2　RH 问题刻画 ·························381
14.3　Painlevé 方程 ·································383
14.3.1　Painlevé 性质 ························383
14.3.2　Painlevé II 方程 RH 问题刻画 ·········384
第 15 章　正交多项式的 RH 方法 ······················386
15.1　正交多项式的 RH 问题刻画 ·····················386
15.2　规范化 RH 问题 ·······························387
15.3　标准 RH 问题 ·································390
15.3.1　跳跃矩阵分解 ·························390
15.3.2　形变跳跃路径 ·························394
15.3.3　取极限 ·······························397

15.4　求解标准 RH 问题 ·· 398

15.5　标准 RH 问题解的逼近 ·· 400

　　15.5.1　一般理论 ·· 400

　　15.5.2　具体应用 ·· 405

15.6　RH 问题参数化构造 ·· 406

　　15.6.1　局部参数化 ·· 406

　　15.6.2　整体参数化 ·· 417

15.7　正交多项式的一致渐近性 ·· 418

　　15.7.1　实轴 $\mathrm{Im}z=0$ 之外 ··· 418

　　15.7.2　实轴 $\mathrm{Im}z=0$ 上 ··· 420

15.8　随机矩阵统计量的普适性 ·· 425

　　15.8.1　关联核的普适性 ·· 426

　　15.8.2　Fredholm 行列式的普适性 ·· 429

　　15.8.3　m 点关联核函数的普适性 ·· 430

　　15.8.4　P_s 的渐近性 ·· 432

参考文献 ·· 437

后记 ·· 449

《现代数学基础丛书》已出版书目

第 1 章 绪　　论

1.1　RH 问题

1.1.1　RH 问题的产生和发展

1900 年, Hilbert 在巴黎国际数学家大会演讲中, 提出 23 个著名的数学问题 [1], 其涉及现代数学大部分重要领域, 对 20 世纪数学发展进程产生了深远的影响. 到目前为止, Hilbert 问题近半已经获得解决. Hilbert 的第 21 问题为 "具有给定单值群的线性微分方程解的存在性证明", 通常称作 RH 问题, 其定义如下:

设 Σ 为复平面 $\mathbb{C}$ 内的有向路径, $\Sigma^0 = \Sigma \backslash \{\Sigma$ 的自相交点$\}$, 假设存在一个在 Σ^0 上光滑的映射

$$V(z): \quad \Sigma^0 \to GL(n, \mathbb{C}),$$

则 $(\Sigma, V(z))$ 决定了一个 RH 问题: 寻找一个 $n \times n$ 矩阵 $M(z)$ 满足

- $M(z)$ 在 $\mathbb{C} \backslash \Sigma$ 上解析;
- $M(z)$ 满足如下的跳跃条件

$$M_+(z) = M_-(z)V(z), \qquad z \in \Sigma; \tag{1.1.1}$$

- 当 $z \to \infty$ 时, $M(z) \to I$,

其中 $M_\pm$ 表示在正负域内点趋于边界 Σ 上相应的 z 点时的极限, 这里所说的正负域是指当沿着有向路径 Σ 的方向移动时, 位于左边的区域称为正域, 位于右边的区域称为负域, RH 问题实际上是复平面上矩阵值函数的边值问题.

RH 问题的解决经历了一个比较曲折的研究过程: 1908 年, Plemelj 对 RH 问题做出了肯定回答 [2], 他的途径是借助 Fredholm 理论, 将 RH 问题转化为积分方程来处理; 1913 年, 美国数学家 Birkhoff 又采用逼近方法证明了 Plemelj 的结果 [3]; 1957 年, Rolle 从代数几何的观点将 Plemelj 的结果推广到一般的 Riemann 曲面上去; 研究 RH 问题的代数几何途径在 20 世纪六七十年代又被 Deligne 大大发展和完善 [4], 因此, 长期以来, 人们一直认为 RH 问题早已被解决. 然而, 80 年代, Kohn, Arnold 等数学家开始发现并指出了 Plemelj 的工作存在着缺陷. 原来, Plemelj 定理实际上并不是真正的 Fuchsian 型方程组, 而是比 Fuchsian 更特殊的正则型方程组, 1989 年, 苏联数学家 Bolibruch 关于 Hilbert 的第 21 问题举出了

反例 [5]. 这就是说, 在 Plemelj 的 "肯定" 结果发表七十多年以后, 数学家们才看到 Hilbert 第 21 问题在一般情况下不成立.

虽然数学是一门精密的科学, 但数学家的推理也难保不会出现疏漏, 这种疏漏有时甚至能逃过最严格的审查. 在这方面, Hilbert 第 21 问题也并非数学史上绝无仅有的例子. 例如, 著名的四色问题的研究, 也发生过这样的情况. 1879 年, Kempe 证明了四色问题, 并发表于著名数学家 Sylvester 任主编的《美国数学杂志》. 但十一年以后, 英国学者 Heawood 发现 Kempe 的证明有漏洞. 另一方面, 在数学研究中, 有时概念和方法比最终结果更为重要, 有些数学结果尽管后来被指出有误, 但在解决问题过程中发展起来的概念与方法, 却依然能够成为有价值的数学财富. 虽然 RH 问题在一般情况下不成立, 但 RH 问题本身被独立发展成解决一大类纯粹和应用数学的强有力的分析工具——RH 方法, 不仅用于分析可积系统的初值问题解的长期行为、零色散极限问题、Toda 格的冲击波、稀疏波问题等, 而且在量子场和统计力学模型、无穷维 Grassmann 流形、全纯向量丛、正交多项式理论、随机排列、随机矩阵理论、组合学等方面也获得了突破性应用.

本书中, 我们主要关心 RH 方法在可积系统、正交多项式和随机矩阵理论中的应用, 由于目前这三个方面内容非常丰富, 我们仅限于基本的方法和技巧, 希望给大家提供一个快速入门的资料.

1.1.2 RH 方法和思想

将所研究问题转化为复平面上 RH 问题解决的过程和技巧称为 RH 方法, 用 RH 方法解决问题一般都需要两个标准步骤:

(1) 将要解决的问题转化为复平面上的 RH 问题, 即将要解决的问题提升到复平面去考虑;

(2) 用速降法等技巧, 对得到的 RH 问题通过分解跳跃矩阵、形变积分路径去除渐近单位矩阵的跳跃, 将其化为可解的 RH 问题, 由此获得原来问题的解. 例如, NLS 方程初值

$$iq_t(x,t) + q_{xx}(x,t) - 2q|q|^2 = 0, \tag{1.1.2}$$

$$q(x,0) = q_0(x) \in \mathcal{S}(\mathbb{R}) \tag{1.1.3}$$

的解可用 RH 问题的解表示

$$q(x,t) = 2i \lim_{z\to\infty} (zm(x,t,z))_{12}, \tag{1.1.4}$$

其中 RH 问题为

- $m(x,t,z)$ 在 $\mathbb{C} \setminus \mathbb{R}$ 上解析, \hfill (1.1.5)

- $m_+(x,t,z) = m_-(x,t,z)v(x,t,z), \quad z \in \mathbb{R},$ \hfill (1.1.6)

- $m(x,t,z) \longrightarrow I, \quad z \to \infty,$ \hfill (1.1.7)

这里 $v(x,t,z)$ 为跳跃矩阵, 重构公式 (1.1.4) 将求解 NLS 方程初值问题 (1.1.2)—(1.1.3) 转化为求解 RH 问题 (1.1.5)—(1.1.7).

由于 RH 问题本身是复问题, 因此 RH 方法的最大特点是将要解决的问题提升到复平面进行解决, 这种思想实际已经在大学复变函数中使用, 在数学分析中, 由于很多函数的原函数不能用初等函数表示, 因此无法直接套用 Newton-Leibniz 公式, 使得求定积分很困难, 例如

$$\int_{-\infty}^{\infty} \frac{\sin x}{x} dx. \tag{1.1.8}$$

但我们可以换一个角度解决问题, 将积分化为复积分解决, 因为解析函数与积分路径无关, 既然实轴 $\mathbb{R}$ 上不容易积分, 我们可以选择一个容易积分的路径 $C_R + C_r^-$ 去积分, 见图 1.1.

$$\text{实问题} \to \int_{-\infty}^{\infty} \frac{\sin x}{x} dx = \operatorname{Im} \int_{-\infty}^{\infty} \frac{e^{iz}}{z} dz \leftarrow \text{复平面上复问题}$$
$$= \operatorname{Im} \lim_{r \to 0, R \to \infty} \left(\int_{-R}^{-r} \frac{e^{iz}}{z} dz + \int_{r}^{R} \frac{e^{iz}}{z} dz \right)$$
$$= \operatorname{Im} \left(\lim_{r \to 0} \int_{C_r} \frac{e^{iz}}{z} dz - \lim_{R \to \infty} \int_{C_R} \frac{e^{iz}}{z} dz \right) \leftarrow \text{改变积分路径}$$
$$= \pi.$$

上述问题的解决实际体现了 RH 方法的两个步骤: ① 将实问题转化为复问题; ② 对得到的复问题, 利用复平面上解析函数与积分路径无关的性质, 改变积分路径获得解决.

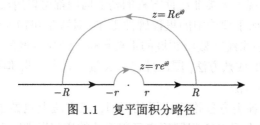

图 1.1 复平面积分路径

1.2 RH 方法在可积系统初值问题应用状况

通常一个非线性微分方程称作可积的, 如果它可以表示为 Lax 对的相容条件. 而 Lax 对中谱参数的出现将复分析工具带入了所要解决的问题, 借助复分析工具

求解可积系统有三种经典的方法: 反散射方法、RH 方法和 $\bar{\partial}$-方法, 其中 RH 方法和 $\bar{\partial}$-方法是现代版本的反散射方法, 都属于散射理论, 所以下面我们在反散射的框架下讨论这些方法的产生和发展.

1.2.1 求解可积系统方面

1. 快速衰减初值问题——反散射和局部 RH 方法

1967 年, Gardner, Greene, Kruskal 和 Miura 在研究 KdV 方程

$$u_t + 6uu_x + u_{xxx} = 0$$

快速衰减的初值问题时, 发现了一种求解非线性可积系统初值问题的反散射方法 [6], 这种方法也称为非线性 Fourier 变换, 可以将求解微分方程快速衰减的初值问题转变为复平面上求解散射数据的 GLM 方程

$$u(x,t) = 2K_x(x,x),$$
$$K(x,z) + F(x,z) = \int_{-\infty}^{x} K(x,s)F(z,s)ds.$$

实际上, 在 GGKM 工作之前, 苏联科学院院士、著名数学家 Faddeev 已经成功地求解了 NLS 算子的反问题 [7]. 1968 年, 美国科学院院士 Lax 从 GGKM 的工作中意识到如果一个非线性偏微分方程可以表示为一对线性方程的相容性条件, 则这个偏微分方程可以反散射求解, 这个线性方程组通常称为 Lax 对, 阐述了用反散射方法求解其他非线性偏微分方程的一般框架 [8]. 1971 年, 苏联数学物理学家 Zakharov 和 Shabat 发现 NLS 方程的 Lax 对, 并将反散射方法推广到 NLS 方程的初值问题 [9]. 随后, 1973 年, Ablowitz 用反散射方法求解了 sine-Gordon 方程 [10]; 1974 年, Ablowitz、Kaup、Newell、Segur 用反散射方法求解了 AKNS 系统 [11]. 目前已经发现一大类非线性方程的初值问题都可以用反散射方法解决. 反散射方法的发现是孤子理论中的里程碑性工作, 对数学和物理诸多领域产生了深远影响, 确立了可积系统在数学领域的重要地位. 经典反散射方法已经成为求解可积系统初值问题的成熟方法, 国内外已有大量专著 [12-22], 但国内专著一般都没涉及 RH 方法和 $\bar{\partial}$-方法.

反散射方法向各类方程推广应用的同时, 在方法上也做了不断改进和发展, 1975 年, Shabat 首先用 RH 问题研究可积系统的谱问题 [23], 其实他和 Zakharov 在 1972 年的工作中已经很接近 RH 问题形式 [9]. 之后, 经过 Zakharov 和 Shabat 的系列工作, 奠定了 RH 方法的理论以及在孤子理论中的重要地位 [16,24], RH 方法的思想是将求解微分方程的初值问题转化为寻找一个在给定曲线上具有特定跳跃形式解析函数的 RH 问题. 20 世纪 80 年代之后, RH 方法作为比反散射更一般的方法

开始应用于可积系统, 这方面文献可见 [25-31], RH 方法一般在有些反散射专著中涉及一部分, 除了杨建科的专著 [31], 还没见其他专门讲 RH 方法的专著.

2. 周期初值问题——代数几何法

反散射方法出现以后, 人们试图对这种方法进行推广, 希望用于解决 KdV 方程的周期初值问题, Dubrovin 和 Novikov 发展了反问题方法并建立了周期 Sturm-Liouville 算子的谱理论 [32-34], 使得在反问题方法框架下解决 KdV 方程的周期初值问题成为可能. Dubrovin 和 Novikov 的结果以及周期 Sturm-Liouville 算子特征函数的解析性质则由 Krichever 以一种不同角度给出 [35,36]. 在 Krichever 的方法中, Baker-Akhiezer 函数起着关键的作用. 不久, Krichever 的方法被 Novikov、Dubrovin、Matveev、Its、Moerbeke 以不同的方式实现在 KdV 方程、sine-Gordon 方程和其他 Lax 形式的方程中 [37-40]. 继 Lax, Dubrovin, Novikov, Matveev, Its, Van Moerbeke 等的先驱性工作之后, 代数几何法在成功地解决了可积系统反散射方法的周期初值问题, 发现了微分方程与代数几何未曾预料到的深刻联系, 从而引起了这两个学科的交叉发展, 进一步巩固了可积系统在微分方程研究中的作用和地位. 在可积系统理论中产生了许多新的结果, 例如, 20 世纪 80 年代, Mumford 发现 KdV、KP、sine-Gordon 等可积系统的解隐含在 Riemann theta 的特殊公式——Fay 三角正割公式中, 从而提出了用 Fay 恒等式构造可积系统代数几何解的方法 [41]. 基于 Mumford 方法, Klein 用 Fay 恒等式和 Rauch 变分公式成功地构造 Ernst 方程的代数几何解 [42]. 之后, Mumford 的方法被 Kalla 用于研究 Camassa-Holm 方程 [43]. 并且 Kalla 进一步将 Fay 恒等式推广成梯度形式, 用于获得高维可积系统新的结果 [44,45]. 20 世纪 90 年代, 基于谱分析和代数几何理论, 美国数学家 Gesztesy 和挪威数学家 Holden 进一步发展了孤子方程族的代数几何解理论, 采用一种有效的多项式递推方法, 成功地将代数几何解从单个方程扩展到方程族, 解决了整个方程族中所有方程代数几何解的构造 [46,47]. 近年来, 基于 Deift, Its, Zhou 的工作 [48], RH 方法被进一步发展, 用于构造可积系统的代数几何解 [49,50]. 代数几何解方面更多的工作可见文献 [51-56].

3. 高维系统——$\bar{\partial}$ 和非局部 RH 方法

1974 年, 为寻找新的可积系统和更广泛的精确解, Zakharov, Shabat 发展了穿衣法, 主要思想是将直线上积分算子分解为两个线性 Volterra 积分算子的乘积 [24]. 一般地, 穿衣 (dressing) 意指从一个系统的简单状态 (bare, seed) 到高级状态 (dressed) 变换的构造过程, 两种状态之间的联系称为穿衣变换. 特殊情况下, 穿衣变换是一种纯代数构造, 如方程解之间的 Backlund 变换, 或者线性问题作用在解空间上的 Darboux 变换都属于穿衣变换. 实际上, 穿衣概念远比孤子自身应用广泛, 如量子场理论、物理中的群论和代数方法也使用穿衣概念. 1981 年, 作为对 RH 问题的推广, Beals、Coifman 提出一种吸收 $\bar{\partial}$ 问题的更强有力的 $\bar{\partial}$ 穿衣法 [57,58], 将求解微分方程初值问题转化为特定复区域上的 $\bar{\partial}$ 问题. 作为 RH 问题的重要进展, Manakov 进一步提出了非局部 RH 问题, 由此解决了 Kadomtsev-Petviashili I (KPI) 方程初值问题的反散射变换 [59]. 非局部 RH 问题是解决 2+1 维方程和 1+1 维积微分方程的一个自然框架, 在 Davey-Stewartson I (DSI) 和 Benjiman-Ono 等方程初值问题求解中也起重要作用 [60,61]. 但与 KPI, DSI 相比, KPII 和 DSII 的最大不同在于特征函数关于谱参数在复平面上有界但处处不解析, 妨碍了用 RH 方法或者非局部 RH 问题求解. Ablowitz 和 Fokas 首次应用 $\bar{\partial}$ 穿衣法解决了 KPII 和 DSII 的反散射问题 [62,63], 表明求解非线性方程的非局部 RH 问题不具有普适性, 同时显示出 $\bar{\partial}$ 穿衣法威力. 特别是 2+1 维可积系统的穿衣法有两个版本, 一个是利用 Zakharov, Shabat 提出的线性 Volterra 积分, 另一个是 Beals, Coifman 和 Manakov 提出的复平面上的 $\bar{\partial}$ 问题. $\bar{\partial}$ 穿衣法更多的文献资料, 可见 [64-76], 其中 Doktorov 和 Leble 在 2007 年出版的专著 *A Dressing Method in Mathematical Physics* 是穿衣法方面最系统和全面的资料 [76].

4. 无穷远非快速衰减初值问题

20 世纪 70 年代初, 反散射理论在解决周期初值问题的同时, 对非快速衰减初值问题的应用也进行了发展. 1971 年, Zakharov, Shabat 首先将反散射变换应用于非零边界的聚焦 NLS 方程 [9], 随后 1973 年, 又推广应用于带有非零边界的散焦 NLS 方程 [77]. 我们以聚焦 NLS 方程为例, 说明反散射和 RH 理论在可积系统非零边界上的推进情况: 2007 年, Aktosun 研究了带有非零边界聚焦 NLS 方程的多极点情况 [78]. 2010 年, Prinari, Vitale 研究了聚焦 NLS 方程带有单边非零的边界情况 [79]; 2014 年, Biondini, Kovačič 研究了聚焦 NLS 方程非零边界的单极点情况 [80], 以及二分量 NLS 方程的非零边界单极点情况 [81], Biondini 等用 RH 方法研究了二分量聚焦 NLS 方程非零边界双重极点情况 [82]. 2017 年, Pichler 用 RH 方法讨论了聚焦 NLS 方程的非零边界双重极点情况 [83]. 最近, 对非线性 NLS 类型可积系统的非零边界研究很多, 这类解与调制不稳定性和怪波的形成有关 [84-86]. 国内对可积系统非零边界用反散射或者 RH 方法求解也开展了一些研究, 见 [87-89].

5. 初边值问题——Fokas 方法

如何将反散射方法应用于可积系统初边值问题是 20 世纪末的主要公开问题之一, 1997 年, 英国剑桥大学数学家 Fokas 发展了利用 RH 问题求解可积系统初边值问题的统一方法, 成功地应用于二阶矩阵 Lax 对可积系统初边值问题 [90,91]. Fokas 方法是初值问题反散射向初边值问题反散射的一种推广, 通过对 Lax 对的 x-部分和 t-部分同时作谱分析, 可以得到可积方程初边值问题的解用复平面上矩阵 RH 问题解的表示, 而初值问题只需要对 x-部分作谱分析得到 RH 问题, t-部分仅仅是用来决定散射数据随时间的演化. 初边值问题对应的 RH 问题的跳跃矩阵可以用初始条件和边界条件对应的谱矩阵显式表示. 然而对一个适定问题来说, 只有部分边值数据是已知的, 通过分析所有边界条件所满足的全局关系, 可以由已知的边值数据来确定那些未知的边值数据. 目前, 很多可积方程的初边值问题都得到研究, 如 NLS 方程、sine-Gordon 方程、mKdV 方程等 [92-102]. 2013 年, Lenells 将 Fokas 方法推广到具有三阶矩阵 Lax 对的可积系统在半直线上的初边值问题 [103]; 2013 年, 我们用 Fokas 方法研究了 Sasa-Satsuma 方程和三波方程半直线上的初边值问题 [104,105]; 2016 年, 将 Fokas 方法应用于求解两分量 NLS 方程在有限区间上初边值问题 [106]; 最近, 闫振亚教授将 Fokas 方法推广应用到 4 阶矩阵谱问题 [107,108]. 与 2 阶谱问题对应的初边值问题相比, 3 阶和 4 阶矩阵谱问题所建立的 RH 问题和非线性边界条件的分析更为复杂, 虽然 Fokas 方法可以将可积系统初边值转化为 RH 问题, 但由于初边值的复杂性, 这种 RH 问题目前一般不能精确求解, 可以分析初边值问题解的长时间渐近性或者数值解.

1.2.2 分析解的渐近性方面

1. Schwartz 空间初值

对于快速初值问题, 在无反射条件下, 可积系统可以用反散射或者 RH 方法在离散谱上求解, 而在连续谱上或者有反射情况下, GLM 方程或者 Cauchy 积分无法求解的, 此时可积系统解的情况并不清楚, 因此人们自然希望通过研究解的渐近性认识解的性质. 1973 年, Manakov、Ablowitz、Newell 等首先利用反散射方法研究了非线性可积系统快速衰减初值问题解的长时间渐近性 [109,110]; 1976 年, Zakharov、Manakov 在物理感兴趣的区域 $x = O(t)$ 给出了非线性 NLS 方程初值问题解显式依赖于初值的首项渐近表达式 [111]; 1977 年, Segur, Ablowitz 对初值问题解的首项渐近表达式以及不同渐近区域之间联系做了完整描述, 但缺少精确相位的信息 [113]. 之后, 他们改进这种方法, 获得了 mKdV 方程、KdV 方程、sine-Gordon 方程的首项渐近性分析, 包括相位上的完整信息 [114]. 1981 年, 受 Zakharov 和 Manakov 工作的启发, 苏联数学家 Its 利用单值形变理论, 将 NLS 方程初值问题解的长时间行为转化为稳态相位点小邻域的局部 RH 问题, 为分析可积方程的长期行为提供了一套切实可行和严格的途径 [115].

1993 年, 美国科学院院士、纽约大学 Courant 所 Deift 教授及其合作者 Zhou 受 Manakov 和 Its 工作的启发 [115,116], 在经典速降法基础上, 发展了求解振荡 RH 问题的非线性速降法 (nonlinear steepest descent method), 研究了具有衰减初值的 mKdV 方程解的渐近性质 [117]. 非线性速降法的主要思想是沿着一系列快速下降的形变路径, 将给定的振荡 RH 问题逐步约化为可解的 RH 问题. 与反散射方法相比, 非线性速降法无须对解的渐近展开形式作先验假设, 而且可以得到经典意义下由初值和相位点刻画的严格渐近结果. 自此以后, 越来越多的人关注非线性速降法研究可积系统初值问题解的长时间渐近性. Deift-Zhou 方法自产生之后迅速得到广泛应用, 不仅成功地分析可积系统的初值问题解的长期行为, 而且在正交多项式理论、随机矩阵理论等也获得了突破性应用, 给许多疑难或者公开问题的解决带来了新的希望. 为此, Deift 在 1998 年柏林召开的国际数学家大会上做特邀报告, 在 2006 年马德里召开的国际数学家大会上做一小时报告.

1994 年, Deift, Zhou 给出了散焦 NLS 方程初值问题解的首项渐近性 [118,119], 以及高阶渐近逼近 [120]; 1997 年, Deift 和 Zhou 推广 Deift-Zhou 速降法研究了小色散 KdV 方程初值问题的长期行为 [121]; 2009 年, Grunert, Teschl 研究了经典 KdV 方程初值解的长时间渐近性 [122]; 2006—2013 年, de Monvel 分别研究了全直线上 Camassa-Holm 方程和 Degasperis-Procesi 方程初值问题解的长时间行为 [123-126]; Monvle、徐建等讨论了具有 Wadati-Konno-Ichikawa 型 Lax 对的短脉冲方程具有充分衰减初值条件下解的长时间行为 [127,128]; 在国内, 2009 年, 复旦大学率先开展这方面研究, 近年来, 国内也有许多学者陆续开展这方面研究, 形成了可积系统的一个主流研究方向, 获得了很多方程初值问题的渐近性, 如文献 [130-138].

目前, 对于离散可积系统初值问题解长时间渐近性研究还很少, 能见到的只有三篇论文 [139-141]. 2013 年, Ablowitz 给出了一个新的非局部可积 NLS 方程 [142]; 2016 年、2017 年, Ablowitz 分别讨论了非局部 NLS 方程具有充分衰减初值和非零边界条件的反散射变换, 并与经典的局部 NLS 方程的结果作了比较 [143,144]. Rybalko 和 Shepelsky 用非线性速降法分析了非局部 NLS 方程在充分衰减初值条件下解的长时间行为 [145]. 我们用 Deift-Zhou 非线性速降法分析了非局部 mKdV 方程衰减初值解的长时间行为 [146], 目前, 对非局部方程渐近性研究的论文据我们所知只有这两篇.

2. 加权 Sobolev 初始数据

以上用经典的 Deift-Zhou 方法分析的可积系统有个共同特点: 1+1 维、全直线上、充分光滑快速衰减的初值、自伴 Lax 算子、特征函数在跳跃线之外解析, 这意味着推广 Deift-Zhou 方法还有很多问题需要解决, 为此, 在 2007 年召开的 "可积系统与随机矩阵理论" 国际会议上, Deift 院士提出了针对随机矩阵和可积系统的 RH 问题的 16 个公开问题 [147]. 之后随着 RH 方法的不断发展和改进, 这些限制正逐步被突破, Deift-Zhou 方法也向更广泛的领域扩展. 2002 年, Vartanian 研究了有限稠密初始值的非聚焦 NLS 解的长期行为 [148]; 2003 年, Kamvissis, McLaughlin 等将 Deift-Zhou 方法用于非自伴 Lax 算子的聚焦 NLS 方程的半经典初值问

题[149]; 2002—2003 年, 在加权 Sobolev 空间初始数据

$$q_0(x) \in H^{1,1} = \{f \in L^2(\mathbb{R}) : xf, f_x \in L^2(\mathbb{R})\}$$

下, Deift 和 Zhou 获得了 NLS 方程长时间渐近性[150,151]; 2006 年, Tovbis 研究了聚焦 NLS 方程半经典极限初值问题解的首项渐近性质[152]. 近年来, McLaughlin, Miller 将经典的 Deift-Zhou 速降法推广为 $\bar{\partial}$ 速降法, 成功地用于研究 NLS 多孤子解的渐近稳定性[153-155], 以及 KdV 方程和 NLS 方程的长时间渐近性[156-159]. 2017 年, Biodini 用非线性速降法研究了 NLS 方程非零边界解的渐近性和调制不稳定性[160]; 2017 年, 在庆祝 Deift 院士 70 岁生日会议上, Deift 重提十年前提出的公开问题, 对已经被解决和尚未解决的公开问题进行了总结和分析[147]. 2021 年, Biondini 等考虑聚焦 NLS 方程在非零边界下带孤子解区域, 用 Deift-Zhou 速降法研究了其初值问题解的长时间渐近性[161]. 2021 年, de Monvel 等考虑聚焦 NLS 方程 step-like 初值下带孤子解区域, 用 Deift-Zhou 速降法研究了其初值问题解的长时间渐近性[162].

3. 初边值问题

与初值问题相比, 可积系统初边值问题渐近性更加复杂, 这方面研究还不多. 尽管 Fokas 方法可将可积系统初边值问题转化为 RH 问题, 但还不足以分析初边值问题解的长时间渐近性, 这也正是 Deift 提出的公开问题之一. 无论分析初值问题还是初边值问题解的长时间渐近性都需要两个重要步骤: 首先将问题公式化为 RH 问题形式; 其次分析 RH 问题解的渐近性. 但与初值问题相比较, 初边值问题在实施过程中, 遇到的困难程度和需要的数学工具有很大不同. 2009 年, de Monvel 和 Shepelsky 讨论了 Camassa-Holm 方程在半直线上的初边值问题解的长时间渐近性[163]; 2015 年, Lenells 推广了 Deift-Zhou 的非线性速降法, 利用建立的 L^p-RH 理论和 Carleson 路径上弱正则的 RH 问题, 关于 mKdV 方程在四分之一平面 $\{x \geqslant 0, t \geqslant 0\}$ 上用 Fokas 方法解决的初边值问题的实施步骤给出了严格的证明[164], 并且在类似扇形面 $\left\{t > 1, 0 < x \leqslant Nt^{\frac{1}{3}}, \dfrac{x^3}{t} \to \infty\right\}$ 上, 分析了 mKdV 方程初边值问题解的长时间渐近性[165]; 2015 年, 在半直线 $\{0 \leqslant x < \infty, t \geqslant 0\}$ 上, 并且初边值满足很强光滑性和衰减性条件下, de Monvel、Lenells 分析了 DP 方程初边值问题解的长时间渐近性[166]; Lenells 借助 Carleson 跳跃曲线[167], 研究了 mKdV 方程在弱正则性和弱衰减性初值条件下解的长时间渐近性[168]. 2017 年, 黄林和 Lenells 合作研究了导数 sine-Gordon 方程在四分之一平面上的初边值问题解的长时间渐近性[169-171].

1.2.3　RH 方法、反散射和 $\bar{\partial}$-方法比较

由于 RH 方法、反散射和 $\bar{\partial}$-方法的重要性, 为了更清晰地了解这些方法, 这里我们单独提出来加以论述和比较.

RH 方法比经典的反散射变换适应范围更广, 如对于二阶谱问题, GLM 理论等价于 RH 问题, 但对于高阶谱问题, 没有 GLM 理论, 反散射部分需要转化为 RH 问题求解, 最重要的是, 通过分析 RH 问题可以得到非孤子解精确的长时间渐近性质.

$\bar{\partial}$ 方法可以看作前面讨论经典 RH 方法的自然推广, 二者最大区别在于, RH 问题由边界条件反映函数在区域上情况, 而 $\bar{\partial}$ 问题直接求解区域上的方程; RH 问题要求边界条件中的未知函数在跳跃路径之外解析或者除去最多有限个极点外是解析的, 并连续到跳跃路径, 而 $\bar{\partial}$ 问题不要求 $\bar{\partial}$ 方程的未知函数在区域内解析, 只需一定的连续性或者光滑性. 通常 $\bar{\partial}$ 穿衣法比经典的 RH 方法更加明确, 直接达到最后结果, 而且可以应用于高维可积系统. $\bar{\partial}$ 穿衣法的优势在于: ① 发现新的 Lax 谱问题、新的可积方程族、构造多种精确解; ② $\bar{\partial}$ 问题与 Backlund 变换、τ 函数、守恒律密切联系; ③ 可用于非解析函数特征函数的高维系统; ④ 非局部 RH 方法、非局部 $\bar{\partial}$ 方法可用于处理 2+1 维可积系统.

1.3　在正交多项式和随机矩阵应用状况

通常把以随机变量为元素的矩阵称随机矩阵, 如果随机矩阵的维数趋于无穷, 则称之为大维数随机矩阵. 1928 年, Wishart 等在数理统计学中提出随机矩阵概念并考察了随机矩阵的元素和特征根的联合分布 [172]. 该领域的突破进展始于 50 年代普林斯顿大学 Wigner 教授 (1963 年诺贝尔物理学奖得主) 发现随机矩阵可以用来模拟某些重原子的谱分布, 他认为不应该从 Schrödinger 算子出发计算能级, 而是将复杂的核系统看作一个 Gauss 矩阵描述的黑匣子, 矩阵的元素取自较弱对称性约束的概率分布 [173]. 在矩阵空间中, 通过在概率测度这种假设下, 可以算出 N 个特征值的联合概率密度, 同时, 相应大维数随机矩阵特征值的概率分布性质能刻画能量共振水平, 并发现著名的半圆准则 [174], 随后, Marčenko 和 Pastur 发现了著名的 M-P 定律 [175].

20 世纪 60 年代, Mehta 首次用正交多项式方法研究随机矩阵, 从数学上严格分析随机矩阵的特征值分布 [176]. 他的专著和 Forrester 的专著包括很多详细的数学结果, 是近年来学习随机矩阵很有影响的专著 [177,178], 近年来, 正交多项式已经成为研究随机矩阵模型中的可积结构重要手段之一. 1960—1970 年, Dyson 对随机矩阵理论做了奠基性工作. 他提出用时间反演不变性分类随机矩阵, 即随机矩阵元素只有复的、实的或者自对偶的三种可能形式存在, 由此将随机矩阵不变系综分成酉、正交和辛系综 [179]. Dyson 的另外一个重要工作是, 发现随机理论与可

积系统理论之间的联系, 随机矩阵配分函数等价于一维 Coulommb gas 的 log-势的配分函数, 量子多体系统等价于 Dyson-Brown 运动模型[180]. 常常被传为美谈的是, Dyson 与造访高等研究院的数论专家 Montgomery 的一次偶然交谈, 促成他们发现了随机矩阵与数论中的 Riemann 猜想之间的微妙关联[181]. 在 Wigner、Mehta、Dyson、Tracy、Widom、Edward 和 Anderson 等的努力下, 随机矩阵已经发展成为一门系统的学科. 据不完全统计, 随机矩阵目前已经广泛应用于: 凝聚态物理、统计物理、介观物理学、线性声学、混沌系统、统计力学、量子场论、Riemann 假说、正交多项式、随机微分方程、数值线性代数、可积系统、神经网络、多元统计学、无线电通信、信号处理、图像处理、网络安全、大气海洋、基因统计、股票市场等[182-190].

近年来, 大维数随机矩阵的研究引起了概率统计学家和物理学家的极大兴趣. 这方面主要是来自物理、信息科学和应用数学的大数据问题. 例如: 计算机科学和计算工具的发展激发了随机矩阵理论广泛应用; 统计学中, 经典的极限理论在分析大批量和高维数据中存在严重不足; 生物科学中, 一个 DNA 序列有几十亿链; 金融研究中, 不同股票的数量可能达到几十万个; 无线电通信中, 用户可能几百万个. 这些领域大数据的处理挑战了经典的统计学, 基于这些需要, 对随机矩阵理论研究的必要性不断增长, 因此, 从概率论发展到随机矩阵理论是非常自然的. 随机矩阵之所以能够成为统计中有力工具, 除了它的灵活性、可预测性, 最为重要的是随机矩阵在简化复杂模型的同时, 保留了物理模型最本质的特征, 如关于时间的反演对称性等.

借助可积系统的对称和顶点算子等方法, Adler 和 Moerbeke 证明了随机矩阵的谱落到某个区间的概率满足与 KP 和 Toda 格密切相关的非线性微分方程[191,192]. 大量文献研究发现正交多项式、随机矩阵与 τ 函数、配分函数、Painlevé方程、Toda 格、KP 格和 Pfaffian 格等有着密切的关系[193-196]. 1992 年, Fokas、Its、Kitaev 首先发现正交多项式与 RH 问题的联系, 为 RH 方法应用于研究正交多项式建立了桥梁[197]. 从 20 世纪 90 年代末开始, Deift、Zhou、McLaughlin 等将非线性速降法和 RH 方法用于研究正交多项式、大维数随机矩阵的渐近性, 解决了正交多项式和随机矩阵诸多困难问题[198-200]. 为此, 2006 年在马德里召开的国际数学家大会上, Deift 做了随机矩阵方面一小时报告 "Uuniversilty for Mathematical and Physical Systems". 2010 年, 在印度召开的国际数学家大会上, 印第安纳大学 Its 所做的邀请报告 "Asymptotic analysis of the Toeplitz and Hankel determinants via the Riemann-Hilbert method" 也是随机矩阵和 RH 方法方面. 2007 年, 在纽约大学召开的国际可积系统和随机矩阵会议上, Deift 提出大量随机矩阵理论中需要解决的公开问题[147,200]. 目前国内用 RH 方法研究正交多项式、随机矩阵的工作还很少, 主要有中山大学赵育求教授团队工作和复旦大学团队工作[201-205].

第 2 章 矩阵分析初步

2.1 矩 阵 范 数

我们知道, 对于 n 维线性空间 $\mathbb{C}^n$ 中的向量 $x = (x_1, \cdots, x_n)^{\mathrm{T}}$, 可以定义各类 l^p 范数, 如

$$||x||_1 = \sum_{j=1}^{n} |x_i|, \quad ||x||_\infty = \max_{1 \leqslant i \leqslant n} |x_i|,$$

$$||x||_p = \left(\sum_{j=1}^{n} |x_i|^p \right)^{1/p}, \quad 1 \leqslant p < +\infty.$$

由于线性空间 $\mathbb{C}^{m \times n}$ 中每一个矩阵, 都可看作 $\mathbb{C}^{mn}$ 中的一个向量, 所以同样可以定义矩阵范数.

定义 2.1　若对于矩阵 $A \in \mathbb{C}^{m \times n}$, 都有实数 $||A||$ 与之对应, 且满足

(1) 正定性: $||A|| \geqslant 0$, 当且仅当 $A = 0$ 时, $||A|| = 0$;

(2) 齐次性: $||\lambda A|| = |\lambda| ||A||, \forall \lambda \in \mathbb{C}$;

(3) 三角不等式: $||A + B|| \leqslant ||A|| + ||B||$.

则称 $||A||$ 为矩阵 A 的范数.

由于一个 $m \times n$ 矩阵与一个 mn 维向量相对应, 因此按照上面定义, 对于 $A = (a_{ij}) \in \mathbb{C}^{m \times n}$, 可以定义矩阵范数

$$||A||_1 = \sum_{i=1}^{m} \sum_{j=1}^{n} |a_{ij}|, \quad ||A||_\infty = \max_{i,j} |a_{ij}|,$$

$$||A||_p = \left(\sum_{i=1}^{m} \sum_{j=1}^{n} |a_{ij}|^p \right)^{1/p}, \quad 1 \leqslant p < +\infty.$$

上面的 l^p 范数是互相等价的, 但通常使用

$$||A||_2 = \left(\sum_{i=1}^{m} \sum_{j=1}^{n} |a_{ij}|^2 \right)^{1/2},$$

因为这种范数恰为酉空间 $\mathbb{C}^{m \times n}$ 中内积诱导的范数

$$(A, A) = \text{tr}(A^{\text{H}}A) = \sum_{i=1}^{m} \sum_{j=1}^{n} |a_{ij}|^2.$$

它具有一系列良好的性质, 例如:

命题 2.1 设 $A \in \mathbb{C}^{m \times n}$, $B \in \mathbb{C}^{n \times l}$, 则

$$||AB||_2 \leqslant ||A||_2 ||B||_2.$$

这个命题给出的性质, 不是所有范数都具备的, 例如, 按 $||A||_\infty = \max\limits_{i,j} |x_i|$ 定义范数, 当取

$$A = B = \begin{pmatrix} 1 & 1 \\ 1 & 1 \end{pmatrix}$$

时, 可以验证 $||AB||_\infty = 2$, $||A||_\infty = ||B||_\infty = 1$, 不满足 $||AB||_\infty \leqslant ||A||_\infty ||B||_\infty$.

下面给出相容的矩阵范数定义.

定义 2.2 设 $|| \cdot ||$ 为定义在空间 $\mathbb{C}^{n \times n}$ 上的实函数, 对 $A, B \in \mathbb{C}^{n \times n}$, $\lambda \in \mathbb{C}$, 都满足

(1) $||A|| \geqslant 0$, 当且仅当 $A = 0$ 时, $||A|| = 0$;

(2) $||\lambda A|| = |\lambda| ||A||$, $\forall \lambda \in \mathbb{C}$;

(3) $||A + B|| \leqslant ||A|| + ||B||$;

(4) $||AB|| \leqslant ||A|| ||B||$.

则称 $|| \cdot ||$ 为相容的矩阵范数.

如上我们定义了矩阵的 l^p 范数, 对于给定的函数矩阵 $A = (a_{ij}(z))_{n \times n}$, 其中每个元素 $a_{ij}(z)$ 为定义在 $\Sigma \subset \mathbb{C}$ 上的函数, 我们可以通过矩阵的模长来定义矩阵的 L^p 范数.

定义 2.3 对于矩阵 $A(z) = (a_{ij}(z))_{n \times n}$, 定义模长为

$$|A(z)| = \sqrt{\sum_{i,j=1}^{n} |a_{ij}(z)|^2} = \sqrt{\sum_{j=1}^{n} \text{tr}(A^{\text{H}}A)}.$$

定义 2.4 对于 $\Sigma \subset \mathbb{C}$ 以及 $1 \leqslant p \leqslant \infty$, 若 $|A| \in L^p(\Sigma)$, 则称 $A \in L^p(\Sigma)$, 并定义

$$||A(z)||_{L^p(\Sigma)} = || \, |A(z)| \, ||_{L^p(\Sigma)}.$$

例如

$$||A(z)||_{L^2(\Sigma)} = \left(\int_{\Sigma} \sum_{i,j=1}^{n} |a_{ij}(z)|^2 \right)^{1/2}.$$

可以证明

$$A(z) \in L^p(\Sigma) \Longleftrightarrow a_{ij}(z) \in L^p(\Sigma), \quad i,j = 1, \cdots, n.$$

2.2 矩阵序列和级数

定义 2.5 设 $\{A_k\}_{k=1}^{\infty}$ 为空间 $\mathbb{C}^{m \times n}$ 中的无穷矩阵序列, 如果存在矩阵 $A \in \mathbb{C}^{m \times n}$, 使得

$$\lim_{k \to \infty} ||A_k - A|| = 0,$$

则称当 $k \to \infty$ 时, 矩阵序列 $\{A_k\}$ 收敛于矩阵 A, 并记

$$\lim_{k \to \infty} A_k = A,$$

其中 $||\cdot||$ 为空间 $\mathbb{C}^{m \times n}$ 上的任意范数.

由于空间 $\mathbb{C}^{m \times n}$ 中各种范数等价, 所以考虑收敛性问题时, 无论取哪种范数, 所得到的收敛或发散结论是一致的. 我们用 $(A_k)_{ij}$ 表示矩阵 A_k 的 (i,j) 位置元素, 则矩阵收敛等价于对应各元素收敛.

定理 2.1 对于 $A_k, A \in \mathbb{C}^{m \times n}$, $k = 1, 2, \cdots$, 总有

$$||A_k - A|| \to 0, \ k \to \infty \Longleftrightarrow |(A_k)_{ij} - a_{ij}| \to 0, \ k \to \infty,$$
$$1 \leqslant i \leqslant m, \ 1 \leqslant j \leqslant n.$$

证明 由于有限维空间中各类范数的等价性, 我们取一种范数证明就可以了. 依定义

$$||A_k - A||_2 = \sum_{i=1}^{m} \sum_{j=1}^{n} |(A_k)_{ij} - a_{ij}|^2,$$

可见

$$||A_k - A||_2 \to 0 \Longleftrightarrow |(A_k)_{ij} - a_{ij}| \to 0, \quad 1 \leqslant i \leqslant m, \ 1 \leqslant j \leqslant n.$$

定理 2.2 收敛的矩阵序列 $\{A_k\}_{k=1}^{\infty}$ 是有界的, 即存在 $M > 0$, 使得对一切 k, 有

$$||A_k|| \leqslant M.$$

定义 2.6 设 $\{A_k\}_{k=1}^{\infty}$ 为空间 $\mathbb{C}^{m \times n}$ 中的无穷矩阵序列, 称

$$\sum_{k=1}^{\infty} A_k = A_1 + A_2 + \cdots \tag{2.2.1}$$

为矩阵序列 $\{A_k\}$ 生成的无穷级数; 对任一正整数 m, 有限和

$$S_m = \sum_{k=1}^{m} A_k$$

称为矩阵级数 (2.2.1) 的部分和, 如果

$$\lim_{m \to \infty} S_m$$

存在, 则称级数 (2.2.1) 是收敛的; 如果标量级数

$$\sum_{k=1}^{\infty} ||A_k|| = ||A_1|| + ||A_2|| + \cdots$$

收敛, 则称矩阵级数 $\sum_{k=1}^{\infty} A_k$ 是绝对收敛的.

定理 2.3 如果矩阵级数 $\sum_{k=1}^{\infty} A_k$ 是绝对收敛的, 则矩阵级数本身一定是收敛的.

证明 根据定理 2.1, $\sum_{k=1}^{\infty} A_k$ 收敛等价下面 mn 个标量级数

$$\sum_{k=1}^{\infty} (A_k)_{ij}, \qquad 1 \leqslant i \leqslant m, \, 1 \leqslant j \leqslant n$$

同时收敛. 由有限维空间中各类范数的等价性, 不妨取切比雪夫范数 $||A|| = \max\limits_{i,j} |a_{ij}|$ 来证明. 由于 $\sum_{k=1}^{\infty} ||A_k||$ 收敛, 根据 Cauchy 准则有

$$\lim_{\substack{s,t \to \infty \\ s > t}} \sum_{k=t}^{s} ||A_k|| \to 0,$$

因此对所有的 i, j, 都有

$$\lim_{\substack{s,t \to \infty \\ s>t}} \left| \sum_{k=t}^{s} (A_k)_{ij} \right| \leqslant \lim_{\substack{s,t \to \infty \\ s>t}} \sum_{k=t}^{s} |(A_k)_{ij}| \leqslant \lim_{\substack{s,t \to \infty \\ s>t}} \sum_{k=t}^{s} \max_{i,j} |(A_k)_{ij}|$$

$$= \lim_{\substack{s,t \to \infty \\ s>t}} \sum_{k=t}^{s} ||A_k|| = 0.$$

这个定理可用来判断矩阵级数的收敛性, 例如对任给的方阵 $A \in \mathbb{C}^{n \times n}$, 矩阵幂级数

$$\sum_{k=1}^{\infty} \frac{A^k}{k!} = I + A + \frac{1}{2!} A^2 + \cdots$$

是绝对收敛的, 因为对任一种范数 $||\cdot||$ 有

$$\sum_{k=1}^{\infty} \frac{||A^k||}{k!} \leqslant ||I|| + ||A|| + \frac{1}{2!}||A||^2 + \cdots = e^{||A||} + ||I|| - 1.$$

所以级数 $\sum_{k=1}^{\infty} \frac{A^k}{k!}$ 收敛.

关于矩阵幂级数的收敛性具有一般判别定理.

定理 2.4 如果矩阵 A 的谱半径 $\rho(A) = \max\limits_{1 \leqslant i \leqslant n} |\lambda_i|$ 小于收敛级数 $\sum a_k z^k$ 的收敛半径 R, 则矩阵幂级数 $\sum a_k A^k$ 收敛.

特别当

$$f(z) = \sum_{k=1}^{\infty} a_k z^k, \quad |z| < R$$

时, 我们形式地记矩阵幂级数为

$$f(A) = \sum_{k=1}^{\infty} a_k A^k$$

称为标量函数的矩阵推广或者矩阵函数, 如

$$e^A = \sum_{k=1}^{\infty} \frac{A^k}{k!}, \qquad \sin A = \sum_{k=1}^{\infty} (-1)^k \frac{A^{2k+1}}{(2k+1)!},$$

$$(I - A)^{-1} = \sum_{k=1}^{\infty} A^k, \quad \cos A = \sum_{k=1}^{\infty} (-1)^k \frac{A^{2k}}{(2k)!}.$$

并且有三角等式

$$\sin^2 A + \cos^2 A = I, \quad \sin 2A = 2 \sin A \cos A.$$

根据矩阵幂级数定义, 直接计算

$$e^{\lambda \sigma_3} = \sum_{k=0}^{\infty} \frac{\lambda^k \sigma_3^k}{k!} = I + \lambda \sigma_3 + \frac{1}{2!}(\lambda \sigma_3)^2 + \cdots$$

$$= \begin{pmatrix} \sum \dfrac{\lambda^k}{k!} & 0 \\ 0 & \sum \dfrac{(-\lambda)^k}{k!} \end{pmatrix} = \begin{pmatrix} e^{\lambda} & 0 \\ 0 & e^{-\lambda} \end{pmatrix}.$$

由此得到

$$a^{\sigma_3} = e^{(\ln a)\sigma_3} = \begin{pmatrix} e^{\ln a} & 0 \\ 0 & e^{-\ln a} \end{pmatrix} = \begin{pmatrix} a & 0 \\ 0 & a^{-1} \end{pmatrix}.$$

在可积系统和随机矩阵中, 我们经常使用三类 Pauli 矩阵

$$\sigma_1 = \begin{pmatrix} 0 & 1 \\ 1 & 0 \end{pmatrix}, \quad \sigma_2 = \begin{pmatrix} 0 & -i \\ i & 0 \end{pmatrix}, \quad \sigma_3 = \begin{pmatrix} 1 & 0 \\ 0 & -1 \end{pmatrix}.$$

2.3 矩阵的导数和积分

如果矩阵 $A = (a_{ij})$ 的每个元素都是变量 x 的函数 $a_{ij}(x)$, 则称 A 为一个函数矩阵, 记为 $A(x)$. 若每个 $a_{ij}(x)$ 在 (a, b) 上连续、可微、可积, 则称 $A(x)$ 在 (a, b) 上连续、可微、可积.

定义 2.7 假设 $A(x) = (a_{ij}(x))$, 若对一切 i, j 都有

$$\lim_{x \to x_0} a_{ij}(x) = a_{ij},$$

则称 $A(x)$ 当 $x \to x_0$ 时, 以 $A = (a_{ij})$ 为极限, 并记

$$\lim_{x \to x_0} A(x) = A.$$

定义 2.8 如果 $A(x)$ 在 x_0 点有定义, 且

$$\lim_{x \to x_0} A(x) = A(x_0),$$

则称 $A(x)$ 在 x_0 点上连续.

定义 2.9 定义函数矩阵的导数

$$A'(x_0) = \lim_{x \to x_0} \frac{A(x) - A(x_0)}{x - x_0} = (a'_{ij}(x_0)).$$

定义 2.10 定义函数矩阵的积分

$$\int_a^b A(x) dx = \left[\int_a^b a_{ij}(x) dx \right].$$

根据微分积分知识, 易知

$$\left(\int_a^x A(t) dt \right)' = A(x), \quad \int_a^b A'(t) dt = A(b) - A(a).$$

定理 2.5 设 $A \in \mathbb{R}^{n \times m}$ 为给定的矩阵, $X \in \mathbb{R}^{m \times n}$ 为矩阵变量, X 的标量函数为

$$\varphi(X) = \text{tr}(AX),$$

则有

$$\frac{\partial \varphi}{\partial X} \triangleq \left[\frac{\partial \varphi}{\partial x_{ij}} \right] = A^{\mathrm{T}}.$$

证明　由迹的定义, 得到

$$\varphi(X) = \text{tr}(AX) = \sum_{s=1}^{n}(AX) = \sum_{s=1}^{n}\sum_{k=1}^{m} a_{sk}x_{ks}.$$

因此

$$\frac{\partial \varphi}{\partial x_{ij}} = a_{ji}, \quad 1 \leqslant i \leqslant m, \ 1 \leqslant j \leqslant n.$$

从而

$$\frac{\partial \varphi}{\partial X} \triangleq \left[\frac{\partial \varphi}{\partial x_{ij}} \right] = A^{\text{T}}.$$

定理 2.6　设 $B \in \mathbb{R}^{m \times n}$ 为给定的矩阵, $X \in \mathbb{R}^{m \times n}$ 为矩阵变量, X 的标量函数为

$$\varphi(X) = \text{tr}(X^{\text{T}}BX),$$

则有

$$\frac{\partial \varphi}{\partial X} = (B + B^{\text{T}})X.$$

特别当 B 为对称矩阵时, 有

$$\frac{\partial \varphi}{\partial X} = 2BX.$$

证明　由迹的定义, 知

$$\varphi(X) = \text{tr}(X^{\text{T}}BX) = \sum_{s=1}^{n}\sum_{l=1}^{m}\sum_{k=1}^{m} x_{ks}b_{kl}x_{ls}.$$

因此

$$\frac{\partial \varphi}{\partial x_{ij}} = \sum_{l=1}^{m} b_{il}x_{lj} + \sum_{l=1}^{m} b_{ki}x_{kj}.$$

从而

$$\frac{\partial \varphi}{\partial X} \triangleq (B + B^{\text{T}})X.$$

定理 2.7　设 $A \in \mathbb{R}^{n \times m}$, $B \in \mathbb{R}^{n \times n}$ 为给定的矩阵, $X \in \mathbb{R}^{m \times n}$ 为矩阵变量, 矩阵的标量函数为

$$\varphi(X) = \text{tr}(AXB),$$

则有

$$\frac{\partial \varphi}{\partial X} = A^{\text{T}}B^{\text{T}}.$$

证明 由迹的定义, 有

$$\varphi(X) = \operatorname{tr}(X^{\mathrm{T}}BX) = \sum_{s=1}^{n}\sum_{l=1}^{m}\sum_{k=1}^{m} a_{sk}x_{kl}b_{ls}.$$

因此

$$\frac{\partial\varphi}{\partial x_{ij}} = \sum_{s=1}^{n} a_{si}b_{js}.$$

从而

$$\frac{\partial\varphi}{\partial X} \triangleq A^{\mathrm{T}}B^{\mathrm{T}}.$$

定理 2.8 设矩阵变量 $X \in \mathbb{R}^{n\times n}$, 并且 $\det(X) \neq 0$, 则有

$$\frac{\partial\det(X)}{\partial X} = \det(X)(X^{-1})^{\mathrm{T}}.$$

证明 设 x_{ij} 的代数余子式为 X_{ij}, 则

$$\det(X) = \sum_{i=1}^{n} x_{ij}X_{ij}.$$

因此

$$\frac{\partial\det(X)}{\partial x_{ij}} = X_{ij},$$

而 $[X_{ij}]$ 是 X^{T} 的伴随矩阵, 从而

$$\frac{\partial\det(X)}{\partial X} = [X_{ij}] = \det(X)(X^{-1})^{\mathrm{T}}.$$

定理 2.9 设随机变量 $X \in \mathbb{R}^{n\times n}$ 正定对称, 定义函数

$$f(X) = \log\det(X),$$

则有

$$\frac{\partial f(X)}{\partial X} = X^{-1}.$$

证明 设 x_{ij} 的代数余子式为 X_{ij}, 则

$$(X^{*})_{ij} = X_{ji}, \quad XX^{*} = \det(X)I,$$

$$(XX^{*})_{ij} = \sum_{k=1}^{n} x_{ik}X_{ik} = \det(X), \quad i = 1,2,\cdots,n.$$

上面最后一式两端取对数, 有

$$f(X) = \log\det(X) = \log\sum_{k=1}^{n} x_{ik}X_{ik},$$

再关于 x_{ij} 求导, 得到

$$\frac{\partial f(X)}{\partial x_{ij}} = \frac{X_{ij}}{\sum x_{ik}X_{ik}} = \frac{(X^*)_{ji}}{\det X}.$$

从而

$$\frac{\partial f(X)}{\partial X} = \left[\frac{\partial f(X)}{\partial x_{ij}}\right] = \frac{(X^{\mathrm{T}})^*}{\det X^{\mathrm{T}}} = (X^{\mathrm{T}})^{-1} = X^{-1}.$$

定理 2.10   设 $A \in \mathbb{C}^{n\times n}, t \in \mathbb{R}$, 则

$$\det(e^{tA}) = e^{t\,\mathrm{tr}(A)}.$$

证明   设 A 的特征值为 $\lambda_1, \cdots, \lambda_n$, 则 tA 的特征值为 $\lambda_1 t, \cdots, \lambda_n t$, 而 e^{tA} 的特征值为 $e^{\lambda_1 t}, \cdots, e^{\lambda_n t}$, 从而根据行列式与特征值的关系, 可得

$$\det(e^{tA}) = \prod_{i=1}^{n} e^{\lambda_i t} = e^{t\sum\lambda_i} = e^{t\,\mathrm{tr}(A)}.$$

定理 2.11   设 $X \in \mathbb{C}^{n\times n}$ 非奇异, 则

$$\log\det(X) = \mathrm{tr}\log(X).$$

证明   由于 X 非奇异, 存在矩阵 A 使得 $X = e^A$, 因此由定理 2.10,

$$\det(X) = \det(e^A) = \prod_{j=1}^{n} e^{\lambda_j} = e^{\sum\lambda_j} = e^{\mathrm{tr}(A)} = e^{\mathrm{tr}\log(X)},$$

即

$$\log\det(X) = \mathrm{tr}\log(X).$$

我们建立一个后面经常用到的 Abel 公式.

定理 2.12 (Abel 公式)   设 $A(x) \in \mathbb{C}^{n\times n}$, 对于矩阵微分方程

$$Y_x = A(x)Y, \tag{2.3.1}$$

可以得到标量微分方程

$$(\det Y)_x = \mathrm{tr}A\det Y.$$

从而有

$$\det Y(x) = \det Y(x_0)e^{\int_{x_0}^{x} \mathrm{tr}A(t)dt}.$$

证明 将

$$A = \begin{pmatrix} a_{11} & a_{12} & \cdots & a_{1n} \\ a_{21} & a_{22} & \cdots & a_{2n} \\ \vdots & \vdots & & \vdots \\ a_{n1} & a_{n2} & \cdots & a_{nn} \end{pmatrix}, \quad Y = \begin{pmatrix} Y_1 \\ Y_2 \\ \vdots \\ Y_n \end{pmatrix},$$

这里将 Y 看成 n 维行向量的分块矩阵. 则由方程 (2.3.1), 得到

$$Y_{j,x} = a_{j1}Y_1 + a_{j2}Y_2 + \cdots + a_{jn}Y_n, \quad j = 1, 2, \cdots, n,$$

利用上述等式, 有

$$(\det Y)_x = \sum_{j=1}^n \det \begin{pmatrix} Y_1 \\ \vdots \\ Y_{j,x} \\ \vdots \\ Y_n \end{pmatrix} = \sum_{j=1}^n \det \begin{pmatrix} Y_1 \\ \vdots \\ a_{j1}Y_1 + \cdots + a_{jj}Y_j + \cdots + a_{jn}Y_n \\ \vdots \\ Y_n \end{pmatrix}$$

$$= \sum_{j=1}^n a_{jj} \det Y = \operatorname{tr} A \det Y.$$

上述行列式计算中, 第 j 行减去其他第 $k \neq j$ 行的 a_{jk} 倍, 则第 j 行化为 $a_{jj}Y_j$, 提出因子 a_{jj}, 即剩下行列式 $\det Y$. 从而获得上述结果.

对于标量微分方程

$$(\det Y)_x = \operatorname{tr} A \det Y,$$

直接积分, 则有

$$\det Y(x) = c_0 e^{\int_{x_0}^x \operatorname{tr} A(t) dt}.$$

再令 $x = x_0$, 得到 $c_0 = \det Y(x_0)$. 因此

$$\det Y(x) = \det Y(x_0) e^{\int_{x_0}^x \operatorname{tr} A(t) dt}.$$

2.4 张量积和外积

在线性代数中, 我们遇到过多种乘积, 例如

- 内积: $\mathbb{R}^n \times \mathbb{R}^n \to \mathbb{R}$;
- 外积: $\mathbb{R}^3 \times \mathbb{R}^3 \to \mathbb{R}^3$;

- 矩阵积: $\mathbb{R}^{m \times k} \times \mathbb{R}^{k \times n} \to \mathbb{R}^{m \times n}$.

这三种乘积都是线性映射, 而张量积是另外一种形式的线性映射.

定义 2.11　设 V_1, V_2, Y 为数域 F 上的线性空间, $\mu : V_1 \times V_2 \to Y$ 为双线性映射, 则 (Y, μ) 称为 V_1 与 V_2 的张量积, 如果下列条件成立: 假设 β_1 为 V_1 的一个基, 以及 β_2 为 V_2 的一个基, 则

$$\mu(\beta_1 \times \beta_2) := \{\mu(x_1, x_2) | x_1 \in \beta_1, x_2 \in \beta_2\} \tag{2.4.1}$$

为 Y 的一个基, 并记线性空间 $Y = V_1 \otimes V_2$, 线性映射 $\mu(x_1, x_2) = x_1 \otimes x_2$.

例 2.1　设 V 是数域 F 上的线性空间, 对 $v \in V$, $k \in F$, 定义 $\otimes$ 为标量乘积 $v \otimes k = kv$, 则 $V \otimes F = V$.

例 2.2　令 $V = F_{\text{row}}^n$, $W = F_{\text{col}}^m$, 对于 $v \in V$, $w \in W$, 定义 $w \otimes v = wv$, 则 $W \otimes V = M_{m \times n}(F)$.

定理 2.13　设 Y 为线性空间, $\mu : V_1 \times V_2 \to Y$ 为双线性映射, 假设存在 V_1 的基 γ_1, 以及 V_2 的基 γ_2, 使得 $\mu(\gamma_1 \times \gamma_2)$ 为 Y 的基, 则 (2.4.1) 成立.

证明　设 β_1, β_2 分别为 V_1, V_2 的基, 需要证明 $Y = \text{span}\{\mu(\beta_1 \times \beta_2)\}$. 假设 $y \in Y$, 既然 $Y = \text{span}\{\mu(\gamma_1 \times \gamma_2)\}$, 则

$$y = \sum_{j,k} a_{jk} \mu(z_{1j}, z_{2k}),$$

其中 $z_{1j} \in \gamma_1$, $z_{2k} \in \gamma_2$. 又 β_1, β_2 分别为 V_1, V_2 的基, 因此

$$z_{1j} = \sum_l b_{jl} x_{1l}, \quad z_{2k} = \sum_m c_{km} x_{2m},$$

其中 $x_{1l} \in \beta_1$, $x_{2m} \in \beta_2$. 因此

$$y = \sum_{j,k} a_{jk} \mu \left(\sum_l b_{jl} x_{1l}, \sum_m c_{km} x_{2m} \right) = \sum_{j,k,l,m} a_{jk} b_{jl} c_{km} \mu(x_{1l}, x_{2m}), \tag{2.4.2}$$

因此 $Y = \text{span}\{\mu(\beta_1 \times \beta_2)\}$.

例 2.3　在 $\mathbb{R}^2 \otimes \mathbb{R}^2$ 中, 证明

$$(1,1) \otimes (1,4) + (1,2) \otimes (-1,2) = 6(1,0) \otimes (0,1) + 3(0,1) \otimes (1,0).$$

事实上, 令 $x = (1,0)$, $y = (0,1)$. 我们将上式左边写为 x, y 的形式, 则有

$$(1,1) \otimes (1,4) + (1,2) \otimes (-1,2) = (x+y) \otimes (x+4y) + (x-2y) \otimes (-x+2y)$$

$$= x \otimes x + 4x \otimes y + y \otimes x + 4y \otimes y - x \otimes x + 2x \otimes y + 2y \otimes x - 4y \otimes y$$

$$= 6x \otimes y + 3y \otimes x = 6(1,0) \otimes (0,1) + 3(0,1) \otimes (1,0).$$

我们可以将两个向量空间的张量积推广到多个情形:

定义 2.12 设 $V_1, \cdots, V_k, Y$ 为数域 F 上的线性空间, $\mu : V_1 \times \cdots \times V_k \to Y$ 为 k-线性映射, 则 (Y, μ) 称为 $V_1, \cdots, V_k$ 的张量积, 如果下列条件成立: 假设 β_i 为 $V(i = 1, \cdots, k)$ 的一个基, 则

$$\mu(\beta_1 \times \cdots \times \beta_k) := \{\mu(x_1, \cdots, x_k) | x_i \in \beta_i, \ i = 1, \cdots, k\} \tag{2.4.3}$$

为 Y 的一个基, 并记线性空间 $Y = V_1 \otimes \cdots \otimes V_k$, 线性映射 $\mu(x_1, \cdots, x_k) = x_1 \otimes \cdots \otimes x_k$.

定义 2.13 设 $\mathcal{H}$ 为 Hilbert 空间, 称 $\otimes^n \mathcal{H}$ 为 $\mathcal{H}$ 上的乘子泛函空间, 即给定 $\varphi_1, \cdots, \varphi_n \in \mathcal{H}$, 定义 $\varphi \otimes \cdots \otimes \varphi_n \in \otimes^n \mathcal{H}$,

$$\varphi_1 \otimes \cdots \otimes \varphi_n : (\eta_1, \cdots, \eta_n) \to \prod_{i=1}^{n} (\varphi_i, \eta_i).$$

在其上定义内积

$$(\varphi_1 \otimes \cdots \otimes \varphi_n, \eta_1 \otimes \cdots \otimes \eta_n) = \prod_{i=1}^{n} (\varphi_i, \eta_i).$$

定义 2.14 定义

$$\varphi_1 \wedge \cdots \wedge \varphi_n = \frac{1}{\sqrt{n!}} \sum_{\tau \in \sigma_n} (-1)^\tau (\varphi_{\pi(1)} \otimes \cdots \otimes \varphi_{\pi(n)}),$$

其中 σ_n 表示 $\{1, \cdots, n\}$ 的所有排列, $(-1)^\tau$ 表示排列 τ 的符号. $\wedge^n \mathcal{H}$ 为由 $\varphi_1 \wedge \cdots \wedge \varphi_n$ 扩张的 $\otimes^n \mathcal{H}$ 的子空间.

定理 2.14 如果 $\mathcal{H}$ 为 n 维 Hilbert 空间, 则 $\wedge^n \mathcal{H}$ 为 1 维 Hilbert 空间, 并且

$$\wedge^n(A) = \det(A),$$

$$(\varphi_1 \wedge \cdots \wedge \varphi_n, \psi_1 \wedge \cdots \wedge \psi_n) = \det(\varphi_i, \psi_j).$$

$$\det(1 + A) = \sum_{j=1}^{n} \text{tr}(\wedge^j(A)).$$

证明

$$\det(1 + A) = (e_1 \wedge \cdots \wedge e_n, (I + A)e_1 \wedge \cdots \wedge (I + A)e_n) = \prod_{k=1}^{n} (1 + \lambda_k).$$

$$\text{tr}(\wedge^k(A)) = \sum_{1 \leqslant i_1 < \cdots < i_j \leqslant n} (e_{i_1} \wedge \cdots \wedge e_{i_k}, (I + A)e_{i_1} \wedge \cdots \wedge (I + A)e_{i_k})$$

$$= \sum_{1 \leqslant i_1 < \cdots < i_j \leqslant n} \lambda_{i_1} \cdots \lambda_{i_k}.$$

2.5　矩阵特征值估计

对给定的矩阵 $A \in \mathbb{C}^{n \times n}$, 定义

$$B = \frac{1}{2}(A + A^{\mathrm{H}}), \quad C = \frac{1}{2}(A - A^{\mathrm{H}}),$$

则 B 和 C 分别是 Hermite 和反 Hermite 矩阵, 此外假定 A, B, C 的特征值分别
为 $\{\lambda_1, \cdots, \lambda_n\}$, $\{\mu_1, \cdots, \mu_n\}$, $\{\nu_1, \cdots, \nu_n\}$, 并且排列次序满足

$$|\lambda_1| \geqslant \cdots \geqslant |\lambda_n|, \quad \mu_1 \geqslant \cdots \geqslant \mu_n, \quad \nu_1 \geqslant \cdots \geqslant \nu_n.$$

定理 2.15

$$\sum_{i=1}^{n} |\lambda_i|^2 \leqslant \sum_{i=1}^{n} \sum_{j=1}^{n} |a_{ij}|^2 = \|A\|_2^2,$$

$$|\lambda_i| \leqslant n \max_{i,j} |a_{ij}|, \quad |\mathrm{Re}\lambda_i| \leqslant n \max_{i,j} |b_{ij}|, \quad |\mathrm{Im}\lambda_i| \leqslant n \max_{i,j} |c_{ij}|,$$

$$\mu_n \leqslant \mathrm{Re}\lambda_i \leqslant \mu_1, \quad \nu_n \leqslant \mathrm{Im}\lambda_i \leqslant \nu_1.$$

定理 2.16　设 $A \in \mathbb{C}^{n \times n}$ 为 Hermite 矩阵, n 个实特征根为 $\lambda_1 \geqslant \cdots \geqslant \lambda_n$,
则有

$$\lambda_1 = \max_{x \neq 0} \frac{x^{\mathrm{H}} A x}{x^{\mathrm{H}} x}, \quad \lambda_n = \min_{x \neq 0} \frac{x^{\mathrm{H}} A x}{x^{\mathrm{H}} x}.$$

证明　记 $\Lambda = \mathrm{diag}(\lambda_1, \cdots, \lambda_n)$, 则存在酉矩阵 U, 使得

$$A = U \Lambda U^{\mathrm{H}}.$$

对任给的 $x \in \mathbb{C}^n$, 若记 $y = U^{\mathrm{H}} x$, 则有

$$x^{\mathrm{H}} A x = x^{\mathrm{H}} U \Lambda U^{\mathrm{H}} x = y^{\mathrm{H}} \Lambda y = \sum_{j=1}^{n} \lambda_j |\eta_j|^2,$$

其中设 $y = (\eta_1, \cdots, \eta_n)$. 注意到

$$\lambda_n y^{\mathrm{H}} y = \lambda_n \sum_{j=1}^{n} |\eta_j|^2 \leqslant \sum_{j=1}^{n} \lambda_j |\eta_j|^2 \leqslant \lambda_1 \sum_{j=1}^{n} |\eta_j|^2 = \lambda_1 y^{\mathrm{H}} y,$$

以及

$$y^{\mathrm{H}} y = x^{\mathrm{H}} U U^{\mathrm{H}} x = x^{\mathrm{H}} x.$$

因此有

$$\lambda_n x^H x \leqslant x^H A x \leqslant \lambda_1 x^H x,$$

即

$$\lambda_n \leqslant \frac{x^H A x}{x^H x} \leqslant \lambda_1.$$

第 3 章　复分析和 RH 问题

本章介绍后续利用 RH 方法研究可积系统、正交多项式和随机矩阵所需要的一些基础知识, 主要包括: Jordan 定理、Cauchy 积分、共形映射、Plemelj 公式、标量 RH 问题、矩阵 RH 问题和速降法等.

3.1　Jordan 定理

定理 3.1　设 $f(z)$ 沿圆弧 $S_r : z - a = re^{i\theta}$, $\theta_1 \leqslant \theta \leqslant \theta_2$ 上连续, 且

$$\lim_{r \to 0}(z - a)f(z) = \lambda, \tag{3.1.1}$$

则

$$\lim_{r \to 0}\int_{S_r} f(z)dz = i\lambda(\theta_2 - \theta_1). \tag{3.1.2}$$

证明　注意到

$$i\lambda(\theta_2 - \theta_1) = \int_{S_r} \frac{\lambda}{z - a}dz,$$

则

$$\left|\int_{S_r} f(z)dz - i\lambda(\theta_2 - \theta_1)\right| = \left|\int_{S_r} \frac{(z - a)f(z) - \lambda}{z - a}dz\right|. \tag{3.1.3}$$

由条件 (3.1.1) 知, 对 $\forall \varepsilon > 0$, 存在 $\delta > 0$, 使得当 $|z - a| = r < \delta$ 时,

$$|(z - a)f(z) - \lambda| < \frac{\varepsilon}{\theta_2 - \theta_1}, \quad z \in S_r.$$

于是

$$\left|\int_{S_r} f(z)dz - i\lambda(\theta_2 - \theta_1)\right| < \frac{\varepsilon}{\theta_2 - \theta_1}\int_{S_r} \frac{1}{|z - a|}|dz|$$

$$= \frac{\varepsilon}{\theta_2 - \theta_1}\int_{\theta_1}^{\theta_2} \frac{1}{r}|ie^{i\theta}r|d\theta = \varepsilon.$$

定理 3.2 设 $f(z)$ 沿圆弧 $\Gamma_R: z = Re^{i\theta}$, $0 \leqslant \theta \leqslant \pi$ 上连续, 且

$$\lim_{\substack{z \in \Gamma_R \\ R \to \infty}} f(z) = 0. \tag{3.1.4}$$

则

$$\lim_{R \to \infty} \int_{\Gamma_R} f(z)e^{imz}dz = 0 \quad (m > 0). \tag{3.1.5}$$

证明 由 (3.1.4) 知, 对 $\forall \varepsilon > 0$, 存在 $R_0 > 0$, 使得当 $R > R_0$ 时

$$|f(z)| < \varepsilon, \quad z \in \Gamma_R.$$

于是

$$\left| \int_{\Gamma_R} f(z)e^{imz}dz \right| = \left| \int_0^\pi f(Re^{i\theta})e^{imRe^{i\theta}}iRe^{i\theta}d\theta \right|$$

$$\leqslant R\varepsilon \int_0^\pi e^{-mR\sin\theta}d\theta = R\varepsilon \left(\int_0^{\pi/2} + \int_{\pi/2}^\pi e^{-mR\sin\theta}d\theta \right)$$

$$\xlongequal{\theta \to \pi - \theta} 2 \int_0^{\pi/2} e^{-mR\sin\theta}d\theta.$$

再利用不等式

$$\frac{2\theta}{\pi} \leqslant \sin\theta \leqslant \theta, \quad 0 \leqslant \theta \leqslant \pi/2,$$

则

$$\left| \int_{\Gamma_R} f(z)e^{imz}dz \right| \leqslant 2R\varepsilon \int_0^{\pi/2} e^{-2mR\theta/\pi}d\theta = \frac{\pi\varepsilon}{m}(1 - e^{-mR})$$

$$< \frac{\pi\varepsilon}{m} \to 0, \quad R \to \infty.$$

注 3.1 上述定理, 换成下半圆弧 $\Gamma_R: z = Re^{i\theta}$, $-\pi \leqslant \theta \leqslant 0$, $m < 0$ 也成立.

3.2 解析变换

定义 3.1 设函数 $w = f(z)$ 在区域 D 内有定义, 且对 D 内任意不同的两点 $z_1 \neq z_2$, 都有 $f(z_1) \neq f(z_2)$, 则称函数 $w = f(z)$ 在 D 内是单叶的, 并称区域 D 为 $w = f(z)$ 的单叶性区域.

显然, 区域 D 到区域 G 的单叶满变换 $w = f(z)$ 就是 D 到 G 的一一变换.

定理 3.3 (Rouche) 设 C 是一条围线, 函数 $f(z)$ 及 $\varphi(z)$ 满足条件

(i) 它们在 C 的内部均解析, 且连续到 C;

(ii) 在 C 上, $|f(z)| > |\varphi(z)|$,

则函数 $f(z)$ 及 $f(z) + \varphi(z)$ 在 C 的内部有同样多的零点.

定理 3.4 如果 $f(z)$ 在区域 D 内单叶解析, 则 D 内 $f'(z) \neq 0$.

证明 如果有 $z_0 \in D$, 使 $f'(z_0) = 0$, 则 z_0 为 $f(z) - f(z_0)$ 的一个 n 阶零点 $(n \geqslant 2)$. 由零点的孤立性, 故存在 $\delta > 0$, 使在圆周 $C : |z - z_0| = \delta$ 上,

$$f(z) - f(z_0) \neq 0.$$

在 C 内部 $f(z) - f(z_0)$ 及 $f'(z)$ 无异于 z_0 的零点. 设 m 为 $|f(z) - f(z_0)|$ 在 C 上的下确界, 则由 Rouche 定理, 当 $0 < |-a| < m$ 时, $f(z) - f(z_0) - a$ 在圆周 C 的内部也恰有 n 个零点, 但这些零点没有多重零点, 因为 $f'(z)$ 在 C 内部无异于 z_0 的其他零点, 而 z_0 非 $f(z) - f(z_0) - a$ 的零点, 假设 $z_1, \cdots, z_n$ 为 $f(z) - f(z_0) - a$ 在 C 内部的 n 个相异零点, 于是

$$f(z_k) = f(z_0) + a, \quad k = 1, 2, \cdots, n.$$

这与 $f(z)$ 的单叶性矛盾.

3.2.1 保域性

定理 3.5 (保域性) 设 $w = f(z)$ 在区域 D 内解析且不恒为常数, 则 D 内的像 $G = f(D)$ 也是一个区域.

证明 先证明 G 的每一点都是内点. 设 $w_0 \in G$, 依定义, 有 $z_0 \in D$, 使 $w_0 = f(z_0)$. 要证明 w_0 为 G 的内点, 只需证 w^* 与 w_0 充分接近时, $w^* \in G$, 即方程 $w^* = f(z)$ 在 D 内有解. 为此, 考虑

$$f(z) - w^* = f(z) - w_0 + w_0 - w^*,$$

由解析函数零点的孤立性, 必有以 z_0 为圆心的某个圆周 C 及内部全部包含于 D, 使得 $f(z) - w_0$ 在 C 及内部 (除 z_0 外) 均不为零, 因而在 C 上 $|f(z) - w_0| \geqslant \delta > 0$, 对于邻域 $|w^* - w_0| < \delta$ 内的点 w^* 以及 C 上的点 z, 有

$$|f(z) - w_0| \geqslant \delta > |w^* - w_0|.$$

由 Rouche 定理, 在 C 内部

$$f(z) - w^* = f(z) - w_0 + w_0 - w^*$$

与 $f(z) - w_0$ 有相同的零点, 于是 $w^* = f(z)$ 在 D 内有解.

其次, 要证明 G 中任意两点 $w_1 = f(z_1)$, $w_2 = f(z_2)$ 均可以用一条完全含于 G 的折线连接起来, 由于 D 是一个区域, 可在 D 内取一条连接 z_1, z_2 的折线 $c : z = z(t)$, $t_1 \leqslant t \leqslant t_2$, $z(t_1) = z_1$, $z(t_2) = z_2$. 于是 $\Gamma : w = f[z(t)]$, $t_1 \leqslant t \leqslant t_2$ 就是连接 w_1, w_2 的并且含于 G 的一条曲线.

推论 3.1 如果 $w = f(z)$ 在区域 D 内单叶解析, 则 D 的像集 $G = f(D)$ 也是一个区域.

证明 $w = f(z)$ 在区域 D 内单叶解析, 则在 D 内不恒为常数.

定理 3.6 设函数 $w = f(z)$ 在点 z_0 解析且 $f'(z_0) \neq 0$, 则 $f(z)$ 在 z_0 的一个邻域内单叶解析.

证明 令 $w_0 = f(z_0)$, $F(z) = f(z) - w_0$, 则

$$F(z_0) = 0, \quad F'(z_0) = f'(z_0) \neq 0,$$

因此, z_0 为 $F(z)$ 的简单零点. 由零点的孤立性, 存在一个圆盘 $\{|z - z_0| < r\} \subset D$, 使得在 $\{|z - z_0| \leqslant r\} \subset D$ 内, $F(z)$ 不含除 z_0 外的其他零点. 我们以 $\gamma = \{|z - z_0| = r\}$ 表示这个圆盘的边界, 又设 $\mu = \min\limits_{z \in \gamma} |F(z)|$, 则 $\mu > 0$. 对于圆盘 $\{|F(z)| < \mu\}$ 内任意一点 w_1, 即 $|w_1 - w_0| < \mu$, 我们有

$$f(z) - w_1 = F(z) + w_0 - w_1,$$

并且在 γ 上, $|F(z)| \geqslant \mu > |w_1 - w_0|$, 由 Rouche 定理, 在 $\{|z - z_0| < r, |F(z)| < \mu\}$ 内部 $f(z) - w_1$ 与 $F(z)$ 零点个数相同, 但 z_0 为 $F(z)$ 的简单零点, 因此, $f(z) = w_1$ 在 $\{|z - z_0| < r, |F(z)| < \mu\}$ 只有一个解, 即单叶的.

3.2.2 保角性

设 $w = f(z)$ 在区域 D 内解析, $z_0 \in D$, 且 $f'(z_0) \neq 0$. 过 z_0 任意引一条光滑曲线

$$C : z = z(t), \ t_1 \leqslant t \leqslant t_2,$$

其中 $z_0 = z(t_0)$, 则必有 $z'(t_0)$ 存在且 $z'(t_0) \neq 0$, 从而 C 在 z_0 有切线, $z'(t_0)$ 就是切向量, 它的倾角为 $\psi = \arg z'(t_0)$. 曲线 C 经过变换 $w = f(z)$ 得到的曲线 $\Gamma = f(C)$ 的参数方程为

$$\Gamma : w(t) = f[z(t)], \ t_1 \leqslant t \leqslant t_2,$$

则 Γ 在 $w_0 = f[z(t_0)]$ 的邻域内光滑, 且

$$w = w'(t_0) = f'(z_0)z'(t_0) \neq 0.$$

因此, Γ 在 $w_0 = f(z_0)$ 的切线倾角为

$$\Psi = \arg w'(t_0) = \arg f'(z_0) + \arg z'(t_0) = \psi + \arg f'(z_0). \tag{3.2.1}$$

进一步假设

$$f'(z_0) = Re^{i\alpha}, \tag{3.2.2}$$

其中

$$R = |f'(z_0)| = \lim_{\Delta z \to 0} \left| \frac{\Delta w}{\Delta z} \right| \neq 0, \quad \alpha = \arg f'(z_0). \tag{3.2.3}$$

从而 (3.2.1) 化为

$$\Psi - \psi = \alpha. \tag{3.2.4}$$

(3.2.3) 表明 R 和 α 与过 z_0 点的曲线 C 无关, 仅与 z_0 点有关. (3.2.4) 表明曲线 Γ 在点 w_0 的切线方向, 可由曲线 C 在 z_0 点切线方向旋转一个角 α 得到.

定义 3.2　$R = |f'(z_0)|$ 为切向量模长, 称为变换 $w = f(z)$ 在 z_0 点的伸缩率; $\alpha = \arg f'(z_0)$ 为切向量辐角, 称为变换 $w = f(z)$ 在 z_0 点的旋转角.

定义 3.3　经过 z_0 点的两条有向曲线 C_1, C_2 的切线正方向所构成的角, 称作两条曲线在该点的夹角.

定义 3.4　如果函数 $w = f(z)$ 在 z_0 点的邻域有定义, 且在 z_0 具有: ① 伸缩率不变性. ②过 z_0 的任意两条曲线夹角在变换 $w = f(z)$ 下, 保持大小和方向不变, 则称函数 $w = f(z)$ 在 z_0 点是保角的; 如果 $w = f(z)$ 在 D 内处处都是保角的, 则称 $w = f(z)$ 为 D 内的保角变换.

定理 3.7　如果函数 $w = f(z)$ 在区域 D 内解析, 则它在导数不为零的点处是保角的.

证明　设曲线 C_1, C_2 在点 z_0 的切线倾角为 ψ_1, ψ_2, 在变换 $w = f(z)$ 下的像曲线 Γ_1, Γ_2 的倾角为 Ψ_1, Ψ_2. 由 (3.2.4) 有

$$\Psi_1 - \psi_1 = \alpha, \quad \Psi_2 - \psi_2 = \alpha.$$

从而得

$$\Psi_1 - \Psi_2 = \psi_1 - \psi_2. \tag{3.2.5}$$

推论 3.2　如果函数 $w = f(z)$ 在区域 D 内单叶解析, 则它在区域 D 内是保角的.

3.3 共 形 映 射

共形映射是从物理的观念中产生的, 对于物理许多领域有重要应用, 成功解决了在流体力学、空气动力学、弹性力学、磁场与热场等方面的许多实际问题. 从数学角度看, 共形映射是对解析函数实施的映射, 是数学中最重要的概念之一.

定义 3.5 如果函数 $w = f(z)$ 在区域 D 内是单叶且保角的, 则称此变换 $w = f(z)$ 为区域 D 内的共形变换.

由于解析函数在一阶导数不为零点处保角, 且在小邻域内单叶, 因此定理 3.6 表明, 解析函数在一阶导数不为零, 即非驻点的小邻域内是局部共形的.

反过来, 下面我们来看函数的局部共形的必要条件. 假设给定区域 D 到区域 D^* 上的连续双向单值映射

$$w = f(z) = u(z) + iv(z) = u(x, y) + iv(x, y),$$

其中 $u(z), v(z)$ 在区域 D 内可微, 对于固定 $z_0 \in D$, 在 z_0 点附近作一阶 Taylor 展开

$$u(z) - u(z_0) = u_x(z_0)(x - x_0) + u_y(z_0)(y - y_0) + o(|z - z_0|),$$
$$v(z) - v(z_0) = v_x(z_0)(x - x_0) + v_y(z_0)(y - y_0) + o(|z - z_0|),$$

其中 $o(|z - z_0|)$ 表示高阶无穷小, 并设 $u_x^2(z_0) + u_y^2(z_0) \neq 0$, $v_x^2(z_0) + v_y^2(z_0) \neq 0$.

我们忽略高阶无穷小量, 从几何观点看, 就是用线性主部映射

$$u(z) - u(z_0) = u_x(z_0)(x - x_0) + u_y(z_0)(y - y_0), \tag{3.3.1}$$
$$v(z) - v(z_0) = v_x(z_0)(x - x_0) + v_y(z_0)(y - y_0) \tag{3.3.2}$$

来代替映射 $w = f(z)$. 映射 (3.3.1)—(3.3.2) 可改写为如下形式

$$u = ax + by + l, \tag{3.3.3}$$
$$v = cx + dy + m, \tag{3.3.4}$$

其中

$$\begin{aligned} a = u_x(z_0), \quad b = u_y(z_0), \quad l = u(z_0) - u_x(z_0)x_0 - u_y(z_0)y_0, \\ c = v_x(z_0), \quad d = v_y(z_0), \quad m = v(z_0) - v_x(z_0)x_0 - v_y(z_0)y_0 \end{aligned} \tag{3.3.5}$$

为 z_0 点的函数值, 与 x 和 y 无关, 因此, (3.3.3)—(3.3.4) 为线性变换.

性质 3.1   线性变换 (3.3.3)—(3.3.4) 具有如下性质:

(1) 在整个 z 平面内是单值确定的;

(2) 当 $\Delta = ad - bc \neq 0$ 时, 在整个 w 平面内也是单值确定的;

(3) 将 z 平面上的正方形映射为 w 平面的平行四边形;

(4) 将以 z_0 为圆心的圆周映射为以 w_0 为中心的椭圆.

证明   (1) 显然得出.

(2) 事实上, 直接解上述线性方程组得到

$$x = \frac{1}{\Delta}(du - bv - dl + bm), \quad y = \frac{1}{\Delta}(-cu + av + lc - am), \tag{3.3.6}$$

或者写为

$$x - x_0 = \frac{d}{\Delta}(u - u_0) - \frac{b}{\Delta}(v - v_0), \tag{3.3.7}$$

$$y - y_0 = -\frac{c}{\Delta}(u - u_0) + \frac{a}{\Delta}(v - v_0), \tag{3.3.8}$$

其中 $\Delta = ad - bc \neq 0$. 因此, 线性变换 (3.3.3)—(3.3.4) 是把整个 z 平面映到 w 平面的双向单值映射.

(3) 下面我们看线性映射对图形的影响. 考虑斜率 $k = \tan\phi$ 的平行直线族

$$y = kx + c.$$

将 (3.3.6) 代入上式, 对应也是一族平行线

$$(c + kd)u - (a + kb)v + am - lc + k(bm - dl) + c\Delta = 0,$$

其斜率为

$$k^* = \tan\theta = \frac{c + kd}{a + kb}.$$

因此, 映射 (3.3.3)—(3.3.4) 将 z 平面上的正方形映射为 w 平面的平行四边形.

将以 z_0 为圆心的圆周

$$(x - x_0)^2 + (y - y_0)^2 = 0$$

在映射 (3.3.3)—(3.3.4) 下变换成以点 w_0 为中心的椭圆

$$(d^2 + c^2)(u - u_0)^2 - 2(bd + ac)(u - u_0)(v - v_0) + (a^2 + b^2)(v - v_0)^2 = \Delta^2 r^2.$$

由上式可以看出, 映射 (3.3.3)—(3.3.4) 将 z_0 为圆心的圆周变换成以点 w_0 为中心的圆周的充分必要条件为

$$bd + ac = 0, \quad d^2 + c^2 = b^2 + a^2, \tag{3.3.9}$$

其中第一个方程给出

$$\frac{a}{d} = -\frac{b}{c} = \lambda,$$

由此得

$$a = \lambda d, \quad b = -\lambda c$$

代入 (3.3.9) 得到

$$\lambda^2 = 1, \quad \lambda = \pm 1.$$

对于 $\lambda = 1$, 有

$$a = d, \quad b = -c,$$
$$\Delta = ad - bc = a^2 + b^2 > 0. \tag{3.3.10}$$

可令

$$a = d = \sqrt{\Delta} \cos\alpha, \quad c = -b = \sqrt{\Delta} \sin\alpha,$$

于是变换 (3.3.3)—(3.3.4) 可写为

$$u = \sqrt{\Delta}(x\cos\alpha - y\sin\alpha) + l, \tag{3.3.11}$$
$$v = \sqrt{\Delta}(x\sin\alpha + y\cos\alpha) + m, \tag{3.3.12}$$

改写为复形式

$$u + iv = \sqrt{\Delta}(\cos\alpha + i\sin\alpha)(x + iy) + l + im,$$

导出复函数

$$w = \sqrt{\Delta}e^{i\alpha}z + l + im. \tag{3.3.13}$$

可见如果 $f(z)$ 解析, 变换 (3.3.3)—(3.3.4) 化为 z 平面平移一个向量 $l + im$, 旋转一个角度 α 以及伸缩系数为 $\sqrt{\Delta}$.

对于 $\lambda = -1$, 导出关系

$$a = -d, \quad b = c, \quad \Delta = -a^2 - b^2 < 0.$$

变换 (3.3.3)—(3.3.4) 可写为

$$w = \sqrt{-\Delta}e^{i\alpha}\bar{z} + l + im. \tag{3.3.14}$$

(3.3.14) 比变换 (3.3.13) 多一个关于实轴的对称变换. 由变换 (3.3.13) 和 (3.3.14) 的几何意义看出, 这种变换保持了图形的相似性, 特别保持了两条直线之间的夹角, 具有这种性质的线性变换称正交变换, 也就是 3.2 节的保角变换. 我们给出共形映射一个等价定义.

定义 3.6　如果一个把区域 D 映到 D^* 的双向单值映射 $w = f(z)$ 的主要线性部分, 在 D 中任何一个点的邻域内都是保持线性的正交变换, 这个映射称为共形映射.

共形映射具有性质:

(1) 共形映射在可以相差一个高阶无穷小的程度内, 把充分小的圆周变换为圆周 (保形).

(2) 共形映射使得在曲线的交点处曲线的夹角保持不变 (保角).

考虑公式 (3.3.5) 和公式 (3.3.10), 我们可以把映射为共形映射的必要条件改为

$$u_x(z_0) = v_y(z_0), \quad u_y(z_0) = -v_x(z_0), \tag{3.3.15}$$

$$\Delta = u_x^2(z_0) + u_y^2(z_0) = |f'(z_0)|^2 \neq 0. \tag{3.3.16}$$

第一个条件即为解析函数的 Cauchy-Riemann 条件, 由第二个条件可知, $|f'(z_0)| = \sqrt{\Delta}$, $\arg f'(z_0) = \alpha$, 即导数的模和辐角分别表示映射 $w = f(z)$ 的主要线性部分在点 z_0 处的延伸系数和旋转角. 3.2 节实际已经给出了解析函数为共形映射的充分条件, 加上这一节给的必要条件, 有如下定理.

定理 3.8　函数 $w = f(z)$ 在 D 为共形映射的充分必要条件是它在这个区域是解析单叶的.

定理 3.9　设 $w = f(z)$ 在 D 内单叶解析, 则

(1) $w = f(z)$ 将 D 共形映射成区域 $G = f(D)$;

(2) 反函数 $z = f^{-1}(w)$ 在区域 G 内单叶解析, 且

$$(f^{-1}(w))' = 1/f'(z).$$

证明　(1) 由推论 3.1, G 是区域, 由推论 3.2, $w = f(z)$ 将 D 共形映射成 G.

(2) 由定理 $f'(z_0) \neq 0$, 又因为 $w = f(z)$ 是 D 到 G 的单叶满变换, 所以是 D 到 G 的一一变换, 于是, 当 $w \neq w_0$ 时, $z \neq z_0$, 即反函数 $z = f^{-1}(w)$ 在区域 G 内单叶. 设 $f(z) = u(x, y) + iv(x, y)$ 在区域 D 内解析, 则有 Cauchy-Riemann 条件 $u_x = v_y$, $u_y = -v_x$, 因此

$$\frac{\partial(u, v)}{\partial(x, y)} = u_x^2 + v_x^2 = |f'(z)| \neq 0.$$

由隐函数存在定理, 存在两个函数

$$x = x(u, v), \quad y = y(u, v)$$

在 w_0 某一邻域连续, 当 $w \to w_0$ 时, 有 $z = f^{-1}(w) \to z_0 = f^{-1}(w_0)$. 因此

$$\frac{\partial f^{-1}(w_0)}{\partial w} = \lim_{w \to w_0} \frac{f^{-1}(w) - f^{-1}(w_0)}{w - w_0} = \frac{1}{\lim\limits_{w \to w_0} \dfrac{w - w_0}{z - z_0}} = 1/f'(z_0).$$

注 3.2 这个定理表明, 如果 $w = f(z)$ 单叶解析, 则 $w = f(z)$ 将区域 D 共形映射为区域 $G = f(D)$; 反函数 $z = f^{-1}(w)$ 将区域 G 共形映射为区域 D.

3.4 Cauchy 积分定理和 Painlevé 开拓定理

首先看一个例子.

例 3.1 设 Σ 为连接 a, b 的任意曲线, 则直接计算, 得到

$$\int_\Sigma z dz = \frac{1}{2}(b^2 - a^2). \tag{3.4.1}$$

这个积分的特点是 $f(z) = z$ 在单连通区域 z 平面内解析, 它沿连接 a, b 的任何路径 Σ 的积分值都相同, 即积分与路径无关.

由此可见, 复积分的值与路径无关的条件, 或者区域内沿任何闭曲线积分值为零的条件, 可能与被积函数的解析性和解析区域的单连通性有关. 1825 年, Cauchy 给出了 Cauchy 积分定理, 肯定回答了上述问题.

定理 3.10 (Cauchy) 设函数 $f(z)$ 在复平面的单连通区域 D 内解析, Σ 为 D 内任意一条闭围线 (不一定简单), 则

$$\int_\Sigma f(z) dz = 0. \tag{3.4.2}$$

如果 $f'(z)$ 在 D 内连续, 则可以给出定理一个非常简洁证明.

证明 令

$$z = x + iy, \quad f(z) = u(x, y) + iv(x, y), \tag{3.4.3}$$

则 u_x, u_y, v_x, v_y 在 D 内连续, 且满足 Cauchy-Riemann 方程

$$u_x = v_y, \quad u_y = -v_x, \tag{3.4.4}$$

因此, 由 Green 公式和 (3.4.3), 有

$$
\begin{aligned}
\int_\Sigma f(z) dz &= \int_\Sigma u dx - v dy + i \int_\Sigma v dx + u dy \\
&= -\iint_D (u_y + v_x) dx dy + i \iint_D (u_x - v_y) dx dy = 0.
\end{aligned} \tag{3.4.5}
$$

定理 3.11 (Morera) 如果 $f(z)$ 在单连通区域 D 内连续, 且对于 D 内任意围线 Σ, 有

$$\int_\Sigma f(z) dz = 0, \tag{3.4.6}$$

则 $f(z)$ 在 D 内解析.

证明　对任意固定 $z_0 \in D$ 及 $\forall z \in D$, 设 C_1, C_2 为连接 z_0, z 的任意两条曲线, 则 $C_1 + C_2$ 构成闭围线, 由 (3.4.6), 有

$$\int_{C_1+C_2^-} f(z)dz = 0. \tag{3.4.7}$$

从而

$$\int_{C_1} f(z)dz = \int_{C_2} f(z)dz. \tag{3.4.8}$$

这说明 $\int_{z_0}^{z} f(t)dt$ 与积分路径无关, 对 $\forall z \in D$, 都有唯一值与之对应, 因此这个积分

$$F(z) = \int_{z_0}^{z} f(t)dt \tag{3.4.9}$$

决定了一个关于 z 的函数. 根据定义,

$$F'(z) = \lim_{h \to 0} \frac{F(z+h) - F(z)}{h} = \lim_{h \to 0} \frac{1}{h} \int_{z}^{z+h} f(t)dt. \tag{3.4.10}$$

由 $f(t)$ 在 z 处连续, 则

$$f(t) = f(z) + \eta(t), \tag{3.4.11}$$

其中 $\eta(t) \to 0$, 当 $h \to 0$ 时. 因此

$$\begin{aligned} F'(z) &= \lim_{h \to 0} \frac{1}{h} \int_{z}^{z+h} f(z)dt + \lim_{h \to 0} \frac{1}{h} \int_{z}^{z+h} \eta(t)dt \\ &= f(z) + \lim_{h \to 0} \frac{1}{h} \int_{z}^{z+h} \eta(t)dt. \end{aligned} \tag{3.4.12}$$

而

$$\left| \frac{1}{h} \int_{z}^{z+h} \eta(t)dt \right| \leqslant \frac{1}{|h|} \max_{|z-t| \leqslant 1} |\eta(t)| \left| \int_{z}^{z+h} |dt| \right| \leqslant \max_{|z-t| \leqslant 1} |\eta(t)| \to 0. \tag{3.4.13}$$

因此

$$F'(z) = f(z). \tag{3.4.14}$$

也即 $F(z)$ 在 D 内解析, 但解析函数的各阶导数仍解析, 因此 $f(z) = F'(z)$ 解析.

定理 3.12 (Painlevé) 设 D_1, D_2 为两个没有公共点的单连通区域, 边界为 Γ, 并设 $f_1(z), f_2(z)$ 分别在 D_1, D_2 内解析, 在 $D_1 + \Gamma, D_2 + \Gamma$ 上连续, 且在 $z \in \Gamma$ 上, $f_1(z) = f_2(z)$, 则

$$f(z) = \begin{cases} f_1(z), & z \in D_1, \\ f_1(z) = f_2(z), & z \in \Gamma, \\ f_2(z), & z \in D_2 \end{cases} \tag{3.4.15}$$

在 $D_1 + D_2 + \Gamma$ 内解析.

证明 显然, $f(z)$ 在 $D_1 + D_2 + \Gamma$ 连续, 根据 Morera 定理, 只需证明 $f(z)$ 沿任何闭曲线 Σ 的积分为零.

(i) 如果 $\Sigma \subset D_1$ 或者 $\Sigma \subset D_2$, 则由 $f(z)$ 在 D_1, D_2 解析性可知

$$\int_\Sigma f(z)dz = 0. \tag{3.4.16}$$

(ii) 如果 Σ 同时包含于 D_1, D_2 内, 把 Γ 在 Σ 内那段记作 C_r, 则

$$\int_{C_1 + C_r} f(z)dz = 0, \qquad \int_{C_2 + C_r^-} f(z)dz = 0.$$

于是

$$\int_\Sigma f(z)dz = \int_{C_1 + C_2} f(z)dz = \int_{C_1 + C_r} f(z)dz + \int_{C_2 + C_r^-} f(z)dz = 0.$$

3.5 Cauchy 主值积分和 Plemelj 公式

3.5.1 Cauchy 主值积分

根据 Cauchy 积分定理和留数定理, 设 Σ 为一条闭曲线, 所包围的区域为 D, 如果 $f(z)$ 以及 $\mathbb{C} \backslash (D \cup \Sigma)$ 在 D 内解析, 则

$$\frac{1}{2\pi i} \int_\Sigma \frac{f(\xi)}{\xi - z} d\xi = \begin{cases} f(z), & z \in D, \\ 0, & z \in \mathbb{C} \backslash (D \cup \Sigma). \end{cases} \tag{3.5.1}$$

一个自然的问题是当 $z \in \Sigma$ 时, 这种积分是否存在? 当 z' 从 Σ 的正负域趋于 $z \in \Sigma$ 时, 极限是否存在且相等? 即

$$\frac{1}{2\pi i} \int_\Sigma \frac{f(\xi)}{\xi - z} d\xi = ?, \quad z \in \Sigma, \tag{3.5.2}$$

$$\lim_{\substack{z' \to z \\ z' \in \pm\Sigma}} \frac{1}{2\pi i} \int_\Sigma \frac{f(\xi)}{\xi - z'} d\xi = ?, \quad z \in \Sigma. \tag{3.5.3}$$

为很好地回答上述问题, 我们首先定义 Cauchy 积分.

定义 3.7　设 Σ 为复平面上一条光滑曲线, $f(z)$ 在 Σ 上连续, 则

$$F(z) = \frac{1}{2\pi i} \int_\Sigma \frac{f(\xi)}{\xi - z} d\xi := C(f), \tag{3.5.4}$$

$F(z)$ 称为 Σ 上的 Cauchy 积分, $C(\cdot)$ 称 Cauchy 积分算子.

注 3.3　上述 Cauchy 积分定义的条件非常宽松.

(1) Σ 可以是开曲线或者闭曲线;

(2) 积分中的 z 可以在积分路径 Σ 上, 也可以不在 Σ 上;

(3) 只要求函数 $f(z)$ 在 Σ 上的连续情况.

设曲线 Σ 的起点和终点分别为 a 和 b, 当 $z \in \Sigma$ 时, Cauchy 积分 (3.5.4) 为奇性积分, 因为被积函数当 $\xi \to z$ 时趋于无穷大, 这种积分一般来说是发散的, 我们从下面的例子来看如何定义和理解此类积分 (图 3.1).

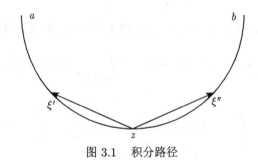

图 3.1　积分路径

例 3.2　取 $f(\xi) = 1$, 则 Cauchy 积分 (3.5.4) 化为

$$F(z) = \frac{1}{2\pi i} \int_\Sigma \frac{1}{\xi - z} d\xi, \quad z \in \Sigma. \tag{3.5.5}$$

我们来看看这种积分在什么意义下是存在的.

按照普通广义积分的定义, 在 Σ 上 z 的前后各取一点 ξ', ξ'', 则

$$\begin{aligned}
\int_\Sigma \frac{1}{\xi - z} d\xi &= \lim_{\xi', \xi'' \to z} \int_{\Sigma \setminus \widehat{\xi' \xi''}} \frac{1}{\xi - z} d\xi \\
&= \lim_{\xi', \xi'' \to z} \left(\int_a^{\xi'} \frac{1}{\xi - z} d\xi + \int_{\xi''}^b \frac{1}{\xi - z} d\xi \right) \\
&= \lim_{\xi', \xi'' \to z} \left[\log\left(\frac{b-z}{a-z}\right) + \log\left|\frac{\xi'-z}{\xi''-z}\right| + i \arg\left(\frac{\xi'-z}{\xi''-z}\right) \right] \\
&= \log\left(\frac{b-z}{a-z}\right) + \pi i + \lim_{\xi', \xi'' \to z} \log\left|\frac{\xi'-z}{\xi''-z}\right|. \tag{3.5.6}
\end{aligned}$$

上述极限 $\displaystyle\lim_{\xi',\xi''\to z}\log\left|\dfrac{\xi'-z}{\xi''-z}\right|$ 对于任意方式 $\xi',\xi''\to z$ 未必存在, 例如取 $|\xi'-z|=\varepsilon^2$, $|\xi''-z|=\varepsilon$, $\varepsilon\to 0$, 则

$$\lim_{\xi',\xi''\to z}\log\left|\frac{\xi'-z}{\xi''-z}\right|=\lim_{\varepsilon\to 0}\log\varepsilon\to\infty.$$

此时, Cauchy 积分 (3.5.6) 不存在. 但如果限定 $|\xi'-z|=|\xi''-z|\to 0$, 则

$$\lim_{\xi',\xi''\to z}\log\left|\frac{\xi'-z}{\xi''-z}\right|=0.$$

那么 Cauchy 积分 (3.5.6) 是存在的, 并且

$$\frac{1}{2\pi i}\int_\Sigma\frac{1}{\xi-z}d\xi=\frac{1}{2\pi i}\log\frac{b-z}{a-z}+\frac{1}{2},\quad z\in\Sigma. \tag{3.5.7}$$

这种意义下的积分称为 Cauchy 主值积分.

注 3.4 当 Σ 是闭的, 则 $a=b$, 公式 (3.5.7) 退化为

$$\frac{1}{2\pi i}\int_\Sigma\frac{1}{\xi-z}d\xi=\frac{1}{2},\quad z\in\Sigma, \tag{3.5.8}$$

从而我们得到一个有趣公式

$$\frac{1}{2\pi i}\int_\Sigma\frac{1}{\xi-z}d\xi=\begin{cases}1, & z\in D,\\[2mm]\dfrac{1}{2}, & z\in\Sigma,\\[2mm]0, & z\in\mathbb{C}\backslash(D\cup\Sigma).\end{cases} \tag{3.5.9}$$

注 3.5 如果 $z\in\Sigma$ 为角点, 设 z 处的两个单侧切线夹角为 α, 公式 (3.5.7) 改为

$$\frac{1}{2\pi i}\int_\Sigma\frac{1}{\xi-z}d\xi=\frac{1}{2\pi i}\log\frac{b-z}{a-z}+\frac{\alpha}{2\pi},\quad z\in\Sigma. \tag{3.5.10}$$

如果 Σ 是闭的, 公式 (3.5.10) 退化为

$$\frac{1}{2\pi i}\int_\Sigma\frac{1}{\xi-z}d\xi=\frac{\alpha}{2\pi},\quad z\in\Sigma. \tag{3.5.11}$$

如下我们给出 Cauchy 主值积分的定义.

定义 3.8 设 $f(\xi)$ 在 Σ 上连续, $z\in\Sigma$, 以 z 为圆心, ε 为半径作圆, 它交 Σ 上 z 点两侧各截一点 ξ',ξ'', 记 $\widehat{\xi'\xi''}=C_\varepsilon$, 定义

$$F(z)=\frac{1}{2\pi i}\int_\Sigma\frac{f(\xi)}{\xi-z}d\xi=\lim_{\varepsilon\to 0}\frac{1}{2\pi i}\int_{\Sigma\backslash C_\varepsilon}\frac{f(\xi)}{\xi-z}d\xi \tag{3.5.12}$$

称为 Cauchy 主值积分.

3.5.2　Cauchy 主值积分存在性

对于连续函数 $f(\xi)$, Cauchy 主值积分 (3.5.12) 一般不存在, 需要在 $f(\xi)$ 上加强条件.

定义 3.9　设 $f(\xi)$ 在 Σ 上连续, $z \in \Sigma$, 如果存在常数 $M > 0$, 使对于 Σ 上所有足够邻近 z 点的 ξ, 不等式

$$|f(\xi) - f(z)| \leqslant M|\xi - z|^{\mu}, \quad 0 < \mu \leqslant 1 \tag{3.5.13}$$

成立, 则称 $f(\xi)$ 在 z 点满足 μ 次 Hölder 条件.

意义: 函数增量相对于自变量的增量是一个不低于 μ 的无穷小.

定理 3.13　Σ 为复平面上的一条曲线, 起点和终点分别为 a 和 b, 如果 $f(\xi)$ 在正则点 $z \in \Sigma$ 满足 μ 次 Hölder 条件 (3.5.13), 则 Cauchy 主值积分 (3.5.12) 存在, 并且

$$
\begin{aligned}
F(z) &= \frac{1}{2\pi i} \int_{\Sigma} \frac{f(\xi)}{\xi - z} d\xi \\
&= \frac{1}{2\pi i} \int_{\Sigma} \frac{f(\xi) - f(z)}{\xi - z} d\xi + \frac{f(z)}{2\pi i} \log \frac{b - z}{a - z} + \frac{1}{2} f(z).
\end{aligned} \tag{3.5.14}
$$

特别当 Σ 为闭曲线时, 有

$$F(z) = \frac{1}{2\pi i} \int_{\Sigma} \frac{f(\xi)}{\xi - z} d\xi = \frac{1}{2\pi i} \int_{\Sigma} \frac{f(\xi) - f(z)}{\xi - z} d\xi + \frac{1}{2} f(z).$$

证明　依据 Cauchy 积分定义

$$F(z) = \frac{1}{2\pi i} \int_{\Sigma} \frac{f(\xi)}{\xi - z} d\xi = \frac{1}{2\pi i} \int_{\Sigma} \frac{f(\xi) - f(z)}{\xi - z} d\xi + \frac{f(z)}{2\pi i} \int_{\Sigma} \frac{1}{\xi - z} d\xi. \tag{3.5.15}$$

而由 (3.5.7) 知道, (3.5.15) 右式第二个积分在 Cauchy 主值积分意义下存在, 并且

$$\frac{f(z)}{2\pi i} \int_{\Sigma} \frac{1}{\xi - z} d\xi = \frac{f(z)}{2\pi i} \log \frac{b - z}{a - z} + \frac{1}{2} f(z), \quad z \in \Sigma. \tag{3.5.16}$$

(3.5.15) 右式第一个积分可写为

$$\frac{1}{2\pi i} \int_{\Sigma} \frac{f(\xi) - f(z)}{\xi - z} d\xi = \frac{1}{2\pi i} \int_{\Sigma \backslash C_{\varepsilon}} \frac{f(\xi) - f(z)}{\xi - z} d\xi + \frac{1}{2\pi i} \int_{C_{\varepsilon}} \frac{f(\xi) - f(z)}{\xi - z} d\xi. \tag{3.5.17}$$

上式右式第一个积分在普通意义下存在, 利用 Hölder 条件, 第二个积分有

$$\left| \frac{1}{2\pi i} \int_{C_{\varepsilon}} \frac{f(\xi) - f(z)}{\xi - z} d\xi \right| \leqslant \frac{M}{2\pi} \int_{C_{\varepsilon}} \frac{1}{|\xi - z|^{1 - \mu}} |d\xi|.$$

令 $|\xi - z| = t$, 则对充分小的 ε, 有 $|d\xi| \leqslant Adt$. 因此, 上述积分化为

$$\left| \frac{1}{2\pi i} \int_{C_\varepsilon} \frac{f(\xi) - f(z)}{\xi - z} d\xi \right| \leqslant \frac{MA}{2\pi} \int_0^\varepsilon t^{\mu-1} dt = \frac{MA\varepsilon^\mu}{2\pi\mu} \to 0, \quad \varepsilon \to 0. \quad (3.5.18)$$

于是, (3.5.17) 化为

$$\frac{1}{2\pi i} \int_\Sigma \frac{f(\xi) - f(z)}{\xi - z} d\xi = \lim_{\varepsilon \to 0} \frac{1}{2\pi i} \int_{\Sigma \setminus C_\varepsilon} \frac{f(\xi) - f(z)}{\xi - z} d\xi.$$

因此, 在 Hölder 条件下, Cauchy 主值积分 (3.5.17) 存在. 将 (3.5.16) 代入 (3.5.15), 便可得到 (3.5.14).

注 3.6 当 $z \in \Sigma$ 为角点时, 有

$$F(z) = \frac{1}{2\pi i} \int_\Sigma \frac{f(\xi)}{\xi - z} d\xi = \frac{1}{2\pi i} \int_\Sigma \frac{f(\xi) - f(z)}{\xi - z} d\xi + \frac{f(z)}{2\pi i} \log \frac{b - z}{a - z} + \frac{\alpha}{2\pi} f(z).$$
$$(3.5.19)$$

特别对闭曲线, 有

$$F(z) = \frac{1}{2\pi i} \int_\Sigma \frac{f(\xi)}{\xi - z} d\xi = \frac{1}{2\pi i} \int_\Sigma \frac{f(\xi) - f(z)}{\xi - z} d\xi + \frac{\alpha}{2\pi} f(z).$$

3.5.3 Plemelj 公式

引理 3.1 设函数 $f(\xi)$ 在 $z \in \Sigma$ 满足 μ 次 Hölder 条件 (3.5.13), 并且当 $z' \to z$ 时, h/d 有界, 其中 $h = |z' - z|$, $d = \min_{\xi \in \Sigma} |\xi - z'|$, 则

$$\lim_{z' \to z} \frac{1}{2\pi i} \int_\Sigma \frac{f(\xi) - f(z)}{\xi - z'} d\xi = \frac{1}{2\pi i} \int_\Sigma \frac{f(\xi) - f(z)}{\xi - z} d\xi. \quad (3.5.20)$$

证明

$$\frac{1}{2\pi i} \int_\Sigma \frac{f(\xi) - f(z)}{\xi - z'} d\xi - \frac{1}{2\pi i} \int_\Sigma \frac{f(\xi) - f(z)}{\xi - z} d\xi$$
$$= \frac{1}{2\pi i} \int_\Sigma \frac{(z' - z)(f(\xi) - f(z))}{(\xi - z')(\xi - z)} d\xi = \Delta_1 + \Delta_2, \quad (3.5.21)$$

其中 Δ_1 是沿 $C_\delta = \{\xi, |\xi - z| \leqslant \delta\}$ 的积分, Δ_2 是沿 $\Sigma \setminus C_\delta$ 的积分. 由 Hölder 条件及 $|\xi - z'| \geqslant d$,

$$|\Delta_1| \leqslant \frac{hM}{2\pi d} \int_{C_\delta} \frac{|\xi - z|^\mu}{|\xi - z|} |d\xi| \leqslant \frac{hMA}{2\pi d} \int_0^\delta t^{\mu-1} dt = \frac{hMA}{\pi d\mu} \delta^\mu.$$

因此可取 δ 充分小, 使得

$$|\Delta_1| < \varepsilon/2.$$

$\Sigma \setminus C_\delta$ 不包含 z, 所以当 δ 固定后, 积分

$$\frac{1}{2\pi i} \int_{\Sigma \setminus C_\delta} \frac{f(\xi) - f(z)}{\xi - z'} d\xi$$

作为 z' 的函数连续, 因此, 当 $|z' - z|$ 充分小时,

$$|\Delta_2| = \left| \frac{1}{2\pi i} \int_{\Sigma \setminus C_\delta} \frac{f(\xi) - f(z)}{\xi - z'} d\xi - \frac{1}{2\pi i} \int_{\Sigma \setminus C_\delta} \frac{f(\xi) - f(z)}{\xi - z} d\xi \right| < \varepsilon/2.$$

从而

$$|\Delta_1| + |\Delta_2| < \varepsilon.$$

定理 3.14 (Plemelj)　设 $z \in \Sigma$ 为正则点, 且不是端点, $f(\xi)$ 在 z 点满足 μ 次 Hölder 条件 (3.5.13), 并且当 $z' \to z$ 时, h/d 有界, 其中 $h = |z' - z|$, $d = \min\limits_{\xi \in \Sigma} |\xi - z'|$, 则

$$F_+(z) = \lim_{\substack{z' \to z \\ z' \in +\Sigma}} F(z') = F(z) + \frac{1}{2} f(z), \tag{3.5.22}$$

$$F_-(z) = \lim_{\substack{z' \to z \\ z' \in -\Sigma}} F(z') = F(z) - \frac{1}{2} f(z). \tag{3.5.23}$$

证明　我们分两种情况证明.

(i) 如果 Σ 为闭曲线, 则

$$\begin{aligned}
F_+(z) &= \lim_{\substack{z' \to z \\ z' \in D}} F(z') = \lim_{\substack{z' \to z \\ z' \in D}} \frac{1}{2\pi i} \int_\Sigma \frac{f(\xi)}{\xi - z'} d\xi \\
&= \lim_{\substack{z' \to z \\ z' \in D}} \left(\frac{1}{2\pi i} \int_\Sigma \frac{f(\xi) - f(z)}{\xi - z'} d\xi + \frac{f(z)}{2\pi i} \int_\Sigma \frac{1}{\xi - z'} d\xi \right) \\
&= \frac{1}{2\pi i} \int_\Sigma \frac{f(\xi) - f(z)}{\xi - z} d\xi + f(z) \\
&= \frac{1}{2\pi i} \int_\Sigma \frac{f(\xi) - f(z)}{\xi - z} d\xi + \frac{1}{2} f(z) + \frac{1}{2} f(z) \\
&= F(z) + \frac{1}{2} f(z).
\end{aligned}$$

类似地

$$
\begin{aligned}
F_-(z) &= \lim_{\substack{z' \to z \\ z' \in \mathbb{C} \backslash (D \cup \Sigma)}} \frac{1}{2\pi i} \int_\Sigma \frac{f(\xi)}{\xi - z'} d\xi \\
&= \lim_{\substack{z' \to z \\ z' \in \mathbb{C} \backslash (D \cup \Sigma)}} \left(\frac{1}{2\pi i} \int_\Sigma \frac{f(\xi) - f(z)}{\xi - z'} d\xi + \frac{f(z)}{2\pi i} \int_\Sigma \frac{1}{\xi - z'} d\xi \right) \\
&= \frac{1}{2\pi i} \int_\Sigma \frac{f(\xi) - f(z)}{\xi - z} d\xi \\
&= \frac{1}{2\pi i} \int_\Sigma \frac{f(\xi) - f(z)}{\xi - z} d\xi + \frac{1}{2} f(z) - \frac{1}{2} f(z) \\
&= F(z) - \frac{1}{2} f(z).
\end{aligned}
$$

(ii) 如果 Σ 为开曲线, 补充任一曲线 Σ', 使得 $\Sigma \cup \Sigma'$ 为闭曲线, 并定义 $f(\xi) = 0$, $\xi \in \Sigma'$. 则

$$
F(z) = \frac{1}{2\pi i} \int_\Sigma \frac{f(\xi)}{\xi - z} d\xi = \frac{1}{2\pi i} \int_{\Sigma \cup \Sigma'} \frac{f(\xi)}{\xi - z} d\xi.
$$

利用 (i), 我们有

$$
\begin{aligned}
F_+(z) &= \lim_{\substack{z' \to z \\ z' \in D}} \frac{1}{2\pi i} \int_{\Sigma \cup \Sigma'} \frac{f(\xi)}{\xi - z'} d\xi \\
&= \lim_{\substack{z' \to z \\ z' \in D}} \left(\frac{1}{2\pi i} \int_{\Sigma \cup \Sigma'} \frac{f(\xi) - f(z)}{\xi - z'} d\xi + \frac{f(z)}{2\pi i} \int_{\Sigma \cup \Sigma'} \frac{1}{\xi - z'} d\xi \right) \\
&= \frac{1}{2\pi i} \int_\Sigma \frac{f(\xi) - f(z)}{\xi - z} d\xi - \frac{f(z)}{2\pi i} \int_{\Sigma'} \frac{1}{\xi - z} d\xi + f(z) \\
&= \left[\frac{1}{2\pi i} \int_\Sigma \frac{f(\xi) - f(z)}{\xi - z} d\xi + \frac{f(z)}{2\pi i} \log \frac{b - z}{a - z} + \frac{1}{2} f(z) \right] + \frac{1}{2} f(z) \\
&= F(z) + \frac{1}{2} f(z).
\end{aligned}
$$

同理可证

$$
F_-(z) = F(z) - \frac{1}{2} f(z).
$$

因此, Σ 为开曲线, 定理仍然成立, 即 $F_\pm(z)$ 与曲线 Σ 的开闭没有关系, 只与正负两侧趋于 z 的极限有关.

注 3.7　　如果 z 为 Σ 的一个角点, 在其点两切线夹角为 α, 则

$$
F_+(z) = \lim_{\substack{z' \to z \\ z' \in D}} \frac{1}{2\pi i} \int_\Sigma \frac{f(\xi)}{\xi - z'} d\xi = \frac{1}{2\pi i} \int_\Sigma \frac{f(\xi) - f(z)}{\xi - z} d\xi + f(z)
$$

$$= \frac{1}{2\pi i} \int_\Sigma \frac{f(\xi) - f(z)}{\xi - z} d\xi + \frac{\alpha}{2\pi} f(z) + \left(1 - \frac{\alpha}{2\pi}\right) f(z)$$

$$= F(z) + \left(1 - \frac{\alpha}{2\pi}\right) f(z), \tag{3.5.24}$$

$$F_-(z) = \frac{1}{2\pi i} \int_\Sigma \frac{f(\xi) - f(z)}{\xi - z} d\xi$$

$$= \frac{1}{2\pi i} \int_\Sigma \frac{f(\xi) - f(z)}{\xi - z} d\xi + \frac{\alpha}{2\pi} f(z) - \frac{\alpha}{2\pi} f(z)$$

$$= F(z) - \frac{\alpha}{2\pi} f(z). \tag{3.5.25}$$

由 (3.5.22)—(3.5.23), (3.5.24)—(3.5.25) 可以看出, 无论 z 是正则点还是角点, 都有

$$F_+(z) - F_-(z) = f(z), \quad z \in \Sigma. \tag{3.5.26}$$

$$F_+(z) + F_-(z) = \frac{1}{\pi i} \int_\Sigma \frac{f(\xi)}{\xi - z} d\xi =: H(f)(z), \quad z \in \Sigma \tag{3.5.27}$$

称为标量 RH 问题, 其解可用 Cauchy 积分给出

$$F(z) = A + \frac{1}{2\pi i} \int_\Sigma \frac{f(\xi)}{\xi - z} d\xi, \quad z \in \mathbb{C}, \tag{3.5.28}$$

其中 A 为任意常数, 一般被边值或者渐近条件决定, 这一公式称 Plemelj 公式.

对于如下形式的标量 RH 问题

$$G_+(z) = G_-(z)v(z), \quad z \in \Sigma.$$

只需两边取 log 变换, 则

$$\log G_+(z) - \log G_-(z) = \log v(z), \quad z \in \Sigma.$$

由 Plemelj 公式, 则有

$$G(z) = B \exp\left(\frac{1}{2\pi i} \int_\Sigma \frac{\log v(\xi)}{\xi - z} d\xi\right), \quad z \in \mathbb{C}, \tag{3.5.29}$$

其中 B 为任意常数. 在应用 RH 方法研究可积系统、正交多项式和随机矩阵时, Plemelj 公式起着关键的作用.

3.6　Laplace 积分

考虑实积分

$$I(t) = \int_a^b f(x) e^{-t\varphi(x)} dx, \tag{3.6.1}$$

我们想研究当 $t \to \infty$ 时, 积分 $I(t)$ 的渐近展开. 在被积函数中, 指数项占优, 对积分的最大贡献来自 $\varphi(x)$ 取极小值, 假设 $\varphi'(x_0) = 0$, $\varphi''(x_0) > 0$, 则将 $\varphi(x)$ 在 x_0 点作 Taylor 展开

$$\varphi(x) \sim \varphi(x_0) + \frac{1}{2}\varphi''(x_0)(x - x_0)^2.$$

因此

$$I(t) \sim f(x_0)e^{-t\varphi(x_0)} \int_{x_0-\varepsilon}^{x_0+\varepsilon} e^{-\frac{t}{2}\varphi''(x_0)(x-x_0)^2} dx$$

$$= f(x_0)e^{-t\varphi(x_0)}/a \int_{-\varepsilon a}^{\varepsilon a} e^{-y^2} dy \sim f(x_0)e^{-t\varphi(x_0)} \sqrt{\frac{2\pi}{t\varphi''(x_0)}}, \quad t \to \infty, \quad (3.6.2)$$

其中 $a = \sqrt{t\varphi''(x_0)/2}$.

3.7 最速下降法

3.7.1 速降方向

考虑振荡积分

$$I(t) = \int_{\Sigma} f(z)e^{t\varphi(z)} dz, \tag{3.7.1}$$

其中 Σ 为复平面上的积分路径, $f(z)$, $\varphi(z)$ 关于 z 解析, 我们想研究当 $t \to \infty$ 时, 积分 $I(t)$ 的渐近展开.

由于被积函数解析的复积分与积分路径无关, 因此可以改变积分路径, 例如 $\text{Re}\varphi$ 或者 $\text{Im}\varphi$ 为常数的路径, 问题 (3.7.1) 可化为 Laplace 实积分, 令

$$\varphi(z) = u(x, y) + iv(x, y),$$
$$\Sigma' = \{(x, y), \ v(x, y) = c\},$$

则 (3.7.1) 化为

$$I(t) = e^{ivt} \int_{\Sigma'} f(z)e^{tu} dz, \quad t \to \infty.$$

注 3.8 在处理振荡积分 (3.7.1) 时, 我们通常不采用实部为常数这条路径, 这是因为此时 (3.7.1) 化为如下形式

$$I(t) = e^{tu(x,y)} \int_{\Sigma''} f(z)e^{itv(x,y)} dz, \quad t \to \infty.$$

可见在这条路径上, 将实部拉出积分后, 剩下积分仍是不好处理的振荡积分.

定义 3.10   设 $z_0 = (x_0, y_0) \in \Sigma$, 则称 $u(z)$ 在 z_0 处增加或者减少的方向为 $\varphi(z)$ 的上升或下降方向. 而 $u(z)$ 上升或下降最快的方向称 $\varphi(z)$ 的速升或速降方向.

定理 3.15   曲线 $v(x, y) = c$ 具有性质:

(i) $v(x, y) = c$ 为实部 $u(x, y)$ 变化最快的曲线;

(ii) $v(x, y) = c$ 在 (x_0, y_0) 处的切线方向与 $u(x, y)$ 的梯度方向平行.

证明   注意到

$$\Delta\varphi(z) = \varphi(z) - \varphi(z_0) = \Delta u(x, y) + i\Delta v(x, y),$$

由此可得

$$|\Delta\varphi| = \sqrt{\Delta u^2 + \Delta v^2} \geqslant |\Delta u|. \tag{3.7.2}$$

可见

$$v(x, y) = c \Longleftrightarrow \Delta v = 0 \Longleftrightarrow |\Delta\varphi| = |\Delta u|.$$

因此, 仅当 $\Delta v = 0$ 时, (3.7.2) 取等号, 即沿曲线 $v(x, y) = c$, 实部 $u(x, y)$ 变化最快.

为证明 (ii), 我们说明两点:

▲ $u(x, y)$ **沿梯度方向变化最快**. 设过点 (x_0, y_0) 射线的方向余弦为 $\nu = (\cos\alpha, \cos\beta)$, 则

$$\frac{\partial u}{\partial \nu} = \frac{\partial u}{\partial x}\cos\alpha + \frac{\partial u}{\partial y}\cos\beta = \mathrm{grad}u \cdot (\cos\alpha, \cos\beta)$$

$$= |\mathrm{grad}u|\cos\theta, \tag{3.7.3}$$

其中 θ 为 $\mathrm{grad}u$ 与 ν 的夹角. 可见, 当 $\theta = 0$, 即 $\mathrm{grad}u$ 与 ν 一致时, $\dfrac{\partial u}{\partial \nu}$ 取得最大值 $|\mathrm{grad}u|$; 而当 $\theta = \pi$, 即 $\mathrm{grad}u$ 与 ν 相反时, $\dfrac{\partial u}{\partial \nu}$ 取得最小值 $-|\mathrm{grad}u|$.

▲ $\mathrm{grad}u$ 与 $v(x, y) = c$ 的**切线方向平行**. 利用 Cauchy-Riemann 方程

$$u_x = v_y, \quad u_y = -v_x$$

可知曲线 $v(x, y) = c$ 的切线斜率

$$k = \frac{dy}{dx} = -\frac{v_x}{v_y} = \frac{u_y}{u_x}.$$

因此, 切向量与 $\mathrm{grad}u = (u_x, u_y)$ 方向一致.

3.7.2 稳态相位点和速降线

曲线 $v(x, y) = c$ 的切线方向称为速降线. 问题: 如何求速降线?

定义 3.11 对于函数 $\varphi(z)$, 如果

$$\frac{d^m \varphi(z_0)}{dz^m} = 0, \quad m = 1, \cdots, n-1; \tag{3.7.4}$$

$$\frac{d^n \varphi(z_0)}{dz^n} = ae^{i\alpha}, \quad a > 0, \tag{3.7.5}$$

则称 z_0 为 $\varphi(z)$ 的 $n-1$ 阶鞍点或者稳态相位点.

设速降线为

$$z - z_0 = \rho e^{i\theta},$$

则由 Taylor 展开, 并利用 (3.7.4), 得到

$$\varphi(z) = \varphi(z_0) + \frac{\varphi^{(n)}(z_0)}{n!}(z - z_0)^n + \cdots,$$

由此可得

$$\Delta \varphi(z) = \varphi(z) - \varphi(z_0) \sim \frac{\varphi^{(n)}(z_0)}{n!}(z - z_0)^n = \frac{1}{n!}\rho^n a e^{i(\alpha + n\theta)}$$

$$= \frac{1}{n!}a\rho^n[\cos(n\theta + \alpha) + i\sin(n\theta + \alpha)].$$

令

$$\mathrm{Im}\Delta \varphi(z) = \frac{1}{n!}a\rho^n \sin(n\theta + \alpha) = 0.$$

由此得到 $u(x, y)$ 两个变化最快的方向.

速降方向

$$\sin(n\theta + \alpha) = 0, \quad \cos(n\theta + \alpha) = -1$$

$$\implies \theta = \frac{(2m+1)\pi - \alpha}{n}, \quad m = 0, 1, \cdots, n-1. \tag{3.7.6}$$

速升方向

$$\sin(n\theta + \alpha) = 0, \quad \cos(n\theta + \alpha) = 1$$

$$\implies \theta = \frac{2m\pi - \alpha}{n}, \quad m = 0, 1, \cdots, n-1. \tag{3.7.7}$$

例 3.3　假设 z_0 为 $\varphi(z)$ 一阶稳态相位点, 即

$$n = 2, \quad \varphi'(z_0) = 0, \quad \varphi''(z_0) = ae^{i\alpha}, \quad a \neq 0,$$

则

♦ 利用公式 (3.7.6), 得到两个速降方向

$$\theta = \frac{\pi}{2} - \frac{\alpha}{2}, \quad \theta = \frac{3\pi}{2} - \frac{\alpha}{2}. \tag{3.7.8}$$

♦ 利用公式 (3.7.7), 得到两个速升方向

$$\theta = -\frac{\alpha}{2}, \quad \theta = \pi - \frac{\alpha}{2}. \tag{3.7.9}$$

见图 3.2.

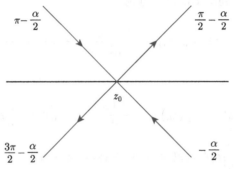

图 3.2　速降和速升方向 (例 3.3)

例 3.4　求 $\varphi(z) = z - \dfrac{1}{3}z^3$ 的稳态相位点和速降、速升方向.

$$\varphi'(z) = 1 - z^2, \quad \varphi''(z) = -2z.$$

令 $\varphi'(z) = 1 - z^2 = 0$, 得到

$$z = \pm 1, \quad \varphi(\pm 1) \neq 0,$$

因此 $z = \pm 1$ 为一阶稳态相位点.

对于 $z = 1$.

$$\varphi''(1) = -2 = 2e^{i\pi}, \quad \alpha = \pi.$$

由此得到速降方向为 $\theta = 0, \pi$; 速升方向为 $\theta = -\dfrac{\pi}{2}, \dfrac{\pi}{2}$.

对于 $z = -1$.

$$\varphi''(-1) = 2 = 2e^{i0}, \quad \alpha = 0.$$

由此得到速降方向为 $\theta = \dfrac{\pi}{2}, \dfrac{3\pi}{2}$; 速升方向为 $\theta = 0, \pi$. 见图 3.3.

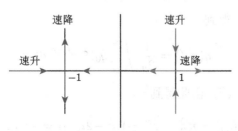

图 3.3 速降和速升方向 (例 3.4)

3.7.3 复积分的渐近估计与应用

仅考虑一阶相位点, 假设

$$\varphi'(z_0) = 0, \quad \varphi''(z_0) = |\varphi''(z_0)|e^{i\alpha}, \quad \alpha > 0,$$

在相位点有四个速降方向 (3.7.8) 和 (3.7.9). 我们仅考虑沿速降线 (3.7.8) 的渐近估计, 此时 $\Sigma: z - z_0 = \rho e^{i\theta}, \rho \in \mathbb{R}$. 则将 $\varphi(z)$ 在 z_0 点作 Taylor 展开

$$\varphi(z) \sim \varphi(z_0) + \frac{1}{2}\varphi''(z_0)(z - z_0)^2 = \varphi(z_0) - \frac{1}{2}|\varphi''(z_0)|\rho^2,$$

因此

$$I(t) \sim f(z_0)e^{t\varphi(z_0)+i\theta} \int_{-\infty}^{\infty} e^{-\frac{t}{2}|\varphi''(z_0)|\rho^2} d\rho = f(z_0)e^{t\varphi(z_0)+i\theta}\sqrt{\frac{2\pi}{t|\varphi''(z_0)|}}. \quad (3.7.10)$$

例 3.5 考虑线性 NLS 方程

$$iq_t(x,t) + q_{xx}(x,t) = 0. \quad (3.7.11)$$

定义 Fourier 变换及其逆变换

$$\widehat{\varphi}(\xi) = \frac{1}{\sqrt{2\pi}} \int_{-\infty}^{\infty} e^{-i\xi x}\varphi(x)dx,$$

$$\breve{\varphi}(\xi) = \frac{1}{\sqrt{2\pi}} \int_{-\infty}^{\infty} e^{i\xi x}\widehat{\varphi}(\xi)d\xi.$$

对方程 (3.7.11) 作 Fourier 变换, 得到

$$i\hat{q}_t(\xi,t) - \xi^2\hat{q}(\xi,t) = 0.$$

由此得到

$$\hat{q}(\xi,t) = \hat{q}_0(\xi)e^{-i\xi^2t},$$

再作 Fourier 逆变换, 得到

$$q(x,t) = \frac{1}{2\pi}\int_{-\infty}^{\infty}\hat{q}_0(\xi)e^{t\varphi(\xi)}d\xi,$$

其中 $\varphi(\xi) = i(\xi x/t - \xi^2)$. 由此得到

$$\xi_0 = \frac{x}{2t}, \quad \varphi(\xi_0) = i\xi_0^2, \quad \varphi''(\xi_0) = -2i, \quad \alpha = -\pi/2, \quad \theta = 3\pi/4.$$

最后利用 (3.7.10), 得到

$$q(x,t) \sim \hat{u}(\xi_0)\sqrt{\frac{\pi}{t}}e^{i\pi/4}e^{\frac{ix^2}{4t}}, \quad t \to \infty. \tag{3.7.12}$$

3.8　矩阵 RH 问题

这一节, 我们考虑矩阵 RH 问题解的构造, 所涉及的矩阵求导、积分、收敛等都按第 2 章定义理解.

定义 3.12　设 Σ 为复平面 $\mathbb{C}$ 内的有向路径, 假设存在一个在 Σ^0 上光滑的映射

$$v(z): \quad \Sigma \to GL(n,\mathbb{C}),$$

则 (Σ, v) 决定了一个 RH 问题: 寻找一个 $n \times n$ 矩阵 $M(z)$ 满足

- $M(z)$ 在 $\mathbb{C} \setminus \Sigma$ 上解析, $\tag{3.8.1}$
- $M_+(z) = M_-(z)v(z), \quad z \in \Sigma, \tag{3.8.2}$
- $M(z) \to I, \quad z \to \infty, \tag{3.8.3}$

其中 $M_\pm$ 表示在正负域内 z' 趋于 Σ 上相应的 z 点时的极限, Σ 称为跳跃曲线, $v(z)$ 称为跳跃矩阵.

根据 Beals-Coifman 定理 (CPAM, 37(1984), 39-90), 如上 RH 问题的解可以通过如下方式构造.

假设跳跃矩阵 $v(z)$ 具有如下分解

$$v = (b_-)^{-1}b_+, \tag{3.8.4}$$

由此, 我们可以构造

$$w_+ = b_+ - I, \quad w_- = I - b_-. \tag{3.8.5}$$

进一步定义 Cauchy 投影算子

$$(C_\pm f)(z) = \lim_{\substack{z' \to z \in \Sigma \\ z' \in \pm \Sigma}} \frac{1}{2\pi i} \int_\Sigma \frac{f(\xi)}{\xi - z'} d\xi. \tag{3.8.6}$$

则可以证明如果 $f(z) \in L^2(\Sigma)$, 则 $C_\pm : L^2 \to L^2$ 的有界算子, 且 $C_+ - C_- = 1$. 再定义算子

$$C_w f = C_+(f w_-) + C_-(f w_+), \tag{3.8.7}$$

则 $C_w : L^2 \cap L^\infty \to L^2$ 的有界算子.

定理 3.16 设 $\det v = 1$, 算子 $I - C_w$ 在 $L^2(\Sigma)$ 上可逆, $\mu \in I + L^2(\Sigma)$ 为下列方程

$$(I - C_w)\mu = I \tag{3.8.8}$$

的解, 并且

$$(I - C_w)(\mu - I) = C_w I = C_+ w_- + C_- w_+ \in L^2(\Sigma), \tag{3.8.9}$$

则

$$M(z) = I + \frac{1}{2\pi i} \int_\Sigma \frac{\mu(\xi) w(\xi)}{\xi - z} d\xi \tag{3.8.10}$$

为上述 RH 问题的唯一解. RH 问题 $M(z)$ 可解等价于奇异积分方程 (3.8.8) 可解.

证明 只需验证 (3.8.10) 满足 (3.8.2)

$$\begin{aligned}
M_+(z) &= I + \lim_{z' \to z \in \Sigma} \frac{1}{2\pi i} \int_\Sigma \frac{\mu(\xi) w(\xi)}{\xi - z'} d\xi \\
&= I + C_+(\mu w) = I + C_+(\mu w_-) + C_+(\mu w_+) \\
&= I + C_+(\mu w_-) + C_-(\mu w_+) + C_+(\mu w_+) - C_-(\mu w_+) \\
&\xlongequal{(3.8.7)} I + C_w(\mu) + \mu w_+ \xlongequal{(3.8.8)} \mu + \mu w_+ \\
&= \mu(I + w_+) = \mu b_+.
\end{aligned} \tag{3.8.11}$$

同理可证

$$M_-(z) = \mu b_-. \tag{3.8.12}$$

因此

$$M_+(z) = \mu b_+ = \mu b_-(b_-)^{-1}b_+ = M_-(z)v(z).$$

下证唯一性. 先说明矩阵 M 可逆, 对 (3.8.2) 两边取行列式, 并注意到 $\det(v) = 1$, 得到

$$(\det M(z))_+ = (\det M(z))_-.$$

由 Painlevé 开拓定理 3.4.15, 推知 $\det M(z)$ 在复平面上解析. 再由 (3.8.3) 推知

$$\det M(z) \to 1, \quad z \to \infty, \tag{3.8.13}$$

说明 $\det M(z)$ 有界. 因此, $\det M(z)$ 为复平面上的有界解析函数, 根据 Liouville 定理, 知道 $\det M(z)$ 为一个常数, 即

$$\det M(z) = c.$$

再令 $z \to \infty$ 及渐近性 (3.8.13), 推知 $c = 1$. 因此, 矩阵 $M(z)$ 可逆.

假设 $\widetilde{M}$ 为上述 RH 问题的另外一个解, 则 $\widetilde{M}(z)$ 可逆, 并且在 $\mathbb{C} \setminus \Sigma$ 上解析, 而在 Σ 上, 满足

$$(M\widetilde{M}^{-1})_+ = M_+(\widetilde{M}_+)^{-1} = M_-v(\widetilde{M}_-V)^{-1} = M_-(\widetilde{M}_-)^{-1} = (M\widetilde{M}^{-1})_-.$$

由 Painlevé 开拓定理, $M\widetilde{M}^{-1}$ 在复平面 $\mathbb{C}$ 上解析.

另外, 由 $M, \widetilde{M} \to I$, $z \to \infty$, 知道 $M\widetilde{M}^{-1}$ 有界. 因此, 由 Liouville 定理知道 $M\widetilde{M}^{-1}$ 为常数矩阵, 即

$$M\widetilde{M}^{-1} = C.$$

令 $z \to \infty$, 则 $C = I$. 从而

$$M = \widetilde{M}.$$

注 3.9   由 RH 问题解的唯一性可知, RH 问题 (3.8.1)—(3.8.3) 的解与跳跃矩阵 $v(z)$ 的分解无关, 因此我们可以考虑 $v(z)$ 的平凡分解,

$$b_- = I, \quad b_+ = v,$$

由此, 可以构造

$$w_- = 0, \quad w_+ = v - I, \quad w = v - I,$$

$$C_w f = C_+(fw_-) + C_-(fw_+) = C_-(f(v - I)),$$
$$\mu = (I - C_w)^{-1} I.$$

那么, RH 问题 (3.8.1)—(3.8.3) 的解也可表示为

$$M(z) = I + \frac{1}{2\pi i} \int_\Sigma \frac{\mu(\xi)(v(\xi) - I)}{\xi - z} d\xi. \tag{3.8.14}$$

注 3.10　一般情况下, RH 问题 (3.8.1)—(3.8.3) 是不可解的, 也就是 Cauchy 积分 (3.8.10) 或者 (3.8.14) 不可积或者很难积, 只能近似求解或者求渐近解. RH 方法的关键思想就是改变积分路径——通过跳跃矩阵的分解情况, 确定对积分路径进行一系列形变, 再取极限去除跳跃矩阵为单位矩阵的路径, 将其化为可解的 RH 问题. 所以一个自然的问题就是:

为什么可以 “扔掉” 跳跃矩阵为单位矩阵的路径? 或者说为什么单位跳跃矩阵对 RH 问题的解不产生贡献?

这个问题很容易从表达式 (3.8.14) 看出, 我们将积分路径分解为两部分 $\Sigma = \Sigma_1 + \Sigma_2$, 并且假设

$$v = \begin{cases} v_1 \neq I, & \Sigma_1, \\ v_2 = I, & \Sigma_2. \end{cases}$$

则在 Σ_1 上 $v - I = v_1 - I \neq 0$; 在 Σ_2 上 $v - I = v_2 - I = 0$, 因此, RH 问题的解 (3.8.14) 可写为

$$
\begin{aligned}
M(z) &= I + \frac{1}{2\pi i} \int_\Sigma \frac{\mu(\xi)(v_1(\xi) - I)}{\xi - z} d\xi \\
&= I + \frac{1}{2\pi i} \int_{\Sigma_1} \frac{\mu(\xi)(v_1(\xi) - I)}{\xi - z} d\xi + \frac{1}{2\pi i} \int_{\Sigma_2} \frac{\mu(\xi)(v_2(\xi) - I)}{\xi - z} d\xi \\
&= I + \frac{1}{2\pi i} \int_{\Sigma_1} \frac{\mu(\xi)(v_1(\xi) - I)}{\xi - z} d\xi.
\end{aligned}
$$

可见 RH 问题 $(\Sigma, v(z))$ 的解与 $(\Sigma_1, v_1(z))$ 问题的解相同, 即跳跃矩阵为单位矩阵的路径 Σ_2 对 RH 问题的解没有贡献, 可以去除, 直接求解 Σ_1 上的 RH 问题即可.

3.9　积分型 Taylor 公式

定理 3.17　设 $f(z)$ 在 x_0 点附近具有 $n + 1$ 阶导数, 记

$$R_n(x) = \sum_{k=0}^n \frac{f^{(k)}(x_0)}{k!}(x - x_0)^k, \qquad r_n(x) = \frac{1}{n!} \int_{x_0}^x (x - t)^n f^{(n+1)}(t) dt,$$

则

$$f(x) = R_n(x) + r_n(x), \tag{3.9.1}$$

$$f^{(k)}(x_0) = R_n^{(k)}(x_0), \quad k = 0, 1, \cdots. \tag{3.9.2}$$

证明　由于

$$f(x) = f(x_0) + \int_{x_0}^{x} f'(t)dt = R_0(x) + r_0(x).$$

所以公式 (3.9.1) 对 $n = 0$ 成立. 假设公式 (3.9.1) 对 $n - 1$ $(n \geqslant 1)$ 成立, 即

$$\begin{aligned}
f(x) &= R_{n-1}(x) + r_{n-1}(x) \\
&= \sum_{k=0}^{n-1} \frac{f^{(k)}(x_0)}{k!}(x - x_0)^k + \frac{1}{(n-1)!} \int_{x_0}^{x} (x - t)^{n-1} f^{(n)}(t)dt \\
&= \sum_{k=0}^{n-1} \frac{f^{(k)}(x_0)}{k!}(x - x_0)^k - \frac{1}{n!} \int_{x_0}^{x} f^{(n)}(t)d(x - t)^n \\
&= \sum_{k=0}^{n} \frac{f^{(k)}(x_0)}{k!}(x - x_0)^k + \frac{1}{n!} \int_{x_0}^{x} (x - t)^n f^{(n+1)}(t)dx \\
&= R_n(x) + r_n(x).
\end{aligned}$$

对公式 (3.9.1) 两边求 k 阶导数, 并令 $x = x_0$, 得到

$$f^{(k)}(x_0) = R_n^{(k)}(x_0) + r_n^{(k)}(x_0), \quad k = 0, 1, \cdots. \tag{3.9.3}$$

下证 $r_n^{(k)}(x_0) = 0$. 事实上,

$$\begin{aligned}
r_n'(x) &= \left(\frac{1}{n!} \int_{x_0}^{x} (x - t)^n f^{(n+1)}(t)dt \right)' \\
&= \frac{1}{n!} \left((x - t)^n f^{(n+1)}(t)|_{t=x} + \int_{x_0}^{x} n(x - t)^{n-1} f^{(n+1)}(t)dt \right) \\
&= \frac{1}{(n-1)!} \int_{x_0}^{x} (x - t)^{n-1} f^{(n+1)}(t)dt, \\
&\quad \cdots\cdots \\
r_n^{(k)}(x) &= \frac{1}{(n-k)!} \int_{x_0}^{x} (x - t)^{n-k} f^{(n+1)}(t)dt.
\end{aligned}$$

因此

$$r_n^{(k)}(x_0) = 0, \quad k = 0, 1, \cdots.$$

推论 3.3 由积分型 Taylor 公式 (3.9.1), 可以导出 Lagrange 型 Taylor 公式

$$f(x) = R_n^{(k)}(x) + \frac{1}{(n+1)!} f^{(n+1)}(\xi)(x - x_0)^{n+1}. \tag{3.9.4}$$

证明 利用积分中值定理

$$
\begin{aligned}
r_n(x) &= \frac{1}{n!} \int_{x_0}^{x} (x - t)^n f^{(n+1)}(t) dt \\
&= \frac{1}{n!} f^{(n+1)}(\xi) \int_{x_0}^{x} (x - t)^n dt \\
&= \frac{1}{(n+1)!} f^{(n+1)}(\xi)(x - x_0)^{n+1}.
\end{aligned}
$$

第 4 章 广义函数及其应用

广义函数有明确的物理背景而且使用灵活, 在物理、力学和数学的诸多分支中有重要应用, 特别是它有力促进了偏微分方程近 60 年来的发展, 基于广义函数, 以基本解作为线索可以讨论偏微分方程的可解性、解的奇异性和正则性等等. 本章介绍广义函数的定义、性质和在偏微分方程中的一些应用.

4.1 广义函数的定义

4.1.1 历史概述

在物理学中, 人们经常把一个连续量转化为点量研究, 如质点、瞬间力、点电荷、点热源等. 将这些点量研究清楚后, 通过积分, 也就容易理解连续量的物理模型了. δ 函数正是点源模型的数学抽象, 著名物理学家 Dirac 由于量子力学需要首先使用了它, 下面通过一个例子引入 δ 函数的定义.

例 4.1 中心位于 x_0, 长度为 L, 电荷分布均匀的金属丝, 其电荷密度 $\rho(x)$ 和总质量 Q 分别为

$$\rho(x) = \begin{cases} \dfrac{1}{L}, & |x - x_0| \leqslant L/2, \\ 0, & |x - x_0| > L/2, \end{cases} \tag{4.1.1}$$

$$Q = \int_{-\infty}^{\infty} \rho(x)dx = 1. \tag{4.1.2}$$

显然, 当 $L \to 0$ 时, 电荷分布可以看成位于 $x = x_0$ 的单位电荷, 此时 (4.1.1) 和 (4.1.2) 化为

$$\rho(x) = \begin{cases} +\infty, & x = x_0, \\ 0, & x \neq x_0, \end{cases} \tag{4.1.3}$$

$$Q = \int_{-\infty}^{\infty} \rho(x)dx = 1. \tag{4.1.4}$$

定义 4.1 定义在 $(-\infty, \infty)$ 上, 满足 (4.1.3) 和 (4.1.4) 的函数 $\rho(x)$ 称为 δ 函数, 并记为 $\delta(x - x_0)$ 或者 $\delta_{x_0}(x)$.

但从经典数学分析观点看, 如上定义的 δ 函数是一个病态函数, 因为产生两个矛盾:

(1) 在微积分中, 我们知道一个函数如果在某点趋于无穷大, 则这个函数在该点没有意义, 这与 (4.1.3) 矛盾.

(2) 在微积分中, 我们知道在有限个点处改变函数的值, 不会改变积分, 因此,

$$\int_{-\infty}^{\infty} \rho(x)dx = 0,$$

这与 (4.1.4) 矛盾.

以上两个矛盾说明微积分的函数概念已经不够用了, 为更好理解 δ 函数, 需要扩展函数定义. 20 世纪 50 年代, 法国数学家 Schwartz 发明了分布函数 (广义函数), 首先他不是考虑这个函数在某一点的值, 而是考虑这个函数在一个函数空间上的作用, 即将广义函数看作某些函数空间上的连续泛函, 这类空间称为检验函数空间或者 Schwartz 空间.

4.1.2 基本空间

定义 4.2 设 Ω 为 $\mathbb{R}$ 中一个开集, 使一个函数 $\varphi(x)$ 值不为零的点的集合的闭包称为函数的支集, 记作 supp $\varphi(x)$, 即有

$$\text{supp } \varphi(x) = \overline{\{x \in \Omega, \quad \varphi(x) \neq 0\}}. \tag{4.1.5}$$

进而定义基本空间:

$$C_0^m(\Omega) = \{\varphi \in C^m(\Omega), \quad \text{supp}\varphi(x) \text{ 有界}, \text{ 且} \subset \Omega\},$$
$$C_0^\infty(\Omega) = \bigcap_{m=1}^{\infty} C_0^m(\Omega).$$

$C_0^\infty(\Omega)$ 是一个线性空间, 下面在 $C_0^\infty(\Omega)$ 上定义收敛性.

定义 4.3 $C_0^\infty(\Omega)$ 中的函数序列 $\{\varphi_n(x)\}$ 趋于零, 是指

(i) 存在一个紧集 $K \subset \Omega$, 使得对一切 $\varphi_n(x)$, supp $\varphi_n(x) \subset K$.

(ii) 对任意固定 k, $\partial^k \varphi_n(x)$ 在 K 中一致收敛于零.

$C_0^\infty(\Omega)$ 赋予上述收敛性后称为基本空间, 记为 $\mathscr{D}(\Omega)$.

定义 4.4 $\mathbb{R}$ 上速降函数的全体, 即

$$\mathcal{S}(\mathbb{R}) = \{f \in C^\infty(\mathbb{R}), \text{ sup} |x^\alpha \partial^\beta f(x)| < \infty, \quad \alpha, \beta \in \mathbb{Z}_+\} \tag{4.1.6}$$

称为 Schwartz 空间.

作为集合, 可以证明 $\mathscr{D}(\Omega) \subset \mathcal{S}(\mathbb{R})$.

定义 4.5　满足如下条件的函数 $\varphi = \varphi(x)$ 称磨光子:

(1) $\varphi \in C^\infty(\mathbb{R})$;

(2) $\mathrm{supp}\varphi \subset \overline{B(0)} = \{x \in \mathbb{R} | |x| \leqslant 1\}$;

(3) $\displaystyle\int \varphi(x)dx = 1$.

构造

$$\varphi_\varepsilon(x) = \varepsilon^{-n}\varphi(x/\varepsilon),$$

称为磨光子族, 而

$$u_\varepsilon(x) = (u * \varphi_\varepsilon) = \int u(y)\varphi_\varepsilon(x - y)dy = (J_\varepsilon u)(x). \tag{4.1.7}$$

$u_\varepsilon(x)$ 称为 $u(x)$ 的磨光化, J_ε 称为磨光算子. 其意义体现在如下定理中.

定理 4.1　设函数 u 及弱导数 $D^\alpha u$ 属于 L^p, 则 $J_\varepsilon u \in C^\infty(\mathbb{R}^n)$, 且对任意开集 $\Omega' \subset \Omega$, 当 $\varepsilon \to 0$ 时, 有

$$\int_{\Omega'} |J_\varepsilon u(x) - u(x)|^p dx \to 0,$$

$$\int_{\Omega'} |D^\alpha u_\varepsilon(x) - D^\alpha u(x)|^p dx \to 0.$$

定义 4.6　设 f 是一个绝对可积函数, 则定义在空间 $\mathscr{D}(\mathbb{R})$ 上的连续线性泛函

$$F_f : \mathscr{D}(\mathbb{R}) \longrightarrow \mathbb{R},$$

即

$$F_f(\varphi) = \langle f, \varphi \rangle = \int_{-\infty}^{\infty} f(x)\varphi(x)dx, \quad \varphi \in \mathscr{D}(\mathbb{R}) \tag{4.1.8}$$

称为广义函数.

容易验证, 如果 $f(x), g(x)$ 是连续且绝对可积函数, 则

$$F_f(\varphi) = F_g(\varphi) \Longleftrightarrow f(x) = g(x),$$

所以可用 F_f 代替 $f(x)$, 也就是说 $f(x)$ 可以看成广义函数.

命题 4.1　$\delta(x - x_0)$ 可看作如下定义的广义函数

$$F_{\delta_{x_0}}(\varphi) = \langle \delta(x - x_0), \varphi \rangle = \varphi(x_0), \quad \forall \varphi \in \mathscr{D}(\mathbb{R}). \tag{4.1.9}$$

证明　由泛函定义 (4.1.8),

$$F_{\delta_{x_0}}(\varphi) = \int_{-\infty}^{\infty} \delta(x - x_0)\varphi(x)dx, \quad \forall \varphi \in \mathscr{D}(\mathbb{R}). \tag{4.1.10}$$

任给 $\varepsilon > 0$, 由积分中值定理, 存在 $\xi \in (x_0 - \varepsilon, x_0 + \varepsilon)$, 使得

$$F_{\delta_{x_0}}(\varphi) = \int_{-\infty}^{\infty} \delta(x - x_0)\varphi(x)dx = \int_{x_0-\varepsilon}^{x_0+\varepsilon} \varphi(x)\delta(x - x_0)dx$$

$$= \varphi(\xi) \int_{x_0-\varepsilon}^{x_0+\varepsilon} \delta(x - x_0)dx = \varphi(\xi).$$

令 $\varepsilon \to 0$, 则 $\xi \to x_0$, 从而得到 (4.1.9).

广义函数具有很多好的性质, 如:

性质 4.1

$$\delta(-x) = \delta(x), \quad \delta(ax + b) = \frac{1}{|a|}\delta(x + b/a).$$

4.2 广义函数的性质

广义函数有很多好的性质, 以 δ 函数为例, 说明如何定义广义函数的导数, 实际上对广义函数的导数是通过分布积分转嫁到检验函数上.

4.2.1 广义函数导数

性质 4.2

$$\langle \delta^{(n)}(x - x_0), \varphi(x) \rangle = (-1)^n \varphi^{(n)}(x_0), \quad \forall \varphi \in \mathscr{D}(\mathbb{R}).$$

证明 对 $\forall \varphi \in C_0^\infty(\mathbb{R})$, 有

$$\langle \delta^{(n)}(x - x_0), \varphi(x) \rangle = \int_{-\infty}^{\infty} \varphi(x)\delta^{(n)}(x - x_0)dx = \varphi(x)\delta^{(n-1)}(x - x_0) \mid_{-\infty}^{\infty}$$

$$- \int_{-\infty}^{\infty} \varphi'(x)\delta^{(n-1)}(x - x_0)dx$$

$$= - \int_{-\infty}^{\infty} \varphi'(x)\delta^{(n-1)}(x - x_0)dx$$

$$= \cdots = (-1)^n \int_{-\infty}^{\infty} \varphi^{(n)}(x)\delta(x - x_0)dx$$

$$= (-1)^n \varphi^{(n)}(x_0).$$

性质 4.3 在分布意义下, 有

(1) $\dfrac{d}{dx}|x - x_0| = \mathrm{sgn}(x - x_0)$;

$$(4.2.1)$$

(2) $\dfrac{d}{dx}\mathrm{sgn}(x-x_0) = 2\delta(x-x_0);$ \hfill (4.2.2)

(3) $\dfrac{d}{dx}H(x-x_0) = \delta(x-x_0),$ \hfill (4.2.3)

其中 $H(x-x_0)$ 为 Heaviside 函数定义如下

$$H(x-x_0) = \begin{cases} 1, & x > x_0, \\ 0, & x < x_0. \end{cases} \tag{4.2.4}$$

反之, Heaviside 函数也可由 δ 函数表示

$$H(x-x_0) = \int_{-\infty}^{x} \delta(t-x_0)dt. \tag{4.2.5}$$

证明

$$\begin{aligned}
\left\langle \frac{d}{dx}|x-x_0|, \varphi(x) \right\rangle &= \int_{-\infty}^{\infty} \varphi(x)\frac{d}{dx}|x-x_0|dx = -\int_{-\infty}^{\infty} |x-x_0|\varphi'(x)dx \\
&= -\int_{x_0}^{\infty} (x-x_0)\varphi'(x)dx + \int_{-\infty}^{x_0} (x-x_0)\varphi'(x)dx \\
&= \int_{x_0}^{\infty} \varphi(x)dx - \int_{-\infty}^{x_0} \varphi(x)dx \\
&= \int_{-\infty}^{\infty} \varphi(x)\mathrm{sgn}(x-x_0)dx = \langle \mathrm{sgn}(x-x_0), \varphi(x) \rangle,
\end{aligned}$$

因此

$$\frac{d}{dx}|x-x_0| = \mathrm{sgn}(x-x_0).$$

$$\begin{aligned}
\left\langle \frac{d}{dx}H(x-x_0), \varphi(x) \right\rangle &= \int_{-\infty}^{\infty} \varphi(x)\frac{d}{dx}H(x-x_0)dx \\
&= \varphi(x)H(x-x_0) \mid_{-\infty}^{\infty} - \int_{-\infty}^{\infty} \varphi'(x)H(x-x_0)dx \\
&= -\int_{x_0}^{\infty} \varphi'(x)dx = \varphi(x_0) = \langle \delta(x-x_0), \varphi(x) \rangle,
\end{aligned}$$

因此

$$\frac{d}{dx}H(x-x_0) = \delta(x-x_0).$$

$$\left\langle \frac{d}{dx}\mathrm{sgn}(x-x_0), \varphi(x) \right\rangle = \int_{-\infty}^{\infty} \varphi(x)\frac{d}{dx}\mathrm{sgn}(x-x_0)dx$$

$$= -\int_{-\infty}^{\infty} \varphi'(x)\mathrm{sgn}(x-x_0)dx$$

$$= -\int_{x_0}^{\infty} \varphi'(x)dx + \int_{-\infty}^{x_0} \varphi'(x)dx = 2\varphi(x_0)$$

$$= \langle 2\delta(x-x_0), \varphi(x)\rangle,$$

因此

$$\frac{d}{dx}\mathrm{sgn}(x-x_0) = 2\delta(x-x_0).$$

4.2.2 广义函数 Fourier 变换

对于 $\varphi \in L^2(\mathbb{R})$, 定义 Fourier 变换及其逆变换

$$\widehat{\varphi}(\xi) = \frac{1}{\sqrt{2\pi}}\int_{-\infty}^{\infty} e^{-i\xi x}\varphi(x)dx,$$

$$\breve{\varphi}(x) = \frac{1}{\sqrt{2\pi}}\int_{-\infty}^{\infty} e^{i\xi x}\widehat{\varphi}(\xi)d\xi.$$

则可以证明

$$\widehat{\partial^\alpha \varphi}(\xi) = (i\xi)^\alpha \widehat{\varphi}(\xi).$$

定义 4.7 对于广义函数 g, 定义 Fourier 变换及其逆变换

$$\langle \widehat{g}, \varphi\rangle = \langle g, \widehat{\varphi}\rangle, \qquad \forall \varphi \in \mathscr{D}(\mathbb{R}),$$

$$\langle \breve{g}, \varphi\rangle = \langle g, \breve{\varphi}\rangle, \qquad \forall \varphi \in \mathscr{D}(\mathbb{R}).$$

性质 4.4

$$\widehat{\delta(x-x_0)} = \frac{1}{\sqrt{2\pi}}e^{-i\xi x_0},$$

特别有

$$\widehat{\delta(x)} = \frac{1}{\sqrt{2\pi}}.$$

从而可以得到 δ 函数的表达式

$$\delta(x-x_0) = \frac{1}{2\pi}\int_{-\infty}^{\infty} e^{i\xi(x-x_0)}d\xi := \frac{1}{2\pi}\int_{-\infty}^{\infty}\cos[\xi(x-x_0)]d\xi.$$

证明

$$\langle \widehat{\delta(x-x_0)}, \varphi\rangle = \langle \delta(x-x_0), \widehat{\varphi}\rangle = \widehat{\varphi}(x_0) \tag{4.2.6}$$

$$= \frac{1}{\sqrt{2\pi}} \int_{-\infty}^{\infty} e^{-i\xi x_0} \varphi(x) dx = \langle e^{-i\xi x_0}, \varphi \rangle.$$

因此

$$\widehat{\delta(x - x_0)} = \frac{1}{\sqrt{2\pi}} e^{-i\xi x_0}.$$

根据 Fourier 逆变换

$$\begin{aligned}
\delta(x - x_0) &= \frac{1}{2\pi} \int_{-\infty}^{\infty} e^{i\xi x} \widehat{\delta(x - x_0)} d\xi \\
&= \frac{1}{2\pi} \int_{-\infty}^{\infty} e^{i\xi(x - x_0)} d\xi \\
&= \frac{1}{2\pi} \int_{-\infty}^{\infty} \{\cos[\xi(x - x_0)] + i\sin[\xi(x - x_0)]\} d\xi \\
&= \frac{1}{2\pi} \int_{-\infty}^{\infty} \cos[\xi(x - x_0)] d\xi.
\end{aligned}$$

4.2.3　广义函数卷积

定义 4.8　对于广义函数 $f(x), g(x)$, 用下列方式定义卷积

$$\langle f(x) * g(x), \varphi(x) \rangle = \langle f(x), \langle g(y), \varphi(x + y) \rangle \rangle. \tag{4.2.7}$$

则有

(1) $f(x) * g(x) = g(x) * f(x)$;

(2) $f(x) * \delta(x) = f(x)$;

(3) $\partial_x^\alpha (f * g) = (\partial_x^\alpha f) * g = f * (\partial^\alpha g)$.

证明　作变换 $x - y = z$, 由 (4.2.7) 可得到

$$f(x) * g(x) = \int_{-\infty}^{\infty} g(z) f(x - z) f dz = g(x) * f(x).$$

$$f(x) * \delta(x) = \int_{-\infty}^{\infty} f(y) \delta(x - y) dy = \int_{-\infty}^{\infty} f(y) \delta(y - x) dy = f(x). \tag{4.2.8}$$

$$\begin{aligned}
\partial_x^\alpha (f(x) * g(x)) &= \frac{\partial^\alpha}{\partial x^\alpha} \int_{-\infty}^{\infty} f(y) g(x - y) dy \\
&= \int_{-\infty}^{\infty} f(y) \partial_x^\alpha g(x - y) dy = f(x) * \partial^\alpha g(x).
\end{aligned}$$

同理可以证明

$$\partial_x^\alpha (f(x) * g(x)) = \partial^\alpha f(x) * g(x).$$

4.3 多元广义函数

定义 4.9 在 $\mathbb{R}^n$ 中的 δ 函数定义为

$$\delta(x - x_0) = \begin{cases} +\infty, & x = x_0, \\ 0, & x \neq x_0, \end{cases} \tag{4.3.1}$$

$$Q = \int_{-\infty}^{\infty} \cdots \int_{-\infty}^{\infty} \delta(x - x_0)dx_1 \cdots dx_n = 1, \tag{4.3.2}$$

其中 $x = (x_1, \cdots, x_n)$, $x_0 = (x_1^0, \cdots, x_n^0)$.

如下仅就三元 δ 函数说明其性质.

性质 4.5 设 $(x_0, y_0, z_0) \in \Omega$, Ω 为三维空间中的区域, 则对 Ω 中任一连续函数 $f(x, y, z)$, 成立

$$\iiint\limits_{\Omega} f(x, y, z)\delta(x - x_0, y - y_0, z - z_0)dxdydz = f(x_0, y_0, z_0).$$

性质 4.6

$$\delta(x - x_0, y - y_0, z - z_0) = \delta(x - x_0)\delta(y - y_0)\delta(z - z_0).$$

证明

$$\iiint\limits_{\Omega} f(x, y, z)\delta(x - x_0)\delta(y - y_0)\delta(z - z_0)dxdydz$$

$$= \int_{x_0-\varepsilon}^{x_0+\varepsilon} \left\{ \int_{x_0-\varepsilon}^{x_0+\varepsilon} \left[\int_{x_0-\varepsilon}^{x_0+\varepsilon} f(x, y, z)\delta(x - x_0)dx \right] \delta(y - y_0)dy \right\} \delta(z - z_0)dz$$

$$= \int_{x_0-\varepsilon}^{x_0+\varepsilon} \left\{ \int_{x_0-\varepsilon}^{x_0+\varepsilon} f(x_0, y, z)\delta(y - y_0)dy \right\} \delta(z - z_0)dz$$

$$= \int_{x_0-\varepsilon}^{x_0+\varepsilon} f(x_0, y_0, z)\delta(z - z_0)dz = f(x_0, y_0, z_0)$$

$$= \iiint\limits_{\Omega} f(x, y, z)\delta(x - x_0, y - y_0, z - z_0)dxdydz.$$

对 n 元函数 $f(x)$, 定义 Fourier 变换

$$\hat{f}(\xi) = \frac{1}{(2\pi)^{n/2}} \int_{-\infty}^{\infty} \cdots \int_{-\infty}^{\infty} e^{-i\xi \cdot x} f(x)dx_1 \cdots dx_n, \tag{4.3.3}$$

其中 $\xi = (\xi_1, \cdots, \xi_n)$ 以及 $\xi \cdot x = \xi_1 x_1 + \cdots + \xi_n x_n$.

同理可定义 Fourier 逆变换

$$f(x) = \check{f}(\xi) = \frac{1}{(2\pi)^{n/2}} \int_{-\infty}^{\infty} \cdots \int_{-\infty}^{\infty} e^{i\xi \cdot x} f(\xi) d\xi_1 \cdots d\xi_n, \tag{4.3.4}$$

则 n 元 δ 函数具有性质

$$\widehat{\delta(x - x_0)} = \frac{1}{(2\pi)^{n/2}} e^{-i\xi \cdot x_0}. \tag{4.3.5}$$

4.4 广义函数的应用

4.4.1 Gauss 分布

定理 4.2 设 $\{f_n(x)\}$ 为 $C^\infty(\mathbb{R})$ 中的函数列, 满足

(i) 对任意 $M > 0$, 当 $|a| < M$, $|b| < M$ 时, 有

$$\left| \int_a^b f_n(x) dx \right| \leqslant C,$$

其中 C 仅与 M 有关.

(ii) 固定 a, b, 有

$$\lim_{n \to \infty} \int_a^b f_n(x) dx = \begin{cases} 0, & ab > 0, \\ 1, & a < 0 < b, \end{cases}$$

则

$$\lim_{n \to \infty} f_n(x) = \delta(x). \tag{4.4.1}$$

证明 令

$$F_n(x) = \int_{-1}^x f_n(t) dt.$$

则由 (i) 在任意区间内, $F_n(x)$ 对 n 一致有界, 且

$$H(x) = \lim_{n \to \infty} F_n(x) = \begin{cases} 0, & x < 0, \\ 1, & x > 0, \end{cases}$$

由 Lebsegue 控制收敛定理

$$\lim_{n \to \infty} \langle F_n, \varphi \rangle = \lim_{n \to \infty} \int F_n(x) \varphi(x) dx = \int H(x) \varphi(x) dx = \langle H(x), \varphi(x) \rangle,$$

特别

$$\langle f_n, \varphi \rangle = \langle F'_n, \varphi \rangle = -\langle F_n, \varphi' \rangle,$$

因此

$$\lim_{n \to \infty} \langle f_n, \varphi \rangle = -\lim_{n \to \infty} \langle F_n, \varphi' \rangle = -\langle H, \varphi' \rangle = \langle H', \varphi \rangle = \langle \delta, \varphi \rangle,$$

于是

$$\lim_{n \to \infty} f_n(x) = \delta(x). \tag{4.4.2}$$

例 4.2 考虑 Gauss 分布

$$f_\sigma(x) = \frac{1}{2\sqrt{\pi}\,\sigma} e^{-\frac{x^2}{4\sigma}}, \tag{4.4.3}$$

其中常规 σ 为方差, 则有

$$\lim_{\sigma \to 0} f_\sigma(x) = \delta(x). \tag{4.4.4}$$

证明 用 $1/\sigma$ 代替 n, 则定理 4.2 仍然成立, 且

$$\int_a^b f_\sigma(x)dx = \frac{1}{\sqrt{\pi}} \int_{\frac{a}{2\sqrt{\sigma}}}^{\frac{b}{2\sqrt{\sigma}}} e^{-y^2} dy, \tag{4.4.5}$$

因此

$$\lim_{\sigma \to 0} \int_a^b f_\sigma(x)dx = \frac{1}{\sqrt{\pi}} \int_{-\infty}^{+\infty} e^{-y^2} dy = \begin{cases} 0, & ab > 0, \\ 1, & a < 0 < b, \end{cases}$$

并且利用 (4.4.5), 有

$$\left| \int_a^b f_\sigma(x)dx \right| \leqslant \frac{1}{\sqrt{\pi}} \int_{-\infty}^{+\infty} e^{-y^2} dy = 1.$$

由定理 4.2, 有

$$\lim_{n \to \infty} f_\sigma(x) = \delta(x). \tag{4.4.6}$$

类似可以证明

$$\lim_{n \to \infty} \frac{\sin nx}{\pi x} = \delta(x). \tag{4.4.7}$$

4.4.2 热传导方程

考虑热传导方程的初值问题

$$u_t - \Delta u = 0, \tag{4.4.8}$$

$$u(x, 0) = f(x), \tag{4.4.9}$$

其中 $x \in \mathbb{R}^n$. 则

$$u(x, t) = (4\pi t)^{-n/2} \int_{\mathbb{R}^n} f(\xi) \exp\left(-\frac{|x - \xi|^2}{4t}\right) d\xi.$$

证明 首先考虑热方程的基本解

$$(\partial_t - \Delta) K(x, t) = \delta(x, t) = \delta(x) * \delta(t).$$

两端对 x 作 Fourier 变换, 有

$$\frac{d\hat{K}}{dt} + |\xi|^2 \hat{K} = \delta(t),$$

两边乘 $e^{|\xi|^2 t}$ 并与 $\varphi(t)$ 作内积得到

$$\left\langle \frac{d}{dt}(\hat{K} e^{|\xi|^2 t}), \varphi(t) \right\rangle = \left\langle \delta(t) e^{|\xi|^2 t}, \varphi(t) \right\rangle = \left\langle \delta(t), e^{|\xi|^2 t} \varphi(t) \right\rangle$$

$$= e^{|\xi|^2 t} \varphi(t) \mid_{t=0} = \varphi(0) = \left\langle \delta(t), \varphi(t) \right\rangle,$$

因此

$$\frac{d}{dt}(\hat{K} e^{|\xi|^2 t}) = \delta(t),$$

于是

$$\hat{K}(\xi, t) = H(t) e^{-|\xi|^2 t}.$$

再对 ξ 作 Fourier 逆变换, 我们得到

$$K(x, t) = (4\pi t)^{-n/2} H(t) e^{-\frac{|x|^2}{4t}}. \tag{4.4.10}$$

这里注意因子 $H(t) = 0$, $t < 0$, 从而 $K(x, t) = 0$. 因此, 利用基本解只能解 $t > 0$ 的 Cauchy 问题, 这反映了热传导是一个不可逆的过程, 由 $t = 0$ 的数据求过去时刻 $t < 0$ 的解释是不可能的.

利用 (4.4.10), 可以证明

$$u(x,t) = K(x,t) * f(x) = (4\pi t)^{-n/2} \int_{\mathbb{R}^n} f(\xi) \exp\left(-\frac{|x-\xi|^2}{4t}\right) d\xi$$

为初值问题 (4.4.8)—(4.4.9) 的解.

事实上,

$$(\partial_t - \Delta)K * f = ((\partial_t - \Delta)K) * f = \delta(t) \otimes (\delta(x) * f(x)) = 0, \quad t > 0,$$
$$u(x,0) = \lim_{t \to 0} u(x,t) = \delta(x) * f(x) = f(x).$$

4.4.3 Camassa-Holm 方程

Camassa-Holm 方程

$$m_t + m_x u + 2m u_x = 0, \quad m = u - u_{xx}, \tag{4.4.11}$$

具有如下 Peakon 解

$$u(x,t) = ce^{-|x-ct|} = ce^{-|\xi|}, \tag{4.4.12}$$

其中 c 是任意常数.

证明 作行波变换

$$u(x,t) = u(\xi), \quad \xi = x - ct,$$

则方程 (4.4.11) 化为

$$(u-c)(u-u'')' + 2u'(u-u'') = 0. \tag{4.4.13}$$

如下证明函数 (4.4.12) 在分布意义下满足方程 (4.4.13).

利用性质 (4.2.1) 和 (4.2.3), 进一步可得到

$$u' = -ce^{-|\xi|}\mathrm{sgn}\xi,$$
$$u'' = ce^{-|\xi|}(\mathrm{sgn}\xi)^2 - 2ce^{-|\xi|}\delta(\xi) = ce^{-|\xi|} - 2c\delta(\xi),$$

此处我们使用了在分布意义下的关系式 $e^{-|\xi|}\delta(\xi) = \delta(\xi)$, 从而

$$u - u'' = 2c\delta(\xi). \tag{4.4.14}$$

因此

$$\langle\, (u-c)(u-u'')',\ \varphi(\xi) \rangle$$

$$= 2c^2 \int_{-\infty}^{+\infty} (e^{-|\xi|} - 1)\varphi(\xi)\delta'(\xi)d\xi$$

$$= 2c^2(e^{-|\xi|} - 1)\varphi(\xi)\delta(\xi)|_{-\infty}^{+\infty} - 2c^2 \int_{-\infty}^{+\infty} [(e^{-|\xi|} - 1)\varphi(\xi)]'\delta(\xi)d\xi$$

$$= -2c^2 \left[-e^{-|\xi|}\varphi(\xi)\operatorname{sgn}\xi + (e^{-|\xi|} - 1)\varphi'(\xi) \right] \Big|_{\xi=0} = 0, \tag{4.4.15}$$

$$\langle\, 2u'(u - u''),\ \varphi(\xi)\,\rangle$$

$$= -4c^2 \int_{-\infty}^{+\infty} e^{-|\xi|}\varphi(\xi)\operatorname{sgn}\xi\delta(\xi)d\xi$$

$$= -4c^2 e^{-|\xi|}\varphi(\xi)\operatorname{sgn}\xi\big|_{\xi=0} = 0. \tag{4.4.16}$$

综合 (4.4.15)—(4.4.16), 我们有

$$\langle (u - c)(u - u'')' + 2u'(u - u''),\ \varphi(\xi)\rangle = 0.$$

因此, (4.4.12) 为 Camassa-Holm 方程 (4.4.11) 在分布意义的弱解.

第 5 章　RH 方法求解零边界的 NLS 方程

这一章, 我们以聚焦 NLS 方程为例, 详细介绍利用 RH 方法构造带有零边界可积系统 N 孤子解的方法和技巧.

5.1　聚焦 NLS 方程

5.1.1　特征函数

考虑聚焦 NLS 方程的初值问题

$$iq_t(x,t) + q_{xx}(x,t) + 2q(x,t)|q(x,t)|^2 = 0, \tag{5.1.1}$$

$$q(x,0) = q_0(x) \in \mathcal{S}(\mathbb{R}), \tag{5.1.2}$$

其中 $\mathcal{S}(\mathbb{R})$ 表示 Schwartz 空间

$$\mathcal{S}(\mathbb{R}) = \{f \in C^\infty(\mathbb{R}), \ ||f||_{\alpha,\beta} = \sup_{x \in \mathbb{R}} |x^\alpha \partial^\beta f(x)| < \infty, \ \ \alpha, \beta \in \mathbb{Z}_+\}.$$

NLS 方程 (5.1.1) 具有矩阵形式的 Lax 对

$$\psi_x + iz\sigma_3\psi = P\psi, \tag{5.1.3}$$

$$\psi_t + 2iz^2\sigma_3\psi = Q\psi, \tag{5.1.4}$$

其中

$$\sigma_3 = \begin{pmatrix} 1 & 0 \\ 0 & -1 \end{pmatrix}, \ \ P = \begin{pmatrix} 0 & q \\ -\bar{q} & 0 \end{pmatrix},$$

$$Q = \begin{pmatrix} i|q|^2 & iq_x \\ i\bar{q}_x & -i|q|^2 \end{pmatrix} + 2zP.$$

5.1.2　渐近性

由于初值 $q_0(x)$ 属于 Schwartz 空间, 可知 Lax 对 (5.1.3)—(5.1.4) 具有如下渐近形式的 Jost 解

$$\psi \sim e^{-i\theta(z)\sigma_3}, \ \ |x| \to \infty,$$

其中 $\theta(z) = zx + 2z^2 t$. 因此, 作如下变换

$$\mu(x,t,z) = \psi(x,t,z)e^{i\theta(z)\sigma_3}, \tag{5.1.5}$$

则有

$$\mu(x,t,z) \sim I, \quad |x| \to \infty, \tag{5.1.6}$$

并得到与 (5.1.3)—(5.1.4) 等价的 Lax 对

$$\mu_x + iz[\sigma_3, \mu] = P\mu, \tag{5.1.7}$$

$$\mu_t + 2iz^2[\sigma_3, \mu] = Q\mu. \tag{5.1.8}$$

这个 Lax 对可以写为全微分形式

$$d(e^{i\theta(z)\hat{\sigma}_3}\mu) = e^{i\theta(z)\hat{\sigma}_3}[(Pdx + Qdt)\mu]. \tag{5.1.9}$$

为构造规范的 RH 问题, 即其解在 $z \to \infty$ 时渐近于单位矩阵, 如下我们证明当 $z \to \infty$ 时, $\mu \to I$. 为此将 μ 在无穷远点作 Taylor 展开

$$\mu = \mu^{(0)} + \frac{\mu^{(1)}}{z} + \cdots = \mu^{(0)} + O(z^{-1}), \tag{5.1.10}$$

其中 $\mu^{(0)}$, $\mu^{(1)}$, $\cdots$ 与 z 无关. 将 (5.1.10) 代入 Lax 对 (5.1.7)—(5.1.8), 并比较 z 的幂次系数, 可得到

x-部分

$$O(z): \quad [\sigma_3, \mu^{(0)}] = 0, \tag{5.1.11}$$

$$O(z^0): \quad \mu_x^{(0)} + i[\sigma_3, \mu^{(1)}] = P\mu^{(0)}; \tag{5.1.12}$$

t-部分

$$O(z^2): \quad [\sigma_3, \mu^{(0)}] = 0, \tag{5.1.13}$$

$$O(z): \quad i[\sigma_3, \mu^{(1)}] = P\mu^{(0)}, \tag{5.1.14}$$

由 (5.1.11), (5.1.13) 知道 $\mu^{(0)}$ 为对角矩阵, 而 (5.1.12), (5.1.14) 推知 $\mu_x^{(0)} = 0$. 这说明 $\mu^{(0)}$ 是与 x 无关的对角矩阵. 因此 (5.1.10) 对 x, z 同时取极限, 并注意交换极限顺序, 我们有

$$\lim_{z \to \infty} \lim_{|x| \to \infty} \mu = \lim_{|x| \to \infty} \lim_{z \to \infty} (\mu^{(0)} + O(z^{-1})).$$

利用 (5.1.6) 和 (5.1.10), 上述左边极限为 I, 右边为 $\mu^{(0)}$, 因此有 $\mu^{(0)} = I$, 从而

$$\mu \to I, \quad z \to \infty.$$

再将 $\mu^{(0)} = I$ 代回 (5.1.14), 比较矩阵对应元素, 可得到

$$q(x,t) = 2i(\mu^{(1)})_{12} = 2i \lim_{z\to\infty} (z\mu)_{12}, \tag{5.1.15}$$

这里下标 12 表示该矩阵的第一行第二列元素.

注 5.1 关系式 (5.1.15) 将 NLS 方程的解与特征函数联系起来, 后面我们再将特征函数与 RH 问题建立联系, 从而 NLS 方程的解可用 RH 问题的解表示, 然后通过求解 RH 问题得到 NLS 方程的解.

5.2 解析性和对称性

为归结所需要的 RH 问题, 我们先研究特征函数的解析性和对称性. 由于方程 (5.1.9) 为全微分形式, 积分与路径无关, 我们可以选择如下两个特殊路径

$$(-\infty, t) \to (x, t), \quad (+\infty, t) \to (x, t),$$

由此获得 Lax 对 (5.1.7)—(5.1.8) 的两个特征函数

$$\mu_1(x,t,z) = I + \int_{-\infty}^{x} e^{-iz(x-y)\hat{\sigma}_3} P(y,t)\mu_1(y,t,z)dy, \tag{5.2.1}$$

$$\mu_2(x,t,z) = I - \int_{x}^{\infty} e^{-iz(x-y)\hat{\sigma}_3} P(y,t)\mu_2(y,t,z)dy. \tag{5.2.2}$$

其仍具有性质

$$\mu_1, \ \mu_2 \to I, \quad x \to \pm\infty,$$

$$\mu_1, \ \mu_2 \to I, \quad z \to +\infty.$$

由于

$$\psi_1 = \mu_1 e^{-i\theta(z)\sigma_3}, \quad \psi_2 = \mu_2 e^{-i\theta(z)\sigma_3}$$

为 Lax 对 (5.1.3)—(5.1.4) 的矩阵解, 而 Lax 对是一阶线性齐次方程组, 因此这两个解线性相关, 即有

$$\mu_1(x,t,z) = \mu_2(x,t,z) e^{-i\theta(z)\hat{\sigma}_3} S(z), \tag{5.2.3}$$

其中矩阵

$$S(z) = \begin{pmatrix} s_{11}(z) & s_{12}(z) \\ s_{21}(z) & s_{22}(z) \end{pmatrix}$$

与 x, t 无关, 称为谱矩阵函数.

5.2.1　解析性

下面我们考虑特征函数 μ_1, μ_2 和谱矩阵 $S(z)$ 的解析性. 记 μ_1 的第一、二列分别为

$$\mu_1 = \begin{pmatrix} \mu_1^{(11)} & \mu_1^{(12)} \\ \mu_1^{(21)} & \mu_1^{(22)} \end{pmatrix} = (\mu_1^+, \mu_1^-). \tag{5.2.4}$$

则由积分方程 (5.2.1), 可得到

$$\mu_1^+(x,t,z) = (1,0)^{\mathrm{T}} + \int_{-\infty}^x \mathrm{diag}(1, e^{2iz(x-y)})P(y,t)\mu_1^+(y,t,z)dy, \tag{5.2.5}$$

$$\mu_1^-(x,t,z) = (0,1)^{\mathrm{T}} + \int_{-\infty}^x \mathrm{diag}(e^{-2iz(x-y)}, 1)P(y,t)\mu_1^-(y,t,z)dy. \tag{5.2.6}$$

对于积分方程 (5.2.5) 和 (5.2.6), 积分变量 $y < x$, 直接计算, 可知

$$e^{2iz(x-y)} = e^{2i(x-y)\mathrm{Re}z}e^{-2(x-y)\mathrm{Im}z}, \quad e^{-2iz(x-y)} = e^{-2i(x-y)\mathrm{Re}z}e^{2(x-y)\mathrm{Im}z},$$

因此, 当 $q(x) \in L^1(\mathbb{R})$ 时, 通过构造迭代序列和 Neumann 级数, 可以证明 μ_1^+, μ_1^- 分别在上半平面 $\mathbb{C}_+$ 和下半平面上 $\mathbb{C}_-$ 解析. 这里仅证 $\mu_1^+(x,t,z)$ 的解析性, 定义递推序列

$$w^{(0)} = (1,0)^{\mathrm{T}}, \quad w^{(n+1)}(x,t,z) = \int_{-\infty}^x Fw^{(n)}(y,t,z)dy, \quad n = 0,1,\cdots, \tag{5.2.7}$$

其中

$$F = \mathrm{diag}(1, e^{2iz(x-y)})P(y,z). \tag{5.2.8}$$

由此构造一个 Neumann 级数

$$\sum_{n=0}^{+\infty} w^{(n)}(x,z). \tag{5.2.9}$$

A. $w(x,z)$ 的存在性

定义向量的 L^1 范数为 $\| w \| = |w_1| + |w_2|$, 则由 (5.2.7) 得到

$$\| w^{(n+1)}(x,z) \| \leqslant \int_{-\infty}^x \| F \| \| w^{(n)}(y,z) \| dy. \tag{5.2.10}$$

直接计算, 可得到如下估计

$$\| F \| = \| \mathrm{diag}(1, e^{-2i\lambda(x-y)}) \| \| P \| \leqslant 2|q|(1 + e^{-2\mathrm{Im}z^2(x-y)}) \leqslant 4|q|, \tag{5.2.11}$$

将上述估计代入 (5.2.10), 得到

$$\| w^{(n+1)}(x,z) \| \leqslant \int_{-\infty}^{x} 4|q| \| w^{(n)}(y,z) \| \, dy. \qquad (5.2.12)$$

记

$$\varrho(x,t) = \int_{-\infty}^{x} 4|q| dy, \qquad (5.2.13)$$

则容易看出当 $q(x) \in L^1(\mathbb{R})$ 时, 对任意固定 $x \in \mathbb{R}$, 上述积分存在, 且

$$\varrho_x(x) = 4|q|, \quad \| w^{(1)} \| \leqslant \varrho(x). \qquad (5.2.14)$$

因此, 用数学归纳法, 假设 $\| w^{(n)}(x,z) \| \leqslant \varrho^n(x)/n!$, 由 (5.2.12) 可知

$$\| w^{(n+1)}(x,z) \| \leqslant \int_{-\infty}^{x} \varrho_x(x)\varrho^n(x)/n! = \frac{\varrho^{n+1}(x,t)}{(n+1)!}. \qquad (5.2.15)$$

因此, 由 (5.2.7) 定义的 $w^{(n)}(x,z)$ 存在且有界, 另外由 $w^{(0)}$ 和 F 对 z 的解析性, 递推可知 $w^{(n)}(x,t,z)$, $n \geqslant 1$ 也解析.

由于对 $x \leqslant a \in \mathbb{R}$, 有

$$\varrho(x) \leqslant \int_{-\infty}^{a} 4|q| dy = \sigma,$$

其中 σ 为与 x 无关的常数, 于是有

$$\| w^{(n)}(x,z) \| \leqslant \frac{\sigma^n}{n!}, \qquad (5.2.16)$$

从而

$$\left\| \sum_{n=0}^{+\infty} w^{(n)}(x,t,z) \right\| \leqslant \sum_{n=0}^{+\infty} \frac{\sigma^n}{n!} = e^a.$$

因此, 由 (5.2.9) 定义的级数对 $x \in (-\infty, a)$ 绝对一致收敛, 其收敛和记为

$$w(x,t,z) = \sum_{n=0}^{+\infty} w^{(n)}(x,z), \qquad (5.2.17)$$

且其在 $z \in \mathbb{C}$ 内解析.

利用 (5.2.7) 和 (5.2.17), 有

$$w(x,t,z) = w^{(0)} + \sum_{n=1}^{+\infty} w^{(n)}(x,z) = w^{(0)} + \int_{-\infty}^{x} F \sum_{n=0}^{+\infty} w^{(n)}(y,z) dy$$

$$= w^{(0)} + \int_{-\infty}^{x} F w(y, t, z) dy, \tag{5.2.18}$$

这个式子表明由 (5.2.17) 定义的 $w(x, t, z)$ 为方程 (5.2.5) 的解.

B. 解 $w(x, t, z)$ 的唯一性

为证明唯一性, 假设 $\widetilde{w}(x, t, z)$ 为方程 (5.2.18) 的另一个解, 令 $h(x, t, z) = \widetilde{w}(y, t, z) - w(y, t, z)$, 则可得到

$$\| h(x, t, z) \| \leqslant 4 \int_{-\infty}^{x} |q| \, \| h(y, t, z) \| \, dy.$$

利用 Bellmann 不等式, 我们有 $h(x, t, z) \equiv 0$, 因此由 (5.2.17) 定义的 $w(x, t, z)$ 是方程 (5.2.18) 的唯一解.

同理可证, μ_2 的第一列和第二列分别在 $\mathbb{C}_-$ 和 $\mathbb{C}_+$ 解析, 记作

$$\mu_2 = \begin{pmatrix} \mu_2^{(11)} & \mu_2^{(12)} \\ \mu_2^{(21)} & \mu_2^{(22)} \end{pmatrix} = (\mu_2^-, \mu_2^+). \tag{5.2.19}$$

注意到 ψ_1, ψ_2 均为 Lax 对 (5.1.3)—(5.1.4) 的解, 而

$$\mathrm{tr}(P - iz\sigma_3) = \mathrm{tr}(Q - 2iz^2\sigma_3) = 0.$$

再利用定理 2.12, 知道

$$(\det \psi_j)_x = (\det \psi_j)_t = 0. \tag{5.2.20}$$

而由变换 (5.2.3),

$$\det \mu_j = \det \psi_j \det(e^{i\theta(z)\sigma_3}) = \det \psi_j.$$

再利用 (5.2.20), 有

$$(\det \mu_j)_x = (\det \mu_j)_t = 0.$$

这说明 $\det \mu_j$ 与 x, t 无关. 再由渐近性 $\mu_j \to I, |x| \to \infty$, 可知

$$\det \mu_j = \lim_{|x| \to \infty} \det \mu_j = \det(\lim_{|x| \to \infty} \mu_j) = 1, \quad j = 1, 2. \tag{5.2.21}$$

借此, 对关系式 (5.2.3) 两边再取行列式, 便有

$$\det S(z) = 1.$$

由 (5.2.21), 知道 μ_1, μ_2 可逆, 并且它们的逆矩阵为相应的伴随矩阵, 另外基于 μ_1, μ_2 的列向量函数的解析性, 可以推知 μ_1^{-1} 第一行和第二行分别在 $\mathbb{C}_-$ 和 $\mathbb{C}_+$ 上解析; μ_2^{-1} 第一行和第二行分别在 $\mathbb{C}_+$ 和 $\mathbb{C}_-$ 上解析, 记作

$$\mu_1^{-1} = \begin{pmatrix} \mu_1^{(22)} & -\mu_1^{(12)} \\ -\mu_1^{(21)} & \mu_1^{(11)} \end{pmatrix} = \begin{pmatrix} \hat{\mu}_1^- \\ \hat{\mu}_1^+ \end{pmatrix}, \tag{5.2.22}$$

$$\mu_2^{-1} = \begin{pmatrix} \mu_2^{(22)} & -\mu_2^{(12)} \\ -\mu_2^{(21)} & \mu_2^{(11)} \end{pmatrix} = \begin{pmatrix} \hat{\mu}_2^+ \\ \hat{\mu}_2^- \end{pmatrix}. \tag{5.2.23}$$

利用 (5.2.3), (5.2.4), (5.2.23), 我们便可以得到谱函数的解析性

$$e^{-i\theta(z)\hat{\sigma}_3} S(z) = \mu_2^{-1}\mu_1 = \begin{pmatrix} \hat{\mu}_2^+ \\ \hat{\mu}_2^- \end{pmatrix} (\mu_1^+, \mu_1^-) = \begin{pmatrix} \hat{\mu}_2^+ \mu_1^+ & \hat{\mu}_2^+ \mu_1^- \\ \hat{\mu}_2^- \mu_1^+ & \hat{\mu}_2^- \mu_1^- \end{pmatrix}.$$

可见 $s_{11}(z)$ 在 $\mathbb{C}_+$ 上解析; $s_{22}(z)$ 在 $\mathbb{C}_-$ 上解析; $s_{12}(z)$ 和 $s_{21}(z)$ 在上半、下半平面上不解析, 但连续到实轴 $\mathbb{R}$.

5.2.2 对称性

我们可以证明特征函数和谱函数的如下对称性.

定理 5.1 如上构造的特征函数 μ_1, μ_2 和谱函数 $S(z)$ 具有如下对称性:

$$\mu_j^{\mathrm{H}}(x, t, \bar{z}) = \mu_j^{-1}(x, t, z), \quad j = 1, 2,$$
$$S^{\mathrm{H}}(\bar{z}) = S^{-1}(z),$$

这里上标 H 表示矩阵的共轭转置.

证明 由于

$$\mu_{j,x}(x, t, z) + iz[\sigma_3, \mu_j(x, t, z)] = P\mu_j(x, t, z), \quad j = 1, 2. \tag{5.2.24}$$

将 z 换成 $\bar{z}$, 然后对方程两边再取共轭转置, 得到

$$\mu_{j,x}^{\mathrm{H}}(x, t, \bar{z}) + iz[\sigma_3, \mu_j^{\mathrm{H}}(x, t, \bar{z})] = \mu_j^{\mathrm{H}}(x, t, \bar{z})P^{\mathrm{H}}, \quad j = 1, 2.$$

注意到 P 为反 Hermite 矩阵, 即 $P^{\mathrm{H}} = -P$, 因此

$$\mu_{j,x}^{\mathrm{H}}(x, t, \bar{z}) + iz[\sigma_3, \mu_j^{\mathrm{H}}(x, t, \bar{z})] = -\mu_j^{\mathrm{H}}(x, t, \bar{z})P, \quad j = 1, 2. \tag{5.2.25}$$

另外, 方程 $\mu_j(x, t, z)\mu_j^{-1}(x, t, z) = I$ 对 x 求导, 可得到

$$\mu_{j,x}^{-1}(x, t, z) = -\mu_j^{-1}(x, t, z)\mu_{j,x}(x, t, z)\mu_j^{-1}(x, t, z), \quad j = 1, 2. \tag{5.2.26}$$

将 (5.2.24) 代入 (5.2.26), 得到

$$
\begin{aligned}
\mu_{j,x}^{-1}(x,t,z) &= -\mu_j^{-1}(x,t,z)\left(P\mu_j(x,t,z) - iz[\sigma_3, \mu_j(x,t,z)]\right)\mu_j^{-1}(x,t,z) \\
&= -\mu_j^{-1}(x,t,z)P - iz[\sigma_3, \mu_j^{-1}(x,t,z)],
\end{aligned}
$$

即

$$
\mu_{j,x}^{-1}(x,t,z) + iz[\sigma_3, \mu_j^{-1}(x,t,z)] = -\mu_j^{-1}(x,t,z)P. \tag{5.2.27}
$$

由方程 (5.2.25), (5.2.27) 可知 $\mu_j^{\mathrm{H}}(x,t,\bar{z})$, $\mu_j^{-1}(x,t,z)$ 满足同一个一阶齐次线性微分方程, 且具有相同的渐近性

$$
\mu_j^{\mathrm{H}}(x,t,\bar{z}), \quad \mu_j^{-1}(x,t,z) \to I, \quad |x| \to \infty.
$$

因此二者相等, 我们得到对称关系

$$
\mu_j^{\mathrm{H}}(x,t,\bar{z}) = \mu_j^{-1}(x,t,z), \quad j = 1, 2. \tag{5.2.28}
$$

下面考虑 $S(z)$ 的对称性, 将 (5.2.3) 改写为

$$
S(z) = e^{i\theta(z)\hat{\sigma}_3}[\mu_2^{-1}(x,t,z)\mu_1(x,t,z)]. \tag{5.2.29}
$$

再利用 (5.2.28), 并注意到 $\overline{\theta(\bar{z})} = \theta(z)$, 有

$$
\begin{aligned}
S^{\mathrm{H}}(\bar{z}) &= \left[e^{i\theta(\bar{z})}\mu_2^{-1}(x,t,\bar{z})\mu_1(x,t,\bar{z})e^{-i\theta(\bar{z})}\right]^{\mathrm{H}} \\
&= e^{i\theta(z)\sigma_3}\mu_1^{\mathrm{H}}(x,t,\bar{z})(\mu_2^{-1}(x,t,\bar{z}))^{\mathrm{H}}e^{-i\theta(z)\sigma_3} \\
&= e^{i\theta(z)\sigma_3}\mu_1^{-1}(x,t,z)\mu_2(x,t,z)e^{-i\theta(z)\sigma_3} = S^{-1}(z).
\end{aligned}
$$

比较矩阵两边对应元素, 有

$$
\overline{s_{11}(\bar{z})} = s_{22}(z), \quad \overline{s_{12}(\bar{z})} = -s_{21}(z). \tag{5.2.30}
$$

5.3　相关的 RH 问题

5.3.1　规范化 RH 问题

基于 5.2 节的结论, 我们构造 RH 问题, 引入记号

$$
H_1 = \begin{pmatrix} 1 & 0 \\ 0 & 0 \end{pmatrix}, \quad H_2 = \begin{pmatrix} 0 & 0 \\ 0 & 1 \end{pmatrix}, \tag{5.3.1}
$$

定义两个矩阵

$$P_+(x,t,z) = \mu_1 H_1 + \mu_2 H_2 = \begin{pmatrix} \mu_1^{(11)} & \mu_2^{(12)} \\ \mu_1^{(21)} & \mu_2^{(22)} \end{pmatrix} = (\mu_1^+, \mu_2^+),$$

$$P_-(x,t,z) = H_1\mu_1^{-1} + H_2\mu_2^{-1} = \begin{pmatrix} \mu_1^{(22)} & -\mu_1^{(12)} \\ -\mu_2^{(21)} & \mu_2^{(11)} \end{pmatrix} = \begin{pmatrix} \hat{\mu}_1^- \\ \hat{\mu}_2^- \end{pmatrix}.$$

则由 μ_j, μ_j^{-1}, $j = 1, 2$ 的解析性和渐近性, 直接看出 P_+ 在 $\mathbb{C}_+$ 上解析, P_- 在 $\mathbb{C}_-$ 上解析, 并且具有如下渐近性

$$P_+(x,t,z), \quad P_-(x,t,z) \to I, \quad z \to \infty.$$

由此可以证明具有如下对称关系.

定理 5.2 $P_+(x,t,z), P_-(x,t,z)$ 具有对称性

$$P_+^{\mathrm{H}}(x,t,\bar{z}) = P_-(x,t,z). \tag{5.3.2}$$

证明   利用 (5.2.28), 可得到

$$
\begin{aligned}
P_+^{\mathrm{H}}(x,t,\bar{z}) &= [\mu_1(x,t,\bar{z})H_1 + \mu_2(x,t,\bar{z})H_2]^{\mathrm{H}} \\
&= H_1\mu_1^{\mathrm{H}}(x,t,\bar{z}) + H_2\mu_2^{\mathrm{H}}(x,t,\bar{z}) \\
&= H_1\mu_1^{-1}(x,t,z) + H_2\mu_2^{-1}(x,t,z) = P_-(x,t,z).
\end{aligned} \tag{5.3.3}
$$

概括以上结果, 我们得到 RH 问题

$\star$ $P_\pm(x,t,z)$ 在 $\mathbb{C}_\pm$ 上解析, $\tag{5.3.4}$

$\star$ $P_-(x,t,z)P_+(x,t,z) = G(x,t,z), \quad z \in \mathbb{R},$ $\tag{5.3.5}$

$\star$ $P_\pm(x,t,z) \longrightarrow I, \quad z \to \infty,$ $\tag{5.3.6}$

其中跳跃矩阵为

$$G(x,t,z) = e^{-i\theta(z)\hat{\sigma}_3} \begin{pmatrix} 1 & -s_{12}(z) \\ s_{21}(z) & 1 \end{pmatrix}, \tag{5.3.7}$$

进一步 NLS 方程的解 $q(x,t)$ 可用 RH 问题 (5.3.4)—(5.3.6) 的解给出

$$q(x,t) = 2i \lim_{z \to \infty} (zP_+)_{12} = 2i(P_+^{(1)})_{12}, \tag{5.3.8}$$

其中

$$P_+ = I + \frac{P_+^{(1)}}{z} + O(z^{-2}). \tag{5.3.9}$$

证明 只需证明跳跃关系 (5.3.5). 注意到

$$e^{\pm i\theta(z)\hat{\sigma}_3}H_1 = H_1, \quad e^{\pm i\theta(z)\hat{\sigma}_3}H_2 = H_2,$$

可以得到

$$
\begin{aligned}
G = P_-P_+ &= (H_1\mu_1^{-1} + H_2\mu_2^{-1})(\mu_1H_1 + \mu_2H_2) \\
&= [H_1(e^{-i\theta(z)\hat{\sigma}_3}S^{-1})\mu_2^{-1} + H_2\mu_2^{-1}][\mu_2(e^{-i\theta(z)\hat{\sigma}_3}S)H_1 + \mu_2H_2] \\
&= [e^{-i\theta(z)\sigma_3}(e^{i\theta(z)\hat{\sigma}_3}H_1)S^{-1}e^{i\theta(z)\sigma_3} + e^{-i\theta(z)\hat{\sigma}_3}H_2] \\
&\quad \times [e^{-i\theta(z)\sigma_3}S(e^{i\theta(z)\hat{\sigma}_3}H_1)e^{i\theta(z)\sigma_3} + e^{-i\theta(z)\hat{\sigma}_3}H_2] \\
&= e^{-i\theta(z)\hat{\sigma}_3}[(H_1S^{-1} + H_2)(SH_1 + H_2)] \\
&= e^{-i\theta(z)\hat{\sigma}_3}\begin{pmatrix} 1 & -s_{12}(z) \\ s_{21}(z) & 1 \end{pmatrix}.
\end{aligned}
$$

直接计算, 可得

$$
\begin{aligned}
\det(P_+) &= \det(\mu_1H_1 + \mu_2H_2) \\
&= \det\left(\mu_2(e^{-i\theta(z)\hat{\sigma}_3}S)H_1 + \mu_2H_2\right) \\
&= \det(\mu_2)\det\left[(e^{-i\theta(z)\hat{\sigma}_3}S)H_1 + H_2\right] = s_{11}(z).
\end{aligned}
$$

同理, 可得

$$\det(P_-) = s_{22}(z).$$

5.3.2   RH 问题的可解性

下面分两种情况讨论 RH 问题 (5.3.4)—(5.3.6) 的解.

(1) 如果

$$\det P_\pm(z) \neq 0, \quad \forall z \in \mathbb{C}, \tag{5.3.10}$$

称 RH 问题 (5.3.4)—(5.3.6) 为正则的. 将方程 (5.3.5) 改写为

$$P_+^{-1} - P_- = (I - G)P_+^{-1} \triangleq \hat{G}P_+^{-1}.$$

由 Plemelj 公式

$$P_+^{-1}(z) = I + \frac{1}{2\pi i}\int_{-\infty}^{\infty} \frac{\hat{G}(s)P_+^{-1}(s)}{s - z}ds, \quad z \in \mathbb{C}_+.$$

(2) 如果条件 (5.3.10) 不满足, 称 RH 问题 (5.3.4)—(5.3.6) 为非正则的, 假设 $\det P_\pm$ 在某些离散点处为零, 由谱函数对称性 (5.2.30), 有

$$\det P_+(z) = s_{11}(z) = \overline{s_{22}(\bar{z})} = \overline{\det P_-(\bar{z})}.$$

可得

$$\det P_+(z) = 0 \Longleftrightarrow \det P_-(\bar{z}) = 0.$$

因此, $\det P_+(z)$ 与 $\det P_-(z)$ 有相同的零点个数, 且彼此共轭. 假设 $z_j, j = 1, \cdots, N$ 为 $\det P_+(z)$ 在 $\mathbb{C}_+$ 上的零点, 则 $\bar{z}_j, j = 1, \cdots, N$ 为 $\det P_-(z)$ 在 $\mathbb{C}_-$ 上的零点.

由于 $\det P_+(z_j) = \det P_-(\bar{z}_j) = 0$, 假设 w_j, w_j^* 分别为下列线性方程组的非零列向量和行向量解

$$P_+(z_j)w_j(z_j) = 0, \tag{5.3.11}$$

$$w_j^*(\bar{z}_j)P_-(\bar{z}_j) = 0. \tag{5.3.12}$$

将方程 (5.3.11) 共轭转置, 得到

$$w_j^{\mathrm{H}}(z_j)P_+^{\mathrm{H}}(\bar{z}_j) = 0,$$

再利用对称性 (5.3.2), 有

$$w_j^{\mathrm{H}}(z_j)P_-(\bar{z}_j) = 0. \tag{5.3.13}$$

比较 (5.3.12), (5.3.13), 知道

$$w_j^*(\bar{z}_j) = w_j^{\mathrm{H}}(z_j).$$

非正则的 RH 问题 (5.3.4)—(5.3.6) 的解可由下列定理给出.

定理 5.3 (Zakharov, Shabat, 1979) 带有零点结构 (5.3.11)—(5.3.12) 的非正则 RH 问题 (5.3.4)—(5.3.6) 可分解为

$$P_+(z) = \hat{P}_+(z)\Gamma(z), \tag{5.3.14}$$

$$P_-(z) = \Gamma^{-1}(z)\hat{P}_-(z), \tag{5.3.15}$$

其中

$$\Gamma(z) = I + \sum_{k,j=1}^{N} \frac{w_k(M^{-1})_{kj}w_j^*}{z - \bar{z}_j}, \tag{5.3.16}$$

$$\Gamma^{-1}(z) = I - \sum_{k,j=1}^{N} \frac{w_k(M^{-1})_{kj}w_j^*}{z - z_k}, \tag{5.3.17}$$

其中 M 为 $N \times N$ 矩阵, 其 (k,j) 元素由下式给定

$$M_{kj} = \frac{w_k^* w_j}{\bar{z}_k - z_j}, \quad 1 \leqslant k, j \leqslant N.$$

$$\det \Gamma(z) = \prod_{j=1}^{N} \frac{z - z_k}{z - \bar{z}_k}.$$

而 $\hat{P}_{\pm}(z)$ 为正则 RH 问题的唯一解.

- $\hat{P}_{\pm}(z)$ 在 $\mathbb{C}_{\pm}$ 上解析,
- $\hat{P}_-(z)\hat{P}_+(z) = \Gamma(z)G(z)\Gamma^{-1}(z), \quad z \in \mathbb{R},$
- $\hat{P}_{\pm}(z) \longrightarrow I, \quad z \to \infty.$

证明 非正则的 RH 问题 (5.3.4)—(5.3.6) 是由在 $2N$ 个离散谱上 $\det P_+(z_j) = 0, \det P_-(\bar{z}_j) = 0, \ j = 1, \cdots, N$ 造成的, 我们主要任务是消除这些零点结构. 首先, 去除 $P_+(z)$, $P_-(\bar{z})$ 在 z_1, $\bar{z}_1$ 上的零点结构, 为此定义单极点的矩阵

$$\Gamma_1(z) = I + \frac{\bar{z}_1 - z_1}{z - \bar{z}_1} \frac{w_1 w_1^*}{w_1^* w_1},$$

其具有如下性质:

$$\Gamma_1^{-1}(z) = I - \frac{\bar{z}_1 - z_1}{z - z_1} \frac{w_1 w_1^*}{w_1^* w_1},$$

$$\det \Gamma_1(z) = \frac{z - z_1}{z - \bar{z}_1}, \quad \det \Gamma_1^{-1}(z) = \frac{z - \bar{z}_1}{z - z_1}.$$

$$\Gamma_1(z_1)w_1 = w_1 - \frac{\bar{z}_1 - z_1}{z_1 - z_1} \frac{w_1(w_1^* w_1)}{w_1^* w_1} = w_1 - w_1 = 0,$$

$$w_1^* \Gamma_1^{-1}(z_1) = w_1^* - \frac{\bar{z}_1 - z_1}{z_1 - z_1} \frac{(w_1^* w_1)w_1^*}{w_1^* w_1} = w_1^* - w_1^* = 0.$$

定义矩阵函数

$$R_1^+(z) = P_+(z)\Gamma_1^{-1}(z), \quad R_1^-(z) = \Gamma_1(z)P_-(z),$$

则由 (5.3.11)—(5.3.12) 可知

$$\operatorname*{Res}_{z=z_1} R_1^+(z) = \operatorname*{Res}_{z=z_1} \left(P_+(z) - P_+(z)\frac{\bar{z}_1 - z_1}{z - z_1} \frac{w_1 w_1^*}{w_1^* w_1} \right)$$

$$= -\frac{(\bar{z}_1 - z_1)[P_+(z_1)w_1]w_1^*}{w_1^* w_1} = 0,$$

$$\operatorname*{Res}_{z=\bar{z}_1} R_1^-(z) = \frac{(\bar{z}_1 - z_1)w_1 w_1^*}{w_1^* w_1} P_-(\bar{z}_1) = 0.$$

因此 $R_1^+(z)$, $R_1^-(z)$ 分别在 $\mathbb{C}_+$ 和 $\mathbb{C}_-$ 上解析, 且

$$\det R_1^+(z_1) = \lim_{z \to z_1} [\det P_+(z) \det \Gamma_1^{-1}(z)] = \lim_{z \to z_1} \left(s_{11}(z)\frac{z - \bar{z}_1}{z - z_1} \right)$$

$$= s'_{11}(z_1)(z_1 - \bar{z}_1) \neq 0,$$

$$\det R_1^-(\bar{z}_1) = \lim_{z \to \bar{z}_1}[\det \Gamma_1(z) \det P_-(z_1)] = \lim_{z \to \bar{z}_1}\left(s_{22}(z)\frac{z - z_1}{z - \bar{z}_1}\right)$$

$$= s'_{22}(\bar{z}_1)(\bar{z}_1 - z_1) \neq 0.$$

这说明 $R_1^+(z)$, $R_1^-(z)$ 分别在 $z = z_1$, $\bar{z}_1$ 不具有零点结构.

其次, 我们去除 $R_1^+(z)$, $R_1^-(z)$ 在 z_2, $\bar{z}_2$ 上的零点结构, 由于

$$\det R_1^+(z_2) = \det P_+(z_2) \det \Gamma_1^{-1}(z_2) = s_{11}(z_2)\frac{z_2 - \bar{z}_1}{z_2 - z_1} = 0,$$

$$\det R_1^-(\bar{z}_2) = \det \Gamma_1(\bar{z}_2) \det P_-(\bar{z}_2) = s_{22}(\bar{z}_2)\frac{\bar{z}_2 - z_1}{\bar{z}_2 - \bar{z}_1} = 0.$$

因此, 下列齐次线性方程组有非零解, 即存在 $v_2(z_2)$ 和 $v_2^*(\bar{z}_2)$ 满足

$$R_1^+(z_2)v_2(z_2) = P_+(z_2)\Gamma_1^{-1}(z_2)v_2(z_2) = 0,$$

$$v_2^*(\bar{z}_2)R_1^-(\bar{z}_2) = v_2^*(\bar{z}_2)\Gamma_1(\bar{z}_2)P_-(\bar{z}_2) = 0.$$

与 (5.3.11)—(5.3.12) 比较, 可知

$$w_2(z_2) = \Gamma_1^{-1}(z_2)v_2(z_2), \quad w_2^*(\bar{z}_2) = v_2^*(\bar{z}_2)\Gamma_1(\bar{z}_2).$$

为去除 $R_1^+(z_2)$ 和 $R_1^-(\bar{z}_2)$ 在 z_2, $\bar{z}_2$ 上的零点结构, 构造

$$\Gamma_2(z) = I + \frac{\bar{z}_2 - z_2}{z - \bar{z}_2}\frac{v_2 v_2^*}{v_2^* v_2},$$

$$R_2^+(z) = R_1^+(z)\Gamma_2^{-1}(z) = P_+(z)\Gamma_1^{-1}(z)\Gamma_2^{-1}(z),$$

$$R_2^-(z) = \Gamma_2(z)R_1^-(z) = \Gamma_2(z)\Gamma_1(z)P_-(z),$$

则 $R_2^+(z)$, $R_2^-(z)$ 分别在 $\mathbb{C}_+$ 和 $\mathbb{C}_-$ 上解析, 且

$$\det R_2^+(z_j) = s'_{11}(z_j)\frac{(\bar{z}_1 - z_1)(\bar{z}_2 - z_2)}{z_j - z_k} \neq 0,$$

$$\det R_2^-(\bar{z}_j) = s'_{11}(z_j)\frac{(\bar{z}_1 - z_1)(\bar{z}_2 - z_2)}{\bar{z}_j - \bar{z}_k} \neq 0, \quad k, j = 1, 2, \ j \neq k.$$

一般地, 可得到

$$w_j(z_j) = \Gamma_1^{-1}(z_j)\cdots\Gamma_{j-1}^{-1}(z_j)v_2(z_j), \tag{5.3.18}$$

$$w_j^*(\bar{z}_j) = v_j^*(\bar{z}_j)\Gamma_1(\bar{z}_j)\cdots\Gamma_{j-1}(\bar{z}_j),$$

$$R_j^+(z) = P_+(z)\Gamma_1^{-1}(z)\cdots\Gamma_j^{-1}(z),$$

$$R_j^-(z) = \Gamma_j(z) \cdots \Gamma_1(z) P_-(z),$$

其中

$$\Gamma_j(z) = I + \frac{\bar{z}_j - z_j}{z - \bar{z}_j} \frac{v_j v_j^*}{v_j^* v_j}, \quad \Gamma_j^{-1}(z) = I - \frac{\bar{z}_j - z_j}{z - z_j} \frac{v_j v_j^*}{v_j^* v_j}. \tag{5.3.19}$$

$R_j^+(z)$ 和 $R_j^-(z)$ 分别在 $\mathbb{C}_+$ 和 $\mathbb{C}_-$ 上解析, 且在点 z_k, $\bar{z}_k$, $k = 1, \cdots, j$ 上无零点结构, 即

$$\det R_j^+(z_k) = s_{11}'(z_k) \frac{\displaystyle\prod_{l=1}^{j}(\bar{z}_l - z_l)}{\displaystyle\prod_{l=1,\ l\neq k}^{j}(z_k - z_l)} \neq 0,$$

$$\det R_j^-(\bar{z}_k) \neq 0, \quad k = 1, \cdots, j.$$

而

$$\det R_j^+(z_{j+1}) = s_{11}'(z_{j+1}) \prod_{k=1}^{j} \frac{z_{j+1} - \bar{z}_k}{z_{j+1} - z_k} = 0,$$

$$\det R_j^-(\bar{z}_{j+1}) = s_{22}'(\bar{z}_{j+1}) \prod_{k=1}^{j} \frac{\bar{z}_{j+1} - z_k}{z_{j+1} - \bar{z}_k}.$$

最后, 我们令

$$\Gamma(z) = \Gamma_N(z) \cdots \Gamma_1(z), \quad \Gamma^{-1}(z) = \Gamma_1^{-1}(z) \cdots \Gamma_N^{-1}(z), \tag{5.3.20}$$

$$\hat{P}_+(z) = P_+(z) \Gamma^{-1}(z), \quad \hat{P}_-(z) = \Gamma(z) P_-(z),$$

则 $\hat{P}_+(z)$ 和 $\hat{P}_+(z)$ 分别在 $\mathbb{C}_+$ 和 $\mathbb{C}_-$ 上解析, 且不再有零点结构, 即

$$\det \hat{P}_+(z_k) \neq 0, \quad \det \hat{P}_-(\bar{z}_k) \neq 0, \quad k = 1, \cdots, N.$$

从而我们得到分解 (5.3.14)—(5.3.15).

下面证明 (5.3.16) 和 (5.3.17), 注意到 $\Gamma(z)$, $\Gamma^{-1}(z)$ 分别为具有单极点 z_j, $\bar{z}_j$, $1 \leqslant j \leqslant N$ 的亚纯函数, 以及分解 (5.3.19), (5.3.20), 我们寻找合适的列向量 ζ_j 使得

$$\Gamma(z) = I + \sum_{j=1}^{N} \frac{\zeta_j w_j^*}{z - \bar{z}_j}, \tag{5.3.21}$$

$$\Gamma^{-1}(z) = I - \sum_{j=1}^{N} \frac{w_j \zeta_j^*}{z - z_j}, \tag{5.3.22}$$

以及

$$\Gamma(z)\Gamma^{-1}(z) = I.$$

因此, 利用 (5.3.22),

$$0 = \operatorname*{Res}_{z=z_k}[\Gamma(z)\Gamma_j^{-1}(z)] = \operatorname*{Res}_{z=z_k}\left(\Gamma(z) - \sum_{j=1}^{N}\Gamma(z)\frac{w_j\zeta_j^*}{z-z_j}\right) = -\Gamma(z_k)w_k\zeta_k^*,$$

$$= \left(-w_k + \sum_{j=1}^{N}\frac{w_j^* w_k}{\bar{z}_j - z_k}\zeta_j\right)\zeta_k^*, \quad 1 \leqslant k \leqslant N. \tag{5.3.23}$$

方程 (5.3.23) 两边作用 ζ_k, 则有

$$\left(-w_k + \sum_{j=1}^{N}\frac{w_j^* w_k}{\bar{z}_j - z_k}\zeta_j\right)|\zeta_k|^2 = 0, \quad 1 \leqslant k \leqslant N.$$

由于 $\zeta_k \neq 0$, 所以 $|\zeta_k| \neq 0$, 从而

$$-w_k + \sum_{j=1}^{N}\frac{w_j^* w_k}{\bar{z}_j - z_k}\zeta_j = 0, \quad 1 \leqslant k \leqslant N. \tag{5.3.24}$$

将其改写关于 $\zeta_1, \cdots, \zeta_N$ 分块矩阵形式的线性方程组

$$(\zeta_1, \cdots, \zeta_N)M = (w_1, \cdots, w_N), \tag{5.3.25}$$

其中

$$M = (M_{kj})_{N \times N}, \quad M_{kj} = \frac{w_k^* w_j}{\bar{z}_k - z_j}.$$

由 (5.3.25) 解得

$$\zeta_j = \sum_{k=1}^{N}(M^{-1})_{kj}w_k.$$

最后, 将其代入 (5.3.21)—(5.3.22) 得到 (5.3.16) 和 (5.3.17).

5.4 NLS 方程的 N 孤子解

5.4.1 矩阵向量解的时空演化

方程 (5.3.11) 两边分别对 x 和 t 求导, 得到

$$P_{+,x}w_j + P_+ w_{j,x} = 0. \tag{5.4.1}$$

$$P_{+,t}w_j + P_+ w_{j,t} = 0. \tag{5.4.2}$$

而利用 P_+ 的定义和 Lax 对 (5.1.7)—(5.1.8), 可得到

$$
\begin{aligned}
P_{+,x} &= \mu_{1,x}H_1 + \mu_{2,x}H_2 \\
&= (-iz_j[\sigma_3, \mu_1] + P\mu_1)H_1 + (-iz_j[\sigma_3, \mu_2] + P\mu_2)H_2, \\
&= -iz_j[\sigma_3, P_+] + PP_+.
\end{aligned} \tag{5.4.3}
$$

同理

$$P_{+,t} = -iz_j^2[\sigma_3, P_+] + QP_+. \tag{5.4.4}$$

将 (5.4.3)—(5.4.4) 代入 (5.4.1)—(5.4.2), 并注意 (5.3.11)—(5.3.12), 整理后有

$$
\begin{aligned}
P_+(w_{j,x} + iz_j\sigma_3 w_j) &= 0, \\
P_+(w_{j,t} + 2iz_j^2\sigma_3 w_j) &= 0.
\end{aligned}
$$

令

$$
\begin{aligned}
w_{j,x} + iz_j\sigma_3 w_j &= 0, \\
w_{j,t} + 2iz_j^2\sigma_3 w_j &= 0.
\end{aligned}
$$

解这个微分方程组, 得到

$$w_j = e^{-i\theta(z_j)\sigma_3} w_{j0}, \quad j = 1, \cdots, N, \tag{5.4.5}$$

其中 w_{j0} 为二维常数列向量. 从而

$$w_j^* = w_{j0}^{\mathrm{H}} e^{i\theta(\bar{z}_j)\sigma_3}. \tag{5.4.6}$$

5.4.2   N 孤子解公式

由于

$$
\begin{aligned}
\hat{P}_+^{-1}(z) &= I - \frac{1}{2\pi i z} \int_{-\infty}^{\infty} \left(1 + \frac{s}{z} + \cdots \right) \Gamma \hat{G}\Gamma^{-1} P_+^{-1} ds \\
&= I - \frac{1}{2\pi i z} \int_{-\infty}^{\infty} \Gamma \hat{G}\Gamma^{-1} P_+^{-1} ds + O(z^{-2}),
\end{aligned}
$$

因此

$$\hat{P}_+(z) = I + \frac{1}{2\pi i z} \int_{-\infty}^{\infty} \Gamma \hat{G}\Gamma^{-1} P_+^{-1} ds + O(z^{-2}). \tag{5.4.7}$$

同理

$$\Gamma(z) = I + \frac{1}{z} \sum_{k,j=1}^{N} w_k (M^{-1})_{kj} w_j^* + O(z^{-2}). \tag{5.4.8}$$

将渐近展开式 (5.3.9), (5.4.7), (5.4.8) 代入 (5.3.14), 比较 z^{-1} 系数, 得到

$$P_+^{(1)} = \frac{1}{2\pi i} \int_{-\infty}^{\infty} \Gamma \hat{G} \Gamma^{-1} P_+^{-1} ds + \sum_{k,j=1}^{N} w_k (M^{-1})_{kj} w_j^*. \tag{5.4.9}$$

特别当散射数据 $s_{12} = s_{21} = 0$ 时, 有 $\hat{G} = G - I = 0$, 此时 (5.4.9) 简化为

$$P_+^{(1)} = \sum_{k,j=1}^{N} w_k (M^{-1})_{kj} w_j^*.$$

记 $\lambda_j = -i(z_j x + 2z_j^2 t)$, 并取 $w_{j0} = (c_j, 1)^{\mathrm{T}}$, 则

$$w_j = \begin{pmatrix} e^{\lambda_j} & 0 \\ 0 & e^{-\lambda_j} \end{pmatrix} \begin{pmatrix} c_j \\ 1 \end{pmatrix} = \begin{pmatrix} c_j e^{\lambda_j} \\ e^{-\lambda_j} \end{pmatrix}. \tag{5.4.10}$$

从而

$$w_j^* = w_{j0}^{\mathrm{H}} e^{\bar{\lambda}_j \sigma_3} = (\bar{c}_j e^{\bar{\lambda}_j}, e^{-\bar{\lambda}_j}), \tag{5.4.11}$$

$$M_{kj} = \frac{w_k^* w_j}{\bar{z}_k - z_j} = \frac{1}{\bar{z}_k - z_j} \left(\bar{c}_k c_j e^{\bar{\lambda}_k + \lambda_j} + e^{-\bar{\lambda}_k - \lambda_j} \right). \tag{5.4.12}$$

$$q = 2i(P_+^{(1)})_{12} = 2i \left(\sum_{k,j=1}^{N} w_k (M^{-1})_{kj} w_j^* \right)_{12}$$

$$= 2i \sum_{k,j=1}^{N} (w_k w_j^*)_{12} (M^{-1})_{kj} = 2i \sum_{k,j=1}^{N} c_k e^{\lambda_k - \bar{\lambda}_j} (M^{-1})_{kj}. \tag{5.4.13}$$

令

$$R = \begin{pmatrix} 0 & c_1 e^{\lambda_1} & \cdots & c_N e^{\lambda_N} \\ e^{-\bar{\lambda}_1} & M_{11} & \cdots & M_{1N} \\ \vdots & \vdots & & \vdots \\ e^{-\bar{\lambda}_N} & M_{N1} & \cdots & M_{NN} \end{pmatrix}, \tag{5.4.14}$$

则

$$\det R = \sum (-1)^{k+2} c_k e^{\lambda_k} \det \begin{pmatrix} e^{-\bar{\lambda}_1} & M_{11} \cdots & M_{1,k-1} & \cdot & M_{1,k+1} & \cdots & M_{1N} \\ \vdots & \vdots & \vdots & & \vdots & & \vdots \\ e^{-\bar{\lambda}_N} & M_{N1} \cdots & M_{N,k-1} & \cdot & M_{N,k+1} & \cdots & M_{NN} \end{pmatrix}$$

$$= \sum (-1)^{k+j+3} c_k e^{\lambda_k - \bar{\lambda}_j} \det$$

$$\begin{pmatrix} M_{11} & \cdots & M_{1,k-1} & M_{1,k+1} & \cdots & M_{1N} \\ \vdots & & \vdots & \vdots & & \vdots \\ M_{j-1,1} & \cdots & M_{j-1,k-1} & M_{j-1,k+1} & \cdots & M_{j-1,N} \\ M_{j+1,1} & \cdots & M_{j+1,k-1} & M_{j+1,k+1} & \cdots & M_{j+1,N} \\ \vdots & & \vdots & \vdots & & \vdots \\ M_{N1} & \cdots & M_{N,k-1} & M_{N,k+1} & \cdots & M_{NN} \end{pmatrix}$$

$$= -\sum c_k e^{\lambda_k - \bar{\lambda}_j} (M^*)_{jk} = -\det M \sum c_k e^{\lambda_k - \bar{\lambda}_j} (M^{-1})_{kj}, \tag{5.4.15}$$

因此

$$\sum c_k e^{\lambda_k - \bar{\lambda}_j} (M^{-1})_{kj} = -\frac{\det R}{\det M}. \tag{5.4.16}$$

式 (5.4.15) 中, M^* 和 M^{-1} 分别为 M 的伴随矩阵和逆矩阵, 我们使用了公式

$$M^{-1} = \frac{1}{\det M} M^* \Longrightarrow (M^{-1})_{kj} = \frac{1}{\det M} (M^*)_{jk}.$$

将 (5.4.16) 代入 (5.4.13), 便得到 NLS 方程的 N 孤子解

$$q = -2i \frac{\det R}{\det M}. \tag{5.4.17}$$

5.4.3 单孤子解

对 $N = 1$ 时, 取离散谱点 z_1, $\bar{z}_1$, 记 $\lambda_1 = -i(z_1 x + 2z_1^2 t)$. 则利用公式 (5.4.10)—(5.4.12) 直接计算, 可知

$$w_1 = \begin{pmatrix} c_1 e^{\lambda_1} \\ e^{-\lambda_1} \end{pmatrix}, \quad w_1^* = (\bar{c}_j e^{\bar{\lambda}_1}, e^{-\bar{\lambda}_1}),$$

$$\det M = M_{11} = \frac{1}{\bar{z}_1 - z_1}(|c_1|^2 e^{\lambda_1 + \bar{\lambda}_1} + e^{-(\lambda_1 + \bar{\lambda}_1)}),$$

$$\det R = \det \begin{pmatrix} 0 & c_1 e^{\lambda_1} \\ e^{-\bar{\lambda}_1} & M_{11} \end{pmatrix} = -c_1 e^{\lambda_1 - \bar{\lambda}_1}.$$

由公式 (5.4.17), 可得到单孤子解

$$q(x,t) = 2i(\bar{z}_1 - z_1) \frac{c_1 e^{\lambda_1 - \bar{\lambda}_1}}{|c_1|^2 e^{\lambda_1 + \bar{\lambda}_1} + e^{-(\lambda_1 + \bar{\lambda}_1)}}. \tag{5.4.18}$$

选取参数

$$z_1 = \xi + i\eta, \quad c_1 = e^{-\delta_0 + ik_0},$$

则 (5.4.18) 化为

$$q(x,t) = 2\eta e^{-2i\xi x - 4i(\xi^2 - \eta^2)t + ik_0} \mathrm{sech}[\eta(x + 4\xi t - \delta_0)].$$

第 6 章　RH 方法求解非零边界的 NLS 方程

6.1　非零边界问题

我们知道, 对于聚焦 NLS 方程

$$iq_t + q_{xx} + 2q|q|^2 = 0. \tag{6.1.1}$$

在零边界条件

$$q(x,t) \to 0, \quad x \to \pm\infty$$

下, 具有亮孤子解

$$q(x,t) = 2\eta e^{-2i\xi x - 4i(\xi^2 - \eta^2)t + ik_0} \mathrm{sech}[\eta(x + 4\xi t - \delta_0)],$$

其形状除了局部非零波峰外, 几乎处处为零.

在非零边界条件

$$q(x,t) \to q_\pm e^{2iq_0^2 t}, \quad x \to \pm\infty$$

下也有亮孤子解

$$q(x,t)$$
$$= \frac{\cosh(\chi + 2i\alpha) + \dfrac{1}{A}[c_{+2}(Z^2\sin(s+2\alpha) - \sin s) - ic_{-2}(Z^2\cos(s+2\alpha) - \cos s)]}{\cosh\chi + A[Z^2\sin(s+2\alpha) - \sin s]},$$

其中参数和符号后面我们会给出.

然而, 对于散焦 NLS 方程

$$iq_t + q_{xx} - 2q|q|^2 = 0,$$

由于其谱问题

$$\psi_x = \begin{pmatrix} -ik & q \\ \bar{q} & ik \end{pmatrix} \psi = P\psi \tag{6.1.2}$$

中的 $P^* = P$ 是自共轭算子, 其没有复的离散特征值, 因此在零边界条件下散焦 NLS 方程没有孤子解.

20 世纪 70 年代, Zakharov, Shabat 改进反散射方法, 证明了散焦 NLS 方程在适当的非零边界条件

$$q(x,t) \to q_0 e^{2iq_0^2 t + i\theta_\pm}, \quad x \to \pm\infty$$

下, 具有暗孤子解

$$q = q_0 e^{2iq_0^2 t}\{\cos\alpha + i\sin\alpha \tanh[q_0\sin\alpha(x - 2q_0 t\cos\alpha - x_0)]\},$$

其中 q_0, α 和 x_0 为任意实参数. 暗孤子解几乎处处为常数, 在局部为小于这个常数的非零波谷, 其模长渐近于常数

$$|q(x,t)| \to q_0, \quad x \to \pm\infty.$$

如何处理非零边界条件?

对于非零边界, 在求解渐近谱问题过程中, 除了通常的谱参数 k, 对角化谱矩阵会出现另外一个参数: 特征值 λ, 其通常为 k 的多值函数. 为了避免在 Riemann 面上讨论反散射的复杂性, Zakharov 和 Shabat 指出可通过引入一个仿射参数 $z = k + \lambda$, 则

$$k = k(z), \quad \lambda = \lambda(z)$$

为变量 z 的单值函数, 从而我们可以在 z 的复平面上讨论反散射或者 Riemann-Hilbert 问题. Faddeev 和 Takhtajan 在他们的专著 *Hamilton Methods in the Theory of Solitons* 中也广泛使用了仿射参数处理非零边界问题.

6.2　NLS 方程的 Lax 对

我们考虑具有非零边界的 NLS 方程

$$iq_t + q_{xx} + 2q|q|^2 = 0, \tag{6.2.1}$$

$$q(x,t) \to q_\pm e^{2iq_0^2 t}, \quad x \to \pm\infty, \tag{6.2.2}$$

其中 $q_\pm$ 与 t 无关, 并且 $|q_\pm| = q_0 \neq 0$.

NLS 方程 (6.2.1) 具有矩阵 Lax 对

$$\phi_x = U\phi, \quad \phi_t = V\phi, \tag{6.2.3}$$

其中

$$U = ik\sigma_3 + Q, \quad V = -2ik^2\sigma_3 + i\sigma_3(Q_x - Q^2) - 2kQ, \tag{6.2.4}$$

$$\sigma_3 = \begin{pmatrix} 1 & 0 \\ 0 & -1 \end{pmatrix}, \quad Q = \begin{pmatrix} 0 & q \\ -\bar{q} & 0 \end{pmatrix}.$$

下面我们说明如何将与时间 t 有关的非零边界 (6.2.2) 处理成与时间 t 无关的非零边界, 同时为了使得渐近谱问题时空的矩阵出现线性关系, 对 Lax 对 (6.2.1) 的特征函数也要适当处理.

命题 6.1　作变换

$$q \to qe^{2iq_0^2 t}, \quad \phi \to e^{iq_0^2 t\sigma_3}\phi, \tag{6.2.5}$$

则 NLS 方程 (6.2.1) 和边界条件 (6.2.2) 化为

$$iq_t + q_{xx} + 2q(|q|^2 - q_0^2) = 0, \tag{6.2.6}$$

$$q(x,t) \to q_\pm, \quad x \to \pm\infty, \tag{6.2.7}$$

而 NLS 方程 (6.2.6) 具有 Lax 对

$$\phi_x = X\phi, \quad \phi_t = T\phi, \tag{6.2.8}$$

其中

$$X = ik\sigma_3 + Q, \quad T = -2ik^2\sigma_3 + i\sigma_3(Q_x - Q^2 - q_0^2 I) - 2kQ.$$

证明　假设所作的变换为

$$q \to qe^{2i\alpha t}, \quad \phi \to e^{i\beta t\sigma_3}\phi, \tag{6.2.9}$$

则 NLS 方程 (6.2.1) 化为

$$iq_t + q_{xx} + 2q(|q|^2 - \alpha) = 0. \tag{6.2.10}$$

Lax 对 (6.2.8) 化为

$$\phi_x = \left[e^{it(\alpha-\beta)\hat{\sigma}_3} \begin{pmatrix} ik & q \\ -\bar{q} & -ik \end{pmatrix} \right]\phi, \tag{6.2.11}$$

$$\phi_t = \left[e^{it(\alpha-\beta)\hat{\sigma}_3} \begin{pmatrix} -2ik^2 + i(|q|^2 - \beta) & iq_x - 2kq \\ i\bar{q}_x + 2k\bar{q} & 2ik^2 - i(|q|^2 - \beta) \end{pmatrix} \right]\phi. \tag{6.2.12}$$

取 $\alpha = \beta$, 上述 Lax 对简化为

$$\phi_x = \begin{pmatrix} ik & q \\ -\bar{q} & -ik \end{pmatrix} \phi = X\phi, \tag{6.2.13}$$

$$\phi_t = \begin{pmatrix} -2ik^2 + i(|q|^2 - \beta) & iq_x - 2kq \\ i\bar{q}_x + 2k\bar{q} & 2ik^2 - i(|q|^2 - \beta) \end{pmatrix} \phi = T\phi. \tag{6.2.14}$$

对于方程 (6.2.10), 具有常数边界条件

$$q(x,t) \to q_{\pm}, \quad x \to \pm\infty, \tag{6.2.15}$$

其中 $q_{\pm}$ 为与 x, t 无关的常数, 且 $|q_{\pm}| = q_0 > 0$, 因此 $q_{\pm} = q_0 e^{i\theta_{\pm}}$, 即两端渐近状态可以相差一个相位. 基于这个边界条件, 渐近 Lax 对为

$$\varphi_x = \begin{pmatrix} ik & q_{\pm} \\ -\bar{q}_{\pm} & -ik \end{pmatrix} \varphi = X_{\pm}\varphi, \tag{6.2.16}$$

$$\varphi_t = \begin{pmatrix} -2ik^2 + i(q_0^2 - \beta) & -2kq_{\pm} \\ 2k\bar{q}_{\pm} & 2ik^2 - i(q_0^2 - \beta) \end{pmatrix} \varphi$$

$$= [-2kX_{\pm} + i(q_0^2 - \beta)\sigma_3]\varphi = T_{\pm}\varphi. \tag{6.2.17}$$

为使得 $X_{\pm}$ 与 $T_{\pm}$ 有线性关系, 只能取 $\beta = q_0^2$. 此时, 方程 (6.2.10), (6.2.16)—(6.2.17) 即为方程 (6.2.6)—(6.2.8).

6.3 Riemann 面和单值化坐标

令 $x \to \pm\infty$, 并使用边界条件 (6.2.7), 可得到渐近谱问题

$$\psi_x = X_{\pm}\psi, \quad \psi_t = T_{\pm}\psi, \tag{6.3.1}$$

其中

$$X_{\pm} = ik\sigma_3 + Q_{\pm}, \quad T_{\pm} = -2kX_{\pm}, \quad Q_{\pm} \doteq \begin{pmatrix} 0 & q_{\pm} \\ -\bar{q}_{\pm} & 0 \end{pmatrix}.$$

直接计算可知, 矩阵 $X_{\pm}$ 具有两个特征值 $i\lambda$ 和 $-i\lambda$, 其中 λ 满足方程

$$\lambda^2 = k^2 + q_0^2.$$

这里面临两个问题.

▶ 对于 $k \in \mathbb{C}$ (复平面), 此时 λ 为 k 的多值函数, 从函数角度看这种定义无意义;

▶ 对于 $k \in S$ (Riemann 面), λ 为 k 的单值函数, 从函数角度看这种定义有意义, 但此时要在 Riemann 面 S 上讨论 RH 问题或者反散射, 又带来了新的复杂性.

为避免多值性和 Riemann 面的复杂性, 可引入一个仿射参数 z, 不是在原来参数 k 的复平面, 而是在 z 的复平面上讨论 RH 问题或者反散射.

首先看上述方程

$$\lambda^2 = k^2 + q_0^2 = (k + iq_0)(k - iq_0) \tag{6.3.2}$$

决定的 Riemann 面, 其由沿支割线 $[-iq_0, iq_0]$ 割开的两张复 k-平面 S_1 和 S_2 粘合而成, 其中支点为 $k = \pm iq_0$. 这样在 Riemann 面上, λ 为 k 的单值函数, 由两个单值解析分支函数组成, 函数值相差一个符号, 因此可在 S_1 上, 引入局部极坐标, 有

$$k + iq_0 = r_1 e^{i\theta_1}, \quad k - iq_0 = r_2 e^{i\theta_2}, \quad -\pi/2 < \theta_1, \theta_2 < 3\pi/2,$$

则可以写出 Riemann 面上两个单值解析分支函数

$$\lambda(k) = \begin{cases} (r_1 r_2)^{1/2} e^{(\theta_1 + \theta_2)/2}, & \text{在 } S_1, \\ -(r_1 r_2)^{1/2} e^{(\theta_1 + \theta_2)/2}, & \text{在 } S_2. \end{cases} \tag{6.3.3}$$

定义单值化变量

$$z = k + \lambda, \tag{6.3.4}$$

则由 (6.3.2), 我们可得到两个单值函数

$$k(z) = \frac{1}{2}(z - q_0^2/z), \quad \lambda(z) = \frac{1}{2}(z + q_0^2/z). \tag{6.3.5}$$

由 (6.3.3), 可知

$$\text{Im}\lambda(k) = \begin{cases} (r_1 r_2)^{1/2} \sin\dfrac{\theta_1 + \theta_2}{2}, & \text{在 } S_1, \\ -(r_1 r_2)^{1/2} \sin\dfrac{\theta_1 + \theta_2}{2}, & \text{在 } S_2, \end{cases} \tag{6.3.6}$$

当 $\text{Im}k > 0$ 时, $0 < \dfrac{\theta_1 + \theta_2}{2} < \pi \Longrightarrow \sin\dfrac{\theta_1 + \theta_2}{2} > 0$; 当 $\text{Im}k < 0$ 时, $\pi < \dfrac{\theta_1 + \theta_2}{2} < 2\pi \Longrightarrow \sin\dfrac{\theta_1 + \theta_2}{2} < 0$, 因此, 变换 (6.3.3) 具有如下性质:

(i) 将 S_1 的 $\mathrm{Im}k > 0$ 和 S_2 的 $\mathrm{Im}k < 0$ 映为 $\mathrm{Im}\lambda > 0$;

(ii) 将 S_1 的 $\mathrm{Im}k < 0$ 和 S_2 的 $\mathrm{Im}k > 0$ 映为 $\mathrm{Im}\lambda < 0$;

(iii) 将 S_1 和 S_2 的支割线 $[-iq_0, iq_0]$ 映为 λ-的割线 $[-q_0, q_0]$.

变换 (6.3.5) 的第二个式子为 Joukowsky 变换, 由于

$$\lambda(z) = \frac{z^2 + q_0^2}{2z} = \frac{(|z|^2 - q_0^2)z + q_0^2(z + \bar{z})}{2|z|^2} \tag{6.3.7}$$

$$= \frac{1}{2|z|^2}\left[(|z|^2 - q_0^2)z + 2q_0^2\mathrm{Re}z\right], \tag{6.3.8}$$

因此

$$\mathrm{Im}\lambda(z) = \frac{1}{2|z|^2}(|z|^2 - q_0^2)\mathrm{Im}z. \tag{6.3.9}$$

由此可见, Joukowsky 变换具有如下映射性质:

(i) 将 $\mathrm{Im}\lambda > 0$ 映为区域

$$D^+ = \{z \in C : (|z|^2 - q_0^2)\mathrm{Im}z > 0\};$$

(ii) 将 $\mathrm{Im}\lambda < 0$ 映为区域

$$D^- = \{z \in C : (|z|^2 - q_0^2)\mathrm{Im}z < 0\};$$

(iii) 将割线 $[-q_0, q_0]$ 映为 z-平面圆周

$$C_0 = \{|z| = q_0,\ z \in \mathbb{C}\}.$$

k-Riemann 面到 λ-复平面和 z-复平面的变换关系见图 6.1.

对于 $k \in S_1$, 我们有

$$z = k + \sqrt{k^2 + q_0^2} = k + k\left(1 + \frac{q_0^2}{k^2}\right)^{1/2}$$

$$= k + k\left(1 + \frac{q_0^2}{k^2} + \cdots\right) = 2k + o(k^{-1}) \to \infty, \quad k \to \infty.$$

对于 $k \in S_2$, 我们有

$$z = k - \sqrt{k^2 + q_0^2} = \frac{-q_0^2}{k + \sqrt{k^2 + q_0^2}} \to 0, \quad k \to \infty.$$

因此, 对于 $k \to \infty$, z 有两种渐近状态: 在 S_1, $k \to \infty \Rightarrow z \to \infty$; 在 S_2, $k \to \infty \Rightarrow z \to 0$.

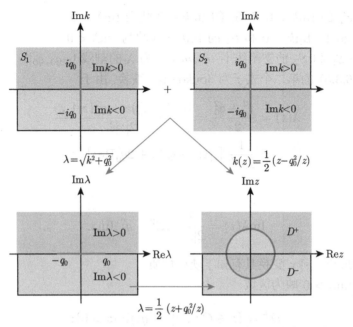

图 6.1　k-Riemann 面到 λ-复平面和 z-复平面的变换关系

6.4　Jost 函数的解析性、对称性和渐近性

6.4.1　Jost 函数

矩阵 $X_\pm$ 具有两个特征值 $\pm i\lambda$, $T_\pm$ 具有两个特征值 $\mp 2ki\lambda$. 并且 $X_\pm$ 和 $T_\pm$ 可用同一个矩阵对角化

$$X_\pm = Y_\pm(i\lambda\sigma_3)Y_\pm^{-1}, \quad T_\pm = Y_\pm(-2ki\lambda\sigma_3)Y_\pm^{-1}, \tag{6.4.1}$$

其中

$$Y_\pm = \begin{pmatrix} 1 & \dfrac{iq_\pm}{z} \\[2mm] \dfrac{i\bar{q}_\pm}{z} & 1 \end{pmatrix}.$$

将 (6.4.1) 代入 (6.3.1) 得到

$$(Y_\pm^{-1}\psi)_x = i\lambda\sigma_3 Y_\pm^{-1}\psi, \quad (Y_\pm^{-1}\psi)_t = -2ik\lambda\sigma_3(Y_\pm^{-1}\psi), \tag{6.4.2}$$

由此可得到渐近谱问题 (6.3.1) 的解

$$\psi = Y_\pm e^{i\theta(z)\sigma_3},$$

其中

$$\theta(z) = \lambda(z)[x - 2k(z)t].$$

因此, Lax 对 (6.2.8) 具有渐近于 ϕ 的 Jost 解

$$\phi_\pm \sim Y_\pm e^{i\theta(z)\sigma_3}, \quad x \to \pm\infty.$$

于是, 对原来 Lax 对 (6.2.8) 作变换

$$\mu_\pm = \phi_\pm e^{-i\theta(z)\sigma_3}, \tag{6.4.3}$$

则

$$\mu_\pm \sim Y_\pm, \quad x \to \pm\infty, \tag{6.4.4}$$

并得到等价 Lax 对

$$(Y_\pm^{-1}\mu_\pm)_x + i\lambda[Y_\pm^{-1}\mu_\pm, \sigma_3] = Y_\pm^{-1}\Delta Q_\pm \mu_\pm, \tag{6.4.5}$$

$$(Y_\pm^{-1}\mu_\pm)_t - 2i\lambda k[Y_\pm^{-1}\mu_\pm, \sigma_3] = Y_\pm^{-1}\Delta T_\pm \mu_\pm, \tag{6.4.6}$$

其中 $\Delta Q_\pm = Q - Q_\pm$, $\Delta T_\pm = T - T_\pm$. 这两个式子可以写成全微分形式

$$d(e^{-i\theta(z)\hat{\sigma}_3}Y_\pm^{-1}\mu_\pm) = e^{-i\theta(z)\hat{\sigma}_3}[Y_\pm^{-1}(\Delta Q_\pm dx + \Delta T_\pm dt)\mu_\pm]. \tag{6.4.7}$$

对此沿两个特殊路径 $(-\infty, t) \to (x, t)$ 和 $(+\infty, t) \to (x, t)$ 积分, 可以得到如下两个 Jost 函数解

$$\mu_-(x, t, z) = Y_- + \int_{-\infty}^{x} Y_- e^{i\lambda(x-y)\hat{\sigma}_3}[Y_-^{-1}\Delta Q_-(y, t, z)\mu_-(y, t, z)]dy, \tag{6.4.8}$$

$$\mu_+(x, t, z) = Y_+ - \int_{x}^{\infty} Y_+ e^{i\lambda(x-y)\hat{\sigma}_3}[Y_+^{-1}\Delta Q_+(y, t, z)\mu_+(y, t, z)]dy. \tag{6.4.9}$$

6.4.2 $\mu_\pm$ 的依赖性

由于 $\phi_\pm = \mu_\pm(x, t, z)e^{i\theta(z)\sigma_3}$ 为 Lax 对 (6.2.8) 的两个矩阵解, 其线性相关, 因此存在与 x, t 无关的矩阵 $S(z)$, 使得

$$\mu_+(x, t, z)e^{i\theta(z)\sigma_3} = \mu_-(x, t, z)e^{i\theta(z)\sigma_3}S(z), \tag{6.4.10}$$

即

$$\mu_+(x, t, z) = \mu_-(x, t, z)S(z), \tag{6.4.11}$$

其中

$$S(z) = \begin{pmatrix} s_{11}(z) & s_{12}(z) \\ s_{21}(z) & s_{22}(z) \end{pmatrix}$$

与变量 x, t 无关, 称为谱矩阵.

6.4.3　$\mu_\pm$ 和 $S(z)$ 的解析性

定理 6.1　对于 $q(x) - q_\pm \in L^1(\mathbb{R})$, $t \in \mathbb{R}^+$, 由 (6.4.8) 和 (6.4.9) 定义的特征函数 $\mu_\pm$ 存在唯一.

证明　记 $\mu_\pm = (\mu_{\pm,1}, \mu_{\pm,2})$, 其中下标 1 和 2 分别表示矩阵的第 1 列和第 2 列. 我们仅证明 $\mu_{-,1}$ 的解析性, 其余类似证明. 令 $w(x, t, z) = Y_-^{-1}\mu_{-,1}$, 则方程 (6.4.8) 的第一列可以写为

$$w(x, t, z) = \begin{pmatrix} 1 \\ 0 \end{pmatrix} + \int_{-\infty}^x Fw(y, t, z)dy, \tag{6.4.12}$$

其中

$$F = F(x - y, z) = \mathrm{diag}(1, e^{-2i\lambda(x-y)})Y_-^{-1}(z)\Delta X_- Y_-. \tag{6.4.13}$$

对 $0 < \varepsilon < 1$, 令

$$D_-^\varepsilon = D_- \setminus (B_\varepsilon(iq_0) \cup B_\varepsilon(-iq_0)),$$

其中 $B_\varepsilon(\pm iq_0) = \{z \in \mathbb{C} : |z \mp iq_0| < \varepsilon q_0\}$.

定义递推序列

$$w^{(0)} = \begin{pmatrix} 1 \\ 0 \end{pmatrix}, \quad w^{(n+1)}(x, t, z) = \int_{-\infty}^x Fw^{(n)}(y, t, z)dy, \quad n = 0, 1, \cdots. \tag{6.4.14}$$

由此构造一个 Neumann 级数

$$w(x, t, z) = \sum_{n=0}^{+\infty} w^{(n)}(x, t, z). \tag{6.4.15}$$

如下证明 $w(x, t, z)$ 为方程 (6.4.12) 在 D_-^ε 中的向量型解. 我们从两个方面证明.

A. $w(x, t, z)$ 的存在性

定义向量的 L^1 范数为 $\| w \| = |w_1| + |w_2|$, 则有

$$\| w^{(n+1)}(x, t, z) \| \leqslant \int_{-\infty}^x \| F \| \| w^{(n)}(y, t, z) \| dy. \tag{6.4.16}$$

直接计算, 可得到如下估计

$$\| F \| = \| \mathrm{diag}(1, e^{-2i\lambda(x-y)}) \| \| Y_-^{-1} \| \| \Delta X_- \| \| Y_- \|, \tag{6.4.17}$$

$$c_\varepsilon = \max_{z \in D_-^\varepsilon} \| Y_- \| \| Y_-^{-1} \| = \max_{z \in D_-^\varepsilon} \frac{4(1 + q_0/|z|)^2}{|1 + q_0^2/z^2|} \leqslant 4(1 + \varepsilon)^2/\varepsilon, \tag{6.4.18}$$

$$\| \operatorname{diag}(1, e^{-2i\lambda(x-y)}) \| \leqslant 1 + e^{2\operatorname{Im}\lambda(x-y)} \leqslant 2, \tag{6.4.19}$$

$$\| \Delta X_- \| \leqslant |q(x) - q_-|. \tag{6.4.20}$$

将上述估计代入 (6.4.16), 则对 $z \in D_-^\varepsilon$ 以及 $n \in \mathbb{N}$, 我们得到

$$\| w^{(n+1)}(x,t,z) \| \leqslant 2c_\varepsilon \int_{-\infty}^x |u - u_-| \, \| w^{(n)}(y,t,z) \| \, dy. \tag{6.4.21}$$

记

$$\varrho(x,t) = 2c_\varepsilon \int_{-\infty}^x |u - u_-| dy, \tag{6.4.22}$$

则容易看出当 $q(x) - q_- \in L^1(\mathbb{R})$ 时, 对任意固定 $x \in \mathbb{R}$, 上述积分存在, 且

$$\varrho_x(x,t) = 2c_\varepsilon |u - u_-|, \quad w^{(1)} = \varrho(x,t). \tag{6.4.23}$$

因此, 用数学归纳法, 假设 $\| w^{(n)}(x,t,z) \| \leqslant \varrho^n(x,t)/n!$, 由 (6.4.21) 可知

$$\| w^{(n+1)}(x,t,z) \| \leqslant \int_{-\infty}^x \varrho_x(x,t)\varrho^n(x,t)/n! = \frac{\varrho^{n+1}(x,t)}{(n+1)!}. \tag{6.4.24}$$

因此由 (6.4.14) 的递推序列的积分收敛且有界, 另外由于 $w^{(0)}$ 和 F 对 z 的解析性, 递推可知 $w^{(n)}$, $n \geqslant 1$ 解析.

由于 $q(x) - q_- \in L^1(\mathbb{R}_-)$, 对 $x \leqslant a \in \mathbb{R}$ 和 $z \in D_-^\varepsilon$, 有

$$\varrho(x,t) \leqslant 2c_\varepsilon \int_{-\infty}^a |u - u_-| dy = \sigma,$$

其中 σ 为与 x 无关的常数, 于是有

$$\| w^{(n)}(x,t,z) \| \leqslant \frac{\sigma^n}{n!}, \tag{6.4.25}$$

因此, 由 (6.4.15) 定义的级数对 $x \in (-\infty, a_0)$ 绝对一致收敛, 且在 $z \in D_-^\varepsilon$ 内解析.

利用 (6.4.14) 和 (6.4.15), 有

$$w(x,t,z) = w^{(0)} + \sum_{n=1}^{+\infty} w^{(n)}(x,t,z) = w^{(0)} + \int_{-\infty}^x F \sum_{n=0}^{+\infty} w^{(n)}(y,t,z) dy$$

$$= w^{(0)} + \int_{-\infty}^x F w(y,t,z) dy, \tag{6.4.26}$$

这个式子表明由 (6.4.15) 定义的 $w(x,t,z)$ 为方程 (6.4.12) 的解.

B. 解 $w(x, t, z)$ 的唯一性

为证明唯一性, 假设 $\widetilde{w}(x, t, z)$ 为方程 (6.4.12) 的另一个解, 令 $h(x, t, z) = \widetilde{w}(y, t, z) - w(y, t, z)$, 则可得到

$$\| h(x, t, z) \| \leqslant \int_{-\infty}^{x} \| F \| \| h(y, t, z) \| dy.$$

利用估计 (6.4.17)—(6.4.20), 得到

$$\| h(x, t, z) \| \leqslant 2c_\varepsilon \int_{-\infty}^{x} |q - q_-| \| h(y, t, z) \| dy. \tag{6.4.27}$$

由 Bellmann 不等式, 我们有 $h(x, t, z) \equiv 0$, 因此由 (6.4.15) 定义的 $w(x, t, z)$ 是方程 (6.4.12) 的唯一解.

显然, 由 Lax 对 (6.2.8) 可知

$$\mathrm{tr}(X) = \mathrm{tr}(T) = 0,$$

利用 Abel 公式 (2.12), 可知

$$(\det \phi_\pm)_x = (\det \phi_\pm)_t = 0.$$

而由变换 (6.4.3), 可知

$$\det(\mu_\pm) = \det(\phi_\pm e^{i\theta(z)\sigma_3}) = \det(\phi_\pm),$$

因此

$$\det(\mu_\pm)_x = \det(\mu_\pm)_t = 0.$$

可见 $\det(\mu_\pm)$ 与 x, t 无关. 再利用 (6.4.4), 有

$$\det(\mu_\pm) = \lim_{x \to \pm\infty} \det(\mu_\pm) = \det(Y_\pm) = \gamma \neq 0, \tag{6.4.28}$$

因此, $\mu_\pm$ 是可逆的. 直接计算, 有

$$\mu_+^{-1} = \frac{1}{\gamma} \begin{pmatrix} \mu_+^{(22)} & -\mu_+^{(12)} \\ -\mu_+^{(21)} & \mu_+^{(11)} \end{pmatrix} = \begin{pmatrix} \hat{\mu}_+^- \\ \hat{\mu}_+^+ \end{pmatrix}, \tag{6.4.29}$$

$$\mu_-^{-1} = \frac{1}{\gamma} \begin{pmatrix} \mu_-^{(22)} & -\mu_-^{(12)} \\ -\mu_-^{(21)} & \mu_-^{(11)} \end{pmatrix} = \begin{pmatrix} \hat{\mu}_-^+ \\ \hat{\mu}_-^- \end{pmatrix}. \tag{6.4.30}$$

由 (6.4.11) 和 (6.4.28), 可得 $\det S = 1$, 并且

$$e^{i\theta(z)\hat{\sigma}_3}S(z) = e^{i\theta(z)\hat{\sigma}_3}\begin{pmatrix} s_{11} & s_{12} \\ s_{21} & s_{22} \end{pmatrix} = \mu_-^{-1}\mu_+$$

$$= \begin{pmatrix} \hat{\mu}_-^+ \\ \hat{\mu}_-^- \end{pmatrix}(\mu_{+,1}, \mu_{+,2}) = \begin{pmatrix} \hat{\mu}_-^+\mu_{+,1} & \hat{\mu}_-^+\mu_{+,2} \\ \hat{\mu}_-^-\mu_{+,1} & \hat{\mu}_-^-\mu_{+,2} \end{pmatrix},$$

由此可见 $s_{11}(z)$ 在 D^+ 上解析; $s_{22}(z)$ 在 D^- 上解析; $s_{12}(z)$ 和 $s_{21}(z)$ 可连续到边界 Σ.

这里也可用另一种方法证明 $S(z)$ 的解析性. 将 (6.4.11) 展开为形式

$$\mu_{+,1}(z) = s_{11}(z)\mu_{-,1}(z) + s_{21}(z)e^{-2i\theta(z)}\mu_{-,2}(z), \tag{6.4.31}$$

$$\mu_{+,2}(z) = s_{12}(z)e^{2i\theta(z)}\mu_{-,1}(z) + s_{22}(z)\mu_{-,2}(z), \tag{6.4.32}$$

由此, 可解得

$$s_{11}(z) = \det(\mu_{+,1}, \mu_{-,2})/\gamma, \qquad s_{21}(z) = e^{2i\theta}\det(\mu_{-,1}, \mu_{+,1})/\gamma, \tag{6.4.33}$$

$$s_{12}(z) = e^{-2i\theta}\det(\mu_{+,2}, \mu_{-,2})/\gamma, \quad s_{22}(z) = \det(\mu_{-,1}, \mu_{+,2})/\gamma. \tag{6.4.34}$$

由 $\mu_\pm$ 的各列解析性可推知 $s_{11}(z)$ 在 D^+ 上解析; $s_{22}(z)$ 在 D^- 上解析; $s_{12}(z)$ 和 $s_{21}(z)$ 连续到 Σ.

6.4.4 $\mu_\pm$ 和 $S(z)$ 的对称性

定理 6.2 可以证明, $\mu_\pm$ 和 $S(z)$ 具有如下对称性

$$\mu_\pm(x, t, z) = -\sigma\overline{\mu_\pm(x, t, \bar{z})}\sigma,$$

$$\mu_\pm(x, t, z) = \frac{i}{z}\mu_\pm(x, t, -q_0^2/z)\sigma_3 Q_\pm,$$

$$\overline{S(\bar{z})} = -\sigma S(z)\sigma,$$

$$S(z) = (\sigma_3 Q_-)^{-1}S(-q_0^2/z)\sigma_3 Q_+,$$

其中

$$\sigma = \begin{pmatrix} 0 & 1 \\ -1 & 0 \end{pmatrix}.$$

上述对称性按照矩阵列展开为

$$\mu_{\pm,1}(x, t, z) = \sigma\overline{\mu_{\pm,2}(x, t, \bar{z})}, \tag{6.4.35}$$

$$\mu_{\pm,2}(x, t, z) = -\sigma\overline{\mu_{\pm,1}(x, t, \bar{z})}, \tag{6.4.36}$$

$$\mu_{\pm,1}(x,t,z) = \frac{i\bar{q}_\pm}{z}\mu_{\pm,2}(x,t,-q_0^2/z), \tag{6.4.37}$$

$$\mu_{\pm,2}(x,t,z) = \frac{iq_\pm}{z}\mu_{\pm,1}(x,t,-q_0^2/z), \tag{6.4.38}$$

$$s_{11}(z) = \overline{s_{22}(\bar{z})}, \quad s_{12}(z) = -\overline{s_{21}(\bar{z})}, \tag{6.4.39}$$

$$s_{11}(z) = \frac{q_+}{\bar{q}_-}s_{22}(-q_0^2/z), \quad s_{12}(z) = \frac{q_+}{\bar{q}_-}s_{21}(-q_0^2/z). \tag{6.4.40}$$

证明 由于

$$[Y_\pm^{-1}(z)\mu_\pm(z)]_x + i\lambda(z)[Y_\pm^{-1}(z)\mu_\pm(z),\sigma_3] = Y_\pm^{-1}(z)\Delta Q_\pm(z)\mu_\pm(z). \tag{6.4.41}$$

将 z 换成 $\bar{z}$, 然后对方程再取共轭, 并两端乘矩阵 σ, 得到

$$\left[\sigma\overline{Y_\pm^{-1}(\bar{z})}\ \overline{\mu_\pm(\bar{z})}\sigma\right]_x - i\lambda(\bar{z})\sigma\left[\overline{Y_\pm^{-1}(\bar{z})}\ \overline{\mu_\pm(\bar{z})},\sigma_3\right]\sigma = \sigma\overline{Y_\pm^{-1}(\bar{z})}\ \overline{\Delta Q_\pm(\bar{z})}\ \overline{\mu_\pm(\bar{z})}\sigma. \tag{6.4.42}$$

注意到

$$\sigma\overline{Y_\pm^{-1}(\bar{z})}\sigma = -Y_\pm^{-1}(z), \quad \overline{\lambda(\bar{z})} = \lambda(z), \quad \sigma\sigma_3\sigma = \sigma_3, \tag{6.4.43}$$

$$\sigma\overline{\Delta Q_\pm(\bar{z})}\sigma = -\Delta Q_\pm(z), \tag{6.4.44}$$

则

$$\left[Y_\pm^{-1}(z)\ \sigma\overline{\mu_\pm(\bar{z})}\sigma\right]_x + i\lambda(z)\left[Y_\pm^{-1}(z)\ \sigma\overline{\mu_\pm(\bar{z})}\sigma,\sigma_3\right] = Y_\pm^{-1}(\bar{z})\ \Delta Q_\pm(\bar{z})\ \sigma\overline{\mu_\pm(\bar{z})}\sigma. \tag{6.4.45}$$

由方程 (6.4.41), (6.4.45), 可知 $\mu_\pm(x,t,z)$, $-\sigma\overline{\mu_\pm(x,t,\bar{z})}\sigma$ 满足同一个一阶齐次线性微分方程, 且具有相同的渐近性

$$\mu_\pm(x,t,z), \ -\sigma\overline{\mu_\pm(x,t,\bar{z})}\sigma \to Y_\pm, \quad |x| \to \infty.$$

因此二者相等, 我们得到对称关系

$$\mu_\pm(x,t,z) = -\sigma\overline{\mu_\pm(x,t,\bar{z})}\sigma. \tag{6.4.46}$$

下面考虑 $S(z)$ 的对称性, 将 (6.4.10) 改写为

$$S(z) = e^{-i\theta(z)\hat{\sigma}_3}[\mu_-^{-1}(x,t,z)\mu_+(x,t,z)]. \tag{6.4.47}$$

注意到

$$\overline{\theta(\bar{z})} = \theta(z), \quad \sigma e^{-i\theta(z)\sigma_3}\sigma = -e^{i\theta(z)\sigma_3},$$

并利用 (6.4.46), 有

$$-\sigma\overline{S(\bar{z})}\sigma = \left(\sigma e^{-i\overline{\theta(\bar{z})}}\sigma\right)\left(\sigma\overline{\mu_-^{-1}(x,t,\bar{z})}\sigma\right)\left(\sigma\overline{\mu_+(x,t,\bar{z})}\sigma\right)\left(\sigma e^{i\overline{\theta(\bar{z})}}\sigma\right)$$
$$= e^{-i\theta(z)\hat{\sigma}_3}[\mu_-^{-1}(x,t,z)\mu_+(x,t,z)] = S(z).$$

6.4.5 $\mu_\pm$ 和 $S(z)$ 的渐近性

由 Lax 对 (6.4.5)—(6.4.6) 出发, 可以证明

$$\mu_\pm = I + \frac{i}{z}\sigma_3 Q + O(1/z^2), \quad z \to \infty, \tag{6.4.48}$$

$$\mu_\pm = \frac{i}{z}\sigma_3 Q_\pm + O(1), \quad z \to 0. \tag{6.4.49}$$

进一步利用上述结果和 (6.4.10), 可以证明

$$S(z) = I + O(1/z), \quad z \to \infty,$$
$$S(z) = \text{diag}(q_-/q_+, q_+/q_-) + O(z), \quad z \to 0.$$

证明 注意到

$$Y_\pm = I + \frac{i}{z}\sigma_3 Q_\pm, \quad Y_\pm^{-1} = \frac{1}{\gamma}\left(I - \frac{i}{z}\sigma_3 Q_\pm\right), \tag{6.4.50}$$

在 $z = \infty$ 点作渐近展开

$$\mu_\pm = \mu_0^\pm + \frac{\mu_1^\pm}{z} + \frac{\mu_2^\pm}{z^2} + \cdots. \tag{6.4.51}$$

将 (6.4.50)—(6.4.51) 代入 (6.4.5)—(6.4.6), 可得

$$\left[\left(I - \frac{i}{z}Q_\pm\sigma_3\right)\left(\mu_0^\pm + \frac{\mu_1^\pm}{z} + \cdots\right)\right]_x$$
$$+ \frac{i}{2}(z + q_0^2/z)\left[\left(I - \frac{i}{z}Q_\pm\sigma_3\right)\left(\mu_0^\pm + \frac{\mu_1^\pm}{z} + \cdots\right), \sigma_3\right]$$
$$= \left(I - \frac{i}{z}Q_\pm\sigma_3\right)(Q - Q_\pm)\left(\mu_0^\pm + \frac{\mu_1^\pm}{z} + \cdots\right)$$
$$\cdot \left[\left(I - \frac{i}{z}Q_\pm\sigma_3\right)\left(\mu_0^\pm + \frac{\mu_1^\pm}{z} + \cdots\right)\right]_t$$
$$- \frac{i}{2}(z^2 - q_0^4/z^2)\left[\left(I - \frac{i}{z}Q_\pm\sigma_3\right)\left(\mu_0^\pm + \frac{\mu_1^\pm}{z} + \cdots\right), \sigma_3\right]$$

$$= -\left(I - \frac{i}{z}Q_{\pm}\sigma_3\right)(z - q_0^2/z)(Q - Q_{\pm})\left(\mu_0^{\pm} + \frac{\mu_1^{\pm}}{z} + \cdots\right). \tag{6.4.52}$$

比较 (6.4.52) 中 z 的各次幂系数, 有

$$[\mu_0^{\pm}, \sigma_3] = 0, \tag{6.4.53}$$

$$\mu_{0,x}^{\pm} + \frac{i}{2}[\mu_1^{\pm} - iQ_{\pm}\sigma_3\mu_0^{\pm}, \sigma_3] = -(Q - Q_{\pm})\mu_0^{\pm}, \tag{6.4.54}$$

$$\frac{i}{2}[\mu_1^{\pm} - iQ_{\pm}\sigma_3\mu_0^{\pm}, \sigma_3] = -(Q - Q_{\pm})\mu_0^{\pm}. \tag{6.4.55}$$

由 (6.4.53) 可知, $\mu_0^{\pm}$ 为对角矩阵, 由 (6.4.54)—(6.4.55) 可知, $\mu_{0,x}^{\pm} = 0$. 因此 (6.4.51) 对 x, z 同时取极限, 并交换极限顺序

$$\lim_{z \to \infty} Y_{\pm} = \lim_{z \to \infty} \lim_{x \to \pm\infty} \mu = \lim_{x \to \pm\infty} \lim_{z \to \infty} (\mu_0^{\pm} + O(z^{-1})). \tag{6.4.56}$$

利用 (6.4.4), 上述左边极限为 I, 右边为 $\mu_0^{\pm}$, 因此有 $\mu_0^{\pm} = I$. 再将 $\mu_0^{\pm} = I$ 代回 (6.4.55), 可得到

$$\mu_1^{\pm} = i\sigma_3 Q, \tag{6.4.57}$$

因此, 我们证明了渐近性 (6.4.48). 比较矩阵 (6.4.57) 对应元素, 可得到

$$q(x,t) = -i(\mu_1^{\pm})_{12} = -i\lim_{z \to \infty}(z\mu_{\pm})_{12}. \tag{6.4.58}$$

6.5　相关广义 RH 问题

由 (6.4.31)—(6.4.32), 可定义分片解析矩阵

$$M^+ = (\mu_{+,1}/s_{11}, \mu_{-,2}), \quad M^- = (\mu_{-,1}, \mu_{+,2}/s_{22}), \tag{6.5.1}$$

利用 Jost 函数和散射系数的渐近性, 容易证明

$$M^{\pm} \sim I + O(1/z), \quad z \to \infty; \tag{6.5.2}$$

$$M^{\pm} \sim \frac{i}{z}\sigma_3 Q_{\pm} + O(1), \quad z \to 0, \tag{6.5.3}$$

由此, 我们可得到如下广义 RH 问题.

定理 6.3　$\star$ $M^{\pm}(x,t,z)$ 在 $\mathbb{C} \setminus \Sigma$ 亚纯, $\tag{6.5.4}$

$\star$ $M^-(x,t,z) = M^+(x,t,z)(I - G(x,t,z)), \quad z \in \Sigma, \tag{6.5.5}$

$\star$ $M^{\pm}(x,t,z)$ 在零点集 $\{z: s_{11}(z) = s_{22}(z) = 0\}$ 上满足留数条件, $\tag{6.5.6}$

$$\star \ M^\pm \sim I + O(1/z), \quad z \to \infty, \tag{6.5.7}$$

$$\star \ M^\pm \sim (i/z)\sigma_3 Q_\pm + O(1), \quad z \to 0, \tag{6.5.8}$$

其中跳跃矩阵为

$$G(x,t,z) = e^{i\theta(z)\hat{\sigma}_3} \begin{pmatrix} 0 & -\tilde{\rho}(z) \\ \rho(z) & \rho(z)\tilde{\rho}(z) \end{pmatrix}, \tag{6.5.9}$$

以及反射系数为

$$\rho(z) = s_{21}/s_{11}, \quad \tilde{\rho}(z) = s_{12}/s_{22}.$$

并且 NLS 方程的解可用 RH 问题解表示

$$q(x,t) = -i \lim_{z \to \infty} (zM_+)_{12}.$$

6.6 离散谱和留数条件

假设 $z_n, n = 1, \cdots, N$ 为 $s_{11}(z)$ 在 D^+ 上的简单零点, 基于对称性 (6.4.39) 和 (6.4.40), 可知

$$s_{11}(z_n) = 0 \Longleftrightarrow s_{22}(\bar{z}_n) = 0$$
$$\Longleftrightarrow s_{22}(-q_0^2/z_n) = 0 \Longleftrightarrow s_{11}(-q_0^2/\bar{z}_n) = 0. \tag{6.6.1}$$

因此我们有 $4N$ 个离散谱 $z_n, -q_0^2/\bar{z}_n, \bar{z}_n, -q_0^2/z_n, n = 1, \cdots, N$. 我们对这 $4N$ 个离散谱重新编号, 记 $\xi_n = z_n, \xi_{N+n} = -q_0^2/\bar{z}_n, n = 1, \cdots, N$, 则离散谱集合为

$$Z = \{\xi_n, \bar{\xi}_n, n = 1, \cdots, 2N\}.$$

k-复平面和 z-复平面的离散谱点分布和对应情况见图 6.2.

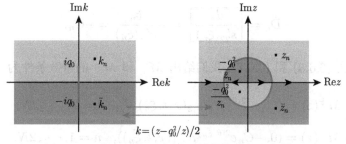

图 6.2　k-复平面和 z-复平面的离散谱点分布情况

首先, 对 $z = \xi_n$, 由 $s_{11}(\xi_n) = 0$, 以及由 (6.4.33) 推知 $\mu_{+,1}(\xi_n)$ 与 $e^{-2i\theta(\xi_n)}\mu_{-,2}$ (ξ_n) 成比例, 于是有

$$\mu_{+,1}(\xi_n) = b_n e^{-2i\theta(\xi_n)}\mu_{-,2}(\xi_n), \quad n = 1, \cdots, 2N, \tag{6.6.2}$$

其中 $b_n \neq 0$ 与 x, t 无关的任意常数. 由此, 可以计算留数

$$\operatorname*{Res}_{z=\xi_n}[\mu_{+,1}(z)/s_{11}(z)] = \frac{\mu_{+,1}(\xi_n)}{s'_{11}(\xi_n)} = C_n e^{-2i\theta(\xi_n)}\mu_{-,2}(\xi_n), \tag{6.6.3}$$

其中 $C_n = b_n/s'_{11}(\xi_n)$.

同理, 对 $z = \bar{\xi}_n$, 由 $s_{22}(\bar{\xi}_n) = 0$ 以及 (6.4.34), 可得到

$$\mu_{+,2}(\bar{\xi}_n) = d_n e^{2i\theta(\bar{\xi}_n)}\mu_{-,1}(\bar{\xi}_n), \quad n = 1, \cdots, 2N, \tag{6.6.4}$$

其中 $d_n \neq 0$ 与 x, t 无关常数, 但与 b_n 有关的常数, 事实上, 上述方程两边取共轭, 再作用 σ, 有

$$\sigma\overline{\mu_{+,2}(\bar{\xi}_n)} = \bar{d}_n \overline{e^{2i\theta(\bar{\xi}_n)}}\sigma\overline{\mu_{-,1}(\bar{\xi}_n)}, \quad n = 1, \cdots, 2N. \tag{6.6.5}$$

由对称性 (6.4.35)—(6.4.38), 得到

$$\mu_{+,1}(\xi_n) = -\bar{d}_n e^{-2i\theta(\xi_n)}\mu_{-,2}(\xi_n), \quad n = 1, \cdots, 2N. \tag{6.6.6}$$

与 (6.6.2) 比较, 可知 $\bar{d}_n = -b_n$.

由 (6.6.4) 可以计算留数

$$\operatorname*{Res}_{z=\bar{\xi}_n}[\mu_{+,2}(z)/s_{22}(z)] = \frac{\mu_{+,2}(\bar{\xi}_n)}{s'_{22}(\bar{\xi}_n)} = D_n e^{2i\theta(\bar{\xi}_n)}\mu_{-,1}(\bar{\xi}_n), \tag{6.6.7}$$

其中由对称性 (6.4.39), 得到

$$\bar{D}_n = \overline{\left[\frac{d_n}{s'_{22}(\bar{\xi}_n)}\right]} = -\frac{b_n}{s'_{11}(\xi_n)} = -C_n.$$

最后, 由 (6.6.3) 和 (6.6.7), 我们给出 M^+ 和 M^- 的留数条件为

$$\operatorname*{Res}_{z=\xi_n} M^+(z) = (C_n e^{-2i\theta(\xi_n)}\mu_{-,2}(x, t, \xi_n), 0), \quad n = 1, \cdots, 2N; \tag{6.6.8}$$

$$\operatorname*{Res}_{z=\bar{\xi}_n} M^-(z) = (0, -\bar{C}_n e^{2i\theta(\bar{\xi}_n)}\mu_{-,1}(x, t, \bar{\xi}_n)), \quad n = 1, \cdots, 2N. \tag{6.6.9}$$

6.7 RH 问题的可解性

6.7.1 重构公式

为利用 Plemelj 公式求解 RH 问题, 我们需要通过去除 M 在渐近性和极点上的奇性, 将原来 RH 问题化为规范 RH 问题, 将 (6.5.5) 改写为

$$M^- - I - \frac{i}{z}\sigma_3 Q_- - \sum_{n=1}^{2N} \frac{\underset{z=\bar{\xi}_n}{\mathrm{Res}}\, M^-}{z - \bar{\xi}_n} - \sum_{n=1}^{2N} \frac{\underset{z=\xi_n}{\mathrm{Res}}\, M^+}{z - \xi_n}$$

$$= M^+ - I - \frac{i}{z}\sigma_3 Q_- - \sum_{n=1}^{2N} \frac{\underset{z=\bar{\xi}_n}{\mathrm{Res}}\, M^-}{z - \bar{\xi}_n} - \sum_{n=1}^{2N} \frac{\underset{z=\xi_n}{\mathrm{Res}}\, M^+}{z - \xi_n} - M^+ G. \tag{6.7.1}$$

上述方程左边前四项在 D^- 上解析, 而第五项的极点 $z = \xi \in D^+$, 因此其在 D^- 上解析, 于是 (6.7.1) 左边在 D^- 上解析, 并且 $O(1/z)$, $z \to \infty$; 同样, (6.7.1) 右边前五项在 D^+ 上解析, 并且 $O(1/z)$, $z \to \infty$. 于是由 Plemelj 公式, 可知

$$M(x,t,z) = I + \frac{i}{z}\sigma_3 Q_- + \sum_{n=1}^{2N} \frac{\underset{z=\bar{\xi}_n}{\mathrm{Res}}\, M^-}{z - \bar{\xi}_n} + \sum_{n=1}^{2N} \frac{\underset{z=\xi_n}{\mathrm{Res}}\, M^+}{z - \xi_n}$$

$$+ \frac{1}{2\pi i}\int_\Sigma \frac{M^+(s)G(s)}{s - z}ds, \quad z \in \mathbb{C} \setminus \Sigma. \tag{6.7.2}$$

我们分别在 D^+ 和 D^- 上考察公式 (6.7.2) 的第二、第一列:

▶ 函数在 D^+ 的点 $z = \xi_n$ 上, 评价 M^+ 的 $(1, 2)$ 位置元素, 有

$$\mu_{-,2}(x,t,\xi_n) = \begin{pmatrix} iq_-/\xi_n \\ 1 \end{pmatrix} - \sum_{k=1}^{2N} \frac{\bar{C}_k e^{2i\theta(\bar{\xi}_k)}\mu_{-,1}(x,t,\bar{\xi}_k)}{\xi_n - \bar{\xi}_k}$$

$$+ \frac{1}{2\pi i}\int_\Sigma \frac{(M^+ G)_2}{s - \xi_n}ds. \tag{6.7.3}$$

▶ 在 D^- 的点 $z = \bar{\xi}_n$ 上, 评价 M^- 的第一列, 有

$$\mu_{-,1}(x,t,\bar{\xi}_n) = \begin{pmatrix} 1 \\ i\bar{q}_-/\bar{\xi}_n \end{pmatrix} + \sum_{j=1}^{2N} \frac{C_j e^{-2i\theta(\xi_j)}\mu_{-,2}(x,t,\xi_j)}{\bar{\xi}_n - \xi_j}$$

$$+ \frac{1}{2\pi i}\int_\Sigma \frac{(M^+ G)_1}{s - \bar{\xi}_n}ds. \tag{6.7.4}$$

当 $z \to \infty$ 时, (6.7.2) 的渐近展开为

$$M(x,t,z) = I + \frac{1}{z}\left\{ i\sigma_3 Q_- + \sum_{n=1}^{2N} \left(\underset{\xi_n}{\mathrm{Res}}\, M^+ + \underset{\bar{\xi}_n}{\mathrm{Res}}\, M^- \right) \right.$$

$$-\frac{1}{2\pi i}\int_{\Sigma}M^+(s)G(s)ds\Big\}+O(z^{-2}),\tag{6.7.5}$$

取 $M=M^+$, 比较矩阵 (6.7.5) 和 (6.4.48) $1,2$ 位置元素, 我们得到 NLS 方程的位势函数和 RH 问题解相联系的重构公式

$$q(x,t)=q_-+i\sum_{n=1}^{2N}\bar{C}_n e^{2i\theta(\bar{\xi}_n)}\mu_{-,1,1}(x,t,\bar{\xi}_n)+\frac{1}{2\pi}\int_{\Sigma}(M^+G)_{12}ds.\tag{6.7.6}$$

6.7.2　迹公式和 θ 条件

由前面知道 $s_{11}(z), s_{22}(z)$ 分别在 D^+, D^- 上解析, 其离散零点分别为 $\xi_n, \bar{\xi}_n$, 因此函数

$$\beta^+=s_{11}(z)\prod_{j=1}^{2N}\frac{z-\bar{\xi}_j}{z-\xi_j},\quad \beta^-=s_{22}(z)\prod_{j=1}^{2N}\frac{z-\xi_j}{z-\bar{\xi}_j}\tag{6.7.7}$$

仍然在 D^+, D^- 上分别解析, 但不再有零点, 且 $\beta^+\beta^-=s_{11}s_{22}, z\in\Sigma$.
由

$$\det S(z)=s_{11}s_{22}-s_{21}s_{12}=1,$$

可得到

$$\frac{1}{s_{11}s_{22}}=1-\rho(z)\tilde{\rho}(z)=1+\rho(z)\overline{\rho(\bar{z})}.$$

从而

$$\beta^+\beta^-=s_{11}s_{22}=1/(1+\rho(z)\overline{\rho(\bar{z})}),\quad z\in\Sigma.$$

因此

$$\log\beta^+-(-\log\beta^-)=-\log[1+\rho(z)\overline{\rho(\bar{z})}],\quad z\in\Sigma.$$

由 Plemelj 公式

$$\log\beta^{\pm}=\mp\frac{1}{2\pi i}\int_{\Sigma}\frac{\log[1+\rho(s)\overline{\rho(\bar{s})}]}{s-z}ds,\quad z\in D^{\pm}.\tag{6.7.8}$$

将 (6.7.8) 代入 (6.7.7) 得到迹公式

$$s_{11}(z)=\exp\left[-\frac{1}{2\pi i}\int_{\Sigma}\frac{\log[1+\rho(s)\overline{\rho(\bar{s})}]}{s-z}ds\right]\prod_{j=1}^{2N}\frac{z-\xi_j}{z-\bar{\xi}_j},\quad z\in D^+,\tag{6.7.9}$$

$$s_{22}(z) = \exp\left[\frac{1}{2\pi i}\int_\Sigma \frac{\log[1+\rho(s)\overline{\rho(\bar{s})}]}{s-z}ds\right]\prod_{j=1}^{2N}\frac{z-\bar{\xi}_j}{z-\xi_j}, \quad z \in D^-. \tag{6.7.10}$$

特别在无反射情况下, $s_{12} = s_{21} = 0$, 上述迹公式简化为

$$s_{11}(z) = \prod_{j=1}^{2N}\frac{z-\xi_j}{z-\bar{\xi}_j}, \quad z \in D^+; \quad s_{22}(z) = \prod_{j=1}^{2N}\frac{z-\bar{\xi}_j}{z-\xi_j}, \quad z \in D^-. \tag{6.7.11}$$

令 $z \to 0$, 则 (6.7.9) 化为

$$q_-/q_+ = \exp\left[\frac{i}{2\pi}\int_\Sigma \frac{\log[1+\rho(s)\overline{\rho(\bar{s})}]}{s}ds\right]\exp\left[4i\sum_{j=1}^{N}\arg(\xi_j)\right], \quad z \in D^+, \tag{6.7.12}$$

由此可以得到 θ 条件

$$\arg(q_-/q_+) = \frac{1}{2\pi}\int_\Sigma \frac{\log[1+\rho(s)\overline{\rho(\bar{s})}]}{s}ds + 4\sum_{j=1}^{N}\arg(\xi_j). \tag{6.7.13}$$

特别在无反射情况下, 上述公式简化为

$$\arg(q_-/q_+) = 4\sum_{j=1}^{N}\arg(\xi_j). \tag{6.7.14}$$

6.7.3　无反射势情况

在无反射条件下, 即 $G = 0$, 则 (6.7.3) 和 (6.7.4) 的第一个分量, 以及 (6.7.6) 约化为

$$\mu_{-,12}(x,t,\xi_j) = -iq_-/\xi_j - \sum_{k=1}^{2N}\frac{\bar{C}_k e^{2i\theta(\bar{\xi}_k)}\mu_{-,11}(x,t,\bar{\xi}_k)}{\xi_j - \bar{\xi}_k}, \quad j = 1,\cdots,2N, \tag{6.7.15}$$

$$\mu_{-,11}(x,t,\bar{\xi}_n) = 1 + \sum_{j=1}^{2N}\frac{C_j e^{-2i\theta(\xi_j)}\mu_{-,12}(x,t,\xi_j)}{\bar{\xi}_n - \xi_j}, \tag{6.7.16}$$

$$q(x,t) = q_- + i\sum_{n=1}^{2N}\bar{C}_n e^{2i\theta(\bar{\xi}_n)}\mu_{-,1,1}(x,t,\bar{\xi}_n). \tag{6.7.17}$$

引入记号

$$c_j(x,t,z) = \frac{C_j}{z-\xi_j}e^{-2i\theta(\xi_j)}, \quad j = 1,\cdots,2N, \tag{6.7.18}$$

则

$$\overline{c_k(\bar{\xi}_j)} = \overline{\left[\frac{C_k}{\bar{\xi}_j - \xi_k} e^{-2i\theta(\xi_k)} \right]} = \frac{\bar{C}_k}{\xi_j - \bar{\xi}_k}. \tag{6.7.19}$$

由 (6.7.15) 和 (6.7.16) 的第一个分量, 可得

$$\mu_{-,1,2}(\xi_j) = -iq_-/\xi_j - \sum_{k=1}^{2N} \overline{c_k(\bar{\xi}_j)} \mu_{-,1,1}(\bar{\xi}_k), \tag{6.7.20}$$

$$\mu_{-,1,1}(\bar{\xi}_n) = 1 + \sum_{j=1}^{2N} c_j(\bar{\xi}_n) \mu_{-,1,2}(\xi_j), \quad n = 1, \cdots, 2N. \tag{6.7.21}$$

将 (6.7.20) 代入 (6.7.21) 得到

$$\mu_{-,1,1}(\bar{\xi}_n) = 1 - iq_- \sum_{j=1}^{2N} c_j(\bar{\xi}_n)/\xi_j - \sum_{j=1}^{2N} \sum_{k=1}^{2N} c_j(\bar{\xi}_n) \overline{c_k(\bar{\xi}_j)} \mu_{-,1,1}(\bar{\xi}_k),$$

$$n = 1, \cdots, 2N. \tag{6.7.22}$$

这样由公式 (6.7.17) 可知, 求 NLS 方程解转化为求解上述线性方程组的 $\mu_{-,1,1}(\bar{\xi}_k)$, $k = 1, \cdots, N$, 这个公式看上去复杂, 实际引入适当记号, 可写为矩阵形式.

6.8　NLS 方程的 N 孤子解

引入记号

$$\mathbf{X} = (X_1, \cdots, X_{2N})^{\mathrm{T}}, \quad \mathbf{B} = (B_1, \cdots, B_{2N})^{\mathrm{T}}.$$

其中

$$X_n = \mu_{-,1,1}(\bar{\xi}_n), \quad B_n = 1 - iq_- \sum_{j=1}^{2N} c_j(\bar{\xi}_n)/\xi_j, \quad n = 1, \cdots, 2N.$$

再定义 $2N \times 2N$ 矩阵

$$A = (A_{n,k}), \quad A_{n,k} = \sum_{j=1}^{2N} c_j(\bar{\xi}_n) \overline{c_k(\bar{\xi}_j)}.$$

则方程组 (6.7.22) 可改写为

$$M\mathbf{X} = \mathbf{B}, \tag{6.8.1}$$

其中

$$M = I + A = (\mathbf{M}_1, \cdots, \mathbf{M}_{2N}).$$

由 Cramer 法则, 方程 (6.8.1) 的解为

$$X_n = \frac{\det M_n^{\mathrm{rep}}}{\det M}, \quad n = 1, \cdots, 2N, \tag{6.8.2}$$

其中

$$M_n^{\mathrm{rep}} = (\mathbf{M}_1, \cdots, \mathbf{M}_{n-1}, \mathbf{B}, \mathbf{M}_{n+1}, \cdots, \mathbf{M}_{2N}).$$

最后, 将 (6.8.2) 代入 (6.7.17), 并进一步写成紧凑形式, 有

$$
\begin{aligned}
q(x,t) &= q_- + \frac{i}{\det M} \sum_{n=1}^{2N} Y_n \det M_n^{\mathrm{rep}} \\
&= q_- - \frac{i}{\det M} \sum_{n=1}^{2N} (-1)^{1+n+1} Y_n \det(\mathbf{B}, \mathbf{M}_1, \cdots, \mathbf{M}_{n-1}, \mathbf{M}_{n+1}, \cdots, \mathbf{M}_{2N}) \\
&= q_- - i \frac{\det M^{\mathrm{aug}}}{\det M},
\end{aligned}
\tag{6.8.3}
$$

其中 M^{aug} 为 $(2N+1) \times (2N+1)$ 矩阵,

$$M^{\mathrm{aug}} = \begin{pmatrix} 0 & \mathbf{Y} \\ \mathbf{B} & M \end{pmatrix}, \quad Y = (Y_1, \cdots, Y_{2N}), \tag{6.8.4}$$

其中 $Y_n = \bar{C}_n e^{2i\theta(\bar{\xi}_n)}$.

▶ **NLS 方程的单孤子解**

对 $N = 1$, 可以证明如果 $q(x,t)$ 为 NLS 方程的解, 则 $cq(cx, c^2t)$, $c \in \mathbb{R}$ 也为方程的解, 因此不妨取 $q_0 = 1$. 再取特征值

$$\xi_1 = i\sigma e^{i\alpha}, \quad \sigma > 1, \quad \alpha \in (-\pi/2, \pi/2),$$

则其他三个零点为

$$\xi_2 = -ie^{i\alpha}/\sigma, \quad \bar{\xi}_1 = -i\sigma e^{-i\alpha}, \quad \hat{\xi}_2 = ie^{-i\alpha}/\sigma.$$

由 θ 条件 (6.7.14), q_- 和 q_+ 相位差 $\arg(q_-/q_+) = 2\pi + 4\alpha$, 因此可取 $q_+ = 1$, $q_- = e^{4i\alpha}$. 在无反射条件下, 迹公式为

$$s_{11} = \frac{(z - i\sigma e^{i\alpha})(z + ie^{i\alpha}/\sigma)}{(z + i\sigma e^{-i\alpha})(z - ie^{-i\alpha}/\sigma)}, \quad s_{22} = \frac{(z + i\sigma e^{-i\alpha})(z - ie^{-i\alpha}/\sigma)}{(z - i\sigma e^{i\alpha})(z + ie^{i\alpha}/\sigma)},$$

由此进一步计算散射数据

$$C_1 = b_1/s'_{11}(\xi_1), \quad C_2 = -e^{-6i\alpha}\bar{C}_1/\sigma^2, \quad c_j(\bar{\xi}_k) = \frac{C_j e^{-2i\theta(\xi_j)}}{\bar{\xi}_k - \xi_j}, \quad j,k = 1,2.$$

$$\theta(\xi_j) = \frac{1}{2}(\xi_j + 1/\xi_j)[x - (\xi_j - 1/\xi_j)t], \quad j = 1,2.$$

由于 b_1 任意, 直接取 $C_1 = e^{\xi+i\varphi}$, ξ, $\varphi \in \mathbb{R}$, 则 $C_2 = -e^{\xi-i(6\alpha+\varphi)}$.

将上述散射数据代入公式 (6.8.3), 直接计算得到单孤子解

$$q(x,t) = e^{4i\alpha} - i\frac{\det\begin{pmatrix} 0 & Y_1 & Y_2 \\ B_1 & M_{11} & M_{12} \\ B_2 & M_{21} & M_{22} \end{pmatrix}}{\det\begin{pmatrix} M_{11} & M_{12} \\ M_{21} & M_{22} \end{pmatrix}}, \tag{6.8.5}$$

其中

$$B_n = 1 - ie^{4i\alpha}\sum_{j=1}^{2} c_j(\bar{\xi}_n)/\xi_j, \quad Y_n = \bar{C}_n e^{2i\theta(\bar{\xi}_n)}, \quad n = 1,2,$$

$$M_{nk} = \delta_{nk} + \sum_{j=1}^{2} c_j(\bar{\xi}_n)\overline{c_k(\bar{\xi}_j)}, \quad n,k = 1,2.$$

具体展开公式 (6.8.5), 得到

$$q(x,t)$$
$$= \frac{\cosh(\chi + 2i\alpha) + \frac{1}{A}[c_{+2}(\sigma^2 \sin(s+2\alpha) - \sin s) - ic_{-2}(\sigma^2 \cos(s+2\alpha) - \cos s)]}{\cosh\chi + A[\sigma^2 \sin(s+2\alpha) - \sin s]},$$

其中

$$\chi(x,t) = c_- x \cos\alpha - c_{+2}t \sin 2\alpha + c'_0 + \xi,$$
$$s(x,t) = c_+ x \sin\alpha + c_{-2}t \cos(2\alpha) + \varphi,$$
$$c_{+2} = \sigma^2 + 1/\sigma^2, \quad c_{-2} = \sigma^2 - 1/\sigma^2 = c_+ c_-, \quad A = 1/(c'_+ c'_-),$$
$$c'_0 = \log(c'_+/c'_-), \quad c'_+ = |1 - \sigma^2 e^{-2i\alpha}|, \quad c'_- = (\sigma + 1/\sigma)/(2\cos\alpha).$$

6.9　带有非零边界的 NLS 方程的双重极点解

在前几节基础上, 我们讨论聚焦 NLS 方程在非零边界和双重极点情况下, 孤子解的构造方法.

6.9.1 双重极点的离散谱和留数条件

假设 $z_n, n = 1, \cdots, N$ 为 $s_{11}(z)$ 在 D^+ 上的二阶零点, 即

$$s_{11}(z_n) = s'_{11}(z_n) = 0, \quad s''_{11}(z_n) \neq 0.$$

则基于对称性 (6.4.39) 和 (6.4.40), 可知我们有 $4N$ 个离散谱

$$z_n, -q_0^2/\bar{z}_n \in D^+, \quad \bar{z}_n, -q_0^2/z_n \in D^-, \quad n = 1, \cdots, N.$$

我们对这 $4N$ 个离散谱重新编号, 记

$$\xi_n = z_n, \quad \xi_{N+n} = -q_0^2/\bar{z}_n, \quad n = 1, \cdots, N,$$

并定义 $\hat{\xi}_n = -q_0^2/\xi_n$, 则

$$\hat{\xi}_n = -q_0^2/z_n, \quad \hat{\xi}_{N+n} = \bar{z}_n, \quad n = 1, \cdots, N.$$

因此, 离散谱集合为

$$Z = \{\xi_n, \hat{\xi}_n, n = 1, \cdots, 2N\}.$$

这些离散谱点满足

$$s_{11}(\xi_n) = s'_{11}(\xi_n) = 0, \quad s_{22}(\hat{\xi}_n) = s'_{22}(\hat{\xi}_n) = 0.$$

此时, 对 RH 问题的影响不仅来自 $M(z)$ 的留数, 而且来自 $M(z)$ 负二次幂的系数.

注意到 $s_{11}(\xi_n) = 0$, 因此 (6.4.33) 推知 $\mu_{+,1}(\xi_n)$ 与 $e^{-2i\theta(\xi_n)}\mu_{-,2}(\xi_n)$ 成比例, 于是有

$$\mu_{+,1}(\xi_n) = b_n e^{-2i\theta(\xi_n)}\mu_{-,2}(\xi_n), \quad n = 1, \cdots, 2N, \tag{6.9.1}$$

其中 $b_n \neq 0$ 与 x, t 无关的任意常数.

对方程 (6.4.33) 两边求导并令 $z = \xi_n$, 得到

$$
\begin{aligned}
0 &= s'_{11}(\xi_n) \\
&= \left[\frac{1}{\gamma} \det\left(\mu_{+,1}(z),\, e^{-2i\theta(z)}\mu'_{-,2}(z) - 2i\theta'(z)e^{-2i\theta(z)}\mu_{-,2}(z)\right) \right. \\
&\quad \left. + \frac{1}{\gamma}\det\left(\mu'_{+,1}(z),\, e^{-2i\theta(z)}\mu_{-,2}(z)\right) - \frac{\gamma'}{\gamma^2}\det\left(\mu_{+,1}(z),\, e^{-2i\theta(z)}\mu_{-,2}(z)\right) \right]\Bigg|_{z=\xi_n}.
\end{aligned}
\tag{6.9.2}
$$

利用 (6.9.1), 上式化为

$$\det(\mu'_{+,1}(\xi_n) - b_n e^{-2i\theta(\xi_n)} \mu'_{-,2}(\xi_n)$$
$$+ 2i\theta'(\xi_n) b_n e^{-2i\theta(\xi_n)} \mu_{-,2}(\xi_n), \ e^{-2i\theta(\xi_n)} \mu_{-,2}(\xi_n)) = 0.$$

因此存在常数 d_n 使得

$$\mu'_{+,1}(\xi_n) = e^{-2i\theta(\xi_n)}[(d_n - 2ib_n\theta'(\xi_n))\mu_{-,2}(\xi_n) + b_n\mu'_{-,2}(\xi_n)]. \tag{6.9.3}$$

由于 $z = \hat{\xi}_n$ 为 $s_{22}(z)$ 的二阶零点, 类似可以计算得到

$$\mu_{+,2}(\hat{\xi}_n) = \hat{b}_n e^{2i\theta(\hat{\xi}_n)}\mu_{-,1}(\hat{\xi}_n), \quad n = 1, \cdots, 2N, \tag{6.9.4}$$

$$\mu'_{+,2}(\hat{\xi}_n) = e^{2i\theta(\hat{\xi}_n)}[(\hat{d}_n + 2i\hat{b}_n\theta'(\hat{\xi}_n))\mu_{-,1}(\hat{\xi}_n) + \hat{b}_n\mu'_{-,1}(\hat{\xi}_n)], \tag{6.9.5}$$

其中

$$\theta(\hat{\xi}_n) = -\theta(\xi_n), \quad \hat{b}_n = -b_n\frac{q_-}{\bar{q}_+}, \quad \hat{d}_n = -d_n\frac{q_-\xi_n^2}{\bar{q}_+ q_0^2}.$$

注意到 $\mu_{+,1}$ 在 D^+ 上解析, ξ_n 为 $s_{11}(z)$ 的二阶零点, 将 $\mu_{+,1}$, $s_{11}(z)$ 在 $z = \xi_n$ 点作 Taylor 展开, 得到

$$\frac{\mu_{+,1}(z)}{s_{11}(z)} = \frac{\mu_{+,1}(\xi_n) + \mu'_{+,1}(\xi_n)(z - \xi_n) + \frac{1}{2}\mu''_{+,1}(\xi_n)(z - \xi_n)^2 + \cdots}{\frac{1}{2}s''_{11}(\xi_n)(z - \xi_n)^2 + \frac{1}{3!}s'''_{11}(\xi_n)(z - \xi_n)^3 + \cdots}$$

$$= \frac{2\mu_{+,1}(\xi_n)}{s''_{11}(\xi_n)}(z - \xi_n)^{-2} + \left(\frac{2\mu'_{+,1}(\xi_n)}{s''_{11}(\xi_n)} - \frac{2\mu_{+,1}(\xi_n)s'''_{11}(\xi_n)}{3s''^2_{11}(\xi_n)}\right)(z - \xi_n)^{-1} + \cdots.$$

借此并利用 (6.9.1), (6.9.3), 可以计算 $\mu_{+,1}(z)/s_{11}(z)$ 的负二次幂系数和留数

$$P_{-2}_{z=\xi_n}[\mu_{+,1}(z)/s_{11}(z)] = \frac{2\mu_{+,1}(\xi_n)}{s'_{11}(\xi_n)} = A_n e^{-2i\theta(\xi_n)}\mu_{-,2}(\xi_n), \tag{6.9.6}$$

$$\operatorname*{Res}_{z=\xi_n}[\mu_{+,1}(z)/s_{11}(z)] = A_n e^{-2i\theta(\xi_n)}\left[\mu'_{-,2}(\xi_n) + \mu_{-,2}(\xi_n)(B_n - 2i\theta'(\xi_n))\right], \tag{6.9.7}$$

其中 $A_n = 2b_n/s''_{11}(\xi_n), B_n = d_n/b_n - s'''_{11}(\xi_n)/3s''_{11}(\xi_n)$.

同理, 由于 $z = \hat{\xi}_n$ 为 $s_{22}(z)$ 的二阶零点, 利用 (6.4.34), (6.9.4) 和 (6.9.5), 可得到

$$P_{-2}_{z=\hat{\xi}_n}[\mu_{+,2}(z)/s_{22}(z)] = \frac{2\mu_{-,1}(\hat{\xi}_n)}{s'_{22}(\hat{\xi}_n)} = \hat{A}_n e^{2i\theta(\hat{\xi}_n)}\mu_{-,1}(\hat{\xi}_n), \tag{6.9.8}$$

$$\operatorname*{Res}_{z=\hat{\xi}_n}[\mu_{+,2}(z)/s_{22}(z)] = \hat{A}_n e^{2i\theta(\hat{\xi}_n)}\left[\mu'_{-,1}(\hat{\xi}_n) + \mu_{-,1}(\hat{\xi}_n)(\hat{B}_n + 2i\theta'(\hat{\xi}_n))\right], \quad (6.9.9)$$

其中

$$\hat{A}_n = -A_n\frac{q_- q_0^4}{q_-^* \xi_n^4}, \quad \hat{B}_n = B_n\frac{q_0^2}{\hat{\xi}_n^2} + \frac{2}{\hat{\xi}_n}.$$

6.9.2 双重极点下的 RH 问题和重构公式

在双重极点情况下, 广义 RH 问题刻画如下.

定理 6.4 $\star$ $M^{\pm}(x,t,z)$ 在 $\mathbb{C}\setminus\Sigma$ 上亚纯,   (6.9.10)

$\star$ $M^{-}(x,t,z) = M^{+}(x,t,z)(I - G(x,t,z)), \quad z\in\Sigma,$ (6.9.11)

$\star$ $M^{\pm}(x,t,z)$ 在零点满足剩余条件

$$\{z:\ s_{11}(z) = s_{22}(z) = s'_{11}(z) = s'_{22}(z) = 0\}, \quad (6.9.12)$$

$\star$ $M^{\pm}\sim I + O(1/z), \quad z\to\infty,$ (6.9.13)

$\star$ $M^{\pm}\sim (i/z)\sigma_3 Q_{\pm} + O(1), \quad z\to 0,$ (6.9.14)

其中跳跃矩阵为

$$G(x,t,z) = e^{-i\theta(z)\hat{\sigma}_3}\begin{pmatrix} 0 & -\tilde{\rho}(z) \\ \rho(z) & \rho(z)\tilde{\rho}(z) \end{pmatrix}, \quad (6.9.15)$$

以及反射系数为

$$\rho(z) = s_{21}/s_{11}, \quad \tilde{\rho}(z) = s_{12}/s_{22}. \quad (6.9.16)$$

由 (6.9.6)—(6.9.9), 我们给出如上 RH 问题 (6.9.10)—(6.9.14) 中的 M^{+} 和 M^{-} 满足的留数条件和负二次幂系数

$$\operatorname*{Res}_{z=\xi_n} M^{+}(z) = \left(\operatorname*{Res}_{z=\xi_n}\left[\frac{\mu_{+,1}}{s_{11}}\right], 0\right), \quad P_{-2}\,M^{+}(z) = \left(\operatorname*{}_{z=\xi_n}P_{-2}\left[\frac{\mu_{+,1}}{s_{11}}\right], 0\right); \quad (6.9.17)$$

$$\operatorname*{Res}_{z=\hat{\xi}_n} M^{-}(z) = \left(0, \operatorname*{Res}_{z=\hat{\xi}_n}\left[\frac{\mu_{+,2}}{s_{22}}\right]\right), \quad P_{-2}\,M^{-}(z) = \left(0, \operatorname*{}_{z=\hat{\xi}_n}P_{-2}\left[\frac{\mu_{+,2}}{s_{22}}\right]\right). \quad (6.9.18)$$

为正则化 RH 问题 (6.9.10)—(6.9.14), 我们去除 $z\to 0$, $z\to\infty$ 的渐近性以及极点 ξ_n, $\hat{\xi}_n$ 上奇性, 将 (6.9.11) 改写为

$$M^{-} - I - \frac{i}{z}\sigma_3 Q_{-} - \sum_{n=1}^{2N}\left\{\frac{\operatorname*{Res}_{z=\xi_n} M^{+}}{z-\xi_n} + \frac{P_{-2}(M^{+})}{(z-\xi_n)^2} + \frac{\operatorname*{Res}_{z=\hat{\xi}_n} M^{-}}{z-\hat{\xi}_n} + \frac{P_{-2}(M^{-})}{(z-\hat{\xi}_n)^2}\right\}$$

$$= M^+ - I - \frac{i}{z}\sigma_3 Q_-$$

$$- \sum_{n=1}^{2N} \left\{ \frac{\operatorname*{Res}_{z=\xi_n} M^+}{z-\xi_n} + \frac{P_{-2}(M^+)}{(z-\xi_n)^2} + \frac{\operatorname*{Res}_{z=\hat{\xi}_n} M^-}{z-\hat{\xi}_n} + \frac{P_{-2}(M^-)}{(z-\hat{\xi}_n)^2} \right\} - M^+ G.$$

根据 Plemelj 公式, 可知

$$M(x,t,z) = I + \frac{i}{z}\sigma_3 Q_- + \sum_{n=1}^{2N} \left\{ \frac{\operatorname*{Res}_{z=\xi_n} M^+}{z-\xi_n} + \frac{P_{-2}(M^+)}{(z-\xi_n)^2} + \frac{\operatorname*{Res}_{z=\hat{\xi}_n} M^-}{z-\hat{\xi}_n} + \frac{P_{-2}(M^-)}{(z-\hat{\xi}_n)^2} \right\}$$

$$+ \frac{1}{2\pi i} \int_\Sigma \frac{M^+(s)G(s)}{s-z} ds, \quad z \in \mathbb{C} \setminus \Sigma. \tag{6.9.19}$$

我们考察公式 (6.9.19) 的第二列, 有如下结论.

▶ 在 D^+ 的点 $z = \xi_k$ 上, 观察 M^+ 的第二列, 有

$$\mu_{-,2}(x,t,\xi_k) = \begin{pmatrix} iq_-/\xi_k \\ 1 \end{pmatrix} + \frac{1}{2\pi i} \int_\Sigma \frac{(M^+G)_2}{s-\xi_n} ds$$

$$+ \sum_{n=1}^{2N} \left\{ \frac{C_n(\xi_k)}{\xi_k - \hat{\xi}_n} \mu_{-,1}(\hat{\xi}_n) + C_n(\xi_k)[\mu'_{-,1}(\hat{\xi}_n) + D_n \mu_{-,1}(\hat{\xi}_n)] \right\}, \tag{6.9.20}$$

其中

$$C_n(z) = \frac{\hat{A}_n e^{2i\theta(\hat{\xi}_n)}}{z - \hat{\xi}_n}, \quad D_n = \hat{B}_n + 2i\theta'(\hat{\xi}_n).$$

利用对称性 (6.4.38), (6.9.20) 可改写为

$$\begin{pmatrix} iq_-/\xi_k \\ 1 \end{pmatrix} + \frac{1}{2\pi i} \int_\Sigma \frac{(M^+G)_2}{s-\xi_n} ds + \sum_{n=1}^{2N} \left\{ C_n(\xi_k)\mu'_{-,1}(\hat{\xi}_n) \right.$$

$$\left. + \left[C_n(\xi_k) \left(\frac{1}{\xi_k - \hat{\xi}_n} + D_n \right) - \frac{iq_-\delta_{kn}}{\xi_k} \right] \mu_{-,1}(\hat{\xi}_n) \right\} = 0,$$

$$k = 1, \cdots, 2N. \tag{6.9.21}$$

▶ 在 D^+ 的 $z = \xi_n$ 上, 观察 M^+ 第二列的导数, 有

$$\mu'_{-,2}(x,t,\xi_k) = \begin{pmatrix} -iq_-/\xi_k^2 \\ 0 \end{pmatrix} + \frac{1}{2\pi i} \int_\Sigma \frac{(M^+G)_2}{(s-\xi_n)^2} ds$$

$$-\sum_{n=1}^{2N}\left\{\frac{C_n(\xi_k)}{\xi_k-\hat{\xi}_n}\mu'_{-,1}(\hat{\xi}_n)+\frac{C_n(\xi_k)}{\xi_k-\hat{\xi}_n}\left[D_n+\frac{2}{\xi_k-\hat{\xi}_n}\right]\mu_{-,1}(\hat{\xi}_n)\right\},$$

$$k=1,\cdots,2N. \tag{6.9.22}$$

方程 (6.4.38) 在 $z=\xi_k$ 点求导, 得到

$$\mu'_{-,2}(x,t,\xi_k)=-\frac{iq_-}{\xi_k^2}\mu_{-,1}(\hat{\xi}_k)+\frac{iq_-q_0^2}{\xi_k^3}\mu'_{-,1}(\hat{\xi}_k). \tag{6.9.23}$$

将 (6.9.23) 代入 (6.9.22), 得到

$$\begin{pmatrix}-iq_-/\xi_k^2\\0\end{pmatrix}+\frac{1}{2\pi i}\int_\Sigma\frac{(M^+G)_2}{(s-\xi_n)^2}ds-\sum_{n=1}^{2N}\left\{\frac{C_n(\xi_k)}{\xi_k-\hat{\xi}_n}\mu'_{-,1}(\hat{\xi}_n)\right.$$

$$+\left.\left[\frac{C_n(\xi_k)}{\xi_k-\hat{\xi}_n}\left(D_n+\frac{2}{\xi_k-\hat{\xi}_n}\right)-\frac{iq_-q_0^2\delta_{kn}}{\xi_k^2}\right]\mu_{-,1}(\hat{\xi}_n)\right\}=0. \tag{6.9.24}$$

(6.9.21) 和 (6.9.24) 的第一个分量构成关于散射数据 $\mu_{-,1}(\hat{\xi}_n)$ 的 $4N$ 个方程, $4N$ 个未知量的线性微分方程组, 与 (6.9.19) 一起给出 RH 问题的解.

当 $z\to\infty$ 时, (6.9.19) 的 $(1,2)$ 位置元素渐近展开为

$$\mu_{-,12}(z)=\frac{1}{z}\left(iq_-+\sum_{n=1}^{2N}(\operatorname*{Res}_{z=\hat{\xi}_n}M^-)_{12}+\frac{1}{2\pi i}\int_\Sigma(M^+G)_{12}ds\right)+O(z^{-2}), \tag{6.9.25}$$

因此利用 (6.4.58) 和 (6.9.9), 我们得到 NLS 方程的位势函数和 RH 问题解相联系的重构公式

$$q(x,t)=-i\lim_{z\to\infty}[z\mu_{-,12}(z)]$$

$$=q_-+\frac{1}{2\pi}\int_\Sigma(M^+G)_{12}ds-i\sum_{n=1}^{2N}\hat{A}_ne^{2i\theta(\hat{\xi}_n)}\left[\mu_{-,1,1}(\hat{\xi}_n)+D_n\mu'_{-,1,1}(\hat{\xi}_n)\right]. \tag{6.9.26}$$

6.9.3 迹公式和相位差

由前面知道 $s_{11}(z)$, $s_{22}(z)$ 分别在 D^+, D^- 上解析, 其离散零点分别为 ξ_n, $\hat{\xi}_n$, 因此函数

$$\beta^+=s_{11}(z)\prod_{n=1}^{2N}\frac{(z-\hat{\xi}_n)^2}{(z-\xi_n)^2},\quad \beta^-=s_{22}(z)\prod_{n=1}^{2N}\frac{(z-\xi_n)^2}{(z-\hat{\xi}_n)^2} \tag{6.9.27}$$

仍然分别在 D^+, D^- 上解析, 但不再有零点, 且 $\beta^+\beta^-=s_{11}s_{22}$, $z\in\Sigma$.

由

$$\det S(z) = s_{11}s_{22} - s_{21}s_{12} = 1,$$

可得到

$$\frac{1}{s_{11}s_{22}} = 1 + \rho(z)\overline{\rho(\bar{z})}.$$

从而

$$\beta^+\beta^- = s_{11}s_{22} = 1/(1 + \rho(z)\overline{\rho(\bar{z})}).$$

故

$$\log\beta^+ - (-\log\beta^-) = -\log[1 + \rho(z)\overline{\rho(\bar{z})}].$$

由 Plemelj 公式

$$\log\beta^{\pm} = \mp\frac{1}{2\pi i}\int_\Sigma \frac{\log[1 + \rho(s)\overline{\rho(\bar{s})}]}{s - z}ds, \quad z \in D^{\pm}. \tag{6.9.28}$$

将 (6.9.28) 代入 (6.9.27) 得到迹公式

$$s_{11}(z) = \exp\left[-\frac{1}{2\pi i}\int_\Sigma \frac{\log[1 + \rho(s)\overline{\rho(\bar{s})}]}{s - z}ds\right]\prod_{n=1}^{2N}\frac{(z - \xi_n)^2}{(z - \hat{\xi}_n)^2}, \quad z \in D^+, \tag{6.9.29}$$

$$s_{22}(z) = \exp\left[\frac{1}{2\pi i}\int_\Sigma \frac{\log[1 + \rho(s)\overline{\rho(\bar{s})}]}{s - z}ds\right]\prod_{n=1}^{2N}\frac{(z - \hat{\xi}_n)^2}{(z - \xi_n)^2}, \quad z \in D^-. \tag{6.9.30}$$

特别在无反射情况下, $s_{12} = s_{21} = 0$, 上述迹公式简化为

$$s_{11}(z) = \prod_{n=1}^{2N}\frac{(z - \xi_n)^2}{(z - \hat{\xi}_n)^2}, \quad z \in D^+; \quad s_{22}(z) = \prod_{n=1}^{2N}\frac{(z - \hat{\xi}_n)^2}{(z - \xi_n)^2}, \quad z \in D^-. \tag{6.9.31}$$

令 $z \to 0$, 则 (6.9.29) 化为

$$\frac{q_-}{q_+} = \exp\left[\frac{i}{2\pi}\int_\Sigma \frac{\log[1 + \rho(s)\overline{\rho(\bar{s})}]}{s}ds\right]\exp\left[8i\sum_{j=1}^{N}\arg(\xi_n)\right], \quad z \in D^+, \tag{6.9.32}$$

由此可以得到 θ 条件

$$\arg(q_-/q_+) = \frac{1}{2\pi}\int_\Sigma \frac{\log[1 + \rho(s)\overline{\rho(\bar{s})}]}{s}ds + 8\sum_{j=1}^{N}\arg(\xi_n). \tag{6.9.33}$$

特别在无反射情况下, 上述迹公式简化为

$$\arg(q_-/q_+) = 8\sum_{j=1}^{N}\arg(\xi_n). \tag{6.9.34}$$

6.9.4 无反射势情况和双重极点解

在无反射条件下, 即 $G = 0$, 公式 (6.9.21) 和 (6.9.24) 的第一个分量方程分别为

$$iq_-/\xi_k + \sum_{n=1}^{2N} \left\{ C_n(\xi_k)\mu'_{-,11}(\hat{\xi}_n) \right.$$

$$\left. + \left[C_n(\xi_k)\left(\frac{1}{\xi_k - \hat{\xi}_n} + D_n \right) - \frac{iq_-\delta_{kn}}{\xi_k} \right] \mu_{-,11}(\hat{\xi}_n) \right\} = 0,$$

$$-iq_-/\xi_k^2 - \sum_{n=1}^{2N} \left\{ \frac{C_n(\xi_k)}{\xi_k - \hat{\xi}_n}\mu'_{-,11}(\hat{\xi}_n) \right.$$

$$\left. + \left[\frac{C_n(\xi_k)}{\xi_k - \hat{\xi}_n}\left(D_n + \frac{2}{\xi_k - \hat{\xi}_n} \right) - \frac{iq_- q_0^2 \delta_{kn}}{\xi_k^2} \right] \mu_{-,11}(\hat{\xi}_n) \right\} = 0.$$

上述方程改写为如下线性方程组

$$AX = V, \tag{6.9.35}$$

其中

$$X_n = \mu_{-,11}(\hat{\xi}_n), \quad X_{2N+n} = \mu'_{-,11}(\hat{\xi}_n), \quad V_n = -iq_-/\xi_n, \quad V_{2N+n} = iq_-/\xi_n^2,$$

$$A_{k,n} = C_n(\xi_k)\left(D_n + \frac{1}{\xi_k - \xi_n} \right) - \frac{iq_-\delta_{kn}}{\xi_k}, \quad A_{k,2N+n} = C_n(\xi_k),$$

$$A_{2N+k,n} = \frac{C_n(\xi_k)}{\xi_k - \hat{\xi}_n}\left(D_n + \frac{2}{\xi_k - \xi_n} \right) - \frac{iq_-\delta_{kn}}{\xi_k},$$

$$A_{2N+k,2N+n} = \frac{C_n(\xi_k)}{\xi_k - \hat{\xi}_n} + \frac{iq_- q_0^2 \delta_{kn}}{\xi_k^3},$$

$$k, n = 1, 2, \cdots, 2N.$$

并且重构公式 (6.9.26) 化为

$$q(x,t) = q_- - i\sum_{n=1}^{2N} \hat{A}_n e^{2i\theta(\hat{\xi}_n)} \left[\mu_{-,11}(\hat{\xi}_n) + D_n\mu'_{-,11}(\hat{\xi}_n) \right]. \tag{6.9.36}$$

这个公式给出了带零边界聚焦 NLS 方程的双极点解.

作为例子, 这里给出纯虚特征值的单孤子解. 对于 $N = 1$, 不妨取 $q_0 = 1$. 取一个纯虚特征值 $\xi_1 = i\sigma$, $\sigma > 1$, 则其他三个零点为 $\xi_2 = -i/\sigma$, $\hat{\xi}_1 = i/\sigma$, $\hat{\xi}_2 = -i\sigma$. 见图 6.3, 由 θ 条件, q_- 和 q_+ 相差为 4π, 因此 $q_- = q_+$, 我们取 $q_+ = q_- = e^{i\alpha}$. 取 $b_1 = e^{\alpha+i\beta}$, $d_1 = e^{\mu+i\delta}$, 则

$$s_{11} = \frac{(z-i\sigma)^2(z+i/\sigma)^2}{(z+i\sigma)^2(z-i/\sigma)^2}, \quad s_{22} = \frac{(z+i\sigma)^2(z-i/\sigma)^2}{(z-i\sigma)^2(z+i/\sigma)^2},$$

$$A_1 = 2b_1/s_{11}''(\xi_1), \quad \hat{A}_1 = A_1\frac{e^{2i\alpha}}{\sigma^4}, \quad B_1 = d_n/b_n - s_{11}'''(\xi_1)/3s_{11}''(z_n),$$

$$\hat{B}_1 = B_1\sigma^2 - 2i\sigma, \quad A_2 = -\bar{\hat{A}}_1, \quad B_2 = \bar{\hat{B}}_1,$$

$$C_n(\xi_k) = \frac{\hat{A}_n e^{2i\theta(\hat{\xi}_n)}}{\xi_k - \hat{\xi}_n}, \quad D_n = \hat{B}_n + 2i\theta'(\hat{\xi}_n), \quad k, n = 1, 2.$$

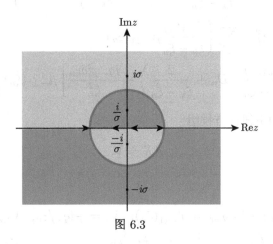

图 6.3

将上述散射数据代入 (6.9.35)，并求解到 $\mu_{-,11}(\hat{\xi}_n)$，$\mu'_{-,11}(\hat{\xi}_n)$，代入 (6.9.36)，可得到如下单孤子解

$$q(x,t) = e^{i\alpha t}q_N(x,t)/q_D(x,t), \tag{6.9.37}$$

其中

$$q_N(x,t) = g(x,t) + [8\sigma^4\Delta_1\Delta_2^2\cos(\tau) + 4\Delta_1 f_2(\tau)iS + 4\sigma^4\Delta_1^3\Delta_2 f_4(\tau)]\cosh(\chi)$$
$$- 4\Delta_1 f_3(\tau)Y\sinh(\chi) - 8i\sigma^2\Delta_1\Delta_2 S - \Delta_2^2\sigma^2(7+10\sigma^2+7\sigma^4) - 8f_1(\tau), \tag{6.9.38}$$

$$q_D(x,t) = g(x,t) - [8\sigma^2\Delta_1 S\sin(\tau) + 8\sigma^4\Delta_1\Delta_2^2\cos(\tau)]\cosh(\chi)$$
$$- 8\sigma^2\Delta_1 Y\cos\tau\sinh(\chi) - 16\sigma^4\cos(2\tau) + \Delta_2^2\sigma^4(\Delta_1^2+4), \tag{6.9.39}$$

以及

$$\Delta_1 = \sigma + 1/\sigma, \quad \Delta_2 = \sigma - 1/\sigma, \quad \Omega = Z^3\Delta_1\Delta_2 e^{\mu-\alpha},$$

$$\chi = \Delta_2 x + \mu, \quad \tau = \Delta_1\Delta_2 t - \beta, \quad Y = Z^2\Delta_1^2\Delta_2 x - \Omega\sin\omega, \quad \omega = \delta - \beta,$$

$$S = 2\Delta_1\Delta_2(\sigma^4 + 1)t - \Omega\cos(\omega),$$

$$f_1 = (\sigma^8 + 1)\cos(2\tau) + (\sigma^8 - 1)i\sin(2\tau),$$

$$f_2 = (\sigma^4 - 1)\cos(\tau) + (\sigma^4 + 1)i\sin(\tau),$$

$$f_3 = (\sigma^4 + 1)\cos(\tau) + (\sigma^4 - 1)i\sin(\tau),$$

$$f_4 = \Delta_2\cos(\tau) + \Delta_1\sin(\tau),$$

$$g(x, t) = \sigma^4\Delta_1^4\cosh(2\chi) + 2S^2 + 2Y^2.$$

第 7 章　$\bar{\partial}$-方法与可积系统

这一章, 我们介绍 $\bar{\partial}$-问题及其在可积系统的若干应用, 包括推导由特殊的 $\bar{\partial}$-方程推导 Lax 对、构造方程族和孤子解, 特别是非局部 $\bar{\partial}$-问题在高维系统, 如 KP II 中的应用.

7.1　$\bar{\partial}$-问题

这一节, 我们引入 $\bar{\partial}$-算子, 给出检测函数解析性, 并与 Cauchy-Riemann 方程等价的一个充分必要条件; 进一步将经典的 Cauchy 定理和 Cauchy 积分公式推广到闭围线的区域内非解析函数情形; 通过求解 $\bar{\partial}$-问题, 获得广义 Plemelj 公式, 由此说明 $\bar{\partial}$-问题是 RH 问题的自然推广.

7.1.1　$\bar{\partial}$-问题的概念

考虑复函数

$$f(z, \bar{z}) = u(x, y) + iv(x, y), \quad z \in D.$$

为后面在复平面上讨论函数的性质, 有必要将实坐标 (x, y) 换成复坐标 $(z, \bar{z})$, 并将 $(z, \bar{z})$ 看作新的复坐标系. 假设复平面上的变量 z 及其共轭 $\bar{z}$ 为

$$z = x + iy, \quad \bar{z} = x - iy. \tag{7.1.1}$$

由此可解得

$$x = \frac{1}{2}(z + \bar{z}), \quad y = \frac{1}{2i}(z - \bar{z}).$$

于是定义在 (x, y) 平面上区域 D 的一个函数 $g(x, y)$ 可表示为

$$g(x, y) = g\left(\frac{z + \bar{z}}{2}, \frac{z - \bar{z}}{2i}\right) \equiv f(z, \bar{z}), \quad z \in D \subset \mathbb{C}.$$

此时 $f(z, \bar{z})$ 为 z, $\bar{z}$ 的二元函数, 但为了书写简洁, 我们仍然记为 $f(z)$. 考虑函数连续性时, 使用不含 $\bar{z}$ 的函数记号不会失去什么, 但考虑函数微分时, 辅助性地需要将 z 和 $\bar{z}$ 看成两个独立变量.

基于上述坐标变换, 可得到偏微分算子之间的变换关系

$$\partial \equiv \frac{\partial}{\partial z} = \frac{1}{2}(\partial x - i\partial y), \quad \bar{\partial} \equiv \frac{\partial}{\partial \bar{z}} = \frac{1}{2}(\partial x + i\partial y), \tag{7.1.2}$$

$$\partial_x = \partial + \bar{\partial}, \quad \partial_y = i(\partial - \bar{\partial}). \tag{7.1.3}$$

特别, 我们称算子 $\bar{\partial}$ 为 $\bar{\partial}$-算子, 可以用来检验函数 $f(z)$ 的解析性, 在证明这个性质之前, 先给出 $\bar{\partial}$-问题的一个定义.

定义 7.1 设 $g(z)$ 为开区域 D 内给定的一个函数, 则 $f(z)$ 为未知函数的方程

$$\bar{\partial}f(z) = g(z), \quad z \in D \tag{7.1.4}$$

称为 $\bar{\partial}$-问题, 后面我们将说明经典 RH 问题可以看作带有边界的特殊 $\bar{\partial}$-问题.

假设 $f(z) = u(x,y) + iv(x,y)$, $g(z) = q(x,y) + ip(x,y)$, 将其代入 (7.1.4), 直接计算得到

$$\frac{1}{2}(u_x - v_y) + \frac{1}{2}i(u_y + v_x) = q(x,y) + ip(x,y).$$

因此, $\bar{\partial}$-问题 (7.1.4) 等价于如下一阶耦合线性偏微分方程组

$$u_x - v_y = 2q, \quad u_y + v_x = 2p. \tag{7.1.5}$$

而当 $g(z) = 0$ 时, $\bar{\partial}$-问题 (7.1.4) 等价于 Cauchy-Riemann 方程

$$u_x = v_y, \quad u_y = -v_x. \tag{7.1.6}$$

而由方程 (7.1.5)、方程 (7.1.6) 成立的充分必要条件为 $q = p = 0 \Longleftrightarrow g(z) = 0$, 即

$$\bar{\partial}f(z) = 0.$$

因此, 这个关系式给出了检测函数 $f(z)$ 解析性, 并与 Cauchy-Riemann 方程等价的一个充分必要条件.

形式上是算子 ∂ 的复共轭, 可以验证这些算子具有性质

$$\bar{\partial}z = \partial\bar{z} = 0, \quad \overline{\bar{\partial}f(z)} = \partial\overline{f(z)}.$$

$$\bar{\partial}[f(z)g(z)] = f(z)\bar{\partial}g(z), \quad \text{如果 } f(z) \text{ 解析}.$$

对于复变量 (7.1.1), 我们可自然地定义微分

$$dz = dx + idy, \quad d\bar{z} = dx - idy.$$

根据实外微分性质

$$dx \wedge dx = dy \wedge dy = 0, \quad -dy \wedge dx = dx \wedge dy = dxdy.$$

可以推出复形式外微分具有性质

$$dz \wedge dz = d\bar{z} \wedge d\bar{z} = 0, \quad dz \wedge d\bar{z} = -d\bar{z} \wedge dz = -2idx \wedge dy.$$

7.1.2　广义 Cauchy 积分定理

我们回顾前面讲过两个结果, 设 D 为复平面上的一个单连通区域, 其边界 ∂D 为一条闭曲线, 如果 $f(z)$ 在 D 内解析, 则有 Cauchy 积分定理

$$\oint_{\partial D} f(z)dz = 0 \tag{7.1.7}$$

和 Cauchy 积分公式

$$f(z) = \frac{1}{2\pi i} \oint_{\partial D} \frac{f(\zeta)}{\zeta - z} d\zeta, \quad z \in D. \tag{7.1.8}$$

问题: 对于非解析函数 $f(z)$, 上述两个公式将如何?

在一般情况下, 我们考虑非解析函数情形, 即 $\bar{\partial} f(z) \neq 0$, 此时有广义 Cauchy 定理.

命题 7.1　设 D 为复平面上的一个单连通区域, 其边界 ∂D 为一条闭曲线, $f(z)$ 及其偏导数在 D 内连续, 则

$$\oint_{\partial D} f(z)dz = -\iint_D \bar{\partial} f(z)dz \wedge d\bar{z}, \tag{7.1.9}$$

$$\oint_{\partial D} f(z)d\bar{z} = \iint_D \partial f(z)dz \wedge d\bar{z}, \tag{7.1.10}$$

其中 $dz \wedge d\bar{z} = -2idx \wedge dy = -2idxdy$, 这里 $dx \wedge dy$ 为平面上 Lebesgue 测度.

证明　利用实函数的 Green 公式, 直接计算有

$$\oint_{\partial D} f(z)dz = \oint_{\partial D} (u+iv)(dx+idy) = \oint_{\partial D} (udx - vdy) + i\oint_{\partial D} (vdx + udy)$$

$$= \iint_D [-(v_x + u_y) + i(u_x - v_y)]dxdy = i\iint_D (\partial_x + i\partial_y)(u+iv)dxdy$$

$$= 2i\iint_D \bar{\partial} f(z)dxdy = -\iint_D \bar{\partial} f(z)dz \wedge d\bar{z}.$$

注 7.1　如果 $f(z)$ 在 D 内解析, 则 $\bar{\partial} f(z) = 0$, 此时 (7.1.9) 自然地退化为经典的 Cauchy 积分定理

$$\oint_{\partial D} f(z)dz = 0.$$

注 7.2　如果定义一次外微分形式

$$\omega = f(z)dz + g(z)d\bar{z},$$

则它的外微分可表示为

$$d\omega = [\partial f(z)dz + \bar{\partial} f(z)d\bar{z}] \wedge dz + [\partial g(z)dz + \bar{\partial} g(z)d\bar{z}] \wedge d\bar{z}$$
$$= [\partial g(z) - \bar{\partial} f(z)]dz \wedge d\bar{z}.$$

将公式 (7.1.10) 中的 $f(z)$ 换成 $g(z)$, 则 (7.1.9)—(7.1.10) 可以合并为复形式的 Green 公式

$$\oint_{\partial D} f(z)dz + g(z)d\bar{z} = \iint_D [\partial g(z) - \bar{\partial} f(z)]dz \wedge d\bar{z}. \qquad (7.1.11)$$

更简洁的形式为

$$\oint_{\partial D} \omega = \iint_D d\omega. \qquad (7.1.12)$$

7.1.3 广义 Cauchy 公式

命题 7.2 设 D 为复平面上的一个区域, 其围线为简单闭曲线 ∂D, 方向为逆时针, $f(z, \bar{z})$ 及其偏导数在 D 内连续有界, 则有广义 Cauchy 积分公式或者称 Cauchy-Green 公式

$$f(z) = \frac{1}{2\pi i} \oint_{\partial D} \frac{f(\zeta)}{\zeta - z} d\zeta + \frac{1}{2\pi i} \iint_D \frac{1}{\zeta - z} \frac{\partial f(\zeta)}{\partial \bar{\zeta}} d\zeta \wedge d\bar{\zeta}, \qquad (7.1.13)$$

其中 $\zeta = \xi + i\eta$, 以及

$$d\zeta \wedge d\bar{\zeta} = (d\xi + id\eta) \wedge (d\xi - id\eta) = -2id\xi d\eta.$$

证明 设 $z \in D$ 为任意固定一点, 对任意 $\varepsilon > 0$, 作圆周 $\{C_\varepsilon : |\zeta - z| = \varepsilon\}$, 使得 $D_\varepsilon = \{\zeta : |\zeta - z| \leqslant \varepsilon\} \subset D$, 见图 7.1. 则在 $D \backslash D_\varepsilon$ 上,

$$\frac{\partial}{\partial \bar{\zeta}} \left(\frac{1}{\zeta - z} \right) = \frac{1}{2} \left(\frac{\partial}{\partial \xi} + i\frac{\partial}{\partial \eta} \right) \frac{1}{\zeta - z} = -\frac{1}{2} \left(\frac{1}{(\zeta - z)^2} + i\frac{i}{(\zeta - z)^2} \right) = 0,$$

因此 $1/(\zeta - z)$ 在 $D \backslash D_\varepsilon$ 上解析. 从而

$$\frac{\partial}{\partial \bar{\zeta}} \left(\frac{f(\zeta)}{\zeta - z} \right) = \frac{1}{\zeta - z} \frac{\partial f(\zeta)}{\partial \bar{\zeta}}, \quad \zeta \in D \backslash D_\varepsilon.$$

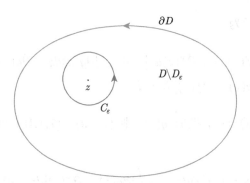

图 7.1　围线 ∂D 和 C_ε 的区域

利用命题 7.1, 得到

$$\oint_{\partial D} \frac{f(\zeta)}{\zeta - z} d\zeta - \oint_{C_\varepsilon} \frac{f(\zeta)}{\zeta - z} d\zeta = -\iint_{D \backslash D_\varepsilon} \frac{1}{\zeta - z} \frac{\partial f(\zeta)}{\partial \bar{\zeta}} d\zeta \wedge d\bar{\zeta}. \tag{7.1.14}$$

用极坐标 $C_\varepsilon : \zeta - z = \varepsilon e^{i\theta}$, $0 \leqslant \theta \leqslant 2\pi$, 计算 (7.1.14) 左边第二个积分, 有

$$\oint_{C_\varepsilon} \frac{f(\zeta)}{\zeta - z} d\zeta = \int_0^{2\pi} \frac{f(z + \varepsilon e^{i\theta})}{\varepsilon e^{i\theta}} i\varepsilon e^{i\theta} d\theta$$

$$= i \int_0^{2\pi} f(z + \varepsilon e^{i\theta}) d\theta \to 2\pi i f(z), \quad \varepsilon \to 0. \tag{7.1.15}$$

由于 $\bar{\partial} f(\zeta)$ 在 D 上有界, 因此存在常数 M, 使得 $|\bar{\partial} f(\zeta)| \leqslant M$, 于是 (7.1.14) 右边积分为

$$\left| \iint_{D_\varepsilon} \frac{1}{\zeta - z} \frac{\partial f(\zeta)}{\partial \bar{\zeta}} d\zeta \wedge d\bar{\zeta} \right| = 2 \left| \iint_{D_\varepsilon} \frac{1}{\zeta - z} \frac{\partial f(\zeta)}{\partial \bar{\zeta}} d\xi d\eta \right|$$

$$\leqslant 2 \int_0^\varepsilon \int_0^{2\pi} \frac{M}{r} r dr d\theta = 4\pi M \varepsilon \to 0, \quad \varepsilon \to 0. \tag{7.1.16}$$

在 (7.1.14) 中, 令 $\varepsilon \to 0$, 并利用 (7.1.15) 和 (7.1.16), 便得到

$$2\pi i f(z, \bar{z}) = \oint_{\partial D} \frac{f(\zeta)}{\zeta - z} d\zeta + \iint_D \frac{1}{\zeta - z} \frac{\partial f(\zeta)}{\partial \bar{\zeta}} d\zeta \wedge d\bar{\zeta}. \tag{7.1.17}$$

从而我们证明了 Cauchy-Green 公式

$$f(z) = \frac{1}{2\pi i} \oint_{\partial D} \frac{f(\zeta)}{\zeta - z} d\zeta + \frac{1}{2\pi i} \iint_D \frac{1}{\zeta - z} \frac{\partial f(\zeta)}{\partial \bar{\zeta}} d\zeta \wedge d\bar{\zeta},$$

这个公式是讨论求解 $\bar{\partial}$-问题的很重要结果.

注 7.3　如果 $f(z)$ 在 D 内解析, 则 $\partial f(\zeta)/\partial\bar{\zeta} = 0$, 此时 (7.1.17) 退化为经典的 Cauchy 积分公式

$$f(z) = \frac{1}{2\pi i} \oint_{\partial D} \frac{f(\zeta)}{\zeta - z} d\zeta. \tag{7.1.18}$$

比较上述两个公式可以看出, Cauchy 积分公式 (7.1.18) 表明解析函数区域上的值可由边值的积分刻画, 而 Cauchy-Green 公式 (7.1.13) 表明非解析函数区域上的值需要由边值的积分和区域上的二重积分刻画.

7.1.4　$\bar{\partial}$-算子的 Green 函数

留数定理可以检测函数 $f(z)$ 是否有简单极点, 这种奇性函数也可以通过计算 $\bar{\partial}$ 导数体现出来, 为此, 我们引入复形式的 δ 函数, 通常 (x, y) 坐标系下的 δ 函数定义为

$$\iint\limits_{D} g(x, y)\delta(x - x_0, y - y_0)dxdy = g(x_0, y_0).$$

将其转化为 $(z, \bar{z})$ 坐标系下, 即可得到复形式的 δ 函数

$$\iint\limits_{D} \varphi(z)\delta(z - z_0)dz \wedge d\bar{z} = -2i\varphi(z_0), \tag{7.1.19}$$

其中 $g(x, y) = \varphi(z), \quad \delta(z - z_0) = \delta(x - x_0, y - y_0)$.

假设 $\varphi(z)$ 为 D 的解析函数, 在复形式 Green 公式 (7.1.9) 中, 取 $f(z) = \varphi(z)/(z - z_0)$, 则

$$\varphi(z_0) = \frac{1}{2\pi i} \oint_{\partial D} \frac{\varphi(z)}{z - z_0} dz = -\frac{1}{2\pi i} \iint\limits_{D} \varphi(z) \frac{\partial}{\partial \bar{z}} \left(\frac{1}{z - z_0} \right) dz \wedge d\bar{z}. \tag{7.1.20}$$

因此, 比较 (7.1.19) 和 (7.1.20), 可得到

$$\frac{\partial}{\partial \bar{z}} \left(\frac{1}{\pi(z - z_0)} \right) = \delta(z - z_0). \tag{7.1.21}$$

此式表明具有简单极点函数 $1/(\pi z)$ 是 $\bar{\partial}$-算子作用下的 Green 函数.

利用上述 Green 函数, 我们可以给出广义 Cauchy 积分公式 (7.1.13) 一个简洁证明.

如果 $f(z)$ 在 D 内不解析, 利用 (7.1.9), (7.1.19) 和 (7.1.21), 得到

$$\oint_{\partial D} \frac{f(\zeta)}{\zeta - z} d\zeta = -\iint\limits_{D} \frac{\partial}{\partial \bar{\zeta}} \left(\frac{1}{\zeta - z} \right) f(\zeta)d\zeta \wedge d\bar{\zeta} - \iint\limits_{D} \frac{1}{\zeta - z} \frac{\partial f(\zeta)}{\partial \bar{\zeta}} d\zeta \wedge d\bar{\zeta}$$

$$= -\pi \iint_D f(\zeta)\delta(\zeta - z)d\zeta \wedge d\bar{\zeta} - \iint_D \frac{\bar{\partial}f(\zeta)}{\zeta - z}d\zeta \wedge d\bar{\zeta}$$

$$= 2\pi i f(z) - \iint_D \frac{\bar{\partial}f(\zeta)}{\zeta - z}d\zeta \wedge d\bar{\zeta}.$$

由此, 便得到广义 Cauchy 积分公式 (7.1.13).

7.1.5 求解 $\bar{\partial}$-问题

现在我们讨论 $\bar{\partial}$-问题 (7.1.4) 的解. 对任意解析函数 $a(z)$, 利用 (7.1.21), 得到

$$\bar{\partial}\left[a(z) + \frac{1}{2\pi i}\iint_D \frac{g(\zeta)}{\zeta - z}d\zeta \wedge d\bar{\zeta}\right] = -\frac{1}{2i}\iint_D g(\zeta)\bar{\partial}\left(\frac{1}{\pi(z - \zeta)}\right)d\zeta \wedge d\bar{\zeta}$$

$$= -\frac{1}{2i}\iint_D g(\zeta)\delta(\zeta - z)d\zeta \wedge d\bar{\zeta} = g(z),$$

因此, (7.1.4) 具有一般形式解

$$f(z) = a(z) + \frac{1}{2\pi i}\iint_D \frac{g(\zeta)}{\zeta - z}d\zeta \wedge d\bar{\zeta}. \tag{7.1.22}$$

与 RH 问题比较, 如果

$$f_+(z) - f_-(z) = g(z), \quad z \in \partial D,$$

则有 Plemelj 公式

$$f(z) = a + \frac{1}{2\pi i}\int_{\partial D} \frac{g(\zeta)}{\zeta - z}d\zeta,$$

此处 a 则为任意常数. RH 问题是一个边值问题, 由边界上的单重积分反映函数在区域上的情况; 而 $\bar{\partial}$-问题是一个区域上的方程, 由区域上的二重积分直接反映函数在区域上的情况.

设 $f(z)$ 及其关于 $z, \bar{z}$ 的导数在 D 内连续有界, 由 Cauchy-Green 公式可知

$$f(z) = \frac{1}{2\pi i}\oint_{\partial D} \frac{f(\zeta)}{\zeta - z}d\zeta + \frac{1}{2\pi i}\iint_D \frac{\bar{\partial}f(\zeta)}{\zeta - z}d\zeta \wedge d\bar{\zeta}. \tag{7.1.23}$$

我们进一步假设 $f(z)$ 在有向闭曲线 ∂D 上 Hölder 连续, $g \in L^1(D) \cap L^\infty(D)$, 则上述公式中的第一个积分在 D 上解析, 利用 (7.1.22), 可知

$$f(z) = \frac{1}{2\pi i}\oint_{\partial D} \frac{f(\zeta)}{\zeta - z}d\zeta + \frac{1}{2\pi i}\iint_D \frac{g(\zeta)}{\zeta - z}d\zeta \wedge d\bar{\zeta} \tag{7.1.24}$$

在 D 上满足 $\bar{\partial}$-问题 (7.1.4).

注 7.4 公式 (7.1.24) 可看作边界之外非解析的广义 Plemelj 公式, 对于边界之外解析函数, 则 $\bar{\partial}f(z) = g(z) = 0$, 这个公式自然退化为经典的 Plemelj 公式

$$f(z) = \frac{1}{2\pi i} \oint_{\partial D} \frac{h(\zeta)}{\zeta - z} d\zeta.$$

如下我们讨论 $\bar{\partial}$-问题的边值和边界在 $\bar{\partial}$ 导数作用下的情况.

A. 边值问题

一般情况下, 我们寻找 $\bar{\partial}$-问题 (7.1.4) 满足一定的边界条件的解, 例如, 当 $D = \mathbb{C}$ 为整个复平面, $\partial D = C_\infty$ 为复平面上的任意大圆, $f \to 1$, $|z| \to \infty$, 此时公式 (7.1.24) 化为

$$f(z) = 1 + \frac{1}{2\pi i} \iint \frac{g(\zeta)}{\zeta - z} d\zeta \wedge d\bar{\zeta}.$$

但对任意函数 $h(z)$, 在边界条件

$$f(z) = h(z), \quad z \in \partial D \tag{7.1.25}$$

下, $\bar{\partial}$-问题 (7.1.4) 一般没有解, $h(z)$ 要有一定限制.

事实上, 我们先假定这样解存在, 即将 (7.1.23) 中第一个积分的 $f(z)$ 换成 $h(z)$, 得到

$$f(z) = \frac{1}{2\pi i} \oint_{\partial D} \frac{h(\zeta)}{\zeta - z} d\zeta + \frac{1}{2\pi i} \iint_D \frac{g(\zeta)}{\zeta - z} d\zeta \wedge d\bar{\zeta}, \quad z \in D. \tag{7.1.26}$$

令 $z' \in D$ 趋于 $z \in \partial D$ 边界, 则

$$\lim_{z' \to z} f(z') = h(z),$$

而 (7.1.26) 右边第一个积分值不变, 利用 Plemelj 公式, 右边第一个积分化为

$$\lim_{z' \to z} \frac{1}{2\pi i} \oint_{\partial D} \frac{h(\zeta)}{\zeta - z'} d\zeta = \frac{1}{2\pi i} P \oint_{\partial D} \frac{h(\zeta)}{\zeta - z} d\zeta + \frac{1}{2} h(z).$$

于是

$$h(z) = \frac{1}{\pi i} P \oint_{\partial D} \frac{h(\zeta)}{\zeta - z} d\zeta + \frac{1}{\pi i} \iint_D \frac{g(\zeta)}{\zeta - z} d\zeta \wedge d\bar{\zeta}. \tag{7.1.27}$$

对于给定 $g(z)$, 这是边值 $h(z)$ 的积分方程, 因此, 边值 $h(z)$ 不能任意, 而是要满足 (7.1.27).

B. $\bar{\partial}$-算子在边界上作用

假设函数 $h(z)$ 在 ∂D 上满足 Hölder 条件, 在公式 (7.1.26) 中, $\bar{\partial}$-算子作用在第一个积分上, 导致一个关于跳跃路径 ∂D 的分片解析函数, 即在 ∂D 之外解析, 在 ∂D 上满足

$$\bar{\partial} \left[\frac{1}{2\pi i} \int_{\partial D} \frac{h(\zeta)}{\zeta - z} d\zeta \right] = \frac{1}{2} i \int_{\partial D} h(\zeta) \delta(\zeta - z) d\zeta. \tag{7.1.28}$$

在 ∂D 上, 定义 Cauchy 积分

$$f(z) = \frac{1}{2\pi i} \int_{\partial D} \frac{h(\zeta)}{\zeta - z} d\zeta,$$

则 (7.1.28) 化为

$$\bar{\partial} f(z) = \frac{1}{2} i \int_{\partial D} h(\zeta) \delta(\zeta - z) d\zeta. \tag{7.1.29}$$

根据 Plemelj 公式

$$f_\pm(z) = \pm \frac{1}{2} h(z) + \frac{1}{2\pi i} \int_{\partial D} \frac{h(\zeta)}{\zeta - z} d\zeta,$$

于是有

$$f_+(z) - f_-(z) = h(z), \quad z \in \partial D. \tag{7.1.30}$$

代入 (7.1.29), 得到

$$\bar{\partial} f(z) = \frac{1}{2} i \int_{\partial D} [f_+(\zeta) - f_-(\zeta)] \delta(\zeta - z) d\zeta, \quad z \in \partial D. \tag{7.1.31}$$

特别当 $\partial D = \mathbb{R}$ 时, 上述公式化为

$$\bar{\partial} f(z) = \frac{1}{2} i [f_+(x) - f_-(x)] \delta(y), \quad x \in \mathbb{R}. \tag{7.1.32}$$

因此, 对于具有不连续跳跃的分片解析函数 $f(z)$, 方程 (7.1.31) 和 (7.1.32) 给出了分片解析函数在边界上的 $\bar{\partial}$ 导数与跳跃函数之间的关系.

7.1.6 $\bar{\partial}$-问题与 RH 问题的联系

考虑 RH 问题

$$f(z) \text{ 在 } \mathbb{C} \backslash \partial D \text{ 上解析}, \tag{7.1.33}$$

$$f_+(z) - f_-(z) = h(z), \quad z \in \partial D, \tag{7.1.34}$$

则根据 Plemelj 公式, 有

$$f(z) = \frac{1}{2\pi i} \int \frac{h(\zeta)}{\zeta - z} d\zeta. \tag{7.1.35}$$

显然, RH 问题 (7.1.33)—(7.1.34) 等价于带有边界的特殊 $\bar{\partial}$-问题

$$\bar{\partial} f(z) = 0, \quad z \in D = \mathbb{C} \backslash \partial D,$$
$$f(z) = h(z) = f_+(z) - f_-(z), \quad z \in \partial D.$$

则根据公式 (7.1.26), 有

$$f(z) = \frac{1}{2\pi i} \int \frac{h(\zeta)}{\zeta - z} d\zeta. \tag{7.1.36}$$

可见, 两种方法的结果 (7.1.35) 和 (7.1.36) 是一致的, RH 问题可看作带有边界的特殊 $\bar{\partial}$-问题. RH 问题是通过边值情况, 求区域上函数; 而 $\bar{\partial}$-问题是直接求解区域上的方程.

定义 7.2   假设 $A(z), B(z) \in L_1 \cap L_\infty$ 为复平面上区域 D 内的两个函数, 称满足方程

$$\bar{\partial} f(z) = A(z) f(z) + B(z) \overline{f(z)} \tag{7.1.37}$$

的函数 $f(z)$ 为广义解析函数.

这一定义由 Kekua 于 1962 年引入, 在微分几何和高维偏微分方程和高维反散射中有重要应用, 如下我们求解方程 (7.1.37).

如果 $B = 0$, 方程 (7.1.37) 退化为

$$\bar{\partial} f(z) = A(z) f(z), \tag{7.1.38}$$

显然可由公式 (7.1.22), 直接写出上述问题的解

$$f(z) = a(z) + \frac{1}{2\pi i} \iint\limits_D \frac{A(\zeta) f(z)}{\zeta - z} d\zeta \wedge d\bar{\zeta}.$$

但这个公式不是显式解, 而我们希望找到显式解.

考虑函数 $A(z)$ 定义的 $\bar{\partial}$-问题

$$\bar{\partial} h(z) = A(z),$$

根据公式 (7.1.22), $h(z)$ 作为 $\bar{\partial}$-问题的解, 可以表示为

$$h(z) = \frac{1}{2\pi i} \iint\limits_D \frac{A(\zeta)}{\zeta - z} d\zeta \wedge d\bar{\zeta}.$$

两边对 $\bar{z}$ 求偏导, 有

$$A(z) = \frac{1}{2\pi i} \frac{\partial}{\partial \bar{z}} \iint_D \frac{A(\zeta)}{\zeta - z} d\zeta \wedge d\bar{\zeta}. \tag{7.1.39}$$

比较数学分析中求不定积分再求导公式

$$f(x) = \frac{d}{dx} \int f(x) dx.$$

将 (7.1.39) 代入方程 (7.1.38), 并在两边乘以函数

$$\exp\left(-\frac{1}{2\pi i} \iint_D \frac{A(\zeta)}{\zeta - z} d\zeta \wedge d\bar{\zeta} \right),$$

则 (7.1.38) 可改写为

$$\bar{\partial} \left[f(z) \exp\left(-\frac{1}{2\pi i} \iint_D \frac{A(\zeta)}{\zeta - z} d\zeta \wedge d\bar{\zeta} \right) \right] = 0.$$

因此, 方程 (7.1.38) 具有一般解

$$f(z) = w(z) \exp\left(\frac{1}{2\pi i} \iint_D \frac{A(\zeta)}{\zeta - z} d\zeta \wedge d\bar{\zeta} \right), \tag{7.1.40}$$

其中 $w(z)$ 为任意解析函数.

如果 $B \neq 0$, 用如上类似的方法可以得到方程 (7.1.37) 的一般解

$$f(z) = w(z) \exp\left(\frac{1}{2\pi i} \iint_D \left[A(\zeta) + B \frac{\overline{f(z)}}{f(z)} \right] \frac{1}{\zeta - z} d\zeta \wedge d\bar{\zeta} \right).$$

注 7.5   如果 $D = \mathbb{C}$, $A, B \in L_1 \cap L_\infty$, 我们寻找满足渐近条件 $f \to 1$, $z \to \infty$ 的解. 对于 $B = 0$, 由于 $\dfrac{1}{2\pi i} \iint_D \dfrac{A(\zeta)}{\zeta - z} d\zeta \wedge d\bar{\zeta} \to 0$, $z \to \infty$, 因此由 (7.1.40),

可知 $w \to 1$, $z \to \infty$, 从而 $w(z)$ 为有界整函数, 由 Liouville 定理, $w(z) \equiv 1$. 公式 (7.1.40) 化为

$$f(z) = \exp\left(\frac{1}{2\pi i} \iint_D \frac{A(\zeta)}{\zeta - z} d\zeta \wedge d\bar{\zeta} \right). \tag{7.1.41}$$

7.2 ZS 谱问题和 NLS 方程族

7.2.1 $\bar{\partial}$-问题和 Lax 对

考虑特殊 $\bar{\partial}$-问题

$$\bar{\partial}\psi(x,t,z) = \psi(x,t,z)R(x,t,z), \tag{7.2.1}$$

其中 $\psi(x,t,z)$ 和 $R(x,t,z)$ 为 2×2 矩阵, 并假设 $\psi(x,t,z) \to I$, $z \to \infty$, 则方程 (7.2.1) 具有解

$$\psi(x,t,z) = I + \frac{1}{2\pi i} \iint \frac{\psi(\zeta)R(\zeta)}{\zeta - z} d\zeta \wedge d\bar{\zeta} \equiv I + \psi R C_z, \tag{7.2.2}$$

其中 C_z 称为左 Cauchy-Green 积分算子, 由 (7.2.77), 可得到形式解

$$\psi(x,t,z) = I \cdot (I - RC_z)^{-1}. \tag{7.2.3}$$

定义内积

$$\langle f, g \rangle = \frac{1}{2\pi i} \iint f(\zeta)g^{\mathrm{T}}(\zeta)d\zeta \wedge d\bar{\zeta}.$$

直接从定义出发, 容易验证上述定义的内积具有性质:

(i) $\langle f, g \rangle^{\mathrm{T}} = \dfrac{1}{2\pi i} \iint g(\zeta)f^{\mathrm{T}}(\zeta)d\zeta \wedge d\bar{\zeta} = \langle g, f \rangle$;

(ii) $\langle fR, g \rangle = \dfrac{1}{2\pi i} \iint fRg^{\mathrm{T}}d\zeta \wedge d\bar{\zeta} = \dfrac{1}{2\pi i} \iint f(gR^{\mathrm{T}})^{\mathrm{T}}d\zeta \wedge d\bar{\zeta} = \langle f, gR^{\mathrm{T}} \rangle$;

(iii) $\langle fC_z, g \rangle = \dfrac{1}{2\pi i} \iint \left(\dfrac{1}{2\pi i} \iint \dfrac{f(\zeta)}{\zeta - z} d\zeta \wedge d\bar{\zeta} \right) g^{\mathrm{T}}(z)dz \wedge d\bar{z}$

$$= -\frac{1}{2\pi i} \iint f(\zeta) \left(\frac{1}{2\pi i} \iint \frac{g^{\mathrm{T}}(z)}{z - \zeta} dz \wedge d\bar{z} \right) d\zeta \wedge d\bar{\zeta}$$

$$= -\langle f, gC_\zeta \rangle = -\langle f, gC_z \rangle, \tag{7.2.4}$$

这里我们使用了 (7.2.4) 中后面两个内积是定值, 与符号没关, 并且 (7.2.4) 表明左 Cauchy-Green 积分算子在内积意义下是反对称的.

综合 (ii)—(iii), 可得到

(iv) $\langle f(I - RC_z), g \rangle$

$= \langle f, g \rangle - \langle fRC_z, g \rangle = \langle f, g \rangle + \langle f, gC_zR^{\mathrm{T}} \rangle$

$$= \langle f, g \rangle + \frac{1}{2\pi i} \iint \left(\frac{1}{2\pi i} \iint \frac{g(\zeta)}{\zeta - z} d\zeta \wedge d\bar{\zeta} \right) R^{\mathrm{T}}(z) f^{\mathrm{T}}(z) dz \wedge d\bar{z}$$

$$= \langle f, g \rangle + \frac{1}{2\pi i} \iint \left(\frac{1}{2\pi i} \iint \frac{g(\zeta) R^{\mathrm{T}}(z)}{\zeta - z} d\zeta \wedge d\bar{\zeta} \right) f^{\mathrm{T}}(z) dz \wedge d\bar{z}$$

$$= \langle f, g \rangle + \langle f, g R^{\mathrm{T}} C_z \rangle = \langle f, g(I + R^{\mathrm{T}} C_z) \rangle.$$

再令 $f(I - RC_z) = h, g(I + R^{\mathrm{T}} C_z) = k$, 则上式等价于

$$(\mathrm{v}) \qquad \langle h(I - RC_z)^{-1}, g \rangle = \langle h, g(I + R^{\mathrm{T}} C_z)^{-1} \rangle, \qquad (7.2.5)$$

这个公式在后面算子运算中会经常使用.

命题 7.3　对于特殊的 $\bar{\partial}$-问题 (7.2.1), 假设 $R(x, t, z)$ 满足

$$R_x = iz[R, \sigma_3], \qquad (7.2.6)$$

$$R_t = [R, \Omega], \qquad (7.2.7)$$

其中 Ω 为方程中 x, t 所满足的色散关系, 将 Ω 分解为多项式部分 Ω_p 和奇性部分 Ω_s, 即

$$\Omega = \Omega_p + \Omega_s = \alpha_n z^n \sigma_3 + \frac{1}{2\pi i} \iint \frac{w(\zeta) \sigma_3}{\zeta - z} d\zeta \wedge d\bar{\zeta}, \qquad (7.2.8)$$

其中 α_n 为常数, $\bar{\partial} \Omega_s = w(z) \sigma_3$. 这里我们只考虑多项式色散关系

$$\Omega = 2iz^2 \sigma_3,$$

此时, (7.2.7) 简化为

$$R_t = 2iz^2[R, \sigma_3], \qquad (7.2.9)$$

则 ψ 满足 Zakhrov-Shabat 谱问题

$$\psi_x + iz[\sigma_3, \psi] = Q\psi, \qquad (7.2.10)$$

$$\psi_t + 2iz^2[\sigma_3, \psi] = (2zQ + i\sigma_3 Q_x - i\sigma_3 Q^2)\psi, \qquad (7.2.11)$$

其中 $Q = -i[\sigma_3, \langle \psi R \rangle]$.

注 7.6　实际附加约束条件 (7.2.6)—(7.2.7) 就是位势 Q 在零边界条件下, Lax 对 (7.2.10)—(7.2.11) 的渐近谱问题.

证明　注意到

$$(I - RC_z)_x^{-1} = (I - RC_z)^{-1} R_x C_z (I - RC_z)^{-1},$$

则由 (7.2.3) 和 (7.2.6), 有

$$\begin{aligned}
\psi_x &= I \cdot (I - RC_z)_x^{-1} = I \cdot (I - RC_z)^{-1} R_x C_z (I - RC_z)^{-1} \\
&= iz\psi(R\sigma_3 - \sigma_3 R) C_z (I - RC_z)^{-1} \\
&= iz\psi R\sigma_3 C_z (I - RC_z)^{-1} - iz\psi\sigma_3 RC_z (I - RC_z)^{-1}.
\end{aligned} \tag{7.2.12}$$

首先计算 (7.2.12) 的第一项, 由 C_z 的定义, 有

$$\begin{aligned}
iz\psi RC_z &= \frac{i}{2\pi i} \iint \frac{\zeta\psi(\zeta)R(\zeta)}{\zeta - z} d\zeta \wedge d\bar{\zeta} \\
&= \frac{i}{2\pi i} \iint \psi(\zeta)R(\zeta)\left(1 + \frac{z}{\zeta - z}\right) d\zeta \wedge d\bar{\zeta} \\
&= \frac{i}{2\pi i} \iint \psi(\zeta)R(\zeta) d\zeta \wedge d\bar{\zeta} + iz(\psi RC_z) \\
&= i\langle\psi R\rangle + iz(\psi - I),
\end{aligned} \tag{7.2.13}$$

此处, 我们定义

$$\langle\psi R\rangle \equiv \langle\psi R, I\rangle = \frac{1}{2\pi i} \iint\limits_D \psi(\zeta)R(\zeta) d\zeta \wedge d\bar{\zeta}. \tag{7.2.14}$$

再计算 (7.2.12) 的第二项

$$RC_z (I - RC_z)^{-1} = [1 - (1 - RC_z)](I - RC_z)^{-1} = (I - RC_z)^{-1} - I. \tag{7.2.15}$$

最后将 (7.2.13) 和 (7.2.15) 代入 (7.2.12), 得到

$$\begin{aligned}
\psi_x &= i\langle\psi R\rangle\sigma_3 (I - RC_z)^{-1} - iz\sigma_3 (I - RC_z)^{-1} + iz\psi\sigma_3 \\
&= i\langle\psi R\rangle\sigma_3\psi - i\sigma_3 z(I - RC_z)^{-1} + iz\psi\sigma_3.
\end{aligned} \tag{7.2.16}$$

同时由 (7.2.13), 我们看到

$$z\psi RC_z = \langle\psi R\rangle + z\psi - zI.$$

进一步将其改写为

$$zI = \langle\psi R\rangle + z\psi(I - RC_z).$$

由此得到

$$z(I - RC_z)^{-1} = \langle\psi R\rangle(I - RC_z)^{-1} + z\psi = \langle\psi R\rangle\psi + z\psi. \tag{7.2.17}$$

将 (7.2.17) 代入 (7.2.16), 得到

$$\psi_x + iz[\sigma_3, \psi] = -i[\sigma_3, \langle\psi R\rangle]\psi. \tag{7.2.18}$$

如果令

$$Q = \begin{pmatrix} 0 & q \\ r & 0 \end{pmatrix} = -i[\sigma_3, \langle\psi R\rangle], \tag{7.2.19}$$

则得到 Zakhrov-Shabat 谱问题

$$\psi_x + iz[\sigma_3, \psi] = Q\psi. \tag{7.2.20}$$

为得到依赖于时间的谱问题, 我们假设 R 满足色散关系 (7.2.9), 则形式解 (7.2.3) 对时间 t 求导, 有

$$\begin{aligned}
\psi_t &= \psi R_t C_z(I - RC_z)^{-1} = \psi(R\Omega - \Omega R)C_z(I - RC_z)^{-1} \\
&= \psi R\Omega C_z(I - RC_z)^{-1} - \psi\Omega RC_z(I - RC_z)^{-1} \\
&= \psi R\Omega C_z(I - RC_z)^{-1} - \psi\Omega[(I - RC_z)^{-1} - I] \\
&= 2i[z^2\psi RC_z\sigma_3(I - RC_z)^{-1} - z^2\psi\sigma_3(I - RC_z)^{-1}] + 2iz^2\psi\sigma_3. \tag{7.2.21}
\end{aligned}$$

而由左 Cauchy 算子 C_z 的定义,

$$\begin{aligned}
z^2\psi RC_z &= \frac{1}{2\pi i}\iint\limits_{D} \frac{\zeta^2\psi(\zeta)R(\zeta)}{\zeta - z}d\zeta \wedge d\bar{\zeta} \\
&= \frac{i}{2\pi i}\iint\limits_{D} \psi(\zeta)R(\zeta)\left(\zeta + z + \frac{z^2}{\zeta - z}\right)d\zeta \wedge d\bar{\zeta} \\
&= \langle\zeta\psi R\rangle + z\langle\psi R\rangle + z^2(\psi RC_z) = \langle\zeta\psi R\rangle + z\langle\psi R\rangle + z^2\psi - z^2 I. \tag{7.2.22}
\end{aligned}$$

将其代入 (7.2.21), 得到

$$\psi_t = 2i[\langle\zeta\psi R\rangle\sigma_3\psi + \langle\psi R\rangle z\sigma_3(I - RC_z)^{-1} - z^2\sigma_3(I - RC_z)^{-1}] + 2iz^2\psi\sigma_3. \tag{7.2.23}$$

将 (7.2.22) 改写为

$$z^2 I = \langle\zeta\psi R\rangle + z\langle\psi R\rangle + z^2\psi(I - RC_z).$$

两边作用算子 $(I - RC_z)^{-1}$, 并利用 (7.2.17), 得到

$$z^2(I - RC_z)^{-1} = \langle \zeta \psi R \rangle \psi + z \langle \psi R \rangle (I - RC_z)^{-1} + z^2 \psi$$
$$= (\langle \zeta \psi R \rangle + \langle \psi R \rangle^2 + z \langle \psi R \rangle + z^2) \psi. \tag{7.2.24}$$

将 (7.2.17), (7.2.24) 代入 (7.2.23), 有

$$\psi_t + 2iz^2[\sigma_3, \psi] = -2i[\sigma_3, \langle \zeta \psi R \rangle]\psi + 2Q\langle \psi R \rangle \psi + 2zQ\psi$$
$$= -4i\sigma_3 \langle \zeta \psi R \rangle^{off} \psi + 2Q\langle \psi R \rangle \psi + 2zQ\psi. \tag{7.2.25}$$

(7.2.19) 两边对 x 求导

$$Q_x = -i[\sigma_3, \langle \psi R \rangle_x] = -2i\sigma_3 \langle \psi R \rangle_x^{off}, \tag{7.2.26}$$

这里上标 off 代表矩阵的非对角部分.

利用 (7.2.6), (7.2.18), (7.2.19), 可得到

$$(\psi R)_x = \psi_x R + \psi R_x = -i[\sigma_3, \langle \psi R \rangle]\psi R - i[\sigma_3, z\psi R]$$
$$= Q\psi R - i[\sigma_3, z\psi R]. \tag{7.2.27}$$

因此, 利用定义 (7.2.14), 可知

$$\langle \psi R \rangle_x = \frac{1}{2\pi i} \iint (\psi R)_x d\zeta \wedge d\bar{\zeta}$$
$$= \frac{1}{2\pi i} \iint \{Q\psi R - i[\sigma_3, z\psi R]\} d\zeta \wedge d\bar{\zeta}$$
$$= Q\frac{1}{2\pi i} \iint \psi R d\zeta \wedge d\bar{\zeta} - i\left[\sigma_3, \frac{1}{2\pi i} \iint z\psi R d\zeta \wedge d\bar{\zeta}\right]$$
$$= Q\langle \psi R \rangle - i[\sigma_3, \langle z\psi R \rangle].$$

由此得到

$$\langle \psi R \rangle_x^{off} = Q\langle \psi R \rangle^{\text{diag}} - 2i\sigma_3 \langle z\psi R \rangle^{off}.$$

将其代入 (7.2.26), 得到

$$\langle z\psi R \rangle^{off} = -\frac{1}{4}Q_x - \frac{1}{2}i\sigma_3 Q\langle \psi R \rangle^{\text{diag}}. \tag{7.2.28}$$

再将其代入 (7.2.25), 并注意到

$$\langle \psi R \rangle - \langle \psi R \rangle^{\text{diag}} = \sigma_3(\sigma_3 \langle \psi R \rangle - \sigma_3 \langle \psi R \rangle^{\text{diag}})$$
$$= \frac{1}{2}\sigma_3[\sigma_3, \langle \psi R \rangle] = \frac{1}{2}i\sigma_3 Q. \tag{7.2.29}$$

得到 NLS 方程的时间谱问题

$$\psi_t + 2iz^2[\sigma_3, \psi]$$
$$= (2zQ + i\sigma_3 Q_x)\psi + 2Q(\langle \psi R \rangle - \langle \psi R \rangle^{\mathrm{diag}})\psi$$
$$= (2zQ + i\sigma_3 Q_x)\psi + iQ\sigma_3 Q\psi$$
$$= (2zQ + i\sigma_3 Q_x + i\sigma_3 Q^2)\psi. \tag{7.2.30}$$

7.2.2　推导方程族

根据 C_z 的定义和 (7.1.39), 可知

$$\bar{\partial}f(z)C_z = \frac{1}{2\pi i}\frac{\partial}{\partial \bar{z}}\iint \frac{f(\zeta)}{\zeta - z}d\zeta \wedge d\bar{\zeta} = f(z).$$

这个公式说明 $\bar{\partial}$ 是 C_z 的逆算子, 因此

$$(\psi R)_t = \bar{\partial}\psi_t(z) = \bar{\partial}[I \cdot (I - RC_z)_t^{-1}]$$
$$= \bar{\partial}[I \cdot (I - RC_z)^{-1}R_t C_z (I - RC_z)^{-1}]$$
$$= \bar{\partial}[\psi R_t C_z (I - RC_z)^{-1}] = \bar{\partial}[\psi R_t (I - RC_z)^{-1}]C_z$$
$$= \psi R_t (I - RC_z)^{-1}. \tag{7.2.31}$$

利用定义 (7.2.14), 可知

$$\langle \psi R \rangle_t = \frac{1}{2\pi i}\iint (\psi R)_t d\zeta \wedge d\bar{\zeta}$$
$$= \frac{1}{2\pi i}\iint \psi R_t (I - RC_z)^{-1}d\zeta \wedge d\bar{\zeta}$$
$$= \langle \psi R_t (I - RC_z)^{-1}, I \rangle. \tag{7.2.32}$$

因此, 方程 (7.2.19) 对 t 求导, 并利用 (7.2.32), 有

$$Q_t = -i[\sigma_3, \langle \psi R \rangle_t] = -i[\sigma_3, \langle \psi R_t (I - RC_z)^{-1}, I \rangle]$$
$$= -i[\sigma_3, \langle \psi R_t, I \cdot (I + R^{\mathrm{T}}C_z)^{-1} \rangle]. \tag{7.2.33}$$

由于

$$\bar{\partial}\psi^{-1} = -\psi^{-1}(\bar{\partial}\psi)\psi^{-1} = -\psi^{-1}(\psi R)\psi^{-1} = -R\psi^{-1},$$

因此

$$\bar{\partial}(\psi^{-1})^{\mathrm{T}} = (\psi^{-1})^{\mathrm{T}}(-R^{\mathrm{T}}).$$

从而类似于 (7.2.3) 的推导, 有

$$(\psi^{-1})^{\mathrm{T}} = I \cdot (I + R^{\mathrm{T}} C_z)^{-1}. \tag{7.2.34}$$

利用 (7.2.9) 和 (7.2.34), 方程 (7.2.33) 化为

$$\begin{aligned}
Q_t &= -i[\sigma_3, \langle \psi(R\Omega - \Omega R), (\psi^{-1})^{\mathrm{T}}\rangle] = -i[\sigma_3, \langle \psi(R\Omega - \Omega R)\psi^{-1}, I\rangle] \\
&= -i[\sigma_3, \langle \psi R\Omega \psi^{-1}, I\rangle] - i[\sigma_3, \langle -\psi\Omega R\psi^{-1}, I\rangle]. \tag{7.2.35}
\end{aligned}$$

注意到

$$\begin{aligned}
\langle -\psi\Omega R\psi^{-1}, I\rangle &= \langle \psi\Omega, -(\psi^{-1})^{\mathrm{T}} R^{\mathrm{T}}\rangle = \langle \psi\Omega, \bar{\partial}(\psi^{-1})^{\mathrm{T}}\rangle \\
&= \langle \psi\Omega\bar{\partial}\psi^{-1}, I\rangle = \langle \psi\Omega\bar{\partial}\psi^{-1}\rangle,
\end{aligned}$$

$$\Omega_s \to 0, \quad z \to \infty.$$

利用上述关系及 (7.2.8), 方程 (7.2.35) 进一步化为

$$\begin{aligned}
Q_t &= -i[\sigma_3, \langle(\bar{\partial}\psi)\Omega\psi^{-1} + \psi\Omega\bar{\partial}\psi^{-1}\rangle] \\
&= -i[\sigma_3, \langle\bar{\partial}(\psi\Omega_p\psi^{-1})\rangle - \langle\psi(\bar{\partial}\Omega_s)\psi^{-1}\rangle] \\
&= -i\alpha_n[\sigma_3, \langle\bar{\partial}(z^n\psi\sigma_3\psi^{-1})\rangle] + i[\sigma_3, \langle w(z)\psi\sigma_3\psi^{-1}\rangle] \\
&= -i\alpha_n[\sigma_3, \langle\bar{\partial}(z^n M)\rangle] + i[\sigma_3, \langle w(z)M\rangle], \\
&= -2i\alpha_n\sigma_3\langle\bar{\partial}(z^n M^{off})\rangle + i[\sigma_3, \langle w(z)M\rangle], \tag{7.2.36}
\end{aligned}$$

其中记 $M(z) = \psi\sigma_3\psi^{-1}$. 利用 (7.2.20), 可以验证 M 满足方程

$$M_x + iz[\sigma_3, M] - [Q, M] = 0. \tag{7.2.37}$$

将 M 分解为

$$M = M^{\mathrm{diag}} + M^{off} = \frac{1}{2}\sigma_3(\sigma_3 M + M\sigma_3) + \frac{1}{2}\sigma_3(\sigma_3 M - M\sigma_3), \tag{7.2.38}$$

代入上式, 得到

$$M_x^{\mathrm{diag}} = [Q, M^{off}], \tag{7.2.39}$$

$$M_x^{off} + 2iz\sigma_3 M^{off} = [Q, M^{\mathrm{diag}}]. \tag{7.2.40}$$

根据渐近性 $\psi \sim I$, $z \to \infty$, 得到

$$M = \psi\sigma_3\psi^{-1} \sim \sigma_3, \quad z \to \infty,$$

因此, 解微分方程 (7.2.39) 得到

$$M^{\text{diag}} = \sigma_3 + \partial_x^{-1}[Q, M^{off}], \tag{7.2.41}$$

代入第二个方程 (7.2.40) 得到

$$M_x^{off} + 2iz\sigma_3 M^{off} = [Q, \sigma_3 + \partial_x^{-1}[Q, M^{off}]].$$

将其进一步改写为

$$- zM^{off} + \frac{1}{2}i\sigma_3(M_x^{off} - [Q, \partial_x^{-1}[Q, M^{off}]]) = -iQ. \tag{7.2.42}$$

因此, 引入递推算子

$$\Lambda \cdot = \frac{1}{2}i\sigma_3(\partial_x - [Q, \partial_x^{-1}[Q, \cdot]]),$$

则可由 (7.2.42), 得到形式解

$$M^{off} = -i(\Lambda - z)^{-1}Q. \tag{7.2.43}$$

将 (7.2.43) 代入 (7.2.36)

$$Q_t = -2\alpha_n\sigma_3\langle\bar{\partial}(z^n(\Lambda - z)^{-1})Q\rangle + i[\sigma_3, \langle w(z)M(z)\rangle]. \tag{7.2.44}$$

将级数展开

$$(\Lambda - z)^{-1} = -z^{-1}(1 - \Lambda z^{-1})^{-1} = -\sum_{j=1}^{\infty} z^{-j}\Lambda^{j-1}.$$

代入 (7.2.44), 得到

$$Q_t = 2\alpha_n\sigma_3\sum_{j=1}^{\infty}\langle\bar{\partial}z^{n-j}\rangle\Lambda^{j-1}Q + i[\sigma_3, \langle w(z)M(z)\rangle]. \tag{7.2.45}$$

再利用

$$\bar{\partial}z^{n-j} = \pi\delta(z)\delta_{j,n+1}, \quad j = 1, 2, \cdots,$$

$$\langle\bar{\partial}z^{n-j}\rangle = \frac{\delta_{j,n+1}}{2i}\iint\delta(z)dz \wedge d\bar{z} = -\delta_{j,n+1},$$

可知

$$\sum_{j=1}^{\infty}\langle\bar{\partial}z^{n-j}\rangle\Lambda^{j-1}Q = -\Lambda^nQ. \tag{7.2.46}$$

将其代入 (7.2.45), 得到演化方程族

$$Q_t + 2\alpha_n \sigma_3 \Lambda^n Q = i[\sigma_3, \langle w(z)M(z)\rangle], \quad n = 1, 2, \cdots, \tag{7.2.47}$$

$$M_x + ik[\sigma_3, M] = [Q, M]. \tag{7.2.48}$$

例 7.1 取 $n = 2$, $w(z) = \pi g(z_R)\delta(z_1)$, $z = z_R + iz_1$, 则

$$\Lambda^2 Q = -Q_{xx}/4 + Q^3/2,$$

$$Q = \begin{pmatrix} 0 & q \\ -\bar{q} & 0 \end{pmatrix}, \quad M = \begin{pmatrix} -r & p \\ \bar{p} & r \end{pmatrix},$$

则由 (7.2.47)—(7.2.48) 得到 NLS-Maxwell-Bloch 方程

$$iq_t + q_{xx} + 2|q|^2 q = \langle\langle p \rangle\rangle, \quad p_x + 2iz_R p = -2qr, \quad r_x = -(r\bar{p} + \bar{r}p), \tag{7.2.49}$$

其中双括号

$$\langle\langle p \rangle\rangle = 2i \int_{-\infty}^{\infty} \int_{-\infty}^{\infty} g(z_R)p(z)\delta(z_I)dz_R dz_I$$

$$= 2i \int_{-\infty}^{\infty} g(z_R)p(z_R)dz_R.$$

特别当 $w(z) = 0$ 时, NLS-Maxwell-Bloch 方程退化为经典 NLS 方程

$$iq_t + q_{xx} + 2|q|^2 q = 0. \tag{7.2.50}$$

7.2.3 构造孤子解

现在我们用 $\bar{\partial}$ 方法构造 NLS 方程 (7.2.49) 的孤子解, 假设 z_1, $\bar{z}_1$ 为复平面上两个离散谱, 对应 $\bar{\partial}$-问题解的简单极点, 求解 (7.2.6), 可得到

$$R(z) = \pi e^{-izx\sigma_3} \begin{pmatrix} 0 & -c\delta(z - z_1) \\ \bar{c}\delta(z - \bar{z}_1) & 0 \end{pmatrix} e^{izx\sigma_3}, \tag{7.2.51}$$

其中 $c = c(t)$ 与时间有关, 可以由 (7.2.7) 确定, 这里我们仅考虑位势 $q(x, t)$ 的构造.

利用 (7.2.19) 和 (7.2.51), 可得到

$$q(x, t) = -2i\langle \psi R \rangle_{12} = -\frac{1}{\pi} \iint \psi_{11}(z)R_{12}(z)dz \wedge d\bar{z}$$

$$= c \iint \psi_{11}(z)e^{-2izx}\delta(z - z_1)dz \wedge d\bar{z}$$

$$= -2ice^{-2iz_1x}\psi_{11}(z_1), \tag{7.2.52}$$

其中 $R_{12}(z)$ 表示矩阵 $R(z)$ 的 $(1,2)$ 位置元素.

首先确定 $\psi_{11}(z_1)$: 由 (7.2.1), 得到

$$\psi_{11}(z) = 1 + \frac{1}{2\pi i}\iint \frac{\psi_{12}(\zeta)R_{21}(\zeta)}{\zeta - z}d\zeta \wedge d\bar{\zeta}, \tag{7.2.53}$$

$$\psi_{12}(z) = \frac{1}{2\pi i}\iint \frac{\psi_{11}(\zeta)R_{12}(\zeta)}{\zeta - z}d\zeta \wedge d\bar{\zeta}, \tag{7.2.54}$$

将 (7.2.51) 代入 (7.2.53)—(7.2.54), 可得到方程组

$$\psi_{11}(z) = 1 + \frac{\bar{c}}{z - \bar{z}_1}e^{2i\bar{z}_1x}\psi_{12}(\bar{z}_1), \quad \psi_{12}(z) = -\frac{c}{z - z_1}e^{-2iz_1x}\psi_{11}(z_1),$$

第一个方程中取 $z = z_1$, 第二个方程取 $z = \bar{z}_1$, 可以解出

$$\psi_{11}(z_1) = 1 - \frac{|c|^2}{|z_1 - \bar{z}_1|^2}e^{2i(\bar{z}_1 - z_1)x}\psi_{11}(z_1) = 1 - e^{4\eta(x-\alpha)}\psi_{11}(z_1), \tag{7.2.55}$$

这里运算过程取 $z_1 = \xi + i\eta$, 并将 $c = c(t)$ 写为如下形式

$$c(t) = -2\eta e^{-2\eta\alpha + i\phi}, \tag{7.2.56}$$

其中 $\alpha = \alpha(t)$, $\phi = \phi(t)$ 为 t 的待定函数, 其可由如下方式确定.

一方面, 在 (7.2.7) 中, 取

$$\Omega = \Omega_p + \Omega_s = 2iz_1^2\sigma_3 + \frac{1}{2\pi i}\iint \frac{\omega(\zeta)\sigma_3}{\zeta - z_1}d\zeta d\bar{\zeta} = [2iz_1^2 + (\omega_1 - i\omega_2)]\sigma_3,$$

并利用 (7.2.51), 得到

$$c_t = -2c(2iz_1^2 + \omega_1 - i\omega_2). \tag{7.2.57}$$

另一方面, (7.2.56) 对 t 求导得到

$$c_t = c(-2\eta\alpha_t + i\phi_t). \tag{7.2.58}$$

比较 (7.2.57), (7.2.58) 两式, 有

$$\alpha = (-4\xi + \omega_1/\eta)t + \xi_0, \quad \phi = -4(\xi^2 - \eta^2)t + 2\omega_2 t + \phi_0. \tag{7.2.59}$$

最后, 将 (7.2.55) 代入 (7.2.52), 得到

$$q_s = 2i\eta e^{-2i\xi x + i\phi}\mathrm{sech}2\eta(x - \alpha), \tag{7.2.60}$$

其中 α, ϕ 由 (7.2.59) 给出. 类似地可以构造 p, r. 特别在 (7.2.49) 中取 $p = r = 0$ 时, 上述函数 (7.2.60) 实际是 NLS 方程 (7.2.50) 的单孤子解.

这里我们用上述方法构造 NLS 方程 (7.2.50) 的多孤子解, 假设 z_j, $\bar{z}_j$, $j = 1, \cdots, N$ 为复平面上 $2N$ 个离散谱, 对应 $\bar{\partial}$-问题解的简单极点可用谱矩阵刻画. 求解约束方程 (7.2.6)—(7.2.7), 可得到

$$R = e^{-i\theta(z)\sigma_3} v(z) e^{i\theta(z)\sigma_3}, \tag{7.2.61}$$

其中 $\theta(z) = zx + 2z^2 t$, 而 $v(z)$ 为谱变换矩阵, 只与 z 有关. 我们取

$$v(z) = \pi \sum_{j=1}^{N} \begin{pmatrix} 0 & -c_j \delta(z - z_j) \\ \bar{c}_j \delta(z - \bar{z}_j) & 0 \end{pmatrix},$$

其中 c_j, $j = 1, \cdots, N$ 为任意常数. 将上式代入 (7.2.61), 则有

$$R(z) = \pi \sum_{j=1}^{N} \begin{pmatrix} 0 & -c_j e^{-2i\theta(z)} \delta(z - z_j) \\ \bar{c}_j e^{i\theta(z)\sigma_3} \delta(z - \bar{z}_j) & 0 \end{pmatrix}. \tag{7.2.62}$$

利用 (7.2.19) 和 (7.2.62), NLS 方程的解为

$$\begin{aligned} q(x,t) &= -2i\langle \psi R \rangle_{12} = -\frac{1}{\pi} \iint \psi_{11}(z) R_{12}(z) dz \wedge d\bar{z} \\ &= \sum_{j=1}^{N} c_j \iint \psi_{11}(z) e^{-2i\theta(z)} \delta(z - z_j) dz \wedge d\bar{z} \\ &= -2i \sum_{j=1}^{N} c_j e^{-2i\theta(z_j)} \psi_{11}(z_j). \end{aligned} \tag{7.2.63}$$

可见, 求 NLS 方程位势 $q(x,t)$ 的问题转化为确定 $\psi_{11}(z_j)$, $j = 1, \cdots, N$. 首先比较特征函数 (7.2.77) 在 $(1,1)$ 和 $(1,2)$ 位置元素, 得到

$$\psi_{11}(z) = 1 + \frac{1}{2\pi i} \iint \frac{\psi_{12}(\zeta) R_{21}(\zeta)}{\zeta - z} d\zeta \wedge d\bar{\zeta}, \tag{7.2.64}$$

$$\psi_{12}(z) = \frac{1}{2\pi i} \iint \frac{\psi_{11}(\zeta) R_{12}(\zeta)}{\zeta - z} d\zeta \wedge d\bar{\zeta}. \tag{7.2.65}$$

将 (7.2.62) 代入 (7.2.64), 可得到

$$\psi_{11}(z) = 1 + \sum_{j=1}^{N} \frac{\bar{c}_j}{2i} \iint \frac{\psi_{12}(\zeta)}{\zeta - z} e^{i\theta(\zeta)\sigma_3} \delta(\zeta - \bar{z}_j) d\zeta \wedge d\bar{\zeta}$$

$$= 1 + \sum_{j=1}^{N} \frac{\bar{c}_j}{z - \bar{z}_j} e^{2i\theta(\bar{z}_j)} \psi_{12}(\bar{z}_j). \tag{7.2.66}$$

类似地可得到

$$\psi_{12}(z) = -\sum_{k=1}^{N} \frac{c_k}{z - z_k} e^{-2i\theta(z_k)} \psi_{11}(z_k). \tag{7.2.67}$$

方程 (7.2.66) 中取 $z = z_n$, 方程 (7.2.67) 中取 $z = \bar{z}_j$, 并引入记号

$$C_j(z) = \frac{c_j}{z - \bar{z}_j} e^{-2i\theta(\bar{z}_j)}, \quad j = 1, \cdots, N. \tag{7.2.68}$$

则有

$$\psi_{11}(z_n) = 1 + \sum_{j=1}^{N} C_j(z_n) \psi_{12}(\bar{z}_j), \tag{7.2.69}$$

$$\psi_{12}(\bar{z}_j) = -\sum_{k=1}^{N} \overline{C_k(z_j)} \psi_{11}(z_k). \tag{7.2.70}$$

将 (7.2.70) 代入 (7.2.69) 得到

$$\psi_{11}(z_n) = 1 - \sum_{j=1}^{N} \sum_{k=1}^{N} C_j(\bar{z}_n) \overline{C_k(z_j)} \psi_{11}(z_k), \quad n = 1, \cdots, N. \tag{7.2.71}$$

上述方程可改写为

$$M(\psi_{11}(z_1), \cdots, \psi_{11}(z_N))^{\mathrm{T}} = (1, \cdots, 1)^{\mathrm{T}}, \tag{7.2.72}$$

其中 M 为 N 阶方阵

$$M = I + (A_{n,k}), \quad A_{n,k} = \sum_{j=1}^{N} C_j(z_n) \overline{C_k(z_j)}.$$

由 Cramer 法则, 方程 (7.2.72) 具有解

$$\psi(z_n) = \frac{\det M_n^{rep}}{\det M}, \quad n = 1, \cdots, N, \tag{7.2.73}$$

其中

$$M_n^{\mathrm{rep}} = (M_1, \cdots, M_{n-1}, B, M_{n+1}, \cdots, M_N).$$

最后, 将 (7.2.73) 代入 (7.2.63), 并进一步写成紧凑形式

$$q(x,t) = 2i\frac{\det M^{aug}}{\det M},$$

其中 M^{aug} 为 $N+1$ 阶矩阵

$$M^{aug} = \begin{pmatrix} 0 & \mathbf{Y} \\ \mathbf{B} & M \end{pmatrix}, \quad \mathbf{Y} = (Y_1, \cdots, Y_N), \quad Y_n = -\bar{c}_n e^{-2i\theta(z_n)}.$$

注 7.7 这里我们说明 (7.2.51) 中 R 为什么这样取. 实际上, (7.2.1) 按元素展开, 有标量形式的 $\bar{\partial}$-问题

$$\bar{\partial}\psi_{11} = \psi_{12}R_{21}, \quad \bar{\partial}\psi_{12} = \psi_{11}R_{12}, \tag{7.2.74}$$

$$\bar{\partial}\psi_{21} = \psi_{22}R_{21}, \quad \bar{\partial}\psi_{22} = \psi_{21}R_{12}, \tag{7.2.75}$$

$$\psi_{11}, \ \psi_{22} \sim 1, \quad \psi_{12}, \psi_{21} \sim 0, \quad z \to \infty. \tag{7.2.76}$$

其中 $\psi(x,t,z)$ 和 $R(x,t,z)$ 为 2×2 矩阵, 并假设 $\psi(x,t,z) \to I$, $z \to \infty$, 则方程 (7.2.1) 具有解

$$\psi(x,t,z) = I + \frac{1}{2\pi i}\iint\frac{\psi(\zeta)R(\zeta)}{\zeta-z}d\zeta \wedge d\bar{\zeta} \equiv I + \psi R C_z. \tag{7.2.77}$$

7.2.4 谱问题的规范等价性

前面知道, 在规范条件 $\psi \to I$, $z \to \infty$ 下, $\bar{\partial}$-问题 (7.2.1) 具有唯一解

$$\psi(x,t,z) = I + \frac{1}{2\pi i}\iint\frac{\psi(\zeta)R(\zeta)}{\zeta-z}d\zeta \wedge d\bar{\zeta} \equiv I + \psi R C_z.$$

作变换

$$\psi(x,t,z) = g(x,t)\varphi(x,t,z), \quad g(x,t) = \psi(z=0),$$

其中 $g(x,t)$ 只与 x,t 有关, 与 z 无关, 则

$$\varphi \to g^{-1}, \quad z \to \infty,$$

且满足 $\bar{\partial}$-问题

$$\bar{\partial}\varphi = g^{-1}\psi R = \varphi R. \tag{7.2.78}$$

该问题具有解

$$\varphi(x,t,z) = g^{-1} + \frac{1}{2\pi i}\iint\frac{\varphi(\zeta)R(\zeta)}{\zeta-z}d\zeta \wedge d\bar{\zeta} = g^{-1} + \varphi R C_z.$$

由此得到

$$\varphi = g^{-1}(I - RC_z)^{-1}. \tag{7.2.79}$$

方程 (7.2.79) 两边直接对 x 求导, 得到

$$\begin{aligned}
\varphi_x &= g_x^{-1}(I - RC_z)^{-1} + g^{-1}(I - RC_z)_x^{-1} \\
&= -g^{-1}g_x g^{-1}(I - RC_z)^{-1} + g^{-1}(I - RC_z)^{-1} R_x C_z (I - RC_z)^{-1} \\
&= -g^{-1}g_x\varphi + iz\varphi(R\sigma_3 - \sigma_3 R)C_z(I - RC_z)^{-1} \\
&= -g^{-1}g_x\varphi + iz\varphi R\sigma_3 C_z(I - RC_z)^{-1} - iz\varphi\sigma_3 RC_z(I - RC_z)^{-1}. \tag{7.2.80}
\end{aligned}$$

类似于 (7.2.13) 和 (7.2.15) 的计算, (7.2.80) 的第二项:

$$iz\varphi R\sigma_3 C_z = \frac{i}{2\pi i} \iint \frac{\zeta\varphi(\zeta)R(\zeta)}{\zeta - z} d\zeta \wedge d\bar{\zeta} = i\langle\varphi R\rangle + iz(\varphi - g^{-1}). \tag{7.2.81}$$

第三项:

$$RC_z(I - RC_z)^{-1} = (I - RC_z)^{-1} - I. \tag{7.2.82}$$

将 (7.2.81) 和 (7.2.82) 代入 (7.2.80), 得到

$$\varphi_x = -g^{-1}g_x\varphi + i\langle\varphi R\rangle\sigma_3 g\varphi - izg^{-1}\sigma_3(I - RC_z)^{-1} + iz\varphi\sigma_3. \tag{7.2.83}$$

而上式第三项, 我们使用公式

$$z(I - RC_z)^{-1} = \langle\psi R\rangle\psi + z\psi.$$

将其代入 (7.2.83), 得到

$$\begin{aligned}
\varphi_x &= -g^{-1}g_x\varphi + i\langle\varphi R\rangle\sigma_3 g\varphi - ig^{-1}\sigma_3\langle\psi R\rangle\psi - izg^{-1}\sigma_3\psi + iz\varphi\sigma_3 \\
&= -g^{-1}\{g_x + i[\sigma_3, \langle\psi R\rangle]g\}\varphi - izg^{-1}\sigma_3 g\varphi + iz\varphi\sigma_3. \tag{7.2.84}
\end{aligned}$$

我们选择 g, 使得

$$g_x + i[\sigma_3, \langle\psi R\rangle]g = 0.$$

再利用 (7.2.19), 上式进一步可写为

$$g_x = Qg.$$

在 (7.2.84) 中, 再令

$$S = g^{-1}\sigma_3 g,$$

则方程 (7.2.84) 化为谱问题

$$\varphi_x + izS\varphi - iz\varphi\sigma_3 = 0.$$

这正是 Heisenberg 铁磁链方程

$$S_t = -\frac{1}{2}i[S, S_{xx}], \quad S^2 = I$$

的谱问题.

7.3 WKI 谱问题和 mNLS 方程族

7.3.1 WKI 谱问题

在 7.2 节, 谱矩阵的 x 空间演化为 z 线性方程 $R_x = iz[R, \sigma_3]$, 其导致 ZS 谱问题. 这一节, 我们考虑 $\bar{\partial}$-问题

$$\bar{\partial}\psi(z) = \psi(z)R(z), \quad \psi(z) \to I, \ z \to \infty, \tag{7.3.1}$$

其中谱矩阵 R 的 x 演化为 z^2 形式

$$R_x = \frac{i}{\alpha}(z^2 + \beta)[R, \alpha_3], \quad R_t = [R, \Omega], \tag{7.3.2}$$

其中 α, β 为参数, $\Omega = \Omega_p + \Omega_s$ 包括多项式部分 Ω_p 和奇性部分 Ω_s.

$$\Omega_p = \omega_p\sigma_3 = \sum_{j=0}^{n} \gamma_{2j} z^{2j}\sigma_3,$$

$$\Omega_s = \frac{1}{2\pi i}\iint \frac{\zeta^2\omega(\zeta^2)\sigma_3}{\zeta^2 - z^2}d\zeta \wedge d\bar{\zeta}, \quad \bar{\partial}\Omega_s = \omega_s(z).$$

根据 Cauchy-Green 积分公式, $\bar{\partial}$-问题 (7.3.1) 具有解

$$\psi(z) = I + \frac{1}{2\pi i}\iint \frac{\psi(\zeta)R(\zeta)}{\zeta - z}d\zeta \wedge d\bar{\zeta} \equiv I + \psi RC_z. \tag{7.3.3}$$

则 ψ 可以形式地写为

$$\psi = I \cdot (I - RC_z)^{-1}. \tag{7.3.4}$$

ψ 具有奇偶性

$$\psi^{\text{diag}}(-z) = \psi^{\text{diag}}(z), \quad \psi^{off}(-z) = -\psi^{off}(z).$$

(7.3.4) 对 x 求导

$$
\begin{aligned}
\varphi_x &= (I - RC_z)^{-1} R_x C_z \cdot (I - RC_z)^{-1} \\
&= \frac{i}{\alpha}(z^2 + \beta)\psi R \sigma_3 C_z (I - RC_z)^{-1} - \frac{i}{\alpha}(z^2 + \beta)\psi \sigma_3 RC_z (I - RC_z)^{-1} \\
&= -\frac{i}{\alpha}(z^2 + \beta)[\sigma_3, \psi] - \frac{i}{\alpha}z[\sigma_3, \langle \psi R \rangle] - \frac{i}{\alpha}[\sigma_3, \langle \psi R \rangle]\langle \psi R \rangle \psi \\
&\quad - \frac{i}{\alpha}[\sigma_3, \langle z\psi R \rangle]\psi.
\end{aligned}
\tag{7.3.5}
$$

由于 $\langle \psi R \rangle$ 为非对角矩阵, $\langle z\psi R \rangle$ 为对角矩阵, 因此 $[\sigma_3, \langle z\psi R \rangle] = 0$. 定义

$$
Q = \begin{pmatrix} 0 & q \\ -\bar{q} & 0 \end{pmatrix} = -\frac{i}{\alpha}[\sigma_3, \langle \psi R \rangle],
\tag{7.3.6}
$$

则 (7.3.5) 给出 Wadati-Konno-Ichikawa 型线性谱问题

$$
\varphi_x = -\frac{i}{\alpha}(z^2 + \beta)[\sigma_3, \psi] + zQ\psi - \frac{\alpha}{2}iQ^2\sigma_3\psi.
\tag{7.3.7}
$$

7.3.2 mNLS 方程族

如下再推导方程族, 由 (7.3.6),

$$
Q_t = -i\alpha^{-1}[\sigma_3, \langle \psi R \rangle_t],
\tag{7.3.8}
$$

注意到

$$
\begin{aligned}
\langle \psi R \rangle_t &= \bar{\partial}\psi_t(z) = \bar{\partial}[I \cdot (I - RC_z)_t^{-1}] = \bar{\partial}[\psi R_t C_z (I - RC_z)^{-1}] \\
&= \bar{\partial}[\psi R_t (I - RC_z)^{-1}]C_z = \psi R_t (I - RC_z)^{-1}.
\end{aligned}
\tag{7.3.9}
$$

利用定义 (7.2.14), 可知

$$
\langle \psi R \rangle_t = \langle \psi R_t (I - RC_z)^{-1}, I \rangle.
\tag{7.3.10}
$$

因此将 (7.3.10) 代入 (7.3.8)

$$
\begin{aligned}
Q_t &= -i\alpha^{-1}[\sigma_3, \langle \psi R_t (I - RC_z)^{-1}, I \rangle] \\
&= -i\alpha^{-1}[\sigma_3, \langle \psi R_t, I \cdot (I + R^{\mathrm{T}} C_z)^{-1} \rangle].
\end{aligned}
$$

而利用 (7.3.1), 可得

$$
\bar{\partial}\psi^{-1} = -\psi^{-1}(\bar{\partial}\psi)\psi^{-1} = -R\psi^{-1},
$$

两边取转置, 得到

$$\bar{\partial}(\psi^{-1})^{\mathrm{T}} = -(\psi^{-1})^{\mathrm{T}} R^{\mathrm{T}}.$$

类似于 (7.3.3), 根据 Cauchy-Green 积分公式, 上述 $\bar{\partial}$-问题具有解

$$(\psi^{-1})^{\mathrm{T}} = I - (\psi^{-1})^{\mathrm{T}} R^{\mathrm{T}} C_z. \tag{7.3.11}$$

由此, 得到

$$I \cdot (I + R^{\mathrm{T}} C_z)^{-1} = (\psi^{-1})^{\mathrm{T}}.$$

注意到 $R_t = R\Omega - \psi\Omega R$, 因此

$$
\begin{aligned}
Q_t &= -i\alpha^{-1}[\sigma_3, \langle \psi R\Omega - \psi\Omega R, (\psi^{-1})^{\mathrm{T}}\rangle] \\
&= -i\alpha^{-1}[\sigma_3, \langle \psi R\Omega\psi^{-1}, I\rangle - \langle \psi\Omega, (\psi^{-1})^{\mathrm{T}} R^{\mathrm{T}}\rangle] \\
&= -i\alpha^{-1}[\sigma_3, \langle \bar{\partial}(\psi\Omega_p\Omega\psi^{-1})\rangle - \langle \bar{\partial}(\Omega_s)\psi\rangle] \\
&= -i\alpha^{-1}\left[\sigma_3, \sum_{j=0}^{n} \gamma_{2j}\langle \bar{\partial}(z^{2j}M)\rangle\right] + i\alpha^{-1}[\sigma_3, \langle z\omega_s M\rangle],
\end{aligned}
\tag{7.3.12}
$$

其中 $M = \psi\sigma_3\psi^{-1}$ 满足

$$M_x + i\alpha^{-1}\left(z^2 + \beta + \frac{1}{2}\alpha^2 Q^2\right)[\sigma_3, M] - z[Q, M] = 0. \tag{7.3.13}$$

考虑 M 的级数展开

$$M = \sigma_3 + \sum_{j=0}^{n} \frac{M^{(j)}}{z^j}, \tag{7.3.14}$$

其中 $M^{(2j+1)}$ 为非对角部分, $M^{(2j)}$ 为对角部分. 将 (7.3.14) 代入 (7.3.13), 比较两边矩阵的对角与非对角部分, 可得到

$$
\begin{aligned}
M_x^{(2j)} &= [Q, M^{(2j+1)}], \\
M_x^{(2j-1)} &= -i\alpha^{-1}[\sigma_3, M^{(2j+1)}] \\
&\quad - i\alpha^{-1}\left(z^2 + \beta + \frac{1}{2}\alpha^2 Q^2\right)[\sigma_3, M^{(2j-1)}] + [Q, M^{(2j)}],
\end{aligned}
$$

由此可解得

$$
\begin{aligned}
M^{(2j)} &= \sigma_3\delta_{j0} + \int^x [Q, M^{(2j+1)}]dx, \\
M^{(2j+1)} &= (I + L)\left(\frac{i}{2}\alpha\sigma_3\partial_x - \beta - \frac{1}{2}\alpha^2 Q^2\right)M^{(2j-1)},
\end{aligned}
$$

$$j \geqslant 1, \quad M^{(1)} = i\alpha Q,$$

其中

$$L \cdot = -\frac{i}{2}\alpha\sigma_3 \left[Q, \int^x [Q, \cdot] dx \right].$$

定义递推算子

$$\Lambda = (I + L)\left(\frac{i}{2}\alpha\sigma_3 \partial_x - \beta - \frac{1}{2}\alpha^2 Q^2 \right).$$

则有

$$M^{(2j+1)} = i\alpha\Lambda^j Q, \quad M^{\mathrm{diag}} = -i\alpha z(\Lambda - z^2)^{-1} Q. \tag{7.3.15}$$

因此, 我们得到

$$Q_t = -i\sigma_3 \sum_{j=0}^n \gamma_{2j}\Lambda^j Q + 2i\alpha^{-1}\sigma_3 \langle z\omega_s M^{\mathrm{diag}} \rangle.$$

例 7.2　取 $n = 2$, $\gamma_0 = \beta^2\gamma_4$, $\gamma_2 = 2\beta\gamma_4$, $\gamma_4 = 2i/\alpha^2$, 有

$$iQ_t + \sigma_3 Q_{xx} + i\alpha Q Q_x Q + 2\beta\sigma_3 Q^3 + \frac{1}{2}\alpha^2\sigma_3 Q^5 = -\frac{2}{\alpha}\langle z\omega_s M^{\mathrm{diag}} \rangle. \tag{7.3.16}$$

7.3.3　孤子解

取

$$R = 2\pi i E \begin{pmatrix} 0 & c[\delta(z - z_1) + \delta(z + z_1)] \\ \bar{c}[\delta(z - \bar{z}_1) + \delta(z + \bar{z}_1)] & 0 \end{pmatrix} E, \tag{7.3.17}$$

其中 $E = e^{(i/\alpha)(z^2 + \beta)\sigma_3 x}$.

将 (7.3.17) 代入 (7.3.3), 得到

$$\psi = \begin{pmatrix} \dfrac{z^2 - z_1^2}{z^2 - \bar{z}_1^2} + \dfrac{z_1^2 - \bar{z}_1^2}{z^2 - \bar{z}_1^2}\Delta^{-1} & \dfrac{4icz}{z^2 - \bar{z}_1^2}\Delta^{-1} E^{-1} \\ \dfrac{4i\bar{c}z}{z^2 - z_1^2}\Delta^{-1} E & \dfrac{z^2 - \bar{z}_1^2}{z^2 - z_1^2} + \dfrac{\bar{z}_1^2 - z_1^2}{z^2 - z_1^2}\Delta^{-1} \end{pmatrix}, \tag{7.3.18}$$

其中

$$\Delta = 1 + \frac{|c|^2 \bar{z}_1^2}{\xi^2\eta^2}e^{(8/\alpha)\xi\eta x}, \quad z_1 = \xi + i\eta.$$

$c(t)$ 可由 (7.3.2) 的第二个方程得到

$$c(t) = c_0 \exp\{4[\nu_p' + \nu_s' - i(\nu_p'' + \nu_s'')t]\},$$

其中

$$\nu_p' = \frac{4\xi\eta}{\alpha^2}(\xi^2 - \eta^2 + \beta), \quad \nu_p'' = \frac{1}{\alpha^2}[(\xi^2 - \eta^2 + \beta)^2 - 4\xi^2\eta^2],$$

$$\nu_s' - \nu_s'' = \frac{1}{4\pi}\iint \frac{\zeta^2 \omega_s}{\zeta^2 - z^2} d\zeta \wedge d\bar{\zeta}.$$

将 (7.3.17) 和 (7.3.18) 代入 (7.3.6), 得到 MNLS 方程的孤子解

$$q = \frac{4\xi\eta}{\alpha|z_1|} \exp\left[-i\left(\frac{\alpha\nu_p'}{2\xi\eta}x + 4(\nu_p'' + \nu_s'')t + \mu\right)\right]$$
$$\cdot \operatorname{sech}\left[\frac{4\xi\eta}{\alpha}\left(x + \alpha\frac{\nu_p' + \nu_s'}{\xi\eta}t + \rho - i\mu\right)\right].$$

7.3.4 规范等价性

作变换

$$\varphi(x, t, z) = g^{-1}(x, t)\psi(x, t, z),$$

其中 $g(x, t)$ 只与 x, t 有关, 与 z 无关, 则

$$\varphi \to g^{-1}, \quad z \to \infty,$$

且满足 $\bar{\partial}$-问题

$$\bar{\partial}\varphi = g^{-1}\psi R = \varphi R. \tag{7.3.19}$$

(7.3.13), (7.3.16) 化为

$$\widetilde{M}_x + [i\alpha^{-1}(z^2 + \beta)\sigma_3 - z\widetilde{Q}, \widetilde{M}] = 0, \tag{7.3.20}$$

$$i\widetilde{Q}_t + \sigma_3\widetilde{Q}_{xx} - i\alpha(\widetilde{Q}^3)_x + 2\beta\sigma_3 Q^3 = -\left\langle \omega_s\left(z\alpha^{-1}[\sigma_3, \widetilde{M}^{\mathrm{diag}}] + i[\widetilde{Q}, \widetilde{M}^{\mathrm{off}}]\right)\right\rangle, \tag{7.3.21}$$

其中

$$\widetilde{\Lambda} = g^{-1}\Lambda g, \quad \omega_s = ia\pi\delta(\operatorname{Im}z_1)\delta[(\operatorname{Re}z_1)^2 - \gamma^2], \tag{7.3.22}$$

$$\widetilde{Q} = g^{-1}Qg = \begin{pmatrix} 0 & E \\ -\bar{E} & 0 \end{pmatrix}, \quad \widetilde{M} = g^{-1}Mg = \begin{pmatrix} -r & p \\ -\bar{p} & r \end{pmatrix}. \tag{7.3.23}$$

由此, 我们得到物理上感兴趣的带有奇性色散关系的 mNLS 方程

$$iE_t + E_{xx} + i\alpha(|E|^2 E)_x - 2\beta|E|^2 E = ia\alpha^{-1}p - a\gamma^{-1}Er, \tag{7.3.24}$$

$$p_x + 2i\alpha^{-1}(\gamma^2 + \beta)p = 2\gamma Er, \quad r_x = -\gamma(E\bar{p} + \bar{E}p).$$

方程 (7.3.24) 的解为

$$E(x, t) = \frac{\Delta^2}{\bar{\Delta}^2}q(x, t).$$

7.4　非局部 $\bar{\partial}$-问题和 2+1 维可积系统

非局部 $\bar{\partial}$-问题是反散射方法在 2+1 维可积系统的自然推广, 这一节, 我们讨论利用非局部 $\bar{\partial}$-问题推导 2+1 维谱问题和可积方程族.

7.4.1　2+1 维谱问题

定义 7.3　假设 $g(z,\zeta)$ 为定义在 C^2 上的二元函数, 称方程

$$\bar{\partial}f(z) = \iint\limits_{D} g(z,\zeta)d\zeta \wedge d\bar{\zeta} \tag{7.4.1}$$

为非局部 $\bar{\partial}$-问题.

在边界条件 $f(z) \to 1$, $z \to \infty$ 下, 问题 (7.4.1) 具有解

$$f(z) = 1 + \frac{1}{2\pi i}\iint\limits_{D}\frac{d\zeta \wedge d\bar{\zeta}}{\zeta - z}\iint\limits_{D} g(\zeta, m)dm \wedge d\bar{m}.$$

考虑特殊的非局部 $\bar{\partial}$-问题

$$\bar{\partial}\psi(z) = \iint \psi(\zeta)R(z,\zeta)d\zeta \wedge d\bar{\zeta} \equiv \psi(z)R_z F, \quad z,\zeta \in C, \tag{7.4.2}$$

$$\psi(z) = I + O(z^{-1}), \quad z \to \infty,$$

其中 $R(z,\zeta)$ 为 $\mathbb{C}^2$ 上的二元函数, 则根据 Cauchy-Green 积分公式, 得到

$$\begin{aligned}
\psi(z) &= I + \frac{1}{2\pi i}\iint\frac{d\zeta \wedge d\bar{\zeta}}{\zeta - z}\iint \psi(m)R(\zeta, m)dm \wedge d\bar{m} \\
&= I + \frac{1}{2\pi i}\iint\frac{d\zeta \wedge d\bar{\zeta}}{\zeta - z}(\psi(\zeta)R_\zeta F) = I + \psi(z)R_z F C_z.
\end{aligned} \tag{7.4.3}$$

因此, $\bar{\partial}$ 的解可以写为一个紧凑形式

$$\psi(z) = I \cdot (I - R_z F C_z)^{-1}. \tag{7.4.4}$$

这里算子具有性质: $\langle \psi R_z F, \phi \rangle = \langle \psi, \phi R_z^{\mathrm{T}} F \rangle$.

假设 $R(z,\zeta)$ 满足如下线性问题

$$\partial_x R(z,\zeta) = i\zeta\sigma_3 R(z,\zeta) - izR(z,\zeta)\sigma_3, \tag{7.4.5}$$

$$\partial_y R(z,\zeta) = i(z - \zeta)R(z,\zeta). \tag{7.4.6}$$

(7.4.4) 对 x 求导

$$\psi_x = \psi(\partial_x R_z)FC_z(I - R_zFC_z)^{-1}. \tag{7.4.7}$$

基于 F 和 C_z 的定义和 (7.4.5), 得到

$$
\begin{aligned}
&\psi(\partial_x R_z)FC_z \\
&= \frac{1}{2\pi i} \iint \frac{d\zeta \wedge d\bar{\zeta}}{\zeta - z} \iint \psi(m)\partial_x R(\zeta, m)dm \wedge d\bar{m} \\
&= \frac{1}{2\pi i} \iint \frac{d\zeta \wedge d\bar{\zeta}}{\zeta - z} \iint \psi[im\sigma_3 R(\zeta, m) - i\zeta R(\zeta, m)\sigma_3]dm \wedge d\bar{m} \\
&= \frac{1}{2\pi i} \iint \frac{d\zeta \wedge d\bar{\zeta}}{\zeta - z} (i\zeta\psi\sigma_3 R_\zeta F) - \frac{1}{2\pi i} \iint d\zeta \wedge d\bar{\zeta} \left(1 + \frac{z}{\zeta - z}\right)(i\psi R_\zeta F)\sigma_3 \\
&= iz\psi\sigma_3 R_z FC_z - i\langle\psi R_z F\rangle\sigma_3 - iz\psi R_z\sigma_3 FC_z.
\end{aligned}
\tag{7.4.8}
$$

将 (7.4.8) 代回 (7.4.7), 并注意到关系

$$\psi R_z FC_z = \psi - I, \quad R_z FC_z(I - R_z FC_z)^{-1} = (I - R_z FC_z)^{-1} - I,$$

我们得到

$$
\begin{aligned}
\partial_x\psi &= iz\psi\sigma_3[(I - R_zFC_z)^{-1} - I] - i\langle\psi R_z F\rangle\sigma_3\psi - iz(\psi - I)\sigma_3(I - R_zFC_z)^{-1} \\
&= -iz\psi\sigma_3 - i\langle\psi R_z F\rangle\sigma_3\psi + iz\sigma_3(I - R_zFC_z)^{-1}.
\end{aligned}
\tag{7.4.9}
$$

利用 (7.4.6), 类似地可得到

$$\partial_y\psi = iz\psi + i\langle\psi R_z F\rangle\psi - iz(I - R_zFC_z)^{-1}. \tag{7.4.10}$$

合并方程 (7.4.9)—(7.4.10), 得到

$$\partial_x\psi + \sigma_3\partial_y\psi - iz[\sigma_3, \psi] - i[\sigma_3, \langle\psi R_z F\rangle]\psi = 0, \tag{7.4.11}$$

因此, 如果令

$$-i[\sigma_3, \langle\psi R_z F\rangle] = Q(x, y), \tag{7.4.12}$$

则得到 2+1 维 Zakhrov-Shabat 谱问题

$$(\partial_x + \sigma_3\partial_y + Q)\psi - iz[\sigma_3, \psi] = 0. \tag{7.4.13}$$

为推导时间谱问题, 假设 $R(z, \zeta)$ 关于时间依赖性可由线性方程确定

$$\partial_t R(z, \zeta) = R(z, \zeta)\Omega(z) - \Omega(\zeta)R(z, \zeta), \tag{7.4.14}$$

其中 $\Omega(z)$ 为矩阵色散关系, 其由多项式部分 Ω_p 和奇性部分 Ω_s 构成, 即

$$\Omega(z) = \Omega_p + \Omega_s.$$

我们采用构造性方法推导演化线性问题

$$\partial_t \psi = V\psi + \psi\Omega. \tag{7.4.15}$$

由 (7.4.4) 和 (7.4.14),

$$\partial_t \psi = \psi(\partial_t R)FC_z(I - R_zFC_z)^{-1} = (\psi R_z F\Omega C_z - \psi\Omega R_z FC_z)(I - R_zFC_z)^{-1}$$
$$= (\psi R_z F\Omega C_z - \psi\Omega)(I - R_zFC_z)^{-1} + \psi\Omega, \tag{7.4.16}$$

与 (7.4.15) 比较, 得到

$$V\psi = (\psi R_z F\Omega C_z - \psi\Omega)(I - R_zFC_z)^{-1}. \tag{7.4.17}$$

为展示 Lax 算子的特点, 考虑如下特殊的色散关系

$$\Omega_s(z) = \frac{1}{2\pi i}\iint \frac{\omega\sigma_3}{\zeta - z}d\zeta \wedge d\bar{\zeta}, \quad \bar{\partial}\Omega(z) = \omega(z)\sigma_3. \tag{7.4.18}$$

由 (7.4.17), (7.4.3), 直接计算得到

$$V\psi(I - R_zFC_z)$$
$$= \frac{1}{2\pi i}\iint \frac{d\zeta \wedge d\bar{\zeta}}{\zeta - z}[\psi(\zeta)R_\zeta F]\Omega(\zeta) - \psi\Omega$$
$$= \frac{1}{2\pi i}\iint \frac{d\zeta \wedge d\bar{\zeta}}{\zeta - z}\iint dm \wedge d\bar{m}\psi(m)R(\zeta, m)\frac{1}{2\pi i}\iint \frac{ds \wedge d\bar{s}}{s - \zeta}\omega(s)\sigma_3 - \psi\Omega.$$

注意到

$$\frac{1}{(\zeta - z)(s - \zeta)} = \frac{1}{s - z}\left(\frac{1}{\zeta - z} - \frac{1}{\zeta - s}\right),$$

则

$$V\psi(I - R_zFC_z)$$
$$= \frac{1}{2\pi i}\iint \frac{d\zeta \wedge d\bar{\zeta}}{\zeta - z}\iint dm \wedge d\bar{m}\psi(m)R(\zeta, m)\frac{1}{2\pi i}\iint \frac{ds \wedge d\bar{s}}{s - z}\omega(s)\sigma_3$$
$$- \frac{1}{2\pi i}\iint \frac{ds \wedge d\bar{s}}{s - z}\omega(s)\frac{1}{2\pi i}\iint \frac{d\zeta \wedge d\bar{\zeta}}{\zeta - s}\iint dm \wedge d\bar{m}\psi(m)R(\zeta, m)\sigma_3 - \psi\Omega$$
$$= (\psi R_zFC_z)\Omega - \frac{1}{2\pi i}\iint \frac{ds \wedge d\bar{s}}{s - z}\omega(s)(\psi R_sFC_s)\sigma_3 - \psi\Omega$$

$$= (\psi(z) - I)\Omega - \frac{1}{2\pi i} \iint \frac{ds \wedge d\bar{s}}{s - z} \omega(s)(\psi(s) - I)\sigma_3 - \psi\Omega$$

$$= (\psi(z) - I)\Omega - (\omega\psi\sigma_3 C_z - \Omega) - \psi(z)\Omega = -\omega(z)\psi(z)\sigma_3 C_z,$$

此处使用了等式 $\psi R_s F C_s = \psi(s) - I$. 因此

$$V(z)\psi(z) = -\omega(z)\psi\sigma_3 C_z (I - R_z F C_z)^{-1}.$$

方程两边右乘算子 $I - R_z F C_z$, 并左边作用算子 $\bar{\partial}$, 得到

$$\bar{\partial}(V\psi) - \bar{\partial}(V\psi R_z F C_z) = -\bar{\partial}(\psi\omega\sigma_3 C_z).$$

再利用 (7.4.2), (7.4.18), 得到

$$(\bar{\partial}V)\psi + V(\psi R_z F) - V\psi R_z F = -\psi\bar{\partial}\Omega_s.$$

由此得到 Lax 对的积分方程

$$\bar{\partial}V(z) = -\psi\omega_s(z)\psi^{-1} + \iint d\zeta \wedge d\bar{\zeta}[V(\zeta) - V(z)]\psi(\zeta)R(z,\zeta)\psi^{-1}(z).$$

7.4.2 2+1 维演化方程

如下计算 Q 的时间演化, 方程 (7.4.12) 对 t 求导, 得到

$$\partial_t Q = -i[\sigma_3, \langle \partial_t(\psi R_z F)\rangle], \qquad (7.4.19)$$

利用 (7.4.14), (7.4.15), (7.4.17), 得到

$$\begin{aligned}
\partial_t(\psi R_z F) &= \psi_t R_z F + \psi R_t F = (V\psi + \psi\Omega)R_z F + \psi(R_z\Omega - \Omega R_z)F \\
&= V\psi R_z F + \psi R_z F\Omega. \\
&= \psi R_z F\Omega C_z(I - R_z F C_z)^{-1}R_z F \qquad (7.4.20) \\
&\quad - \psi\Omega(I - R_z F C_z)^{-1}R_z F + \psi R_z F\Omega \\
&= \psi R_z F\Omega(I - R_z F C_z)^{-1}[1 - (1 - R_z F C_z)] \\
&\quad - \psi\Omega R_z F(I - R_z F C_z)^{-1} + \psi R_z F\Omega \\
&= \psi R_z F\Omega(I - R_z F C_z)^{-1} - \psi\Omega R_z F(I - R_z F C_z)^{-1}. \qquad (7.4.21)
\end{aligned}$$

将其代入 (7.4.19), 得到

$$\partial_t Q = -i[\sigma_3, \langle \psi R_z F\Omega(I - R_z F C_z)^{-1}, I\rangle - \langle \psi\Omega R_z F(I - R_z F C_z)^{-1}, I\rangle]$$

$$= -i[\sigma_3, \langle \psi R_z F\Omega, I \cdot (I + R_z^{\mathrm{T}}FC_z)^{-1} \rangle - \langle \psi\Omega, I \cdot (I + R_z^{\mathrm{T}}FC_z)^{-1} R_z^{\mathrm{T}}F \rangle].$$
(7.4.22)

为推导更简洁的演化方程, 引入对偶函数

$$\tilde\psi^{\mathrm{T}} = I \cdot (I + R_z^{\mathrm{T}}FC_z)^{-1},$$
(7.4.23)

则对偶函数对应的非局部 $\bar\partial$-问题为

$$\bar\partial\tilde\psi(z) = -\iint R(z,\zeta)\tilde\psi(\zeta)d\zeta \wedge d\bar\zeta,$$
(7.4.24)

或者写为

$$\bar\partial\tilde\psi^{\mathrm{T}}(z) = -\tilde\psi^{\mathrm{T}}(z)R_z^{\mathrm{T}}F.$$

对偶函数 $\tilde\psi(z)$ 满足谱问题

$$\partial_x\tilde\psi + \partial_y\tilde\psi\sigma_3 - \tilde\psi Q - iz[\sigma_3, \tilde\psi] = 0.$$
(7.4.25)

首先证明 (7.4.24), 由 (7.4.23), 得到

$$\tilde\psi^{\mathrm{T}} = I - \tilde\psi^{\mathrm{T}} R_z^{\mathrm{T}}FC_z,$$
(7.4.26)

上式两边作用算子 $\bar\partial$, 利用恒等式 $\bar\partial f(z)C_z = f(z)$, 得到

$$\bar\partial\tilde\psi^{\mathrm{T}} = -\bar\partial(\tilde\psi^{\mathrm{T}}R_z^{\mathrm{T}}F)C_z = -\tilde\psi^{\mathrm{T}}R_z^{\mathrm{T}}F$$
$$= -\iint \tilde\psi^{\mathrm{T}}(\zeta)R^{\mathrm{T}}(\zeta,z)d\zeta \wedge d\bar\zeta = -\iint [R(\zeta,z)\tilde\psi(\zeta)]^{\mathrm{T}}d\zeta \wedge d\bar\zeta.$$

两边取转置, 即得到 (7.4.24).

下面再证明 (7.4.25), (7.4.23) 对 x 求导, 有

$$\partial_x\tilde\psi^{\mathrm{T}} = -\tilde\psi^{\mathrm{T}}\partial_x R_z^{\mathrm{T}}FC_z(I + R_z^{\mathrm{T}}FC_z)^{-1}.$$
(7.4.27)

而对 (7.4.5)—(7.4.6) 两式分别取转置, 可知

$$\partial_x R^{\mathrm{T}}(z,\zeta) = i\zeta R^{\mathrm{T}}(z,\zeta)\sigma_3 - iz\sigma_3 R^{\mathrm{T}}(z,\zeta),$$
(7.4.28)

$$\partial_y R^{\mathrm{T}}(z,\zeta) = i(z-\zeta)R^{\mathrm{T}}(z,\zeta).$$
(7.4.29)

则类似于 (7.4.9)—(7.4.10) 的推导, 可得到

$$\partial_x\tilde\psi^{\mathrm{T}} = iz\tilde\psi^{\mathrm{T}}\sigma_3 - i\langle\tilde\psi^{\mathrm{T}}R_z^{\mathrm{T}}F, I\rangle\sigma_3\tilde\psi^{\mathrm{T}} - iz\sigma_3(I + R_z^{\mathrm{T}}FC_z)^{-1}.$$

从而

$$\partial_x \tilde{\psi} = iz\sigma_3 \tilde{\psi} - i\tilde{\psi}\sigma_3 \langle I, \tilde{\psi}^{\mathrm{T}} R_z^{\mathrm{T}} F \rangle - iz[(I + R_z^{\mathrm{T}} F C_z)^{-1}]^{\mathrm{T}} \sigma_3. \tag{7.4.30}$$

类似地, 有

$$\partial_y \tilde{\psi} = -iz\tilde{\psi} + i\tilde{\psi} \langle I, \tilde{\psi}^{\mathrm{T}} R_z^{\mathrm{T}} F \rangle \psi + iz[(I + R_z^{\mathrm{T}} F C_z)^{-1}]^{\mathrm{T}}. \tag{7.4.31}$$

因此, 合并上述两个方程, 得到

$$\partial_x \tilde{\psi} + \partial_y \tilde{\psi} \sigma_3 - iz[\sigma_3, \tilde{\psi}] + i\tilde{\psi}[\sigma_3, \langle I, \tilde{\psi}^{\mathrm{T}} R_z^{\mathrm{T}} F \rangle] = 0. \tag{7.4.32}$$

如下寻找 $\langle I, \tilde{\psi}^{\mathrm{T}} R_z^{\mathrm{T}} F \rangle$ 与 Q 的关系.

$$\begin{aligned}
\langle \psi R_z F, I \rangle &= \langle I \cdot (I - R_z F)^{-1} R_z F, I \rangle = \langle I \cdot (I - R_z F)^{-1}, R_z^{\mathrm{T}} F \rangle \\
&= \langle I, R_z^{\mathrm{T}} F \cdot (I + R_z^{\mathrm{T}} F)^{-1} \rangle = \langle I, I \cdot (I + R_z^{\mathrm{T}} F)^{-1} R_z^{\mathrm{T}} F \rangle \\
&= \langle I, \tilde{\psi}^{\mathrm{T}} R_z^{\mathrm{T}} F \rangle.
\end{aligned} \tag{7.4.33}$$

因此, 利用 (7.4.12) 和 (7.4.33), 得到

$$Q = -i[\sigma_3, \langle \psi R_z F, I \rangle] = -i[\sigma_3, \langle I, \tilde{\psi}^{\mathrm{T}} R_z^{\mathrm{T}} F \rangle], \tag{7.4.34}$$

这样就证明了 (7.4.25).

由 (7.4.18), (7.4.22), 并在渐近性 $\Omega_s \to 0$, $z \to \infty$ 之下, 得到

$$\begin{aligned}
\partial_t Q &= -i[\sigma_3, \langle \psi R_z F \Omega, \tilde{\psi} \rangle - \langle \psi \Omega, \tilde{\psi}^{\mathrm{T}} R_z^{\mathrm{T}} F \rangle] \\
&= -i[\sigma_3, \langle (\bar{\partial}\psi)\Omega\tilde{\psi} \rangle + \langle \psi\Omega\bar{\partial}\tilde{\psi} \rangle] = -i[\sigma_3, \langle \bar{\partial}(\psi\Omega\tilde{\psi}) \rangle - \langle \psi\bar{\partial}\Omega\tilde{\psi} \rangle] \\
&= -i[\sigma_3, \langle \bar{\partial}(\psi\Omega_p\tilde{\psi}) \rangle - \langle \omega_s\psi\sigma_3\tilde{\psi} \rangle].
\end{aligned} \tag{7.4.35}$$

7.4.3 递推算子

为推导递推算子, 我们引入双局部函数

$$M_{12}(x, y_1, y_2, z) = \psi(x, y_1, z)\sigma_3\tilde{\psi}(x, y_2, z) \equiv \psi_1 \sigma_3 \tilde{\psi}_2.$$

则 M_{12} 满足方程

$$\partial_x M_{12} + \sigma_3 \partial_{y_1} M_{12} + \partial_{y_2} M_{12}\sigma_3 - iz[\sigma_3, M_{12}] + Q_1 M_{12} - M_{12}Q_2 = 0, \tag{7.4.36}$$

其中 $Q_i \equiv Q(x, y_i)$. 特别在 (7.4.35) 中, 取 $\Omega_p = \alpha_n z^n \sigma_3$, 以及 Q_2 如下形式

$$\partial_t Q_2 = -i\alpha_n[\sigma_3, \langle \bar{\partial}(z^n M_{12}) \rangle] + i[\sigma_3, \langle \omega(z) M_{12} \rangle]. \tag{7.4.37}$$

引入记号

$$P_{12}M_{12} = \partial_x M_{12} + \sigma_3 \partial_{y_1} M_{12} + \partial_{y_2} M_{12} \sigma_3, \quad Q_{12}^{\pm} M_{12} = Q_1 M_{12} \pm M_{12} Q_2.$$
$$(7.4.38)$$

用 M_{12}^{diag} 和 M_{12}^{off} 分别表示矩阵 M_{12} 的对角部分和非对角部分, 则由 (7.4.36)—(7.4.38), 得到

$$P_{12} M_{12}^{\mathrm{diag}} + Q_{12}^- M_{12}^{off} = 0, \quad P_{12} M_{12}^{off} - 2iz\sigma_3 M_{12}^{off} + Q_{12}^- M_{12}^{\mathrm{diag}} = 0. \quad (7.4.39)$$

由于 $M_{12}^{\mathrm{diag}} = \sigma_3 - P_{12}^{-1} Q_{12}^- M_{12}^{off}$, (7.4.39) 的第二个方程可以写为形式

$$(\Lambda - z) M_{12}^{off} = (2i)^{-1} Q_{12}^+ \cdot I,$$

其中递推算子为

$$\Lambda = \frac{1}{2i} \sigma_3 (P_{12} - Q_{12}^- P_{12}^{-1} Q_{12}^-).$$

因此

$$M_{12}^{off} = (2i)^{-1} (\Lambda - z)^{-1} Q_{12}^+ \cdot I.$$

注意到 $(\Lambda - z)^{-1} = -\sum_{m=0}^{\infty} z^{-m} \Lambda^{m-1}$, 则有

$$- i\alpha_n [\sigma_3, \langle \bar{\partial}(z^n M_{12}) \rangle] = -2i\alpha_n \sigma_3 \langle \bar{\partial}(z^n M_{12}^{\mathrm{off}}) \rangle$$

$$= \alpha_n \sigma_3 \sum_{m=1}^{\infty} [\langle \bar{\partial} z^{n-m} \rangle \Lambda^{m-1} Q_{12}^+ \cdot I] = -\frac{1}{2} i\alpha_n \sigma_3 \Lambda^n Q_{12}^+ \cdot I. \quad (7.4.40)$$

将 (7.4.40) 代入 (7.4.37), 得到

$$\partial_t Q_2 = -\frac{1}{2} i\alpha_n \sigma_3 \Lambda^n Q_{12}^+ \cdot I + i[\sigma_3, \langle \omega(z) M_{12} \rangle], \quad (7.4.41)$$

$$P_{12} M_{12} - iz[\sigma_3, M_{12}] + Q_{12}^- M_{12} = 0. \quad (7.4.42)$$

特别当 $M_{12} = \sigma_3$, $\omega(z) = 0$ 时, (7.4.41)—(7.4.42) 给出包括 Davey-Stewartson I 的方程族.

当 $\Omega_p = 0$ 时, (7.4.41)—(7.4.42) 简化为 2+1 维 Maxwell-Bloch 方程

$$\partial_t Q_2 = i[\sigma_3, \langle \omega(z) M_{12} \rangle],$$
$$P_{12} M_{12} - iz[\sigma_3, M_{12}] + Q_{12}^- M_{12} = 0.$$

7.5 ∂̄-方法求解 KPII 方程

Kadomtsev-Petviashvili (KP) II 方程在非线性方程理论中具有独特的地位, 正是 ∂̄ 方法在 KP II 方程的首次应用表明求解非线性方程的非局部 RH 问题不具有普适性. Ablowitz 等证明了 KP II 方程的反问题可以用 ∂̄-问题求解, 这一节, 我们给出用 ∂̄ 方法求解 KP II 方程的关键步骤.

7.5.1 特征函数和 Green 函数

KPII 方程的一般形式为

$$u_t + 6uu_x + u_{xxx} + 3\partial_x^{-1}u_{yy} = 0. \tag{7.5.1}$$

当表面张力来自引力时, 这个方程是用来描述弱非线性、弱色散和弱二维水波的传播模型. KPII 方程具有 Lax 对

$$\psi_y - \psi_{xx} - u\psi = 0, \tag{7.5.2}$$

$$\psi_t + 4\psi_{xxx} + 6u\psi_x + 3u_x\psi + 3(\partial_x^{-1}u_y)\psi + \alpha\psi = 0, \tag{7.5.3}$$

其中 α 为任意常数, 以及逆积分算子定义如下

$$\partial_x^{-1}f = \frac{1}{2}\left(\int_{-\infty}^{x} - \int_{x}^{\infty} f(x')dx'\right).$$

假设 (x,y) 趋于无穷远时, 位势 $u(x,y)$ 充分快趋于零, 则谱方程 (7.5.2) 存在满足渐近条件

$$\psi \sim e^{izx-z^2y}, \quad |x|, |y| \to \infty$$

的 Jost 解, 其中 z 为任意常数, 进一步由 (7.5.3) 得到 $\alpha(z) = 4iz^2$. 为引入 z 为谱参数的 Lax 对, 作变换

$$\phi(x,y,z) = \psi(x,y)e^{-izx+z^2y}, \tag{7.5.4}$$

则有

$$\phi(x,y,z) \sim 1, \quad |x|, |y| \to \infty, \tag{7.5.5}$$

并且 Lax 对 (7.5.2)—(7.5.3) 化为

$$\phi_y - \phi_{xx} - 2iz\phi_x = u\phi, \tag{7.5.6}$$

$$\phi_t + 4\phi_{xxx} + 12iz\phi_{xx} - 12z^2\phi_x + 6u\phi_x + 6izu\phi + 3u_x\phi + 3(\partial_x^{-1}u_y)\phi = 0. \tag{7.5.7}$$

为从 (7.5.6)—(7.5.7) 得到在 xy 平面上有界的函数 $\phi(x,y,z)$, 考虑 (7.5.6) 的 Green 函数的方程

$$G_y - G_{xx} - 2izG_x = \delta(x)\delta(y).$$

利用前面定义的多元函数的 Fourier 变换 (4.3.3)、逆变换 (4.3.4) 以及多元 δ 函数性质 (4.3.5), 可得

$$\widehat{G}(\xi, \eta, z) = \frac{1}{2\pi} \frac{1}{\xi^2 + 2z\xi + i\eta}. \tag{7.5.8}$$

再作 Fourier 逆变换, 我们得到 (7.5.6) 的基本解或者 Green 函数

$$G(x, y, z) = \frac{1}{4\pi^2} \int_{-\infty}^{\infty} \int_{-\infty}^{\infty} \frac{e^{i(\xi x + \eta y)}}{\xi^2 + 2z\xi + i\eta} d\xi d\eta. \tag{7.5.9}$$

则方程 (7.5.6) 的一般解为 Green 函数 $G(x, y, z)$ 与 $u(x,y)\phi(x,y)$ 的卷积, 即

$$\begin{aligned}
\phi(x, y, z) &= G(x, y, z) * [u(x, y)\phi(x, y)] \\
&= \int_{-\infty}^{\infty} \int_{-\infty}^{\infty} G(x - x', y - y')u(x', y')\phi(x', y', z)dx'dy'. \tag{7.5.10}
\end{aligned}$$

对于零势解 $u = 0$, 选取谱问题 (7.5.6) 两个线性无关特征函数解 $M_0 = 1$, $N_0 = e^{-2iz_1(x-2z_2y)}$, 其中 $z = z_1 + iz_2$ 为复数, 则 (7.5.6) 的一般势对应的两个特征函数为

$$M(x, y, z) = 1 + \int_{-\infty}^{\infty} \int_{-\infty}^{\infty} G(x - x', y - y')u(x', y')M(x', y', z)dx'dy', \tag{7.5.11}$$

$$\begin{aligned}
N(x, y, z) &= e^{-2iz_1(x-2z_2y)} \\
&\quad + \int_{-\infty}^{\infty} \int_{-\infty}^{\infty} G(x - x', y - y', z)u(u', y')N(x', y', z)dx'dy', \tag{7.5.12}
\end{aligned}$$

其中 Green 函数

$$G(x - x', y - y', z) = \frac{1}{4\pi^2} \int_{-\infty}^{\infty} \int_{-\infty}^{\infty} \frac{e^{i(\xi(x-x')+\eta(y-y'))}}{\xi^2 + 2z\xi + i\eta} d\xi d\eta. \tag{7.5.13}$$

将其分解为两个积分

$$G(x - x', y - y', z) = \frac{1}{2\pi} \int_{-\infty}^{\infty} g(\xi, y - y', z)e^{i\xi(x-x')}d\xi, \tag{7.5.14}$$

$$g(\xi, y - y', z) = \frac{1}{2\pi i} \int_{-\infty}^{\infty} \frac{e^{i\eta(y-y')}}{\eta - i\xi(\xi + 2z)} d\eta. \tag{7.5.15}$$

积分 (7.5.15) 的被积函数具有一阶极点

$$\eta_1 = i\xi(\xi + 2z), \quad \mathrm{Im}\eta_1 = \xi(\xi + 2z_1).$$

当 $y - y' > 0$ 时, 在上半平面做充分大的半圆 $C_R : \eta = Re^{i\theta}, R > |\eta_1|, 0 \leqslant \theta \leqslant \pi$, 则 $[-R, R] \cup C_R$ 构成一个封闭围线, 方向沿逆时针, 故如果 η_1 在上半平面, η_1 包围在围线内; 如果 η_1 在下半平面, 被积函数在围线内解析, 见图 7.2. 利用留数定理

$$\frac{1}{2\pi i} \int_{-R}^{R} \frac{e^{i\eta(y-y')}}{\eta - i\xi(\xi + 2z)} d\eta + \frac{1}{2\pi i} \int_{C_R} \frac{e^{i\eta(y-y')}}{\eta - i\xi(\xi + 2z)} d\eta$$
$$= \mathop{\mathrm{Res}}_{\eta=\eta_1, \, \mathrm{Im}\eta_1 > 0} \left[\frac{e^{i\eta(y-y')}}{\eta - i\xi(\xi + 2z)} \right].$$

令 $R \to \infty$, 由 Jordan 定理知, 左边第二个积分极限为零, 于是有

$$g(\xi, y - y', z) = \mathop{\mathrm{Res}}_{\eta=\eta_1, \, \mathrm{Im}\eta_1 > 0} \left[\frac{e^{i\eta(y-y')}}{\eta - i\xi(\xi + 2z)} \right]$$
$$= \begin{cases} e^{-\xi(\xi+2z)(y-y')}, & \xi(\xi + 2z_1) > 0, \\ 0, & \xi(\xi + 2z_1) < 0 \end{cases}$$
$$= H[\xi(\xi + 2z_1)(y - y')]e^{-\xi(\xi+2z)(y-y')}. \tag{7.5.16}$$

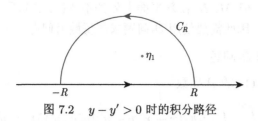

图 7.2　$y - y' > 0$ 时的积分路径

当 $y - y' < 0$ 时, 在下半平面做充分大的半圆 $C_R : \eta = Re^{i\theta}, -\pi \leqslant \theta \leqslant 0$, 方向为逆时针, 见图 7.3, 类似地, 利用留数定理和 Jordan 定理

$$g(\xi, y - y', z) = -\mathop{\mathrm{Res}}_{\eta=\eta_1, \, \mathrm{Im}\eta_1 < 0} \left[\frac{e^{i\eta(y-y')}}{\eta - i\xi(\xi + 2z)} \right]$$
$$= \begin{cases} -e^{-\xi(\xi+2z)(y-y')}, & \xi(\xi + 2z_1) < 0, \\ 0, & \xi(\xi + 2z_1) > 0 \end{cases}$$

$$= -H[\xi(\xi + 2z_1)(y - y')]e^{-\xi(\xi+2z)(y-y')}. \tag{7.5.17}$$

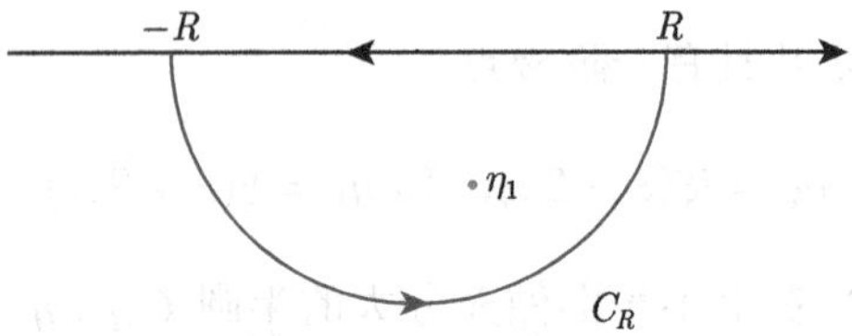

图 7.3 $y - y' < 0$ 时的积分路径

合并上述两个公式 (7.5.16) 和 (7.5.17), 有

$$g(\xi, y - y', z) = \mathrm{sgn}(y - y')H[\xi(\xi + 2z_1)(y - y')]e^{-\xi(\xi+2z)(y-y')}, \tag{7.5.18}$$

其中 $H(\cdot)$ 为 Heaviside 函数. 将 (7.5.18) 代入 (7.5.14), 此时 Green 函数可表示为

$$G(x, y, z) = \frac{\mathrm{sgn}(y - y')}{2\pi} \int_{-\infty}^{\infty} H[\xi(\xi + 2z_1)(y - y')]e^{i\xi(x-x')-\xi(\xi+2z)(y-y')}d\xi$$

$$= \frac{1}{2\pi}\left\{ H(z_1)\left[-H(y' - y)\int_{-2z_1}^{0} d\xi + H(y - y')\left(\int_{0}^{\infty} d\xi + \int_{-\infty}^{-2z_1} d\xi \right) \right] \right.$$

$$+ H(-z_1)\left[-H(y' - y)\int_{0}^{-2z_1} d\xi \right.$$

$$\left. \left. +H(y - y')\left(\int_{-\infty}^{0} d\xi + \int_{-2z_1}^{\infty} d\xi \right) \right] \right\} e^{i\xi(x-x')-(\xi^2+2z\xi)(y-y')}.$$

与 KPI 方程不同, KPII 方程对应的 Green 函数在实轴上没有跳跃, 而且在整个复平面上解析, 但 M, N 在复平面上处处不解析, 这妨碍了使用局部 RH 问题求解 KP II 方程, 因此需要使用 $\bar\partial$-问题求解反散射问题.

7.5.2 散射方程和 $\bar\partial$-问题

首先计算 (7.5.11) 的 $\bar\partial$ 导数

$$\bar\partial M(x, y, z) = \int_{-\infty}^{\infty}\int_{-\infty}^{\infty} [\bar\partial G(x - x', y - y')]u(u', y')M(x', y', z)dx'dy'$$

$$+ \int_{-\infty}^{\infty}\int_{-\infty}^{\infty} G(x - x', y - y', z)u(u', y')\bar\partial M(x', y', z)dx'dy',$$

而

$$\bar\partial G(x - x', y - y', z)$$

$$= \frac{1}{4\pi^2}\int_{-\infty}^{\infty}\int_{-\infty}^{\infty} \frac{1}{2\xi}e^{i(\xi(x-x')+\eta(y-y'))}\bar\partial\left(\frac{1}{z + \xi/2 + i\eta/(2\xi)} \right)d\xi d\eta$$

$$
= \frac{1}{4\pi} \int_{-\infty}^{\infty} \int_{-\infty}^{\infty} \frac{1}{2\xi} e^{i(\xi(x-x')+\eta(y-y'))} \delta\left(\xi/2 + z_1\right) \delta\left(\eta/(2\xi) + z_2\right) d\xi d\eta
$$

$$
= \frac{1}{2\pi} \int_{-\infty}^{\infty} \int_{-\infty}^{\infty} \frac{|\xi|}{\xi} e^{i(\xi(x-x')+\eta(y-y'))} \delta\left(\xi + 2z_1\right) \delta\left(\eta + 2\xi z_2\right) d\xi d\eta
$$

$$
= \frac{1}{2\pi} \frac{|\xi|}{\xi} e^{i(\xi(x-x')+\eta(y-y'))} \Bigg|_{\xi=-2z_1, \ \eta=4z_1 z_2}
$$

$$
= \frac{1}{2\pi} \operatorname{sgn}(-z_1) e^{-2iz_1[(x-x')-2z_2(y-y')]}.
$$

因此

$$
\bar{\partial} M(x,y,z) = F(z_1, z_2) e^{-2iz_1(x-2z_2 y)}
$$

$$
+ \int_{-\infty}^{\infty} \int_{-\infty}^{\infty} G(x-x', y-y', z) u(u', y') \bar{\partial} M(x', y', z) dx' dy',
\tag{7.5.19}
$$

其中谱数据

$$
F(z_1, z_2) = \frac{1}{2\pi} \operatorname{sgn}(-z_1) \int_{-\infty}^{\infty} \int_{-\infty}^{\infty} u(x', y') M(x', y', z) e^{2iz_1(x'-2z_2 y')} dx' dy'.
\tag{7.5.20}
$$

将方程 (7.5.12) 乘以 $F(z_1, z_2)$ 再减去方程 (7.5.19), 并假定对应的齐次积分方程只有零解, 得到线性 $\bar{\partial}$ 形式的散射方程

$$
\bar{\partial} M(x, y, z) = F(z_1, z_2) N(x, y, z).
\tag{7.5.21}
$$

为了能将上式中的 $N(x, y, z)$ 用 $M(x, y, z)$ 表示, 寻找 Green 函数的对称关系, 直接由 (7.5.13), 计算得到

$$
G(x-x', y-y', -\bar{z})
$$

$$
= \frac{1}{4\pi^2} \int_{-\infty}^{\infty} \int_{-\infty}^{\infty} \frac{e^{i(\xi(x-x')+\eta(y-y'))}}{\xi^2 - 2\bar{z}\xi + i\eta} d\xi d\eta
$$

$$
= \frac{1}{4\pi^2} \int_{-\infty}^{\infty} \int_{-\infty}^{\infty} \frac{e^{i(\xi(x-x')+\eta(y-y'))}}{(\xi - 2z_1)^2 + 2z(\xi - 2z_1) + i(\eta + 4z_1 z_2)} d\xi d\eta.
$$

作变换 $\xi - 2z_1 \to \xi, \eta + 4z_1 z_2 \to \eta$, 则得到 Green 函数的对称性

$$
G(x-x', y-y', -\bar{z}) = G(x-x', y-y', z) e^{2iz_1[(x-x')-2z_2(y-y')]}.
$$

将 (7.5.11) 中 $z \to -\bar{z}$, 并利用上式, 得到

$$M(x, y, -\bar{z})e^{-2iz_1(x-2z_2y)}$$
$$= e^{-2iz_1(x-2z_2y)} + \int_{-\infty}^{\infty}\int_{-\infty}^{\infty} G(x-x', y-y', z)u(u', y')$$
$$\cdot M(x', y', -\bar{z})e^{-2iz_1(x'-2z_2y')}dx'dy'.$$

与 (7.5.12) 比较, 得到

$$N(x, y, z) = M(x, y, -\bar{z})e^{-2iz_1(x-2z_2y)}.$$

因此, $\bar{\partial}$-问题 (7.5.21) 化为

$$\bar{\partial}M(x, y, z) = F(z_1, z_2)M(x, y, -\bar{z})e^{-2iz_1(x-2z_2y)}. \tag{7.5.22}$$

7.5.3 反谱问题

对反问题 (7.5.22), 可以用 Cauchy 公式给出解

$$M(x, y, z) = 1 + \frac{1}{2\pi i}\iint \frac{d\zeta \wedge d\bar{\zeta}}{\zeta - z}F(\zeta_1, \zeta_2)M(x, y, -\bar{\zeta})e^{-2i\zeta_1(x-2\zeta_2y)}, \tag{7.5.23}$$

其中 $\zeta = \zeta_1 + i\zeta_2$. 由 (7.5.11), (7.5.23), 得到 $M - 1$ 的 Green 函数和 $\bar{\partial}$ 两种表达式

$$M - 1 = \begin{cases} \displaystyle\int_{-\infty}^{\infty}\int_{-\infty}^{\infty} G(x-x', y-y')u(x', y')M(x', y', z)dx'dy', \\ \displaystyle\frac{1}{2\pi i}\int_{-\infty}^{\infty}\int_{-\infty}^{\infty}\frac{d\zeta \wedge d\bar{\zeta}}{\zeta - z}F(\zeta_1, \zeta_2)M(x, y, -\bar{\zeta})e^{-2i\zeta_1(x-2\zeta_2y)}. \end{cases} \tag{7.5.24}$$

我们通过比较右边两个表达式的 z^{-1} 的系数, 获得重构公式.

直接计算积分 (7.5.9), 得到

$$G(x, y, z, \bar{z}) = \frac{1}{8\pi^2 z}\int_{-\infty}^{\infty}d\eta\int_{-\infty}^{\infty}\frac{d\xi}{\xi}e^{i(\xi x + \eta y)} + O(z^{-2})$$
$$= \frac{1}{4\pi z}\int_{-\infty}^{\infty}\frac{1}{2\pi}e^{i\eta y}d\eta\int_{-\infty}^{\infty}\frac{1}{\xi}e^{i\xi x}d\xi + O(z^{-2})$$
$$= \frac{i}{4z}\text{sgn}(x)\delta(y) + O(z^{-2}), \tag{7.5.25}$$

上式第一积分我们利用广义函数的 Fourier 变换和逆变换性质, 第二个积分我们将实轴上积分转化为大半圆和小半圆上的积分, 并使用 Jordan 定理.

将相关数据 (7.5.25) 代入 (7.5.24) 的第一个方程, 并注意到 $M = 1 + O(z^{-1})$, 得到

$$
\begin{aligned}
M - 1 &= \frac{i}{4z} \int_{-\infty}^{\infty} \int_{-\infty}^{\infty} \text{sgn}(x - x')\delta(y - y')u(x', y')dx'dy' + O(z^{-2}) \\
&= \frac{i}{4z} \int_{-\infty}^{\infty} \text{sgn}(x - x')u(x', y)dx' + O(z^{-2}) \\
&= \frac{i}{4z} \left(\int_{-\infty}^{x} u(x', y)dx' - \int_{x}^{\infty} u(x', y)dx' \right) + O(z^{-2}).
\end{aligned} \tag{7.5.26}
$$

由 (7.5.24) 的第二方程的 $\bar{\partial}$-表示, 得到

$$
M - 1 = \frac{i}{2\pi z} \iint d\zeta \wedge d\bar{\zeta} F(\zeta_1, \zeta_2) M(x, y, -\bar{\zeta})e^{-2i\zeta_1(x - 2\zeta_2 y)} + O(z^{-2}). \tag{7.5.27}
$$

(7.5.26) 和 (7.5.27) 右边比较, 得到重构公式

$$
u(x, y) = \frac{1}{\pi} \partial_x \iint d\zeta \wedge d\bar{\zeta} F(\zeta_1, \zeta_2) M(x, y, -\bar{\zeta})e^{-2i\zeta_1(x - 2\zeta_2 y)}. \tag{7.5.28}
$$

为确定散射数据 $F(z_1, z_2, t)$ 随时间 t 的变化规律, 将 (7.5.4) 代入 (7.5.22), 有

$$
\bar{\partial}\psi(x, y, t, z) = F(z_1, z_2, t)\psi(x, y, t, -\bar{z}). \tag{7.5.29}
$$

两边对 t 求导, 得到

$$
[\bar{\partial}\psi(z)]_t = F_t(z_1, z_2, t)\psi(-\bar{z}) + F(z_1, z_2, t)\psi_t(-\bar{z}). \tag{7.5.30}
$$

而由 $\psi(z)$ 满足 (7.5.3), 得到

$$
[\bar{\partial}\psi(z)]_t = -[4\partial_x^3 + 6u\partial_x + 3u_x + 3\partial_x^{-1}u_y + 4iz^3]\bar{\partial}\psi(z). \tag{7.5.31}
$$

$$
\psi_t(-\bar{z}) = -[4\partial_x^3 + 6u\partial_x + 3u_x + 3\partial_x^{-1}u_y - 4i\bar{z}^3]\psi(-\bar{z}). \tag{7.5.32}
$$

将 (7.5.31)—(7.5.32) 代入 (7.5.30), 并注意到 (7.5.29), 得到

$$
F_t(z_1, z_2, t) = -(4i\bar{z}^3 + 4iz^3)F(z_1, z_2, t). \tag{7.5.33}
$$

代入 (7.5.33), 得到散射数据与时间 t 的关系为

$$
F(z_1, z_2, t) = F(z_1, z_2)e^{-4i(z^3 + \bar{z}^3)t}. \tag{7.5.34}
$$

将其代入 (7.5.23), 得到时间发展的特征函数

$$
M(x, y, t, z) = 1 + \frac{1}{2\pi i} \iint \frac{d\zeta \wedge d\bar{\zeta}}{\zeta - z} F(\zeta_1, \zeta_2) M(x, y, -\bar{\zeta})e^{-2i\zeta_1(x - 2\zeta_2 y) - 4i(z^3 + \bar{z}^3)t}.
$$

再代入 (7.5.23), 得到时间发展的位势函数

$$u(x,y,t) = \frac{1}{\pi}\partial_x \iint d\zeta \wedge d\bar{\zeta}F(\zeta_1,\zeta_2)M(x,y,t,-\bar{\zeta})e^{-2i\zeta_1(x-2\zeta_2 y)-4i(z^3+\bar{z}^3)t}.$$

$$(7.5.35)$$

当谱数据的时间演化确定后, KPII 方程在形式上是可解的, 当初值 $u(x,y,0)$ 给定后, 由谱方程 (7.5.6) 和渐近条件 (7.5.5), 可以得到 Jost 函数 $M(x,y,0)$, 并按公式 (7.5.20) 计算谱数据 $F(z_1,z_2)$, 从而得到 t 时刻的散射数据 (7.5.34), 相应的 Jost 函数 $M(x,y,t)$ 由积分方程 (7.5.23) 给出, 所恢复的位势 $u(x,y,t)$ 表示为 (7.5.35).

第 8 章 Deift-Zhou 速降法分析 NLS 方程的渐近性

在这一章, 我们以散焦 NLS 方程为例, 说明如何应用 Deift-Zhou 非线性速降法分析可积系统初值问题解的长时间渐近性, 这里给出关键思想和步骤也可应用于其他类型的可积系统. 与第 6 章聚焦 NLS 方程不同的是, 散焦 NLS 方程在零边界条件下, 没有孤子解, 这里考虑 Schwartz 初值下, 散焦 NLS 方程非孤子解的渐近性.

8.1 散焦 NLS 方程的特征函数

考虑散焦 NLS 方程的初值问题

$$iq_t(x,t) + q_{xx}(x,t) - 2q(x,t)|q(x,t)|^2 = 0, \tag{8.1.1}$$

$$q(x,0) = q_0(x) \in \mathcal{S}(\mathbb{R}), \tag{8.1.2}$$

其中 $\mathcal{S}(\mathbb{R})$ 表示 Schwartz 空间

$$\mathcal{S}(\mathbb{R}) = \{f \in C^\infty(\mathbb{R}), \ ||f||_{\alpha,\beta} = \sup |x^\alpha \partial^\beta f(x)| < \infty, \ \alpha, \beta \in \mathbb{Z}_+\}.$$

NLS 方程 (8.1.1) 具有矩阵形式的 Lax 对

$$\Psi_x + iz\sigma_3\Psi = P\Psi, \tag{8.1.3}$$

$$\Psi_t + 2iz^2\sigma_3\Psi = Q\Psi, \tag{8.1.4}$$

其中

$$\sigma_3 = \begin{pmatrix} 1 & 0 \\ 0 & -1 \end{pmatrix}, \quad P = \begin{pmatrix} 0 & q \\ \bar{q} & 0 \end{pmatrix},$$

$$Q = \begin{pmatrix} -i|q|^2 & -iq_x + 2zq \\ -i\bar{q}_x + 2z\bar{q} & i|q|^2 \end{pmatrix} = \begin{pmatrix} -i|q|^2 & -iq_x \\ -i\bar{q}_x & i|q|^2 \end{pmatrix} + 2zP.$$

由于初值 $q_0(x)$ 属于 Schwartz 空间, Lax 对 (8.1.3)—(8.1.4) 具有如下渐近形式的 Jost 解

$$\Psi \sim e^{-it\theta(z)\sigma_3}, \quad |x| \to \infty,$$

其中 $\theta(z) = zx/t + 2z^2$. 因此, 作如下变换

$$\Phi(x,t,z) = \Psi(x,t,z)e^{it\theta(z)\sigma_3}, \tag{8.1.5}$$

则有

$$\Phi \to I, \quad |x| \to \infty, \tag{8.1.6}$$

并得到与 (8.1.3)—(8.1.4) 等价的 Lax 对

$$\Phi_x + iz[\sigma_3, \Phi] = P\Phi, \tag{8.1.7}$$

$$\Phi_t + 2iz^2[\sigma_3, \Phi] = Q\Phi. \tag{8.1.8}$$

这个 Lax 对可以写为全微分形式

$$d(e^{it\theta(z)\hat{\sigma}_3}\Phi) = e^{it\theta(z)\hat{\sigma}_3}\left[(Pdx + Qdt)\Phi\right]. \tag{8.1.9}$$

将 Φ 在无穷远点作 Taylor 展开

$$\Phi = \Phi^{(0)} + \frac{\Phi^{(1)}}{z} + \cdots. \tag{8.1.10}$$

将 (8.1.10) 代入 Lax 对 (8.1.7)—(8.1.8), 并比较 z 的幂次系数得到
x-部分

$$O(z): \quad [\sigma_3, \Phi^{(0)}] = 0, \tag{8.1.11}$$

$$O(z^0): \quad \Phi_x^{(0)} + i[\sigma_3, \Phi^{(1)}] = P\Phi^{(0)}; \tag{8.1.12}$$

t-部分

$$O(z^2): \quad [\sigma_3, \Phi^{(0)}] = 0, \tag{8.1.13}$$

$$O(z): \quad i[\sigma_3, \Phi^{(1)}] = P\Phi^{(0)}. \tag{8.1.14}$$

由 (8.1.11), (8.1.13) 推知 $\Phi^{(0)}$ 为对角矩阵, (8.1.12), (8.1.14) 推知

$$\Phi_x^{(0)} = 0. \tag{8.1.15}$$

方程 (8.1.10) 两边对 x, z 同时取极限, 交换极限顺序, 有

$$\lim_{z\to\infty}\lim_{|x|\to\infty}\Phi = \lim_{|x|\to\infty}\lim_{z\to\infty}\left(\Phi^{(0)} + \frac{\Phi^{(1)}}{z} + \cdots\right).$$

再利用 (8.1.6) 和 (8.1.15), 可知道 $\Phi^{(0)} = I$, 从而

$$\Phi \to I, \quad z \to \infty.$$

再将 $\Phi^{(0)} = I$ 代入 (8.1.14), 比较矩阵对应元素, 可得到

$$q(x,t) = 2i(\Phi^{(1)})_{12} = 2i \lim_{z \to \infty} (z\Phi)_{12}. \tag{8.1.16}$$

注 8.1 上述关系式 (8.1.16) 将 NLS 方程的解 $q(x,t)$ 与 Lax 对的特征函数 $\Phi(x,t)$ 联系起来, 后面我们再将特征函数 $\Phi(x,t)$ 与 RH 问题建立联系, 从而 NLS 方程初值问题解 $q(x,t)$ 可用 RH 问题的解表示.

8.2 解析性和对称性

这一节我们首先要分析特征函数和谱矩阵的解析性与对称性, 为后续构造 RH 问题做准备.

由于方程 (8.1.9) 为全微分形式, 积分与路径无关, 我们可以选择如下两个特殊路径

$$(-\infty, t) \to (x, t), \quad (+\infty, t) \to (x, t),$$

由此获得两个矩阵特征函数

$$\Phi_1(x,t,z) = I + \int_{-\infty}^{x} e^{-iz(x-y)\hat{\sigma}_3} P(y,t,z)\Phi_1(y,t,z)dy, \tag{8.2.1}$$

$$\Phi_2(x,t,z) = I - \int_{x}^{\infty} e^{-iz(x-y)\hat{\sigma}_3} Q(y,t,z)\Phi_2(y,t,z)dy. \tag{8.2.2}$$

由于

$$\psi_1 = \Phi_1 e^{-it\theta(z)\sigma_3}, \quad \psi_2 = \Phi_2 e^{-it\theta(z)\sigma_3}$$

为 Lax 对 (8.1.3)—(8.1.4) 的矩阵解, 而 Lax 对是一阶线性齐次方程组, 因此这两个解线性相关, 即有

$$\Phi_1(x,t,z) = \Phi_2(x,t,z)e^{-it\theta(z)\hat{\sigma}_3} S(z), \tag{8.2.3}$$

其中

$$S(z) = \begin{pmatrix} s_{11}(z) & s_{12}(z) \\ s_{21}(z) & s_{22}(z) \end{pmatrix}$$

与 x,t 无关, 称为谱矩阵函数.

下面我们考虑特征函数 Φ_1, Φ_2 和谱矩阵 $S(z)$ 的解析性和对称性. 对于积分方程 (8.2.1), 直接计算, 可知

$$e^{-iz(x-y)\hat{\sigma}_3} P(y,t,z) = \begin{pmatrix} 0 & qe^{-2iz(x-y)} \\ \bar{q}e^{2iz(x-y)} & 0 \end{pmatrix},$$

而

$$e^{2iz(x-y)} = e^{2i(x-y)\mathrm{Re}z} e^{-2(x-y)\mathrm{Im}z}, \quad e^{-2iz(x-y)} = e^{-2i(x-y)\mathrm{Re}z} e^{2(x-y)\mathrm{Im}z},$$

并且 $y < x$, 因此, Φ_1 的第一列和第二列分别在 C_+ 和 C_- 上解析, 记作

$$\Phi_1 = \begin{pmatrix} \Phi_1^{(11)} & \Phi_1^{(12)} \\ \Phi_1^{(21)} & \Phi_1^{(22)} \end{pmatrix} = (\Phi_1^+, \Phi_1^-). \tag{8.2.4}$$

同理可证, Φ_2 的第一列和第二列分别在 C_- 和 C_+ 上解析, 记作

$$\Phi_2 = \begin{pmatrix} \Phi_2^{(11)} & \Phi_2^{(12)} \\ \Phi_2^{(21)} & \Phi_2^{(22)} \end{pmatrix} = (\Phi_2^-, \Phi_2^+). \tag{8.2.5}$$

由 Lax 对 (8.1.3)—(8.1.4), 可知

$$\mathrm{tr}(P - iz\sigma_3) = \mathrm{tr}(Q - 2iz^2\sigma_3) = 0.$$

再利用上述结论

$$\det(\psi)_x = \det(\psi)_t = 0.$$

变换 (8.1.5),

$$\det(\Phi) = \det(\psi)\det(e^{i\theta(z)\sigma_3}) = \det(\psi).$$

因此

$$\det(\Phi)_x = \det(\Phi)_t = 0.$$

这说明 $\det(\Phi)$ 与 x, t 无关. 再由渐近性 $\Phi \to I$, $|x| \to \infty$, 可知

$$\det(\Phi) = \lim_{|x|\to\infty} \det(\Phi) = \det(\lim_{|x|\to\infty} \Phi) = 1.$$

特别

$$\det(\Phi_j) = 1, \quad j = 1, 2.$$

借此, (8.2.3) 两边再取行列式, 便有

$$\det(S(z)) = 1.$$

由于 $\det(\Phi_1) = \det(\Phi_2) = 1$, Φ_1, Φ_2 可逆, 并且它们的逆矩阵即为相应的伴随矩阵, 另外基于 Φ_1, Φ_2 的列向量函数的解析性, 可以推知 Φ_1^{-1} 第一行和第二行分别在 C_- 和 C_+ 上解析; Φ_2^{-1} 第一行和第二行分别在 C_+ 和 C_- 上解析, 记作

$$\Phi_1^{-1} = \begin{pmatrix} \Phi_1^{(22)} & -\Phi_1^{(12)} \\ -\Phi_1^{(21)} & \Phi_1^{(11)} \end{pmatrix} = \begin{pmatrix} \hat{\Phi}_1^- \\ \hat{\Phi}_1^+ \end{pmatrix}, \tag{8.2.6}$$

$$\Phi_2^{-1} = \begin{pmatrix} \Phi_1^{(22)} & -\Phi_1^{(12)} \\ -\Phi_1^{(21)} & \Phi_1^{(11)} \end{pmatrix} = \begin{pmatrix} \hat{\Phi}_2^+ \\ \hat{\Phi}_2^- \end{pmatrix}. \tag{8.2.7}$$

利用 (8.2.3), (8.2.4), (8.2.7), 我们便可以得到谱函数的解析性

$$e^{-i\theta(z)\hat{\sigma}_3} S(z) = \Phi_2^{-1}\Phi_1 = \begin{pmatrix} \hat{\Phi}_2^+ \\ \hat{\Phi}_2^- \end{pmatrix} (\Phi_1^+, \Phi_1^-) = \begin{pmatrix} \hat{\Phi}_2^+\Phi_1^+ & \hat{\Phi}_2^+\Phi_1^- \\ \hat{\Phi}_2^-\Phi_1^+ & \hat{\Phi}_2^-\Phi_1^- \end{pmatrix}.$$

可见 $s_{11}(z)$ 在 $\mathrm{Im}\,z > 0$ 上解析; $s_{22}(z)$ 在 $\mathrm{Im}\,z < 0$ 上解析; $s_{12}(z)$ 和 $s_{21}(z)$ 在上半、下半平面不解析, 但连续到实轴 $\mathbb{R}$.

定理 8.1 如上构造的特征函数 Φ_1, Φ_2 和谱函数 $S(z)$ 具有如下对称性

$$\sigma_1 \overline{\Phi_j(x, t, \bar{z})} \sigma_1 = \Phi_j(x, t, z), \quad j = 1, 2,$$
$$\sigma_3 \Phi_j^{\mathrm{H}}(x, t, \bar{z}) \sigma_3 = \Phi_j^{-1}(x, t, z), \quad j = 1, 2,$$
$$\sigma_1 \overline{S(\bar{z})} \sigma_1 = S(z), \quad \sigma_3 S^{\mathrm{H}}(\bar{z}) \sigma_3 = S^{-1}(z),$$

这里 $\bar{f}$ 表示函数 f 的复共轭, A^{H} 表示矩阵 A 的共轭转置.

证明 由于

$$\Phi_{j,x}(z) + iz[\sigma_3, \Phi_j(z)] = P\Phi_j(z), \quad j = 1, 2. \tag{8.2.8}$$

将 z 换成 $\bar{z}$, 然后对方程再取共轭, 得到

$$\overline{\Phi_{j,x}(\bar{z})} - iz[\sigma_3, \overline{\Phi_j(\bar{z})}] = \bar{P}\overline{\Phi_j(\bar{z})}, \quad j = 1, 2.$$

方程左右两边各乘以 σ_1, 并注意到

$$\sigma_1\sigma_3\sigma_1 = -\sigma_3, \quad \sigma_1\bar{P}\sigma_1 = P,$$

得到

$$[\sigma_1 \overline{\Phi_j(\bar{z})} \sigma_1]_x + iz[\sigma_3, \sigma_1 \overline{\Phi_j(\bar{z})} \sigma_1] = P\sigma_1 \overline{\Phi_j(\bar{z})} \sigma_1, \quad j = 1, 2. \tag{8.2.9}$$

由 (8.2.8), (8.2.9), 可知 $\Phi(z)$, $\sigma_1\overline{\Phi(\bar{z})}\sigma_1$ 满足同一个微分方程, 且具有相同的渐近性

$$\Phi(z),\ \sigma_1\overline{\Phi(\bar{z})}\sigma_1 \to I,\quad x \to \infty.$$

因此二者相等, 我们得到对称关系

$$\sigma_1\overline{\Phi_j(x,t,\bar{z})}\sigma_1 = \Phi_j(x,t,z),\quad j=1,2. \tag{8.2.10}$$

将上述两边矩阵展开比较, 得到

$$\overline{\Phi_j^{(11)}(x,t,\bar{z})} = \Phi_j^{(22)}(x,t,z),\quad \overline{\Phi_j^{(12)}(x,t,\bar{z})} = \Phi_j^{(21)}(x,t,z),\quad j=1,2.$$

由此我们可以验证 $\Phi_j(x,t,z)$ 的第二类对称性

$$\sigma_3\Phi_j^{\mathrm{H}}(x,t,\bar{z})\sigma_3 = \begin{pmatrix} 1 & 0 \\ 0 & -1 \end{pmatrix} \begin{pmatrix} \Phi_j^{(11)}(x,t,\bar{z}) & \Phi_j^{(12)}(x,t,\bar{z}) \\ \Phi_j^{(21)}(x,t,\bar{z}) & \Phi_j^{(22)}(x,t,\bar{z}) \end{pmatrix}^{\mathrm{H}} \begin{pmatrix} 1 & 0 \\ 0 & -1 \end{pmatrix}$$

$$= \begin{pmatrix} 1 & 0 \\ 0 & -1 \end{pmatrix} \begin{pmatrix} \overline{\Phi_j^{(11)}(x,t,\bar{z})} & \overline{\Phi_j^{(21)}(x,t,\bar{z})} \\ \overline{\Phi_j^{(12)}(x,t,\bar{z})} & \overline{\Phi_j^{(22)}(x,t,\bar{z})} \end{pmatrix} \begin{pmatrix} 1 & 0 \\ 0 & -1 \end{pmatrix}$$

$$= \begin{pmatrix} 1 & 0 \\ 0 & -1 \end{pmatrix} \begin{pmatrix} \Phi_j^{(22)}(x,t,z) & \Phi_j^{(12)}(x,t,z) \\ \Phi_j^{(21)}(x,t,z) & \Phi_j^{(11)}(x,t,z) \end{pmatrix} \begin{pmatrix} 1 & 0 \\ 0 & -1 \end{pmatrix}$$

$$= \begin{pmatrix} \Phi_j^{(22)}(x,t,z) & -\Phi_j^{(12)}(x,t,z) \\ -\Phi_j^{(21)}(x,t,z) & \Phi_j^{(11)}(x,t,z) \end{pmatrix} = \Phi_j^{-1}(x,t,z). \tag{8.2.11}$$

下面考虑 $S(z)$ 的对称性, 将 (8.2.3) 改写为

$$S(z) = e^{i\theta(z)\hat{\sigma}_3}[\Phi_2^{-1}(x,t,z)\Phi_1(x,t,z)]. \tag{8.2.12}$$

再利用 (8.2.10), 有

$$\sigma_1\overline{S(\bar{z})}\sigma_1 = \sigma_1\overline{e^{i(\bar{z}x+2\bar{z}^2t)\hat{\sigma}_3}}\sigma_1[\sigma_1\overline{\Phi_2^{-1}(x,t,\bar{z})}\sigma_1][\sigma_1\overline{\Phi_1(x,t,\bar{z})}\sigma_1]$$

$$= e^{i(zx+2z^2t)\hat{\sigma}_3}[\Phi_2^{-1}(x,t,z)\Phi_1(x,t,z)] = S(z),$$

即有

$$\overline{s_{11}(\bar{z})} = s_{22}(z),\quad \overline{s_{12}(\bar{z})} = s_{21}(z). \tag{8.2.13}$$

利用 (8.2.11), 有

$$\sigma_3 S^{\mathrm{H}}(\bar{z})\sigma_3 = \sigma_3\left[e^{it\theta(\bar{z})}\Phi_1(x,t,\bar{z})\Phi_2^{-1}(x,t,\bar{z})e^{-it\theta(\bar{z})}\right]^{\mathrm{H}}\sigma_3$$

$$= \left[\sigma_3 e^{it\theta(z)\sigma_3}\sigma_3\right]\left[\sigma_3(\Phi_2^{-1}(x,t,\bar{z}))^{\mathrm{H}}\sigma_3\right]$$

$$\cdot\left[\sigma_3\Phi_1^{\mathrm{H}}(x,t,\bar{z})\sigma_3\right]\left[\sigma_3 e^{-it\theta(z)\sigma_3}\sigma_3\right]$$

$$= e^{it\theta(z)\sigma_3}\Phi_2(x,t,z)\Phi_1^{-1}(x,t,z)e^{-it\theta(z)\sigma_3} = S^{-1}(z).$$

8.3 相关 RH 问题

展开关系 (8.2.3), 有

$$
\frac{\Phi_1^+}{s_{11}} e^{-it\theta(z)} - \Phi_2^+ e^{it\theta(z)} \frac{s_{21}}{s_{11}} = \Phi_2^- e^{-it\theta(z)},
$$

$$
\Phi_2^+ e^{it\theta(z)} = \Phi_2^- e^{-it\theta(z)} \frac{s_{12}}{s_{22}} - \Phi_1^- e^{it\theta(z)} \frac{1}{s_{22}}.
$$

将其进一步改写为矩阵形式

$$
\left(\frac{\Phi_1^+}{s_{11}}, \Phi_2^+ \right) = \left(\Phi_2^-, \frac{\Phi_1^-}{s_{22}} \right) e^{-it\theta\hat{\sigma}_3}
\begin{pmatrix} \dfrac{1}{s_{11}s_{22}} & -\dfrac{s_{12}}{s_{22}} \\ \dfrac{s_{21}}{s_{11}} & 1 \end{pmatrix}. \tag{8.3.1}
$$

注意到谱函数的对称性 (8.2.13), 以及

$$
\det(S) = s_{11}(z)s_{22}(z) - s_{21}(z)s_{12}(z) = 1, \tag{8.3.2}
$$

令 $r(z) = s_{21}(z)/s_{11}(z)$, 可知对于 $z \in \mathbb{R}$, 有

$$
\overline{s_{11}(z)} = s_{22}(z), \quad \overline{s_{21}(z)} = s_{12}(z), \tag{8.3.3}
$$

$$
-\frac{s_{12}(z)}{s_{22}(z)} = -\frac{\overline{s_{21}(z)}}{\overline{s_{11}(z)}} = -\overline{\left[\frac{s_{21}(z)}{s_{11}(z)} \right]} = -\overline{r(z)}, \tag{8.3.4}
$$

$$
\frac{1}{s_{11}s_{22}} = \frac{s_{11}(z)s_{22}(z) - s_{21}(z)s_{12}(z)}{s_{11}s_{22}} = 1 - \frac{s_{21}(z)}{s_{11}(z)} \frac{s_{12}(z)}{s_{22}(z)} = 1 - |r(z)|^2. \tag{8.3.5}
$$

方程 (8.3.2) 两边除以 $s_{11}s_{22}$, 并利用 (8.3.3), 可得

$$
|r(z)|^2 + \frac{1}{|s_{11}|^2} = 1,
$$

因此 $|r(z)| < 1$. 利用 (8.3.3)—(8.3.5), 则 (8.3.1) 化为

$$
\left(\frac{\Phi_1^+}{s_{11}}, \Phi_2^+ \right) = \left(\Phi_2^-, \frac{\Phi_1^-}{s_{22}} \right) e^{-it\theta\hat{\sigma}_3}
\begin{pmatrix} 1 - |r(z)|^2 & -\overline{r(z)} \\ r(z) & 1 \end{pmatrix}. \tag{8.3.6}
$$

定义分片解析函数

$$
m(x, t, z) = \begin{cases} (\Phi_1^+/s_{11}, \Phi_2^+), & \operatorname{Im} z > 0, \\ (\Phi_2^-, \Phi_1^-/s_{22}), & \operatorname{Im} z < 0, \end{cases}
$$

则得到如下 RH 问题

　★　$m(x, t, z)$ 在 $\mathbb{C} \setminus \mathbb{R}$ 内解析, $\qquad\qquad\qquad\qquad\qquad$ (8.3.7)

　★　$m_+(x, t, z) = m_-(x, t, z)v(x, t, z), \quad z \in \mathbb{R},$ $\qquad\qquad$ (8.3.8)

　★　$m(x, t, z) \longrightarrow I, \quad z \to \infty,$ $\qquad\qquad\qquad\qquad$ (8.3.9)

其中跳跃曲线为实轴 $\mathbb{R}$ (图 8.1), 其上的跳跃矩阵为

$$v(x, t, z) = \begin{pmatrix} 1 - |r(z)|^2 & -e^{-2it\theta}\overline{r(z)} \\ e^{2it\theta}r(z) & 1 \end{pmatrix}, \qquad (8.3.10)$$

并且根据 (8.1.16) 以及 m 的构造, 可知 NLS 方程的解 $q(x, t)$ 可用 RH 问题的解给出

$$q(x, t) = 2i \lim_{z \to \infty} (zm(x, t, z))_{12}.$$

$$\xrightarrow{\hspace{6cm}} \mathbb{R}$$

图 8.1　$m(x, t, z)$ 的跳跃矩阵和跳跃路径

8.4　稳态相位点和速降线

注意到在跳跃矩阵 $v(z)$ 中, 含有两个振荡项 $e^{it\theta}$, $e^{-it\theta}$. 令

$$\varphi(z) = i\theta(z) = i\left(\frac{x}{t}z + 2z^2\right),$$

则

$$\varphi'(z) = i\left(\frac{x}{t} + 4z\right), \quad \varphi''(z) = 4i \neq 0,$$

令 $\varphi'(z) = i\left(\frac{x}{t} + 4z\right) = 0$, 可以得到稳态相位点

$$z_0 = -\frac{x}{4t}.$$

设 $z - z_0 = \rho e^{i\beta}$, 由 Taylor 展开

$$\Delta\varphi \sim 2i(z - z_0)^2 = 2\rho^2 e^{i(\pi/2 + 2\beta)}.$$

因此, 利用公式 (3.7.6) 和公式 (3.7.7), 得到四个速降方向

$$\beta = \pi/4, \quad \beta = 5\pi/4, \quad \beta = -\pi/4, \quad \beta = 3\pi/4.$$

对应产生两条速降线

$$L = \{z = z_0 + ue^{i\pi/4},\ u \geqslant 0\} \cup \{z = z_0 + ue^{5i\pi/4},\ u \geqslant 0\},$$
$$\bar{L} = \{z = z_0 + ue^{-i\pi/4},\ u \geqslant 0\} \cup \{z = z_0 + ue^{3i\pi/4},\ u \geqslant 0\}.$$

见图 8.2.

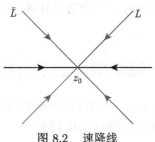

图 8.2 速降线

利用稳态相位点 $z_0 = -x/4t$, $\theta(z)$ 可写为

$$\theta(z) = 2z^2 - 4z_0 z = 2(z - z_0)^2 - 2z_0^2, \tag{8.4.1}$$

将 $z - z_0 = \rho e^{i\beta}$ 代入式 (8.4.1), 可得到

$$\theta = 2\rho^2 \cos 2\beta - 2z_0^2 + 2i\rho^2 \sin 2\beta.$$

因此

$$\mathrm{Re}(i\theta) = -2\rho^2 \sin 2\beta.$$

可见在 $0 < \beta < \pi/2$, $\pi < \beta < 3\pi/2$ 内, $\sin 2\beta > 0$, 从而 $\mathrm{Re}(i\theta) < 0$; 在 $\pi/2 < \beta < \pi$, $3\pi/2 < \beta < 2\pi$ 内, $\sin 2\beta < 0$, 从而 $\mathrm{Re}(i\theta) > 0$. 见图 8.3.

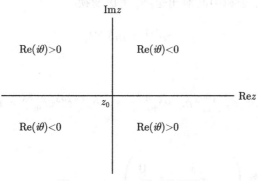

图 8.3 $\mathrm{Re}(i\theta)$ 的正负区域

如果令 $z = \mathrm{Re}z + i\mathrm{Im}z$, 代入 (8.4.1), 可以得到

$$\mathrm{Re}(i\theta) = -4\mathrm{Im}z(\mathrm{Re}z - z_0).$$

由此也可以看出 $\mathrm{Re}(i\theta)$ 正负区域.

注 8.2　$\mathrm{Re}(i\theta)$ 的符号非常重要, 决定了指数函数的衰减区域, $e^{it\theta}$ 在 $\mathrm{Re}(i\theta) < 0$ 内指数衰减, $e^{-it\theta}$ 在 $\mathrm{Re}(i\theta) > 0$ 内指数衰减. 这在后面散射数据的解析延拓和有理逼近中起关键作用.

8.5　跳跃矩阵上下三角分解

这一节给出跳跃矩阵的上下三角分解, 从而将 $\mathbb{R}$ 上具有一个跳跃矩阵的 RH 问题形变到 $\mathbb{R}$ 上具有两个跳跃矩阵的 RH 问题.

首先, 跳跃矩阵 (8.3.10) 可以分解为上/下三角矩阵乘积

$$v(x,t,z) = \begin{pmatrix} 1 & -\bar{r}e^{-2it\theta} \\ 0 & 1 \end{pmatrix} \begin{pmatrix} 1 & 0 \\ re^{2it\theta} & 1 \end{pmatrix}.$$

根据 $\mathrm{Re}(i\theta)$ 的正负区域, 第一个矩阵解析延拓到 $z > z_0$, $\mathrm{Re}(i\theta) > 0$, 第二个矩阵可解析延拓到 $z > z_0$, $\mathrm{Re}(i\theta) < 0$. 也就是, 对于 $z > z_0$ 我们利用上/下三角分解, 可以获得跳跃矩阵当 $t \to \infty$ 时的指数衰减性质. 但对于 $z < z_0$, 情况正好相反, 我们必须考虑下/上三角分解.

注意到跳跃矩阵 (8.3.10) 的另一分解

$$v(x,t,z) = e^{-it\theta\hat{\sigma}_3} \begin{pmatrix} 1 & 0 \\ \dfrac{r}{1-|r|^2} & 1 \end{pmatrix} \begin{pmatrix} 1-|r|^2 & 0 \\ 0 & \dfrac{1}{1-|r|^2} \end{pmatrix} \begin{pmatrix} 1 & \dfrac{-\bar{r}}{1-|r|^2} \\ 0 & 1 \end{pmatrix}.$$

需要寻找一个变换, 去掉中间对角矩阵, 考虑变换

$$m^{(1)} = m\delta^{-\sigma_3}, \tag{8.5.1}$$

则

$$m_+^{(1)} = m_+\delta_+^{-\sigma_3} = m_-v\delta_+^{-\sigma_3} = m_-\delta_-^{-\sigma_3}\delta_-^{\sigma_3}v\delta_+^{-\sigma_3} = m_-^{(1)}v^{(1)},$$

其中, 对于 $z < z_0$,

$$v^{(1)} = e^{-it\theta\hat{\sigma}_3} \begin{pmatrix} 1 & 0 \\ \dfrac{r}{1-|r|^2}\delta_-^{-2} & 1 \end{pmatrix}$$

$$\cdot \begin{pmatrix} (1-|r|^2)\delta_-\delta_+^{-1} & 0 \\ 0 & \dfrac{1}{1-|r|^2}\delta_-^{-1}\delta_+ \end{pmatrix} \begin{pmatrix} 1 & \dfrac{-\bar{r}}{1-|r|^2}\delta_+^2 \\ 0 & 1 \end{pmatrix}.$$

对于 $z > z_0$,

$$v^{(1)} = e^{-it\theta\hat{\sigma}_3} \begin{pmatrix} 1 & -\bar{r}\delta_+^2 \\ 0 & 1 \end{pmatrix} \begin{pmatrix} 1 & 0 \\ r\delta_-^{-2} & 1 \end{pmatrix}.$$

可见, 我们应该引入一个标量 RH 问题

- $\delta(z)$ 在 $\mathbb{C} \setminus \mathbb{R}$ 内解析,
- $\delta_+(z) = \delta_-(z)(1-|r|^2), \quad z < z_0,$ \hfill (8.5.2)

  $\delta_+(z) = \delta_-(z), \quad z > z_0,$ \hfill (8.5.3)
- $\delta(z) \longrightarrow 1, \qquad z \to \infty.$

(8.5.2)—(8.5.3) 可改写为

$$(\log\delta)_+ - (\log\delta)_- = f(z) = \begin{cases} \log(1-|r|^2), & z < z_0, \\ 0, & z > z_0, \end{cases}$$

根据 Plemelj 公式, 这个 RH 问题具有唯一的有界解

$$\log\delta(z) = \frac{1}{2\pi i}\int_{-\infty}^{\infty}\frac{f(\xi)}{\xi-z}d\xi = \frac{1}{2\pi i}\int_{-\infty}^{z_0}\frac{\ln(1-|r|^2)}{\xi-z}d\xi,$$

即

$$\delta(z) = \exp\left[\frac{1}{2\pi i}\int_{-\infty}^{z_0}\frac{\ln(1-|r|^2)}{\xi-z}d\xi\right].$$

定理 8.2 $\delta(z)$ 在复平面内一致有界, 即

$$(1-\|r\|_{L^\infty}^2)^{1/2} \leqslant |\delta(z)| \leqslant (1-\|r\|_{L^\infty}^2)^{-1/2}.$$

证明 令 $z = x' + iy'$, 直接计算, 可知

$$\delta(z) = \exp\left[\frac{1}{2\pi}\int_{-\infty}^{z_0}\frac{-i(\xi-x')+y'}{(\xi-x')^2+y'^2}\log(1-|r|^2)d\xi\right].$$

因此

$$|\delta(z)| = \exp\left[\frac{1}{2\pi}\int_{-\infty}^{z_0}\frac{y'}{(\xi-x')^2+y'^2}\log(1-|r|^2)d\xi\right].$$

当 $\mathrm{Im}z = y' > 0$ 时,

$$1 \geqslant |\delta(z)| \geqslant \exp\left[\frac{1}{2\pi}\log(1 - \|r\|_{L^\infty}^2)\int_{-\infty}^{z_0}\frac{y'}{(\xi - x)^2 + y'^2}d\xi\right]$$

$$\geqslant \exp\left[\frac{1}{2\pi}\log(1 - \|r\|_{L^\infty}^2)\int_{-\infty}^{z_0}\frac{1}{1 + \left(\dfrac{\xi - x'}{y'}\right)^2}d\left(\frac{\xi - x'}{y'}\right)\right]$$

$$\geqslant \exp\left[\frac{1}{2}\log(1 - \|r\|_{L^\infty}^2)\right] = (1 - \|r\|_{L^\infty}^2)^{1/2}.$$

同理, 当 $\mathrm{Im}z = y' < 0$ 时,

$$1 \leqslant |\delta(z)| \leqslant (1 - \|r\|_{L^\infty}^2)^{-1/2}.$$

基于以上分析, 作变换

$$m^{(1)} = m\delta^{-\sigma_3},$$

则 $m^{(1)}$ 满足新的 RH 问题

- $m^{(1)}(x, t, z)$ 在 $\mathbb{C} \setminus \Sigma^{(1)}$ 上解析,　　　　　　　　　　　　(8.5.4)
- $m_+^{(1)}(x, t, z) = m_-^{(1)}(x, t, z)v^{(1)}(x, t, z), \quad z \in \Sigma^{(1)},$　　(8.5.5)
- $m^{(1)}(x, t, z) \longrightarrow I, \quad z \to \infty,$　　　　　　　　　　　　(8.5.6)

其中跳跃矩阵为

$$v^{(1)}(x, t, z) = \begin{cases} \begin{pmatrix} 1 & 0 \\ \delta_-^{-2}e^{2it\theta}\dfrac{r}{1 - |r|^2} & 1 \end{pmatrix}\begin{pmatrix} 1 & \delta_+^2 e^{-2it\theta}\dfrac{-\bar{r}}{1 - |r|^2} \\ 0 & 1 \end{pmatrix}, & z < z_0, \\[4mm] \begin{pmatrix} 1 & -\delta_+^2 e^{-2it\theta}\bar{r} \\ 0 & 1 \end{pmatrix}\begin{pmatrix} 1 & 0 \\ \delta_-^{-2}e^{2it\theta}r & 1 \end{pmatrix}, & z > z_0, \end{cases}$$

并且

$$q(x, t) = 2i\lim_{z\to\infty}(zm^{(1)}(x, t, z))_{12}.$$

$$\begin{pmatrix} 1 & -\delta_+^2 e^{-2it\theta}\bar{r} \\ 0 & 1 \end{pmatrix}\begin{pmatrix} 1 & 0 \\ \delta_-^{-2}e^{2it\theta}r & 1 \end{pmatrix}$$

$$\begin{pmatrix} 1 & 0 \\ \delta_-^{-2}e^{2it\theta}\dfrac{r}{1 - |r|^2} & 1 \end{pmatrix}\begin{pmatrix} 1 & \delta_+^2 e^{-2it\theta}\dfrac{-\bar{r}}{1 - |r|^2} \\ 0 & 1 \end{pmatrix}$$

8.6 散射数据的有理逼近估计

我们证明跳跃矩阵中的四个因子

$$r(z), \quad \bar{r}(z), \quad \frac{r(z)}{1-|r(z)|^2}, \quad \frac{\bar{r}(z)}{1-|r(z)|^2}$$

可以被有理函数逼近. 为统一处理, 我们将 R 上的跳跃矩阵改写为如下形式

$$\begin{pmatrix} 1 & 0 \\ \delta_-^{-2} e^{2it\theta} r & 1 \end{pmatrix}^{-1} \begin{pmatrix} 1 & \delta_+^2 e^{-2it\theta} \bar{r} \\ 0 & 1 \end{pmatrix}$$

$$\xrightarrow{\hspace{3cm}} \overset{\displaystyle z_0}{\underset{\displaystyle *}{}} \xleftarrow{\hspace{3cm}} \Sigma^{(1)}$$

$$\begin{pmatrix} 1 & 0 \\ \delta_-^{-2} e^{2it\theta} \dfrac{-r}{1-|r|^2} & 1 \end{pmatrix}^{-1} \begin{pmatrix} 1 & \delta_+^2 e^{-2it\theta} \dfrac{-\bar{r}}{1-|r|^2} \\ 0 & 1 \end{pmatrix}$$

再引入函数

$$\rho = \begin{cases} r(z), & z > z_0, \\ \dfrac{-r(z)}{1-|r(z)|^2}, & z < z_0, \end{cases}$$

则跳跃矩阵统一为

$$\begin{pmatrix} 1 & 0 \\ \delta_-^{-2} e^{2it\theta} \rho & 1 \end{pmatrix}^{-1} \begin{pmatrix} 1 & \delta_+^2 e^{-2it\theta} \bar{\rho} \\ 0 & 1 \end{pmatrix}$$

$$\xrightarrow{\hspace{3cm}} \overset{\displaystyle z_0}{\underset{\displaystyle *}{}} \xleftarrow{\hspace{3cm}} \Sigma^{(1)}$$

$$\begin{pmatrix} 1 & 0 \\ \delta_-^{-2} e^{2it\theta} \rho & 1 \end{pmatrix}^{-1} \begin{pmatrix} 1 & \delta_+^2 e^{-2it\theta} \bar{\rho} \\ 0 & 1 \end{pmatrix}$$

而 ρ 可以分解成三部分

$$\rho(z) = (h_I)_\rho + [\rho(z)] + (h_{II})_\rho,$$

如下我们证明有理部分 $[\rho(z)]$ 和余项 $(h_{II})_\rho$ 可解析延拓到速降线 L 上, 而 $(h_I)_\rho$ 不能解析延拓到 L, 但在 $\mathbb{R}$ 上衰减. 再基于运算

$$\overline{\rho(\bar{z})} = (h_I)_{\overline{\rho(\bar{z})}} + [\overline{\rho(\bar{z})}] + (h_{II})_{\overline{\rho(\bar{z})}}$$

给出 $\bar{\rho}$ 在速降线 $\bar{L}$ 上的解析延拓.

考虑 $r(z)$ 在 $z > z_0$ 的有理逼近. 将 $(z+i)^{10} r(z)$ 在 z_0 附近作 5 阶积分型 Taylor 展开,

$$e^{2it\theta} r(z) = e^{2it\theta} [r](z) + e^{2it\theta} h(z),$$

其中

$$[r](z) = \frac{\mu_0 + \mu_1(z - z_0) + \cdots + \mu_5(z - z_0)^5}{(z+i)^{10}},$$

$$h(z) = \frac{1}{(z+i)^{10}} \frac{1}{5!} \int_{z_0}^{z} [(\cdot + i)^{10} r(\cdot)]^{(6)}(\gamma)(z - \gamma)^5 d\gamma.$$

这里 $z + i$ 用在分母确保延拓到 C_+ 上没有极点. 令 $\beta = \dfrac{(z - z_0)^2}{(z+i)^4}$, 并作变换 $\gamma = z_0 + s(z - z_0)$, 则

$$
\begin{aligned}
\frac{h(z)}{\beta} &= \frac{(z - z_0)^4}{(z+i)^6} \frac{1}{5!} \int_0^1 ((\cdot + i)^{10} r(\cdot))^{(6)}(z_0 + s(z - z_0))(1 - s)^5 ds \\
&= \frac{(z - z_0)^4}{(z+i)^6} g(z).
\end{aligned}
\tag{8.6.1}
$$

由于 $r \in S(R)$, 因此

$$|g(z)| + |\partial_z g| + |\partial_z^2 g| \leqslant c. \tag{8.6.2}$$

对于 $z > z_0$, $|z_0| < M$,

$$\mu_j = \mu_j(z_0) = \frac{1}{j!} \partial_z^j ((z+i)^{10} r(z)) \Big|_{z=z_0}$$

有界. 而

$$\theta(z) = 2(z - z_0)^2 - 2z_0^2$$

为 $(z_0, +\infty) \to (-2z_0^2, +\infty)$ 上的一一映射. 定义逆映射

$$
\frac{h}{\beta}(\theta) =
\begin{cases}
\dfrac{h}{\beta}(z(\theta)), & \theta > -2z_0^2, \\
0, & \theta \leqslant -2z_0^2,
\end{cases}
$$

由 (8.6.1), (8.6.2), 可知

$$\frac{h}{\beta}(\theta) \sim c \frac{(z - z_0)^4}{(z+i)^6} \sim \frac{c}{(z+i)^2}, \quad z \to \infty. \tag{8.6.3}$$

$$\partial_\theta \left(\frac{h}{\beta}\right)(\theta) = \left(\frac{h}{\beta}\right)'(z(\theta))\frac{dz}{d\theta} = \partial_z \left[\frac{(z-z_0)^4}{(z+i)^6}g(z)\right]\Bigg|_{z=z(\theta)}\frac{1}{4(z-z_0)}$$

$$= (z-z_0)^2 \left(\frac{g(z)}{(z+i)^6}\right)\Bigg|_{z=z(\theta)} + \frac{(z-z_0)^3}{4}\partial_z\left(\frac{g(z)}{(z+i)^6}\right)$$

$$= (z-z_0)^2 \frac{g(z)}{(z+i)^6} - \frac{3(z-z_0)^3}{2(z+i)^7}g(z) + \frac{(z-z_0)^3}{4(z+i)^6}\partial_z g(z)$$

$$\sim \frac{c}{(z+i)^3}, \quad z \to \infty.$$

$$\partial_\theta^2 \left(\frac{h}{\beta}\right)(\theta) = \partial_z \left[\frac{(z-z_0)^2 g(z)}{(z+i)^6} + \frac{(z-z_0)^3}{4}\partial_z\left(\frac{g(z)}{(z+i)^6}\right)\right]\Bigg|_{z=z(\theta)}\frac{1}{4(z-z_0)}$$

$$\sim \frac{c}{(z+i)^4}, \quad z \to \infty.$$

从而

$$\int_{-\infty}^{\infty}\left|\frac{h}{\beta}(\theta)\right|^2 d\theta = \int_{-2z_0^2}^{\infty}\left|\frac{h}{\beta}(\theta)\right|^2 d\theta \leqslant c\int_{z_0}^{\infty}\frac{4|z-z_0|}{|z+i|^4}dz \leqslant c,$$

$$\int_{-\infty}^{\infty}\left|\partial_\theta\left(\frac{h}{\beta}\right)(\theta)\right|^2 d\theta \leqslant c\int_{z_0}^{\infty}\frac{4|z-z_0|}{|z+i|^6}dz \leqslant c,$$

$$\int_{-\infty}^{\infty}\left|\partial_\theta^2\left(\frac{h}{\beta}\right)(\theta)\right|^2 d\theta \leqslant c\int_{z_0}^{\infty}\frac{4|z-z_0|}{|z+i|^8}dz \leqslant c. \tag{8.6.4}$$

因此

$$\frac{h}{\beta}(\theta) \in H^2(-\infty, +\infty).$$

定义 Fourier 变换

$$\frac{h}{\beta}(\theta) = \frac{1}{\sqrt{2\pi}}\int_{-\infty}^{\infty}e^{-is\theta}\widehat{\left(\frac{h}{\beta}\right)}(s)ds,$$

其中

$$\widehat{\left(\frac{h}{\beta}\right)}(s) = \frac{1}{\sqrt{2\pi}}\int_{-\infty}^{\infty}e^{is\theta}\frac{h}{\beta}(\theta)d\theta,$$

因此

$$e^{2it\theta}h(z) = \frac{\beta}{\sqrt{2\pi}}\int_t^{\infty}e^{i(2t-s)\theta}\widehat{\left(\frac{h}{\beta}\right)}(s)ds + e^{it\theta}\frac{\beta}{\sqrt{2\pi}}\int_{-\infty}^t e^{i(t-s)\theta}\widehat{\left(\frac{h}{\beta}\right)}(s)ds$$

$$= e^{it\theta}h_I + e^{it\theta}h_{II}.$$

由于 $h/\beta \in H^2$, 因此由 Planchel 公式

$$\int_{-\infty}^{\infty} (1+s^2)^2 |\widehat{h/\beta}(s)|^2 ds \leqslant c.$$

于是

$$
\begin{aligned}
|e^{it\theta} h_{I,r}| &\leqslant \frac{1}{\sqrt{2\pi}} \frac{|z-z_0|^2}{|z+i|^4} \int_t^{\infty} |\widehat{h/\beta}(s)| ds \\
&\leqslant \frac{1}{\sqrt{2\pi}} \frac{|z-z_0|^2}{|z+i|^4} \left(\int_t^{\infty} (1+s^2)^{-2} ds \right)^{1/2} \left(\int_t^{\infty} (1+s^2)^2 |\widehat{h/\beta}(s)|^2 ds \right)^{1/2} \\
&\leqslant c|z+i|^{-2} t^{-3/2}.
\end{aligned}
$$

又 δ 一致有界, 并且 $|z+i|^{-2} \in L^1, L^2, L^{\infty}$, 因此

$$\|e^{2it\theta} \delta^{-2} h_I\|_{L^1 \cap L^2 \cap L^{\infty}} \leqslant ct^{-1}, \quad z \in \mathbb{R}.$$

对于 h_{II}, 由于 $t - s > 0$,

$$e^{i(t-s)\theta} = e^{(t-s)\mathrm{Re}(i\theta)} e^{i(t-s)\mathrm{Im}(i\theta)}.$$

因此 h_{II} 可解析延拓到 $\mathrm{Re}(i\theta) < 0$, 特别在 $L: z = z_0 + ue^{\pi i/4}, \quad u \geqslant 0$ 上,

$$\theta = 2z^2 - 4z_0 z = 2(z - z_0)^2 - 2z_0^2 = 2(ue^{\pi i/4})^2 - 2z_0^2 = 2u^2 i - 2z_0^2,$$

由此得到 $\mathrm{Re}(i\theta) = -2u^2$, 因此

$$
\begin{aligned}
&|e^{it\theta} h_{II,r}| \\
&\leqslant \frac{1}{\sqrt{2\pi}} \frac{|z-z_0|^2}{|z+i|^4} |e^{it\theta}| \int_{-\infty}^{t} |\widehat{h/\beta}(s)| ds \\
&\leqslant c \frac{|z-z_0|^2}{|z+i|^4} e^{t\mathrm{Re}(i\theta)} \left(\int_{-\infty}^{t} (1+s^2)^{-2} ds \right)^{1/2} \left(\int_{-\infty}^{t} (1+s^2)2|\widehat{h/\beta}(s)|^2 ds \right)^{1/2} \\
&\leqslant c \frac{u^2 e^{-2tu^2}}{|z+i|^4} \leqslant ct^{-1} |z+i|^{-4} \sup(tu^2 e^{-2tu^2}) \leqslant ct^{-1} |z+i|^{-4}.
\end{aligned}
\tag{8.6.5}
$$

因此

$$\|e^{2it\theta} \delta^{-2} h_{II}\|_{L^1 \cap L^2 \cap L^{\infty}} \leqslant ct^{-1}.$$

在 L 上,

$$|e^{2it\theta}[r]| = e^{-4tu^2} \left| \frac{\sum \mu_j u^j e^{j\pi i/4}}{|z+i|^{10}} \right| \leqslant ce^{-4tu^2} \frac{1}{|z+i|^5}$$

$$\leqslant ce^{-\varepsilon^2 t}|z+i|^{-5}, \quad 2u \geqslant \varepsilon. \tag{8.6.6}$$

当 t 充分大时, $e^{-\varepsilon^2 t} = o(t^{-1})$, 因此也有

$$||e^{it\theta}\delta^{-2}[r]||_{L^1 \cap L^2 \cap L^\infty}(L) \leqslant ct^{-1}.$$

对于 $\dfrac{r}{1-|r|^2}$ 也有类似于 r 的逼近估计, 因此得到 ρ 在 $\mathbb{R}$ 及 L 上的估计.

定理 8.3

$$||e^{2it\theta}\delta^{-2}[\rho]||_{L^1 \cap L^2 \cap L^\infty} \leqslant ce^{-\varepsilon t}, \quad z \in L,$$
$$||e^{2it\theta}\delta^{-2}h_{II,\rho}||_{L^1 \cap L^2 \cap L^\infty} \leqslant ct^{-1}, \quad z \in L,$$
$$||e^{2it\theta}\delta^{-2}h_{I,\rho}||_{L^1 \cap L^2 \cap L^\infty} \leqslant ct^{-1}, \quad z \in \mathbb{R}.$$

取共轭运算

$$\overline{\rho(\bar{z})} = \overline{[\rho(\bar{z})]} + h_{I,\overline{\rho(\bar{z})}} + h_{II,\overline{\rho(\bar{z})}},$$

我们得到 $\bar{\rho}$ 的估计

$$||e^{-2it\theta}[\bar{\rho}]||_{L^1 \cap L^2 \cap L^\infty} \leqslant ce^{-\varepsilon t}, \quad z \in \bar{L},$$
$$||e^{-2it\theta}h_{II,\bar{\rho}}||_{L^1 \cap L^2 \cap L^\infty} \leqslant ct^{-1}, \quad z \in \bar{L},$$
$$||e^{-2it\theta}h_{I,\bar{\rho}}||_{L^1 \cap L^2 \cap L^\infty} \leqslant ct^{-1}, \quad z \in \mathbb{R}.$$

注 8.3 对上述散射数据逼近, 我们给出三点评注:

(1) 我们考虑 $(z+i)^{10}r(z)$ 的 Fourier 分解, 而不是 $r(z)$, 因为一般 $r(z)$ 在一个带型区域不解析, 也确保 $\dfrac{h}{\beta}(\theta) \in H^2(-\infty < \theta < \infty)$. 要得到更高阶衰减估计, 可考虑任意次幂 $(z+i)^n r(z)$ 的 Fourier 分解.

(2) 因子 $(z+i)$ 用在分母上, 确保解析延拓到上半平面 $\mathbb{C}_+$ 没有极点.

(3) 积分 $\displaystyle\int_{-\infty}^{t} \cdots ds$ 前面的 β 在估计 h_{II} 的衰减中期关键作用. 我们确实看到衰减来自如下式子

$$(z-z_0)^2 e^{-2tu^2} \sim u^2 e^{-2tu^2} \leqslant t^{-1}\sup(\eta e^{-2\eta}).$$

8.7 振荡 RH 问题到标准 RH 问题形变

8.7.1 跳跃矩阵的解析延拓

这里目的是将 $\Sigma^{(1)}$ 上的 RH 问题形变到 $\Sigma^{(2)} = \Sigma^{(1)} \cup L \cup \bar{L}$ 上的 RH 问题, 从而将跳跃矩阵延拓到速降线 L 和 $\bar{L}$ 上, 去除一部分振荡项, 为此, 我们将跳跃

矩阵 $v^{(1)}$ 分解为

$$v^{(1)} = (b_-)^{-1} b_+,$$

其中

$$
\begin{aligned}
b_+ = I + \omega_+ &= \begin{pmatrix} 1 & \delta_+^2 e^{-2it\theta} \bar{\rho} \\ 0 & 1 \end{pmatrix} \\
&= \begin{pmatrix} 1 & \delta_+^2 e^{-2it\theta} h_{I,\bar{\rho}} \\ 0 & 1 \end{pmatrix} \begin{pmatrix} 1 & \delta_+^2 e^{-2it\theta} (h_{II,\bar{\rho}} + [\bar{\rho}]) \\ 0 & 1 \end{pmatrix} = b_+^o b_+^a .
\end{aligned}
\tag{8.7.1}
$$

$$
\begin{aligned}
b_- = I - \omega_- &= \begin{pmatrix} 1 & 0 \\ \delta_-^{-2} e^{2it\theta} \rho & 1 \end{pmatrix} \\
&= \begin{pmatrix} 1 & 0 \\ \delta_-^{-2} e^{2it\theta} h_{I,\rho} & 1 \end{pmatrix} \begin{pmatrix} 1 & 0 \\ \delta_-^{-2} e^{2it\theta} (h_{II,\rho} + [\rho]) & 1 \end{pmatrix} = b_-^o b_-^a .
\end{aligned}
\tag{8.7.2}
$$

因此

$$
v^{(1)} = (b_-)^{-1} b_+ = \underbrace{(b_-^a)^{-1}}_{L} \ \underbrace{(b_-^o)^{-1} b_+^o}_{R} \ \underbrace{b_+^a}_{\bar{L}} .
$$

注意到上式三部分中, 左边项 $(b_-^a)^{-1}$ 可以解析延拓到 L 上, 中间项 $(b_-^o)^{-1} b_+^o$ 不可解析延拓, 但在 R 上关于时间 t 快速衰减, 右边项 b_+^a 可以解析延拓到 $\bar{L}$ 上, 因此, 我们作变换

$$m^{(2)} = m^{(1)} \phi, \tag{8.7.3}$$

其中

$$
\phi = \begin{cases} I, & z \in \Omega_2 \cup \Omega_5, \\ (b_-^a)^{-1}, & z \in \Omega_1 \cup \Omega_4, \\ (b_+^a)^{-1}, & z \in \Omega_3 \cup \Omega_6, \end{cases}
\tag{8.7.4}
$$

则 $\Sigma^{(1)} = R$ 上的 RH 问题 (8.5.4)—(8.5.6) 转化为 $\Sigma^{(2)}$ 上的 RH 问题

- $m^{(2)}(x, t, z)$ 在 $\mathbb{C} \setminus \Sigma^{(2)}$ 内解析, $\tag{8.7.5}$

- $m_+^{(2)}(x, t, z) = m_-^{(2)}(x, t, z) v^{(2)}(x, t, z), \quad z \in \Sigma^{(2)},$ $\tag{8.7.6}$

- $m^{(2)}(x, t, z) \longrightarrow I, \quad z \to \infty,$ $\tag{8.7.7}$

其中跳跃矩阵

$$v^{(2)}(x,t,z) = \begin{cases} (b_-^o)^{-1}b_+^o, & z \in R, \\ b_+^a, & z \in \bar{L}, \\ (b_-^a)^{-1}, & z \in L, \end{cases} \tag{8.7.8}$$

并且 NLS 方程的解可用该 RH 问题的解表示

$$q(x,t) = 2i \lim_{z \to \infty} (zm^{(2)}(x,t,z))_{12}.$$

证明 假设要求 RH 问题之间的变换为

$$m^{(2)} = m^{(1)}\phi. \tag{8.7.9}$$

考虑上述变换之下, $m^{(1)}$ 在 Ω_1, Ω_6 两片区域之间的变换关系, 则

$$m_6^{(1)} = m_1^{(1)}v^{(1)} = m_1^{(1)}(b_-^a)^{-1}(b_-^o)^{-1}b_+^o b_+^a.$$

将 (8.7.9) 代入上式, 有

$$m_6^{(2)} = m_1^{(2)}\phi_1^{-1}(b_-^a)^{-1}(b_-^o)^{-1}b_+^o b_+^a \phi_6.$$

取

$$\phi_1 = (b_-^a)^{-1}, \quad \phi_6 = (b_+^a)^{-1}, \tag{8.7.10}$$

则

$$m_6^{(2)} = m_1^{(2)}v^{(2)} = m_1^{(2)}(b_-^o)^{-1}b_+^o. \tag{8.7.11}$$

此处 (8.7.10) 给出了 $m^{(1)}$ 和 $m^{(2)}$ 在 Ω_1, Ω_6 的变换关系, 见 (8.7.4). (8.7.11) 则给出了 $m^{(2)}$ 在 $\mathbb{R}^+$ 上的跳跃矩阵, 见 (8.7.8).

再考虑 $m^{(1)}$ 在 Ω_1, Ω_2 两片区域之间的变换关系, 由于 $m^{(1)}$ 在 L 上没有跳跃, 因此

$$m_1^{(1)} = m_2^{(1)} \cdot I,$$

将 (8.7.9) 代入上式, 有

$$m_1^{(2)} = m_2^{(2)}\phi_2^{-1}\phi_1.$$

特别取 $\phi_2 = I$, 即

$$m_2^{(2)} = m_2^{(1)}, \tag{8.7.12}$$

则

$$m_1^{(2)} = m_2^{(2)} v^{(2)} = m_2^{(2)} \phi_1. \qquad (8.7.13)$$

此处 (8.7.12) 给出了 $m^{(1)}$ 和 $m^{(2)}$ 在 Ω_2 的变换关系, 见 (8.7.4). (8.7.13) 则给出了 $m^{(2)}$ 在 L 上的跳跃矩阵, 见 (8.7.8). 同理可积计算 $m^{(1)}$ 和 $m^{(2)}$ 在其他区域 $\Omega_3, \Omega_4, \Omega_5$ 上的变换关系, 以及相应的跳跃矩阵, 见图 8.4.

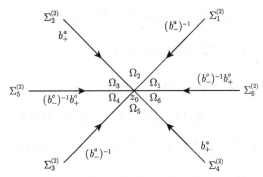

图 8.4　$m^{(2)}(z)$ 的跳跃矩阵和跳跃路径

再证明

$$m^{(2)} \to I, \quad z \to \infty,$$

由于 $m^{(2)}, m^{(1)} \to I, \ z \to \infty$, 以及变换关系 (8.7.4), 只需证明

$$b_-^a, \ b_+^a \to I, \quad z \to \infty.$$

以 b_-^a 为例, 事实上

$$b_-^a = \begin{pmatrix} 1 & 0 \\ \delta_-^{-2} e^{2it\theta}(h_{II,\rho} + [\rho]) & 1 \end{pmatrix}. \qquad (8.7.14)$$

由前面证明 (8.6.5)—(8.6.6), 可知

$$|e^{it\theta} \delta^{-1} h_{I,r}| \leqslant ct^{-1}|z+i|^{-4} \to 0, \quad z \to \infty,$$
$$|e^{it\theta} \delta^{-1}[r]| \leqslant ce^{-4\varepsilon^2 t}|z+i|^{-5} \to 0, \quad z \to \infty.$$

因此

$$\phi \to I, \quad z \to \infty. \qquad (8.7.15)$$

由 (8.7.3), (8.7.15) 可知

$$q = 2i \lim_{z \to \infty} (zm^{(1)})_{12} = 2i \lim_{z \to \infty} (zm^{(2)} \phi^{-1})_{12} = 2i \lim_{z \to \infty} (zm^{(2)})_{12}. \qquad (8.7.16)$$

8.7.2 RH 问题的有理逼近

由 $\Sigma^{(2)}$ 形变到 $\Sigma^{(3)} = L \cup \bar{L} = \Sigma^{(2)} \backslash \mathbb{R}$, 目的评价 h_I, h_{II} 对 RH 问题的解产生的贡献. 根据 Beals-Coifman 定理, 将跳跃矩阵进行分解

$$v^{(2)} = (b_-^{(2)})^{-1} b_+^{(2)},$$

并定义

$$w_\pm^{(2)} = \pm(b_\pm^{(2)} - I), \quad w^{(2)} = w_+^{(2)} + w_-^{(2)},$$

以及 Cauchy 算子

$$(C_\pm f)(z) = \lim_{\substack{z' \to z \\ z' \in \pm\Sigma^{(2)}}} \frac{1}{2\pi i} \int_{\Sigma^{(2)}} \frac{f(\xi)}{\xi - z'} d\xi,$$

$$C_{w^{(2)}} f = C_+(f w_-^{(2)}) + C_-(f w_+^{(2)}).$$

$$\begin{pmatrix} 1 & \delta_+^2 e^{-2it\theta}\left(h_{II, \frac{-\bar{r}}{1-|r|^2}} + \left[\frac{-\bar{r}}{1-|r|^2}\right]\right) \\ 0 & 1 \end{pmatrix} \qquad \begin{pmatrix} 1 & 0 \\ \delta_-^{-2} e^{2it\theta}(h_{II, r} + [r]) & 1 \end{pmatrix}^{-1}$$

$$\Sigma_2^{(2)} \qquad \Sigma_1^{(2)}$$

$$\begin{pmatrix} 1 & 0 \\ \delta_-^{-2} e^{2it\theta} h_{I, r} & 1 \end{pmatrix}^{-1} \begin{pmatrix} 1 & \delta_+^2 e^{-2it\theta} h_{I, \bar{r}} \\ 0 & 1 \end{pmatrix}$$

$$\Sigma_5^{(2)} \qquad \Sigma_6^{(2)}$$

$$\begin{pmatrix} 1 & 0 \\ \delta_-^{-2} e^{2it\theta} h_{I, \frac{-r}{1-|r|^2}} & 1 \end{pmatrix}^{-1} \begin{pmatrix} 1 & \delta_+^2 e^{-2it\theta} h_{I, \frac{-\bar{r}}{1-|r|^2}} \\ 0 & 1 \end{pmatrix}$$

$$\Sigma_3^{(2)} \qquad \Sigma_4^{(2)}$$

$$\begin{pmatrix} 1 & 0 \\ \delta_-^{-2} e^{2it\theta}\left(h_{II, \frac{-r}{1-|r|^2}} + \left[\frac{-r}{1-|r|^2}\right]\right) & 1 \end{pmatrix}^{-1} \qquad \begin{pmatrix} 1 & \delta_+^2 e^{-2it\theta}(h_{II, \bar{r}} + [\bar{r}]) \\ 0 & 1 \end{pmatrix}$$

假设 $\mu^{(2)}$ 为下列方程的解

$$\mu^{(2)} = (1 - C_{w^{(2)}})^{-1} I = I + (1 - C_{w^{(2)}})^{-1} C_{w^{(2)}} I,$$

则根据 Beals-Coifman 定理, RH 问题 (8.7.5)—(8.7.7) 的解可由如下 Cauchy 积分给出

$$m^{(2)} = I + \frac{1}{2\pi i} \int_{\Sigma^{(2)}} \frac{\mu^{(2)}(\xi) w^{(2)}(\xi)}{\xi - z} d\xi.$$

此时

$$q(x,t) = 2i \lim_{z \to \infty} (zm^{(2)})_{12} = -\frac{1}{\pi} \left(\int_{\Sigma^{(2)}} \mu^{(2)}(\xi) w^{(2)}(\xi) d\xi \right)_{12}$$

$$= -\frac{1}{\pi} \left(\int_{\Sigma^{(2)}} [(1 - C_{w^{(2)}})^{-1} I] w^{(2)}(\xi) d\xi \right)_{12}. \tag{8.7.17}$$

进一步分解

$$w^{(2)} = \hat{w} + R, \quad R = R_+ + R_-,$$

其中 $\hat{w}$ 为 $\rho, \bar{\rho}$ 的 h_I 和 h_{II} 部分，而 R 为 $\rho, \bar{\rho}$ 的有理部分. 则在 6 条跳跃线上，分解情况如下：

在 $\Sigma_1^{(2)}$ 上

$$v^{(2)} = \begin{pmatrix} 1 & 0 \\ \delta_-^{-2} e^{2it\theta}(h_{II,r} + [r]) & 1 \end{pmatrix}^{-1}, \quad \hat{w} = \begin{pmatrix} 0 & 0 \\ -\delta_-^{-2} e^{2it\theta} h_{II,r} & 0 \end{pmatrix}, \tag{8.7.18}$$

$$w^{(2)} = \begin{pmatrix} 0 & 0 \\ -\delta_-^{-2} e^{2it\theta}(h_{II,r} + [r]) & 0 \end{pmatrix}, \quad R = \begin{pmatrix} 0 & 0 \\ -\delta_-^{-2} e^{2it\theta} [r] & 0 \end{pmatrix}. \tag{8.7.19}$$

在 $\Sigma_2^{(2)}$ 上

$$v^{(2)} = \begin{pmatrix} 1 & \delta_+^2 e^{-2it\theta} \left(h_{II, \frac{-\bar{r}}{1-|r|^2}} + \left[\frac{-\bar{r}}{1-|r|^2} \right] \right) \\ 0 & 1 \end{pmatrix},$$

$$\hat{w} = \begin{pmatrix} 0 & \delta_+^2 e^{-2it\theta} h_{II, \frac{-\bar{r}}{1-|r|^2}} \\ 0 & 0 \end{pmatrix}, \tag{8.7.20}$$

$$w^{(2)} = \begin{pmatrix} 0 & \delta_+^2 e^{-2it\theta} \left(h_{II, \frac{-\bar{r}}{1-|r|^2}} + \left[\frac{-\bar{r}}{1-|r|^2} \right] \right) \\ 0 & 0 \end{pmatrix},$$

$$R = \begin{pmatrix} 0 & \delta_+^2 e^{-2it\theta} \left[\frac{-\bar{r}}{1-|r|^2} \right] \\ 0 & 0 \end{pmatrix}. \tag{8.7.21}$$

在 $\Sigma_3^{(2)}$ 上

$$v^{(2)} = \begin{pmatrix} 1 & 0 \\ \delta_-^{-2} e^{2it\theta} \left(h_{II, \frac{-r}{1-|r|^2}} + \left[\frac{-r}{1-|r|^2} \right] \right) & 1 \end{pmatrix}^{-1},$$

$$\hat{w} = \begin{pmatrix} 0 & 0 \\ -\delta_-^{-2} e^{2it\theta} h_{II, \frac{-r}{1-|r|^2}} & 0 \end{pmatrix}, \tag{8.7.22}$$

$$w^{(2)} = \begin{pmatrix} 0 & 0 \\ -\delta_-^{-2} e^{2it\theta} \left(h_{II, \frac{-r}{1-|r|^2}} + \left[\frac{-r}{1-|r|^2} \right] \right) & 0 \end{pmatrix},$$

$$R = \begin{pmatrix} 0 & 0 \\ -\delta_-^{-2} e^{2it\theta} \left[\frac{-r}{1-|r|^2} \right] & 0 \end{pmatrix}. \tag{8.7.23}$$

在 $\Sigma_4^{(2)}$ 上

$$v^{(2)} = \begin{pmatrix} 1 & \delta_+^2 e^{-2it\theta} (h_{II, \bar{r}} + [\bar{r}]) \\ 0 & 1 \end{pmatrix}, \quad \hat{w} = \begin{pmatrix} 0 & \delta_+^2 e^{-2it\theta} h_{II, \bar{r}} \\ 0 & 0 \end{pmatrix}, \tag{8.7.24}$$

$$w^{(2)} = \begin{pmatrix} 0 & \delta_+^2 e^{-2it\theta} (h_{II, \bar{r}} + [\bar{r}]) \\ 0 & 0 \end{pmatrix}, \quad R = \begin{pmatrix} 0 & \delta_+^2 e^{-2it\theta} [\bar{r}] \\ 0 & 0 \end{pmatrix}. \tag{8.7.25}$$

在 $\Sigma_5^{(2)}$ 上:

$$v^{(2)} = \begin{pmatrix} 1 & 0 \\ \delta_-^{-2} e^{2it\theta} h_{I, \frac{r}{1-|r|^2}} & 1 \end{pmatrix}^{-1} \begin{pmatrix} 1 & \delta_+^2 e^{-2it\theta} h_{I, \frac{\bar{r}}{1-|r|^2}} \\ 0 & 1 \end{pmatrix}, \tag{8.7.26}$$

$$w^{(2)} = \hat{w} = \begin{pmatrix} 0 & \delta_+^2 e^{-2it\theta} h_{I, \frac{\bar{r}}{1-|r|^2}} \\ -\delta_-^{-2} e^{2it\theta} h_{I, \frac{r}{1-|r|^2}} & 0 \end{pmatrix}, \quad R = 0. \tag{8.7.27}$$

在 $\Sigma_6^{(2)}$ 上

$$v^{(2)} = \begin{pmatrix} 1 & 0 \\ \delta_-^{-2} e^{2it\theta} h_{I, r} & 1 \end{pmatrix}^{-1} \begin{pmatrix} 1 & \delta_+^2 e^{-2it\theta} h_{I, \bar{r}} \\ 0 & 1 \end{pmatrix}, \tag{8.7.28}$$

$$w^{(2)} = \hat{w} = \begin{pmatrix} 0 & \delta_+^2 e^{-2it\theta} h_{I, \bar{r}} \\ -\delta_-^{-2} e^{2it\theta} h_{I, r} & 0 \end{pmatrix}, \quad R = 0. \tag{8.7.29}$$

有理部分 R 在 6 条跳跃曲线 $\Sigma_j^{(2)}$ $(j = 1, \cdots, 6)$ 上的情况见图 8.5. 定义 Cauchy 算子

$$C_R f = C_+(f R_-) + C_-(f R_+), \quad C_{\hat{w}} f = C_+(f \hat{w}_-) + C_-(f \hat{w}_+),$$

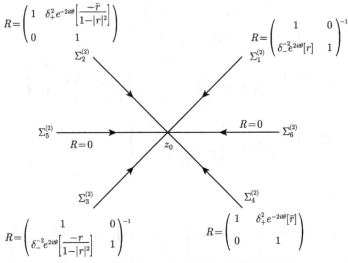

图 8.5　有理部分 R 在 6 条跳跃曲线上的情况

以下证明对 RH 问题解的贡献主要来自散射数据的有理部分, h_I, h_{II} 的贡献为时间 t 的无穷小量,

$$\int_{\Sigma^{(2)}} \mu^{(2)} w^{(2)} = \int_{\Sigma^{(2)}} [(1 - C_{w^{(2)}})^{-1} I] w^{(2)}$$

$$= \int_{\Sigma^{(2)}} [(1 - C_{w^{(2)}})^{-1} (1 - C_{w^{(2)}} + C_{w^{(2)}}) I] w^{(2)}$$

$$= \int_{\Sigma^{(2)}} w^{(2)} + \int_{\Sigma^{(2)}} [(1 - C_{w^{(2)}})^{-1} C_{w^{(2)}} I] w^{(2)}$$

$$= \int_{\Sigma^{(2)}} w^{(2)} + \int_{\Sigma^{(2)}} \{(1 - C_R)^{-1} (1 - C_R)(1 - C_{w^{(2)}})^{-1} C_{w^{(2)}} I\} w^{(2)}$$

$$\underline{\underline{C_{w^{(2)}} = C_{\hat{w}} + C_R}} \int_{\Sigma^{(2)}} w^{(2)}$$

$$+ \int_{\Sigma^{(2)}} \{(1 - C_R)^{-1} (1 - C_{w^{(2)}} + C_{\hat{w}})(1 - C_{w^{(2)}})^{-1} C_{w^{(2)}} I\} w^{(2)}$$

$$= \int_{\Sigma^{(2)}} w^{(2)} + \int_{\Sigma^{(2)}} \{(1 - C_R)^{-1} C_{w^{(2)}} I\} w^{(2)}$$

$$+ \int_{\Sigma^{(2)}} \{(1 - C_R)^{-1} C_{\hat{w}} (1 - C_{w^{(2)}})^{-1} C_{w^{(2)}} I\} w^{(2)}$$

$$\underline{\underline{w^{(2)} = \hat{w} + R}} \int_{\Sigma^{(2)}} R + \int_{\Sigma^{(2)}} \hat{w} + \int_{\Sigma^{(2)}} \{(1 - C_R)^{-1} C_{w^{(2)}} I\} w^{(2)}$$

$$+ \int_{\Sigma^{(2)}} \{(1 - C_R)^{-1} C_{\hat{w}} (1 - C_{w^{(2)}})^{-1} C_{w^{(2)}} I\} w^{(2)}. \tag{8.7.30}$$

注意到上式第三个积分可以写为

$$\int_{\Sigma^{(2)}}\{(1-C_R)^{-1}C_{w^{(2)}}I\}w^{(2)}=\int_{\Sigma^{(2)}}\{(1-C_R)^{-1}(C_{\hat w}+C_R)I\}w^{(2)}$$

$$=\int_{\Sigma^{(2)}}\{(1-C_R)^{-1}C_{\hat w}I\}w^{(2)}+\int_{\Sigma^{(2)}}\{(1-C_R)^{-1}C_RI\}\hat w$$

$$+\int_{\Sigma^{(2)}}\{(1-C_R)^{-1}C_RI\}R$$

$$=\int_{\Sigma^{(2)}}\{(1-C_R)^{-1}C_{\hat w}I\}w^{(2)}+\int_{\Sigma^{(2)}}\{(1-C_R)^{-1}C_RI\}\hat w$$

$$+\int_{\Sigma^{(2)}}\{(1-C_R)^{-1}(1-(1-C_R))I\}R$$

$$=\int_{\Sigma^{(2)}}\{(1-C_R)^{-1}C_{\hat w}I\}w^{(2)}+\int_{\Sigma^{(2)}}\{(1-C_R)^{-1}C_RI\}\hat w$$

$$+\int_{\Sigma^{(2)}}\{(1-C_R)^{-1}I\}R-\int_{\Sigma^{(2)}}R,$$

代入 (8.7.23), 得到

$$\int_{\Sigma^{(2)}}\mu^{(2)}w^{(2)}$$

$$=\int_{\Sigma^{(2)}}\{(1-C_R)^{-1}I\}R+\int_{\Sigma^{(2)}}\hat w+\int_{\Sigma^{(2)}}\{(1-C_R)^{-1}C_{\hat w}I\}w^{(2)}$$

$$+\int_{\Sigma^{(2)}}\{(1-C_R)^{-1}C_RI\}\hat w+\int_{\Sigma^{(2)}}\{(1-C_R)^{-1}C_{\hat w}(1-C_{w^{(2)}})^{-1}C_{w^{(2)}}I\}w^{(2)}$$

$$\triangleq\int_{\Sigma^{(2)}}\{(1-C_R)^{-1}I\}R+I+II+III+IV. \tag{8.7.31}$$

在估计评价四个 I,II,III,IV 对 RH 问题解的贡献之前, 我们先证明如下结论.

我们可以证明如下命题.

命题 8.1　对 $|z_0|\leqslant M$, 当 $t\to\infty$ 时, $(1-C_R)^{-1}$ 存在且一致有界.

$$||(1-C_R)^{-1}||_{L^2(\Sigma^{(2)})\to L^2(\Sigma^{(2)})}\leqslant c.$$

这个命题将在后面给出证明, 基于此命题, 我们可以证明如下推论.

推论 8.1　对于 $|z_0|\leqslant M$, 当 $t\to\infty$ 时, $(1-C_{w^{(2)}})^{-1}$ 存在且一致有界.

$$||(1-C_{w^{(2)}})^{-1}||_{L^2(\Sigma^{(2)})\to L^2(\Sigma^{(2)})}\leqslant c.$$

证明　由于 $C_\pm$ 为 $L^2\to L^2$ 的有界算子, 因此

$$||C_{w^{(2)}}-C_R||_{L^2\to L^2}=||C_{\hat w}||_{L^2\to L^2}=\sup\frac{||C_+(f\hat w_-)+C_-(f\hat w_+)||_{L^2}}{||f||_{L^2}}$$

$$\leqslant \sup \frac{||C_+ f||_{L^2} ||\hat{w}_-||_{L^\infty}}{||f||_{L^2}} + \sup \frac{||C_- f||_{L^2} ||\hat{w}_+||_{L^\infty}}{||f||_{L^2}}$$

$$\leqslant ||C_+||_{L^2 \to L^2} ||\hat{w}_-||_{L^\infty} + ||C_-||_{L^2 \to L^2} ||\hat{w}_+||_{L^\infty} \leqslant ct^{-1}.$$

而

$$(1 - C_{w^{(2)}})^{-1} - (1 - C_R)^{-1} = (1 - C_{w^{(2)}})^{-1} (C_{w^{(2)}} - C_R)(1 - C_R)^{-1},$$

根据第二预解式和命题 8.1, 知道 $(1 - C_{w^{(2)}})^{-1}$ 一致有界.

如下给出 I, II, III, IV 的估计, 首先观察 (8.7.18), (8.7.20), (8.7.22), (8.7.24), (8.7.27), (8.7.29), 可见 $\hat{w}$ 的四个矩阵元素由 $h_{I,\rho}, h_{I,\bar{\rho}}, h_{II,\rho}, h_{II,\bar{\rho}}$ 组成, 再利用定理 8.3, 知道

$$|I| = \left| \int_{\Sigma^{(2)}} \hat{w} \right| \leqslant ||\hat{w}||_{L^1} \leqslant ct^{-1}. \tag{8.7.32}$$

$$|II| = \left| \int_{\Sigma^{(2)}} \{(1 - C_R)^{-1} C_{\hat{w}} I\} w^{(2)} \right| \leqslant ||(1 - C_R)^{-1} C_{\hat{w}} I||_{L^2} ||w^{(2)}||_{L^2}$$

$$\leqslant ||(1 - C_R)^{-1}||_{L^2 \to L^2} ||C_{\hat{w}} I||_{L^2} ||w^{(2)}||_{L^2}$$

$$\leqslant c(||C_+ \hat{w}_-||_{L^2} + ||C_- \hat{w}_+||_{L^2}) ||w^{(2)}||_{L^2}$$

$$\leqslant c||\hat{w}||_{L^2} ||w^{(2)}||_{L^2},$$

而

$$||w^{(2)}||_{L^2} \leqslant ||\hat{w}||_{L^2} + ||R||_{L^2},$$

以及

$$|R| = \left| \frac{\sum_{j=0}^{m} \mu_j (z - z_0)^j}{(z + i)^{m+5}} \right| \leqslant \frac{c}{|z + i|^5} \in L^1 \cap L^\infty \cap L^2.$$

因此

$$|II| \leqslant ct^{-1} + ct^{-2} \leqslant ct^{-1}. \tag{8.7.33}$$

类似地, 我们可以给出以下估计

$$|III| = \left| \int_{\Sigma^{(2)}} \{(1 - C_R)^{-1} C_R I\} \hat{w} \right| \leqslant ||(1 - C_R)^{-1}||_{L^2 \to L^2} ||C_R I||_{L^2} ||\hat{w}||_{L^2}$$

$$\leqslant c(||C_+ R_-||_{L^2} + ||C_- R_+||_{L^2}) ||\hat{w}||_{L^2}$$

$$\leqslant c\|R\|_{L^2}\|\hat{w}\|_{L^2} \leqslant ct^{-1}. \tag{8.7.34}$$

$$|IV| = \left| \int_{\Sigma^{(2)}} \{(1-C_R)^{-1}C_{\hat{w}}(1-C_{w^{(2)}})^{-1}C_{w^{(2)}}I\}w^{(2)} \right|$$

$$\leqslant \|(1-C_R)^{-1}\|_{L^2\to L^2}\|C_{\hat{w}}\|_{L^2\to L^2}\|(1-w^{(2)})^{-1}\|_{L^2\to L^2}(\|C_+w_-^{(2)}\|_{L^2}$$

$$+ \|C_-w_+^{(2)}\|_{L^2})\|w^{(2)}\|_{L^2}$$

$$\leqslant ct^{-1}. \tag{8.7.35}$$

将 (8.7.32)—(8.7.35) 代入 (8.7.30), 有

$$\int_{\Sigma^{(2)}}[(1-C_{w^{(2)}})^{-1}I]w^{(2)} = \int_{\Sigma^{(2)}}[(1-C_R)^{-1}I]R + O(t^{-1}). \tag{8.7.36}$$

再代入 (8.7.17), 并注意到在实轴 $\mathbb{R}$ 上, $R = 0$, 见图 8.6, 记 $\Sigma^{(3)} = \Sigma^{(2)}\backslash\mathbb{R}$, $w^{(3)} = R$, 便有

$$q(x,t) = -\frac{1}{\pi}\left(\int_{\Sigma^{(2)}}[(1-C_R)^{-1}I]R(\xi)d\xi\right)_{12} + o(t^{-1})$$

$$= -\frac{1}{\pi}\left(\int_{\Sigma^{(3)}}[(1-C_{w^{(3)}})^{-1}I]w^{(3)}(\xi)d\xi\right)_{12} + o(t^{-1})$$

$$= 2i\lim_{z\to\infty}(zm^{(3)})_{12} + o(t^{-1}) = 2i(m_1^{(3)})_{12} + o(t^{-1}), \tag{8.7.37}$$

其中

$$m^{(3)} = I + m_1^{(3)}/z + \cdots .$$

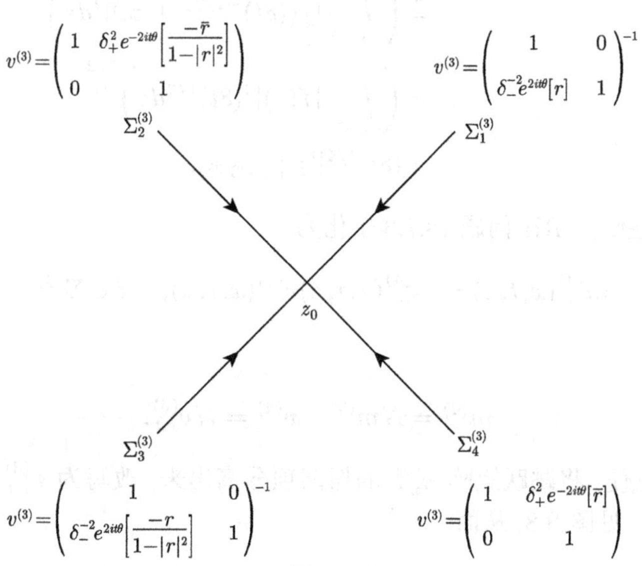

图 8.6 $\Sigma^{(3)}$ 上的跳跃矩阵

而 $m^{(3)}$ 为下列 RH 问题的解

- $m^{(3)}$ 在 $C \setminus \Sigma^{(3)}$ 上解析,
- $m_+^{(3)}(x,t,z) = m_-^{(3)}(x,t,z)v_{x,t}^{(3)}(x,t,z), \quad z \in \Sigma^{(3)},$　　　　(8.7.38)
- $m^{(3)}(x,t,z) \longrightarrow I, \qquad z \to \infty.$

注 8.4　由 $m^{(2)}$ 的 RH 问题到 $m^{(3)}$ 的 RH 问题不再是等价的, 用 $m^{(3)}$ 的解替代 $m^{(2)}$ 的解, 它们之间相差一个关于时间 t 的无穷小量.

8.7.3　RH 问题的尺度化

由 $\Sigma^{(3)}$ 形变到 $\Sigma^{(4)} = \Sigma^{(3)} - z_0$, 作平移尺度化变换

$$z = (8t)^{-1/2}\bar{z} + z_0 \longleftrightarrow \bar{z} = (8t)^{1/2}(z - z_0).　　　　(8.7.39)$$

将相位点 z_0 平移到原点. 考虑尺度算子图 8.7.

$$N : \Sigma^{(3)} \longrightarrow \Sigma^{(4)},$$
$$f \longrightarrow Nf(z) = f[(8t)^{-1/2}\bar{z} + z_0] \triangleq f[(8t)^{-1/2}z + z_0].　　　　(8.7.40)$$

范数为

$$\begin{aligned}
\|Nf(z)\|_{L^2(\Sigma^{(4)})} &= \left(\int_{\Sigma^{(4)}} |Nf(z)|^2 dz \right)^{1/2} \\
&= \left(\int_{\Sigma^{(4)}} |f((8t)^{-1/2}z + z_0)|^2 dz \right)^{1/2} \\
&= \left(\int_{\Sigma^{(3)}} |f(z)|^2 (8t)^{1/2} dz \right)^{1/2} \\
&= (8t)^{1/4} \|f\|_{L^2(\Sigma^{(3)})}.
\end{aligned}$$

则在尺度化变换下, RH 问题 (8.7.38) 化为

$$m_+^{(4)}(x,t,z) = m_-^{(4)}(x,t,z)v^{(4)}(x,t,z), \quad z \in \Sigma^{(3)},　　　　(8.7.41)$$

其中

$$m^{(4)} = Nm^{(3)}, \quad v^{(4)} = Nv_{x,t}^{(3)}.$$

为讨论方便, 将跳跃矩阵 $v_{x,t}^{(3)}$ 的振荡项分离出来, 改写为 $v_{x,t}^{(3)} = \delta^{\hat{\sigma}_3} e^{-it\theta\hat{\sigma}_3} \cdot v^{(3)}$, 其中 $v^{(3)}$ 见图 8.8, 从而

$$v^{(4)} = Nv_{x,t}^{(3)} = N(\delta^{\hat{\sigma}_3} e^{-it\theta\hat{\sigma}_3} v^{(3)}) = N(\delta e^{-it\theta})^{\hat{\sigma}_3} Nv^{(3)},　　　　(8.7.42)$$

$$N(\delta(z)e^{-it\theta(z)}) = \delta[(8t)^{-1/2}z + z_0]\exp\{-it\theta[(8t)^{-1/2}z + z_0]\}. \tag{8.7.43}$$

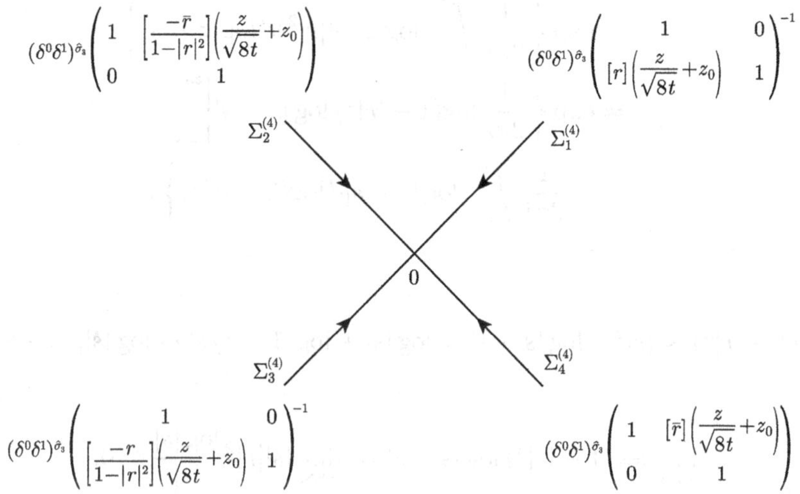
$(\delta^0\delta^1)^{\hat{\sigma}_3}\begin{pmatrix} 1 & \left[\frac{-\bar{r}}{1-|r|^2}\right]\left(\frac{z}{\sqrt{8t}}+z_0\right) \\ 0 & 1 \end{pmatrix}$
$(\delta^0\delta^1)^{\hat{\sigma}_3}\begin{pmatrix} 1 & 0 \\ [r]\left(\frac{z}{\sqrt{8t}}+z_0\right) & 1 \end{pmatrix}^{-1}$
$\Sigma_2^{(4)}$
$\Sigma_1^{(4)}$
0
$\Sigma_3^{(4)}$
$\Sigma_4^{(4)}$
$(\delta^0\delta^1)^{\hat{\sigma}_3}\begin{pmatrix} 1 & 0 \\ \left[\frac{-r}{1-|r|^2}\right]\left(\frac{z}{\sqrt{8t}}+z_0\right) & 1 \end{pmatrix}^{-1}$
$(\delta^0\delta^1)^{\hat{\sigma}_3}\begin{pmatrix} 1 & [\bar{r}]\left(\frac{z}{\sqrt{8t}}+z_0\right) \\ 0 & 1 \end{pmatrix}$

图 8.7 $\Sigma^{(4)}$ 上的跳跃矩阵

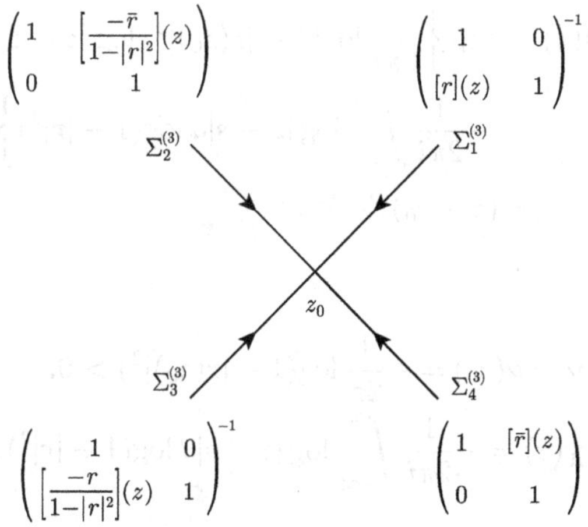
$\begin{pmatrix} 1 & \left[\frac{-\bar{r}}{1-|r|^2}\right](z) \\ 0 & 1 \end{pmatrix}$
$\begin{pmatrix} 1 & 0 \\ [r](z) & 1 \end{pmatrix}^{-1}$
$\Sigma_2^{(3)}$
$\Sigma_1^{(3)}$
z_0
$\Sigma_3^{(3)}$
$\Sigma_4^{(3)}$
$\begin{pmatrix} 1 & 0 \\ \left[\frac{-r}{1-|r|^2}\right](z) & 1 \end{pmatrix}^{-1}$
$\begin{pmatrix} 1 & [\bar{r}](z) \\ 0 & 1 \end{pmatrix}$

图 8.8 $\Sigma^{(3)}$ 上的跳跃矩阵

由于

$$\theta(z) = 2(z - z_0)^2 - 2z_0^2,$$

因此

$$N\theta(z) = \theta[(8t)^{-1/2}z + z_0] = 2\left(\frac{z}{\sqrt{8t}}\right)^2 - 2z_0^2 = \frac{z^2}{4t} - 2z_0^2,$$

$$Ne^{-it\theta(z)} = e^{-itN\theta(z)} = e^{-iz^2/4}e^{2itz_0^2}. \tag{8.7.44}$$

$$\delta(z) = \exp\left\{\frac{1}{2\pi i}\int_{-\infty}^{z_0}(s-z)^{-1}\log(1-|r|^2)ds\right\}$$

$$= \exp\left\{\frac{1}{2\pi i}\int_{-\infty}^{z_0}\log(1-|r|^2)d\log|z-s|\right\}$$

$$= \exp\left\{\frac{1}{2\pi i}\log(1-|r|^2)\log|z-s|\Big|_{-\infty}^{z_0}\right.$$

$$\left.-\frac{1}{2\pi i}\int_{-\infty}^{z_0}\log|z-s|d\log(1-|r|^2)\right\},$$

而

$$\log(1-|r|^2)\sim|r|^2,\quad \log|s-z|=\log|s|+\log|1-z/s|\sim\log|s|,\quad s\to\infty.$$

因此

$$\lim_{s\to\infty}\log(1-|r|^2)\log|s-z|=\lim_{s\to\infty}|s||r|^2\frac{\log|s|}{|s|}=0.$$

代入上式

$$\delta(z)=\exp\left\{\frac{1}{2\pi i}\log(1-|r(z_0)|^2)\log|z-z_0|\right.$$

$$\left.-\frac{1}{2\pi i}\int_{-\infty}^{z_0}\log|z-s|d\log(1-|r|^2)\right\}$$

$$=(z-z_0)^{i\nu}e^{\chi(z)},$$

其中

$$\nu=\nu(z_0)=-\frac{1}{2\pi}\log(1-|r(z_0)|^2)>0, \tag{8.7.45}$$

$$\chi(z)=-\frac{1}{2\pi i}\int_{-\infty}^{z_0}\log|z-s|d\log(1-|r|^2), \tag{8.7.46}$$

这里我们选取 log 的分支为 $\mathbb{R}_+$ 上取实数, 为保证单值性, 沿负实轴 $\mathbb{R}_-=(-\infty,0)$ 割开, 则

$$(z-z_0)^{i\nu}=\exp[i\nu(\log|z-z_0|)+i\arg(z-z_0)], \tag{8.7.47}$$

$$-\pi<\arg(z-z_0)<\pi. \tag{8.7.48}$$

我们关心的是 $\Sigma^{(3)}$ 上的 z 值, 因此 $z-z_0$ 不在割线上, 在 $\Sigma^{(4)}$ 上,

$$N\delta(z)=\delta((8t)^{-1/2}z+z_0)=(8t)^{-i\nu/2}z^{i\nu}e^{\chi((8t)^{-1/2}z+z_0)}. \tag{8.7.49}$$

由 (8.7.44) 和 (8.7.49), 得到

$$N(\delta(z)e^{-it\theta(z)}) = e^{-i\nu/2\log(8t)}e^{2itz_0^2}z^{i\nu}e^{-iz^2/4}e^{\chi((8t)^{-1/2}z+z_0)} = \delta^0\delta^1, \qquad (8.7.50)$$

其中

$$\delta^0 = (8t)^{-i\nu/2}e^{\chi(z_0)}e^{2itz_0^2}, \quad \delta^1 = z^{i\nu}e^{\chi(\frac{z}{\sqrt{8t}}+z_0)-\chi(z_0)}e^{-iz^2/4}.$$

而

$$Nv^{(3)}(z) = v^{(3)}((8t)^{-1/2}z+z_0).$$

因此, 在尺度变换之下, 跳跃矩阵 $v^{(3)}(z)$ 的情况见图 8.7.

由于

$$m^{(4)} = Nm^{(3)}(z) = m^{(3)}((8t)^{-1/2}\tilde{z}+z_0)$$
$$= I + \frac{m_1^{(3)}}{(8t)^{-1/2}z+z_0} + \cdots = I + \frac{m_1^{(4)}}{z} + \cdots,$$

两边乘 z, 并令 $z \to \infty$, 则

$$m_1^{(4)} = (8t)^{1/2}m_1^{(3)}.$$

代入 (8.7.37), 则有

$$q(x,t) = \frac{i}{\sqrt{2t}}(m_1^{(4)})_{12} + O(t^{-1}). \qquad (8.7.51)$$

最后, 我们总结如下结果, 在尺度化变换下, RH 问题 (8.7.38) 化为

- $m^{(4)}(x,t,z)$ 在 $\mathbb{C} \setminus \Sigma^{(4)}$ 内解析,
- $m_+^{(4)}(x,t,z) = m_-^{(4)}(x,t,z)v^{(4)}(x,t,z), \quad z \in \Sigma^{(4)},$ (8.7.52)
- $m^{(4)}(x,t,z) \longrightarrow I, \qquad z \to \infty.$

NLS 方程的解为

$$q(x,t) = \frac{i}{\sqrt{2t}}(m_1^{(4)})_{12} + O(t^{-1}), \qquad (8.7.53)$$

其中 $m^{(4)} = m_0^{(4)} + m_1^{(4)}/z + \cdots.$

8.7.4　去除 RH 问题的振荡因子

由 $\Sigma^{(4)}$ 形变到 Σ^N, 目的去除 $C_R = C_{w^{(3)}}$ 中的振荡 δ^0. 定义右乘算子

$$\Delta^0 \phi(z) = \phi(z)(\delta^0)^{\sigma_3},$$

则

$$\Delta^0 (\Delta^0)^* \phi(z) = \phi(z)[(\delta^0)^{\sigma_3}]^*(\delta^0)^{\sigma_3} = \phi(z)(|\delta^0|^2)^{\sigma_3} = \phi(z),$$

因此 Δ^0 为酉算子. 评估尺度算子 N 在 $C_{w^{(3)}}(\cdot) = C_+(\cdot w^{(3)}_-) + C_-(\cdot w^{(3)}_+)$ 作用, 定义算子

$$C_{w^N} = \Delta^0 N C_{w^{(3)}} N^{-1} (\Delta^0)^{-1} = \Delta^0 w^{(4)} (\Delta^0)^{-1},$$

则

$$
\begin{aligned}
C_{w^N} f(z) &= \Delta^0 N C_{w^{(3)}} N^{-1} (\Delta^0)^{-1} f(z) = C_{w^{(3)}} N^{-1} (\Delta^0)^{-1} f((8t)^{-1/2} z + z_0)(\delta^0)^{\sigma_3} \\
&= \Big(C_+((N^{-1}(\Delta^0)^{-1} f) w^{(3)}_-)((8t)^{-1/2} z + z_0) \\
&\quad + C_-((N^{-1}(\Delta^0)^{-1} f) w^{(3)}_+)((8t)^{-1/2} z + z_0) \Big) (\delta^0)^{\sigma_3} \\
&= \Big(\frac{1}{2\pi i} \int \frac{[N^{-1}(\delta^0)^{-\sigma_3} f(s)] w^{(3)}_-(s)}{s - ((8t)^{-1/2} z + z_0)_+} ds \\
&\quad + \frac{1}{2\pi i} \int \frac{[N^{-1}(\delta^0)^{-\sigma_3} f(s)] w^{(3)}_+(s)}{s - ((8t)^{-1/2} z + z_0)_-} ds \Big) (\delta^0)^{\sigma_3} \\
&= \Big(\frac{1}{2\pi i} \int \frac{[f((8t)^{1/2}(s - z_0))(\delta^0)^{-\sigma_3}] w^{(3)}_-(s)}{s - ((8t)^{-1/2} z + z_0)_+} ds \\
&\quad + \frac{1}{2\pi i} \int \frac{[f((8t)^{1/2}(s - z_0))(\delta^0)^{-\sigma_3}] w^{(3)}_+(s)}{s - ((8t)^{-1/2} z + z_0)_-} ds \Big) (\delta^0)^{\sigma_3} \\
&\xrightarrow{s \to (8t)^{-1/2} s + z_0} \Big(\frac{1}{2\pi i} \int \frac{[f(s)(\delta^0)^{-\sigma_3}] w^{(3)}_-((8t)^{-1/2} s + z_0)(8t)^{-1/2}}{(8t)^{-1/2} s + z_0 - ((8t)^{-1/2} z + z_0)_+} ds \\
&\quad + \frac{1}{2\pi i} \int \frac{[f(s)(\delta^0)^{-\sigma_3}] w^{(3)}_+((8t)^{-1/2} s + z_0)(8t)^{-1/2}}{(8t)^{-1/2} s + z_0 - ((8t)^{-1/2} z + z_0)_-} ds \Big) (\delta^0)^{\sigma_3} \\
&= C_+[f((\delta^0)^{-\sigma_3}(N w^{(3)}_-)(\delta^0)^{\sigma_3})] + C_-[f((\delta^0)^{-\sigma_3}(N w^{(3)}_+)(\delta^0)^{\sigma_3})] \\
&\triangleq C_{w^N} f,
\end{aligned}
$$

$$(8.7.54)$$

其中

$$w_{\pm}^N = (\delta^0)^{-\hat{\sigma}_3} w_{\pm}^{(4)} = (\delta^0)^{-\hat{\sigma}_3} (N w_{\pm}^{(3)}),$$
$$w^N = w_+^N + w_-^N, \quad v^N = (I - w_-^N)^{-1}(I + w_+^N). \tag{8.7.55}$$

基于上述结果, 可以证明

$$v^N = (I - (\delta^0)^{-\hat{\sigma}_3} w_-^{(4)})^{-1}(I + (\delta^0)^{-\hat{\sigma}_3} w_+^{(4)})$$
$$= (\delta^0)^{-\hat{\sigma}_3}(I - w_-^{(4)})^{-1}(I + w_+^{(4)}) = (\delta^0)^{-\hat{\sigma}_3} v^{(4)}.$$

令 $m^N = (\delta^0)^{-\hat{\sigma}_3} m^{(4)}$, 则

$$m_+^N = (\delta^0)^{-\sigma_3} m_+^{(4)} (\delta^0)^{\sigma_3} = (\delta^0)^{-\sigma_3} m_-^{(4)} v^{(4)} (\delta^0)^{\sigma_3}$$
$$= (\delta^0)^{-\sigma_3} m_-^{(4)} (\delta^0)^{\sigma_3} (\delta^0)^{-\sigma_3} v^{(4)} (\delta^0)^{\sigma_3} = m_-^N v^N.$$

由 $m^N = (\delta^0)^{-\hat{\sigma}_3} m^{(4)}$, 可得到

$$m_1^{(4)} = (\delta^0)^{\hat{\sigma}_3} m_1^N,$$

因此

$$q(x,t) = \frac{i}{\sqrt{2t}}(m_1^{(4)})_{12} + O(t^{-1}) = \frac{i}{\sqrt{2t}}(\delta^0)^2 (m_1^N)_{12} + O(t^{-1}).$$

概括以上结果, 我们获得关于 (v^N, Σ^N) 的如下 RH 问题:

- $m^N(x,t,z)$ 在 $C \setminus \Sigma^N$ 内解析,
- $m_+^N(x,t,z) = m_-^N(x,t,z) v^N(x,t,z), \quad z \in \Sigma^N,$ \quad (8.7.56)
- $m^N(x,t,z) \longrightarrow I, \qquad z \to \infty,$

NLS 方程的解为

$$q(x,t) = \frac{i}{\sqrt{2t}}(\delta^0)^2 (m_1^N)_{12} + O(t^{-1}). \tag{8.7.57}$$

其中跳跃矩阵 v^N 如图 8.9.

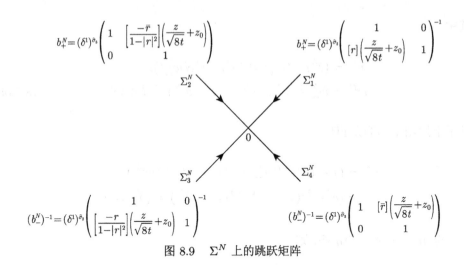

$$b_+^N = (\delta^1)^{\hat{\sigma}_3} \begin{pmatrix} 1 & \left[\dfrac{-\bar{r}}{1-|r|^2}\right]\left(\dfrac{z}{\sqrt{8t}}+z_0\right) \\ 0 & 1 \end{pmatrix} \qquad\qquad b_+^N = (\delta^1)^{\hat{\sigma}_3} \begin{pmatrix} 1 & 0 \\ [r]\left(\dfrac{z}{\sqrt{8t}}+z_0\right) & 1 \end{pmatrix}^{-1}$$

$$(b_-^N)^{-1} = (\delta^1)^{\hat{\sigma}_3} \begin{pmatrix} 1 & 0 \\ \left[\dfrac{-r}{1-|r|^2}\right]\left(\dfrac{z}{\sqrt{8t}}+z_0\right) & 1 \end{pmatrix}^{-1} \qquad\qquad (b_-^N)^{-1} = (\delta^1)^{\hat{\sigma}_3} \begin{pmatrix} 1 & [\bar{r}]\left(\dfrac{z}{\sqrt{8t}}+z_0\right) \\ 0 & 1 \end{pmatrix}$$

图 8.9　Σ^N 上的跳跃矩阵

8.7.5　对 RH 问题取极限

这里我们通过取极限, 跳跃曲线 Σ^N 形变到 Σ^∞, 将 RH 问题归结到相位点上的 RH 问题. 由于当 $t \to \infty$ 时, $(8t)^{-1/2}z + z_0 \to z_0$, 因此

$$\delta^1 = z^{i\nu} e^{\chi\left(\frac{z}{\sqrt{8t}}+z_0\right)-\chi(z_0)} e^{-iz^2/4} \to z^{i\nu} e^{-iz^2/4}.$$

从前面散射数据 $r(z)$ 的如下有理逼近形式

$$r(z) = [r(z)] + \frac{1}{5!(z+i)^5}\int_{z_0}^z [(z+i)^5 r(\lambda)]^{(6)}(z-\lambda)^5 d\lambda$$

中, 可以看出 $[r(z_0)] = r(z_0)$. 因此

$$[r]\left(\frac{z}{\sqrt{8t}} + z_0\right) \to [r(z_0)] = r(z_0).$$

对于其余三个散射数据也有类似结果,

$$[\bar{r}]\left(\frac{z}{\sqrt{8t}} + z_0\right) \to \bar{r}(z_0),$$

$$\left[\frac{-r}{1-|r|^2}\right]\left(\frac{z}{\sqrt{8t}} + z_0\right) \to \frac{-r(z_0)}{1-|r(z_0)|^2},$$

$$\left[\frac{-\bar{r}}{1-|r|^2}\right]\left(\frac{z}{\sqrt{8t}} + z_0\right) \to \frac{-\bar{r}(z_0)}{1-|r(z_0)|^2},$$

因此, 当 $t \to \infty$ 时, 我们有

$$v^N(x,t,z) \to v^\infty(x,t,z).$$

跳跃矩阵 v^∞ 的情况见图 8.10. 从而获得 $(v^\infty, \Sigma^\infty)$ 的 RH 问题:

- $m^\infty(x, t, z)$ 在 $\mathbb{C} \setminus \Sigma^\infty$ 内解析,

- $m_+^\infty(x, t, z) = m_-^\infty(x, t, z) v^\infty(x, t, z), \quad z \in \Sigma^\infty,$ (8.7.58)

- $m^\infty(x, t, z) \longrightarrow I, \qquad z \to \infty,$

其中 $\Sigma^\infty = \Sigma^N$.

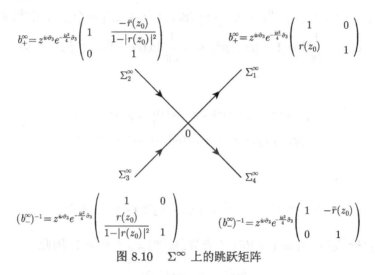

$$b_+^\infty = z^{i\nu\hat{\sigma}_3} e^{-\frac{iz^2}{4}\hat{\sigma}_3} \begin{pmatrix} 1 & \dfrac{-\bar{r}(z_0)}{1-|r(z_0)|^2} \\ 0 & 1 \end{pmatrix} \qquad b_+^\infty = z^{i\nu\hat{\sigma}_3} e^{-\frac{iz^2}{4}\hat{\sigma}_3} \begin{pmatrix} 1 & 0 \\ r(z_0) & 1 \end{pmatrix}$$

$$(b_-^\infty)^{-1} = z^{i\nu\hat{\sigma}_3} e^{-\frac{iz^2}{4}\hat{\sigma}_3} \begin{pmatrix} 1 & 0 \\ \dfrac{r(z_0)}{1-|r(z_0)|^2} & 1 \end{pmatrix} \qquad (b_-^\infty)^{-1} = z^{i\nu\hat{\sigma}_3} e^{-\frac{iz^2}{4}\hat{\sigma}_3} \begin{pmatrix} 1 & -\bar{r}(z_0) \\ 0 & 1 \end{pmatrix}$$

图 8.10 Σ^∞ 上的跳跃矩阵

以下我们证明当 $t \to \infty$ 时, RH 问题 (v^N, Σ^N) 的解 m^N 收敛于 RH 问题 $(v^\infty, \Sigma^\infty)$ 的解 $m^{(\infty)}$, 关键证明如下估计

$$\|v^N - v^\infty\|_{L^1 \cap L^\infty(\Sigma^\infty)} \leqslant ct^{-1/2} \log t,$$

为此, 我们只需证明散射数据的逼近性质.

定理 8.4 设 β 为固定常数, 并满足 $0 < 2\beta < 1$, 则存在常数 c, 使得

$$\|v^N - v^\infty\|_{L^1 \cap L^\infty(\Sigma^\infty)} \leqslant ct^{-1/2} \log t.$$ (8.7.59)

证明 对于 $z \in \Sigma_1^\infty$,

$$|[r]((8t)^{-1/2}z + z_0)(\delta^1)^{-2} - r(z_0)z^{2i\nu}e^{-iz^2/4}|$$
$$= |[r]((8t)^{-1/2}z + z_0)z^{-2i\nu}e^{-2\{\chi(\frac{z}{\sqrt{8t}} + z_0) - \chi(z_0)\}}e^{iz^2/2} - r(z_0)z^{2i\nu}e^{-iz^2/4}|$$
$$= |e^{i\beta z^2/2}([r]((8t)^{-1/2}z + z_0) - r(z_0))z^{-2i\nu}e^{-2\{\chi(\frac{z}{\sqrt{8t}} + z_0) - \chi(z_0)\}}e^{iz^2(1-2\beta)/2}$$
$$+ e^{i\beta z^2/2}(e^{-2\{\chi(\frac{z}{\sqrt{8t}} + z_0) - \chi(z_0)\}} - 1)r(z_0)z^{2i\nu}e^{iz^2(1-2\beta)/2}|.$$

对于 $z \in \Sigma_1^\infty : z = ue^{i\pi/4}$, 有 $\mathrm{Re}(iz^2) = -u^2 \leqslant 0$. 因此

$$|e^{i\beta z^2/2}| \leqslant 1, \quad |e^{iz^2(1-2\beta)/2}| \leqslant 1.$$
$$[r](z) = \frac{\sum \mu_j(z-z_0)^j}{(z+i)^{10}} = O((z+i)^{-5}) \to 0, \quad z \to \infty.$$

因此

$$|r(z_0)| = O(|z+i|^{-10}) \leqslant c, \quad |[r]((8t)^{-1/2}z+z_0)| = O(|z+i|^{-5}) \leqslant c,$$
$$\nu = -\frac{1}{2\pi}\log(1-|r(z_0)|^2) \leqslant -\frac{1}{2\pi}\log(1-\|r(z)\|_{L^\infty}^2) < \infty,$$

因此

$$|z^{-2i\nu}| = |e^{-2i\nu(\log|z|+i\pi/4)}| = e^{-\pi\nu/2} \leqslant c,$$
$$N\delta = (8t)^{-i\nu/2}z^{i\nu}e^{\chi(z_0)}e^{\chi(\frac{z}{\sqrt{8t}}+z_0)-\chi(z_0)}.$$

因此

$$e^{-2\{\chi(\frac{z}{\sqrt{8t}}+z_0)-\chi(z_0)\}} = (N\delta)^{-2}z^{2i\nu}(8t)^{-2i\nu/2}e^{2\chi(z_0)},$$

由于 $|(8t)^{-2i\nu/2}e^{2\chi(z_0)}| = 1$, $(N\delta)^{-2}$ 有界, $|z^{2i\nu}| = e^{-\nu/2} < 1$, 因此

$$|e^{-2\{\chi(\frac{z}{\sqrt{8t}}+z_0)-\chi(z_0)\}}| \leqslant c.$$

$$e^{i\beta z^2/2}([r]((8t)^{-1/2}z+z_0)-r(z_0))|$$
$$\leqslant |z|e^{\beta \mathrm{Re}(iz^2)/2}\|[r]'\|_{L^\infty}(8t)^{-1/2} \leqslant ct^{-1/2},$$

$$|e^{i\beta z^2/2}(e^{-2\{\chi((8t)^{-1/2}z+z_0)-\chi(z_0)\}}-1)|$$
$$= |e^{i\beta z^2/2}|\left|-2\int_0^1 e^{-2s\{\chi((8t)^{-1/2}z+z_0)-\chi(z_0)\}}ds[\chi((8t)^{-1/2}z+z_0)-\chi(z_0)]\right|$$
$$\leqslant \sup_{0\leqslant s\leqslant 1}|e^{-2s\{\chi((8t)^{-1/2}z+z_0)-\chi(z_0)\}}||2e^{i\beta z^2/2}[\chi((8t)^{-1/2}z+z_0)-\chi(z_0)]|$$
$$\leqslant c|e^{i\beta z^2/2}((8t)^{-1/2}z+z_0)-\chi(z_0)|, \tag{8.7.60}$$

而对于 $z \in \Sigma_1^\infty$,

$$|e^{i\beta z^2/2}(\chi((8t)^{-1/2}z+z_0)-\chi(z_0))|$$
$$= \left|e^{i\beta z^2/2}\frac{1}{2\pi i}\int_{-\infty}^{z_0}[\log((8t)^{-1/2}z+z_0-s)-\log(z_0-s)]d\log(1-|r|^2)\right|$$

$$= \left| \frac{e^{i\beta z^2/2}}{2\pi} \int_{-\infty}^{z_0} \log \frac{(8t)^{-1/2}z + z_0 - s}{z_0 - s} d\log(1 - |r(s)|^2) \right|$$

$$= \left| \frac{e^{i\beta z^2/2}}{2\pi} \int_0^{\infty} \log \frac{(8t)^{-1/2}z + s}{s} d\log(1 - |r(z_0 - s)|^2) \right|$$

$$\leqslant \left| \frac{e^{i\beta z^2/2}}{2\pi} \int_1^{\infty} \log\left(1 + \frac{z}{(8t)^{1/2}s}\right) g(s)ds \right| + \left| \frac{e^{i\beta z^2/2}}{2\pi} g(0) \int_0^1 \log \frac{(8t)^{-1/2}z + s}{s} ds \right|$$

$$+ \left| \frac{e^{i\beta z^2/2}}{2\pi} \int_0^1 \log\left(1 + \frac{z}{(8t)^{1/2}s}\right) [g(s) - g(0)]ds \right|, \tag{8.7.61}$$

其中

$$g(s) = \partial_s \log(1 - |r(z_0 - s)|^2).$$

注意到不等式

$$|\log(1 + w)| \leqslant |w|, \quad \mathrm{Re}w \geqslant 0,$$

则

$$\left| \log\left(1 + \frac{z}{(8t)^{1/2}s}\right) \right| \leqslant \left| \frac{z}{(8t)^{1/2}s} \right|,$$

利用这个不等式, (8.7.61) 的第一、第三项之和可估计如下

$$\left| \frac{e^{i\beta z^2/2}}{2\pi} \int_1^{\infty} \log\left(1 + \frac{z}{(8t)^{1/2}s}\right) g(s)ds \right|$$

$$+ \left| \frac{e^{i\beta z^2/2}}{2\pi} \int_0^1 \log\left(1 + \frac{z}{(8t)^{1/2}s}\right) [g(s) - g(0)]ds \right|$$

$$\leqslant \left| \frac{e^{i\beta z^2/2}}{2\pi} \right| \int_1^{\infty} \left| \frac{z}{(8t)^{1/2}s} \right| |g(s)|ds + \left| \frac{e^{i\beta z^2/2}}{2\pi} \right| \int_0^1 \left| \frac{z}{(8t)^{-1/2}} \right| \left| \frac{g(s) - g(0)}{s} \right| ds$$

$$\leqslant \left| \frac{ze^{i\beta z^2/2}}{2\pi} \right| \frac{1}{(8t)^{1/2}} \left| \int_1^{\infty} \frac{g}{s} ds \right| + \left| \frac{ze^{i\beta z^2/2}}{2\pi} \right| \frac{1}{(8t)^{1/2}} \int_0^1 \|g'(s)\|_{L^\infty} ds$$

$$\leqslant ct^{-1/2}. \tag{8.7.62}$$

第二项估计如下

$$\int_0^1 \log \frac{(8t)^{-1/2}z + s}{s} ds = \int_0^1 [\log((8t)^{-1/2}z + s) - \log s]ds$$

$$= \{((8t)^{-1/2}z + s)\log((8t)^{-1/2}z + s) - ((8t)^{-1/2}z + s)\}\Big|_0^1 - \{s\log s - s\}\Big|_0^1$$

$$= ((8t)^{-1/2}z + 1)\log((8t)^{-1/2}z + 1) - (8t)^{-1/2}z\log(8t)^{-1/2}z.$$

因此, 对于 $z \in \Sigma_1^\infty$,

$$\left| e^{i\beta z^2/2} \int_0^1 \log \frac{(8t)^{-1/2}z + s}{s} ds \right|$$

$$\leqslant \left| (8t)^{-1/2} \left| z e^{i\beta z^2/2} \right| (1 + (8t)^{-1/2}z) \right| + \left| z e^{i\beta z^2/2} \right| \left| \frac{\log(8t)^{-1/2}}{(8t)^{1/2}} \right| + \left| \frac{e^{i\beta z^2/2} z \log z}{(8t)^{1/2}} \right|$$

$$\leqslant ct^{-1/2}(1 + \log t) \leqslant ct^{-1/2}\log t, \quad t \geqslant 2. \tag{8.7.63}$$

由 (8.7.62), (8.7.63) 可见, (8.7.61) 的三项属于 L^1, L^∞, 于是得到

$$\| [r]((8t)^{-1/2}z + z_0)(\delta^1)^{-2} - r(z_0)z^{i\nu}e^{-iz^2/4} \|_{L^1 \cap L^\infty(\Sigma_1^\infty)} \leqslant ct^{-1/2}\log t. \tag{8.7.64}$$

同理, 在 $\Sigma_2^\infty, \Sigma_3^\infty, \Sigma_4^\infty, \Sigma_5^\infty, \Sigma_6^\infty$ 上也有类似的结果, 于是在 Σ^∞ 上, 有

$$\| v^N - v^\infty \|_{L^1 \cap L^\infty(\Sigma^\infty)} \leqslant ct^{-1/2}\log t.$$

定理 8.5　对 $t > 2$,

$$\| w^N - w^\infty \|_{L^1 \cap L^\infty(\Sigma^\infty)} \leqslant ct^{-1/2}\log t. \tag{8.7.65}$$

$$\| C^N - C_{w^\infty} \|_{L^2(\Sigma^{(4)}) \to L^2(\Sigma^{(4)})} \leqslant ct^{-1/2}\log t,$$

证明　在 Σ_1^N 上:

$$w^N = \begin{pmatrix} 0 & 0 \\ [r]((8t)^{-1/2}z + z_0)(\delta^1)^{-2} & 0 \end{pmatrix}, \quad w^\infty = \begin{pmatrix} 0 & 0 \\ r(z_0)z^{-2i\nu}e^{iz^2/2} & 0 \end{pmatrix},$$

在 Σ_2^N 上:

$$w^N = \begin{pmatrix} 0 & -\left[\dfrac{\bar{r}}{1 - |r|^2}\right]((8t)^{-1/2}z + z_0)(\delta^1)^2 \\ 0 & 0 \end{pmatrix},$$

$$w^\infty = \begin{pmatrix} 0 & -\dfrac{\bar{r}(z_0)}{1 - |r(z_0)|^2}z^{-2i\nu}e^{iz^2/2} \\ 0 & 0 \end{pmatrix},$$

在 Σ_3^N 上:

$$w^N = \begin{pmatrix} 0 & 0 \\ \left[\dfrac{r}{1 - |r|^2}\right]((8t)^{-1/2}z + z_0)(\delta^1)^{-2} & 0 \end{pmatrix},$$

$$w^\infty = \begin{pmatrix} 0 & 0 \\ \dfrac{r(z_0)}{1 - |r(z_0)|^2}z^{-2i\nu}e^{iz^2/2} & 0 \end{pmatrix},$$

在 Σ_4^N 上:

$$w^N = \begin{pmatrix} 0 & [\bar{r}]\left((8t)^{-1/2}z + z_0\right)(\delta^1)^2 \\ 0 & 0 \end{pmatrix}, \quad w^\infty = \begin{pmatrix} 0 & \bar{r}(z_0)z^{-2i\nu}e^{iz^2/2} \\ 0 & 0 \end{pmatrix}.$$

于是利用 (8.7.64), 以及在 $\Sigma_2^\infty, \Sigma_3^\infty, \Sigma_4^\infty, \Sigma_5^\infty, \Sigma_6^\infty$ 上的结果, 得到 (8.7.65).

定理 8.6 如果算子 $(1 - C_{w^\infty})^{-1}$ 有界, 则

$$\begin{aligned}
&\|(1 - C^N)^{-1}\|_{L^2(\Sigma^{(4)}) \to L^2(\Sigma^{(4)})} \leqslant ct^{-1/2}\log t, \\
&m^N = m^\infty + O(t^{-1/2}\log t).
\end{aligned} \tag{8.7.66}$$

证明 利用第二预解式,

$$(1 - C^N)^{-1} - (1 - C_{w^\infty})^{-1} = (1 - C^N)^{-1}(C^N - w^\infty)(1 - C_{w^\infty})^{-1},$$

由于 $C^N - C_{w^\infty}$, $(1 - C_{w^\infty})^{-1}$ 有界, 因此 $(1 - C^N)^{-1}$ 有界. 由此可得到

$$\begin{aligned}
m^N &= I + \int_{\Sigma^N} [(1 - C^N)^{-1}I]w^N + O(z^{-2}) \\
&= I + \int (1 - C_{w^\infty})^{-1}(1 - C^N + C^N - C_{w^\infty})(1 - C^N)^{-1}w^N + O(z^{-2}) \\
&= I + \int [(1 - C_{w^\infty})^{-1}I]w^N \\
&\quad + \int (1 - C_{w^\infty})^{-1}(C^N - C_{w^\infty})(1 - C^N)^{-1}w^N + O(z^{-2}) \\
&= I + \int [(1 - C_{w^\infty})^{-1}I]w^\infty + \int_{\Sigma^N} [(1 - C_{w^\infty})^{-1}I](w^N - w^\infty) + O(z^{-2}) \\
&\quad + \int [(1 - C_{w^\infty})^{-1}(C^N - C_{w^\infty})(1 - C^N)^{-1}I]w^N + O(z^{-2}) \\
&= m^\infty + \int [(1 - C_{w^\infty})^{-1}I](w^N - w^\infty) \\
&\quad + \int (1 - C_{w^\infty})^{-1}(C^N - C_{w^\infty})(1 - C^N)^{-1}w^N + O(z^{-2}),
\end{aligned} \tag{8.7.67}$$

而利用 (8.7.65),

$$\begin{aligned}
\left|\int [(1 - C_{w^\infty})^{-1}I](w^N - w^\infty)\right| &\leqslant \|(1 - C_{w^\infty})^{-1}\|_{L^2 \to L^2}\|w^N - w^\infty\|_{L^2} \\
&\leqslant ct^{-1/2}\log t.
\end{aligned} \tag{8.7.68}$$

$$\left|\int (1 - C_{w^\infty})^{-1}(C^N - C_{w^\infty})(1 - C^N)^{-1}w^N\right|$$

$$\leqslant ||(1 - C_{w^\infty})^{-1}||_{L^2 \to L^2} ||C^N - C_{w^\infty}||_{L^2 \to L^2} ||(1 - C^N)^{-1}||_{L^2 \to L^2} ||w^N||_{L^2}$$

$$\leqslant ct^{-1/2} \log t. \tag{8.7.69}$$

将 (8.7.68), (8.7.69) 代入 (8.7.67) 得到

$$m^N = m^\infty + O(t^{-1/2} \log t).$$

因此

$$(m_1^N)_{12} = (m_1^\infty)_{12} + O(t^{-1/2} \log t).$$

代入 (8.7.57), 则有

$$q = \frac{i}{\sqrt{2t}} (\delta^0)^2 (m_1^\infty)_{12} + O(t^{-1} \log t). \tag{8.7.70}$$

8.8 预解算子的一致有界性

将 Σ^∞ 扩充为 $\Sigma^e = \Sigma^\infty \cup \mathbb{R}$, 并选取实轴方向为 $+\infty \to -\infty$, 见图 8.11. 从而获得 (v^e, Σ^e) 的 RH 问题:

- $m^e(x, t, z)$ 在 $\mathbb{C} \setminus \Sigma^e$ 内解析,
- $m_+^e(x, t, z) = m_-^e(x, t, z) v^e(x, t, z), \quad z \in \Sigma^e,$ $\tag{8.8.1}$
- $m^e(x, t, z) \longrightarrow I, \qquad z \to \infty,$

其中 $v^e = v^\infty$, $z \in \Sigma^\infty$, $v^e = I$, $z \in \mathbb{R}$.

注 8.5 $\mathbb{R} \subset \Sigma^e$ 的方向之所以选 $+\infty \to -\infty$ 基于以下原因: 对于 $f \in L^2(\Sigma)$, 则 $g = C_+ f$ 为阴影部分的解析函数 $G^+(z)$ 的边值, $g = C_- f$ 为非阴影部分上解析函数 $G^-(z)$ 的边值.

$$G^+(z) = \begin{cases} \dfrac{1}{2\pi i} \displaystyle\int_{\Sigma^e} \dfrac{f(s)}{s - z} ds, & z \in \text{阴影区域}, \\ C_+ f(z), & z \in \widehat{\Sigma}; \end{cases} \tag{8.8.2}$$

$$G^-(z) = \begin{cases} \dfrac{1}{2\pi i} \displaystyle\int_{\Sigma^e} \dfrac{f(s)}{s - z} ds, & z \in \text{非阴影区域}, \\ C_- f(z), & z \in \widehat{\Sigma}. \end{cases} \tag{8.8.3}$$

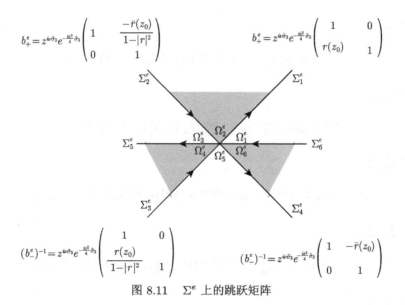

$$b^e_+ = z^{i\nu\hat\sigma_3}e^{-\frac{iz^2}{4}\hat\sigma_3}\begin{pmatrix} 1 & \dfrac{-\bar r(z_0)}{1-|r|^2} \\ 0 & 1 \end{pmatrix} \qquad b^e_+ = z^{i\nu\hat\sigma_3}e^{-\frac{iz^2}{4}\hat\sigma_3}\begin{pmatrix} 1 & 0 \\ r(z_0) & 1 \end{pmatrix}$$

$$(b^e_-)^{-1} = z^{i\nu\hat\sigma_3}e^{-\frac{iz^2}{4}\hat\sigma_3}\begin{pmatrix} 1 & 0 \\ \dfrac{r(z_0)}{1-|r|^2} & 1 \end{pmatrix} \qquad (b^e_-)^{-1} = z^{i\nu\hat\sigma_3}e^{-\frac{iz^2}{4}\hat\sigma_3}\begin{pmatrix} 1 & -\bar r(z_0) \\ 0 & 1 \end{pmatrix}$$

图 8.11 Σ^e 上的跳跃矩阵

在 $\mathbb{C}\backslash\Sigma^e$ 上定义分片解析函数

$$\phi(z) = \begin{cases} z^{-i\nu\sigma_3}, & z \in \Omega^e_2 \cup \Omega^e_5, \\ z^{-i\nu\sigma_3}(b^e_+)^{-1}, & z \in \Omega^e_1 \cup \Omega^e_3, \\ z^{-i\nu\sigma_3}(b^e_-)^{-1}, & z \in \Omega^e_4 \cup \Omega^e_6. \end{cases} \tag{8.8.4}$$

并作变换

$$m^{e,\phi} = m^e\phi^{-1},$$

则得到 RH 问题

$$m^{e,\phi}_+ = m^e_+\phi^{-1}_+ = (m^e_-\phi^{-1}_-)(\phi_-v^e\phi^{-1}_+) = m^{e,\phi}_-v^{e,\phi}, \tag{8.8.5}$$

$$m^{e,\phi}z^{-i\nu\sigma_3} \to I, \quad z \to \infty,$$

其中跳跃矩阵 $v^{e,\phi} = e^{-\frac{iz^2}{4}\hat\sigma_3}v^{-1}(z_0)$, $z \in \mathbb{R}$, 跳跃路径见图 8.12.

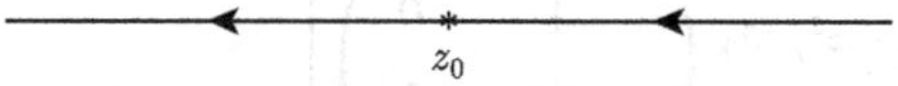

图 8.12 $\widehat\Sigma$ 上的跳跃矩阵

证明 只需证明

$$v^{e,\phi} = \phi_-v^e\phi^{-1}_+ = \begin{cases} I, & z \in \Sigma^e_1 \cup \Sigma^e_2 \cup \Sigma^e_3 \cup \Sigma^e_4, \\ e^{-\frac{iz^2}{4}\hat\sigma_3}v^{-1}(z_0), & z \in \Sigma^e_5 \cup \Sigma^e_6 = \mathbb{R}. \end{cases} \tag{8.8.6}$$

在 Σ_1^e 上,

$$v^{e,\phi} = \phi_1 b_+^e \phi_2^{-1} = z^{-i\nu\sigma_3}(b_+^e)^{-1}b_+^e(z^{-i\nu\sigma_3})^{-1} = I.$$

在 Σ_2^e 上,

$$v^{e,\phi} = \phi_3 b_+^e \phi_2^{-1} = z^{-i\nu\sigma_3}(b_+^e)^{-1}b_+^e(z^{-i\nu\sigma_3})^{-1} = I.$$

在 Σ_3^e 上,

$$v^{e,\phi} = \phi_5 (b_-^e)^{-1}\phi_4^{-1} = z^{-i\nu\sigma_3}(b_-^e)^{-1}[z^{-i\nu\sigma_3}(b_-^e)^{-1}]^{-1} = I.$$

在 Σ_4^e 上,

$$v^{e,\phi} = \phi_5 (b_-^e)^{-1}\phi_6^{-1} = z^{-i\nu\sigma_3}(b_-^e)^{-1}[z^{-i\nu\sigma_3}(b_-^e)^{-1}]^{-1} = I.$$

在 Σ_5^e 上,

$$
\begin{aligned}
v^{e,\phi} &= \phi_3 I \phi_4^{-1} = z_-^{-i\nu\sigma_3}(b_+^e)^{-1}[z_-^{-i\nu\sigma_3}(b_-^e)^{-1}]^{-1} \\
&= \left[z_-^{-i\nu\sigma_3} z_-^{i\nu\hat{\sigma}_3} e^{-iz^2/4\hat{\sigma}_3} \begin{pmatrix} 1 & \dfrac{\bar{r}(z_0)}{1-|r|^2} \\ 0 & 1 \end{pmatrix} \right] \\
&\quad \cdot \left[z_+^{-i\nu\sigma_3} z_+^{i\nu\hat{\sigma}_3} e^{-iz^2/4\hat{\sigma}_3} \begin{pmatrix} 1 & 0 \\ \dfrac{r(z_0)}{1-|r|^2} & 1 \end{pmatrix} \right]^{-1} \\
&= e^{-iz^2/4\hat{\sigma}_3} \left[\begin{pmatrix} 1 & \dfrac{\bar{r}(z_0)}{1-|r|^2} \\ 0 & 1 \end{pmatrix} z_-^{-i\nu\sigma_3} z_+^{i\nu\sigma_3} \begin{pmatrix} 1 & 0 \\ \dfrac{-r(z_0)}{1-|r|^2} & 1 \end{pmatrix} \right].
\end{aligned}
\tag{8.8.7}
$$

在 Σ_6^e 上,

$$
\begin{aligned}
v^{e,\phi} &= \phi_1 I \phi_6^{-1} = z^{-i\nu\sigma_3}(b_+^e)^{-1}[z^{-i\nu\sigma_3}(b_-^e)^{-1}]^{-1} \\
&= \left[z^{-i\nu\sigma_3} z^{i\nu\hat{\sigma}_3} e^{-iz^2/4\hat{\sigma}_3} \begin{pmatrix} 1 & 0 \\ -r(z_0) & 1 \end{pmatrix} \right] \\
&\quad \cdot \left[z^{-i\nu\sigma_3} z^{i\nu\hat{\sigma}_3} e^{-iz^2/4\hat{\sigma}_3} \begin{pmatrix} 1 & -\bar{r}(z_0) \\ 0 & 1 \end{pmatrix} \right]^{-1} \\
&= \left[e^{-iz^2/4\hat{\sigma}_3} \begin{pmatrix} 1 & 0 \\ -r(z_0) & 1 \end{pmatrix} z^{-i\nu\sigma_3} \right] \left[e^{-iz^2/4\hat{\sigma}_3} \begin{pmatrix} 1 & -\bar{r}(z_0) \\ 0 & 1 \end{pmatrix} z^{-i\nu\sigma_3} \right]^{-1}
\end{aligned}
$$

$$= e^{-iz^2/4\hat{\sigma}_3} \begin{pmatrix} 1 & \bar{r}(z_0) \\ -r(z_0) & 1-|r(z_0)|^2 \end{pmatrix} = e^{-iz^2/4\hat{\sigma}_3} v^{-1}(z_0).$$

注意到

$$z_-^{-i\nu\sigma_3} = e^{-i\nu \log z_- \sigma_3} = e^{-i\nu(\log|z|+\pi i)\sigma_3},$$
$$z_+^{i\nu\sigma_3} = e^{i\nu \log z_+ \sigma_3} = e^{i\nu(\log|z|-\pi i)\sigma_3},$$

因此

$$z_-^{-i\nu\sigma_3} z_+^{i\nu\sigma_3} = e^{2\pi\nu\sigma_3} = \begin{pmatrix} \dfrac{1}{1-|r|^2} & 0 \\ 0 & 1-|r|^2 \end{pmatrix}, \tag{8.8.8}$$

将 (8.8.8) 代入 (8.8.7), 得到

$$v^{e,\phi} = e^{-iz^2/4\hat{\sigma}_3} \left[\begin{pmatrix} 1 & \dfrac{\bar{r}(z_0)}{1-|r|^2} \\ 0 & 1 \end{pmatrix} \begin{pmatrix} \dfrac{1}{1-|r|^2} & 0 \\ 0 & 1-|r|^2 \end{pmatrix} \begin{pmatrix} 1 & 0 \\ \dfrac{-r(z_0)}{1-|r|^2} & 1 \end{pmatrix} \right]$$

$$= e^{-iz^2/4\hat{\sigma}_3} \begin{pmatrix} 1 & \bar{r}(z_0) \\ -r(z_0) & 1-|r(z_0)|^2 \end{pmatrix} = e^{-iz^2/4\hat{\sigma}_3} v^{-1}(z_0).$$

综合以上结果得到 RH 问题 (8.8.5).

注 8.6 如果将跳跃曲线中 R 的方向取为 $-\infty \to +\infty$, 则 RH 问题 (8.8.5) 化为

$$\widetilde{m}_+^{e,\phi} = \widetilde{m}_-^{e,\phi} \widetilde{v}^{e,\phi},$$

其中

$$\widetilde{m}_+^{e,\phi} = m_-^{e,\phi}, \quad \widetilde{m}_-^e = m_+^{e,\phi},$$
$$\widetilde{v}^{e,\phi} = (v^{e,\phi})^{-1} = e^{-iz^2/4\hat{\sigma}_3} v(z_0).$$

下面我们证明算子 $(1-C_{w\infty})^{-1}$ 的有界性. 注意到 $(1-C_{w^e})^{-1} = (1-C_{w\infty})^{-1}$ 在 Σ^e 上的有界性与 $(1-C_{\hat{w}}|_R)^{-1}$ 上的有界性相同, 而在 R 上

$$v^{e,\phi} = \begin{pmatrix} 1 & 0 \\ r(z_0)e^{iz^2/2\sigma_3} & 1 \end{pmatrix}^{-1} \begin{pmatrix} 1 & \bar{r}(z_0)e^{-iz^2/2\sigma_3} \\ 0 & 1 \end{pmatrix}$$

$$= (b_-^{e,\phi})^{-1} b_+^{e,\phi} = (I-w_-^{e,\phi})^{-1}(w_+^{e,\phi}-I),$$

其中

$$w^{e,\phi}_-\big|_R = \begin{pmatrix} 0 & 0 \\ -r(z_0)e^{iz^2/2} & 0 \end{pmatrix}, \quad w^{e,\phi}_+\big|_R = \begin{pmatrix} 0 & \bar{r}(z_0)e^{-iz^2/2} \\ 0 & 0 \end{pmatrix},$$

$$w^{e,\phi}\big|_R = w^{e,\phi}_-\big|_R + w^{e,\phi}_+\big|_R = \begin{pmatrix} 0 & \bar{r}(z_0)e^{-iz^2/2} \\ -r(z_0)e^{iz^2/2} & 0 \end{pmatrix}.$$

对于 $f = (f_1, f_2) \in L^2 \times L^2$,

$$\begin{aligned}
C_{w^{e,\phi}}\big|_R f &= C_+(f\omega^{e,\phi}_-) + C_-(f\omega^{e,\phi}_+) \\
&= C_+(-f_2 r(z_0)e^{iz^2/2}, 0) + C_-(0, f_1\bar{r}(z_0)e^{-iz^2/2}) \\
&= (C_+(-f_2)r(z_0)e^{iz^2/2}, C_- f_1\bar{r}(z_0)e^{-iz^2/2}).
\end{aligned}$$

因此

$$\begin{aligned}
\|C_{w^{e,\phi}}\big|_R f\|^2_{L^2} &= \|C_+(-f_2)r(z_0)e^{iz^2/2}\|^2_{L^2} + \|C_- f_1\bar{r}(z_0)e^{-iz^2/2}\|^2_{L^2} \\
&\leqslant \|r(z_0)\|^2_{L^\infty}(\|f_2\|^2_{L^2} + |f_1\|^2_{L^2}) = \|r(z_0)\|^2_{L^\infty}\|f\|^2_{L^2}, \quad (8.8.9)
\end{aligned}$$

其中我们用了公式 $\|C_\pm\|_{L^2 \to L^2} = 1$. 事实上, 由

$$C_+ C_- = 0, \quad C_+ - C_- = 1,$$

可知, 对任意 f, 有

$$C_+ f - C_- f = f.$$

两边乘算子 C_+, 并取范数, 得到

$$\|C_+\|_{L^2 \to L^2}\|C_+ f\|_{L^2} = \|C_+ f\|_{L^2}.$$

于是

$$\|C_+\|_{L^2 \to L^2} = 1.$$

由 (8.8.9) 知,

$$\|C_{w^{e,\phi}}\big|_R\|_{L^2} \leqslant \|r(z_0)\|_{L^\infty} < 1, \quad (8.8.10)$$

因此 $(1 - C_{w^{e,\phi}}\big|_R)^{-1}$ 存在, 且

$$\|(1 - C_{w^{e,\phi}}\big|_R)^{-1}\|_{L^2 \to L^2} \leqslant (1 - \|r(z_0)\|_{L^\infty})^{-1} < +\infty, \quad |z_0| < M.$$

8.9 标准 RH 问题

扩展 $\Sigma^\infty \to \Sigma^\infty \cup R = \widehat{\Sigma}$, 此处 $\widehat{\Sigma} = \Sigma^e$, 但 $R \subset \widehat{\Sigma}$ 的方向由 $-\infty$ 到 $+\infty$. 见图 8.13. 如同 (8.8.4) 一样, 定义分片解析函数

$$\phi(z) = \begin{cases} z^{-i\nu\sigma_3}, & z \in \widehat{\Omega}_2 \cup \widehat{\Omega}_5, \\ z^{-i\nu\sigma_3}(b_+^e)^{-1}, & z \in \widehat{\Omega}_1 \cup \widehat{\Omega}_3, \\ z^{-i\nu\sigma_3}(b_-^e)^{-1}, & z \in \widehat{\Omega}_4 \cup \widehat{\Omega}_6. \end{cases} \tag{8.9.1}$$

并作变换

$$\widehat{m} = m^\infty \phi^{-1},$$

则与 8.8 节相同的计算, 可得到 RH 问题

$$\begin{aligned} \widehat{m}_+ &= \widehat{m}_- \widehat{v}, \quad z \in \mathbb{R}, \\ \widehat{m} z^{-i\nu\sigma_3} &\to I, \quad z \to \infty, \end{aligned} \tag{8.9.2}$$

其中 $\widehat{v} = e^{-\frac{iz^2}{4}\sigma_3} v(z_0)$.

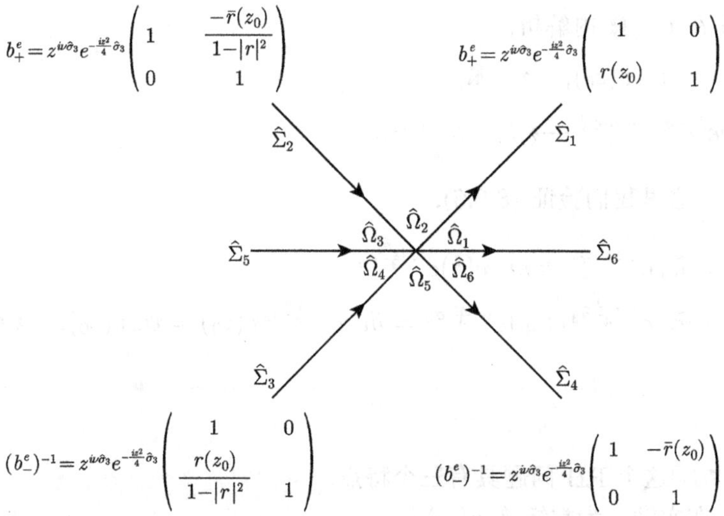

图 8.13 $\widehat{\Sigma}$ 上的跳跃矩阵

由 (8.9.1), 可知对于 $q > 1$,

$$\phi^{-1}z^{-i\nu\sigma_3} = I + O(z^{-q}), \quad z \to \infty.$$

因此

$$
\begin{aligned}
\widehat{m} &= m^\infty\phi^{-1} = m^\infty(\phi^{-1}z^{-i\nu\sigma_3})z^{i\nu\sigma_3} \\
&= (I + z^{-1}m_1^\infty + O(z^{-2}))(I + O(z^{-q}))z^{i\nu\sigma_3} \\
&= \left(I + \frac{m_1^\infty}{z} + \cdots\right)z^{i\nu\sigma_3}.
\end{aligned}
$$

令

$$\widehat{m} = \widehat{\psi}z^{i\nu\sigma_3},$$

则

$$\widehat{\psi} = I + z^{-1}m_1^\infty + O(z^{-2}). \tag{8.9.3}$$

再作变换

$$\psi = \widehat{m}e^{-\frac{iz^2}{4}\sigma_3} \equiv \widehat{\psi}z^{i\nu\sigma_3}e^{-\frac{iz^2}{4}\sigma_3}, \tag{8.9.4}$$

则 ψ 满足标准 RH 问题

- ψ 在 $C\setminus\mathbb{R}$ 内解析, $\tag{8.9.5}$
- $\psi_+ = \psi_-v(z_0), \quad z\in\mathbb{R},$ $\tag{8.9.6}$
- $\psi e^{\frac{iz^2}{4}\sigma_3}z^{-i\nu\sigma_3} \longrightarrow I, \quad z\to\infty.$ $\tag{8.9.7}$

证明　这里我们验证 (8.9.6),

$$
\begin{aligned}
\psi_+ &= \widehat{m}_+e^{-\frac{iz^2}{4}\sigma_3} = \widehat{m}_-\widehat{v}(z)e^{-\frac{iz^2}{4}\sigma_3} \\
&= \widehat{m}_-e^{-\frac{iz^2}{4}\widehat{\sigma}_3}v(z_0)e^{-\frac{iz^2}{4}\sigma_3} = \widehat{m}_-e^{-\frac{iz^2}{4}\sigma_3}v(z_0) = \psi_-v(z_0), \quad z\in\mathbb{R}.
\end{aligned}
$$

$$\xrightarrow{\qquad\underset{z_0}{*}\qquad} \mathbb{R}$$

注 8.7　这个 RH 问题具有三个特点:

(1) ψ 在实轴上为常矩阵 $v(z_0)$.

(2) $z\to\infty$, ψ 不收敛于 I.

(3) RH 问题 (8.9.5)—(8.9.7) 可以通过 Weber 方程求解.

8.10 求解标准 RH 问题

8.10.1 Weber 方程

方程 (8.9.6) 两边对 z 求导, 有

$$\left(\frac{d\psi}{dz}\right)_+ = \left(\frac{d\psi}{dz}\right)_- v(z_0),$$

再利用

$$\frac{1}{2}iz\sigma_3\psi_+ = \frac{1}{2}iz\sigma_3\psi_- v(z_0),$$

我们得到

$$\left(\frac{d\psi}{dz} + \frac{1}{2}iz\sigma_3\psi\right)_+ = \left(\frac{d\psi}{dz} + \frac{1}{2}iz\sigma_3\psi\right)_- v(z_0). \tag{8.10.1}$$

由于 $\det(v(z_0)) = 1$, 因此 (8.9.6) 两边取行列式得到

$$\det(\psi)_+ = \det(\psi)_-, \quad z \in \mathbb{R}. \tag{8.10.2}$$

由 Painlevé 开拓定理知道 $\det(\psi)$ 在 $\mathbb{C}$ 上解析, 且 $\det(\psi) = \det(\widehat{\psi}) \to 1$, 因此 $\det(\psi)$ 有界, 并且 $\det(\psi) = 1$, 故 ψ 可逆, 并且

$$\widehat{\psi}^{-1} = e^{-iz^2/4\sigma_3} z^{i\nu\sigma_3} \psi^{-1} = I - z^{-1}m_1^\infty + O(z^{-2}) \tag{8.10.3}$$

有界. 利用 (8.10.3),

$$\left[\left(\frac{d\psi}{dz} + \frac{1}{2}iz\sigma_3\psi\right)\psi^{-1}\right]_+ = \left(\frac{d\psi}{dz} + \frac{1}{2}iz\sigma_3\psi\right)_+ \psi_+^{-1}$$
$$= \left(\frac{d\psi}{dz} + \frac{1}{2}iz\sigma_3\psi\right)_- v(z_0)v^{-1}(z_0)\psi_-^{-1} = \left[\left(\frac{d\psi}{dz} + \frac{1}{2}iz\sigma_3\psi\right)\psi^{-1}\right]_-,$$

由 Painlevé 开拓定理知道, $\left(\frac{d\psi}{dz} + \frac{1}{2}iz\sigma_3\psi\right)\psi^{-1}$ 在 $\mathbb{C}$ 上解析. 利用 (8.9.4), (8.9.3), (8.10.3), 直接计算可得到

$$\left(\frac{d\psi}{dz} + \frac{1}{2}iz\sigma_3\psi\right)\psi^{-1}$$
$$= \frac{d\widehat{\psi}}{dz}\widehat{\psi}^{-1} + \widehat{\psi}iz^{-1}\nu\sigma_3\widehat{\psi}^{-1}$$

$$-\frac{1}{2}iz\widehat{\psi}\sigma_3\widehat{\psi}^{-1} + \frac{1}{2}iz\sigma_3\widehat{\psi}\widehat{\psi}^{-1} = \frac{1}{2}iz[\sigma_3,\widehat{\psi}]\widehat{\psi}^{-1} + O(z^{-1})$$
$$= \frac{1}{2}i[\sigma_3, m_1^\infty] + O(z^{-1})$$

有界, 由 Liouville 定理, $\left(\dfrac{d\psi}{dz} + \dfrac{1}{2}iz\sigma_3\psi\right)\psi^{-1}$ 常矩阵, 即

$$\left(\frac{d\psi}{dz} + \frac{1}{2}iz\sigma_3\psi\right)\psi^{-1} = \frac{1}{2}i[\sigma_3, m_1^\infty] = \begin{pmatrix} \beta_{11} & \beta_{12} \\ \beta_{21} & \beta_{22} \end{pmatrix}. \tag{8.10.4}$$

两边比较得到

$$(m_1^\infty)_{12} = -i\beta_{12}, \quad \beta_{11} = \beta_{22} = 0,$$

因此

$$q(x,t) = \frac{1}{\sqrt{2t}}(\delta^0)^2\beta_{12} + o(t^{-1}\log t). \tag{8.10.5}$$

首先考虑上半平面 $\mathrm{Im}z > 0$. 令

$$\psi = \begin{pmatrix} \psi_{11} & \psi_{12} \\ \psi_{21} & \psi_{22} \end{pmatrix},$$

由 (8.10.4), 得到

$$\partial_z\psi_{11}^+ + \frac{1}{2}iz\psi_{11}^+ = \beta_{12}\psi_{21}^+,$$
$$\partial_z\psi_{21}^+ - \frac{1}{2}iz\psi_{21}^+ = \beta_{21}\psi_{11}^+,$$

由此得到

$$\partial_z^2\psi_{11}^+ = \left(-\frac{z^2}{4} - \frac{i}{2} + \beta_{12}\beta_{21}\right)\psi_{11}^+, \tag{8.10.6}$$

如果令 $\psi_{11}^+(z) = g(e^{-3\pi i/4}z)$, 则 (8.10.6) 化为 Weber 方程

$$\partial_\zeta^2 g + \left(\frac{1}{2} - \frac{\zeta^2}{4} + a\right)g(\zeta) = 0, \tag{8.10.7}$$

其中 $a = i\beta_{12}\beta_{21}$. 这是一个二阶常微分方程, 有两个线性无关解 $D_a(\zeta)$, $D_a(-\zeta)$. 因此存在常数 c_1, c_2 使得

$$\psi_{11}^+ = c_1 D_a(e^{-3\pi i/4}z) + c_2 D_a(-e^{-3\pi i/4}z), \tag{8.10.8}$$

这里 $D_a(\cdot)$ 为标准抛物柱面函数, 具有如下渐近性

$$D_a(\zeta) = \begin{cases} \zeta^a e^{-\zeta^2/4}(1 + O(\zeta^{-2})), & |\arg\zeta| < \dfrac{3\pi}{4}, \\[2mm] \zeta^a e^{-\zeta^2/4}(1 + O(\zeta^{-2})) - (2\pi)^{1/2}\Gamma^{-1}(-a)e^{a\pi i}\zeta^{-a-1}e^{\zeta^2/4}(1 + O(\zeta^{-2})), \\[1mm] \dfrac{\pi}{4} < \arg\zeta < \dfrac{5\pi}{4}, \\[2mm] \zeta^a e^{-\zeta^2/4}(1 + O(\zeta^{-2})) - (2\pi)^{1/2}\Gamma^{-1}(-a)e^{-a\pi i}\zeta^{-a-1}e^{\zeta^2/4}(1 + O(\zeta^{-2})), \\[1mm] -\dfrac{5\pi}{4} < \arg\zeta < -\dfrac{\pi}{4}. \end{cases} \tag{8.10.9}$$

令 $z = \sigma e^{\frac{3}{4}\pi i}$, 则由 (8.9.7), 得到

$$\psi_{11}^+(z) = \psi_{11}^+(e^{\frac{3}{4}\pi i}\sigma) = [1 + O(\sigma^{-1})](\sigma e^{\frac{3}{4}\pi i})^{i\nu}e^{-i(\sigma e^{\frac{3}{4}\pi i})^2/4}$$
$$= [1 + O(\sigma^{-1})]\sigma^{i\nu}e^{-\frac{3}{4}\pi\nu}e^{-\sigma^2/4}. \tag{8.10.10}$$

由于 $0 < \arg z < \pi$, 因此 $-3\pi/4 < \arg\sigma < \pi/4$, 由 (8.10.9) 第一个展开式

$$D_a(e^{-\frac{3}{4}\pi i}z) = D_a(e^{-\frac{3}{4}\pi i}e^{\frac{3}{4}\pi i}\sigma) = D_a(\sigma) = \sigma^a e^{-\sigma^2/4}[1 + O(\sigma^{-2})], \tag{8.10.11}$$
$$D_a(-e^{-\frac{3}{4}\pi i}z) = D_a(-\sigma) = (-\sigma)^a e^{-\sigma^2/4}[1 + O(\sigma^{-2})]. \tag{8.10.12}$$

将 (8.10.11)—(8.10.12) 代入 (8.10.8), 比较可得到

$$c_2 = 0, \quad c_1 = e^{-\frac{3}{4}\pi\nu}, \quad a = i\nu,$$

因此

$$\psi_{11}^+(z) = e^{-3\pi\nu/4}D_a(e^{-3i/4}z). \tag{8.10.13}$$

类似地, 有

$$\psi_{21}^+ = e^{-3\pi\nu/4}\beta_{12}^{-1}(\partial_z D_a(e^{-3i/4}z) + iz/2 D_a(e^{-3i/4}z)),$$
$$\psi_{22}^+ = e^{\pi\nu/4}D_{-a}(e^{-i/4}z),$$
$$\psi_{12}^+ = e^{3\pi\nu/4}\beta_{21}^{-1}(\partial_z D_{-a}(e^{-i/4}z) - iz/2 D_{-a}(e^{-i/4}z)).$$

注 8.8 这里我们回头看, 为什么尺度变换 (8.7.40) 中的系数取 $(8t)^{-1/2}$, 这与抛物柱面解的渐近性有关, 假设尺度变换为

$$f \longrightarrow Nf(z) \triangleq f[\lambda z + z_0],$$

则

$$N\theta(z) = N[2(z - z_0)^2 - 2z_0^2] = 2\lambda^2 z^2 - 2z_0^2,$$
$$Ne^{it\theta(z)} = e^{itN\theta(z)} = e^{-2it\lambda^2 z^2} e^{2itz_0^2}.$$

由计算过程和 (8.9.7), 可知

$$\psi_{11}^+(z) \sim e^{-2it\lambda^2 z^2},$$

而由上述抛物柱面函数的渐近性, 看出

$$D_a(e^{-\frac{3}{4}\pi i}z) \sim e^{-iz^2/4},$$

利用 (8.10.13), 比较上述两个式的幂次, 可得到

$$-2it\lambda^2 z^2 = -iz^2/4,$$

从而 $\lambda = (8t)^{-1/2}$.

同理, 在下半平面 $\mathrm{Im}z < 0$ 上考虑方程 (8.10.4), 有

$$\psi_{11}^- = e^{\pi\nu/4}D_a(e^{i/4}z),$$
$$\psi_{21}^- = e^{\pi\nu/4}\beta_{12}^{-1}(\partial_z D_a(e^{i/4}z) + iz/2D_a(e^{i/4}z)),$$
$$\psi_{22}^- = e^{-3\pi\nu/4}D_a(e^{3i/4}z),$$
$$\psi_{12}^- = e^{-3\pi\nu/4}\beta_{21}^{-1}(\partial_z D_{-a}(e^{3i/4}z) - iz/2D_{-a}(e^{3i/4}z)).$$

将上述结果代入如下公式, 得到

$$v(z_0) = (\psi_-)^{-1}\psi_+ = \begin{pmatrix} 1 - |r(z_0)|^2 & -\bar{r}(z_0) \\ r(z_0) & 1 \end{pmatrix},$$

特别地

$$r(z_0) = \psi_{11}^-\psi_{21}^+ - \psi_{21}^-\psi_{11}^+ = \frac{(2\pi)^{1/2}e^{i\pi/4}e^{-\pi\nu/2}}{\beta_{12}\Gamma(-a)},$$

从而

$$\beta_{12} = \frac{(2\pi)^{1/2}e^{i\pi/4}e^{-\pi\nu/2}}{r(z_0)\Gamma(-a)}. \tag{8.10.14}$$

8.10.2 NLS 方程初值问题解的渐近性

将 (8.10.14) 代入 (8.10.5) 知道, 对于 $|z_0| \leqslant M, \ M > 1$, 有

$$q(x,t) = (2t)^{-1/2}(8t)^{-i\nu}e^{2\chi(z_0)}e^{4itz_0^2}\frac{(2\pi)^{1/2}e^{i\pi/4}e^{-\pi\nu/2}}{r(z_0)\Gamma(-a)} + O(t^{-1}\log t)$$

$$= t^{-1/2}\frac{\pi^{1/2}e^{-\pi\nu/2}e^{i\pi/4}e^{2\chi(z_0)}}{r(z_0)\Gamma(-a)}e^{\frac{ix^2}{4t} - i\nu(z_0)\log 8t} + O(t^{-1}\log t)$$

$$\equiv \frac{1}{\sqrt{t}}\alpha(z_0)e^{\frac{ix^2}{4t} - i\nu(z_0)\log 8t} + O(t^{-1}\log t),$$

其中 $z_0 = -\dfrac{x}{4t}$ 为稳态点,

$$\alpha(z_0) = \frac{\pi^{1/2}e^{-\pi\nu/2}e^{i\pi/4}e^{2\chi(z_0)}}{r(z_0)\Gamma(-a)}$$

的模长和辐角分别为

$$|\alpha(z_0)|^2 = -\frac{1}{4\pi}\ln(1 - |r(z_0)|^2),$$

$$\arg\alpha(z_0) = \frac{\pi}{4} + \arg\Gamma(i\nu(z_0)) - \arg r(z_0)$$

$$+ \frac{1}{\pi}\int_{-\infty}^{z_0}\ln|z - z_0|d\ln(1 - |r(z)|^2).$$

事实上, 利用恒等式 $|\Gamma(i\nu)|^2 = |\Gamma(-i\nu)|^2 = \pi(\nu\sinh(\pi\nu))^{-1}$.

$$|\alpha(z_0)|^2 = \frac{\pi e^{-\pi\nu}}{|r(z_0)|^2|\Gamma(-i\nu)|^2} = \frac{\pi e^{-\pi\nu}\nu\dfrac{e^{\pi\nu} - e^{-\pi\nu}}{2}}{|r|^2\pi}$$

$$= \frac{\nu(1 - e^{-2\pi\nu})}{2|r|^2} = \frac{1}{2}\nu = -\frac{1}{4\pi}\ln(1 - |r(z_0)|^2).$$

注 8.9 对于情况 $|z_0| = |-\dfrac{x}{4t}| \leqslant M, M > 1$,

$$e^{i(zx + 2z^2t)} = e^{it(\frac{x}{t}z + 2z^2)} = e^{it\theta}.$$

则 $\theta = \dfrac{x}{t}z + 2z^2 = 2z^2 - 4z_0z$ 在 Fourier 变换中起重要作用. $\beta = (z - z_0)^2(z + i)^{-4}$ 在 h_{II} 的估计中起重要作用.

注 8.10 对于情况 $|z_0| = \left|-\dfrac{x}{4t}\right| \geqslant M^{-1}, M > 1$,

$$e^{-i(zx + 2z^2t)} = e^{-ix(z + 2\frac{t}{x}z^2)} = e^{ix\hat{\theta}}.$$

$\hat{\theta} = -\left(z + 2\dfrac{t}{x}z^2\right) = (2z_0)^{-1}z^2 - z$ 在 Fourier 变换中起重要作用. $\hat{\beta} = (z/z_0 - 1)^2(z+i)^{-4}$ 在 h_{II} 的估计中起重要作用.

综合以上结果, 我们得到如下定理.

定理 8.7　设 $M > 1$ 为一个固定常数, $q(x,t)$ 是 NLS 方程初值问题

$$iq_t(x,t) + q_{xx}(x,t) - 2q|q|^2 = 0,$$
$$q(x,0) = q_0(x) \in \mathcal{S}(\mathbb{R})$$

的解, 则当 $t \to \infty$ 时,

(i) $q(x,t) = \dfrac{1}{\sqrt{t}}\alpha(z_0)e^{\frac{ix^2}{4t} - i\nu(z_0)\log 8t} + O(t^{-1}\log t),\quad |z_0| \leqslant M;$

(ii) 对于任意 n,

$$q(x,t) = \dfrac{1}{\sqrt{t}}\alpha(z_0)e^{\frac{ix^2}{4t} - i\nu(z_0)\log 8t} + O(|x|^{-n} + c_n(z_0)x^{-1}\log x),\quad |z_0| \geqslant M^{-1}.$$

定理 8.8　由上面结果, 自然地给出偏微分方程理论中常见的范数估计

$$\|q(x,t)\|_{L^\infty} \leqslant ct^{-1/2},\quad t \to \infty.$$

并且在迭代区域部分 $M^{-1} \leqslant |z_0| \leqslant M$, 两种结果相容, 同为 $t^{-1}\log t$.

注 8.11　稳态相位点法和非线性速降法的不同比较.

当 $|r| < 1$ 时, $\mu \sim I$, 我们有

$$q(x,t) = -\dfrac{1}{\pi}\left(\int_R \mu(z)\omega(z)dz\right)_{12} \sim -\dfrac{1}{\pi}\int_R \omega_{12}(z)dz = -\dfrac{1}{\pi}\int_R \bar{r}(z)e^{-2it\theta}dz.$$

(1) 利用稳态相位点法, 我们有

$$q(x,t) \sim \dfrac{c}{\sqrt{t}}\bar{r}(z_0)e^{\frac{ix^2}{4t}}, \tag{8.10.15}$$

这个结果几乎与准确结果相同, 但不十分正确, 因为忽略了非线性作用.

(2) 利用非线性速降法, 我们有

$$q(x,t) \sim \dfrac{1}{\sqrt{t}}\alpha(z_0)e^{\frac{ix^2}{4t}}e^{-i\nu(z_0)\log 8t}.$$

将 (8.10.15) 代入 $|q|^2q$, 可得到

$$0 = iq_t + q_{xx} - 2|q|^2q \sim iq_t + q_{xx} - ct^{-1}q.$$

积分 $\int \cdots t^{-1}dt$ 会产生 log 项.

注 8.12 跳跃矩阵对初始值的依赖性. 根据 Beals-Coifman 定理, 如果 $q_0(x)$ $\in \mathcal{S}(\mathbb{R})$, 存在唯一的 Ψ, 使得

$$\Psi_x = (-iz\sigma_3 + Q_1)\Psi = P\Psi \Longleftrightarrow (P - \partial_x)\Psi = 0, \tag{8.10.16}$$

$$m_+ = m_- e^{-izx\hat{\sigma}_3} v(z), \qquad z \in \mathbb{R}, \tag{8.10.17}$$

$$m = \Psi e^{ixz\sigma_3} \to I, \quad x \to \infty, \tag{8.10.18}$$

其中

$$v(z) = \begin{pmatrix} 1 - |r(z)|^2 & -\bar{r}(z) \\ r(z) & 1 \end{pmatrix} \tag{8.10.19}$$

由初始数据 $q_0(x)$ 决定.

下面看跳跃矩阵 $v(z)$ 如何随时间演化. 考虑辅助谱问题

$$\Psi_t = (-2iz^2\sigma_3 + Q_2)\Psi = Q\Psi, \tag{8.10.20}$$

关于 t 微分 (8.10.16) 并利用 (8.10.20), 得到

$$(P - \partial_x)(\Psi_t - Q\Psi) = 0. \tag{8.10.21}$$

由 (8.10.16), (8.10.21), 由唯一性得到

$$\Psi_t = Q\Psi + 2iz^2\sigma_3\Psi. \tag{8.10.22}$$

既然 $\Psi_\pm$ 均为 (8.10.16) 的解, 因此

$$\Psi_+(x, t, z) = \Psi_-(x, t, z)v(t, z), \quad z \in \mathbb{R}. \tag{8.10.23}$$

关于 t 微分 (8.10.23), 并利用 (8.10.22), 得到

$$\partial_t v = 2iz^2[v, \sigma_3]. \tag{8.10.24}$$

在初始条件下

$$v(t, z)|_{t=0} = v(z),$$

由 (8.10.24) 得到

$$v(t, z) = e^{-2iz^2 t\hat{\sigma}_3} v(z).$$

最后, $m(x, t, z)$ 满足 RH 问题 (8.3.7)—(8.3.9), 跳跃矩阵为

$$v(x, t, z) = e^{-i(zx + 2z^2 t)\hat{\sigma}_3} v(z),$$

其中 $v(z)$ 由 (8.10.19) 给出.

第 9 章 $\bar{\partial}$-速降法分析 NLS 方程在非孤子解区域中的渐近性

在这一章, 我们研究 $\bar{\partial}$-速降法在分析可积系统渐近性方面的应用, 与第 8 章的 Deift-Zhou 速降法相比, $\bar{\partial}$-速降法可以省去烦琐的 L^p 算子方面的估计, 对初值要求更低, 例如加权 Sobolev 空间 $H^{1,1}(\mathbb{R})$ 初值, 获得的渐近结果更加准确. 我们以散焦 NLS 方程为例, 在加权 Sobolev 空间初值条件下, 给出其在无孤子解区域中的长时间渐近性.

9.1 散焦 NLS 方程的 RH 问题

考虑 NLS 方程的初值问题

$$iq_t(x,t) + q_{xx}(x,t) - 2q|q|^2 = 0, \tag{9.1.1}$$

$$q(x,0) = q_0(x) \in H^{1,1}(\mathbb{R}), \tag{9.1.2}$$

其中 $H^{1,1}(\mathbb{R})$ 为加权 Sobolev 空间

$$H^{1,1}(\mathbb{R}) = \{f(x) \in L^2(\mathbb{R}) : f'(x), xf(x) \in L^2(\mathbb{R})\}.$$

1. 特征函数

NLS 方程 (9.1.1) 具有矩阵形式 Lax 对

$$\Psi_x + iz\sigma_3\Psi = Q_1\Psi, \tag{9.1.3}$$

$$\Psi_t + 2iz^2\sigma_3\Psi = Q_2\Psi, \tag{9.1.4}$$

其中

$$\sigma_3 = \begin{pmatrix} 1 & 0 \\ 0 & -1 \end{pmatrix}, \quad Q_1 = \begin{pmatrix} 0 & q \\ \bar{q} & 0 \end{pmatrix},$$

$$Q_2 = \begin{pmatrix} -i|q|^2 & -iq_x + 2zq \\ -i\bar{q}_x + 2z\bar{q} & i|q|^2 \end{pmatrix}.$$

Lax 对 (9.1.3)—(9.1.4) 具有如下渐近形式的 Jost 解

$$\Psi \sim e^{-i(zx+2z^2t)\sigma_3}, \quad |x| \to \infty.$$

因此, 作变换

$$\Phi = \Psi e^{i(zx+2z^2t)\sigma_3}, \tag{9.1.5}$$

则矩阵函数 Φ 具有如下渐近性

$$\Phi \sim I, \quad |x| \to \infty,$$

并且满足 Lax 对

$$\Phi_x + iz[\sigma_3, \Phi] = Q_1\Phi, \tag{9.1.6}$$

$$\Phi_t + 2iz^2[\sigma_3, \Phi] = Q_2\Phi. \tag{9.1.7}$$

它可以写成全微分形式

$$d(e^{i(zx+2z^2t)\hat{\sigma}_3}\Phi) = e^{i(zx+2z^2t)\hat{\sigma}_3}(Q_1dx + Q_2dt)\Phi. \tag{9.1.8}$$

对于 Lax 对 (9.1.6)—(9.1.7) 的特征函数在无穷远点作渐近展开, 可证明

$$\Phi \sim I, \quad z \to \infty,$$

$$q(x,t) = 2i \lim_{z \to \infty}(z\Phi)_{12}.$$

对方程 (9.1.8) 沿平行实轴方向积分, 可以得到两个特征函数

$$\Phi^-(x,t,z) = I + \int_{-\infty}^{x} e^{-iz(x-y)}Q_1(y,t,z)\Phi^-(y,t,z)dy,$$

$$\Phi^+(x,t,z) = I - \int_{x}^{\infty} e^{-iz(x-y)}Q_1(y,t,z)\Phi^+(y,t,z)dy.$$

由变换 (9.1.5), 可知 $\Phi^-(x,t,z)e^{-i(zx+2z^2t)\sigma_3}$, $\Phi^+(x,t,z)e^{-i(zx+2z^2t)\sigma_3}$ 为 Lax 对 (9.1.3)—(9.1.4) 的两个线性相关矩阵解, 因此有如下依赖关系

$$\Phi^-(x,t,z) = \Phi^+(x,t,z)e^{-i(zx+2z^2t)\hat{\sigma}_3}S(z), \tag{9.1.9}$$

其中矩阵函数

$$S(z) = (s_{ik}(z))_{i,k=1}^2$$

与变量 x, t 无关, 称为谱矩阵.

2. 解析性

$$\Phi^- = (\Phi_1^-, \Phi_2^-), \quad \Phi^+ = (\Phi_1^+, \Phi_2^+),$$

其中 1, 2 分别代表矩阵的列向量, Φ_1^-, Φ_2^+, $s_{11}(z)$ 在上半复平面解析; Φ_2^-, Φ_1^+, $s_{22}(z)$ 在下半复平面解析; $s_{12}(z)$ 和 $s_{21}(z)$ 不能在上下半复平面解析, 但连续到实轴.

3. 对称性

$$\Phi^{\pm}(x,t,z) = \sigma_1 \overline{\Phi^{\pm}(x,t,\bar{z})}\sigma_1, \quad S(x,t,z) = \sigma_1 \overline{S(x,t,\bar{z})}\sigma_1.$$

具体在矩阵元素上对称关系为

$$s_{11}(z) = \overline{s_{22}(\bar{z})}, \quad s_{12}(z) = \overline{s_{21}(\bar{z})},$$

$$\Phi^{\pm}_{11}(x,t,z) = \overline{\Phi^{\pm}_{22}(x,t,\bar{z})}, \quad \Phi^{\pm}_{12}(x,t,z) = \overline{\Phi^{\pm}_{21}(x,t,\bar{z})},$$

其中

$$\Phi^{\pm}(x,t,z) = (\Phi^{\pm}_{ik}(x,t,z))^2_{i,k=1}, \quad j = 1,2.$$

4. NLS 方程的 RH 问题

定义反射系数 $r(z) = s_{21}(z)/s_{11}(z)$，以及分片解析矩阵

$$m(x,t,z) = \begin{cases} (\Phi^-_1/s_{11}, \Phi^+_2), & \mathrm{Im}\, z > 0, \\ (\Phi^+_1, \Phi^-_2/s_{22}), & \mathrm{Im}\, z < 0, \end{cases}$$

利用特征函数和谱矩阵的解析性和对称性, 从关系式 (9.1.9), 可得到 NLS 方程初值问题对应的 RH 问题

- $m(x,t,z)$ 在 $\mathbb{C} \setminus \mathbb{R}$ 内解析, $\qquad\qquad\qquad\qquad\qquad\qquad$ (9.1.10)
- $m_+(x,t,z) = m_-(x,t,z)v(x,t,z), \quad z \in \mathbb{R},$ $\qquad\qquad$ (9.1.11)
- $m(x,t,z) \longrightarrow I, \quad z \to \infty,$ $\qquad\qquad\qquad\qquad\qquad$ (9.1.12)

其中跳跃矩阵为

$$v(x,t,z) = \begin{pmatrix} 1 - |r(z)|^2 & -e^{-2it\theta}\bar{r}(z) \\ e^{2it\theta}r(z) & 1 \end{pmatrix}, \qquad (9.1.13)$$

此处 $\theta = \theta(z) = \dfrac{x}{t}z + 2z^2$. 这是一个定义在实轴上的 RH 问题, 如图 9.1. 并且 NLS 方程初值问题解 $q(x,t)$ 可由上述 RH 问题刻画

$$q(x,t) = 2i \lim_{z \to \infty} (zm)_{12} = 2i(m_1)_{12}, \qquad (9.1.14)$$

其中 m_1 来自 m 的渐近展开

$$m = I + m_1/z + O(z^{-2}), \quad z \to \infty.$$

图 9.1　$m(z)$ 的跳跃矩阵 $v(z)$

9.2 跳跃矩阵三角分解

将跳跃矩阵 (9.1.13) 中的振荡项写为

$$e^{it\theta(z)} = e^{t\varphi(z)}, \quad \varphi(z) = i\theta(z).$$

由于

$$\varphi'(z) = 0, \quad \varphi''(z) = 4i \neq 0,$$

可以得到一个稳态相位点

$$z_0 = -\frac{x}{4t},$$

以及四个速降方向

$$\pi/4, \quad 5\pi/4, \quad -\pi/4, \quad 3\pi/4.$$

其对应速降线可以表示为

$$\Sigma_k = \{z_0 + e^{i(2k-1)\pi/4}\mathbb{R}_+\}, \quad k = 1, 2, 3, 4.$$

见图 9.2.

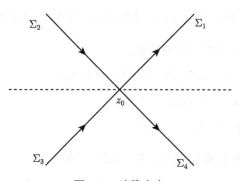

图 9.2 速降方向

由 $\theta(z) = 2z^2 - 4z_0 z = 2(z - z_0)^2 - 2z_0^2$, 可知

$$\mathrm{Re}(i\theta) = -4\mathrm{Im}z(\mathrm{Re}z - z_0).$$

因此, 我们可以根据 $e^{it\theta}$ 的指数衰减性, 将复平面分成两类区域, 见图 9.3.

跳跃矩阵 (9.1.13) 具有两种分解

$$v(x, t, z) = \begin{pmatrix} 1 & -\bar{r}e^{-2it\theta} \\ 0 & 1 \end{pmatrix} \begin{pmatrix} 1 & 0 \\ re^{2it\theta} & 1 \end{pmatrix}, \quad z > z_0.$$

$$v(x,t,z) = \begin{pmatrix} 1 & 0 \\ \dfrac{r}{1-|r|^2}e^{2it\theta} & 1 \end{pmatrix}\begin{pmatrix} 1-|r|^2 & 0 \\ 0 & \dfrac{1}{1-|r|^2} \end{pmatrix}\begin{pmatrix} 1 & \dfrac{-\bar{r}}{1-|r|^2}e^{-2it\theta} \\ 0 & 1 \end{pmatrix}, \quad z < z_0.$$

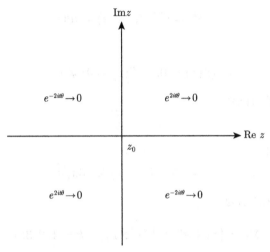

图 9.3　指数衰减区域

为去除第二种分解的中间矩阵, 我们引入一个标量 RH 问题:

- $\delta(z)$ 在 $\mathbb{C} \setminus \mathbb{R}$ 内解析,

- $\delta_+(z) = \delta_-(z)(1-|r|^2), \quad z < z_0,$

  $\delta_+(z) = \delta_-(z), \quad z > z_0,$

- $\delta(z) \longrightarrow 1, \qquad z \to \infty.$

利用 Plemelj 公式, 可以证明这个 RH 问题具有唯一解

$$\delta(z) = \exp\left[\frac{1}{2\pi i}\int_{-\infty}^{z_0}\frac{\ln(1-|r(s)|^2)}{s-z}ds\right] = \exp\left[i\int_{-\infty}^{z_0}\frac{\nu(s)}{s-z}ds\right],$$

其中

$$\nu(s) = -\frac{1}{2\pi}\log(1-|r(s)|^2).$$

假设 $r \in L^\infty \cap L^2$, 并且 $||r||_{L^\infty} \leqslant \rho < 1$, 则 δ 具有如下性质:

(i) $\delta(z)$ 在 $\mathbb{C} \setminus (-\infty, z_0)$ 内解析;

(ii) $\delta(z)\overline{\delta(\bar{z})} = 1, \quad ||\delta_\pm - 1||_{L^2} \leqslant \dfrac{c||r||_{L^2}}{1-\rho};$

(iii) $(1-\rho^2)^{1/2} \leqslant |\delta(z)| \leqslant (1-\rho^2)^{-1/2}$.

进一步将 δ 改写为

$$
\begin{aligned}
\delta(z) &= \exp\left(i \int_{-\infty}^{z_0} \frac{\nu(s) - \chi(s)\nu(z_0)(s-z_0+1)}{s-z} ds + i\nu(z_0) \int_{z_0-1}^{z_0} \frac{s-z_0+1}{s-z} ds \right) \\
&= \exp\{i\beta(z,z_0) + i\nu(z_0) + i\nu(z_0)[(z-z_0)\log(z-z_0) \\
&\quad - (z-z_0+1)\log(z-z_0+1)] + i\nu(z_0)\log(z-z_0)\}, \\
&= e^{i\nu(z_0)+i\beta(z,z_0)} (z-z_0)^{i\nu(z_0)} e^{i\nu(z_0)[(z-z_0)\log(z-z_0)-(z-z_0+1)\log(z-z_0+1)]},
\end{aligned}
$$
$$(9.2.1)$$

其中 $\chi(s)$ 为定义在 (z_0-1, z_0) 上的特征函数, 以及

$$
\beta(z,z_0) = \int_{-\infty}^{z_0} \frac{\nu(s) - \nu(z_0)\chi(s)(s-z_0+1)}{s-z} ds.
$$

可以证明 β 连续到 $z = z_0$, 并且在 $L_\phi = \{z_0 + ue^{i\phi}, -\pi < \phi < \pi\}$ 上,

$$
\|\beta\|_{L^\infty} \leqslant \frac{c\|r\|_{H^{1,0}}}{1-\rho},
$$
$$
|\beta(z,z_0) - \beta(z_0,z_0)| < \frac{c\|r\|_{H^{1,0}}}{1-\rho} |z-z_0|^{1/2}.
$$

令 $\Sigma^{(1)} = \mathbb{R}$, 并作变换

$$
m^{(1)} = m\delta^{-\sigma_3}, \tag{9.2.2}
$$

则 $m^{(1)}$ 满足如下 RH 问题:
- $m^{(1)}(x,t,z)$ 在 $\mathbb{C} \setminus \Sigma^{(1)}$ 内解析,
- $m_+^{(1)}(x,t,z) = m_-^{(1)}(x,t,z)v^{(1)}(x,t,z), \quad z \in \Sigma^{(1)}$,
- $m^{(1)}(x,t,z) \longrightarrow I, \quad z \to \infty$,

其中跳跃矩阵

$$
v^{(1)} = \begin{cases} \begin{pmatrix} 1 & 0 \\ \dfrac{r}{1-|r|^2}\delta^{-2}e^{2it\theta} & 1 \end{pmatrix} \begin{pmatrix} 1 & \dfrac{-\bar{r}}{1-|r|^2}\delta^2 e^{-2it\theta} \\ 0 & 1 \end{pmatrix} = G_L G_R, & z < z_0, \\[20pt] \begin{pmatrix} 1 & -\bar{r}\delta^2 e^{-2it\theta} \\ 0 & 1 \end{pmatrix} \begin{pmatrix} 1 & 0 \\ r\delta^{-2}e^{2it\theta} & 1 \end{pmatrix} = H_L H_R, & z > z_0, \end{cases}
$$
$$(9.2.3)$$

见图 9.4. 由于 $\delta^{-\sigma_3} \to I$, $z \to \infty$. 因此, NLS 方程的解与该 RH 问题的解之间联系为

$$q(x,t) = 2i \lim_{z \to \infty} (zm^{(1)} \delta^{-\sigma_3})_{12} = 2i \lim_{z \to \infty} (zm^{(1)})_{12}.$$

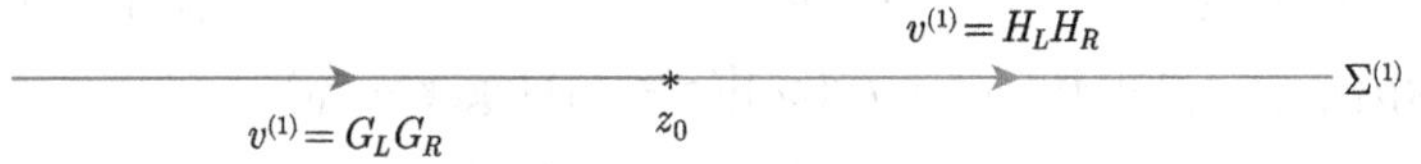

图中：$v^{(1)} = H_L H_R$，$v^{(1)} = G_L G_R$，z_0，$\Sigma^{(1)}$

图 9.4　跳跃矩阵 $v^{(1)}(z)$

9.3　散射数据的连续延拓

定义路径

$$\Sigma_R = \mathbb{R} \cup \Sigma_1 \cup \Sigma_2 \cup \Sigma_3 \cup \Sigma_4.$$

我们用实轴 $\mathbb{R}$ 和 4 条速降线 $\Sigma_k, k = 1,2,3,4$ 将复平面 $\mathbb{C}$ 分成 6 个区域 $\Omega_k, k = 1,2,3,4,5,6$. 见图 9.5. 在第 8 章中, 使用 Deift-Zhou 方法时, 对跳跃矩阵 (9.2.3) 中的 4 个散射数据 $r, \bar{r}, \dfrac{r}{1-|r|^2}, \dfrac{\bar{r}}{1-|r|^2}$ 作有理逼近分成两部分, 解析部分向 4 个区域 $\Omega_k, k = 1,3,4,6$ 作解析延拓, 不解析的部分留在实轴上, 因此在实轴仍有跳跃, 之后可以衰减到单位矩阵处理掉. 这里我们利用 $\bar{\partial}$-速降法, 关键是将上述 4 个散射数据直接向 4 个区域 $\Omega_k, k = 1,3,4,6$ 上作如下连续延拓, 此时实轴上不再有跳跃, 见图 9.5 的灰白部分:

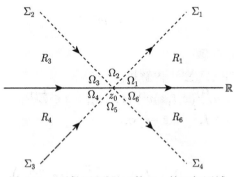

图 9.5　区域 Ω_k 以及函数 R_k 的延拓区域

(1) 打开跳跃线 (z_0, ∞), 用 R_1 表示散射数据 r 在区域 Ω_1 中的连续延拓; R_6 表示散射数据 $\bar{r}$ 在区域 Ω_6 中的连续延拓.

(2) 打开跳跃线 $(-\infty, z_0)$, 用 R_3 表示散射数据 $\dfrac{\bar{r}}{1-|r|^2}$ 在区域 Ω_3 中的连续延拓; R_4 表示散射数据 $\dfrac{r}{1-|r|^2}$ 在区域 Ω_4 中的连续延拓.

命题 9.1 存在函数 $R_j \to \mathbb{C}, j = 1, 3, 4, 6$ 满足如下边界条件

$$R_1(z) = \begin{cases} r(z), & z \in (z_0, \infty), \\ f_1 = \hat{r}_0(z - z_0)^{-2i\nu(z)}\delta^2, & z \in \Sigma_1, \end{cases} \tag{9.3.1}$$

$$R_3(z) = \begin{cases} \dfrac{-\overline{r(z)}}{1 + |r(z)|^2}, & z \in (-\infty, z_0), \\ f_3 = \dfrac{-\hat{\bar{r}}_0}{1 + |r_0|^2}(z - z_0)^{2i\nu(z)}\delta^{-2}, & z \in \Sigma_2, \end{cases} \tag{9.3.2}$$

$$R_4(z) = \begin{cases} \dfrac{r(z)}{1 + |r(z)|^2}, & z \in (-\infty, z_0), \\ f_4 = \dfrac{\hat{r}_0}{1 + |\hat{r}_0|^2}(z - z_0)^{-2i\nu(z)}\delta^2, & z \in \Sigma_3, \end{cases} \tag{9.3.3}$$

$$R_6(z) = \begin{cases} -\overline{r(z)}, & z \in (z_0, \infty), \\ f_6 = -\hat{\bar{r}}_0(z - z_0)^{2i\nu(z)}\delta^{-2}, & z \in \Sigma_4, \end{cases} \tag{9.3.4}$$

其中 $\hat{r}_0 = r(z_0)e^{-2i\nu(z_0)-2\beta(z_0,z_0)}$, 并且 R_j 具有以下估计

$$|\bar{\partial} R_j(z)| \leqslant c_1|z - z_0|^{-1/2} + c_2|r'(\mathrm{Re}z)|, \tag{9.3.5}$$

$$|R_j(z)| \leqslant c_1\sin^2(\arg z) + c_1(\mathrm{Re}z)^{-1/2}. \tag{9.3.6}$$

证明 仅证明 R_1. 记

$$z = z_0 + \varrho e^{i\varphi}, \quad \bar{z} = z_0 + \varrho e^{-i\varphi},$$

上面两个方程对 $\bar{z}$ 求导, 得到

$$\frac{\partial \varrho}{\partial \bar{z}} + i\varrho\frac{\partial \varphi}{\partial \bar{z}} = 0, \quad \frac{\partial \varrho}{\partial \bar{z}} - i\varrho\frac{\partial \varphi}{\partial \bar{z}} = e^{i\varphi}.$$

由此解得

$$\frac{\partial \varrho}{\partial \bar{z}} = \frac{1}{2}e^{i\varphi}, \quad \frac{\partial \varphi}{\partial \bar{z}} = \frac{1}{2}i\varrho^{-1}e^{i\varphi}.$$

因此, 极坐标下的 $\bar{\partial}$ 全导数为

$$\bar{\partial} = \frac{\partial \varrho}{\partial \bar{z}}\frac{\partial}{\partial \varrho} + \frac{\partial \varphi}{\partial \bar{z}}\frac{\partial}{\partial \varphi} = \frac{1}{2}e^{i\varphi}(\partial_\varrho + i\varrho^{-1}\partial_\varphi). \tag{9.3.7}$$

定义函数

$$R_1(z) = \cos(2\varphi)r(\mathrm{Re}z) + [1 - \cos(2\varphi)]f_1(z), \tag{9.3.8}$$

其中 $z = z_0 + \varrho e^{i\varphi}$, $\varrho \geqslant 0$, $0 \leqslant \varphi \leqslant \pi/4$, 则

$$\varrho = |z - z_0|, \quad \text{Re}\, z = z_0 + \varrho \cos\varphi.$$

对 $z \in (z_0, \infty)$, 有 $\varphi = 0$, 因此有 $R_1 = r(\text{Re}\,z)$; 对 $z \in \Sigma_1$, 有 $\varphi = \pi/4$, 因此有 $R_1 = f_1$.

注意到 f_1 解析, 并利用 (9.3.7), 则有

$$\bar{\partial} R_1 = (r - f_1)\bar{\partial} \cos(2\varphi) + \frac{1}{2}\cos(2\varphi)r'(\text{Re}\,z) \tag{9.3.9}$$

$$= -i(r(z) - f_1)\varrho^{-1}\sin(2\varphi) + \frac{1}{2}\cos(2\varphi)r'(\text{Re}\,z). \tag{9.3.10}$$

因此

$$|\bar{\partial} R_1| \leqslant \frac{c_1}{|z - z_0|}(|r(z) - r(z_0)| + |r(z_0) - f_1|) + c_2|r'(\text{Re}\,z)|. \tag{9.3.11}$$

而

$$|r(z) - r(z_0)| = \left| \int_{z_0}^z r'(s)ds \right| \leqslant \int_{z_0}^z |r'(s)|ds$$

$$\leqslant \|r'\|_{L^2(z, z_0)}\|1\|_{L^2(z, z_0)} \leqslant c|z - z_0|^{1/2}. \tag{9.3.12}$$

利用 (9.2.1), 得到

$$f_1 = \hat{r}_0(z - z_0)^{-2i\nu}\delta^2 = \hat{r}_0 e^{2i\nu(z_0) + 2i\beta(z, z_0)}$$
$$\cdot e^{2i\nu(z_0)[(z - z_0)\log(z - z_0) - 2(z - z_0 + 1)\log(z - z_0 + 1)]}$$
$$= \hat{r}_0 e^{2i\nu(z_0) + 2i\beta(z_0, z_0)} e^{2i\beta(z, z_0) - 2i\beta(z_0, z_0)}$$
$$\cdot e^{2i\nu(z_0)[(z - z_0)\log(z - z_0) - (z - z_0 + 1)\log(z - z_0 + 1)]}.$$

取 $\hat{r}_0 = r(z_0)e^{-2i\nu(z_0) - 2i\beta(z_0, z_0)}$, 则有

$$f_1 = r(z_0)e^{2i\beta(z, z_0) - 2i\beta(z_0, z_0)}$$
$$\cdot e^{2i\nu(z_0)[(z - z_0)\log(z - z_0) - (z - z_0 + 1)\log(z - z_0 + 1)]}.$$

$$r(z_0) - f_1 = r(z_0) - r(z_0)e^{2i\beta(z, z_0) - 2i\beta(z_0, z_0)}e^{2i\nu(z_0)[(z - z_0)\log(z - z_0) - (z - z_0 + 1)\log(z - z_0 + 1)]}.$$

在 Ω_1 内, 有估计

$$|\beta(z, z_0) - \beta(z_0, z_0)| = O(|z - z_0|^{1/2}), \tag{9.3.13}$$
$$|(z - z_0)\log(z - z_0)| \leqslant O(|z - z_0|^{1/2}).$$

因此

$$|r(z_0) - f_1| = r(z_0)\{1 - \exp[O(|z - z_0|^{1/2})]\} = r(z_0)O(|z - z_0|^{1/2}). \quad (9.3.14)$$

利用估计 (9.3.11), (9.3.12), (9.3.14), 我们得到

$$|\bar{\partial} R_1| \leqslant c_1 |z - z_0|^{-1/2} + c_2 |r'(\mathrm{Re} z)|. \quad (9.3.15)$$

利用 (9.3.8), 有

$$|R_1| \leqslant |2f_1| \sin^2 \varphi + |\cos(2\varphi)||r(\mathrm{Re} z)|$$
$$\leqslant \sin^2(\varphi) + [1 + (\mathrm{Re} z)^2]^{-1/2}.$$

9.4 混合 RH 问题

定义路径

$$\Sigma^{(2)} = \Sigma_1 \cup \Sigma_2 \cup \Sigma_3 \cup \Sigma_4,$$

以及函数

$$R^{(2)} = \begin{cases} \begin{pmatrix} 1 & 0 \\ R_1 e^{2it\theta}\delta^{-2} & 1 \end{pmatrix}^{-1} = W_R^{-1}, & z \in \Omega_1, \\[4mm] \begin{pmatrix} 1 & R_3 e^{-2it\theta}\delta^2 \\ 0 & 1 \end{pmatrix}^{-1} = U_R^{-1}, & z \in \Omega_3, \\[4mm] \begin{pmatrix} 1 & 0 \\ R_4 e^{2it\theta}\delta^{-2} & 1 \end{pmatrix} = U_L, & z \in \Omega_4, \\[4mm] \begin{pmatrix} 1 & R_6 e^{-2it\theta}\delta^2 \\ 0 & 1 \end{pmatrix} = W_L, & z \in \Omega_6, \\[4mm] \begin{pmatrix} 1 & 0 \\ 0 & 1 \end{pmatrix}, & z \in \Omega_2 \cup \Omega_5. \end{cases} \quad (9.4.1)$$

见图 9.6, 其中实线表示 $m^{(1)}$ 在其上有跳跃, 虚线表示在其上无跳跃, 即跳跃矩阵为单位矩阵.

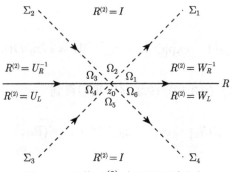

图 9.6　函数 $R^{(2)}$ 在不同区域定义

由于 δ 和 $R_j, j=1,3,4,6$ 有界性, 以及 $e^{\pm 2it\theta}$ 的指数衰减性, 我们有

$$R^{(2)} \sim I, \quad t \to \infty.$$

作变换

$$m^{(2)} = m^{(1)} R^{(2)}, \tag{9.4.2}$$

则 $\Sigma^{(1)}$ 上的 RH 问题化为 $\Sigma^{(2)}$ 上的 RH 问题:

- $m^{(2)}(x,t,z)$ 在 $\mathbb{C} \setminus \Sigma^{(2)}$ 内连续,

- $m_+^{(2)}(x,t,z) = m_-^{(2)}(x,t,z)v^{(2)}(x,t,z), \quad z \in \Sigma^{(2)},$ 　(9.4.3)

- $m^{(2)}(x,t,z) \longrightarrow I, \quad z \to \infty,$

其中 NLS 方程的解与该 RH 问题的解之间联系为

$$q(x,t) = 2i \lim_{z \to \infty} (z m^{(2)}(x,t,z))_{12}.$$

跳跃矩阵

$$v^{(2)}(z) = (R_-^{(2)})^{-1} v^{(1)} R_+^{(2)}. \tag{9.4.4}$$

由图 9.7 给出, 虚线表示跳跃矩阵为单位矩阵. 对照图 9.6 和图 9.7, 可见经过变

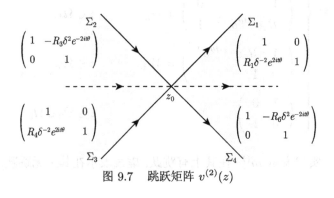

图 9.7　跳跃矩阵 $v^{(2)}(z)$

换, 去除了实轴上的跳跃, 并制造出 4 条跳跃线 $\Sigma_k, k = 1, 2, 3, 4$. 由于 $m^{(2)}(z)$ 在实轴上没有跳跃, 在跳跃矩阵 $v^{(2)}(z)$ 中, $R_j = f_j$, 因此, 图 9.7 中的跳跃矩阵也可改写为图 9.8 形式.

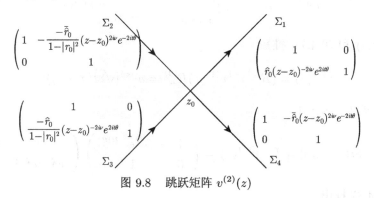

图 9.8　跳跃矩阵 $v^{(2)}(z)$

注 9.1　$R^{(2)}$ 中的 $R_j,\ j = 1, 3, 4, 6$ 如何定义的?

注意到 $e^{2it\theta} = e^{4it(z-z_0)^2} e^{-4itz_0^2}$, 为使得 $v^{(2)}(z)$ 与附录中抛物柱面 RH 的跳跃矩阵 $v^{(pc)}(\xi)$, 如图 9.9 形式匹配, 令 $4it(z - z_0)^2 = i\xi^2/2$, 由此得到尺度变换

$$\xi = \sqrt{8t}(z - z_0), \tag{9.4.5}$$

以下我们再适当选取跳跃矩阵 $v^{(pc)}(\xi)$ 中的自由参数 r_0, 使变换后的 $v^{(pc)}[\sqrt{8t}(z - z_0)]$ 与 $m^{(2)}(z)$ 的跳跃矩阵 $v^{(2)}(z)$ 相匹配. 由此来确定 $R^{(2)}$ 以及跳跃矩阵 $v^{(2)}(z)$.

在尺度变换 (9.4.5) 下, 有

$$\begin{aligned}
\xi^{i\nu\hat\sigma_3} e^{\frac{-i\xi^2}{4}\hat\sigma_3} &= e^{\frac{i\nu}{2}\log(8t)\hat\sigma_3}(z - z_0)^{i\nu\hat\sigma_3} e^{-2it(z-z_0)^2\hat\sigma_3} \\
&= e^{[\frac{i\nu}{2}\log(8t) - 2itz_0^2]\hat\sigma_3}(z - z_0)^{i\nu\hat\sigma_3} e^{-it\theta\hat\sigma_3},
\end{aligned} \tag{9.4.6}$$

注意到 $|e^{-i\nu\log(8t)+4itz_0^2}| = 1$, 可见选取 $r_0 = \hat r_0 e^{i\nu\log(8t)-4itz_0^2}$, 则 $m^{(pc)}[\sqrt{8t}(z-z_0)]$ 对应的跳跃矩阵 $v^{(pc)}[\sqrt{8t}(z-z_0)]$ 与 $v^{(2)}(z)$ 一致.

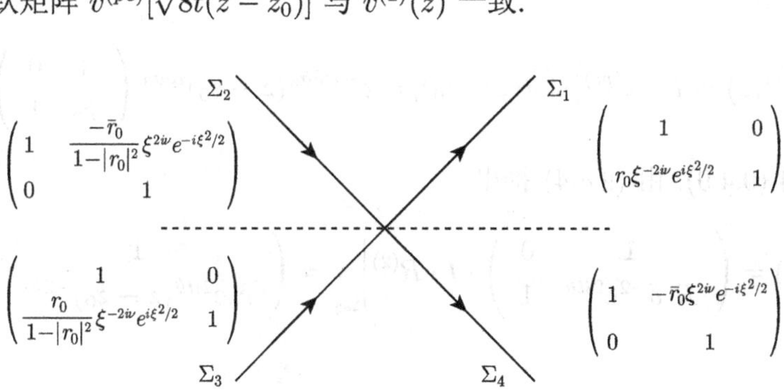

图 9.9　跳跃矩阵 $v^{(pc)}(\xi)$

如下我们看如何选取 R_j, $j = 1, 3, 4, 6$ 使得在边界上 $v^{(pc)}[\sqrt{8t}(z - z_0)]$ 与 $v^{(2)}(z)$ 匹配, 即

$$v^{(pc)}[\sqrt{8t}(z - z_0)]\Big|_{r_0 = \hat{r}_0 e^{i\nu \log(8t) - 4itz_0^2}} = v^{(2)}(z). \tag{9.4.7}$$

结合 (9.4.4) 和 (9.4.7), 推知

$$v^{(2)}(z) = (R_-^{(2)})^{-1} v^{(1)}(z) R_+^{(2)} = v^{(pc)}[\sqrt{8t}(z - z_0)]. \tag{9.4.8}$$

在边界 (z_0, ∞) 上:

$$v^{(pc)}[\sqrt{8t}(z - z_0)] = I, \quad v^{(1)}(z) = \begin{pmatrix} 1 & -\bar{r}\delta^2 e^{-2it\theta} \\ 0 & 1 \end{pmatrix} \begin{pmatrix} 1 & 0 \\ r\delta^{-2} e^{2it\theta} & 1 \end{pmatrix}.$$

因此, (9.4.8) 推出

$$v^{(2)} = (R^{(2)}\big|_{\Omega_6})^{-1} \begin{pmatrix} 1 & -\bar{r}\delta^2 e^{-2it\theta} \\ 0 & 1 \end{pmatrix} \begin{pmatrix} 1 & 0 \\ r\delta^{-2} e^{2it\theta} & 1 \end{pmatrix} R^{(2)}\big|_{\Omega_1} = I.$$

由此可定义

$$R^{(2)} = \begin{pmatrix} 1 & 0 \\ r\delta^{-2} e^{2it\theta} & 1 \end{pmatrix}^{-1}, \ z \in \Omega_1; \quad R^{(2)} = \begin{pmatrix} 1 & -\bar{r}\delta^2 e^{-2it\theta} \\ 0 & 1 \end{pmatrix}, \ z \in \Omega_6, \tag{9.4.9}$$

其中 R_1, R_6 在直线 (z_0, ∞) 上的边值为

$$R_1 = r, \quad R_6 = -\bar{r}, \quad z \in (z_0, \infty). \tag{9.4.10}$$

在 Σ_1 上,

$$v^{(1)}(z) = I, \quad v^{(pc)}[\sqrt{8t}(z - z_0)] = e^{-it\theta\hat{\sigma}_3}(z - z_0)^{i\nu\hat{\sigma}_3} \begin{pmatrix} 1 & 0 \\ \hat{r}_0 & 1 \end{pmatrix}.$$

因此, 利用 (9.4.9), 由 (9.4.4) 推出

$$v^{(2)}(z) = \begin{pmatrix} 1 & 0 \\ R_1 \delta^{-2} e^{2it\theta} & 1 \end{pmatrix} \cdot I \cdot R^{(2)}\big|_{\Omega_2} = \begin{pmatrix} 1 & 0 \\ \hat{r}_0 e^{2it\theta}(z - z_0)^{-2i\nu} & 1 \end{pmatrix}.$$

由此可取

$$R^{(2)} = I, \quad z \in \Omega_2,$$

并比较两边矩阵 21 位置元素, 知道

$$R_1 \delta^{-2} e^{2it\theta} = f_1 \delta^{-2} e^{2it\theta} = \hat{r}_0 e^{2it\theta} (z - z_0)^{-2i\nu},$$

因此, R_1 在 Σ_1 上的边界值为

$$R_1 = \hat{r}_0 (z - z_0)^{-2i\nu} \delta^2, \quad z \in \Sigma_1. \tag{9.4.11}$$

综合 (9.4.10), (9.4.11), 得到 (9.3.1), 以及 (9.4.1) 中关于 Ω_j, $j = 1, 2, 6$ 的定义, 其余类似证明.

由于 $m^{(1)}$ 在区域 Ω_j, $j = 1, 3, 4, 6$ 内解析, 且 $(R^{(2)})^{-1} \bar{\partial} R^{(2)} = \bar{\partial} R^{(2)}$, 因此

$$\bar{\partial} m^{(2)} = m^{(1)} \bar{\partial} R^{(2)} = m^{(2)} (R^{(2)})^{-1} \bar{\partial} R^{(2)} = m^{(2)} \bar{\partial} R^{(2)}, \tag{9.4.12}$$

其中

$$\bar{\partial} R^{(2)} = \begin{cases} \begin{pmatrix} 0 & 0 \\ -\bar{\partial} R_1 e^{2it\theta} \delta^{-2} & 0 \end{pmatrix}, & z \in \Omega_1, \\[3mm] \begin{pmatrix} 0 & \bar{\partial} R_3 e^{-2it\theta} \delta^2 \\ 0 & 0 \end{pmatrix}, & z \in \Omega_3, \\[3mm] \begin{pmatrix} 0 & 0 \\ \bar{\partial} R_4 e^{2it\theta} \delta^{-2} & 0 \end{pmatrix}, & z \in \Omega_4, \\[3mm] \begin{pmatrix} 0 & -\bar{\partial} R_6 e^{-2it\theta} \delta^2 \\ 0 & 0 \end{pmatrix}, & z \in \Omega_6, \\[3mm] \begin{pmatrix} 0 & 0 \\ 0 & 0 \end{pmatrix}, & z \in \Omega_2 \cup \Omega_5. \end{cases} \tag{9.4.13}$$

9.5 纯 $\bar{\partial}$-问题及其解的渐近性

按照命题 9.1 定义 R_j, $j = 1, 3, 4, 6$, 由此按照 (9.4.1) 定义 $R^{(2)}$, 以及变换 (9.4.2), 得到的 $m^{(2)}(z)$ 与 $m^{(pc)}[\sqrt{8t}(z - z_0)]$ 是相匹配的, 这在注 9.1中, 我们寻找如何定义 R_j 时, 通过反推的形式给出证明, 这里我们再简单验证一下.

事实上, 按照 R_j, $j = 1, 3, 4, 6$ 的定义, 在 Σ_1 上,

$$\begin{aligned} R_1 e^{2it\theta} \delta^{-1} &= f_1 e^{2it\theta} \delta^{-2} = \hat{r}_0 (z - z_0)^{-2i\nu} \delta^2 e^{2it\theta} \delta^{-2} \\ &= \hat{r}_0 (z - z_0)^{-2i\nu} e^{2it\theta}. \end{aligned} \tag{9.5.1}$$

同理

$$R_4 e^{2it\theta}\delta^{-2} = \frac{\hat{r}_0}{1-|\hat{r}_0|^2}(z-z_0)^{-2i\nu}e^{2it\theta}, \tag{9.5.2}$$

$$R_3 e^{-2it\theta}\delta^2 = \bar{\hat{r}}_0(z-z_0)^{2i\nu}e^{-2it\theta}, \quad R_6 e^{-2it\theta}\delta^2 = \frac{\bar{\hat{r}}_0}{1-|\hat{r}_0|^2}(z-z_0)^{2i\nu}e^{-2it\theta}. \tag{9.5.3}$$

因此跳跃矩阵 $v^{(2)}(z)$ 可以写为如图 9.10 形式, 与 $m^{(pc)}[\sqrt{8t}(z-z_0)]$ 的跳跃矩阵图 9.9 比较, 显然是一致的, 从而有

$$v^{(pc)}[\sqrt{8t}(z-z_0)] = v^{(2)}(z). \tag{9.5.4}$$

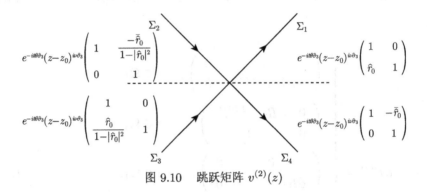

图 9.10　跳跃矩阵 $v^{(2)}(z)$

定义

$$E(z) = m^{(2)}(z)[m^{(pc)}(\sqrt{8t}(z-z_0))]^{-1}, \tag{9.5.5}$$

则 $E(z)$ 在 $\mathbb{C}$ 内连续且没有跳跃, 事实上, 由 (9.4.3)—(9.5.5), (9.7.2), 可知在 $\Sigma_j, \ j=1,2,3,4$ 上,

$$E_-^{-1}(z)E_+(z) = m_-^{(pc)}(m_-^{(2)})^{-1}m_+^{(2)}(m_+^{(pc)})^{-1}$$

$$= m_-^{(pc)}v^{(2)}(m_-^{(pc)}v^{(pc)})^{-1} = m_-^{(pc)}v^{(2)}(m_-^{(pc)}v^{(2)})^{-1} = I.$$

因此我们获得一个纯 $\bar{\partial}$-问题

- $E(z)$ 在复平面 $\mathbb{C}$ 内连续, $\qquad\qquad\qquad\qquad\qquad\qquad\qquad$ (9.5.6)

- $\bar{\partial}E(z) = E(z)W(z), \quad z \in \mathbb{C},$ $\qquad\qquad\qquad\qquad\qquad$ (9.5.7)

- $E(z) \sim I, \quad z \to \infty,$ $\qquad\qquad\qquad\qquad\qquad\qquad\qquad\qquad$ (9.5.8)

其中

$$
W(z) = \begin{cases}
m^{(pc)} \begin{pmatrix} 0 & 0 \\ \bar{\partial}R_1 e^{2it\theta}\delta^{-2} & 0 \end{pmatrix} (m^{(pc)})^{-1}, & z \in \Omega_1, \\[3mm]
m^{(pc)} \begin{pmatrix} 0 & -\bar{\partial}R_3 e^{-2it\theta}\delta^2 \\ 0 & 0 \end{pmatrix} (m^{(pc)})^{-1}, & z \in \Omega_3, \\[3mm]
m^{(pc)} \begin{pmatrix} 0 & 0 \\ \bar{\partial}R_4 e^{2it\theta}\delta^{-2} & 0 \end{pmatrix} (m^{(pc)})^{-1}, & z \in \Omega_4, \\[3mm]
m^{(pc)} \begin{pmatrix} 0 & -\bar{\partial}R_6 e^{-2it\theta}\delta^2 \\ 0 & 0 \end{pmatrix} (m^{(pc)})^{-1}, & z \in \Omega_6, \\[3mm]
\begin{pmatrix} 0 & 0 \\ 0 & 0 \end{pmatrix}, & z \in \Omega_2 \cup \Omega_5.
\end{cases} \tag{9.5.9}
$$

$\bar{\partial}$-问题 (9.5.6)—(9.5.8) 等价于积分方程

$$
E(z) = I - \frac{1}{\pi} \iint\limits_{\mathbb{C}} \frac{EW}{s-z} dA(s), \tag{9.5.10}
$$

其中 $dA(s)$ 为实平面上的 Lebesgue 测度. 方程 (9.5.10) 也可用算子表示

$$
(1-S)E(z) = I, \tag{9.5.11}
$$

其中 S 为 Cauchy 算子

$$
S[f](z) = -\frac{1}{\pi} \iint\limits_{\mathbb{C}} \frac{f(s)W(s)}{s-z} dA(s). \tag{9.5.12}
$$

命题 9.2　对充分大的 t, 算子 S 为小范数, 因此 $(1-S)^{-1}$ 存在, 并且

$$
||S||_{L^\infty \to L^\infty} \leqslant ct^{-1/4}. \tag{9.5.13}
$$

证明　假设 $f \in L^\infty(\Omega_1)$, 则利用 (9.3.5), 得到

$$
|S(f)| \leqslant \iint\limits_{\Omega_1} \frac{|f\bar{\partial}R_1\delta^{-2}e^{2it\theta}|}{|s-z|} dA(s)
$$

$$\leqslant ||f||_{L^\infty}||\delta^{-2}||_{L^\infty} \iint\limits_{\Omega_1} \frac{|\bar{\partial}R_1 e^{2it\theta}|}{|s-z|}dA(s)$$

$$\leqslant c(I_1 + I_2), \tag{9.5.14}$$

其中

$$I_1 = \iint\limits_{\Omega_1} \frac{|r'|e^{-tuv}}{|s-z|}dA(s),$$

$$I_2 = \iint\limits_{\Omega_1} \frac{|s-z_0|^{-1/2}e^{-tuv}}{|s-z|}dA(s).$$

由于 $r \in H^{1,1}$, 因此

$$I_1 = \int_0^\infty \int_v^\infty \frac{|r'|e^{-tuv}}{|s-z|}dudv \leqslant \int_0^\infty e^{-tv^2}\int_v^\infty \frac{|r'|}{|s-z|}dudv$$

$$\leqslant \int_0^\infty e^{-tv^2}||r'||_{L^2}\left\|\frac{1}{s-z}\right\|_{L^2}dv \leqslant c\int_0^\infty e^{-tv^2}\left\|\frac{1}{s-z}\right\|_{L^2}dv,$$

其中记 $s = u + iv$, 而

$$\left\|\frac{1}{s-z}\right\|_{L^2(v,\infty)} \leqslant \left(\int_{-\infty}^\infty \frac{1}{|s-z|^2}du\right)^{1/2} = \left(\int_{-\infty}^\infty \frac{1}{(u-\alpha-z_0)^2 + (v-\eta)^2}du\right)^{1/2}$$

$$= \left(\frac{1}{|v-\eta|}\int_{-\infty}^\infty \frac{1}{1+y^2}dy\right)^{1/2} = \left(\frac{\pi}{|v-\eta|}\right)^{1/2},$$

其中 $y = \dfrac{u-\alpha-z_0}{v-\eta}$, $z = z_0 + \alpha + i\eta$, 因此

$$I_1 \leqslant c\int_0^\infty \frac{e^{-tv^2}}{\sqrt{|\eta-v|}}dv = c\left[\int_0^\eta \frac{e^{-tv^2}}{\sqrt{\eta-v}}dv + \int_\eta^\infty \frac{e^{-tv^2}}{\sqrt{v-\eta}}dv\right]. \tag{9.5.15}$$

利用不等式 $\sqrt{\eta}e^{-t\eta^2 w^2} \leqslant t^{-1/4}w^{-1/2}$, 可得到

$$\int_0^\beta \frac{e^{-tv^2}}{\sqrt{\eta-v}}dv = \int_0^1 \frac{\sqrt{\eta}e^{-t\eta^2 w^2}}{\sqrt{1-w}}dw \leqslant ct^{-1/4}\int_0^1 \frac{1}{\sqrt{w(1-w)}}dw \leqslant ct^{-1/4}. \tag{9.5.16}$$

而

$$\int_\eta^\infty \frac{e^{-tv^2}}{\sqrt{v-\eta}}dv = \int_0^\infty \frac{e^{-tw^2}}{\sqrt{w}}dw = t^{-1/4}\int_0^\infty \frac{e^{-\lambda^2}}{\sqrt{\lambda}}dw \leqslant ct^{-1/4}. \tag{9.5.17}$$

最后, 由 (9.5.15)—(9.5.17), 得到估计

$$|I_1| \leqslant ct^{-1/4}. \tag{9.5.18}$$

为估计 I_2, 考虑如下 L^p-估计 $(p > 2)$.

$$
\begin{aligned}
\left\| \frac{1}{\sqrt{|s - z_0|}} \right\|_{L^p} &= \left(\int_{z_0+v}^{\infty} \frac{1}{|u + iv - z_0|^{p/2}} du \right)^{1/p} \\
&= \left(\int_{v}^{\infty} \frac{1}{|u + iv|^{p/2}} du \right)^{1/p} = \left(\int_{v}^{\infty} \frac{1}{(u^2 + v^2)^{p/4}} du \right)^{1/p} \\
&= v^{1/p-1/2} \left(\int_{1}^{\infty} \frac{1}{(1 + x^2)^{p/4}} dx \right)^{1/p} \leqslant cv^{1/p-1/2}. \tag{9.5.19}
\end{aligned}
$$

类似于上面 L^2 估计, 可以证明

$$\left\| \frac{1}{s - z} \right\|_{L^q(v, \infty)} \leqslant c|v - \beta|^{1/q-1}.$$

因此

$$
\begin{aligned}
I_2 &\leqslant c \int_0^{\infty} e^{-tv^2} dv \int_v^{\infty} \frac{1}{|z - z_0|^{1/2}|s - z|} du \\
&\leqslant c \int_0^{\infty} e^{-tv^2} \left\| \frac{1}{\sqrt{|s - z_0|}} \right\|_{L^p} \left\| \frac{1}{s - z_0} \right\|_{L^q} dv \\
&\leqslant c \left[\int_0^{\beta} e^{-tv^2} v^{1/p-1/2} |v - \beta|^{1/q-1} dv + \int_{\beta}^{\infty} e^{-tv^2} v^{1/p-1/2} |v - \beta|^{1/q-1} dv \right]. \tag{9.5.20}
\end{aligned}
$$

第一个积分

$$\int_0^{\eta} e^{-tv^2} v^{1/p-1/2} |v - \eta|^{1/q-1} dv \leqslant ct^{-1/4}. \tag{9.5.21}$$

对第二个积分, 作变换 $v = \eta + w$, 得到

$$
\begin{aligned}
&\int_{\eta}^{\infty} e^{-tv^2} v^{1/p-1/2} |v - \eta|^{1/q-1} dv \\
&= \int_0^{\infty} e^{-t(\eta+w)^2} (\eta + w)^{1/p-1/2} w^{1/q-1} dw \\
&\leqslant \int_0^{\infty} e^{-tw^2} w^{1/p-1/2} w^{1/q-1} dw = \int_0^{\infty} e^{-tw^2} w^{-1/2} dw \tag{9.5.22}
\end{aligned}
$$

$$= t^{-1/4} \int_0^\infty y^{-1/2} e^{-y} dy \leqslant ct^{-1/4}. \tag{9.5.23}$$

因此

$$|I_2| \leqslant ct^{-1/4}. \tag{9.5.24}$$

最后, 综合 (9.5.14), (9.5.18) 和 (9.5.24), 得到估计 (9.5.13). 因此对充分大 t, 方程 (9.5.11) 可解, 并由 (9.5.10) 得到

$$E = I + O(t^{-1/4}). \tag{9.5.25}$$

9.6 散焦 NLS 方程的长时间渐近性

由 (9.5.10) , 进一步展开 $E(z)$ 为

$$E(z) = I + E_1/z + O(z^{-2}), \tag{9.6.1}$$

其中

$$E_1 = \frac{1}{\pi} \iint\limits_{\Omega_1} EW dA(s),$$

且满足如下估计

$$|E_1| \leqslant ct^{-3/4}. \tag{9.6.2}$$

事实上, 类似于 (9.5.14) 处理, 有

$$
\begin{aligned}
E_1 &\leqslant \iint\limits_{\Omega_1} |f\bar{\partial}R_1\delta^{-2}e^{2it\theta}|dA(z) \\
&\leqslant \|f\|_{L^\infty}\|\delta^{-2}\|_{L^\infty} \iint\limits_{\Omega_1} |\bar{\partial}R_1 e^{2it\theta}|dA(s) \\
&\leqslant c(I_3 + I_4),
\end{aligned}
\tag{9.6.3}
$$

其中

$$I_3 = \int_0^\infty \int_v^\infty |r'|e^{-tuv}dudv, \tag{9.6.4}$$

$$I_4 = \int_0^\infty \int_{z_0+v}^\infty |s - z_0|^{-1/2}e^{-tuv}dudv. \tag{9.6.5}$$

由于 $r \in H^{1,1}$, 因此由 Cauchy-Schwarz 不等式

$$\int_v^\infty |r'| e^{-tuv} du \leqslant \left(\int_v^\infty |r'|^2 du \right)^{1/2} \left(\int_v^\infty e^{-2tuv} du \right)^{1/2}$$

$$\leqslant c \left(-\frac{1}{2tv} e^{-2tuv} \Big|_v^\infty \right)^{1/2} \leqslant ct^{-1/2} v^{-1/2} e^{-tv^2},$$

得到

$$I_3 \leqslant c \int_0^\infty \int_v^\infty e^{-2tuv} du dv \leqslant c \int_0^\infty t^{-1/2} v^{-1/2} e^{-tv^2} dv$$

$$= ct^{-3/4} \int_0^\infty w^{-1/2} e^{-w^2} dw \leqslant ct^{-3/4}.$$

类似地, 利用 Hölder 不等式以及 (9.5.19), 有

$$\int_{z_0+v}^\infty e^{-tuv} |s - z_0|^{-1/2} du \leqslant cv^{1/p-1/2} \left(\int_v^\infty e^{-qtuv} du \right)^{1/q},$$

其中 $1/p + 1/q = 1$, $2 < p < 4$. 因此

$$I_4 \leqslant \int_0^\infty v^{1/p-1/2} \left(\int_v^\infty e^{-qtuv} du \right)^{1/q} dv = \int_0^\infty v^{1/p-1/2} (qtv)^{-1/q} e^{-tv^2} dv$$

$$\leqslant ct^{-1/q} \int_0^\infty v^{2/p-3/2} e^{-tv^2} dv \leqslant ct^{-3/4} \int_0^\infty w^{2/p-3/2} e^{-w^2} dw \leqslant ct^{-3/4},$$

其中我们使用了变换 $w = t^{1/2} v$ 和保证广义积分收敛的条件

$$-1 < \frac{2}{p} - \frac{3}{2} < -\frac{1}{2}.$$

回顾我们所作的一系列变换 (9.2.2), (9.4.2) 和 (9.5.5), 倒推这些变换过程

$$m(z) \leftrightarrows m^{(1)}(z) \leftrightarrows m^{(2)}(z) \leftrightarrows E(z),$$

得到

$$m = Em^{pc}(R^{(2)})^{-1} \delta^{\sigma_3}.$$

特别在垂直方向 $z \in \Omega_2, \Omega_5$ 中考虑 $z \to \infty$, 则有 $R^{(2)} = I$, 从而

$$m = \left(I + \frac{E_1}{z} + \cdots \right) \left(I + \frac{m_1^{pc}}{\sqrt{8t}(z - z_0)} + \cdots \right) \left(I + \frac{\Delta_1}{z} + \cdots \right),$$

由此得到

$$m_1 = E_1 + \frac{m_1^{pc}}{\sqrt{8t}} + \Delta_1,$$

其中 $\Delta_1 = \begin{pmatrix} \delta_1 & 0 \\ 0 & -\delta_1 \end{pmatrix}$.

再由 (9.1.14)，即可得到

$$q(x,t) = 2i\frac{(m_1^{pc})_{12}}{\sqrt{8t}} + O(t^{-3/4}).$$

利用 (9.7.21)，并选取自由参数

$$r_0 = r(z_0)e^{-2i\nu - 2\beta(z_0,z_0) + i\nu \log(8t) - 4itz_0^2},$$

并注意到 $\nu(z_0) + \beta(z_0,z_0) = -\int_{-\infty}^{z_0} \ln|z-z_0|d\nu(z)$，我们得到

$$q(x,t) = t^{-1/2}\alpha(z_0)e^{\frac{ix^2}{4t} - i\nu(z_0)\log 8t} + O(t^{-3/4}), \tag{9.6.6}$$

其中

$$|\alpha(z_0)|^2 = \frac{1}{2}\nu(z_0), \quad \nu(z_0) = -\frac{1}{2\pi}\ln(1 - |r(z_0)|^2),$$

$$\arg\alpha(z_0) = \frac{\pi}{4} + \arg\Gamma(i\nu(z_0)) - \arg r(z_0) + \frac{1}{\pi}\int_{-\infty}^{z_0} \ln|z-z_0|d\ln(1 - |r(z)|^2).$$

这种渐近结果 (9.6.6) 中，只要求初值 $q_0(x) \in H^{1,1}$，误差项 $O(t^{-3/4})$ 来自 $\bar{\partial}$-问题的渐近估计.

附录　可解的矩阵 RH 问题

对于 $r_0 \in \mathbb{R}$, $|r_0| < 1$, 令 $\nu = -\frac{1}{2\pi}\log(1 - |r_0|^2)$, 考虑如下矩阵 RH 问题：

- $m^{(pc)}(\xi)$ 在 $\mathbb{C} \setminus \Sigma^{(2)}$ 内解析, $\qquad\qquad$ (9.7.1)

- $m_+^{(pc)}(\xi) = m_-^{(pc)}(\xi)v^{(pc)}(\xi),\ \xi \in \Sigma^{(2)},$ $\qquad$ (9.7.2)

- $m^{(pc)}(\xi) = I + \dfrac{m_1^{(pc)}}{\xi} + O(\xi^{-2}), \quad \xi \to \infty,$ $\qquad$ (9.7.3)

其中跳跃矩阵为

$$v^{(pc)}(\xi) = \begin{cases} \xi^{i\nu\hat{\sigma}_3}e^{-\frac{i\xi^2}{4}\hat{\sigma}_3}\begin{pmatrix} 1 & 0 \\ r_0 & 1 \end{pmatrix}, & \xi \in \Sigma_1, \\[3mm] \xi^{i\nu\hat{\sigma}_3}e^{-\frac{i\xi^2}{4}\hat{\sigma}_3}\begin{pmatrix} 1 & \dfrac{-\bar{r}_0}{1-|r_0|^2} \\ 0 & 1 \end{pmatrix}, & \xi \in \Sigma_2, \\[3mm] \xi^{i\nu\hat{\sigma}_3}e^{-\frac{i\xi^2}{4}\hat{\sigma}_3}\begin{pmatrix} 1 & 0 \\ \dfrac{r_0}{1-|r_0|^2} & 1 \end{pmatrix}, & \xi \in \Sigma_3, \\[3mm] \xi^{i\nu\hat{\sigma}_3}e^{-\frac{i\xi^2}{4}\hat{\sigma}_3}\begin{pmatrix} 1 & -\bar{r}_0 \\ 0 & 1 \end{pmatrix}, & \xi \in \Sigma_4. \end{cases} \qquad (9.7.4)$$

见图 9.11.

作变换

$$m^{(pc)} = \psi \mathcal{P} \xi^{-i\nu\sigma_3}e^{\frac{i}{4}\xi^2\sigma_3}, \qquad (9.7.5)$$

其中

$$\mathcal{P} = \begin{cases} \begin{pmatrix} 1 & 0 \\ -r_0 & 1 \end{pmatrix}, & \xi \in \Omega_1, \\[3mm] \begin{pmatrix} 1 & \dfrac{\bar{r}_0}{1-|r_0|^2} \\ 0 & 1 \end{pmatrix}, & \xi \in \Omega_3, \\[3mm] \begin{pmatrix} 1 & 0 \\ \dfrac{r_0}{1-|r_0|^2} & 1 \end{pmatrix}, & \xi \in \Omega_4, \\[3mm] \begin{pmatrix} 1 & -\bar{r}_0 \\ 0 & 1 \end{pmatrix}, & \xi \in \Omega_6, \\[3mm] \begin{pmatrix} 1 & 0 \\ 0 & 1 \end{pmatrix}, & \xi \in \Omega_2 \cup \Omega_5, \end{cases} \qquad (9.7.6)$$

则得到一个在实数轴具有常数的跳跃的标准 RH 问题:

- ψ 在 $\mathbb{C}\setminus\mathbb{R}$ 内解析, $\qquad (9.7.7)$

- $\psi_+ = \psi_- v(0), \quad \xi \in \mathbb{R},$ $\qquad (9.7.8)$

- $\psi e^{\frac{i\xi^2}{4}\sigma_3}\xi^{-i\nu\sigma_3} \sim I, \quad \xi \to \infty.$ \hfill (9.7.9)

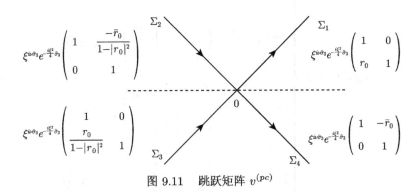

图 9.11 跳跃矩阵 $v^{(pc)}$

上述 RH 问题可以化为 Weber 方程, 得到抛物柱面显式解 $\psi(\xi) = (\psi_{ij})_{i,j=1}^2$ 的解可用抛物柱面函数给出, 在上半平面 $\xi \in \mathbb{C}_+$ 上:

$$\psi_{+,11}(\xi) = e^{-\frac{3\pi\nu}{4}}D_a(e^{-\frac{3i\pi}{4}}\xi), \tag{9.7.10}$$

$$\psi_{+,12} = e^{\frac{3\pi\nu}{4}}\beta_{21}^{-1}\left[\partial_\xi D_{-a}(e^{-\frac{\pi i}{4}}\xi) - \frac{i\xi}{2}D_{-a}(e^{-\frac{\pi i}{4}}\xi)\right], \tag{9.7.11}$$

$$\psi_{+,21} = e^{\frac{-3\pi\nu}{4}}\beta_{12}^{-1}\left[\partial_z D_a(e^{-\frac{3\pi i}{4}}\xi) + \frac{i\xi}{2}D_a(e^{-\frac{3\pi i}{4}}\xi)\right], \tag{9.7.12}$$

$$\psi_{+,22} = e^{\pi\nu/4}D_{-a}(e^{-i/4}\xi). \tag{9.7.13}$$

对于 $\xi \in \mathbb{C}_-$:

$$\psi_{-,11} = e^{\pi\nu/4}D_a(e^{\pi i/4}\xi), \tag{9.7.14}$$

$$\psi_{-,12} = e^{-3\pi\nu/4}\beta_{21}^{-1}\left[\partial_\xi D_{-a}(e^{3\pi i/4}\xi) - \frac{i\xi}{2}D_{-a}(e^{3\pi i/4}\xi)\right], \tag{9.7.15}$$

$$\psi_{-,21} = e^{\frac{\pi\nu}{4}}\beta_{12}^{-1}\left[\partial_\xi D_a(e^{\pi i/4}\xi) + \frac{i\xi}{2}D_a(e^{\pi i/4}\xi)\right], \tag{9.7.16}$$

$$\psi_{-,22} = e^{-3\pi\nu/4}D_a(e^{3\pi i/4}\xi), \tag{9.7.17}$$

其中 $D_a(\zeta) = D_a(e^{-\frac{3i\pi}{4}}\xi)$ 为如下 Weber 方程的解

$$\partial_\zeta^2 g + \left(\frac{1}{2} - \frac{\zeta^2}{4} + a\right)g(\zeta) = 0, \tag{9.7.18}$$

其中 $a = i\beta_{12}\beta_{21}$. $D_a(\zeta)$ 具有如下渐近性:

$$D_a(\zeta) = \begin{cases} \zeta^a e^{-\zeta^2/4}(1 + O(\zeta^{-2})), & |\arg\zeta| < \dfrac{3\pi}{4}, \\[2mm] \zeta^a e^{-\zeta^2/4}(1 + O(\zeta^{-2})) - (2\pi)^{1/2}\Gamma^{-1}(-a)e^{a\pi i}\zeta^{-a-1}e^{\zeta^2/4}(1 + O(\zeta^{-2})), \\[2mm] \qquad \dfrac{\pi}{4} < \arg\zeta < \dfrac{5\pi}{4}, \\[2mm] \zeta^a e^{-\zeta^2/4}(1 + O(\zeta^{-2})) - (2\pi)^{1/2}\Gamma^{-1}(-a)e^{-a\pi i}\zeta^{-a-1}e^{\zeta^2/4}(1 + O(\zeta^{-2})), \\[2mm] \qquad -\dfrac{5\pi}{4} < \arg\zeta < -\dfrac{\pi}{4}. \end{cases}$$

$$\text{(9.7.19)}$$

将上述结果代入公式 (9.7.2), 得到

$$v(0) = (\psi_-)^{-1}\psi_+ = \begin{pmatrix} 1 - |r_0|^2 & -\bar{r}_0 \\ r_0 & 1 \end{pmatrix},$$

特别地

$$r_0 = \psi_{11}^-\psi_{21}^+ - \psi_{21}^-\psi_{11}^+ = \frac{(2\pi)^{1/2}e^{i\pi/4}e^{-\pi\nu/2}}{\beta_{12}\Gamma(-a)},$$

从而得到

$$\beta_{12} = \frac{\sqrt{2\pi}e^{i\pi/4}e^{-\pi\nu/2}}{r_0\Gamma(-a)}, \qquad \beta_{21} = \frac{-\sqrt{2\pi}e^{-i\pi/4}e^{-\pi\nu/2}}{r_0\Gamma(a)}. \tag{9.7.20}$$

由 (9.7.5), 得到

$$m^{pc}(\xi) = I + \frac{1}{\xi}\begin{pmatrix} 0 & -i\beta_{12} \\ i\beta_{21} & 0 \end{pmatrix} + O(\xi^{-2}). \tag{9.7.21}$$

注 9.2　一般步骤描述

• 对原始的

$$m_+(z) = m_-(z)v(z),$$

作跳跃矩阵 v 具有两种上下三角分解 $v(z) = U_L U_0 U_R = W_L W_R$.

• 引入 $\delta(z)$, 作变换

$$m^{(1)}(z) = m(z)\delta(z)^{-\sigma_3}.$$

目的: 去除左边分解中的 U_0, 得到在 R 具有两个跳跃的 RH 问题

$$m_+^{(1)}(z) = m_-^{(1)}(z)v^{(1)}(z).$$

- 定义 $R(z)$, 作变换

$$m_+^{(2)}(z) = m_-^{(1)}(z)R(z).$$

目的: 将 $(-\infty, z_0)$, (z_0, ∞) 上的 $v^{(1)}(z)$ 作上下连续延拓, 得到一个混合 RH 问题

$$m_+^{(2)}(z) = m_-^{(2)}(z)v^{(1)}(z).$$

- 利用标准抛物柱面 RH 问题的解 $m^{(pc)}(z)$, 作变换

$$E(z) = m_+^{(2)}(z)\left[m^{(pc)}(z)\right]^{-1}.$$

目的: 去除 $m^{(2)}(z)$ 中的解析部分, 得到一个纯 $\bar{\partial}$-RH 问题

$$\bar{\partial}E(z) = E(z)W(z).$$

$$m(z) \xrightarrow[\text{引入 } \delta:\ \text{跳跃矩阵三角分解}]{m^{(1)}=m\delta^{-\sigma_3}} m^{(1)} \xrightarrow[\text{引入 } R^{(2)}:\ \text{连续延拓}]{m^{(2)}=m^{(1)}R^{(2)}} m^{(2)}$$

$$= \begin{cases} \bar{\partial}R^{(2)} = 0 \to\ m^{(2)} = m^{(pc)}, \\ \bar{\partial}R^{(2)} \neq 0 \to\ E = m^{(2)}(m^{(pc)})^{-1} : \bar{\partial}E = EW^{(3)} \Longrightarrow\ E. \end{cases}$$

$$m = Em^{(pc)}R^{(2)^{-1}}\delta^{\sigma_3} \Longrightarrow q = 2i \lim_{z\to\infty}(zm)_{12} = t^{-1/2}f + O(t^{-3/4}).$$

第 10 章 $\bar{\partial}$-速降法与 NLS 方程在孤子区域中的渐近性

在无反射条件下, 离散谱上 GLM 方程和 RH 问题是可解的, 由此可以构造孤子解; 在连续谱上, GLM 方程和 RH 问题不能精确求解, 但可以用反射或者 Deift-Zhou 方法分析解的渐近性. 一个自然问题是当反射系数部分为零条件下, 解的渐近性情况如何? 陶哲轩等猜测, 对大部分波方程, 对于一般的初始数据, 当时间趋于无穷大时, 其解可分解为有限个孤子与色散两部分之和, 这就是所谓的孤子分解猜想 (soliton resolution conjecture). 这一章, 利用 $\bar{\partial}$-速降法, 证明在加权 Sobolev 空间 $H^{1,1}(\mathbb{R})$ 初始数据下, 聚焦 NLS 方程具有孤子分解性质.

10.1 初值问题的适定性和解的整体存在性

考虑聚焦 NLS 方程的初值问题

$$iq_t + \frac{1}{2}q_{xx} + q|q|^2 = 0, \tag{10.1.1}$$

$$q(x,0) = q_0(x) \in H^{1,1}(\mathbb{R}), \tag{10.1.2}$$

其中 $H^{1,1}(\mathbb{R})$ 为加权 Sobolev 空间

$$H^{1,1}(\mathbb{R}) = \{f(x) : f'(x), xf(x) \in L^2(\mathbb{R})\}.$$

更一般的加权 Sobolev 空间定义为

$$H^{j,k}(\mathbb{R}) = \{f(x) : \partial_x^j f(x), x^k f(x) \in L^2(\mathbb{R})\}.$$

▶ 对给定的初值 $q_0(x) \in L^2(\mathbb{R})$, 1987 年, Tsutsumi 证明了聚焦 NLS 方程的初值问题适定性和解在 $L^2(\mathbb{R})$ 中整体存在性; 2007 年, Kapitula 证明 N 孤子解在 $H^1(\mathbb{R})$ 中是轨道稳定的.

▶ NLS 方程

$$iq_t + \frac{1}{2}q_{xx} - \varepsilon q|q|^2 = 0, \quad \varepsilon = \pm 1$$

所对应的 ZS-AKNS 算子为

$$L = i\sigma_3\partial_x + i\sigma_3 Q,$$

其中

$$\sigma_3 = \begin{pmatrix} 1 & 0 \\ 0 & -1 \end{pmatrix}, \quad Q = \begin{pmatrix} 0 & q \\ \varepsilon\bar{q} & 0 \end{pmatrix}.$$

由于 $(i\sigma_3\partial_x)^{\mathrm{H}} = i\sigma_3\partial_x$, $(i\sigma_3 Q)^{\mathrm{H}} = i\varepsilon\sigma_3 Q$, 因此 L 的伴随谱问题为

$$L^{\mathrm{H}} = i\sigma_3\partial_x + i\varepsilon\sigma_3 Q.$$

♦ 对于散焦情况 $\varepsilon = 1$, ZS-AKNS 算子 L 是自伴的, 对于有限质量的初值, 离散谱集是空集, 对于有限密度的初值, 离散谱集是非空的.

♦ 对于聚焦情况 $\varepsilon = -1$, ZS-AKNS 算子 L 是非自伴的, 谱问题 (10.2.1) 的特征值不必是实数, 散射数据 $a(z)$ 的离散谱可以分布在整个复平面, 离散谱也可能是非简单的, 允许 $a(z)$ 的离散谱分布在整个复平面 $\mathbb{C}$.

▶ 反射系数是定义在实轴上的映射 $r(z) : \mathbb{R} \to \mathbb{C}$, 对于散焦情况, 可以取复平面任何值, 也可能沿实轴有奇性, 这类点称谱奇性点. 如果没有谱奇性, 离散谱是有限个, 只有简单离散谱且没有谱奇性的初值 $q_0(x)$ 称为好的初值.

▶ 极小散射数据为 $\mathcal{D} = \{r(z) : (z_k, c_k)\}$, NLS 的散射映照为

$$\mathcal{S} : q_0(x) \to \mathcal{D}.$$

对于非一般初值, 可能会出现谱奇性或者高阶离散谱.

▶ 散射映照

$$\mathcal{S} : H^{j,k}(\mathbb{R}) \to \mathcal{H}^{k,j}(\Gamma)$$

为双射、双-Lipschitz 连续的, 保持正则性和光滑性.

10.2　Lax 对和谱分析

1. 特征函数

NLS 方程 (10.1.1) 具有矩阵形式 Lax 对

$$\psi_x + iz\sigma_3\psi = Q_1\psi, \tag{10.2.1}$$

$$\psi_t + iz^2\sigma_3\psi = Q_2\psi, \tag{10.2.2}$$

其中 $\psi = \psi(z; x, t)$ 为特征函数, 以及

$$\sigma_3 = \begin{pmatrix} 1 & 0 \\ 0 & -1 \end{pmatrix}, \quad Q_1 = \begin{pmatrix} 0 & q \\ -\bar{q} & 0 \end{pmatrix},$$

$$Q_2 = \frac{1}{2} \begin{pmatrix} -i|q|^2 & iq_x + 2zq \\ i\bar{q}_x - 2z\bar{q} & i|q|^2 \end{pmatrix} = zQ_1 + \frac{1}{2}i\sigma_3(Q_{1,x} - Q_1^2).$$

在初始条件 (10.1.2) 下, Lax 对 (10.2.1)—(10.2.2) 具有如下渐近形式的 Jost 解

$$\psi \sim e^{-i(zx+z^2t)\sigma_3}, \quad |x| \to \infty.$$

因此, 作变换

$$m = \psi e^{i(zx+z^2t)\sigma_3}, \tag{10.2.3}$$

则矩阵函数 $m = m(z; x, t)$ 具有如下渐近性

$$m \sim I, \quad |x| \to \infty,$$

并且满足 Lax 对

$$m_x + iz[\sigma_3, m] = Q_1 m, \tag{10.2.4}$$

$$m_t + iz^2[\sigma_3, m] = Q_2 m. \tag{10.2.5}$$

它可以写成全微分形式

$$d(e^{i(zx+z^2t)\hat{\sigma}_3}m) = e^{i(zx+z^2t)\hat{\sigma}_3}[(Q_1 dx + Q_2 dt)m]. \tag{10.2.6}$$

对于 Lax 对 (10.2.4)—(10.2.5) 的特征函数在无穷远点作渐近展开, 可证明

$$m(z; x, t) \sim I, \quad z \to \infty,$$

$$q(x, t) = 2i \lim_{z \to \infty} (zm)_{12}.$$

对方程 (10.2.6) 沿平行实轴两个方向积分, 可以得到两个特征函数

$$m^-(z; x, t) = I + \int_{-\infty}^x e^{-iz(x-y)} Q_1(y, t, z) m^-(z; y, t) dy, \tag{10.2.7}$$

$$m^+(z; x, t) = I - \int_x^\infty e^{-iz(x-y)} Q_1(y, t, z) m^+(z; y, t) dy. \tag{10.2.8}$$

由变换关系 (10.2.3), 可知

$$\psi^\pm(z; x, t) = m^\pm(z; x, t) e^{-i(zx+z^2t)\sigma_3}, \quad j = 1, 2 \tag{10.2.9}$$

为 Lax 对 (10.2.1)—(10.2.2) 的两个线性相关矩阵解, 即存在矩阵 $S(z) = (s_{ik}(z))_{i,k=1}^2$ 满足

$$\psi^-(z;x,t) = \psi^+(z;x,t)S(z), \tag{10.2.10}$$

因此, 对 $m^\pm$ 有如下依赖关系

$$m^-(z;x,t) = m^+(z;x,t)e^{-i(zx+z^2t)\hat{\sigma}_3}S(z), \tag{10.2.11}$$

其中矩阵函数 $S(z)$ 称为谱矩阵, 而 $s_{ik}(z), i,k=1,2$ 为散射数据, 并且

$$\det m^\pm = 1, \quad \det S(z) = s_{11}s_{22} - s_{12}s_{21} = 1. \tag{10.2.12}$$

2. 解析性

将矩阵 $m^\pm$ 按照列向量分块

$$m^- = (m_1^-, m_2^-), \quad m^+ = (m_1^+, m_2^+),$$

其中下标 1, 2 分别代表矩阵的第 1, 2 列向量. 当 $q(x) \in L^1(\mathbb{R})$ 时, 通过构造迭代序列和 Neumann 级数, 可以进一步证明 m_1^-, m_2^+, $s_{11}(z)$ 在上半复平面解析; $m_2^-, m_1^+, s_{22}(z)$ 在下半复平面解析; $s_{12}(z)$ 和 $s_{21}(z)$ 不能在上下半复平面解析, 但连续到实轴. 则由积分方程 (10.2.7), 可得到

$$m_1^-(z;x,t) = (1,0)^{\mathrm{T}} + \int_{-\infty}^x \mathrm{diag}(1, e^{2iz(x-y)})Q_1(y,t)m_1^-(z;y,t)dy, \tag{10.2.13}$$

$$m_2^-(z;x,t) = (0,1)^{\mathrm{T}} + \int_{-\infty}^x \mathrm{diag}(e^{-2iz(x-y)}, 1)Q_1(y,t)m_2^-(z;y,t)dy. \tag{10.2.14}$$

对于积分方程 (10.2.13) 和 (10.2.14), 积分变量 $y < x$, 并且直接计算, 可知

$$e^{2iz(x-y)} = e^{2i(x-y)\mathrm{Re}z}e^{-2(x-y)\mathrm{Im}z}, \quad e^{-2iz(x-y)} = e^{-2i(x-y)\mathrm{Re}z}e^{2(x-y)\mathrm{Im}z},$$

因此, 这里仅证 $\mu_1^+(x,t,z)$ 的解析性, 定义递推序列

$$w^{(0)} = (1,0)^{\mathrm{T}}, \quad w^{(n+1)}(z;x,t) = \int_{-\infty}^x Fw^{(n)}(z;y,t)dy, \quad n = 0,1,\cdots, \tag{10.2.15}$$

其中

$$F = \mathrm{diag}(1, e^{2iz(x-y)})P(y,z). \tag{10.2.16}$$

由此构造一个 Neumann 级数

$$\sum_{n=0}^{+\infty} w^{(n)}(x, z). \tag{10.2.17}$$

A. $w(x, z)$ 的存在性

定义向量的 L^1 范数为 $\parallel w \parallel = |w_1| + |w_2|$, 则由 (10.2.15) 得到

$$\parallel w^{(n+1)}(x, z) \parallel \leqslant \int_{-\infty}^{x} \parallel F \parallel \parallel w^{(n)}(y, z) \parallel dy. \tag{10.2.18}$$

直接计算, 可得到如下估计

$$\parallel F \parallel = \parallel \mathrm{diag}(1, e^{-2i\lambda(x-y)}) \parallel \parallel P \parallel \leqslant 2|q|(1 + e^{-2\mathrm{Im}z^2(x-y)}) \leqslant 4|q|, \tag{10.2.19}$$

将上述估计代入 (10.2.18), 我们得到

$$\parallel w^{(n+1)}(x, z) \parallel \leqslant \int_{-\infty}^{x} 4|q| \parallel w^{(n)}(y, z) \parallel dy. \tag{10.2.20}$$

记

$$\varrho(x, t) = \int_{-\infty}^{x} 4|q| dy, \tag{10.2.21}$$

则容易看出当 $q(x) \in L^1(\mathbb{R})$ 时, 对任意固定 $x \in \mathbb{R}$, 上述积分存在, 且

$$\varrho_x(x) = 4|q|, \quad \parallel w^{(1)} \parallel \leqslant \varrho(x). \tag{10.2.22}$$

因此, 用数学归纳法, 假设 $\parallel w^{(n)}(x, z) \parallel \leqslant \varrho^n(x)/n!$, 由 (10.2.20), 可知

$$\parallel w^{(n+1)}(z; x, t) \parallel \leqslant \int_{-\infty}^{x} \varrho_x(x) \varrho^n(x)/n! = \frac{\varrho^{n+1}(x, t)}{(n+1)!}. \tag{10.2.23}$$

因此, 由 (10.2.15) 定义的 $w^{(n)}(x, z)$ 存在且有界, 另外由 $w^{(0)}$ 和 F 对 z 的解析性, 递推可知 $w^{(n)}(z; x, t)$, $n \geqslant 1$ 也解析.

由于对 $x \leqslant a \in \mathbb{R}$, 有

$$\varrho(x) \leqslant \int_{-\infty}^{a} 4|q| dy = \sigma,$$

其中 σ 为与 x 无关的常数, 于是有

$$\parallel w^{(n)}(x, z) \parallel \leqslant \frac{\sigma^n}{n!}, \tag{10.2.24}$$

从而

$$\left\parallel \sum_{n=0}^{+\infty} w^{(n)}(x, z) \right\parallel \leqslant \sum_{n=0}^{+\infty} \frac{\sigma^n}{n!} = e^a.$$

因此, 由 (10.2.17) 定义的级数对 $x \in (-\infty, a)$ 绝对一致收敛, 其收敛和记为

$$\mu_1^+(x, z) = \sum_{n=0}^{+\infty} w^{(n)}(x, z), \tag{10.2.25}$$

且其在 $z \in \mathbb{C}$ 内解析.

利用 (10.2.15) 和 (10.2.17), 有

$$\mu_1^+(x, t, z) = w^{(0)} + \sum_{n=1}^{+\infty} w^{(n)}(x, z) = w^{(0)} + \int_{-\infty}^{x} F \sum_{n=0}^{+\infty} w^{(n)}(y, z) dy$$

$$= w^{(0)} + \int_{-\infty}^{x} F \mu_1^+(y, t, z) dy, \tag{10.2.26}$$

这个式子表明由 (10.2.17) 定义的 $w(x, t, z)$ 为方程 (10.2.13) 的解.

B. 解 $w(x, t, z)$ 的唯一性

为证明唯一性, 假设 $\widetilde{w}(x, t, z)$ 为方程 (10.2.13) 的另一个解, 令 $h(x, t, z) = \widetilde{w}(x, t, z) - w(x, t, z)$, 则可得到

$$\| h(x, t, z) \| \leqslant 4 \int_{-\infty}^{x} |q| \| h(y, t, z) \| dy.$$

利用 Bellmann 不等式, 我们有 $h(x, t, z) \equiv 0$, 因此由 (10.2.17) 定义的 $w(x, t, z)$ 是方程 (10.2.13) 的唯一解.

3. 对称性

$$m^{\pm}(z) = -\sigma \overline{m^{\pm}(\bar{z})} \sigma, \quad S(z) = -\sigma \overline{S(\bar{z})} \sigma_2, \quad j = 1, 2,$$

或者另外一种对称形式

$$m^{\pm}(z) = \sigma_2 \overline{m^{\pm}(\bar{z})} \sigma_2, \quad S(z) = \sigma_2 \overline{S(\bar{z})} \sigma_2, \quad j = 1, 2,$$

其中

$$\sigma = \begin{pmatrix} 0 & 1 \\ -1 & 0 \end{pmatrix}, \quad \sigma_2 = \begin{pmatrix} 0 & -i \\ i & 0 \end{pmatrix}.$$

按照列和元素展开

$$m_1^{\pm}(z) = -\sigma \overline{m_2^{\pm}(\bar{z})}, \quad m_2^{\pm}(z) = \sigma \overline{m_1^{\pm}(\bar{z})}, \tag{10.2.27}$$

$$m_{11}^{\pm}(z) = \overline{m_{22}^{\pm}(\bar{z})}, \quad m_{12}^{\pm}(z) = -\overline{m_{21}^{\pm}(\bar{z})}, \tag{10.2.28}$$

$$s_{11}(z) = \overline{s_{22}(\bar{z})}, \quad s_{12}(z) = -\overline{s_{21}(\bar{z})},$$

其中

$$m^{\pm}(z) = \begin{pmatrix} m_{11}^{\pm} & m_{12}^{\pm} \\ m_{21}^{\pm} & m_{22}^{\pm} \end{pmatrix}, \quad j = 1, 2.$$

关系式 (10.2.9) 按照列展开, 得到

$$\psi_1^{\pm} = e^{-it\theta(z)} m_1^{\pm}, \quad \psi_2^{\pm} = e^{it\theta(z)} m_2^{\pm}, \tag{10.2.29}$$

其中 $\theta = \theta(z) = \dfrac{x}{t}z + z^2$.

考虑关系式 (10.2.10) 第一列, 有

$$\psi_1^- = s_{11}\psi_1^+ + s_{21}\psi_2^+,$$

由此得到

$$s_{11} = \det[\psi_1^-, \psi_2^+] = \det[m_1^-, m_2^+], \tag{10.2.30}$$

$$s_{21} = \det[\psi_1^+, \psi_1^-] = e^{-2it\theta} \det[m_1^+, m_1^-], \tag{10.2.31}$$

利用 (10.2.7)—(10.2.8), 在 (10.2.30)—(10.2.31) 中, 令 $x \to +\infty$, 得到

$$s_{11} = 1 + \int_{-\infty}^{\infty} \bar{q}_0(y) m_{12}^+(y) dy = 1 + \int_{-\infty}^{\infty} q_0(y) m_{21}^-(y) dy, \tag{10.2.32}$$

$$s_{21} = -\int_{-\infty}^{\infty} \bar{q}_0(y) e^{-2izy} m_{11}^+(y) dy = -\int_{-\infty}^{\infty} q_0(y) e^{-2izy} m_{22}^-(y) dy. \tag{10.2.33}$$

定义反射系数和穿透系数

$$r(z) = s_{21}(z)/s_{11}(z), \quad \tau(z) = 1/s_{11}(z).$$

特别对于 $z \in \mathbb{R}$, 有 $s_{11}(z) = \overline{s_{22}(z)}$, $s_{12}(z) = -\overline{s_{21}(z)}$, 由 (10.2.12) 得到

$$1 + |r(z)|^2 = |\tau(z)|^2.$$

为讨论简单, 我们假设初值 $q_0 \in H^{1,1}(\mathbb{R})$, 且对应的散射数据满足
(1) $s_{11}(z)$ 在 $\mathbb{R}$ 没有零点;
(2) $s_{11}(z)$ 只有有限个简单零点;
(3) $s_{11}(z), r(z) \in H^{1,1}(\mathbb{R})$.

10.3 聚焦 NLS 方程的 RH 问题

假设 $s_{11}(z)$ 有 N 个简单零点 $z_k \in \mathbb{C}^+$, $k = 1, \cdots, N$. 则由对称性, $\bar{z}_k \in \mathbb{C}^-$, $k = 1, \cdots, N$ 为 $s_{22}(z)$ 的简单零点. 记

$$\mathcal{Z} = \{z_k | s_{11}(z_k) = 0\}, \quad \bar{\mathcal{Z}} = \{\bar{z}_k | s_{22}(\bar{z}_k) = 0\}. \tag{10.3.1}$$

定义分片解析矩阵

$$M(z) = M(z; x, t) =: \begin{cases} (m_1^-/s_{11}, m_2^+), & \text{Im} z > 0, \\ (m_1^+, m_2^-/s_{22}), & \text{Im} z < 0, \end{cases}$$

利用特征函数和谱矩阵的解析性和对称性, 从关系式 (10.2.11), 可得到 NLS 方程初值问题对应的 RH 问题.

RH 问题 10.1 寻找矩阵函数 $M(z)$ 满足

- $M(z) \longrightarrow I$, $z \to \infty$, $\qquad\qquad\qquad\qquad\qquad\qquad$ (10.3.2)
- $M_+(z) = M_-(z)V(z)$, $z \in \mathbb{R}$, $\qquad\qquad\qquad\qquad$ (10.3.3)

其中跳跃矩阵为

$$V(z) = \begin{pmatrix} 1 + |r(z)|^2 & e^{-2it\theta(z)}\bar{r}(z) \\ e^{2it\theta(z)}r(z) & 1 \end{pmatrix}, \tag{10.3.4}$$

- $M(z)$ 在 $\mathbb{C} \setminus \mathbb{R}$ 内亚纯, 且在简单极点 $z_k \in \mathcal{Z}, \bar{z}_k \in \bar{\mathcal{Z}}$ 满足留数条件

$$\operatorname*{Res}_{z=z_k} M(z) = \lim_{z \to z_k} M(z) \begin{pmatrix} 0 & 0 \\ c_k e^{2it\theta(z_k)} & 0 \end{pmatrix}, \tag{10.3.5}$$

$$\operatorname*{Res}_{z=\bar{z}_k} M(z) = \lim_{z \to \bar{z}_k} M(z) \begin{pmatrix} 0 & -\bar{c}_k e^{-2it\theta(\bar{z}_k)} \\ 0 & 0 \end{pmatrix}. \tag{10.3.6}$$

这是一个定义在实轴上的 RH 问题, 如图 10.1.

证明 对于 $z_k \in \mathcal{Z}$, 即 $s_{11}(z_k) = 0$, 由 (10.2.11), 可得到

$$m_1^-(z_k) = s_{21}(z_k)e^{2it\theta(z_k)}m_2^+(z_k),$$

再利用对称性 (10.2.27), 有

$$-\sigma\overline{m_2^-(\bar{z}_k)} = s_{21}(z_k)\sigma e^{2it\theta(z_k)}\overline{m_1^+(\bar{z}_k)}.$$

两边取共轭, 得到

$$m_2^-(\bar{z}_k) = -\overline{s_{21}(z_k)}e^{-2it\theta(\bar{z}_k)}m_1^+(\bar{z}_k). \tag{10.3.7}$$

$z = z_k$ 为 m_1^-/s_{11} 的一阶极点, m_2^+ 在 $z = z_k$ 解析, 直接计算留数, 知道

$$\operatorname*{Res}_{z=z_k} m_2^+(z) = 0,$$

$$\operatorname*{Res}_{z=z_k} \frac{m_1^-(z)}{s_{11}(z)} = \frac{m_1^-(z_k)}{s_{11}'(z_k)} = \frac{s_{21}(z_k)}{s_{11}'(z_k)}e^{2it\theta(z_k)}m_2^+(z_k) = c_k e^{2it\theta(z_k)}m_2^+(z_k),$$

其中记 $c_k = s_{21}(z_k)/s_{11}'(z_k)$, 因此

$$\operatorname*{Res}_{z=z_k} M = \operatorname*{Res}_{z=z_k}(m_1^-(z)/s_{11}(z), m_2^+(z)) = (c_k e^{2it\theta(z_k)}m_2^+(z_k), 0)$$

$$= \lim_{z \to z_k} M \begin{pmatrix} 0 & 0 \\ c_k e^{2it\theta(z_k)} & 0 \end{pmatrix}. \tag{10.3.8}$$

类似地, 对于 $\bar{z}_k \in \bar{\mathcal{Z}}$, 由于 $s_{22}(\bar{z}_k) = 0$, 因此, $z = \bar{z}_k$ 为 m_2^-/s_{22} 的一阶极点, m_1^+, m_2^- 在 $z = \bar{z}_k$ 解析. 再注意到

$$s_{11}'(z) = \partial_z \overline{s_{22}(\bar{z})} = \overline{\partial_{\bar{z}}s_{22}(\bar{z})} = \overline{s_{22}'(\bar{z})} \Longrightarrow s_{22}'(\bar{z}_k) = \overline{s_{11}'(z_k)}.$$

因此, 利用 (10.3.7), 直接计算留数, 得到

$$\operatorname*{Res}_{z=\bar{z}_k} m_1^+(z) = 0,$$

$$\operatorname*{Res}_{z=\bar{z}_k} \frac{m_2^-(z)}{s_{22}(z)} = \frac{m_2^-(\bar{z}_k)}{s_{22}'(\bar{z}_k)} = \frac{-\overline{s_{21}(z_k)}}{\overline{s_{11}'(z_k)}}e^{-2it\theta(\bar{z}_k)}m_1^+(\bar{z}_k) = -\bar{c}_k e^{-2it\theta(\bar{z}_k)}m_1^+(\bar{z}_k).$$

最后, 我们有

$$\operatorname*{Res}_{z=\bar{z}_k} M(z) = \operatorname*{Res}_{z=\bar{z}_k}(m_1^+(z), m_2^-(z)/s_{22}(z)) = (0, -\bar{c}_k e^{-2it\theta(\bar{z}_k)}m_1^+(\bar{z}_k))$$

$$= \lim_{z \to \bar{z}_k} M(z) \begin{pmatrix} 0 & -\bar{c}_k e^{-2it\theta(\bar{z}_k)} \\ 0 & 0 \end{pmatrix}.$$

将渐近展开

$$m^\pm = I + D^\pm/z + o(z^{-1})$$

代入 (10.2.4), 可得到

$$m^\pm = I + \frac{1}{2iz} \begin{pmatrix} -\int_x^\infty |q|^2 dx + \alpha_1 & q(x,t) \\ \bar{q}(x,t) & \int_x^\infty |q|^2 dx + \alpha_2 \end{pmatrix} + o(z^{-1}), \tag{10.3.9}$$

其中 α_1, α_2 为任意常数. 再由 (10.2.32), 得到

$$s_{11} = 1 + \frac{1}{2iz} \int_{-\infty}^{\infty} |q|^2 dx + o(z^{-1}). \qquad (10.3.10)$$

最后取 $\displaystyle\int_{-\infty}^{\infty} |q|^2 dx - \alpha_1 = 0$, $\alpha_2 = 0$, 由

$$M = (m_1^-, m_2^+) \begin{pmatrix} 1/s_{11} & 0 \\ 0 & 1 \end{pmatrix},$$

进一步可以证明

$$M = I + \frac{1}{2iz} \begin{pmatrix} -\displaystyle\int_x^{\infty} |q|^2 dx & q(x,t) \\ \bar{q}(x,t) & \displaystyle\int_x^{\infty} |q|^2 dx \end{pmatrix} + o(z^{-1}), \qquad (10.3.11)$$

因此 NLS 方程初值问题解 $q(x,t)$ 可由上述 RH 问题刻画:

$$q(x,t) = 2i \lim_{z \to \infty} (zM)_{12} = 2i(M_1)_{12}, \qquad (10.3.12)$$

其中 M_1 来自 M 的渐近展开

$$M = I + M_1/z + O(z^{-2}), \quad z \to \infty.$$

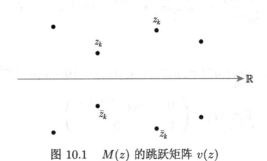

图 10.1　$M(z)$ 的跳跃矩阵 $v(z)$

10.4　跳跃矩阵三角分解

将跳跃矩阵 (10.3.4) 中的振荡项写为

$$e^{it\theta(z)} = e^{t\varphi(z)}, \quad \varphi(z) = i\theta(z).$$

$\varphi(z)$ 对 z 求导, 得到

$$\varphi'(z) = 0, \quad \varphi''(z) = 2i \neq 0,$$

因此, 得到 $\varphi(z)$ 一阶稳态相位点

$$z_0 = -\frac{x}{2t},$$

以及四个速降方向

$$\pi/4, \quad 5\pi/4, \quad -\pi/4, \quad 3\pi/4.$$

其对应速降线可以表示为

$$\Sigma_k = \{z_0 + e^{i(2k-1)\pi/4}\mathbb{R}_+\}, \quad k = 1, 2, 3, 4.$$

见图 10.2.

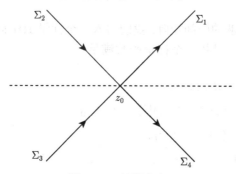

图 10.2　速降方向

由 $\theta(z) = z^2 - 2z_0 z = (z - z_0)^2 - z_0^2$, 可知

$$\mathrm{Re}(i\theta) = -2\mathrm{Im}z(\mathrm{Re}z - z_0).$$

因此, 我们可以根据 $e^{it\theta}$ 的指数衰减性, 将复平面分成两类区域, 见图 10.3.

跳跃矩阵 (10.3.4) 具有两种分解

$$V(z) = \begin{pmatrix} 1 & \bar{r}(z)e^{-2it\theta} \\ 0 & 1 \end{pmatrix} \begin{pmatrix} 1 & 0 \\ r(z)e^{2it\theta} & 1 \end{pmatrix}, \quad z > z_0.$$

$$V(z) = \begin{pmatrix} 1 & 0 \\ \dfrac{r}{1+|r(z)|^2}e^{2it\theta} & 1 \end{pmatrix} \begin{pmatrix} 1+|r(z)|^2 & 0 \\ 0 & \dfrac{1}{1+|r(z)|^2} \end{pmatrix}$$

$$\cdot \begin{pmatrix} 1 & \dfrac{r(z)}{1+|r(z)|^2}e^{-2it\theta} \\ 0 & 1 \end{pmatrix}, \quad z < z_0.$$

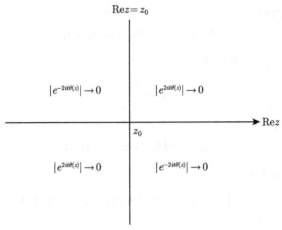

图 10.3　指数衰减区域

为去除第二种分解的中间矩阵, 我们引入一个标量 RH 问题.

RH 问题 10.2　寻找一个标量函数满足

- $\delta(z)$ 在 $\mathbb{C} \setminus \mathbb{R}$ 内解析,

- $\delta_+(z) = \delta_-(z)(1 + |r(z)|^2), \quad z < z_0,$　　　　　　(10.4.1)

　$\delta_+(z) = \delta_-(z), \quad z > z_0,$

- $\delta(z) \longrightarrow 1, \quad z \to \infty.$

利用 Plemelj 公式, 可以证明这个 RH 问题具有唯一解

$$\delta(z) = \exp\left[\frac{1}{2\pi i}\int_{-\infty}^{z_0}\frac{\ln(1 + |r(s)|^2)}{s - z}ds\right] = \exp\left[i\int_{-\infty}^{z_0}\frac{\nu(s)}{s - z}ds\right],$$

其中

$$\nu(s) = -\frac{1}{2\pi}\log(1 + |r(s)|^2).$$

直接计算可以给出散射数据的迹公式.

命题 10.1

$$s_{11}(z) = \prod_{k=1}^{N}\frac{z - z_k}{z - \bar{z}_k}\exp\left[-i\int_{-\infty}^{+\infty}\frac{\nu(s)}{s - z}ds\right], \qquad (10.4.2)$$

$$s_{22}(z) = \prod_{k=1}^{N}\frac{z - \bar{z}_k}{z - z_k}\exp\left[i\int_{-\infty}^{+\infty}\frac{\nu(s)}{s - z}ds\right]. \qquad (10.4.3)$$

证明 由前面知道 $s_{11}(z)$, $s_{22}(z)$ 分别在 $\mathbb{C}^+$, $\mathbb{C}^-$ 上解析, 其离散零点分别为 z_n, $\bar{z}_n$, 因此函数

$$\beta^+(z) = s_{11}(z) \prod_{k=1}^N \frac{z - \bar{z}_k}{z - z_k}, \quad \beta^-(z) = s_{22}(z) \prod_{k=1}^N \frac{z - z_k}{z - \bar{z}_k} \tag{10.4.4}$$

仍然在 $\mathbb{C}^+$, $\mathbb{C}^-$ 上分别解析, 但不再有零点, 且 $\beta^+(z)\beta^-(z) = s_{11}(z)s_{22}(z)$, $z \in \mathbb{R}$.

由

$$\det S(z) = s_{11}(z)s_{22}(z) - s_{21}(z)s_{12}(z) = 1,$$

可得到

$$\beta^+(z)\beta^-(z) = s_{11}s_{22} = 1/(1 + |r(z)|^2), \quad z \in \mathbb{R}.$$

从而

$$\log \beta^+(z) - (-\log \beta^-(z)) = -\log(1 + |r(z)|^2), \quad z \in \mathbb{R}.$$

由 Plemelj 公式

$$\beta^\pm(z) = \exp\left(\pm i \int_{-\infty}^\infty \frac{\nu(s)}{s - z} ds\right), \quad z \in \mathbb{C}^\pm. \tag{10.4.5}$$

将 (10.4.5) 代入 (10.4.4) 得到迹公式 (10.4.2)—(10.4.3).

引入记号

$$\Delta_{z_0}^+ = \{k \in \{1, \cdots, N\} \mid \mathrm{Re}(z_k) > z_0\},$$
$$\Delta_{z_0}^- = \{k \in \{1, \cdots, N\} \mid \mathrm{Re}(z_k) < z_0\}.$$

对实区间 $\mathcal{I} = [a, b]$, 定义

$$\begin{aligned}
\mathcal{Z}(\mathcal{I}) &= \{z_k \in \mathcal{Z} : \mathrm{Re} z_k \in \mathcal{I}\}, \\
\mathcal{Z}^-(\mathcal{I}) &= \{z_k \in \mathcal{Z} : \mathrm{Re} z_k < a\}, \\
\mathcal{Z}^+(\mathcal{I}) &= \{z_k \in \mathcal{Z} : \mathrm{Re} z_k > b\}.
\end{aligned} \tag{10.4.6}$$

对于 $z_0 \in \mathcal{I}$, 定义

$$\begin{aligned}
\Delta_{z_0}^-(\mathcal{I}) &= \{k \in \{1, 2, \cdots, N\} : a \leqslant \mathrm{Re} z_k < z_0\}, \\
\Delta_{z_0}^+(\mathcal{I}) &= \{k \in \{1, 2, \cdots, N\} : z_0 < \mathrm{Re} z_k \leqslant b\}, \\
\sigma_d^\pm &= \{(z_k, c_k^\pm(\mathcal{I}) : z_k \in \mathcal{I})\}, \\
c_k^\pm &= c_k \prod_{z_j \in \mathcal{Z}^\pm(\mathcal{I})} \left(\frac{z_k - z_j}{z_k - z_j^*}\right)^2 \exp\left(\pm 2i \int_\xi^{\mp\infty} \frac{\kappa(s)}{s - z_k} ds\right).
\end{aligned} \tag{10.4.7}$$

我们引入函数

$$
\begin{aligned}
T(z) &= \prod_{k \in \Delta_{z_0}^-} \frac{z - \bar{z}_k}{z - z_k} \delta(z) \\
&= \prod_{k \in \Delta_{z_0}^-} \left(\frac{z - \bar{z}_k}{z - z_k} \right) \exp \left(i \int_{z_0-1}^{z_0} \frac{\nu(z_0)}{s - z} ds + i \int_{-\infty}^{z_0} \frac{\nu(s) - \chi(s)\nu(z_0)}{s - z} ds \right) \\
&= \prod_{k \in \Delta_{z_0}^-} \left(\frac{z - \bar{z}_k}{z - z_k} \right) (z - z_0)^{i\nu(z_0)} \exp(i\beta(z, z_0)),
\end{aligned} \tag{10.4.8}
$$

其中

$$
\beta(z, z_0) = -\nu(z_0) \log(z - z_0 + 1) + \int_{-\infty}^{z_0} \frac{\nu(s) - \chi(s)\nu(z_0)}{s - z} ds,
$$

这里 $\chi(s)$ 为区间 $(z_0 - 1, z_0)$ 上的刻画函数, $\log$ 取沿割痕 $(-\infty, z_0 - 1]$ 的解析分支.

命题 10.2　由 (10.4.8) 定义的 $T(z)$ 有如下性质:

(a) T 在 $\mathbb{C} \setminus (-\infty, z_0]$ 内亚纯. 对于每个 $k \in \Delta_{z_0}^-$, z_k 为 $T(z)$ 的简单极点, 而 $\bar{z}_k$ 为简单零点; 在 $\mathbb{C} \setminus (-\infty, z_0]$ 的其余处, T 非零且解析.

(b) 对 $z \in \mathbb{C} \setminus (-\infty, z_0]$, $\overline{T(\bar{z})} = 1/T(z)$.

(c) 对 $z \in (-\infty, z_0]$, $T_\pm(z)$ 在边界满足

$$
T_+(z)/T_-(z) = \delta_+/\delta_- = 1 + |r(z)|^2, \quad z \in (-\infty, z_0). \tag{10.4.9}
$$

(d) 当 $|z| \to \infty$ 时, $|\arg(z)| \leqslant c < \pi$,

$$
T(z) = 1 + \frac{i}{z} \left[2 \sum_{k \in \Delta_\xi^-} \mathrm{Im} z_k - \int_{-\infty}^{z_0} \nu(s) ds \right] + O(z^2). \tag{10.4.10}
$$

(e) 沿着射线 $z = z_0 + e^{i\phi} \mathbb{R}_+$, $|\phi| \leqslant c < \pi$,

$$
|T(z, z_0) - T_0(z_0, z_0)(z - z_0)^{i\nu(z_0)}| \leqslant C \parallel r \parallel_{H^1(\mathbb{R})} |z - z_0|^{1/2}, \quad z \to z_0, \tag{10.4.11}
$$

其中 $T_0(z_0, z_0)$ 是单位模长的复函数

$$
T_0(z_0, z_0) = \prod_{k \in \Delta_{z_0}^-} \left(\frac{z_0 - \bar{z}_k}{z_0 - z_k} \right) e^{i\beta(z_0, z_0)} = \exp \left[i \left(\beta(z_0, z_0) - 2 \sum_{k \in \Delta_{z_0}^-} \arg(z_0 - z_k) \right) \right],
$$

证明　(a) 和 (b) 直接由 $T(z)$ 的定义 (10.4.8) 推出.

(c) 可由 (10.4.1) 和 (10.4.8) 推出, 事实上

$$T_+(z) = \prod_{k \in \Delta_{z_0}^-} \frac{z - \bar{z}_k}{z - z_k} \delta_+(z) = \prod_{k \in \Delta_{z_0}^-} \frac{z - \bar{z}_k}{z - z_k} \delta_-(z)(1 + |r|^2) = T_-(z)(1 + |r|^2).$$

对于 (d), 将 $(1 - z_k/z)^{-1}$ 在无穷远点作渐近展开

$$\prod_{k \in \Delta_{z_0, \eta}^-} \frac{z - \bar{z}_k}{z - z_k} = \prod_{k \in \Delta_{z_0, \eta}^-} \left(1 - \frac{\bar{z}_k}{z}\right)\left(1 - \frac{z_k}{z}\right)^{-1} = 1 + \frac{2i}{z} \sum_{k \in \Delta_{z_0}^-} \mathrm{Im}(z_k) + O(z^{-2}),$$

$$\delta(z) = \exp\left(-\frac{i}{z} \int_{-\infty}^{z_0} \nu(s)ds + O(z^{-2})\right) = 1 - \frac{i}{z} \int_{-\infty}^{z_0} \nu(s)ds + O(z^{-2}).$$

上述两式相乘, 即得到 (10.4.10).

对于 (e), 我们首先在 $z = z_0$ 点附近作如下估计:

- $|(z - z_0)^{i\nu(z_0)}| = |e^{i\nu \log|z - z_0| - \nu \arg(z - z_0)}| \leqslant e^{-\pi\nu(z_0)}$

$$= \exp\left(\frac{1}{2}\log(1 + |r(z_0)|^2)\right) = \sqrt{1 + |r(z_0)|^2}, \qquad (10.4.12)$$

- $\prod_{k \in \Delta_{z_0}^-} \frac{z - \bar{z}_k}{z_0 - \bar{z}_k} \frac{z_0 - z_k}{z - z_k} = 1 + O(z - z_0).$

由定义, 得到

$$|\beta(z, z_0) - \beta(z_0, z_0)|$$

$$\leqslant \left|\nu(z_0)\log(z - z_0 + 1)\right| + \left|\int_{-\infty}^{z_0 - 1} \frac{\nu(s)}{s - z}ds - \int_{-\infty}^{z_0 - 1} \frac{\nu(s)}{s - z_0}ds\right|$$

$$+ \left|\int_{z_0 - 1}^{z_0} \frac{\nu(s) - \nu(z_0)}{s - z}ds - \int_{z_0 - 1}^{z_0} \frac{\nu(s) - \nu(z_0)}{s - z_0}ds\right|, \qquad (10.4.13)$$

其中第一个式子为

$$\nu(z_0)\log(1 + z - z_0) \sim \nu(z_0)(z - z_0) + O((z - z_0)^2).$$

我们 Cauchy 积分算子估计第二、三个积分

$$\left|\int_{-\infty}^{z_0 - 1} \frac{\nu(s)}{s - z}ds - \int_{-\infty}^{z_0 - 1} \frac{\nu(s)}{s - z_0}ds\right|$$

$$= 2\pi\left|C\nu(z) - C\nu(z_0)\right|$$

$$= 2\pi\left|\int_{z_0}^{z} \left(\frac{d}{ds}C\nu\right)(s)ds\right| = 2\pi\left|\int_{z_0}^{z} C\nu'(s)ds\right|$$

$$\leqslant \|C\nu'(z)\|_{L^2}|z - z_0|^{1/2} \leqslant c\|\nu(z)\|_{H^1}|z - z_0|^{1/2} \leqslant c\|r(z)\|_{H^1}|z - z_0|^{1/2}.$$

$$(10.4.14)$$

此处使用不等式

$$|\nu(z)| = \frac{1}{2\pi}\log(1 + |r(z)|^2) \leqslant \left|\frac{1}{\pi}\log(1 + |r(z)|)\right| \leqslant \frac{1}{\pi}|r(z)|. \qquad (10.4.15)$$

类似地, 对第三个积分也有

$$\left|\int_{z_0-1}^{z_0} \frac{\nu(s) - \nu(z_0)}{s - z}ds - \int_{z_0-1}^{z_0} \frac{\nu(s) - \nu(z_0)}{s - z_0}ds\right| \leqslant \|r(z)\|_{H^1}|z - z_0|^{1/2}.$$

最后, 我们有

$$|T(z, z_0) - T_0(z_0)(z - z_0)^{i\nu(z_0)}| \leqslant |(z - z_0)^{i\nu(z_0)}||e^{i\beta(z_0,z_0)}|$$

$$\times \left|\prod_{k\in\Delta_{z_0}^-}\frac{z_0 - \bar{z}_k}{z_0 - z_k}\right|\left|\prod_{k\in\Delta_{z_0}^-}\frac{z - \bar{z}_k}{z - z_k}\frac{z_0 - z_k}{z_0 - \bar{z}_k}e^{i\beta(z,z_0)-i\beta(z_0,z_0)} - 1\right|$$

$$\leqslant c|\beta(z, z_0) - \beta(z_0, z_0)| \leqslant c\|r(z)\|_{H^1}|z - z_0|^{1/2}. \qquad (10.4.16)$$

作变换

$$M^{(1)}(z) = M(z)T^{-\sigma_3}, \qquad (10.4.17)$$

则 $M^{(1)}(z)$ 满足如下 RH 问题, 见图 10.4.

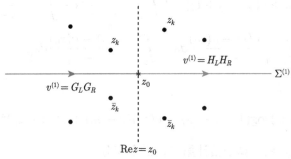

图 10.4   跳跃矩阵 $V^{(1)}(z)$

RH 问题 10.3   寻找矩阵函数 $M^{(1)}$ 满足

- $M^{(1)}(x, t, z)$ 在 $\mathbb{C} \setminus (\mathbb{R} \cup \mathcal{Z} \cup \bar{\mathcal{Z}})$ 内解析;
- $M_+^{(1)}(x, t, z) = M_-^{(1)}(x, t, z)V^{(1)}(x, t, z), \quad z \in \Sigma^{(1)};$
- $M^{(1)}(x, t, z) \longrightarrow I, \qquad z \to \infty,$

其中跳跃矩阵

$$
V^{(1)}(z) = \begin{cases}
\begin{pmatrix} 1 & 0 \\ \dfrac{r}{1-|r|^2} T_-^{-2} e^{2it\theta(z)} & 1 \end{pmatrix} \begin{pmatrix} 1 & \dfrac{\bar{r}}{1-|r|^2} T_+^2 e^{-2it\theta(z)} \\ 0 & 1 \end{pmatrix} = G_L G_R, \\
\quad z < z_0, \\[4mm]
\begin{pmatrix} 1 & \bar{r} T^2 e^{-2it\theta(z)} \\ 0 & 1 \end{pmatrix} \begin{pmatrix} 1 & 0 \\ r T^{-2} e^{2it\theta(z)} & 1 \end{pmatrix} = H_L H_R, \\
\quad z > z_0,
\end{cases}
\tag{10.4.18}
$$

$M^{(1)}(z)$ 在极点 $z_k \in \mathcal{Z}$, $\bar{z}_k \in \bar{\mathcal{Z}}$ 满足留数条件

$$
\operatorname*{Res}_{z=z_k} M^{(1)}(z) = \begin{cases}
\lim_{z \to z_k} M^{(1)}(z) \begin{pmatrix} 0 & c_k^{-1} \left(\dfrac{1}{T}\right)'(z_k)^{-2} e^{-2it\theta(z_k)} \\ 0 & 0 \end{pmatrix} & k \in \Delta_{z_0}^-, \\[4mm]
\lim_{z \to z_k} M^{(1)}(z) \begin{pmatrix} 0 & 0 \\ c_k T(z_k)^{-2} e^{2it\theta(z_k)} & 0 \end{pmatrix}, & k \in \Delta_{z_0}^+,
\end{cases}
\tag{10.4.19}
$$

$$
\operatorname*{Res}_{z=\bar{z}_k} M^{(1)}(z) = \begin{cases}
\lim_{z \to \bar{z}_k} M^{(1)}(z) \begin{pmatrix} 0 & 0 \\ -(\bar{c}_k)^{-1} T'(\bar{z}_k)^{-2} e^{2it\theta(\bar{z}_k)} & 0 \end{pmatrix}, & k \in \Delta_{z_0}^-, \\[4mm]
\lim_{z \to \bar{z}_k} M^{(1)}(z) \begin{pmatrix} 0 & -\bar{c}_k T(\bar{z}_k)^2 e^{-2it\theta(\bar{z}_k)} \\ 0 & 0 \end{pmatrix}, & k \in \Delta_{z_0}^+.
\end{cases}
\tag{10.4.20}
$$

由于 $T^{-\sigma_3} \to I$, $z \to \infty$. 因此, NLS 方程的解与该 RH 问题的解之间的联系为

$$
q(x,t) = 2i \lim_{z \to \infty} (z M^{(1)} T^{-\sigma_3})_{12} = 2i \lim_{z \to \infty} (z M^{(1)})_{12}.
$$

注 10.1　在上半平面,

$$
MT(z)^{-\sigma_3} = \left(\frac{m_1^-}{s_{11}} T^{-1}, m_2^+ T \right)
$$

$$
= \left(m_1^- \prod_{k \in \Delta_{z_0}^+} \frac{z - \bar{z}_k}{z - z_k} \exp\left[i \int_{z_0}^{+\infty} \frac{\nu(s)}{s-z} ds \right], m_2^+ \prod_{k \in \Delta_{z_0}^-} \frac{z - \bar{z}_k}{z - z_k} \delta(z) \right).
$$

此变换作用将上半平面极点分配到两列, 分别对应直线 $\mathrm{Re}z = z_0$ 的两侧.

在下半平面,

$$
MT(z)^{-\sigma_3} = \left(m_1^+ T^{-1}, \frac{m_2^-}{s_{22}} T \right)
$$

$$
= \left(m_1^+ \prod_{k \in \Delta_{z_0}^-} \frac{z - z_k}{z - \bar{z}_k} \delta(z)^{-1}, m_2^- \prod_{k \in \Delta_{z_0}^+} \frac{z - z_k}{z - \bar{z}_k} \exp\left[-i \int_{z_0}^{+\infty} \frac{\nu(s)}{s - z} ds \right] \right).
$$

此变换作用将下半平面极点分配到两列, 分别对应直线 $\mathrm{Re}z = z_0$ 的两侧, 见图 10.4, 虚线代表直线 $\mathrm{Re}z = z_0$, 黑点代表极点分布.

证明　直接从变换 (10.4.17) 出发, 知道

$$
M_+^{(1)} = M_+ T_+^{-\sigma_3} = M_- V T_+^{-\sigma_3} = (M_- T_-^{-\sigma_3})(T_-^{\sigma_3} V T_+^{-\sigma_3}) = M_-^{(1)} V^{(1)},
$$

其中 $V^{(1)} = T_-^{\sigma_3} V T_+^{-\sigma_3}$ 为 $M^{(1)}(z)$ 的跳跃矩阵, 见图 10.4.

在 $(z_0, +\infty)$ 上,

$$
V^{(1)} = T^{\sigma_3} \begin{pmatrix} 1 & \bar{r} e^{-2it\theta} \\ 0 & 1 \end{pmatrix} \begin{pmatrix} 1 & 0 \\ r e^{2it\theta} & 1 \end{pmatrix} T^{-\sigma_3}
$$

$$
= \begin{pmatrix} 1 & \bar{r} T^2 e^{-2it\theta} \\ 0 & 1 \end{pmatrix} \begin{pmatrix} 1 & 0 \\ r T^{-2} e^{2it\theta} & 1 \end{pmatrix}.
$$

在 $(-\infty, z_0)$ 上, 利用性质 (10.4.9),

$$
V^{(1)} = T_-^{\sigma_3} \begin{pmatrix} 1 & 0 \\ \dfrac{r}{1 + |r|^2} e^{2it\theta} & 1 \end{pmatrix} \begin{pmatrix} 1 + |r|^2 & 0 \\ 0 & \dfrac{1}{1 + |r|^2} \end{pmatrix}
$$

$$
\times \begin{pmatrix} 1 & \dfrac{\bar{r}}{1 + |r|^2} e^{-2it\theta} \\ 0 & 1 \end{pmatrix} T_+^{-\sigma_3}
$$

$$
= \begin{pmatrix} 1 & 0 \\ \dfrac{r}{1 + |r|^2} T_-^{-2} e^{2it\theta} & 1 \end{pmatrix} \begin{pmatrix} T_- T_+^{-1}(1 + |r|^2) & 0 \\ 0 & \dfrac{T_-^{-1} T_+}{1 + |r|^2} \end{pmatrix}
$$

$$
\times \begin{pmatrix} 1 & \dfrac{\bar{r}}{1 + |r|^2} T_+^2 e^{-2it\theta} \\ 0 & 1 \end{pmatrix}
$$

$$
= \begin{pmatrix} 1 & 0 \\ \dfrac{r}{1 + |r|^2} T_-^{-2} e^{2it\theta} & 1 \end{pmatrix} \begin{pmatrix} 1 & \dfrac{\bar{r}}{1 + |r|^2} T_+^2 e^{-2it\theta} \\ 0 & 1 \end{pmatrix}.
$$

对于上半平面的极点 $z_k \in \mathcal{Z}$, 按列展开变换 (10.4.17), 有

$$(M_1^{(1)}, M_2^{(1)}) = (M_1, M_2) \begin{pmatrix} T^{-1} & 0 \\ 0 & T \end{pmatrix},$$

因此

$$M_1^{(1)} = M_1 T^{-1} = \frac{m_1^-}{s_{11}} T^{-1}, \quad M_2^{(1)} = M_2 T = m_2^+ T.$$

(i) 对于 $k \in \Delta_{z_0}^-$, $z_k \in \mathcal{Z}$, 此时, z_k 为 M_1 和 T 的一阶极点, M_2 和 $T^{-1}(z)$ 在 z_k 处解析, 且 $T^{-1}(z_k) = 0$, 因此

$$\operatorname*{Res}_{z=z_k} M_1^{(1)} = [\operatorname*{Res}_{z=z_k} M_1(z)] T^{-1}(z_k) = 0. \tag{10.4.21}$$

注意到

$$\begin{aligned} M_1^{(1)}(z_k) &= \lim_{z \to z_k} M_1(z) T^{-1}(z) = \lim_{z \to z_k} [M_1(z)(z-z_k)] \frac{T^{-1}(z) - T^{-1}(z_k)}{z - z_k} \\ &= \operatorname*{Res}_{z=z_k} M_1(z)(1/T)'(z_k) = c_k e^{2it\theta(z_k)} M_2(z_k)(1/T)'(z_k). \end{aligned} \tag{10.4.22}$$

借此, 可进一步计算

$$\begin{aligned} \operatorname*{Res}_{z=z_k} M_2^{(1)}(z) &= \operatorname*{Res}_{z=z_k}[M_2(z)T(z)] = M_2(z_k) \operatorname*{Res}_{z=z_k} T(z) \\ &= M_2(z_k) \lim_{z \to z_k} [T(z)(z-z_k)] = M_2(z_k) \lim_{z \to z_k} \left(\frac{T^{-1}(z) - T^{-1}(z_k)}{z - z_k} \right) \\ &= M_2(z_k)[(1/T)'(z_k)]^{-1} = c_k^{-1} e^{-2it\theta(z_k)} M_1^{(1)}(z_k)[(1/T)'(z_k)]^{-2}. \end{aligned} \tag{10.4.23}$$

利用 (10.4.21), (10.4.23), 得到

$$\begin{aligned} \operatorname*{Res}_{z=z_k} M^{(1)}(z) &= \operatorname*{Res}_{z=z_k}(M_1^{(1)}(z), M_2^{(1)}(z)) = (0, c_k^{-1} e^{-2it\theta(z_k)} M_1^{(1)}(z_k)[(1/T)'(z_k)]^{-2}) \\ &= \lim_{z \to z_k} M^{(1)}(z) \begin{pmatrix} 0 & c_k^{-1} \left(\dfrac{1}{T}\right)'(z_k)^{-2} e^{-2it\theta(z_k)} \\ 0 & 0 \end{pmatrix}, \quad k \in \Delta_{z_0}^-. \end{aligned}$$

(ii) 对于 $k \in \Delta_{z_0}^+$, $z_k \in \mathcal{Z}$, 此时, T 和 $T^{-1}(z)$ 在 z_k 处解析, 因此

$$\operatorname*{Res}_{z=z_k} M^{(1)}(z) = \operatorname*{Res}_{z=z_k} M(z) T^{-\sigma_3}(z) = \lim_{z \to z_k} M \begin{pmatrix} 0 & 0 \\ c_k e^{2it\theta(z_k)} & 0 \end{pmatrix} T^{-\sigma_3}(z_k)$$

$$= \lim_{z \to z_k} [M(z)T^{-\sigma_3}(z)] \left[T^{\sigma_3}(z_k) \begin{pmatrix} 0 & 0 \\ c_k e^{2it\theta(z_k)} & 0 \end{pmatrix} T^{-\sigma_3}(z_k) \right]$$

$$= \lim_{z \to z_k} M^{(1)}(z) \begin{pmatrix} 0 & 0 \\ c_k T^{-2}(z_k) e^{2it\theta(z_k)} & 0 \end{pmatrix}, \quad k \in \Delta_{z_0}^+.$$

对于下半平面的极点 $\bar{z}_k \in \bar{\mathcal{Z}}$, 按列展开变换 (10.4.17), 有

$$(M_1^{(1)}, M_2^{(1)}) = (M_1, M_2) \begin{pmatrix} T^{-1} & 0 \\ 0 & T \end{pmatrix},$$

因此

$$M_1^{(1)} = M_1 T^{-1} = m_1^+ T^{-1}, \quad M_2^{(1)} = M_2 T = \frac{m_2^-}{s_{22}} T.$$

(iii) 对于 $k \in \Delta_{z_0}^-$, $\bar{z}_k \in \bar{\mathcal{Z}}$, 此时, $\bar{z}_k$ 为 $M_2(z)$ 和 $T^{-1}(z)$ 的一阶极点, $M_1(z)$ 和 $T(z)$ 在 $\bar{z}_k$ 处解析, 且 $T(\bar{z}_k) = 0$, 因此

$$\operatorname*{Res}_{z=\bar{z}_k} M_2^{(1)} = [\operatorname*{Res}_{z=\bar{z}_k} M_2(z)] T(\bar{z}_k) = 0. \tag{10.4.24}$$

注意到

$$M_2^{(1)}(\bar{z}_k) = \lim_{z \to \bar{z}_k} M_2(z)T(z) = \lim_{z \to \bar{z}_k} [M_2(z)(z - \bar{z}_k)] \frac{T(z) - T(\bar{z}_k)}{z - \bar{z}_k}$$

$$= \operatorname*{Res}_{z=\bar{z}_k} M_2(z) T'(\bar{z}_k) = -\bar{c}_k e^{-2it\theta(\bar{z}_k)} M_1(\bar{z}_k) T'(\bar{z}_k). \tag{10.4.25}$$

借此, 可进一步计算

$$\operatorname*{Res}_{z=\bar{z}_k} M_1^{(1)}(z) = \operatorname*{Res}_{z=\bar{z}_k} [M_1(z)T^{-1}(z)] = M_1(\bar{z}_k) \operatorname*{Res}_{z=\bar{z}_k} T^{-1}(z)$$

$$= M_1(\bar{z}_k) \lim_{z \to \bar{z}_k} [T^{-1}(z)(z - \bar{z}_k)] = M_1(\bar{z}_k) \lim_{z \to \bar{z}_k} \left(\frac{z - \bar{z}_k}{T(z) - T(\bar{z}_k)} \right)^{-1}$$

$$= M_1(\bar{z}_k)[T'(\bar{z}_k)]^{-1} = -(\bar{c}_k)^{-1} e^{2it\theta(\bar{z}_k)} M_2^{(1)}(\bar{z}_k)[T'(\bar{z}_k)]^{-2}. \tag{10.4.26}$$

利用 (10.4.24), (10.4.26), 得到

$$\operatorname*{Res}_{z=\bar{z}_k} M^{(1)}(z) = \operatorname*{Res}_{z=\bar{z}_k} (M_1^{(1)}(z), M_2^{(1)}(z)) = (-(\bar{c}_k)^{-1} e^{2it\theta(\bar{z}_k)} M_2^{(1)}(\bar{z}_k)[T'(\bar{z}_k)]^{-2}, 0)$$

$$= \lim_{z \to \bar{z}_k} M^{(1)}(z) \begin{pmatrix} 0 & 0 \\ -(\bar{c}_k)^{-1} e^{2it\theta(\bar{z}_k)} [T'(\bar{z}_k)]^{-2} & 0 \end{pmatrix}, \quad k \in \Delta_{z_0}^-.$$

(iv) 对于 $k \in \Delta_{z_0}^+$, $\bar{z}_k \in \bar{\mathcal{Z}}$, 此时, T 和 $T^{-1}(z)$ 在 $\bar{z}_k$ 处解析, 因此

$$
\begin{aligned}
\operatorname*{Res}_{z=\bar{z}_k} M^{(1)}(z) &= \operatorname*{Res}_{z=\bar{z}_k} M(z) T^{-\sigma_3}(z) = \lim_{z \to \bar{z}_k} M \begin{pmatrix} 0 & -\bar{c}_k e^{-2it\theta(\bar{z}_k)} \\ 0 & 0 \end{pmatrix} T^{-\sigma_3}(\bar{z}_k) \\
&= \lim_{z \to \bar{z}_k} [M(z) T^{-\sigma_3}(z)] \left[T^{\sigma_3}(\bar{z}_k) \begin{pmatrix} 0 & -\bar{c}_k e^{-2it\theta(\bar{z}_k)} \\ 0 & 0 \end{pmatrix} T^{-\sigma_3}(\bar{z}_k) \right] \\
&= \lim_{z \to \bar{z}_k} M^{(1)}(z) \begin{pmatrix} 0 & -\bar{c}_k T^2(\bar{z}_k) e^{-2it\theta(\bar{z}_k)} \\ 0 & 0 \end{pmatrix}, \quad k \in \Delta_{z_0}^+.
\end{aligned}
$$

最后, 综合上述讨论 (i)—(iv), 得到 (10.4.19)—(10.4.20).

10.5 跳跃矩阵的连续延拓

定义路径
$$
\Sigma_R = \mathbb{R} \cup \Sigma_1 \cup \Sigma_2 \cup \Sigma_3 \cup \Sigma_4.
$$

我们用实轴 $\mathbb{R}$ 和 4 条速降线 $\Sigma_k, k = 1, 2, 3, 4$ 将复平面 $\mathbb{C}$ 分成 6 个区域 $\Omega_k, k = 1, 2, 3, 4, 5, 6$. 见图 10.5. 这里我们利用 $\bar{\partial}$-速降法, 将对跳跃矩阵 (10.4.18) 中的 4 个散射数据 $r, \bar{r}, \dfrac{r}{1-|r|^2}, \dfrac{\bar{r}}{1-|r|^2}$ 向 4 个区域 $\Omega_k, k = 1, 3, 4, 6$ 上作如下连续延拓, 此时实轴上不再有跳跃, 见图 10.5 的阴影部分:

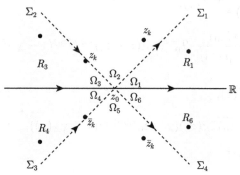

图 10.5 区域 Ω_k 以及函数 R_k 的延拓区域

(1) 打开跳跃线 (z_0, ∞), 用 R_1 表示散射数据 r 在区域 Ω_1 中的连续延拓; R_6 表示散射数据 $\bar{r}$ 在区域 Ω_6 中的连续延拓.

(2) 打开跳跃线 $(-\infty, z_0)$, 用 R_3 表示散射数据 $\dfrac{\bar{r}}{1-|r|^2}$ 在区域 Ω_3 中的连续延拓; R_4 表示散射数据 $\dfrac{r}{1-|r|^2}$ 在区域 Ω_4 中的连续延拓.

令

$$\rho = \frac{1}{2} \min_{\substack{\lambda,\mu \in \mathcal{Z} \cup \mathcal{Z}^* \\ \lambda \neq \mu}} |\lambda - \mu|. \tag{10.5.1}$$

对 $\forall z_k = x_k + iy_k \in \mathcal{Z}$, 由于极点共轭出现, 且不在实轴上, 有 $\bar{z}_k = x_k - iy_k \in \bar{\mathcal{Z}}$, 依定义 $|z_k - \bar{z}_k| = 2|y_k| \geqslant 2\rho$, 因此, $\mathrm{dist}(z_k, \mathbb{R}) = |y_k| \geqslant \rho > 0$, 由 z_k 任意性得到, $\mathrm{dist}(\mathcal{Z}, \mathbb{R}) \geqslant \rho$.

假设 $\chi_\mathcal{Z} \in C_0^\infty(\mathbb{C}, [0,1])$ 定义在离散谱附近的特征函数

$$\chi_\mathcal{Z}(z) = \begin{cases} 1, & \mathrm{dist}(z, \mathcal{Z} \cup \mathcal{Z}^*) < \rho/3, \\ 0, & \mathrm{dist}(z, \mathcal{Z} \cup \mathcal{Z}^*) > 2\rho/3. \end{cases} \tag{10.5.2}$$

命题 10.3　存在函数 $R_j \to \mathbb{C}, j = 1, 3, 4, 6$ 满足如下边界条件

$$R_1(z) = \begin{cases} r(z)T^{-2}(z), & z \in (z_0, \infty), \\ f_1 = r(z_0)T_0^{-2}(z_0)(z - z_0)^{-2i\nu(z_0)}(1 - \chi_\mathcal{Z}(z)), & z \in \Sigma_1, \end{cases} \tag{10.5.3}$$

$$R_3(z) = \begin{cases} \dfrac{\overline{r(z)}}{1 + |r(z)|^2}T_+^2(z), & z \in (-\infty, z_0), \\ f_3 = \dfrac{\overline{r(z_0)}}{1 + |r(z_0)|^2}T_0^2(z_0)(z - z_0)^{2i\nu(z_0)}(1 - \chi_\mathcal{Z}(z)), & z \in \Sigma_2, \end{cases} \tag{10.5.4}$$

$$R_4(z) = \begin{cases} \dfrac{r(z)}{1 + |r(z)|^2}T_-^{-2}(z), & z \in (-\infty, z_0), \\ f_4 = \dfrac{r(z_0)}{1 + |r(z_0)|^2}T_0^{-2}(z_0)(z - z_0)^{-2i\nu(z_0)}(1 - \chi_\mathcal{Z}(z)), & z \in \Sigma_3, \end{cases} \tag{10.5.5}$$

$$R_6(z) = \begin{cases} \overline{r(z)}T^2(z), & z \in (z_0, \infty), \\ f_6 = \overline{r(z_0)}T_0^2(z_0)(z - z_0)^{2i\nu(z_0)}(1 - \chi_\mathcal{Z}(z)), & z \in \Sigma_4. \end{cases} \tag{10.5.6}$$

并且 R_j 具有以下估计

$$|R_j(z)| \leqslant c_1 \sin^2(\arg z) + c_1 \langle \mathrm{Re}z \rangle^{-1/2}, \tag{10.5.7}$$

$$|\bar{\partial}R_j(z)| \leqslant c_1 \bar{\partial}\chi_\mathcal{Z}(z) + c_2|z - z_0|^{-1/2} + c_2|r'(\mathrm{Re}z)|, \tag{10.5.8}$$

$$\bar{\partial}R_j(z) = 0, \quad z \in \Omega_2 \cup \Omega_5, \ \text{或者} \ \mathrm{dist}(z, \mathcal{Z} \cup \bar{\mathcal{Z}}) \leqslant \rho/3. \tag{10.5.9}$$

证明　仅证明 R_1. 记

$$z = z_0 + \varrho e^{i\varphi}, \quad \bar{z} = z_0 + \varrho e^{-i\varphi},$$

上面两个方程对 $\bar{z}$ 求导, 得到

$$\frac{\partial \varrho}{\partial \bar{z}} + i\varrho\frac{\partial \varphi}{\partial \bar{z}} = 0, \quad \frac{\partial \varrho}{\partial \bar{z}} - i\varrho\frac{\partial \varphi}{\partial \bar{z}} = e^{i\varphi}.$$

由此解得

$$\frac{\partial \varrho}{\partial \bar{z}} = \frac{1}{2}e^{i\varphi}, \quad \frac{\partial \varphi}{\partial \bar{z}} = \frac{1}{2}i\varrho^{-1}e^{i\varphi}. \tag{10.5.10}$$

因此, 极坐标下的 $\bar{\partial}$ 全导数为

$$\bar{\partial} = \frac{\partial \varrho}{\partial \bar{z}}\frac{\partial}{\partial \varrho} + \frac{\partial \varphi}{\partial \bar{z}}\frac{\partial}{\partial \varphi} = \frac{1}{2}e^{i\varphi}(\partial_\varrho + i\rho^{-1}\partial_\varphi). \tag{10.5.11}$$

定义函数

$$g_1 = r(z_0)T_0^{-2}(z_0)T^2(z)(z-z_0)^{-2i\nu(z_0)}, \quad z \in \bar{\Omega}_1,$$

$$R_1(z) = \{r(\mathrm{Re}z)\cos(2\varphi) + [1-\cos(2\varphi)]g_1(z)\}T^{-2}(1-\chi_{\mathcal{Z}}(z))$$

$$= \{g_1(z) + [r(\mathrm{Re}z) - g_1(z)]\cos(2\varphi)\}T^{-2}(1-\chi_{\mathcal{Z}}(z)), \tag{10.5.12}$$

其中 $z = z_0 + \varrho e^{i\varphi}$, $\varrho \geqslant 0$, $0 \leqslant \varphi \leqslant \pi/4$, 则

$$\varrho = |z - z_0|, \quad \mathrm{Re}z = z_0 + \varrho\cos\varphi.$$

对 $z \in (z_0, \infty)$, 有 $\varphi = 0$, 因此有 $R_1 = r(\mathrm{Re}z)T^{-2}$; 对 $z \in \Sigma_1$, 有 $\varphi = \pi/4$, 因此有 $R_1 = f_1$.

注意到 $|T_0(z_0)| = 1, T, T^{-1}$ 在 Ω_1 内解析无极点且 $T \to 1, z \to \infty$, 因此 T^{-2} 有界; 利用 (10.5.12),

$$|r(z_0)(z-z_0)^{-2i\nu(z_0)}| \leqslant |r(z_0)|(1+|r(z_0)|^2)^{1/2}.$$

由 $r \in H^{1,1}(\mathbb{R})$ 可推知 $r(z)$ 具有 1/2 阶 Hölder 连续, 并且

$$|r(\mathrm{Re}z)| \leqslant c[1+(\mathrm{Re}z)^2]^{-1/4}, \quad r \in H^1(\mathbb{R}),$$

利用上述结果, 便有

$$|R_1(z)| \leqslant 2|g_1(z)T^{-2}(1-\chi_{\mathcal{Z}}(z))|\sin^2\varphi + |T^{-2}(1-\chi_{\mathcal{Z}}(z))\cos(2\varphi)||r(\mathrm{Re}z)|$$

$$\leqslant 2\sin^2\varphi|r(z_0)T_0^{-2}(z_0)(z-z_0)^{-2i\nu(z_0)}| + c_2|r(\mathrm{Re}z)|$$

$$\sim c_1\sin^2\varphi + c_2[1+(\mathrm{Re}z)^2]^{-1/4}.$$

注意到 g_1, T^{-2} 解析在 Ω_1 内解析, 并利用 (10.5.10), 则有

$$\bar{\partial}R_1 = -\left[r(\mathrm{Re}z) + g_1(1 - \cos(2\varphi))\right]T^{-2}\bar{\partial}\chi_{\mathcal{Z}}(z)$$
$$+ \left[\frac{1}{2}r'(\mathrm{Re}z)\cos(2\varphi) - ie^{i\varphi}\frac{(r(\mathrm{Re}z) - g_1)\sin(2\varphi)}{|z - z_0|}\right]T^{-2}(1 - \chi_{\mathcal{Z}}(z)).$$

$$(10.5.13)$$

因此

$$|\bar{\partial}R_1| \leqslant c_1\bar{\partial}\chi_{\mathcal{Z}}(z) + c_2|r'(\mathrm{Re}z)| + \frac{c_3|r(\mathrm{Re}z) - g_1|}{|z - z_0|}, \tag{10.5.14}$$

而

$$|r(\mathrm{Re}z) - g_1| \leqslant |r(\mathrm{Re}z) - r(z_0)| + |r(z_0) - g_1|, \tag{10.5.15}$$

其中

$$|r(\mathrm{Re}z) - r(z_0)| = \left|\int_{z_0}^{\mathrm{Re}z} r'(s)ds\right| \leqslant \|r\|_{H^1}|\mathrm{Re}z - z_0|^{1/2} \leqslant c|z - z_0|^{1/2},$$

$$(10.5.16)$$

$$\begin{aligned}|r(z_0) - g(z)| &= |r(z_0) - r(z_0)T_0^{-2}T^2(z - z_0)^{-2i\nu(z_0)}|\\ &= |r(z_0)|(1 + |r(z_0)|^2)^{-1}T_0^{-2}(z_0)|T^2 - T_0^2(z - z_0)^{-2i\nu(z_0)}|\\ &\leqslant c\|r\|_{H^1}|z - z_0|^{1/2}.\end{aligned} \tag{10.5.17}$$

将估计 (10.5.15)—(10.5.17) 代入 (10.5.14), 我们得到

$$|\bar{\partial}R_1| \leqslant c_1\bar{\partial}\chi_{\mathcal{Z}}(z) + c_2|r'(\mathrm{Re}z)| + c_3|z - z_0|^{-1/2}. \tag{10.5.18}$$

在每个离散谱点 $z_k \in \mathcal{Z} \cup \overline{\mathcal{Z}}$ 的邻域 $\{z : \mathrm{dist}(z_k, z) \leqslant \rho/3\}$ 内, 由定义 (10.5.2), $\chi_{\mathcal{Z}}(z) = 1$, $\bar{\partial}\chi_{\mathcal{Z}}(z) = 0$, 再由 (10.5.13) 可知, $\bar{\partial}R_1(z) = 0$, $\mathrm{dist}(z, \mathcal{Z} \cup \overline{\mathcal{Z}}) \leqslant \rho/3$. 而 $R_2 = R_5 = I$, $z \in \Omega_2$, Ω_5, 因此 $\bar{\partial}R_j(z) = 0$, $j = 2, 5$.

10.6　混合 RH 问题及其分解

10.6.1　混合 RH 问题

定义路径

$$\Sigma^{(2)} = \Sigma_1 \cup \Sigma_2 \cup \Sigma_3 \cup \Sigma_4,$$

以及函数

$$R^{(2)}(z) = \begin{cases} \begin{pmatrix} 1 & 0 \\ R_1 e^{2it\theta} & 1 \end{pmatrix}^{-1} = W_R^{-1}, & z \in \Omega_1, \\[2mm] \begin{pmatrix} 1 & R_3 e^{-2it\theta} \\ 0 & 1 \end{pmatrix}^{-1} = U_R^{-1}, & z \in \Omega_3, \\[2mm] \begin{pmatrix} 1 & 0 \\ R_4 e^{2it\theta} & 1 \end{pmatrix} = U_L, & z \in \Omega_4, \\[2mm] \begin{pmatrix} 1 & R_6 e^{-2it\theta} \\ 0 & 1 \end{pmatrix} = W_L, & z \in \Omega_6, \\[2mm] \begin{pmatrix} 1 & 0 \\ 0 & 1 \end{pmatrix}, & z \in \Omega_2 \cup \Omega_5. \end{cases} \tag{10.6.1}$$

见图 10.6, 其中实线表示 $M^{(1)}(z)$ 在其上有跳跃, 虚线表示在其上无跳跃, 即跳跃矩阵为单位矩阵.

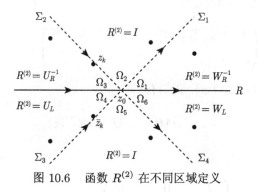

图 10.6 函数 $R^{(2)}$ 在不同区域定义

由 δ 和 $R_j, j = 1, 3, 4, 6$ 的有界性, 以及 $e^{\pm 2it\theta}$ 的指数衰减性, 我们有

$$R^{(2)}(z) \sim I, \quad t \to \infty.$$

作变换

$$M^{(2)} M^{(2)}(z) = M^{(1)}(z) R^{(2)}(z), \tag{10.6.2}$$

则 $\Sigma^{(1)}$ 上的 RH 问题化为 $\Sigma^{(2)}$ 上的**混合 RH** 问题.

RH 问题 10.4 寻找 $M^{(2)} = M^{(2)}(z; x, t)$, 满足

- $M^{(2)}(z)$ 在 $\mathbb{C} \setminus (\Sigma^{(2)} \mathcal{Z} \cup \overline{\mathcal{Z}})$ 内连续,
- $M_+^{(2)}(z) = M_-^{(2)}(z) V^{(2)}(z), \quad z \in \Sigma^{(2)},$ \tag{10.6.3}

- $M^{(2)}(z) \longrightarrow I, \quad z \to \infty,$

其中跳跃矩阵

$$V^{(2)}(z) = (R_-^{(2)})^{-1} V^{(1)} R_+^{(2)} = I + (1 - \chi_{\mathcal{Z}}(z)) \delta V^{(2)}, \qquad (10.6.4)$$

$$
\delta V^{(2)}(z) = \begin{cases}
\begin{pmatrix} 0 & 0 \\ r(z_0) T_0(z_0)^{-2} (z - z_0)^{-2i\nu(z_0)} e^{2it\theta} & 0 \end{pmatrix}, & z \in \Sigma_1, \\[3mm]
\begin{pmatrix} 0 & \dfrac{\overline{r(z_0)} T_0(z_0)^2}{1 + |r(z_0)|^2} (z - z_0)^{2i\nu(\xi)} e^{-2it\theta} \\ 0 & 0 \end{pmatrix}, & z \in \Sigma_2, \\[3mm]
\begin{pmatrix} 0 & 0 \\ \dfrac{r(z_0) T_0(\xi)^{-2}}{1 + |r(z_0)|^2} (z - z_0)^{-2i\nu(z_0)} e^{2it\theta} & 0 \end{pmatrix}, & z \in \Sigma_3, \\[3mm]
\begin{pmatrix} 0 & \overline{r(z_0)} T_0(z_0)^2 (z - z_0)^{2i\nu(\xi)} e^{-2it\theta} \\ 0 & 0 \end{pmatrix}, & z \in \Sigma_4.
\end{cases} \qquad (10.6.5)
$$

- 对 $\mathbb{C} \setminus (\Sigma^{(2)} \cup \mathcal{Z} \cup \bar{\mathcal{Z}})$, 我们有

$$\bar{\partial} M^{(2)} = M^{(2)} \bar{\partial} R^{(2)}(z),$$

其中

$$
\bar{\partial} R^{(2)} = \begin{cases}
\begin{pmatrix} 0 & 0 \\ -\bar{\partial} R_1 e^{2it\theta} & 0 \end{pmatrix}, & z \in \Omega_1, \\[3mm]
\begin{pmatrix} 0 & -\bar{\partial} R_3 e^{-2it\theta} \\ 0 & 0 \end{pmatrix}, & z \in \Omega_3, \\[3mm]
\begin{pmatrix} 0 & 0 \\ \bar{\partial} R_4 e^{2it\theta} & 0 \end{pmatrix}, & z \in \Omega_4, \\[3mm]
\begin{pmatrix} 0 & -\bar{\partial} R_6 e^{-2it\theta} \\ 0 & 0 \end{pmatrix}, & z \in \Omega_6, \\[3mm]
\begin{pmatrix} 0 & 0 \\ 0 & 0 \end{pmatrix}, & z \in \Omega_2 \cup \Omega_5.
\end{cases} \qquad (10.6.6)
$$

- $M^{(2)}$ 在极点 $z_k \in \mathcal{Z}$, $\bar{z}_k \in \bar{\mathcal{Z}}$ 满足留数条件

$$
\operatorname*{Res}_{z=z_k} M^{(2)} = \begin{cases} \lim_{z \to z_k} M^{(2)}(z) \begin{pmatrix} 0 & c_k^{-1} \left(\dfrac{1}{T}\right)'(z_k)^{-2} e^{-2it\theta(z_k)} \\ 0 & 0 \end{pmatrix}, & k \in \Delta_{z_0}^-, \\[6mm] \lim_{z \to z_k} M^{(2)}(z) \begin{pmatrix} 0 & 0 \\ c_k T(z_k)^{-2} e^{2it\theta(z_k)} & 0 \end{pmatrix}, & k \in \Delta_{z_0}^+, \end{cases}
$$

$$
\operatorname*{Res}_{z=\bar{z}_k} M^{(2)} = \begin{cases} \lim_{z \to \bar{z}_k} M^{(2)}(z) \begin{pmatrix} 0 & 0 \\ -(\bar{c}_k)^{-1} T'(\bar{z}_k)^{-2} e^{2it\theta(\bar{z}_k)} & 0 \end{pmatrix}, & k \in \Delta_{z_0}^-, \\[6mm] \lim_{z \to \bar{z}_k} M^{(2)}(z) \begin{pmatrix} 0 & -\bar{c}_k T(\bar{z}_k)^2 e^{-2it\theta(\bar{z}_k)} \\ 0 & 0 \end{pmatrix}, & k \in \Delta_{z_0}^+. \end{cases}
$$

$$(10.6.7)$$

NLS 方程的解与该 RH 问题的解之间联系为

$$
q(x,t) = 2i \lim_{z \to \infty} (z M^{(2)}(x,t,z))_{12}.
$$

由图 10.7 给出, 虚线表示跳跃矩阵为单位矩阵. 对照图 10.6 和图 10.7, 可见经过变换, 去除了实轴上的跳跃, 并制造出 4 条跳跃线 $\Sigma_k, k = 1, 2, 3, 4$. 由于 $M^{(2)}(z)$ 在实轴上没有跳跃, 在跳跃矩阵 $V^{(2)}(z)$ 中, $R_j = f_j$, 因此, 图 10.7 中的跳跃矩阵也可改写为图 10.8 形式.

证明 (i) 对离散谱点 $z_k \in \mathcal{Z} \cup \bar{\mathcal{Z}}$ 的邻域 $\{z : \operatorname{dist}(z_k, z) \leqslant \rho/3\}$ 以及区域 Ω_2, Ω_5 内, 由 (10.5.9) 可知 $\bar{\partial} R^{(2)} = 0$, 因此在谱点附近和区域 Ω_2, Ω_5 内 $M^{(2)}$ 不支持 $\bar{\partial}$ 导数, 即有 $\bar{\partial} R^{(2)} = 0$, 见图 10.8 白色部分.

(ii) 对 $z \in \Omega_1 \setminus (\mathcal{Z} \cup \bar{\mathcal{Z}})$,

$$
(R^{(2)})^{-1} \bar{\partial} R^{(2)} = \begin{pmatrix} 1 & 0 \\ R_1 e^{2it\theta} & 1 \end{pmatrix} \begin{pmatrix} 0 & 0 \\ -\bar{\partial} R_1 e^{2it\theta} & 0 \end{pmatrix} = \begin{pmatrix} 0 & 0 \\ -\bar{\partial} R_1 e^{2it\theta} & 0 \end{pmatrix} = \bar{\partial} R^{(2)}.
$$

同理可以验证对 $z \in \Omega_j$, $j = 3, 4, 6$, 也有 $(R^{(2)})^{-1} \bar{\partial} R^{(2)} = \bar{\partial} R^{(2)}$. 由于 $M^{(1)}$ 在区域 $\Omega_j \setminus (\mathcal{Z} \cup \bar{\mathcal{Z}})$, $j = 1, 3, 4, 6$ 内解析, 因此

$$
\begin{aligned}
\bar{\partial} M^{(2)}(z) &= \bar{\partial} M^{(1)} R^{(2)} + M^{(1)} \bar{\partial} R^{(2)} = M^{(1)} R^{(2)} (R^{(2)})^{-1} \bar{\partial} R^{(2)} \\
&= M^{(2)} (R^{(2)})^{-1} \bar{\partial} R^{(2)} = M^{(2)} \bar{\partial} R^{(2)}.
\end{aligned}
$$

因此在区域 $\Omega_j \setminus (\mathcal{Z} \cup \bar{\mathcal{Z}})$, $j = 1,2,3,4$ 内的离散谱点 $\rho/3$ 邻域之外, $M^{(2)}$ 支持 $\bar{\partial}$ 导数, 即有 $\bar{\partial}R^{(2)} \neq 0$, 见图 10.8 灰色部分.

(iii) 对 $k \in \Delta_{z_0}^+$, $z_k \in \Omega_1$ 不是 $R^{(2)}$ 的极点, 因此

$$\operatorname*{Res}_{z=z_k} M^{(2)}(z) = \operatorname*{Res}_{z=z_k} M^{(1)} R^{(2)} = \lim_{z \to z_k} M^{(1)} R^{(2)} (R^{(2)})^{-1} \begin{pmatrix} 0 & 0 \\ c_k^{-1} T(z_k)^{-2} e^{2it\theta} & 0 \end{pmatrix} \mathcal{R}^{(2)}$$

$$= \lim_{z \to z_k} M^{(2)} \begin{pmatrix} 1 & 0 \\ R_1 e^{2it\theta} & 1 \end{pmatrix} \begin{pmatrix} 0 & 0 \\ c_k^{-1} T(z_k)^{-2} e^{2it\theta} & 0 \end{pmatrix} \begin{pmatrix} 1 & 0 \\ -R_1 e^{2it\theta} & 1 \end{pmatrix}$$

$$= \lim_{z \to z_k} M^{(2)} \begin{pmatrix} 0 & 0 \\ c_k^{-1} T(z_k)^{-2} e^{2it\theta} & 0 \end{pmatrix}, \quad k \in \Delta_{z_0}^+.$$

其他情况证明类似.

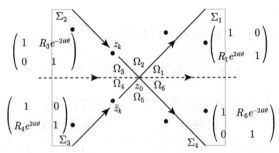

图 10.7　$M^{(2)}$ 的跳跃矩阵 $V^{(2)}$, 灰色部分支持 $\bar{\partial}$ 导数 $\bar{\partial}\mathcal{R}^{(2)} \neq 0$; 白色部分 $\bar{\partial}\mathcal{R}^{(2)} = 0$

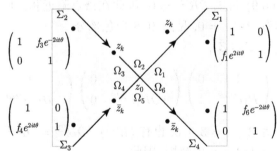

图 10.8　$M^{(2)}$ 的跳跃矩阵 $V^{(2)}$, 实轴没有跳跃, $R_j = f_j$, $j = 1,2,3,4$; 灰色部分支持 $\bar{\partial}$ 导数 $\bar{\partial}\mathcal{R}^{(2)} \neq 0$; 白色部分 $\bar{\partial}\mathcal{R}^{(2)} = 0$

注 10.2　$R^{(2)}$ 中的 R_j, $j = 1,3,4,6$ 如何定义的?

从后面我们所作的如下变换

$$M_{RHP}^{(2)}(z) = \begin{cases} E(z)M^{(out)}(z), & z \in \mathbb{C} \setminus \mathcal{U}_{z_0}, \\ E(z)M^{(out)}(z)M^{(pc)}(\xi, r_0), & z \in \mathcal{U}_{z_0}, \end{cases} \tag{10.6.8}$$

知道, 我们要求 $M_{RHP}^{(2)}(z)$ 与 $M^{(pc)}(\xi, r_0)$ 具有相同的跳跃, 而 $M_{RHP}^{(2)}(z)$ 与 $M^{(2)}(z)$ 跳跃矩阵相同, 因此我们对附录中抛物柱面 RH 的 $M^{(pc)}(\xi, r_0)$ 作尺度变换

$$\xi = \alpha(z - z_0), \tag{10.6.9}$$

其中 α 待定, 并适当选取跳跃矩阵 $V^{(pc)}(\xi)$ 中的自由参数 r_0, 使变换后的 $V^{(pc)}$ 与 $M^{(2)}(z)$ 的跳跃矩阵 $V^{(2)}(z)$ 相匹配. 由此来确定 $R^{(2)}$ 以及跳跃矩阵 $V^{(2)}(z)$.

在尺度变换 (10.6.9) 下, Σ_1 上, $V^{(pc)}$ 的 (21) 位置元素化为

$$r_0 \xi^{-2i\nu} e^{i\xi^2/2} = r_0 e^{-2i\nu \log \alpha}(z - z_0)^{-2i\nu} e^{i\alpha^2(z-z_0)^2/2}. \tag{10.6.10}$$

Σ_1 上, $V^{(2)}$ 的 (21) 位置元素化为

$$r(z_0)T_0^{-2}(z - z_0)^{-2i\nu} e^{2it\theta(z)} = r(z_0)T_0^{-2}e^{-2itz_0^2}(z - z_0)^{-2i\nu} e^{2it(z-z_0)^2}. \tag{10.6.11}$$

我们比较 (10.6.10), (10.6.11), 得到

$$\alpha = 2\sqrt{t}, \quad r_0 = r(z_0)T_0^{-2}e^{-2itz_0^2}e^{2i\nu \log(2\sqrt{t})}.$$

如下我们看如何选取 R_j, $j = 1, 3, 4, 6$ 使得在边界上 $V^{(pc)}[2\sqrt{t}(z - z_0)]$ 与 $V^{(2)}(z)$ 匹配, 即

$$V^{(pc)}[2\sqrt{t}(z - z_0)]\Big|_{r_0 = r(z_0)T_0^{-2}e^{-2itz_0^2}e^{2i\nu \log(2\sqrt{t})}} = V^{(2)}(z). \tag{10.6.12}$$

结合 (10.6.4) 和 (10.6.12), 推知

$$V^{(2)}(z) = (R_-^{(2)})^{-1}V^{(1)}(z)R_+^{(2)} = V^{(pc)}[2\sqrt{t}(z - z_0)]. \tag{10.6.13}$$

在边界 (z_0, ∞) 上:

$$V^{(pc)}[2\sqrt{t}(z - z_0)] = I, \quad V^{(1)}(z) = \begin{pmatrix} 1 & -\bar{r}T^2 e^{-2it\theta} \\ 0 & 1 \end{pmatrix} \begin{pmatrix} 1 & 0 \\ rT^{-2}e^{2it\theta} & 1 \end{pmatrix}.$$

因此, (10.6.13) 推出

$$V^{(2)}(z) = (R_{\Omega_6}^{(2)})^{-1} \begin{pmatrix} 1 & -\bar{r}T^2 e^{-2it\theta} \\ 0 & 1 \end{pmatrix} \begin{pmatrix} 1 & 0 \\ rT^{-2}e^{2it\theta} & 1 \end{pmatrix} R_{\Omega_1}^{(2)} = I.$$

由此可定义

$$R^{(2)} = \begin{pmatrix} 1 & 0 \\ R_1 e^{2it\theta} & 1 \end{pmatrix}^{-1}, \ z \in \Omega_1; \quad R^{(2)} = \begin{pmatrix} 1 & -\bar{r}T^2 e^{-2it\theta} \\ 0 & 1 \end{pmatrix}, \ z \in \Omega_6,$$

$$(10.6.14)$$

其中 R_1, R_6 在直线 (z_0, ∞) 上的边值为

$$R_1(z) = rT^{-2}, \quad R_6(z) = \bar{r}T^2, \quad z \in (z_0, \infty). \tag{10.6.15}$$

在 Σ_1 上,

$$V^{(1)}(z) = I, \ V^{(pc)}[2\sqrt{t}(z - z_0)] = \begin{pmatrix} 1 & 0 \\ r_0 e^{2it\theta}(z - z_0)^{-2i\nu} e^{-2i\nu \log(2\sqrt{t})} e^{2itz_0^2} & 1 \end{pmatrix}.$$

因此, 利用 (10.6.14), 由 (10.6.13) 推出

$$V^{(2)}(z) = \begin{pmatrix} 1 & 0 \\ R_1 e^{2it\theta} & 1 \end{pmatrix} \cdot I \cdot R_{\Omega_2}^{(2)}$$

$$= \begin{pmatrix} 1 & 0 \\ r_0 e^{2it\theta}(z - z_0)^{-2i\nu} e^{-2i\nu \log(2\sqrt{t})} e^{2itz_0^2} & 1 \end{pmatrix}.$$

由此可取

$$R^{(2)}(z) = I, \ z \in \Omega_2,$$

并比较 (21) 位置元素, 知道 R_1 在 Σ_1 上的边界值为

$$R_1 = f_1 = r_0(z - z_0)^{-2i\nu} e^{2itz_0^2} e^{-2i\nu \log(2\sqrt{t})}, \ z \in \Sigma_1.$$

综合 (10.6.15), (9.4.11), 得到 (10.5.3), 以及 (10.6.1) 中关于 $\Omega_j, j = 1, 2, 6$ 的定义, 其余类似证明.

10.6.2 混合 RH 问题分解

第一步: 将 $\bar{\partial}R^{(2)}(z)$ 零与非零部分分离. 从图 10.7 可以看出, 阴影部分 $\bar{\partial}R^{(2)}(z) \neq 0$; 白色部分 $\bar{\partial}R^{(2)}(z) = 0$. 因此, 我们将混合 RH 问题 $M^{(2)}(z)$ 分解为如下两部分

$$M^{(2)}(z) = M^{(3)}(z)M_{RHP}^{(2)}(z) = \begin{cases} \bar{\partial}\mathcal{R}^{(2)}(z) = 0 \to M_{RHP}^{(2)}(z), \\ \bar{\partial}\mathcal{R}^{(2)}(z) \neq 0 \to M^{(3)}(z) = M^{(2)}(z)(M_{RHP}^{(2)})^{-1}(z), \end{cases}$$

$$(10.6.16)$$

其中 $M_{RHP}^{(2)}(z)$ 为混合 RH 问题 10.4 中纯 RH 部分, 即与 $M^{(2)}(z)$ 具有相同的跳跃和留数条件, 但 $\overline{\partial}\mathcal{R}^{(2)}(z) = 0$, 我们称其为纯 RH 问题, 刻画如下:

RH 问题 10.5 寻找 $M_{RHP}^{(2)}(z) = M_{RHP}^{(2)}(z; x, t)$, 满足

- $M_{RHP}^{(2)}(z)$ 在 $\mathbb{C} \setminus (\Sigma^{(2)}\mathcal{Z} \cup \overline{\mathcal{Z}})$ 内解析,

- $M_{RHP+}^{(2)}(z) = M_{RHP-}^{(2)}(z)V^{(2)}(z)$, $\quad z \in \Sigma^{(2)}$, $\qquad\qquad$ (10.6.17)

- $M_{RHP}^{(2)}(z) \longrightarrow I$, $\quad z \to \infty$,

- $\overline{\partial}\mathcal{R}^{(2)}(z) = 0$, $\quad z \in \mathbb{C} \setminus (\Sigma^{(2)} \cup \mathcal{Z} \cup \overline{\mathcal{Z}})$,

其中跳跃矩阵 $V^{(2)}(z)$ 与 $M^{(2)}(z)$ 具有相同跳跃矩阵和留数条件, 见 (10.6.4) 和 (10.7.35).

第二步: 将跳跃线和极点分离开. 定义 $\mathcal{U}_{z_0}$ 开邻域

$$\mathcal{U}_{z_0} = \{z : |z - z_0| < \rho/2\}.$$

进一步将 $M_{RHP}^{(2)}(z)$ 再分解为两部分

$$M_{RHP}^{(2)}(z) = \begin{cases} E(z)M^{(out)}(z), & z \in \mathbb{C} \setminus \mathcal{U}_{z_0}, \\ E(z)M^{(0)}(z) = E(z)M^{(out)}(z)M^{(PC)}(\xi, r_0), & z \in \mathcal{U}_{z_0}, \end{cases}$$
$$\qquad\qquad (10.6.18)$$

$$M_{RHP}^{(2)}(z)$$
$$= \begin{cases} \text{邻域外部: 离散谱上孤子逼近, 指数小误差}, & z \in \mathbb{C} \setminus \mathcal{U}_{z_0}, \\ \text{邻域内部: 连续谱上抛物模型逼近, 小范数 RH 获得幂次误差}, & z \in \mathcal{U}_{z_0}, \end{cases}$$

其中 $M^{(pc)}(z)$ 为已知的标准抛物柱面模型, 其解可用抛物柱面函数表示; $M^{(z_0)}(z)$ 定义在 $\mathcal{U}_{z_0}$ 内, 无离散谱、具有与 $M^{(pc)}(z)$ 和 $M_{RHP}^{(2)}(z)$ 一致的跳跃矩阵; $E(z)$ 为小范数 RH 问题解——误差函数, 其在 $\mathcal{U}_{z_0}$ 内没跳跃, 在 $\mathcal{U}_{z_0}$ 之外, 有跳跃 $\Sigma^{(2)} \setminus \mathcal{U}_{z_0}$; $M^{(out)}(z)$ 为 $M^{(2)}(z)$ 的孤子区域上的解: 定义在 $\mathbb{C}$ 上, 没有跳跃, 只有离散谱点, 且在 $\mathcal{U}_{z_0}$ 内以及离散谱点外解析, 即如下 RH 问题.

RH 问题 10.6 寻找矩阵函数 $M^{(out)}(z|\sigma_d^{out})$ 满足如下条件:

(1) $M^{(out)}(z|\sigma_d^{out})$ 在 $\mathbb{C} \setminus \mathcal{Z} \cup \overline{\mathcal{Z}}$ 上解析;

(2) $M^{(out)}(z|\sigma_d^{out}) = I + O(z^{-1})$, $\quad z \to \infty$;

(3) $M^{(out)}(z|\sigma_d^{out})$ 在简单极点 $z_k \in \mathcal{Z}$, $\bar{z}_k \in \overline{\mathcal{Z}}$ 满足留数条件

$$\operatorname*{Res}_{z=z_k} M^{(out)}$$

$$=\begin{cases} \lim_{z\to z_k} M^{(out)}(z|\sigma_d^{out}) \begin{pmatrix} 0 & c_k^{-1}\left(\dfrac{1}{T}\right)'(z_k)^{-2}e^{-2it\theta(z_k)} \\ 0 & 0 \end{pmatrix}, & k\in\Delta_{z_0}^-, \\[4mm] \lim_{z\to z_k} M^{(out)}(z|\sigma_d^{out}) \begin{pmatrix} 0 & 0 \\ c_k T(z_k)^{-2}e^{2it\theta(z_k)} & 0 \end{pmatrix}, & k\in\Delta_{z_0}^+, \end{cases}$$

$$\operatorname*{Res}_{z=\bar{z}_k} M^{(out)}(z|\sigma_d^{out})$$

$$=\begin{cases} \lim_{z\to\bar{z}_k} M^{(out)}(z|\sigma_d^{out}) \begin{pmatrix} 0 & 0 \\ -(\bar{c}_k)^{-1}T'(\bar{z}_k)^{-2}e^{2it\theta(\bar{z}_k)} & 0 \end{pmatrix}, & k\in\Delta_{z_0}^-, \\[4mm] \lim_{z\to\bar{z}_k} M^{(out)}(z|\sigma_d^{out}) \begin{pmatrix} 0 & -\bar{c}_k T(\bar{z}_k)^2 e^{-2it\theta(\bar{z}_k)} \\ 0 & 0 \end{pmatrix}, & k\in\Delta_{z_0}^+. \end{cases}$$

(10.6.19)

由于 $|V^{(2)}-I|_{L^\infty}=O(e^{-2t|z-z_0|})$, 因此在 $\mathcal{U}_{z_0}$ 之外, 跳跃矩阵指数衰减到单位矩阵, 可以忽略 $M_{RHP}^{(2)}(z)$ 在 $\Sigma^{(2)}$ 上的跳跃条件, 此时对 RH 问题解的贡献主要来自散射数据

$$\sigma_d^{out}=\{(z_k,\tilde{c}_k),\ z_k\in\mathcal{Z}\}_{k=1}^N,\quad \tilde{c}_k(z_0)=c_k T(z_k)^{-2}=\hat{c}_k\delta^{-2}(z_k) \qquad (10.6.20)$$

对应的孤子解, 即有

$$M^{(out)}(z)=M^{(out)}(z|\sigma_d^{out}).$$

在 $\mathcal{U}_{z_0}$ 之外, $M_{RHP}^{(2)}(z)$ 与 $M^{(out)}(z|\sigma_d^{out})$ 之间的误差主要来自忽略的跳跃线产生的贡献, 这可以用函数 E 加以修正, $M_{RHP}^{(2)}(z)=E(z)M^{(out)}(z|\sigma_d^{out})$, 即 $M^{(out)}(z|\sigma_d^{out})$ 控制极点; $E(z)$ 控制跳跃线, $M^{(out)}(z|\sigma_d^{out})$ 可归结为如下 RH 问题求解.

最后根据上述分解 (10.6.16) 和 (10.6.18), 下面我们要解决的问题是如何按照如下顺序求

$$M^{(out)}(z|\sigma_d^{out})\ ?\quad E(z)\ ?\quad M^{(3)}(z)\ ?$$

10.7　纯 RH 问题及其渐近性

10.7.1　外部孤子解区域

1. 无反射 RH 问题重构

由于在无散射条件下, $r(z)=0$, 此时, 迹公式退化为

$$s_{11}(z) = \prod_{k=1}^{N} \frac{z - z_k}{z - \bar{z}_k}, \tag{10.7.1}$$

并且跳跃矩阵 $V(x, t, z) = I$, 从而 $M_+ = M_-$, 因此, NLS 方程的 RH 问题 10.1 在复平面内没有跳跃, 除极点 $z_k \in \mathcal{Z}$, $\bar{z}_k \in \bar{\mathcal{Z}}$ 之外处处解析, 则 RH 问题 10.1 可等价地改写为下列可解的 RH 问题.

RH 问题 10.7 寻找矩阵函数 $M(z|\sigma_d) = M(z; x, t|\sigma_d)$ 满足

(1) $M(z|\sigma_d)$ 在 $\mathbb{C} \setminus (\mathcal{Z} \cup \bar{\mathcal{Z}})$ 解析;

(2) $M(z|\sigma_d) = I + O(z^{-1})$, $z \to \infty$;

(3) $M(z|\sigma_d)$ 在简单极点 $z_k \in \mathcal{Z}$, $\bar{z}_k \in \bar{\mathcal{Z}}$ 满足留数条件

$$\begin{aligned}
\operatorname*{Res}_{z=z_k} M(z|\sigma_d) &= \lim_{z \to z_k} M(z|\sigma_d) N_k, \\
\operatorname*{Res}_{z=\bar{z}_k} M(z|\sigma_d) &= \lim_{z \to \bar{z}_k} M(z|\sigma_d) \sigma_2 \overline{N}_k \sigma_2,
\end{aligned} \tag{10.7.2}$$

其中 $\sigma_d = \{(z_k, c_k), \ z_k \in \mathcal{Z}\}_{k=1}^{N}$ 为散射数据, 以及

$$N_k = \begin{pmatrix} 0 & 0 \\ \gamma_k(x, t) & 0 \end{pmatrix}, \quad \gamma_k(x, t) = c_k e^{2it\theta(z_k)}. \tag{10.7.3}$$

命题 10.4 对给定无反射散射数据 $\sigma_d = \{(z_k, c_k)\}_{k=1}^{N}$, RH 问题 10.7 具有唯一解

$$q_{sol}(x, t; \sigma_d) = 2i \lim_{z \to \infty} z M(z|\sigma_d). \tag{10.7.4}$$

证明 唯一性直接由 Liouville 定理推出. 对于 RH 问题

$$M_+(z|\sigma_d) = M_-(z|\sigma_d) v(z),$$

由 Plemelj 公式

$$M(z|\sigma_d) = I + \frac{\operatorname*{Res}\limits_{z=z_k} M(z|\sigma_d)}{z - z_k} + \frac{\operatorname*{Res}\limits_{z=\bar{z}_k} M(z|\sigma_d)}{z - \bar{z}_k} + \frac{1}{2\pi i} \int_{\mathbb{R}} \frac{M_-(s|\sigma_d)(v - I)}{s - z} ds. \tag{10.7.5}$$

而

$$\begin{aligned}
\operatorname*{Res}_{z=z_k} M(z|\sigma_d) = a(z_k) N_k &= \begin{pmatrix} a_{11}(z_k) & a_{12}(z_k) \\ a_{21}(z_k) & a_{22}(z_k) \end{pmatrix} \begin{pmatrix} 0 & 0 \\ \gamma_k & 0 \end{pmatrix} \\
&= \begin{pmatrix} a_{12}(z_k)\gamma_k & 0 \\ a_{21}(z_k)\gamma_k & 0 \end{pmatrix} \triangleq \begin{pmatrix} \alpha_k & 0 \\ \beta_k & 0 \end{pmatrix}.
\end{aligned}$$

由 RH 的对称性 $M(z|\sigma_d) = \sigma_2 \overline{M(\bar{z}|\sigma_d)}\sigma_2$, 可知

$$\operatorname*{Res}_{z=\bar{z}_k} M(z|\sigma_d) = \sigma_2 \overline{a(z_k)N_k}\sigma_2 = \begin{pmatrix} 0 & -\bar{\beta}_k \\ 0 & \bar{\alpha}_k \end{pmatrix}.$$

在注意到无反射 $r(z) = 0$ 下, 有 $v = I$. 因此, 上述 RH 问题 10.7 具有如下形式解

$$M(z|\sigma_d) = I + \sum_{k=1}^{N} \frac{1}{z-z_k} \begin{pmatrix} \alpha_k & 0 \\ \beta_k & 0 \end{pmatrix} + \sum_{k=1}^{N} \frac{1}{z-\bar{z}_k} \begin{pmatrix} 0 & -\bar{\beta}_k \\ 0 & \bar{\alpha}_k \end{pmatrix}, \tag{10.7.6}$$

其中系数 α_k, β_k 待定, 且

$$q(x,t) = 2i \lim_{z\to\infty} (zM(z|\sigma_d))_{12} = -2i \sum_{k=1}^{N} \bar{\beta}_k. \tag{10.7.7}$$

直接将 (10.7.6) 代入 (10.7.2), 左边求 $z = z_j$ 点的留数, 右边求 $z \to z_j$ 的极限可得到

$$\begin{pmatrix} \alpha_k & 0 \\ \beta_k & 0 \end{pmatrix} = \lim_{z\to z_j} \left[I + \sum_{k=1}^{N} \frac{1}{z-z_k} \begin{pmatrix} \alpha_k & 0 \\ \beta_k & 0 \end{pmatrix} + \sum_{k=1}^{N} \frac{1}{z-\bar{z}_k} \begin{pmatrix} 0 & -\bar{\beta}_k \\ 0 & \bar{\alpha}_k \end{pmatrix} \right] N_k$$

$$= \begin{pmatrix} 0 & 0 \\ -\gamma_k & 0 \end{pmatrix} + \sum_{k=1}^{N} \frac{1}{z-\bar{z}_k} \begin{pmatrix} -\gamma_k\bar{\beta}_k & 0 \\ \gamma_k\bar{\alpha}_k & 0 \end{pmatrix}. \tag{10.7.8}$$

其中 $\gamma_j(x,t) = c_j e^{2it\theta(z_j)}$, 由此得到如下线性方程组

$$\alpha_j + \sum_{k=1}^{N} \frac{\gamma_k\bar{\beta}_k}{z_j-\bar{z}_k} = 0,$$

$$\beta_j - \sum_{k=1}^{N} \frac{\gamma_k\bar{\alpha}_k}{z_j-\bar{z}_k} = \bar{\gamma}_k, \quad j = 1, \cdots, N. \tag{10.7.9}$$

令 $\widehat{\alpha}_j = \alpha_j \gamma_j^{-1/2}$, $\widehat{\bar{\beta}}_j = \bar{\beta}\bar{\gamma}_j^{-1/2}$, 将上述方程组改写为更为规范形式

$$\widehat{\alpha}_j + \sum_{k=1}^{N} \frac{\gamma_j^{1/2}\bar{\gamma}_k^{1/2}}{z_j-\bar{z}_k} \widehat{\bar{\beta}}_k = 0, \tag{10.7.10}$$

$$\widehat{\bar{\beta}}_j - \sum_{k=1}^{N} \frac{\bar{\gamma}_j^{1/2}\gamma_k^{1/2}}{\bar{z}_j-z_k} \widehat{\alpha}_k = \bar{\gamma}_j^{1/2}, \quad j = 1, \cdots, N, \tag{10.7.11}$$

而 NLS 方程的孤子解

$$q_{sol}(x, t; \sigma_d) = -2i \sum_{k=1}^{N} \bar{\gamma}_j^{1/2} \widehat{\beta}_j, \tag{10.7.12}$$

其中 β_k 由线性方程组 (10.7.10)—(10.7.11) 求出.

下面我们把上述线性方程组 (10.7.10)—(10.7.11) 改造成矩阵形式, 为此, 记

$$\widehat{\alpha} = (\widehat{\alpha}_1, \cdots, \widehat{\alpha}_N)^{\mathrm{T}}, \quad \widehat{\beta} = (\widehat{\beta}_1, \cdots, \widehat{\beta}_N)^{\mathrm{T}}, \tag{10.7.13}$$

$$A = (A_j k)_{N \times N}, \quad A_{jk} = \frac{-i\bar{\gamma}_j^{1/2} \gamma_k^{1/2}}{\bar{z}_j - z_k}, \quad j, k = 1, \cdots, N. \tag{10.7.14}$$

则线性方程组 (10.7.10)—(10.7.11) 等价于下列分块矩阵方程

$$\begin{pmatrix} I_N & -i\bar{A} \\ -iA & I_N \end{pmatrix} \begin{pmatrix} \widehat{\alpha} \\ \widehat{\beta} \end{pmatrix} = \begin{pmatrix} 0 \\ \bar{\gamma}^{1/2} \end{pmatrix}. \tag{10.7.15}$$

可以验证 A 是 Hermite 矩阵, 即 $A^{\mathrm{H}} = A$, 其中元素可以用函数内积表示

$$A_{jk} = \int_0^\infty \bar{\gamma}_j^{1/2} \gamma_k^{1/2} e^{(z_k - \bar{z}_j)s} ds = (\gamma_k^{1/2} e^{iz_k s}, \gamma_j^{1/2} e^{iz_j s}).$$

对于任意非零复向量 $y = (y_1, \cdots, y_N)^{\mathrm{T}} \neq 0$, 由于 $\gamma_k e^{iz_k s}, \ k = 1, \cdots, N$ 线性无关, 可知 $\sum_{k=1}^{N} y_k \gamma_k^{1/2} e^{iz_k s} \neq 0$. 直接计算, 得到

$$y^{\mathrm{H}} A y = \sum_{j=1}^{N} \bar{y}_j \sum_{k=1}^{N} \left(\gamma_k^{1/2} e^{iz_k s}, \gamma_j^{1/2} e^{iz_j s} \right) y_k = \left(\sum_{k=1}^{N} y_k \gamma_k^{1/2} e^{iz_k s}, \sum_{j=1}^{N} y_j \gamma_j^{1/2} e^{iz_j s} \right)$$

$$= \left\| \sum_{k=1}^{N} y_k \gamma_k^{1/2} e^{iz_k s} \right\|_{L^2(0,\infty)}^2 > 0. \tag{10.7.16}$$

因此, A 正定, 从而 $\bar{A}$ 和 $A^{1/2}$ 都正定. 进一步推出

$$A^{1/2} \bar{A} A^{1/2} = (\bar{A}^{1/2} A^{1/2})^{\mathrm{H}} (\bar{A}^{1/2} A^{1/2})$$

为正定的, 其特征值 $\lambda_k > 0$. 而 $A\bar{A} = A^{1/2}(A^{1/2}\bar{A})$ 与 $A^{1/2}\bar{A}A^{1/2}$ 具有相同的特征值, 从而其特征值 $\lambda_k \geqslant 0$, 因此

$$\det \begin{pmatrix} I_N & -i\bar{A} \\ -iA & I_N \end{pmatrix} = \det(I + A\bar{A}) = \prod_{k=1}^{N} (1 + \lambda_k) > 0.$$

根据 Cramer 法则, 线性方程组 (10.7.15) 的解存在且唯一.

引入记号 $\Delta \subseteq \{1, 2, \cdots, N\}$, $\nabla = \Delta^c = \{1, 2, \cdots, N\} \setminus \Delta$, 定义

$$a_\Delta = \prod_{k \in \Delta} \frac{z - z_k}{z - \bar{z}_k}, \quad a_\nabla = \frac{s_{11}}{a_\Delta} = \prod_{k \in \nabla} \frac{z - z_k}{z - \bar{z}_k}, \tag{10.7.17}$$

再作变换

$$M^\Delta(z|\sigma_d^\Delta) = M(z|\sigma_d) a_\Delta(z)^{\sigma_3}, \tag{10.7.18}$$

则 $M^\Delta(z|\sigma_d^\Delta)$ 满足如下无反射 RH 问题.

RH 问题 10.8 寻找矩阵函数 $M^\Delta(z|\sigma_d^\Delta) = M^\Delta(z; x, t|\sigma_d^\Delta)$ 满足

(1) $M^\Delta(z|\sigma_d^\Delta)$ 在 $\mathbb{C} \setminus (\mathcal{Z} \cup \bar{\mathcal{Z}})$ 内解析;

(2) $M^\Delta(z|\sigma_d^\Delta) = I + O(z^{-1})$, $z \to \infty$;

(3) 在离散谱 $\mathcal{Z} \cup \bar{\mathcal{Z}}$ 中每个极点处, $M^\Delta(z|\sigma_d^\Delta)$ 满足留数条件

$$\operatorname{Res}_{z=z_k} M^\Delta(z|\sigma_d^\Delta) = \lim_{z \to z_k} M^\Delta(z|\sigma_d^\Delta) N_k^\Delta,$$

$$\operatorname{Res}_{z=\bar{z}_k} M^\Delta(z|\sigma_d^\Delta) = \lim_{z \to \bar{z}_k} M^\Delta(z|\sigma_d^\Delta) \sigma_2 \overline{N_k^\Delta} \sigma_2, \tag{10.7.19}$$

其中

$$N_k^\Delta = \begin{cases} \begin{pmatrix} 0 & \gamma_k^\Delta(x, t) \\ 0 & 0 \end{pmatrix}, & k \in \Delta, \\[4mm] \begin{pmatrix} 0 & 0 \\ \gamma_k^\Delta(x, t) & 0 \end{pmatrix}, & k \in \nabla, \end{cases} \tag{10.7.20}$$

$$\gamma_k^\Delta(x, t) = \begin{cases} c_k^{-1} a_\Delta'(z_k)^{-2} e^{-2it\theta(z_k)}, & k \in \Delta, \\[2mm] c_k a_\Delta(z_k)^2 e^{2it\theta(z_k)}, & k \in \nabla, \end{cases} \tag{10.7.21}$$

其中散射数据为

$$\sigma_d^\Delta = \{(z_k, \hat{c}_k), \ z_k \in \mathcal{Z}\}_{k=1}^N, \quad \hat{c}_k = \begin{cases} c_k^{-1} a_\Delta'(z_k)^{-2}, & k \in \Delta, \\[2mm] c_k a_\Delta(z_k)^2, & k \in \nabla. \end{cases}$$

证明 与命题 10.3 证明类似, 对于上半平面的极点 $z_k \in \mathcal{Z}$, 按列展开变换 (10.7.19), 有

$$M^\Delta(z|\sigma_d^\Delta) = (M_1^\Delta(z), M_2^\Delta(z)) = \left(\frac{m_1^-(z)}{s_{11}(z)}, \ m_2^+(z) \right) \begin{pmatrix} a_\Delta(z) & 0 \\ 0 & a_\Delta^{-1}(z) \end{pmatrix},$$

因此

$$M_1^\Delta(z) = \frac{m_1^-(z)}{s_{11}(z)} a_\Delta(z) = \frac{m_1^-(z)}{a_\nabla(z)}, \quad M_2^\Delta(z) = \frac{m_2^+(z)}{a_\Delta(z)}. \tag{10.7.22}$$

(1) 对于 $k \in \Delta$, 此时 z_k 为 $M_2^\Delta(z)$ 的一阶极点, $M_1^\Delta(z)$, $m_1^-(z)$ 和 $m_2^+(z)$ 在 z_k 处解析, 且 $a_\Delta(z_k) = 0$, 因此

$$\operatorname*{Res}_{z=z_k} M_1^\Delta(z_k) = 0, \tag{10.7.23}$$

利用 (10.7.23), 并注意到 $z = z_k$ 为 $s_{11}(z)$ 和 $a_\Delta(z)$ 的零点, 得到

$$\begin{aligned} M_1^\Delta(z_k) &= \lim_{z \to z_k(z)} \frac{m_1^-(z)}{s_{11}(z)} a_\Delta(z) = \lim_{z \to z_k} \frac{m_1^-(z)(z - z_k)}{s_{11}(z)} \lim_{z \to z_k} \frac{a_\Delta(z)}{z - z_k} \\ &= \operatorname*{Res}_{z=z_k} \frac{m_1^-(z)}{s_{11}(z)} a_\Delta'(z_k) = c_k e^{2it\theta(z_k)} m_2^+(z_k) a_\Delta'(z_k). \end{aligned}$$

从中解出

$$m_2^+(z_k) = c_k^{-1} e^{-2it\theta(z_k)} M_1^\Delta(z_k) a_\Delta'(z_k)^{-1}. \tag{10.7.24}$$

因此

$$\begin{aligned} \operatorname*{Res}_{z=z_k} M_2^\Delta(z) &= \operatorname*{Res}_{z=z_k} \frac{m_2^+(z)}{a_\Delta(z)} = m_2^+(z_k) a_\Delta'(z_k)^{-1} \\ &= c_k^{-1} e^{-2it\theta(z_k)} M_1^\Delta(z_k) a_\Delta'(z_k)^{-2}. \end{aligned} \tag{10.7.25}$$

利用 (10.7.23), (10.7.25), 得到

$$\begin{aligned} \operatorname*{Res}_{z=z_k} M^\Delta(z) &= \operatorname*{Res}_{z=z_k}(M_1^\Delta(z), M_2^\Delta(z|\sigma_d^\Delta)) = (0, \ c_k^{-1} e^{-2it\theta(z_k)} M_1^\Delta(z_k) a_\Delta'(z_k)^{-2}) \\ &= \lim_{z \to z_k} M^\Delta(z) \begin{pmatrix} 0 & c_k^{-1} a_\Delta'(z_k)^{-2} e^{-2it\theta(z_k)} \\ 0 & 0 \end{pmatrix}, \quad k \in \Delta. \end{aligned}$$

(2) 对于 $k \in \nabla$, z_k 为 M_1^Δ 的一阶极点, $M_2^\Delta(z)$, $m_1^-(z)$ 和 $m_2^+(z)$ 在 $z = z_k$ 处解析, 且 $a_\nabla(z_k) = 0$, 因此

$$\operatorname*{Res}_{z=z_k} M_2^\Delta(z_k) = 0, \tag{10.7.26}$$

利用 (10.7.23), 并注意到 $m_2^+(z)$ 和 $a_\Delta(z)$ 在 $z = z_k$ 处解析, 且 $a_\Delta(z_k) \neq 0$, 得到

$$M_2^\Delta(z_k) = \lim_{z \to z_k} \frac{m_2^+(z)}{a_\Delta(z)} = \frac{m_2^+(z_k)}{a_\Delta(z_k)}.$$

从中解出

$$m_2^+(z_k) = M_2^\Delta(z_k) a_\Delta(z_k). \tag{10.7.27}$$

因此

$$
\operatorname*{Res}_{z=z_k} M_1^\Delta(z) = \operatorname*{Res}_{z=z_k} \frac{m_1^-(z)}{a_\nabla(z)} = \operatorname*{Res}_{z=z_k} \frac{m_1^-(z)}{s_{11}(z)} a_\Delta(z)
$$

$$
= c_k e^{2it\theta(z_k)} m_2^+(z_k) a_\Delta(z_k) = c_k e^{2it\theta(z_k)} M_2^\Delta(z_k) a_\Delta(z_k)^2. \tag{10.7.28}
$$

利用 (10.7.26), (10.7.28), 得到

$$
\operatorname*{Res}_{z=z_k} M^\Delta(z) = \operatorname*{Res}_{z=z_k} (M_1^\Delta(z), M_2^\Delta(z)) = (c_k e^{2it\theta(z_k)} M_2^\Delta(z_k) a_\Delta(z_k)^2,\ 0)
$$

$$
= \lim_{z \to z_k} M^\Delta(z) \begin{pmatrix} 0 & 0 \\ c_k e^{2it\theta(z_k)} a_\Delta(z_k)^2 & 0 \end{pmatrix}, \quad k \in \nabla.
$$

命题 10.5　对于无反射的散射数据为 $\sigma_d^\Delta = \{z_k, \widehat{c}_k\}_{k=1}^N$, RH 问题 10.8 具有唯一解. 并且

$$
q_{sol}(x, t; \sigma_d^\Delta) = 2i \lim_{z \to \infty} [z M^\Delta(z | \sigma_d^\Delta)]_{12}
$$

$$
= 2i \lim_{z \to \infty} [z M(z | \sigma_d)]_{12} = q_{sol}(x, t; \sigma_d). \tag{10.7.29}
$$

证明　由于变换 (10.7.18) 是显式变换, 由命题 10.4, 知道 RH 问题 10.8 具有唯一解. 利用变换 (10.3.11) 和 (10.7.18), 可得到

$$
M^\Delta(z | \sigma_d^\Delta) = I + \frac{1}{2iz} \begin{pmatrix} -\displaystyle\int_x^\infty |q|^2 dx + 4\sum_{k \in \Delta} \operatorname{Im} z_k & q(x, t) \\ \bar{q}(x, t) & \displaystyle\int_x^\infty |q|^2 dx - 4\sum_{k \in \Delta} \operatorname{Im} z_k \end{pmatrix}
$$

$$
+ o(z^{-1}).
$$

因此, 我们有 (10.7.29).

2. 外部 RH 问题解的存在性唯一性

我们看到 $M^{(out)}(z | \sigma_d^{out})$ 是有反射孤子解, 反射主要是来自 $T(z_k)$ 的, 为将 $M^{(out)}(z | \sigma_d^{out})$ 与无反射散射数据 $\sigma_d^\Delta = \{(z_k, \widehat{c}_k),\ z_k \in \mathcal{Z}\}_{k=1}^N$ 对应孤子解联系起来, 我们在定义 (10.7.18) 中, 取 $\Delta = \Delta_{z_0}^-$, 则

$$
a_{\Delta_{z_0}^-}(z) = \prod_{k \in \Delta_{z_0}^-} \frac{z - z_k}{z - \bar{z}_k}, \quad a_{\Delta_{z_0}^+}(z) = \prod_{k \in \Delta_{z_0}^+} \frac{z - z_k}{z - \bar{z}_k}, \tag{10.7.30}
$$

以及

$$T(z) = \prod_{k \in \Delta_{z_0}^-} \frac{z - \bar{z}_k}{z - z_k} \exp\left(i \int_{-\infty}^{z_0} \frac{\nu(s)}{s - z} ds \right) = a_{\Delta_{z_0}^-}(z)^{-1} \delta(z), \tag{10.7.31}$$

$$T(z_k)^{-2} = a_{\Delta_{z_0}^-}(z_k)^2 \delta(z_k)^{-2}, \quad (1/T)'(z_k)^{-2} = a'_{\Delta_{z_0}^-}(z_k)^{-2} \delta(z_k)^2. \tag{10.7.32}$$

散射数据 (10.6.20) 可以改写为

$$\sigma_d^{out} = \{z_k, \widetilde{c}_k(z_0)\}_{k=1}^N, \quad \widetilde{c}_k(z_0) = \begin{cases} c_k^{-1} a'_{\Delta_{z_0}^-}(z_k)^{-2} \delta(z_k)^2, & k \in \Delta_{z_0}^-, \\ c_k a_{\Delta_{z_0}^-}(z_k)^2 \delta(z_k)^{-2}, & k \in \Delta_{z_0}^+, \end{cases} \tag{10.7.33}$$

因此, 上述 RH 问题 10.6 可改写为如下.

RH 问题 10.9 寻找矩阵函数 $M^{(out)}(z|\sigma_d^{out})$ 满足如下条件:

(1) $M^{(out)}(z|\sigma_d^{out})$ 在 $\mathbb{C} \setminus \mathcal{Z} \cup \overline{\mathcal{Z}}$ 解析;

(2) $M^{(out)}(z|\sigma_d^{out}) = I + O(z^{-1})$, $z \to \infty$;

(3) $M^{(out)}(z|\sigma_d^{out})$ 在简单极点 $z_k \in \mathcal{Z}$, $\bar{z}_k \in \mathcal{Z}$ 满足留数条件

$$\begin{aligned}
\operatorname*{Res}_{z=z_k} M^{(out)}(z|\sigma_d^{out}) &= \lim_{z=z_k} M^{(out)}(z|\sigma_d^{out}) N_k^{out}, \\
\operatorname*{Res}_{z=z_k^*} M^{(out)}(z|\sigma_d^{out}) &= \lim_{z=\bar{z}_k} M^{(out)}(z|\sigma_d^{out}) \sigma_2 \overline{N_k^{out}} \sigma_2,
\end{aligned} \tag{10.7.34}$$

其中

$$N_k^{out} = \begin{cases} \lim_{z \to z_k} \begin{pmatrix} 0 & c_k^{-1} a'_{\Delta_{z_0}^-}(z_k)^{-2} \delta(z_k)^2 e^{-2it\theta} \\ 0 & 0 \end{pmatrix}, & k \in \Delta_{z_0}^-, \\ \begin{pmatrix} 0 & 0 \\ c_k a_{\Delta_{z_0}^-}(z_k)^2 \delta(z_k)^{-2} e^{2it\theta} & 0 \end{pmatrix}, & k \in \Delta_{z_0}^+. \end{cases} \tag{10.7.35}$$

在 (10.8) 中, 取 $\Delta = \Delta_{z_0}^-$, 直接可以验证则下列变换

$$M^{(out)}(z|\sigma_d^{out}) = M(z|\sigma_d^{\Delta_{z_0}^-}) \delta(z)^{\sigma_3} \Big|_{r(z)=0, z \in \mathbb{R}^-}, \tag{10.7.36}$$

给出 RH 问题 10.9 的解, 因此我们得到下列命题.

命题 10.6 RH 问题 10.9 具有唯一解, 且 NLS 方程带有反射散射数据对应的 N 孤子解与无反射散射数据对应的 N 孤子解满足

$$q_{sol}(x, t; \sigma_d^{out}) = q_{sol}(x, t; \sigma_d^{\Delta_{z_0}^-}).$$

证明　由于变换 (10.7.36) 是显式的, 因此由命题 10.5, 知道 RH 问题 10.9 的解存在唯一, 并且

$$q_{sol}(x,t;\sigma_d^{out}) = 2i \lim_{z\to\infty}[zM^{(out)}(z|\sigma_d^{out})]_{12} = 2i \lim_{z\to\infty}[zM^{\Delta_{z_0}^-}(z|\sigma_d^{\Delta_{z_0}^-})\delta(z)^{\sigma_3}]_{12}$$

$$= 2i \lim_{z\to\infty}[zM^{\Delta_{z_0}^-}(z|\sigma_d^{\Delta_{z_0}^-})]_{12} = q_{sol}(x,t,\sigma_d^{\Delta_{z_0}^-}).$$

3. 解的渐近性

这里我们考虑 RH 问题 10.8 的解 $M^{\Delta_{z_0}^-}(z|\sigma_d^{\Delta_{z_0}^-})$ 渐近性, 将每个离散谱点上的留数转化为小圆盘上的跳跃, 用小范数定理证明, 在变量 x,t 的一个特定锥 $\mathcal{S}(x_1,x_2,v_1,v_2)$ 内, 外部 N 孤子解 $M^{\Delta_{z_0}^-}(z|\sigma_d^{\Delta_{z_0}^-})$ 可用离散谱落入带形域 $\mathcal{I}$ 内的 $N(\mathcal{I})$ 孤子 $q_{sol}(x,t,\hat{\sigma}_d(\mathcal{I}))$ 描述, 误差是一个指数无穷小量.

无反射散射下, 对于离散谱点 $z = \xi + i\eta$, NLS 方程对应的单孤子解为

$$q(x,t) = -2i\bar{\beta}_1 = 2\eta\mathrm{sech}[2\eta(x + 2\xi t - x_0)]e^{-2i(\xi x + (\xi^2 - \eta^2)t - i\phi_0)}, \qquad (10.7.37)$$

其中 $x_0 = \dfrac{1}{2\eta}\log|c_1/(2\eta)|$, $\phi_0 = \pi/2 + \arg(c_1)$. 孤子的速度为

$$v = -2\xi = -2\mathrm{Re}z \approx \frac{x - x_0}{t}.$$

由 NLS 方程, 其离散谱可以分布在整个复平面, 因此有的孤子可能速度很快 (超过光速), 在实验中难以观察捕捉到, 有必要做一个可视窗口 (光锥内), 证明观察不到的孤子 (光锥外) 在大时间下可以忽略.

定义一个时空锥 (光锥), 见图 10.9.

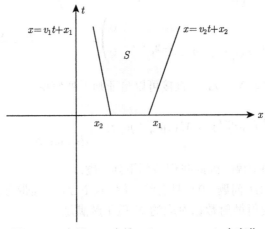

图 10.9　变量 x,t 在锥 $\mathcal{S}(x_1,x_2,v_1,v_2)$ 内变化

$$\mathcal{S}(x_1, x_2, v_1, v_2) = \{(x, t) : x = x_0 + vt, \ x_0 \in [x_1, x_2], \ v \in [v_1, v_2]\}, \quad (10.7.38)$$

则当 (x, t) 在 $\mathcal{S}(x_1, x_2, v_1, v_2)$ 变化时, 则有

$$v_1 \leqslant \frac{x - x_0}{t} \leqslant v_2.$$

由于 x_0 可看作 $t = 0$ 时刻的初始位移, x 为 t 时刻的位移, 从而 $\dfrac{x - x_0}{t}$ 是平均速度, 物理上要求速度是有限的, 因此 Borghese 的论文所定义时空锥 (10.7.38) 有很好的物理意义和解释. 他们的结果证明了全部孤子可用光锥内孤子刻画 (逼近), 位于光锥之外的孤子可以忽略 (指数快速衰减).

对 $N > 1$, 精确解的表达式比较复杂, 又例如, 图中有五对离散谱, $\{z_1, z_2, z_3, z_4, z_5\}$, 其中两对落入灰色部分带形区域内, 则在锥 $\mathcal{S}(x_1, x_2, v_1, v_2)$ 内, NLS 方程解的渐近性可用对应离散谱 $\mathcal{Z}(\mathcal{I}) = \{z_1, z_3\}$ 的双孤子 $q_{sol}(x, t; \widehat{\sigma}_d(\mathcal{I}))$ 描述 (图 10.10) $t \to \infty$ 时, N 孤子解可以分解为 N 个速度分别为 $v_k = -2\mathrm{Re}z_k$ 的单孤子解, 因此, 可以通过单孤子解描述多孤子解. 对于非好的情况, 可能两个或者更多的离散谱位于垂线 $\mathrm{Re}z_k + i\mathbb{R}$, 问题比较复杂, 我们这里只考虑好的情况. 定义

$$\mu = \mu(\mathcal{I}) = \min_{z_k \in \mathcal{Z} \setminus \mathcal{Z}(\mathcal{I})} \{\mathrm{Im}(z_k)\mathrm{dist}(\mathrm{Re}z_k, \mathcal{I})\}. \quad (10.7.39)$$

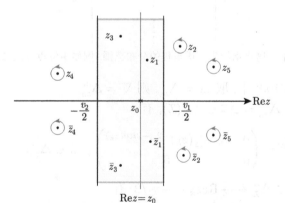

图 10.10 决定孤子的离散谱分布情况, 固定 $v_1 < v_2$,
用区间 $\mathcal{I} = [-v_2/2, -v_1/2]$ 做一个速度可视窗口

命题 10.7 给定散射数据 $\sigma_d = \{(z_k, c_k)\}_{k=1}^{N}$, 固定 $x_1, x_2, v_1, v_2 \in \mathbb{R}$ 且 $x_1 \leqslant x_2$, $v_1 \leqslant v_2$, 令 $\mathcal{I} = [-v_2/2, -v_1/2]$, 并定义一个时空锥 (10.7.38), 则当 $t \to \infty$ 且 $(x, t) \in \mathcal{S}(x_1, x_2, v_1, v_2)$ 时, 有

$$M^{\Delta_{z_0}^-}(z | \sigma_d^{\Delta_{z_0}^-}) = (I + O(e^{-4\mu t}))M^{\Delta_{\mathcal{I}}}(z | \widehat{\sigma}_d(\mathcal{I})), \quad (10.7.40)$$

这里 $M^{\Delta_{\mathcal{I}}}(z|\widehat{\sigma}_d(\mathcal{I}))$ 为 $N(\mathcal{I}) \leqslant N$ 中对应散射数据 $\widehat{\sigma}_d(\mathcal{I})$ 的孤子,

$$\widehat{\sigma}(\mathcal{I}) = \{(z_k, c_k(\mathcal{I})), \ z_k \in \mathcal{Z}(\mathcal{I})\}, \quad c_k(\mathcal{I}) = c_k \prod_{z_j \in \mathcal{Z}\backslash\mathcal{Z}(\mathcal{I})} \left(\frac{z_k - z_j}{z_k - \bar{z}_j}\right)^2. \quad (10.7.41)$$

证明 记

$$\Delta_{\mathcal{I}}^- = \{k : \mathrm{Re} z_k < -v_2/2\}, \quad \Delta_{\mathcal{I}}^+ = \{k : \mathrm{Re} z_k > -v_1/2\}.$$

对于 $t > 0, (x,t) \in \mathcal{S}(x_1, x_2, v_1, v_2)$, 则有

$$-v_2/2 < z_0 + x_0/(2t) < -v_1/2.$$

由于 $x_1 < x_0 < x_2$, 可知 $x_0/(2t) \to 0, \ t \to \infty$, 因此对充分大的 t, 有 $-v_2/2 \leqslant z_0 \leqslant -v_1/2$. 此时, 谱点分布情况见图 10.11.

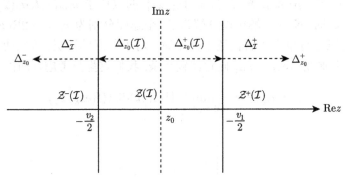

图 10.11 谱点指标集、谱点集的分布范围, 例如相位点 $z_0 \in \mathcal{I}$ 的情况

在 RH 问题 10.8 中, 取 $\Delta = \Delta_{z_0}^-$, 则 $\nabla = \Delta_{z_0}^+$.

(i) 对于 $k \in \Delta_{z_0}^- = \Delta_{\mathcal{I}}^- \cup \Delta_{z_0}^-(\mathcal{I})$, 有

$$N_k^{\Delta_{z_0}^-} = \begin{pmatrix} 0 & c_k^{-1} a'_\Delta(z_k)^{-2} e^{-2it\theta(z_k)} \\ 0 & 0 \end{pmatrix}, \quad k \in \Delta_{z_0}^-. \quad (10.7.42)$$

特别对于 $k \in \Delta_{\mathcal{I}}^- \longleftrightarrow \mathrm{Re} z_k < -v_2/2$, 有

$$-\mathrm{Im}(z_k)\mathrm{Re}(z_k + v/2) \geqslant \min_{z_k \in \mathcal{Z}\backslash\mathcal{Z}(\mathcal{I})}\{\mathrm{Im}(z_k)\mathrm{dist}(\mathrm{Re} z_k, \mathcal{I})\}$$

$$= \mu > -\min_{z_k \in \mathcal{Z}^-(\mathcal{I})}\{\mathrm{Im}(z_k)\mathrm{Re}(z_k + v_2/2)\} > 0.$$

于是

$$|c_k^{-1} a'_\Delta(z_k)^{-2} e^{-2it\theta(z_k)}| = |c_k^{-1}||e^{2x_0\mathrm{Im}(z_k)}e^{4t\mathrm{Im}(z_k)\mathrm{Re}(z_k+v/2)}| = O(e^{-4\mu t}).$$

$$(10.7.43)$$

对于 $k \in \Delta_{z_0}^-(\mathcal{I}) \Longleftrightarrow -v_2/2 \leqslant \mathrm{Re}(z_k) \leqslant z_0$, 有

$$|c_k^{-1} a_\Delta'(z_k)^{-2} e^{-2it\theta(z_k)}| \leqslant c e^{-4t\mathrm{Im}(z_k)(\mathrm{Re}(z_k)-z_0)} = O(1).$$

(ii) 对于 $k \in \Delta_{z_0}^+ = \Delta_{\mathcal{I}}^+ \cup \Delta_{z_0}^+(\mathcal{I})$, 有

$$N_k^{\Delta_{z_0}^+} = \begin{pmatrix} 0 & 0 \\ c_k a_\Delta(z_k)^2 e^{2it\theta(z_k)} & 0 \end{pmatrix}, \quad k \in \Delta_{z_0}^+. \tag{10.7.44}$$

特别对于 $k \in \Delta_{\mathcal{I}}^+ \Longleftrightarrow \mathrm{Re} z_k > -v_1/2$, 有

$$\mathrm{Im}(z_k)\mathrm{Re}(z_k + v/2) \geqslant \min_{z_k \in \mathcal{Z} \backslash \mathcal{Z}(\mathcal{I})} \{\mathrm{Im}(z_k)\mathrm{dist}(\mathrm{Re} z_k, \mathcal{I})\}$$
$$= \mu > \min_{z_k \in \mathcal{Z}^+(\mathcal{I})} \{\mathrm{Im}(z_k)\mathrm{Re}(z_k + v_1/2)\} > 0.$$

于是

$$|c_k a_\Delta(z_k)^2 e^{2it\theta(z_k)}| = |c_k a_\Delta(z_k)^2||e^{-2x_0\mathrm{Im}(z_k)} e^{-4t\mathrm{Im}(z_k)\mathrm{Re}(z_k+v/2)}|$$
$$= O(e^{-4\mu t}). \tag{10.7.45}$$

对于 $k \in \Delta_{z_0}^+(\mathcal{I}) \Longleftrightarrow z_0 \leqslant \mathrm{Re}(z_k) \leqslant -v_2/2$, 有

$$|cc_k a_\Delta(z_k)^2 e^{2it\theta(z_k)}| \leqslant c e^{-4t\mathrm{Im}(z_k)(\mathrm{Re}(z_k)-z_0)} = O(1).$$

综合上述两种情况 (i), (ii), 当 $t \to \infty$ 且 $(x,t) \in \mathcal{S}(x_1,x_2,v_1,v_2)$ 时, 有

$$\|N_k^{\Delta_{\mathcal{I}}^\pm}\| = \begin{cases} O(1), & z_k \in \mathcal{Z}(\mathcal{I}), \\ O(e^{-4\mu t}), & z_k \in \mathcal{Z} \backslash \mathcal{Z}(\mathcal{I}). \end{cases} \tag{10.7.46}$$

对于每个离散谱 $z_k \in \mathcal{Z} \backslash \mathcal{Z}(\mathcal{I})$ 做半径充分小的圆盘 D_k, 使得彼此不相交, 定义函数

$$\Phi(z) = \begin{cases} I - \dfrac{1}{z-z_k} N_k^{\Delta_{\mathcal{I}}^\pm}, & z \in D_k, \\ I - \dfrac{1}{z-\bar{z}_k} \sigma_2 \bar{N}_k^{\Delta_{\mathcal{I}}^\pm} \sigma_2, & z \in \bar{D}_k, \\ I, & \text{其他点}. \end{cases} \tag{10.7.47}$$

作变换

$$\widehat{M}^{\Delta_{z_0}^\pm}(z|\sigma_d^{\Delta_{z_0}^\pm}) = M^{\Delta_{z_0}^\pm}(z|\sigma_d^{\Delta_{z_0}^\pm})\Phi(z), \tag{10.7.48}$$

则利用 (10.7.46), 则 $\widehat{M}^{\Delta_{\mathcal{I}}^\pm}(z|\sigma_d^{\Delta_{z_0}^\pm})$ 满足如下跳跃关系

$$\widehat{M}_+^{\Delta_{z_0}^\pm}(z|\sigma_d^{\Delta_{z_0}^\pm}) = \widehat{M}_-^{\Delta_{\mathcal{I}}^\pm}(z|\hat{\sigma}_d)\widehat{V}(z), \quad z \in \widehat{\Sigma} = \bigcup_{z_k \in \mathcal{Z}\setminus\mathcal{I}(\mathcal{I})} \partial D_k \cup \partial \bar{D}_k, \quad (10.7.49)$$

其中跳跃矩阵 $\widehat{V}(z) = \Phi(z)$, 满足估计

$$\|\widehat{V}(z) - I\|_{L^\infty(\widehat{\Sigma})} = O(e^{-4\mu t}). \tag{10.7.50}$$

再次在 RH 问题 10.8 中, 取 $\Delta = \Delta_{\mathcal{I}}$, 则 $M^{\Delta_{\mathcal{I}}}(z|\hat{\sigma}_d(\mathcal{I}))$ 与 $\widehat{M}^{\Delta_{\mathcal{I}}^\pm}(z|\hat{\sigma}_d)$ 在 $\Delta_{\mathcal{I}}$ 内具有相同的极点和留数条件, 因此

$$\mathcal{E}(z) = \widehat{M}^{\Delta_{z_0}^\pm}(z|\sigma_d^{\Delta_{z_0}^\pm}) \left[M^{\Delta_{\mathcal{I}}}(z|\hat{\sigma}_d(\mathcal{I}))\right]^{-1} \tag{10.7.51}$$

没有极点, 且满足如下跳跃关系

$$\mathcal{E}_+(z) = \mathcal{E}_-(z)V_{\mathcal{E}},$$

其中 $V_{\mathcal{E}} = M^{\Delta_{\mathcal{I}}}\widehat{V}M^{\Delta_{\mathcal{I}}^{-1}} \sim \widehat{V}$ 满足估计

$$\|V_{\mathcal{E}}(z) - I\|_{L^\infty(\widehat{\Sigma})} = O(e^{-4\mu t}). \tag{10.7.52}$$

由小范数 RH 问题的性质, $\mathcal{E}(z)$ 存在且

$$\mathcal{E}(z) = I + O(e^{-4\mu t}), \quad t \to \infty.$$

最后由 (10.7.48) 和 (10.7.51), 知道

$$M^{\Delta_{z_0}^\pm}(z|\hat{\sigma}_d) = (I + O(e^{-4\mu t}))M^{\Delta_{\mathcal{I}}}(z|\hat{\sigma}_d(\mathcal{I})).$$

对于 $t < 0$, 取 $\Delta = \Delta_{\mathcal{I}}^+$, 可以得到与上述类似的结论.

推论 10.1 设 $q_{sol}(x,t;\sigma_d^{\Delta_{z_0}^\pm})$ 为 NLS 方程对应散射数据 $\sigma_d^{\Delta_{z_0}^\pm} = \{(z_k, \hat{c}_k)\}_{k=1}^N$ 的 N 孤子解, 则当 $(x,t) \in \mathcal{S}(x_1, x_2, v_1, v_2)$, $t \to \infty$ 时,

$$q_{sol}(x,t;\sigma_d^{out}) = q_{sol}(x,t;\sigma_d^{\Delta_{z_0}^\pm}) = q_{sol}(x,t;\hat{\sigma}_d(\mathcal{I})) + O(e^{-4\mu t}), \tag{10.7.53}$$

其中 $q_{sol}(x,t;\hat{\sigma}_d(\mathcal{I}))$ 为 NLS 方程对应散射数据在 $\hat{\sigma}_d(\mathcal{I})$ 的 $N(\mathcal{I})$ 孤子解.

10.7.2 内部非孤子解区域

1. 纯 RH 问题在邻域内部的跳跃矩阵

命题 10.8

$$\|V^{(2)} - I\|_{L^\infty(\Sigma^{(2)})} = \begin{cases} O(e^{-t\rho^2/2}), & z \in \Sigma^{(2)} \setminus \mathcal{U}_{z_0}, \\ c|z - z_0|^{-1}t^{-1/2}, & z \in \Sigma^{(2)} \cap \mathcal{U}_{z_0}. \end{cases} \tag{10.7.54}$$

证明 在 Σ_1 上，跳跃线为 $z - z_0 = |z - z_0|e^{i\pi/4}$，由此推出

$$\theta = (z - z_0)^2 - 2z_0^2 = i|z - z_0|^2 - 2z_0^2. \tag{10.7.55}$$

利用 (10.5.7)，(10.6.5) 和 (10.7.55)，可得到

$$|R_1 e^{2it\theta(z)}| \leqslant |R_1|e^{-2t\mathrm{Im}\theta(z)} \leqslant \left(\frac{1}{2}c_1 + c_2\langle\mathrm{Re}z\rangle^{-1/2}\right)e^{-2t|z-z_0|^2}. \tag{10.7.56}$$

注意到

$$\langle\mathrm{Re}z\rangle^{-1/2} = \frac{1}{[1 + (z_0 + |z - z_0|e^{i\pi/4})^2]^{1/4}},$$

可知

$$\langle\mathrm{Re}z\rangle^{-1/2} \to \frac{1}{(1 + z_0^2)^{1/4}}, \quad z \to z_0,$$
$$\langle\mathrm{Re}z\rangle^{-1/2} \to 0, \quad z \to \infty. \tag{10.7.57}$$

因此，$\langle\mathrm{Re}z\rangle^{-1/2} \leqslant c$.

在开邻域 $\mathcal{U}_{z_0}$ 内，$M_{RHP}^{(2)}$ 无极点，在跳跃线对 $z \in \Sigma^{(2)} \cap \mathcal{U}_{z_0}$，

$$\|V^{(2)} - I\|_{L^\infty(\Sigma^{(2)})} \leqslant ct^{-1/2}|z - z_0|^{-1}(t^{1/2}|z - z_0|e^{-2t|z-z_0|^2})$$
$$\leqslant c|z - z_0|^{-1}t^{-1/2}. \tag{10.7.58}$$

可见在 $\mathcal{U}_{z_0}$ 内，跳跃矩阵 $V^{(2)}$ 逐点有界单调非一致衰减到单位矩阵.

在 $z \in \Sigma \cap \{|z - z_0| \geqslant \rho/2\}$ 上，

$$\|V^{(2)} - I\|_{L^\infty(\Sigma^{(2)})} \leqslant ce^{-2t|z-z_0|^2} \leqslant ce^{-t\rho^2/2}. \tag{10.7.59}$$

为获得由 (10.6.18) 定义的 E 满足一致小跳跃的 RH 问题，我们引入一个局部矩阵函数 $M^{(z_0)}$，使其与 $M_{RHP}^{(2)}$ 在 $\Sigma^{(2)} \cap \mathcal{U}_{z_0}$ 上的跳跃矩阵相匹配. 为此，定义平移尺度变换

$$\xi = \xi(z) = 2\sqrt{t}(z - z_0). \tag{10.7.60}$$

将 $\mathcal{U}_{z_0}$ 映射为 $z_0 = 0$ 的一个邻域. 利用 (10.7.55)，直接计算

$$2it\theta = 2it(z - z_0)^2 - 2itz_0^2 = i\xi^2/2 - 2itz_0^2, \tag{10.7.61}$$
$$(z - z_0)^{-2i\nu(z_0)} = e^{-2i\nu(z_0)\log(z-z_0)} = \xi^{-2i\nu(z_0)}e^{2i\nu(z_0)\log(2\sqrt{t})}. \tag{10.7.62}$$

我们考察在上述变换下，(10.6.4)—(10.6.5) 定义的跳跃矩阵 $V^{(2)}$：对 $z \in \Sigma_1 \cap \mathcal{U}_{z_0}$，有 $1 - \chi_\mathbb{R}(z) \equiv 1$，因此，利用 (10.7.61)—(10.7.62)，在 Σ_1 上

$$R_1 = r(z_0)T_0(z_0)^{-2}(z - z_0)^{-2i\nu(z_0)}e^{2it\theta(z)}$$

$$= r(z_0)T_0(z_0)^{-2}e^{2i(\nu(z_0)\log(2\sqrt{t})-tz_0^2)}\xi^{-2i\nu(z_0)}e^{i\xi^2/2}$$
$$= r_0\xi^{-2i\nu(z_0)}e^{i\xi^2/2},$$

其中我们取

$$r_0 = r(z_0)T_0(z_0)^{-2}e^{2i(\nu(z_0)\log(2\sqrt{t})-tz_0^2)}, \tag{10.7.63}$$

同理可以计算跳跃矩阵 $V^{(2)}$ 在 $\Sigma_2, \Sigma_3, \Sigma_4$ 上的值. 因此, $M_{RHP}^{(2)}$ 在 $\mathcal{U}_{z_0}$ 内的跳跃矩阵为

$$V^{(2)}\big|_{z\in\mathcal{U}_{z_0}} = \begin{cases} \begin{pmatrix} 1 & 0 \\ r_0\xi^{-2i\nu(z_0)}e^{i\xi^2/2} & 1 \end{pmatrix}, & z\in\Sigma_1, \\[4mm] \begin{pmatrix} 1 & \dfrac{\bar{r}_0}{1+|r_0|^2}\xi^{2i\nu(z_0)}e^{-i\xi^2/2} \\ 0 & 1 \end{pmatrix}, & z\in\Sigma_2, \\[4mm] \begin{pmatrix} 1 & 0 \\ \dfrac{r_0}{1+|r_0|^2}\xi^{-2i\nu(z_0)}e^{i\xi^2/2} & 1 \end{pmatrix}, & z\in\Sigma_3, \\[4mm] \begin{pmatrix} 1 & \bar{r}_0\xi^{2i\nu(z_0)}e^{-i\xi^2/2} \\ 0 & 1 \end{pmatrix}, & z\in\Sigma_4, \end{cases} \tag{10.7.64}$$

这恰好是后面抛物柱面 RH 问题 (10.10.4) 的 $M^{(pc)}(\xi, r_0)$ 对应的跳跃矩阵, 其解可用抛物柱面函数给出.

2. $E(z)$ 的小范数 RH 问题

由于在圆盘 $\mathcal{U}_{z_0}$ 内, $M^{(pc)}(\xi, r_0)$ 与 $M_{RHP}^{(2)}(z)$ 的跳跃矩阵一致, 而 $M^{(out)}(z)$ 不具有跳跃, 因此由 (10.6.18) 定义的矩阵 $E(z)$ 将 $M_{RHP}^{(2)}(z)$ 在圆盘 $\mathcal{U}_{z_0}$ 内部的跳跃抹掉, 圆盘外部 $\mathbb{C}\backslash\mathcal{U}_{z_0}$ 仍有来自 $M_{RHP}^{(2)}(z)$ 的跳跃, 因此, $E(z)$ 的跳跃路径为

$$\Sigma^{(E)} = \partial\mathcal{U}_{z_0} \cup (\Sigma^{(2)}\backslash\mathcal{U}_{z_0}), \tag{10.7.65}$$

其中 $\partial\mathcal{U}_{z_0}$ 取顺时针方向, 见图 10.12. 可直接验证 $E(z)$ 满足下列 RH 问题.

RH 问题 10.10　寻找矩阵函数 $E(z)$ 满足条件

(1) E 在 $\mathbb{C}\backslash\Sigma^{(E)}$ 上解析;

(2) $E(z) = I + O(z^{-1})$, $z\to\infty$;

(3) $E_+(z) = E_-(z)V^{(E)}(z)$, $z\in\Sigma^{(E)}$, 其中

$$V^{(E)}(z) = \begin{cases} M^{(out)}(z)V^{(2)}(z)M^{(out)}(z)^{-1}, & z\in\Sigma^{(2)}\backslash\mathcal{U}_{z_0}, \\[2mm] M^{(out)}(z)M^{(PC)}(\xi, r_0)M^{(out)}(z)^{-1}, & z\in\partial\mathcal{U}_{z_0}. \end{cases} \tag{10.7.66}$$

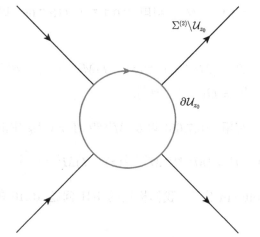

图 10.12 $E(z)$的跳跃矩阵 $\Sigma^{(E)} = \partial\mathcal{U}_{z_0} \cup (\Sigma^{(2)}\backslash\mathcal{U}_{z_0})$

证明 由定义 (10.6.18), 对于 $z \in \mathbb{C} \setminus \mathcal{U}_{z_0}$, 有 $M_{RHP}^{(2)} = EM^{(out)}$, 并注意 $M^{(out)}$ 没有跳跃, 因此在 $\Sigma^{(2)} \setminus \mathcal{U}_{z_0}$ 上,

$$E_+ = M_{RHP+}^{(2)}M_+^{(out)^{-1}} = M_{RHP-}^{(2)}V^{(2)}M^{(out)^{-1}}$$

$$= \left[M_{RHP-}^{(2)}M^{(out)^{-1}}\right]\left[M^{(out)}V^{(2)}M^{(out)^{-1}}\right] = E_-V^{(E)},$$

其中 $V^{(E)} = M^{(out)}V^{(2)}M^{(out)^{-1}}$.

对于 $z \in \mathcal{U}_{z_0}$, 由定义 (10.6.18), 知道 $M_{RHP}^{(2)} = EM^{(out)}M^{(PC)}$, 再注意到 $M_{RHP}^{(2)}$ 在 $\partial\mathcal{U}_{z_0}$ 上没有跳跃, 则有

$$E_- = M_{RHP}^{(2)}M^{(PC)^{-1}}M^{(out)^{-1}}.$$

对于 $z \in \mathbb{C} \setminus \mathcal{U}_{z_0}$,

$$E_+ = M_{RHP}^{(2)}M^{(out)^{-1}}.$$

因此

$$E_+(z) = E_-(z)V^{(E)}(z), \quad z \in \partial\mathcal{U}_{z_0},$$

其中 $V^{(E)}(z) = M^{(out)}(z)V^{(PC)}(z)M^{(out)^{-1}}(z)$.

命题 10.9 在 $V^{(E)}(z)$ 上具有一致估计

$$|V^{(E)}(z) - I| = \begin{cases} O(e^{-t\rho^2/2}), & z \in \Sigma^{(2)} \setminus \mathcal{U}_{z_0}, \\ O(t^{-1/2}), & z \in \partial\mathcal{U}_{z_0}. \end{cases} \quad (10.7.67)$$

证明 对于 $z \in \Sigma^{(2)} \setminus \mathcal{U}_{z_0}$, 利用 (10.7.54), (10.7.66) 以及 $M^{(out)}$ 有界性, 可得到

$$|V^{(E)}(z) - I| = |M^{(out)}(V^{(2)}(z) - I)M^{(out)^{-1}}| \leqslant c|V^{(2)}(z) - I|$$
$$= O(e^{-2t|z-z_0|^2}).$$

对于 $z \in \partial \mathcal{U}_{z_0}$, 利用 (10.7.66) 以及 $M^{(out)}$ 在 $z \in \mathcal{U}_\xi$ 中的有界性, 可得到

$$|V^{(E)}(z) - I| = |M^{(out)}(M^{(PC)}(z) - I)M^{(out)^{-1}}| = O(t^{-1/2}).$$

根据 Beals-Coifman 定理, 我们构造的 RH 问题 10.10 的解, 考虑跳跃矩阵 $V^{(E)}$ 的平凡分解

$$V^{(E)} = (b_-)^{-1}b_+, \quad b_- = I, \quad b_+ = V^{(E)},$$

从而有

$$(\omega_E)_- = I - b_- = 0, \quad (\omega_E)_+ = b_+ - I = V^{(E)} - I,$$
$$\omega_E = (\omega_E)_+ + (\omega_E)_- = V^{(E)} - I.$$
$$C_{\omega_E}f = C_-(f(\omega_E)_+) + C_+(f(\omega_E)_-) = C_-(f(V^{(E)} - I)), \tag{10.7.68}$$

其中 C_- 为 Cauchy 投影算子, 定义如下

$$C_- f(z) = \lim_{z' \to z \in \Sigma^{(E)}} \frac{1}{2\pi i} \int_{\Sigma^{(E)}} \frac{f(s)}{s - z'} ds, \tag{10.7.69}$$

并且 $\|C_-\|_{L^2}$ 有界. 则上述 RH 问题 10.10 的解可表示为

$$E(z) = I + \frac{1}{2\pi i} \int_{\Sigma_E} \frac{\mu_E(s)(V_E(s) - I)}{s - z} ds, \tag{10.7.70}$$

其中 $\mu_E \in L^2(\Sigma^{(E)})$ 满足

$$(1 - C_{\omega_E})\mu_E = I. \tag{10.7.71}$$

命题 10.10 RH 问题 10.10 存在唯一解.

证明 由 (10.7.68), (10.7.69),

$$\|C_{\omega_E}\|_{L^2(\Sigma^{(E)})} \leqslant \|C_-\|_{L^2(\Sigma^{(E)})}\|V^{(E)} - I\|_{L^\infty(\Sigma^{(E)})} \leqslant O(t^{-1/2}), \tag{10.7.72}$$

因此, 预解算子 $(1 - C_{\omega_E})^{-1}$ 存在, 从而 μ_E 和 RH 问题的解 $E(z)$ 存在.

命题 10.11

$$\|\langle \cdot \rangle^k (V^{(E)} - (I))\|_{L^p} = O(t^{-1/2}), \ p \in [1, \infty), \ k \geqslant 0, \tag{10.7.73}$$

$$\|\mu_E - I\|_{L^2(\Sigma^{(E)})} = O(t^{-1/2}). \tag{10.7.74}$$

证明 对 $z \in \Sigma_j \setminus \mathcal{U}_{z_0}$, $j = 1, 2, 3, 4$, $z - z_0 = \zeta e^{(2j-1)\pi/4}$, $\rho/2 < \zeta < \infty$, 有

$$\langle z - z_0 \rangle^k = (1 + \zeta^2)^{k/2} \leqslant c(1 + \zeta^k). \tag{10.7.75}$$

利用 (10.6.5), 得到

$$\|\zeta^k (V^{(E)} - I)\|_{L^p} \leqslant \left(\int_{\rho/2}^{\infty} \zeta^{kp} |R_j|^p e^{-2pt\zeta^2} d\zeta \right)^{1/p}$$

$$\leqslant c \left(t^{-\frac{(k+1)p}{2}} \int_{\rho/2}^{\infty} (t^{1/2}\zeta)^{(k+1)p} e^{-2p(t^{1/2}\zeta)^2} \zeta^{-p} d\zeta \right)^{1/p}$$

$$\leqslant ct^{-\frac{k+1}{2}} \sup[(t^{1/2}\zeta)^{(k+1)p} e^{-2p(t^{1/2}\zeta)^2}] \left(\int_{\rho/2}^{\infty} \zeta^{-p} d\zeta \right)^{1/p}$$

$$= O(t^{-\frac{k+1}{2}}), \quad p > 1. \tag{10.7.76}$$

如果 $p = 1$, 上述 (10.7.76) 积分不收敛, 要用 Hölder 不等式打开积分 (10.7.76) 进行估计

$$\|\zeta^k (V^{(E)} - I)\|_{L^1} \leqslant \int_{\rho/2}^{\infty} \zeta^k |R_j| e^{-2t\zeta^2} d\zeta$$

$$\leqslant ct^{-\frac{k+1}{2}} \int_{\rho/2}^{\infty} (t^{1/2}\zeta)^{k+1} e^{-2p(t^{1/2}\zeta)^2} \zeta^{-1} d\zeta$$

$$\leqslant ct^{-\frac{k+1}{2}} \|(t^{1/2}\zeta)^{k+1} e^{-2(t^{1/2}\zeta)^2}\|_{L^2} \|\zeta^{-1}\|_{L^2} = O(t^{-\frac{k+1}{2}}).$$

对 $p \in [1, \infty), k \geqslant 0$, $z \in \mathcal{U}_{z_0}$, $z - z_0 = \dfrac{\rho}{2} e^{i\lambda}$, $0 < \lambda < 2\pi$, 则 $\langle z - z_0 \rangle^k \leqslant c(1 + \rho^k)$. 利用 (10.6.5), 得到

$$\|\rho^k (V^{(E)} - I)\|_{L^p} \leqslant \left(\int_0^{2\pi} 2^{-kp} \rho^{kp} |R_j| e^{-pt\rho^2/2} d\lambda \right)^{1/p}$$

$$\leqslant ct^{-(k+1)/2} (t^{1/2}\rho)^{k+1} e^{-(t^{1/2}\rho)^2/2}$$

$$= O(t^{-(k+1)/2}).$$

利用 (10.7.67) 和 (10.7.71), 得到

$$\|\mu_E - I\|_{L^2(\Sigma^E)} = \|C_{\omega_E} \mu_E\|_{L^2(\Sigma^{(E)})} = \|C_-[\mu_E(V^{(E)} - I)]\|_{L^2(\Sigma^{(E)})}$$

$$= ||C_-||_{L^2 \to L^2} ||\mu_E||_{L^2(\Sigma^{(E)})} ||V^{(E)} - I||_{L^\infty(\Sigma^{(E)})}$$

$$= \begin{cases} O(e^{-t\rho^2/2}), & z \in \Sigma^{(2)} \setminus \mathcal{U}_{z_0}, \\ O(t^{-1/2}), & z \in \partial \mathcal{U}_{z_0}. \end{cases} \tag{10.7.77}$$

考虑 $z \to \infty$ 时, $E(z)$ 的渐近展开

$$E(z) = I + z^{-1}E_1 + O(z^{-2}), \tag{10.7.78}$$

其中

$$E_1 = -\frac{1}{2\pi i} \int_{\Sigma^{(E)}} \mu_E(s)(V^{(E)} - I)ds. \tag{10.7.79}$$

命题 10.12

$$E_1(x, t) = \frac{1}{2i\sqrt{t}} M^{(out)}(z_0) M_1^{(pc)}(z_0) M^{(out)}(z_0)^{-1} + O(t^{-1}). \tag{10.7.80}$$

证明　将 (10.7.79) 改写为

$$E_1 = -\frac{1}{2\pi i} \int_{\Sigma^{(E)}} (V^{(E)} - I)ds - \frac{1}{2\pi i} \int_{\Sigma^{(E)}} (\mu_E(s) - I)(V^{(E)} - I)ds$$

$$= -\frac{1}{2\pi i} \oint_{\partial \mathcal{U}_{z_0}} (V^{(E)} - I)ds - \frac{1}{2\pi i} \int_{\Sigma^{(E)} \setminus \mathcal{U}_{z_0}} (V^{(E)} - I)ds$$

$$\quad - \frac{1}{2\pi i} \int_{\Sigma^{(E)}} (\mu_E(s) - I)(V^{(E)} - I)ds. \tag{10.7.81}$$

利用 (10.7.67), 可得

$$\left| \frac{1}{2\pi i} \int_{\Sigma^{(E)} \setminus \mathcal{U}_{z_0}} (V^{(E)} - I)ds \right| \leqslant c \int_{\rho/2}^\infty e^{-2t\zeta^2} d\zeta$$

$$= c \int_{\rho/2}^\infty t^{-p/2}(t^{1/2}\zeta)^p e^{-2(t^{1/2}\zeta)^2} \zeta^{-p} d\zeta$$

$$\leqslant ct^{-p/2} \sup[(t^{1/2}\zeta)^p e^{-2(t^{1/2}\zeta)^2}] \int_{\rho/2}^\infty \zeta^{-p} d\zeta$$

$$= O(t^{-p/2}) \quad (p > 1). \tag{10.7.82}$$

利用 (10.7.73)—(10.7.74), 得到

$$\left| -\frac{1}{2\pi i} \int_{\Sigma^{(E)}} (\mu_E(s) - I)(V^{(E)} - I)ds \right|$$

$$\leqslant c\|\mu_E(s) - I\|_{L^2(\Sigma^{(E)})}\|V^{(E)} - I\|_{L^2(\Sigma^{(E)})} = O(t^{-1}). \tag{10.7.83}$$

将 (10.7.82) 和 (10.7.83) 代入 (10.7.81), 得到

$$E_1(z) = -\frac{1}{2\pi i}\oint_{\partial \mathcal{U}_{z_0}}(V^{(E)}(s) - I)ds + O(t^{-1}). \tag{10.7.84}$$

将 (10.10.15) 表示为

$$M^{(pc)}(2\sqrt{t}(z - z_0)) = I + \frac{1}{2i\sqrt{t}(z - z_0)}M_1^{(pc)} + O((z - z_0)^{-2}). \tag{10.7.85}$$

利用 (10.7.66), (10.7.84) 和 (10.7.85), 以及留数定理, 有

$$
\begin{aligned}
E_1(x,t) &= -\frac{1}{2\pi i}\oint_{\partial \mathcal{U}_{z_0}}M^{(out)}(s)(M^{(pc)}(s) - I)M^{(out)}(s)^{-1}ds + O(t^{-1})\\
&= -\frac{1}{2\pi i}\oint_{\partial \mathcal{U}_{z_0}}\frac{1}{2i\sqrt{t}(s - z_0)}M^{(out)}(s)M_1^{(pc)}(s)M^{(out)}(s)^{-1}ds + O(t^{-1})\\
&= \frac{1}{2i\sqrt{t}}M^{(out)}(z_0)M_1^{(pc)}(z_0)M^{(out)}(z_0)^{-1} + O(t^{-1}). \tag{10.7.86}
\end{aligned}
$$

10.8 纯 $\bar{\partial}$-问题及其解的渐近性

这一节通过去除混合 RH 问题 10.4 中的非 $\bar{\partial}$ 成分, 即抹掉图 10.8 白色部分, 得到一个纯 $\bar{\partial}$-问题, 同时白色部分构成一个纯 RH 问题.

定义

$$M^{(3)}(z) = M^{(2)}(z)M_{RHP}^{(2)}(z)^{-1}, \tag{10.8.1}$$

则 $M^{(3)}$ 在 $\mathbb{C}$ 内连续且没有跳跃, 因此我们获得一个纯 $\bar{\partial}$-问题.

RH 问题 10.11 寻找矩阵函数 $M^{(3)}(z)$ 满足

- $M^{(3)}(z)$ 在复平面 $\mathbb{C}\setminus(\mathbb{R}\cup\Sigma^{(2)})$ 内连续, $\tag{10.8.2}$
- $\bar{\partial}M^{(3)}(z) = M^{(3)}(z)W^{(3)}(z), \quad z \in \mathbb{C}$, $\tag{10.8.3}$
- $M^{(3)}(z) \sim I, \quad z \to \infty$, $\tag{10.8.4}$

其中 $W^{(3)} = M_{RHP}^{(2)}(z)\bar{\partial}R^{(2)}M_{RHP}^{(2)}(z)^{-1}$,

$$W^{(3)}(z) = \begin{cases} M_{RHP}^{(2)}(z) \begin{pmatrix} 0 & 0 \\ \bar{\partial} R_1 e^{2it\theta} \delta^{-2} & 0 \end{pmatrix} M_{RHP}^{(2)}(z)^{-1}, & z \in \Omega_1, \\[3mm] M_{RHP}^{(2)}(z) \begin{pmatrix} 0 & -\bar{\partial} R_3 e^{-2it\theta} \delta^2 \\ 0 & 0 \end{pmatrix} M_{RHP}^{(2)}(z)^{-1}, & z \in \Omega_3, \\[3mm] M_{RHP}^{(2)}(z) \begin{pmatrix} 0 & 0 \\ \bar{\partial} R_4 e^{2it\theta} \delta^{-2} & 0 \end{pmatrix} M_{RHP}^{(2)}(z)^{-1}, & z \in \Omega_4, \\[3mm] M_{RHP}^{(2)}(z) \begin{pmatrix} 0 & -\bar{\partial} R_6 e^{-2it\theta} \delta^2 \\ 0 & 0 \end{pmatrix} M_{RHP}^{(2)}(z)^{-1}, & z \in \Omega_6, \\[3mm] \begin{pmatrix} 0 & 0 \\ 0 & 0 \end{pmatrix}, & z \in \Omega_2 \cup \Omega_5. \end{cases}$$

$$(10.8.5)$$

证明　由 (10.6.3), (10.6.17), (10.8.1), (10.8.3), 可知在 Σ_j, $j = 1, 2, 3, 4$ 上,

$$(M_-^{(3)})^{-1}(z) M_+^{(3)}(z) = M_{RHP-}^{(2)} (M_-^{(2)})^{-1} M_+^{(2)} (M_{RHP+}^{(2)})^{-1}$$
$$= M_{RHP-}^{(2)} V^{(2)} (M_{RHP-}^{(2)} V^{(2)})^{-1} = I.$$

定义 10.1　对于 $n \times n$ 方阵 M, 如果存在 k 使得 $M^k = 0$, 则称 M 为幂零矩阵.

对于 $k \in \Delta_{z_0}^+$, $\mathrm{Im} z_k > 0$, 直接计算留数

$$\operatorname*{Res}_{z=z_k} M^{(2)}(z) = (\gamma_k M_2^{(2)}(z_k), 0) = \lim_{z \to z_k} (M^{(2)}(z) N_k), \qquad (10.8.6)$$

其中

$$\gamma_k = c_k T(z_k)^{-2} e^{2it\theta(z_k)}, \quad N_k = \begin{pmatrix} 0 & 0 \\ \gamma_k & 0 \end{pmatrix}. \qquad (10.8.7)$$

可以验证 N_k 为幂零矩阵, 即满足 $N_k^2 = 0$.

由于 $z = z_k$ 为 $M^{(2)}(z)$ 的一阶极点, $M^{(2)}(z)$ Laurent 展开具有形式

$$M^{(2)}(z) = \frac{\operatorname*{Res}_{z=z_k} M^{(2)}}{z - z_k} + a(z_k) + O(z - z_k). \qquad (10.8.8)$$

注意到

$$\frac{\operatorname*{Res}_{z=z_k} M^{(2)}}{z - z_k} \times N_k = \left(\frac{\gamma_k M_2^{(2)}(z_k)}{z - z_k}, 0 \right) \begin{pmatrix} 0 & 0 \\ \gamma_k & 0 \end{pmatrix} = 0. \qquad (10.8.9)$$

将展开式 (10.8.8) 代入 (10.8.6), 可得到

$$\operatorname*{Res}_{z=z_k} M^{(2)} = \lim_{z \to z_k} \{[a(z_k) + O(z-z_k)]N_k\} = a(z_k)N_k. \tag{10.8.10}$$

再将上式代回展开式 (10.8.8), 便有

$$M^{(2)}(z) = a(z_k)\left[I + \frac{N_k}{z-z_k}\right] + O(z-z_k).$$

由于 $M^{(2)}(z)$ 和 $M^{(2)}_{RHP}(z)$ 具有相同的留数条件, 并且

$$\det M^{(2)}(z) = \det M^{(2)}_{RHP}(z) = 1.$$

直接计算得到

$$M^{(2)}_{RHP}(z)^{-1} = \sigma_2 M^{(2)}_{RHP}(z)^{\mathrm{T}} \sigma_2 = \left[I - \frac{N_k}{z-z_k}\right]\sigma_2 a(z_k)^{\mathrm{T}}\sigma_2 + O(z-z_k).$$

因此

$$\begin{aligned} M^{(2)}(z)M^{(2)}_{RHP}(z)^{-1} &= \left[a(z_k)\left[I + \frac{N_k}{z-z_k}\right] + O(z-z_k)\right] \\ &\quad \cdot \left\{\left[I - \frac{N_k}{z-z_k}\right]\sigma_2 a(z_k)^{\mathrm{T}}\sigma_2 + O(z-z_k)\right\} \\ &= a(z_k)\left[I + \frac{N_k}{z-z_k}\right]\left[I - \frac{N_k}{z-z_k}\right]\sigma_2 a(z_k)^{\mathrm{T}}\sigma_2 + O(1). \end{aligned}$$

注意幂零性质 $N_k^2 = 0$, 则有

$$M^{(2)}(z)M^{(2)}_{RHP}(z)^{-1} = O(1).$$

因此 z_k 为 $M^{(3)}$ 的可去极点.

$$\begin{aligned} \bar{\partial}M^{(3)} &= \bar{\partial}M^{(2)}M^{(2)}_{RHP}{}^{-1} = M^{(2)}\bar{\partial}R^{(2)}M^{(2)}_{RHP}{}^{-1} \\ &= [M^{(2)}M^{(2)}_{RHP}{}^{-1}][M^{(2)}_{RHP}\bar{\partial}R^{(2)}M^{(2)}_{RHP}{}^{-1}] = M^{(3)}(z)W^{(3)}, \end{aligned}$$

其中 $W^{(3)} = M^{(2)}_{RHP}\bar{\partial}R^{(2)}M^{(2)}_{RHP}{}^{-1}$ 由 (10.8.5) 给出.

纯 $\bar{\partial}$-问题 10.11 的解可用下列积分方程给出

$$M^{(3)}(z) = I - \frac{1}{\pi}\iint_{\mathbb{C}} \frac{M^{(3)}W^{(3)}}{s-z}dA(s), \tag{10.8.11}$$

其中 $dA(s)$ 为实平面上的 Lebesgue 测度.

方程 (10.8.11) 也可用算子表示

$$(I - S)M^{(3)}(z) = I, \tag{10.8.12}$$

其中 S 为 Cauchy 算子, 有

$$S[f](z) = -\frac{1}{\pi} \iint_{\mathbb{C}} \frac{f(s)W(s)}{s - z} dA(s). \tag{10.8.13}$$

命题 10.13　对充分大的 t, 算子 S 为小范数, 并且

$$||S||_{L^\infty \to L^\infty} \leqslant ct^{-1/4}. \tag{10.8.14}$$

因此 $(1 - S)^{-1}$ 存在.

证明　假设 $f \in L^\infty(\Omega_1)$, $s = u - z_0 + iv$, 则利用 (10.5.8) 以及 $\mathrm{Re}(2it\theta) = -4tv(u - z_0)$, 得到

$$
\begin{aligned}
|S(f)| &\leqslant \frac{1}{\pi} \iint_{\Omega_1} \frac{|fM_{RHP}^{(2)}\bar{\partial}R^{(2)}M_{RHP}^{(2)\,-1}|}{|s - z|} dA(s) \\
&\leqslant \frac{1}{\pi} ||f||_{L^\infty} ||M_{RHP}^{(2)}||_{L^\infty} ||M_{RHP}^{(2)\,-1}||_{L^\infty} \iint_{\Omega_1} \frac{|\bar{\partial}R_1| e^{-4tv(u - z_0)}}{|s - z|} dA(s) \\
&\leqslant c(I_1 + I_2 + I_3), \tag{10.8.15}
\end{aligned}
$$

其中积分区域 Ω_1 见图 10.13,

$$I_1 = \iint_{\Omega_1} \frac{|\bar{\partial}\chi_Z| e^{-4t(u - z_0)v}}{|s - z|} dA(s),$$

$$I_2 = \iint_{\Omega_1} \frac{|r'(u)| e^{-4t(u - z_0)v}}{|s - z|} dA(s),$$

$$I_3 = \iint_{\Omega_1} \frac{|s - z_0|^{-1/2} e^{-4t(u - z_0)v}}{|s - z|} dA(s).$$

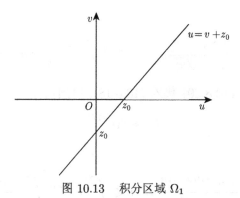

图 10.13 积分区域 Ω_1

命题 10.14 假设 $r \in H^{1,1}$, 则存在常数 c_1, c_2, c_3, 使得

$$I_j = c_j t^{-1/4}, \quad j = 1, 2, 3. \tag{10.8.16}$$

证明 设 $s = u - z_0 + iv$, $z = \alpha + i\eta$, 则

$$\left\| \frac{1}{s-z} \right\|_{L^2(v+z_0, \infty)}^2 = \int_{v+z_0}^{\infty} \frac{1}{|s-z|^2} du \leqslant \int_{-\infty}^{\infty} \frac{1}{|s-z|^2} du$$

$$= \int_{-\infty}^{\infty} \frac{1}{(u-\alpha)^2 + (v-\eta)^2} du$$

$$= \frac{1}{|v-\eta|} \int_{-\infty}^{\infty} \frac{1}{1+y^2} dy = \frac{\pi}{|v-\eta|}, \tag{10.8.17}$$

其中 $y = \dfrac{u-\alpha}{v-\eta}$.

利用 (10.8.17), 直接计算, 得到

$$I_1 = \int_0^{\infty} \int_{v+z_0}^{\infty} \frac{|\bar{\partial}\chi_{\mathcal{Z}}| e^{-4t(u-z_0)v}}{|s-z|} du dv \leqslant \int_0^{\infty} e^{-4tv^2} \int_v^{\infty} \frac{|\bar{\partial}\chi_{\mathcal{Z}}|}{|s-z|} du dv$$

$$\leqslant \int_0^{\infty} e^{-4tv^2} \|\bar{\partial}\chi_{\mathcal{Z}}\|_{L^2} \left\| \frac{1}{s-z} \right\|_{L^2} dv \leqslant c_1 \int_0^{\infty} \frac{e^{-4tv^2}}{\sqrt{|\eta-v|}} dv$$

$$= c_1 \left[\int_0^{\eta} \frac{e^{-4tv^2}}{\sqrt{\eta-v}} dv + \int_{\eta}^{\infty} \frac{e^{-4tv^2}}{\sqrt{v-\eta}} dv \right]. \tag{10.8.18}$$

利用不等式 $\sqrt{\eta} e^{-4t\eta^2 w^2} = t^{-1/4} w^{-1/2} (t^{1/4} \eta^{1/2} w^{1/2} e^{-4t\eta^2 w^2}) \leqslant c t^{-1/4} w^{-1/2}$, 可得到

$$\int_0^{\eta} \frac{e^{-4tv^2}}{\sqrt{\eta-v}} dv = \int_0^1 \frac{\sqrt{\eta} e^{-4t\eta^2 w^2}}{\sqrt{1-w}} dw \leqslant c t^{-1/4} \int_0^1 \frac{1}{\sqrt{w(1-w)}} dw \leqslant c_1 t^{-1/4}. \tag{10.8.19}$$

而

$$\int_\eta^\infty \frac{e^{-4tv^2}}{\sqrt{v-\eta}} dv \leqslant \int_0^\infty \frac{e^{-4tw^2}}{\sqrt{w}} dw = t^{-1/4} \int_0^\infty \frac{e^{-4\lambda^2}}{\sqrt{\lambda}} d\lambda \leqslant c_1 t^{-1/4}. \tag{10.8.20}$$

最后, 将 (10.8.19) 和 (10.8.20) 代入 (10.8.18), 得到估计

$$|I_1| \leqslant c_1 t^{-1/4}. \tag{10.8.21}$$

类似于 I_1 的估计, 有

$$I_2 = \int_0^\infty \int_v^\infty \frac{|r'| e^{-4t(u-z_0)v}}{|s-z|} du dv \leqslant \int_0^\infty e^{-4tv^2} \int_v^\infty \frac{|r'|}{|s-z|} du dv$$

$$\leqslant \int_0^\infty e^{-4tv^2} \|r'\|_{L^2} \left\| \frac{1}{s-z} \right\|_{L^2} dv \leqslant c_2 \int_0^\infty \frac{e^{-4tv^2}}{\sqrt{|\eta-v|}} dv \leqslant c_2 t^{-1/4}.$$

为估计 I_3, 考虑如下 L^p-估计 $(p > 2)$.

$$\left\| \frac{1}{\sqrt{|s-z_0|}} \right\|_{L^p} = \left(\int_{z_0+v}^\infty \frac{1}{|u+iv-z_0|^{p/2}} du \right)^{1/p}$$

$$= \left(\int_v^\infty \frac{1}{|u+iv|^{p/2}} du \right)^{1/p} = \left(\int_v^\infty \frac{1}{(u^2+v^2)^{p/4}} du \right)^{1/p}$$

$$= v^{1/p-1/2} \left(\int_1^\infty \frac{1}{(1+x^2)^{p/4}} dx \right)^{1/p} \leqslant c v^{1/p-1/2}. \tag{10.8.22}$$

类似于上面 L^p-估计, 可以证明

$$\left\| \frac{1}{s-z} \right\|_{L^q(v,\infty)} \leqslant c |v-\eta|^{1/q-1}, \quad 1/p + 1/q = 1.$$

因此

$$I_3 \leqslant c \int_0^\infty e^{-4tv^2} dv \int_v^\infty \frac{1}{|z-z_0|^{1/2}|s-z|} du$$

$$\leqslant c \int_0^\infty e^{-4tv^2} \left\| \frac{1}{\sqrt{|s-z_0|}} \right\|_{L^p} \left\| \frac{1}{s-z_0} \right\|_{L^q} dv$$

$$\leqslant c_3 \left[\int_0^\eta e^{-4tv^2} v^{1/p-1/2} |v-\beta|^{1/q-1} dv + \int_\eta^\infty e^{-4tv^2} v^{1/p-1/2} |v-\beta|^{1/q-1} dv \right].$$

$$\tag{10.8.23}$$

第一个积分

$$\int_0^\eta e^{-tv^2} v^{1/p-1/2} |v-\eta|^{1/q-1} dv = \int_0^1 \sqrt{\eta} e^{-4t\eta^2 w^2} w^{1/p-1/2} |1-w|^{1/q-1} \leqslant ct^{-1/4}.$$
(10.8.24)

对第二个积分, 作变换 $v = \eta + w$, 得到

$$\int_\eta^\infty e^{-4tv^2} v^{1/p-1/2} |v-\eta|^{1/q-1} dv = \int_0^\infty e^{-4t(\eta+w)^2} (\eta+w)^{1/p-1/2} w^{1/q-1} dw$$

$$\leqslant \int_0^\infty e^{-4tw^2} w^{1/p-1/2} w^{1/q-1} dw = \int_0^\infty e^{-tw^2} w^{-1/2} dw$$

$$= t^{-1/4} \int_0^\infty y^{-1/2} e^{-y} dy \leqslant ct^{-1/4}.$$
(10.8.25)

因此

$$|I_3| \leqslant c_3 t^{-1/4}.$$
(10.8.26)

将 $M^{(3)}$ 作如下展开

$$M^{(3)} = I + \frac{M_1}{z} + \frac{1}{\pi} \iint_{\mathbb{C}} \frac{sM^{(3)}(s)W^{(3)}(s)}{z(s-z)} dA(s),$$

其中

$$M_1^{(3)} = \frac{1}{\pi} \iint_{\mathbb{C}} M^{(3)}(s) W^{(3)} dA(s).$$

可以证明如下命题.

命题 10.15 存在常数 c, 使得

$$|M_1^{(3)}| \leqslant ct^{-3/4}.$$
(10.8.27)

证明 $M_{RHP}^{(2)}$ 在极点之外 $\Omega_1' = \Omega_1 \cap \mathrm{supp}(1-\chi_{\mathcal{Z}})$ 上有界, 因此

$$|M_1^{(3)}| \leqslant \frac{1}{\pi} \iint_{\Omega_1} |M^{(3)}(s) M_{RHP}^{(2)}(s) \overline{\partial} R^{(2)} M_{RHP}^{(2)}(s)^{-1}| dA$$

$$\leqslant \frac{1}{\pi} \|M^{(3)}\|_{L^\infty(\Omega)} \|M_{RHP}^{(2)}\|_{L^\infty(\Omega')} \|(M_{RHP}^{(2)})^{-1}\|_{L^\infty(\Omega')} \iint_\Omega |\overline{\partial} R_1 e^{2it\theta}| dA$$

$$\leqslant C \left(\iint_{\Omega_1} |\overline{\partial}\chi_{\mathcal{Z}}(s)| e^{-4tv(u-\xi)} dA \right.$$

$$\left. + \iint_{\Omega_1} |r'(u)| e^{-4tv(u-z_0)} dA + \iint_{\Omega_1} \frac{1}{|s-z_0|^{1/2}} e^{-4tv(u-z_0)} dA \right)$$

$$\leqslant C(I_4 + I_5 + I_6).　　　　　　　　　　　　　(10.8.28)$$

利用 Cauchy-Schwarz 不等式

$$|I_4| \leqslant \int_0^\infty \|\bar{\partial}\chi_{\mathcal{Z}}\|_{L_u^2(v+z_0,\infty)} \left(\int_v^\infty e^{-8tuv} du\right)^{1/2} dv$$

$$\leqslant ct^{-1/2}\int_0^\infty \frac{e^{-4tv^2}}{\sqrt{v}} \leqslant t^{-1/4}\int_0^\infty \frac{e^{-4w^2}}{\sqrt{w}} dw \leqslant c_5 t^{-3/4}.　　(10.8.29)$$

与 I_4 类似的方法, 可以证明 $I_5 \leqslant c_5 t^{-3/4}$.

与前面 I_3 证明类似, 对于 $2 < p < 4$, 利用 Hölder 不等式以及 (10.8.22), 有

$$\int_{z_0+v}^\infty e^{-4tuv}|s - z_0|^{-1/2}du \leqslant cv^{1/p-1/2}\left(\int_v^\infty e^{-4qtuv}du\right)^{1/q},$$

其中 $1/p + 1/q = 1$, $2 < p < 4$. 因此

$$I_4 \leqslant \int_0^\infty v^{1/p-1/2}\left(\int_v^\infty e^{-4tqtuv}du\right)^{1/q} dv = \int_0^\infty v^{1/p-1/2}(qtv)^{-1/q}e^{-4tv^2} dv$$

$$\leqslant ct^{-1/q}\int_0^\infty v^{2/p-3/2}e^{-4tv^2} dv \leqslant ct^{-3/4}\int_0^\infty w^{2/p-3/2}e^{-4w^2} dw \leqslant ct^{-3/4},$$

其中我们使用了变换 $w = t^{1/2}v$ 和保证广义积分收敛的条件 $-1 < \dfrac{2}{p} - \dfrac{3}{2} < -\dfrac{1}{2}$.

10.9　聚焦 NLS 方程的孤子解区域长时间渐近性

定理 10.1　设 $q_0 \in H^{1,1}$, 对应的一般的散射数据 $\sigma_d = \{(z_k, c_k), z_k \in \mathcal{Z}\}_{k=1}^N$. 固定 $x_1, x_2, v_1, v_2 \in \mathbb{R}$ 且 $x_1 \leqslant x_2$, $v_1 \leqslant v_2$, 令 $\mathcal{I} = [-v_2/2, -v_1/2]$, $z_0 = -x/(2t)$. 用 $q_{sol}(x, t; \sigma_d(\mathcal{I}))$ 表示 NLS 方程对应为 $N(\mathcal{I}) \leqslant N$ 中调制无反射散射数据

$$\sigma_d(\mathcal{I}) = \{(z_k, c_k(\mathcal{I})), z_k \in \mathcal{Z}(\mathcal{I})\}, \quad c_k(\mathcal{I}) = c_k \prod_{z_j \in \mathcal{Z}^+(\mathcal{I})} \left(\frac{z_k - z_j}{z_k - \bar{z}_j}\right)^2.　(10.9.1)$$

则当 $t \to \infty$ 且 $(x, t) \in \mathcal{S}(x_1, x_2, v_1, v_2)$ 时, 有

$$q(x, t) = q_{sol}(x, t; \sigma_d^{out}) + t^{-1/2}f + O(t^{-3/4}),　　　(10.9.2)$$

其中

$$f = m_{11}^2\alpha(z_0)e^{ix^2/(2t)-\nu(z_0)\log 4t} + m_{12}^2\overline{\alpha(z_0)}e^{-ix^2/(2t)+\nu(z_0)\log 4t},　(10.9.3)$$

$$|\alpha(z_0)|^2 = \frac{1}{2}\nu(z_0), \quad \nu(z_0) = -\frac{1}{2\pi}\ln(1-|r(z_0)|^2),$$

$$\arg\alpha(z_0) = \frac{\pi}{4} + \arg\Gamma(i\nu(z_0)) - \arg r(z_0) - 4\sum\arg(z_0 - z_k)$$

$$-2\int_{-\infty}^{z_0}\ln|z_0 - s|d\ln(1-|r(z)|^2),$$

其中 m_{11}, m_{12} 为 $M^{\Delta_{\mathcal{I}}}(z|\sigma_d(\mathcal{I}))$ 的第一行元素.

证明 回顾我们解决过程所作的一系列变换 (10.4.17), (10.6.2), (10.8.1) 和 (10.6.18),

$$M^{(1)} = MT^{-\sigma_3}, \quad M^{(2)} = M^{(1)}R^{(2)}, \quad M^{(3)} = M^{(2)}M_{RHP}^{(2)-1}, \quad M_{RHP}^{(2)} = EM^{(out)}.$$

倒推这些变换过程: $M(z) \leftrightarrows M^{(1)}(z) \leftrightarrows M^{(2)}(z) \leftrightarrows M^{(3)}(z) \leftrightarrows E(z)$, 得到

$$M = M^{(1)}T^{\sigma_3} = M^{(2)}R^{(2)-1}T^{\sigma_3} = M^{(3)}M_{RHP}^{(2)}R^{(2)-1}T^{\sigma_3}$$

$$= M^{(3)}EM^{(out)}R^{(2)-1}T^{\sigma_3}.$$

特别我们在垂直方向 $z \in \Omega_2, \Omega_5$ 中考虑 $z \to \infty$, 则有 $R^{(2)} = I$, 从而

$$M = \left(I + \frac{M_1^{(3)}}{z} + \cdots\right)\left(I + \frac{E_1}{z} + \cdots\right)\left(I + \frac{M_1^{(out)}}{z} + \cdots\right)\left(I + \frac{T_1\sigma_3}{z} + \cdots\right),$$

由此得到

$$M_1 = M_1^{(out)} + E_1 + M_1^{(3)} + T_1\sigma_3.$$

再由重构公式 (10.3.12) 和估计 (10.8.27), 即可得到

$$q(x,t) = 2i(M_1^{(out)})_{12} + 2i(E_1)_{12} + O(t^{-3/4}). \tag{10.9.4}$$

利用

$$2i(M_1^{(out)})_{12} = q_{sol}(x,t;\sigma_d^{out}). \tag{10.9.5}$$

记

$$M^{(out)} = \begin{pmatrix} m_{11} & m_{12} \\ m_{21} & m_{22} \end{pmatrix}, \tag{10.9.6}$$

由 (10.7.86), 可得到

$$(E_1)_{12} = \frac{1}{2i\sqrt{t}}(\beta_{12}m_{11}^2 + \beta_{21}m_{12}^2). \tag{10.9.7}$$

再利用 (10.7.63), 并注意到

$$\beta_{12}(z_0) = \overline{\beta_{21}(z_0)} = \alpha(z_0)e^{\frac{ix^2}{2t} - i\nu(z_0)\log(4t)}, \tag{10.9.8}$$

则 (10.9.7) 化为

$$(E_1)_{12} = t^{-1/2}f, \tag{10.9.9}$$

其中

$$f = m_{11}^2 \alpha(z_0)e^{ix^2/(2t) - \nu(z_0)\log 4t} + m_{12}^2 \overline{\alpha(z_0)}e^{-ix^2/(2t) + \nu(z_0)\log 4t}.$$

将 (10.9.5) 和 (10.9.9) 代入 (10.9.4), 得到

$$q(x,t) = q_{sol}(x,t;\sigma_d^{out}) + t^{-1/2}f + O(t^{-3/4}).$$

由 (10.7.53) 可知, 在锥 $\mathcal{S}(x_1, x_2, v_1, v_2)$ 内, 将 $q_{sol}(x,t;\sigma_d^{out})$ 换成 $q_{sol}(x,t;\sigma_d(\mathcal{I}))$ 相差一个指数误差, 其可以被 $O(t^{-3/4})$ 吸收, 因此我们得到

$$q(x,t) = q_{sol}(x,t;\sigma_d(\mathcal{I})) + t^{-1/2}f + O(t^{-3/4}),$$

上述渐近式中记号由 (10.9.3) 给出.

注 10.3   在非孤子解情况下, 即选取定理中的 v_1, v_2, 使得 $N(\mathcal{I}) = 0$, $M^{\Delta_{\mathcal{I}}}(z|\sigma_d(\mathcal{I})) = I$, 从而 $q_{sol}(x,t;\sigma_d(\mathcal{I})) = 0$, $m_{11} = 1$, $m_{12} = 0$, 此时, 渐近性 (10.9.2) 退化为

$$q(x,t) = t^{-1/2}\alpha(z_0)e^{ix^2/(2t) - \nu(z_0)\log 4t} + O(t^{-3/4}), \tag{10.9.10}$$

其中

$$\nu(s) = -\frac{1}{2\pi}\ln(1 + |r(s)|^2),$$

$$\arg\alpha(z_0) = \frac{\pi}{4} + \arg\Gamma(i\nu(z_0)) - \arg r(z_0) \mp 2\int_{-\infty}^{z_0}\ln|z - z_0|d\nu.$$

注 10.4   渐近结果 (10.9.2) 反映了 NLS 方程具备的孤子分解性质, 即当 $t \to \infty$ 时, NLS 方程的任何解可以分解为孤波和色散部分. 线性 NLS 方程 $iq_t + q_{xx}/2$ 是色散的, 其任何解具有性质 $||q||_{L^\infty} \sim t^{-1/2}$, 因此上述渐近结果 (10.9.2) 中, $t^{-1/2}$ 阶项为色散项的贡献; 当 NLS 方程包括非线性项 $q|q|^2$ 时, 散射数据对应的多孤波解 $q_{sol}(x,t;\sigma_d(\mathcal{I}))$ 会出现, 其由有限个单孤子解叠加.

附录 可解的矩阵 RH 问题

对于 $r_0 \in \mathbb{R}$, 令 $\nu = -\dfrac{1}{2\pi} \log(1 + |r_0|^2)$, 记 $\Sigma^{(pc)} = \bigcup_{j=1}^{4} \Sigma_j$,

$$\Sigma_j = \{\xi \in \mathbb{C} : \arg \xi = (2j-1)\pi/4\}, \quad j = 1, 2, 3, 4.$$

这 4 条线和实轴将 $\mathbb{C}$ 分成 6 个区域 Ω_j, $j = 1, \cdots, 6$.

考虑如下抛物柱面 RH 问题:

- $M^{(pc)}(\xi)$ 在 $\mathbb{C} \setminus \Sigma^{(2)}$ 内解析, $\hspace{2cm}$ (10.10.1)

- $M_+^{(pc)}(\xi) = M_-^{(pc)}(\xi) V^{(pc)}(\xi)$, $\xi \in \Sigma^{(2)}$, $\hspace{1cm}$ (10.10.2)

- $M^{(pc)}(\xi) = I + \dfrac{M_1^{(pc)}}{\xi} + O(\xi^{-2})$, $\quad \xi \to \infty$, $\hspace{1cm}$ (10.10.3)

其中跳跃矩阵为

$$V^{(pc)}(\xi) = \begin{cases} \xi^{i\nu\hat{\sigma}_3} e^{-\frac{i\xi^2}{4}\hat{\sigma}_3} \begin{pmatrix} 1 & 0 \\ r_0 & 1 \end{pmatrix}, & \xi \in \Sigma_1, \\[2mm] \xi^{i\nu\hat{\sigma}_3} e^{-\frac{i\xi^2}{4}\hat{\sigma}_3} \begin{pmatrix} 1 & \dfrac{\bar{r}_0}{1+|r_0|^2} \\ 0 & 1 \end{pmatrix}, & \xi \in \Sigma_2, \\[2mm] \xi^{i\nu\hat{\sigma}_3} e^{-\frac{i\xi^2}{4}\hat{\sigma}_3} \begin{pmatrix} 1 & 0 \\ \dfrac{r_0}{1+|r_0|^2} & 1 \end{pmatrix}, & \xi \in \Sigma_3, \\[2mm] \xi^{i\nu\hat{\sigma}_3} e^{-\frac{i\xi^2}{4}\hat{\sigma}_3} \begin{pmatrix} 1 & \bar{r}_0 \\ 0 & 1 \end{pmatrix}, & \xi \in \Sigma_4. \end{cases}$$

$\hspace{10cm}$ (10.10.4)

见图 10.14.

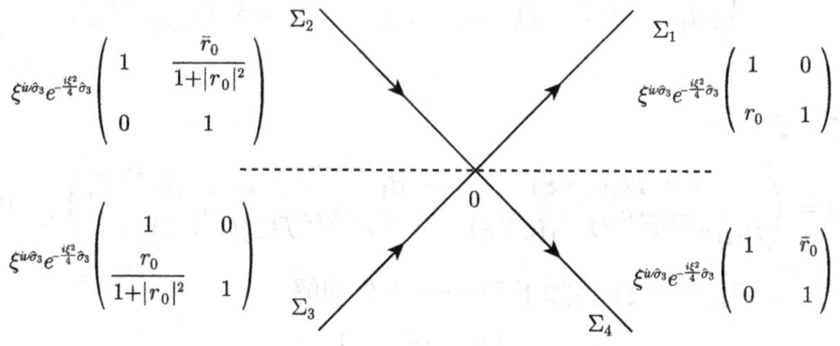

图 10.14 跳跃矩阵 $V^{(pc)}$

作变换

$$M^{(pc)} = \psi \mathcal{P} \xi^{-i\nu\sigma_3} e^{\frac{i}{4}\xi^2\sigma_3}, \tag{10.10.5}$$

其中

$$\mathcal{P}(\xi) = \begin{cases} \begin{pmatrix} 1 & 0 \\ -r_0 & 1 \end{pmatrix}, & \xi \in \Omega_1, \\[2ex] \begin{pmatrix} 1 & \dfrac{-\bar{r}_0}{1+|r_0|^2} \\ 0 & 1 \end{pmatrix}, & \xi \in \Omega_3, \\[3ex] \begin{pmatrix} 1 & 0 \\ \dfrac{r_0}{1+|r_0|^2} & 1 \end{pmatrix}, & \xi \in \Omega_4, \\[3ex] \begin{pmatrix} 1 & \bar{r}_0 \\ 0 & 1 \end{pmatrix}, & \xi \in \Omega_6, \\[2ex] \begin{pmatrix} 1 & 0 \\ 0 & 1 \end{pmatrix}, & \xi \in \Omega_2 \cup \Omega_5, \end{cases} \tag{10.10.6}$$

则得到一个只在 $\xi = 0$ 有跳跃的标准 RH 问题:

- $\psi(\xi)$ 在 $\mathbb{C} \setminus \mathbb{R}$ 内解析, $\tag{10.10.7}$

- $\psi_+(\xi) = \psi_-(\xi)v(0), \quad \xi \in \mathbb{R}, \tag{10.10.8}$

- $\psi(\xi)e^{\frac{i\xi^2}{4}\sigma_3}\xi^{-i\nu\sigma_3} \sim I, \quad \xi \to \infty. \tag{10.10.9}$

上述 RH 问题可以化为 Weber 方程, 得到抛物柱面显式解, $\psi(\xi) = (\psi_{ij})_{i,j=1}^2$ 的解可用抛物柱面函数给出, 在上半平面 $\xi \in \mathbb{C}^+$ 上:

$$\psi(\xi, r_0) = \begin{pmatrix} e^{\frac{-3i\pi a}{4}} D_a(e^{-\frac{3i\pi}{4}}\xi) & -i\beta_{12}e^{\frac{\pi(a-i)}{4}} D_{-a-1}(e^{-\frac{\pi i}{4}}\xi) \\ i\beta_{21}e^{-\frac{3\pi(a+i)}{4}} D_{a-1}(e^{-\frac{3\pi i}{4}}\xi) & e^{\frac{i\pi a}{4}} D_{-a}(e^{\frac{-\pi i}{4}}\xi) \end{pmatrix}; \tag{10.10.10}$$

在 $\xi \in \mathbb{C}^-$ 上:

$$\psi(\xi, r_0) = \begin{pmatrix} e^{\frac{i\pi a}{4}} D_a(e^{\frac{i\pi}{4}}\xi) & -i\beta_{12}e^{\frac{-3\pi(a-i)}{4}} D_{-a-1}(e^{\frac{3\pi i}{4}}\xi) \\ i\beta_{21}e^{\frac{-\pi(a+i)}{4}} D_{a-1}(e^{\frac{\pi i}{4}}\xi) & e^{\frac{-3i\pi a}{4}} D_{-a}(e^{\frac{3\pi i}{4}}\xi) \end{pmatrix}, \tag{10.10.11}$$

其中 $D_a(\zeta) = D_a(e^{-\frac{3i\pi}{4}}\xi)$ 为如下 Weber 方程的解

$$\partial_\zeta^2 D_a(\zeta) + \left[\frac{1}{2} - \frac{\zeta^2}{4} + a\right] D_a(\zeta) = 0, \tag{10.10.12}$$

其中 $a = i\beta_{12}\beta_{21} = i\nu$. 函数 $D_a(\zeta)$ 具有如下渐近性

$$
D_a(\zeta) = \begin{cases}
\zeta^a e^{-\zeta^2/4}(1 + O(\zeta^{-2})), \quad |\arg\zeta| < \dfrac{3\pi}{4}, \\[2mm]
\zeta^a e^{-\zeta^2/4}(1 + O(\zeta^{-2})) - (2\pi)^{1/2}\Gamma^{-1}(-a)e^{a\pi i}\zeta^{-a-1}e^{\zeta^2/4}(1 + O(\zeta^{-2})), \\[2mm]
\quad \dfrac{\pi}{4} < \arg\zeta < \dfrac{5\pi}{4}, \\[2mm]
\zeta^a e^{-\zeta^2/4}(1 + O(\zeta^{-2})) - (2\pi)^{1/2}\Gamma^{-1}(-a)e^{-a\pi i}\zeta^{-a-1}e^{\zeta^2/4}(1 + O(\zeta^{-2})), \\[2mm]
\quad -\dfrac{5\pi}{4} < \arg\zeta < -\dfrac{\pi}{4}.
\end{cases}
$$

$$(10.10.13)$$

将上述结果代入公式 (10.10.8), 得到

$$
v(0) = (\psi_-)^{-1}\psi_+ = \begin{pmatrix} 1 + |r_0|^2 & \bar{r}_0 \\ r_0 & 1 \end{pmatrix},
$$

特别地

$$
r(z_0) = \psi_{11}^-\psi_{21}^+ - \psi_{21}^-\psi_{11}^+ = \frac{(2\pi)^{1/2}e^{i\pi/4}e^{-\pi\nu/2}}{\beta_{12}\Gamma(-a)},
$$

从而得到

$$
\beta_{12} = \frac{\sqrt{2\pi}e^{i\pi/4}e^{-\pi\nu/2}}{r_0\Gamma(-a)}, \qquad \beta_{21} = \frac{-\sqrt{2\pi}e^{-i\pi/4}e^{-\pi\nu/2}}{r_0^*\Gamma(a)} = \frac{\nu}{\beta_{12}}. \qquad (10.10.14)
$$

由 (10.10.5), 得到

$$
M^{(pc)}(\xi) = I + \frac{M_1^{(pc)}}{\xi} + O(i\xi^{-2}), \qquad (10.10.15)
$$

其中

$$
M_1^{(pc)} = \begin{pmatrix} 0 & \beta_{12} \\ -\beta_{21} & 0 \end{pmatrix}.
$$

注 10.5　一般步骤描述:

▶ **分类极点**　构造 $T(z) = \prod_{k \in \Delta_{z_0}^-} \dfrac{z - \bar{z}_k}{z - z_k}\delta(z)$, 获得如下变换

$$
M(z) \xrightarrow[\text{极点分类、跳跃矩阵上下三角分解}]{M^{(1)} = MT^{-\sigma_3}} M^{(1)}.
$$

▶ **连续延拓**　构造 $R^{(2)}$,

$$
M^{(1)}(z) \xrightarrow[\text{连续延拓}]{M^{(2)} = M^{(1)}R^{(2)}} \text{混合}: M^{(2)} = \begin{cases} \bar{\partial}R^{(2)} \neq 0 \to \text{纯 } \bar{\partial}: M^{(3)}, \\[2mm] \bar{\partial}R^{(2)} = 0 \to \text{纯 RH}: M_{RHP}^{(2)}. \end{cases}
$$

$$(10.10.16)$$

▶ **处理** $M^{(3)}$　作变换 $M^{(3)} = M^{(2)}(M^{(2)}_{RHP})^{-1}$, 得到 $\bar{\partial}$-方程

$$\bar{\partial} M^{(3)} = M^{(3)} W^{(3)}.$$

其解可用二阶奇性积分刻画

$$M^{(3)}(z) = I - \frac{1}{\pi} \iint\limits_{\mathbb{C}} \frac{M^{(3)} W^{(3)}}{s - z} dA(s)$$

$$= I + M_1^{(3)}/z + o(z^{-1}).$$

而 $M_1^{(3)}$ 具有如下估计

$$|M_1^{(3)}| \leqslant c t^{-3/4}, \quad t \to \infty.$$

▶ **处理** $M^{(2)}_{RHP}$

$$M^{(2)}_{RHP}(\text{极点 + 跳跃线}) = \begin{cases} \text{外部贡献来自离散谱: } M^{(2)}_{RHP} = EM^{(out)}, \\ \text{内部贡献来自跳跃线: } M^{(2)}_{RHP} = EM^{(out)} M^{(pc)}. \end{cases}$$

$$(10.10.17)$$

▶ **处理外部** M^{out}　贡献来自离散谱 + 反射 $\delta(z)$

$$M^{out} = M^{\Delta^-_{z_0}} \delta^{\sigma_3},$$

其中 $M^{\Delta^-_{z_0}}$ 为纯孤子解

$$M^{\Delta^-_{z_0}} = M(z; \hat{\sigma}_d(\mathcal{I})) + O(e^{-4\mu t}), \tag{10.10.18}$$

$$q^{out}_{sol} = q_{sol}(x, t; \hat{\sigma}_d(\mathcal{I})) + O(e^{-4\mu t}). \tag{10.10.19}$$

▶ **处理内部** E　由定义 (10.10.17) 决定一个小范数 RH 问题:

$$E_+ = E_- V^E, \quad V^E = \begin{cases} M^{out} V^{(2)} (M^{out})^{-1}, \\ M^{out} M^{(pc)} (M^{out})^{-1}, \end{cases} \tag{10.10.20}$$

根据 Beals-Coifman 理论, 可以形式构造 E

$$E(z) = I + \frac{1}{2\pi I} \int_{\mathbb{C}} \frac{\mu_E(V^E - I)}{s - z} dA(s)$$

$$= I + E_1^{(3)}/z + o(z^{-2}),$$

其中

$$E_1(x, t) = \frac{1}{2i\sqrt{t}} M^{(out)}(z_0) M_1^{(PC)}(z_0) M^{(out)}(z_0)^{-1} + O(t^{-1}).$$

▶ **获得 NLS 方程渐近性**

$$M_1 = M_1^{(3)} + E_1 + M_1^{(out)} + T_1\sigma_3,$$

$$q = q_{sol}(x,t;\sigma_d(\mathcal{I})) + t^{-1/2}f^+ + O(t^{-3/4}).$$

$$M(z) \xrightarrow[\text{引入}T:\ \text{分类}\ M\ \text{极点、三角分解}\ V]{M^{(1)}=MT^{-\sigma_3}} M^{(1)} \xrightarrow[\text{引入}R^{(2)}:\ \text{连续延拓}]{M^{(2)}=M^{(1)}R^{(2)}} M^{(2)}$$

$$= \begin{cases} \bar{\partial}R^{(2)} = 0 \to M_{RHP}^{(2)} = \begin{cases} \text{外部贡献来自极点：}\ EM^{(out)} \Longrightarrow M^{(out)}, \\ \text{内部贡献来自跳跃线：}\ EM^{(out)}M^{(pc)}: \\ E_+ = E_-V^E \Longrightarrow E. \end{cases} \\ \bar{\partial}R^{(2)} \neq 0 \to M^{(3)} = M^{(2)}(M_{RHP}^{(2)})^{-1}:\ \bar{\partial}M^{(3)} = M^{(3)}W^{(3)} \Longrightarrow M^{(3)}, \end{cases}$$

$$M = M^{(3)}EM^{(out)}R^{(2)^{-1}}T^{\sigma_3} \Longrightarrow q = 2i\lim_{z\to\infty}(zM)_{12}$$

$$= q_{sol}(x,t;\sigma_d(\mathcal{I})) + t^{-1/2}f + O(t^{-3/4}).$$

第 11 章　正交多项式

11.1　正交多项式基本概念

我们先看一个简单例子.

例 11.1　假设 m, n 为非负整数, 则由三角函数的积化和差公式

$$\cos m\theta \cos n\theta = \frac{1}{2}[\cos(m+n)\theta + \cos(m-n)\theta], \tag{11.1.1}$$

直接计算可知

$$(\cos m\theta, \cos n\theta) = \int_0^\pi \cos m\theta \cos n\theta d\theta = \begin{cases} 0, & m \neq n, \\ \dfrac{\pi}{2}, & m = n, \end{cases} \tag{11.1.2}$$

因此, $\{1, \cos\theta, \cos 2\theta, \cdots\}$ 在 $[0, \pi]$ 上构成一个正交三角函数序列. 下面我们将其改造为正交多项式序列.

令

$$\cos\theta = x, \quad \cos n\theta = T_n(x), \quad n = 0, 1, 2, \cdots,$$

则有

$$T_0(x) = 1, \quad T_1(x) = x,$$
$$T_2(x) = \cos 2\theta = 2\cos^2\theta - 1 = 2x^2 - 1, \cdots.$$

一般地, 在 (11.1.1) 中, 取 $m = 1$, 有

$$\cos(n+1)\theta = 2\cos n\theta \cos\theta - \cos(n-1)\theta,$$

即

$$T_{n+1}(x) = 2xT_n(x) - T_{n-1}(x), \quad n = 0, 1, 2, \cdots. \tag{11.1.3}$$

从上面递推公式可以看出, 知道前两项, 便可以递推第三项, 例如

$$\{T_0(x), T_1(x)\} \Longrightarrow T_2(x), \quad \{T_1(x), T_2(x)\} \Longrightarrow T_3(x),$$

......

由递推公式 (11.1.3), 可知 $\{T_n(x)\}$ 构成 x 的多项式序列, 如下证明正交性.

由于 $\cos\theta = x$, 可知

$$\theta = \arccos x, \quad d\theta = -\frac{1}{\sqrt{1-x^2}}dx.$$

因此, (11.1.2) 改写为

$$\int_{-1}^{1} T_m(x)T_n(x)\frac{1}{\sqrt{1-x^2}}dx = \begin{cases} 0, & m \neq n, \\ \dfrac{\pi}{2}, & m = n, \end{cases} \tag{11.1.4}$$

由 (11.1.4) 定义的多项式序列 $\{T_n(x)\}$ 称区间 $(-1,1)$ 上关于权函数 $(1-x^2)^{1/2}$ 的正交多项式, 称为 Tchebichef 正交多项式.

下面我们给出正交多项式的一般定义.

定义 11.1 设 $w(x)$ 为 (a,b) 上非负可积函数, 如果 (a,b) 无界, 要求矩 (moments)

$$\mu_n = \int_a^b x^n w(x)dx, \quad n = 0, 1, \cdots$$

有限. 如果存在多项式序列 $\{P_n(x)\}_{n=0}^{\infty}$, 满足

$$\int_a^b P_n(x)P_m(x)w(x)dx = K_n\delta_{m,n}, \quad K_n \neq 0, \quad n = 0, 1, \cdots,$$

则称 $\{P_n(x)\}_{n=0}^{\infty}$ 为 (a,b) 上关于权函数 $w(x)$ 的正交多项式.

特别, 当 $K_n = 1$ 时, 即

$$\int_a^b P_n(x)P_m(x)w(x)dx = \delta_{m,n}, \quad K_n \neq 0, \quad n = 0, 1, \cdots,$$

称 $\{P_n(x)\}_{n=0}^{\infty}$ 为标准正交多项式序列.

11.2 正交多项式的性质

为方便, 以下我们使用记号

$$\mathcal{L}[f] = \int_a^b f(x)w(x)dx.$$

性质 11.1　　设 $\{P_n(x)\}$ 为多项式序列, 则以下性质等价:

(1) $\{P_n(x)\}$ 为正交多项式;

(2) $\mathcal{L}[P_n(x)\pi(x)] = 0,\ \deg(\pi(x)) < n, \mathcal{L}[P_n(x)\pi(x)] \neq 0,\ \deg(\pi(x)) = n;$

(3) $\mathcal{L}[x^m P_n(x)] = K_n \delta_{m,n}, K_n \neq 0.$

性质 11.2　　设 $\{P_n(x)\}$ 为正交多项式序列, 则对任意一个 n 次多项式 $\pi_n(x)$, 有

$$\pi_n(x) = \sum_{k=0}^{n} c_k P_k(x),$$

其中

$$c_k = \frac{\mathcal{L}[\pi_n(x)P_k(x)]}{\mathcal{L}[P_k^2(x)]}, \quad k = 0, 1, 2, \cdots.$$

11.2.1　三项递推公式

性质 11.3　　设 $\{P_n(x)\}$ 为正交多项式序列, 则存在常数 $a_{n,n+1}, a_{n,n}, a_{n,n-1}$, 使得 $\{P_n(x)\}$ 满足三项递推公式

$$xP_n(x) = a_{n,n+1}P_{n+1}(x) + a_{n,n}P_n(x) + a_{n,n-1}P_{n-1}(x), \tag{11.2.1}$$

其中

$$a_{n,n+1} = \frac{k_n}{k_{n+1}}, \quad a_{n,n} = \frac{\mathcal{L}[xP_n^2(x)]}{\mathcal{L}[P_n^2(x)]}, \quad a_{n,n-1} = \frac{k_n}{k_{n-1}}\frac{\mathcal{L}[P_n^2(x)]}{\mathcal{L}[P_{n-1}^2(x)]},$$

这里 k_n 为 $P_n(x)$ 的首项系数, 并规定 $P_{-1}(x) = 0.$ 特别, 有

- 对首一正交多项式, $k_n = 1$, 则三项递推公式简化为

$$xP_n(x) = P_{n+1}(x) + a_{n,n}P_n(x) + a_{n,n-1}P_{n-1}(x),$$

其中递推系数

$$a_{n,n} = \frac{\mathcal{L}[xP_n^2(x)]}{\mathcal{L}[P_n^2(x)]}, \quad a_{n,n-1} = \frac{\mathcal{L}[P_n^2(x)]}{\mathcal{L}[P_{n-1}^2(x)]}.$$

- 对标准正交多项式, $\mathcal{L}[P_n^2(x)] = 1$, 则三项递推公式简化为

$$xP_n(x) = b_n P_{n+1}(x) + a_n P_n(x) + b_{n-1}P_{n-1}(x), \tag{11.2.2}$$

其中递推系数

$$b_n = \frac{k_n}{k_{n+1}}, \quad a_n = \mathcal{L}[xP_n^2(x)].$$

证明 由于 $xP_n(x)$ 为 $n+1$ 次多项式, 利用性质 11.2, 可得

$$xP_n(x) = \sum_{k=0}^{n} a_{n,k} P_k(x),\qquad(11.2.3)$$

其中

$$a_{n,k} = \frac{\mathcal{L}[xP_n(x)P_k(x)]}{\mathcal{L}[P_k^2(x)]} = \frac{\mathcal{L}[P_n(x)xP_k(x)]}{\mathcal{L}[P_k^2(x)]}.\qquad(11.2.4)$$

由 $\{P_n(x)\}$ 的正交性, 对于 $1 \leqslant k+1 < n$, 即 $0 \leqslant k < n-1$, 有

$$a_{n,k} = 0, \quad k = 0,1,2,\cdots,$$

从而 (11.2.3) 化为

$$xP_n(x) = a_{n,n+1}P_{n+1}(x) + a_{n,n}P_n(x) + a_{n,n-1}P_{n-1}(x),$$

其中递推系数为

$$a_{n,n+1} = \frac{\mathcal{L}[xP_nP_{n+1}]}{\mathcal{L}[P_{n+1}^2]} = \frac{\mathcal{L}\left[\dfrac{k_n}{k_{n+1}}(P_{n+1}+\cdots)P_{n+1}\right]}{\mathcal{L}[P_{n+1}^2]} = \frac{k_n}{k_{n+1}}.$$

$$a_{n,n} = \frac{\mathcal{L}[xP_n^2(x)]}{\mathcal{L}[P_n^2(x)]}.$$

$$a_{n,n-1} = \frac{\mathcal{L}[xP_nP_{n-1}]}{\mathcal{L}[P_{n-1}^2]} = \frac{\mathcal{L}\left[\dfrac{k_{n-1}}{k_n}(P_n+\cdots)P_n\right]}{\mathcal{L}[P_{n-1}^2]} = \frac{k_{n-1}}{k_n}\frac{\mathcal{L}[P_n^2(x)]}{\mathcal{L}[P_{n-1}^2(x)]}.$$

11.2.2 Darboux-Christoffel 公式

性质 11.4 设 $\{P_n(x)\}$ 为一般的正交多项式序列, 则

$$\sum_{j=0}^{n} \frac{P_j(x)P_j(y)}{\mathcal{L}[P_j^2(x)]} = \frac{k_n}{k_{n+1}}\frac{1}{\mathcal{L}[P_n^2(x)]}\frac{P_{n+1}(x)P_n(y) - P_n(x)P_{n+1}(y)}{x-y}.$$

特别对两类特殊的正交多项式, 有

- 对首一正交多项式, $k_n = 1$, 记 $\mathcal{L}[P_j^2] = h_j$, 则

$$\sum_{j=0}^{n} \frac{P_j(x)P_j(y)}{h_j} = \frac{1}{h_n}\frac{P_{n+1}(x)P_n(y) - P_n(x)P_{n+1}(y)}{x-y};\qquad(11.2.5)$$

- 对标准正交多项式, $\mathcal{L}[P_n^2(x)] = 1$, 则

$$\sum_{j=0}^{n} P_j(x)P_j(y) = \frac{k_n}{k_{n+1}}\frac{P_{n+1}(x)P_n(y) - P_n(x)P_{n+1}(y)}{x-y}.\qquad(11.2.6)$$

证明　将三项递推公式 (11.2.1) 中的下标 n 换成 j, 并乘 $P_j(y)$, 得到

$$xP_j(x)P_j(y) = a_{j,j+1}P_{j+1}(x)P_j(y) + a_{j,j}P_j(x)P_j(y) + a_{j,j-1}P_{j-1}(x)P_j(y).$$
(11.2.7)

对调变量 x 和 y, 有

$$yP_j(x)P_j(y) = a_{j,j+1}P_{j+1}(y)P_j(x) + a_{j,j}P_j(x)P_j(y) + a_{j,j-1}P_{j-1}(y)P_j(x).$$
(11.2.8)

两式相减得到

$$
\begin{aligned}
&(x-y)P_j(x)P_j(y) \\
&= a_{j,j+1}(P_{j+1}(x)P_j(y) - P_{j+1}(y)P_j(x)) - a_{j,j-1}(P_j(x)P_{j-1}(y) - P_j(y)P_{j-1}(x)) \\
&= \frac{k_j}{k_{j+1}}(P_{j+1}(x)P_j(y) - P_{j+1}(y)P_j(x)) \\
&\quad - \frac{k_{j-1}}{k_j}\frac{\mathcal{L}[P_j^2(x)]}{\mathcal{L}[P_{j-1}^2(x)]}(P_j(x)P_{j-1}(y) - P_j(y)P_{j-1}(x)).
\end{aligned}
$$

将其改写为

$$
\begin{aligned}
&(x-y)\frac{P_j(x)P_j(y)}{\mathcal{L}[P_j^2(x)]} \\
&= \frac{k_j}{k_{j+1}}\frac{1}{\mathcal{L}[P_j^2(x)]}(P_{j+1}(x)P_j(y) - P_{j+1}(y)P_j(x)) \\
&\quad - \frac{k_{j-1}}{k_j}\frac{1}{\mathcal{L}[P_{j-1}^2(x)]}(P_j(x)P_{j-1}(y) - P_j(y)P_{j-1}(x)). \\
&\triangleq F_j(x,y) - F_{j-1}(x,y).
\end{aligned}
$$
(11.2.9)

两边对 j 求和, 则得到 Darboux-Christoffel 公式

$$
\begin{aligned}
\sum_{j=0}^{n}\frac{P_j(x)P_j(y)}{\mathcal{L}[P_j^2(x)]} &= F_n(x,y) - F_{-1}(x,y) \\
&= \frac{k_n}{k_{n+1}}\frac{1}{\mathcal{L}[P_n^2(x)]}\frac{P_{n+1}(x)P_n(y) - P_n(x)P_{n+1}(y)}{x-y}.
\end{aligned}
$$
(11.2.10)

若首一正交多项式 $k_n = 1$, 则公式 (11.2.10) 退化为公式 (11.2.5); 若标准正交多项式 $\mathcal{L}[P_j^2(x)] = 1$, 则公式 (11.2.10) 退化为公式 (11.2.6).

11.2.3 Hankel 行列式表示

对给定的权函数 $w(s)$, 可构造相应的矩 μ_j, 即

$$\mu_j = \int_a^b x^j w(x) dx, \quad j = 0, 1, \cdots,$$

称如下对称行列式

$$\Delta_n = \begin{vmatrix} \mu_0 & \mu_1 & \cdots & \mu_n \\ \mu_1 & \mu_2 & \cdots & \mu_{n+1} \\ \vdots & \vdots & & \vdots \\ \mu_{n-1} & \mu_n & \cdots & \mu_{2n-1} \\ \mu_n & \mu_{n+1} & \cdots & \mu_{2n} \end{vmatrix}$$

为 $n+1$ 阶 Hankel 行列式. 正交多项式的存在性与 Hankel 行列式密切相关.

定理 11.1 正交多项式存在 $\Longleftrightarrow \Delta_n \neq 0, n = 0, 1, \cdots$.

证明 假设 n 次多项式形式为

$$p_n(x) = \sum_{k=0}^n c_{n,k} x^k, \tag{11.2.11}$$

其中 $c_{n,0}, \cdots, c_{n,n}$ 为待定系数. 由正交性

$$\mathcal{L}[x^m p_n(x)] = \sum_{k=0}^n c_{n,k} \mathcal{L}(x^{k+m}) = \sum_{k=0}^n c_{n,k} \mu_{m+k} = K_n \delta_{m,n}, \quad m = 0, 1, 2, \cdots$$

等价展开为

$$\mu_0 c_{n,0} + \mu_1 c_{n,1} + \cdots + \mu_n c_{n,n} = 0,$$
$$\mu_1 c_{n,0} + \mu_2 c_{n,1} + \cdots + \mu_{n+1} c_{n,n} = 0,$$
$$\cdots\cdots$$
$$\mu_{n-1} c_{n,0} + \mu_n c_{n,1} + \cdots + \mu_{2n-1} c_{n,n} = 0,$$
$$\mu_n c_{n,0} + \mu_{n+1} c_{n,1} + \cdots + \mu_{2n} c_{n,n} = K_n.$$

改写成矩阵形式为

$$\begin{pmatrix} \mu_0 & \mu_1 & \cdots & \mu_n \\ \mu_1 & \mu_2 & \cdots & \mu_{n+1} \\ \vdots & \vdots & & \vdots \\ \mu_{n-1} & \mu_n & \cdots & \mu_{2n-1} \\ \mu_n & \mu_{n+1} & \cdots & \mu_{2n} \end{pmatrix} \begin{pmatrix} c_{n,0} \\ c_{n,1} \\ \vdots \\ c_{n,n-1} \\ c_{n,n} \end{pmatrix} = \begin{pmatrix} 0 \\ 0 \\ \vdots \\ 0 \\ K_n \end{pmatrix}. \tag{11.2.12}$$

由 Cramer 法则, 知道正交多项式 $\{p_n(x)\}$ 存在 $\Longleftrightarrow$ 线性方程组 (11.2.12) 有唯一解 $\Longleftrightarrow \Delta_n \neq 0$.

下面我们考虑正交多项式的 Hankel 行列式表示.

定理 11.2 定义变量 x 的 n 次多项式

$$
D_n(x) = \begin{vmatrix}
\mu_0 & \mu_1 & \cdots & \mu_n \\
\mu_1 & \mu_2 & \cdots & \mu_{n+1} \\
\vdots & \vdots & & \vdots \\
\mu_{n-1} & \mu_n & \cdots & \mu_{2n-1} \\
1 & x & \cdots & x^n
\end{vmatrix},
$$

并规定 $D_{-1}(x) = 1, D_0(x) = 1$. 则

$$
p_n(x) = \frac{1}{\sqrt{\Delta_{n-1}\Delta_n}} D_n(x), \quad n = 0, 1, 2, \cdots
$$

为标准正交多项式序列, 即

$$
\int p_m(x)p_n(x)w(x)dx = \delta_{m,n}, \quad m, n = 0, 1, \cdots.
$$

而且

$$
p_n(x) = \sqrt{\frac{\Delta_{n-1}}{\Delta_n}} \pi_n(x) \equiv k_n \pi_n(x),
$$

其中 π_n 为首一的正交多项式

$$
\pi_n(x) = x^n + a_{n,n-1}x^{n-1} + \cdots + a_{n,0}.
$$

证明

$$
\sqrt{\Delta_{n-1}\Delta_n} \int x^j p_n(x)w(x)dx
$$

$$
= \int x^j D_n(x)w(x)dx
$$

$$
= \int x^j w(x) \begin{vmatrix}
\mu_0 & \mu_1 & \cdots & \mu_n \\
\mu_1 & \mu_2 & \cdots & \mu_{n+1} \\
\vdots & \vdots & & \vdots \\
\mu_{n-1} & \mu_n & \cdots & \mu_{2n-1} \\
1 & x & \cdots & x^n
\end{vmatrix} dx
$$

$$
= \begin{vmatrix}
\mu_0 & \mu_1 & \cdots & \mu_n \\
\mu_1 & \mu_2 & \cdots & \mu_{n+1} \\
\vdots & \vdots & & \vdots \\
\mu_{n-1} & \mu_n & \cdots & \mu_{2n-1} \\
\int x^j w(x)dx & \int x^{j+1} w(x)dx & \cdots & \int x^{j+n} w(x)dx
\end{vmatrix}
$$

$$= \begin{vmatrix} \mu_0 & \mu_1 & \cdots & \mu_n \\ \mu_1 & \mu_2 & \cdots & \mu_{n+1} \\ \vdots & \vdots & & \vdots \\ \mu_{n-1} & \mu_n & \cdots & \mu_{2n-1} \\ \mu_j & \mu_{j+1} & \cdots & \mu_{j+n} \end{vmatrix}.$$

观察上述行列, 可发现当 $j < n$ 时, 最后一行恰好与前面某行相同, 因此

$$\int x^j p_n(x) w(x) dx = 0, \quad j < n. \tag{11.2.13}$$

下证

$$\int p_n^2(x) w(x) dx = 1.$$

事实上

$$\Delta_{n-1} \Delta_n \int p_n^2(x) w(x) dx$$

$$= \int D_n^2(x) w(x) dx$$

$$= \int (\Delta_{n-1} x^n + \cdots) D_n(x) w(x) dx = \Delta_{n-1} \int x^n D_n(x) w(x) dx$$

$$= \Delta_{n-1} \int x^n w(x) \begin{vmatrix} \mu_0 & \mu_1 & \cdots & \mu_n \\ \mu_1 & \mu_2 & \cdots & \mu_{n+1} \\ \vdots & \vdots & & \vdots \\ \mu_{n-1} & \mu_n & \cdots & \mu_{2n-1} \\ 1 & x & \cdots & x^n \end{vmatrix} dx$$

$$= \Delta_{n-1} \begin{vmatrix} \mu_0 & \mu_1 & \cdots & \mu_n \\ \mu_1 & \mu_2 & \cdots & \mu_{n+1} \\ \vdots & \vdots & & \vdots \\ \mu_{n-1} & \mu_n & \cdots & \mu_{2n-1} \\ \mu_n & \mu_{n+1} & \cdots & \mu_{2n} \end{vmatrix} = \Delta_{n-1} \Delta_n.$$

因此

$$\int p_n^2(x) w(x) dx = 1. \tag{11.2.14}$$

公式 (11.2.13) 和公式 (11.2.14) 表明 $\{p_n(x)\}$ 为标准正交多项式序列.

11.3　正交多项式与 Jacobi 矩阵

11.3.1　正交多项式与 Jacobi 矩阵联系

对 $n = 0, 1, 2, \cdots$ 展开标准正交多项式的三项递推公式 (11.2.2), 得到

$$xp_0(x) = a_0 p_0(x) + b_0 p_1(x),$$
$$xp_1(x) = b_0 p_0(x) + a_1 p_1(x) + b_1 p_2(x),$$
$$xp_2(x) = b_1 p_1(x) + a_2 p_2(x) + b_2 p_3(x),$$
$$\cdots\cdots$$

将其改写为矩阵形式

$$x \begin{pmatrix} p_0(x) \\ p_1(x) \\ p_2(x) \\ \vdots \end{pmatrix} = \begin{pmatrix} a_0 & b_0 & 0 & \cdots \\ b_0 & a_1 & b_1 & \cdots \\ 0 & b_1 & a_2 & \ddots \\ \vdots & \vdots & \ddots & \ddots \end{pmatrix} \begin{pmatrix} p_0(x) \\ p_1(x) \\ p_2(x) \\ \vdots \end{pmatrix} \equiv T \begin{pmatrix} p_0(x) \\ p_1(x) \\ p_2(x) \\ \vdots \end{pmatrix}, \quad (11.3.1)$$

即

$$(T - xI) \begin{pmatrix} p_0(x) \\ p_1(x) \\ p_2(x) \\ \vdots \end{pmatrix} = 0, \quad (11.3.2)$$

其中 T 称为无穷维 Jacobi 矩阵或者算子, 而正交多项式 $\{p_n(x)\}$ 可形式地看作无穷维 Jacobi 矩阵关于变量 x 的特征向量.

11.3.2　正交多项式零点分布

引理 11.1　如果 $f(\lambda) = (f(1), \cdots, f(n))^{\mathrm{T}} \neq 0$ 为 n 维 Jacobi 矩阵

$$T_{n-1} = \begin{pmatrix} a_0 & b_0 & 0 & \cdots & 0 \\ b_0 & a_1 & b_1 & \ddots & \vdots \\ 0 & b_1 & a_2 & \ddots & 0 \\ \vdots & \ddots & \ddots & \ddots & b_{n-2} \\ 0 & \cdots & 0 & b_{n-2} & a_{n-1} \end{pmatrix} \quad (11.3.3)$$

对应 λ 的特征向量, 则 $f(1) \neq 0, f(n) \neq 0$.

证明 由特征值和特征向量定义, 有

$$(T_{n-1} - \lambda I)f = 0, \tag{11.3.4}$$

得到

$$(a_0 - \lambda)f(1) + b_0 f(2) = 0, \tag{11.3.5}$$

$$b_1 f(1) + (a_1 - \lambda)f(2) + b_1 f(3) = 0, \tag{11.3.6}$$

$$\cdots\cdots$$

$$b_{n-3}f(n-2) + (a_{n-2} - \lambda)f(n-1) + b_{n-2}f(n) = 0, \tag{11.3.7}$$

$$b_{n-2}f(n-1) + (a_{n-1} - \lambda)f(n) = 0. \tag{11.3.8}$$

若 $f(1) = 0$, 代入 (11.3.5), 由于 $b_0 \neq 0$, 则 (11.3.5) $\Longrightarrow f(2) = 0$.

将 $f(1) = f(2) = 0$ 代入 (11.3.6), 由于 $b_1 \neq 0$, 则 (11.3.6) $\Longrightarrow f(3) = 0$.

一般地, 由前 $n-2$ 个方程可推出

$$f(1) = f(2) = \cdots = f(n-1) = 0.$$

代入 (11.3.8), 由于 $b_{n-2} \neq 0$, (11.3.8) $\Longrightarrow f(n) = 0$. 因此

$$f(\lambda) = (f(1), f(2), \cdots, f(n)) = 0.$$

与特征向量非零矛盾. 反之, $f(n) = 0$, 也可推出 $f(\lambda) = 0$, 矛盾.

定理 11.3 假设 $\{p_n(x)\}$ 为正交多项式序列, 则

(i) λ 为 $p_n(x)$ 的零点 $\Longleftrightarrow$ λ 为 Jacobi 矩阵 T_{n-1} 的特征值.

(ii) n 次正交多项式 $p_n(x)$ 的 n 个根为实的、简单的.

(iii) $p_n(x)$ 的零点和 $p_{n+1}(x)$ 的零点相互交错, $p_n(x)$ 的两个零点之间恰有 $p_{n+1}(x)$ 一个零点, 反之也一样.

证明 (i) 展开 (11.3.2) 的前 $n-1$ 行, 可得到

$$(a_0 - \lambda)p_0(\lambda) + b_0 p_1(\lambda) = 0, \tag{11.3.9}$$

$$b_1 p_0(\lambda) + (a_1 - \lambda)p_1(\lambda) + b_1 p_2(\lambda) = 0, \tag{11.3.10}$$

$$\cdots\cdots$$

$$b_{n-3}p_{n-3}(\lambda) + (a_{n-2} - \lambda)p_{n-2}(\lambda) + b_{n-2}p_{n-1}(\lambda) = 0, \tag{11.3.11}$$

$$b_{n-2}p_{n-2}(\lambda) + (a_{n-1} - \lambda)p_{n-1}(\lambda) + b_{n-1}p_n(\lambda) = 0. \tag{11.3.12}$$

当 $p_n(\lambda) = 0$, 即 λ 为 $p_n(x)$ 的零点时, 方程组 (11.3.9)—(11.3.12) 可写为如下矩阵形式

$$(T_{n-1} - \lambda I) \begin{pmatrix} p_0 \\ p_1 \\ \vdots \\ p_{n-1} \end{pmatrix} = 0, \tag{11.3.13}$$

这说明 λ 为 Jacobi 矩阵 T_{n-1} 的特征值. 反之, 如果 λ 为 Jacobi 矩阵 T_{n-1} 的特征值, 则 (11.3.13) 满足, 其展开式的第 n 个方程为

$$b_{n-2}p_{n-2}(\lambda) + (a_{n-1} - \lambda)p_{n-1}(\lambda) = 0. \tag{11.3.14}$$

(11.3.12) 和 (11.3.14) 结合推知

$$b_{n-1}p_n(\lambda) = 0,$$

由于 $b_{n-1} \neq 0$, 因此 $p_n(\lambda) = 0$, 说明 λ 为 $p_n(x)$ 的零点. 因此, λ 为 $p_n(x)$ 的零点 $\Longleftrightarrow$ λ 为 T_{n-1} 的特征值.

(ii) 由于 T_{n-1} 为对称矩阵, 可知 T_{n-1} 的特征值全为实的, 从而 $p_n(x)$ 的零点为实的. 另一方面, T_{n-1} 为对称矩阵, 可知 T_{n-1} 具有 n 个线性无关的特征向量 $f_1, \cdots, f_n$. 只需证明 T_{n-1} 的不同特征向量对应不同的特征值. 反证, 假设 f_k, f_j 对应同一特征值 λ, 即

$$T_{n-1}f_k = \lambda f_k, \quad T_{n-1}f_j = \lambda f_j,$$

则对 $\forall a, b \neq 0$, $g = af_k + bf_j$ 也是 T_{n-1} 对应 λ 的特征向量, 即

$$T_{n-1}g = \lambda g.$$

假设 $g = (g(1), g(2), \cdots, g(n))^{\mathrm{T}}$, 可选取 a, b, 使得

$$g(1) = af_k(1) + bf_j(1) = 0.$$

由引理 11.1, 可知

$$g(1) = g(2) = \cdots = g(n) = 0,$$

从而 $g = 0$. 说明 f_k, f_j 线性相关, 与它们线性无关矛盾. 因此, T_{n-1} 的 n 个线性无关的特征向量对应 n 个不同的特征值, 从而 $p_n(x)$ 的零点为实的、简单的.

(iii) 由 (i), 正交多项式 $p_n(x), p_{n+1}(x)$ 的零点分别对应于 T_{n-1} 和 T_n 的特征值. 考虑预解集 $(T_n - \lambda I)^{-1}$ 的第 $(n+1, n+1)$ 位置元素, 其为向量内积 $(e_n, (T_n - \lambda I)^{-1} e_n)$, 其中 $e_n = (0, \cdots, 0, 1)^{\mathrm{T}}$ 为 $n+1$ 维单位向量. 假设

$$(T_n - \lambda I)^{-1} e_n = (y_0, \cdots, y_n)^{\mathrm{T}}, \tag{11.3.15}$$

则

$$(e_n, (T_n - \lambda I)^{-1} e_n) = y_n.$$

由于 $p_n(x) = k_n \pi_n(x)$, 因此, $p_n(x)$ 与首一正交多项式 $\pi_n(x)$ 具有相同的零点. 而特征多项式 $\det(T_{n-1} - \lambda I)$ 与正交多项式 $p_n(\lambda)$ 具有相同的零点, 因此

$$\det(T_{n-1} - \lambda I) = (-1)^n \pi_n(\lambda). \tag{11.3.16}$$

将 (11.3.15) 改写为

$$(T_n - \lambda I) \begin{pmatrix} y_1 \\ \vdots \\ y_{n-1} \\ y_n \end{pmatrix} = e_n = \begin{pmatrix} 0 \\ \vdots \\ 0 \\ 1 \end{pmatrix}.$$

利用 Cramer 法则及 (11.3.16), 可得

$$(e_n, (T_n - \lambda I)^{-1} e_n) = y_n = \frac{\det(T_{n-1} - \lambda I)}{\det(T_n - \lambda I)} = -\frac{\pi_n(\lambda)}{\pi_{n+1}(\lambda)}, \tag{11.3.17}$$

这里 $\pi_n(\lambda)$ 和 $\pi_{n+1}(\lambda)$ 分别为 T_{n-1} 和 T_n 的特征多项式.

下面再考虑 $(e_n, (T - \lambda I)^{-1} e_n)$ 的另一种表达式, T_n 为对称矩阵, 其可进行对角化,

$$T_n = U_n \Lambda U_n^{\mathrm{T}}, \quad \Lambda = \mathrm{diag}(\lambda_0, \cdots, \lambda_n),$$

其中 U_n 为正交矩阵, $\lambda_0 < \cdots < \lambda_n$ 为 T_n 的 $n+1$ 个实特征值, 也为 $\pi_{n+1}(x)$ 的 $n+1$ 个零点. 假设

$$U_n = (f_j(i))_{i,j=1}^n = \begin{pmatrix} f_0(0) & \cdots & f_n(0) \\ \vdots & & \vdots \\ f_0(n) & \cdots & f_n(n) \end{pmatrix},$$

取转置, 得到

$$U_n^{\mathrm{T}} = (f_i(j))_{i,j=1}^n = \begin{pmatrix} f_0(0) & \cdots & f_0(n) \\ \vdots & & \vdots \\ f_n(0) & \cdots & f_n(n) \end{pmatrix}, \tag{11.3.18}$$

直接计算

$$
(e_n, (T - \lambda I)^{-1} e_n)
$$
$$
= (e_n, U_n (\Lambda - \lambda I)^{-1} U_n^{\mathrm{T}} e_n) = (U_n^{\mathrm{T}} e_n, (\Lambda - \lambda I)^{-1} U_n^{\mathrm{T}} e_n)
$$
$$
= \left((f_0(n), \cdots, f_n(n))^{\mathrm{T}}, \mathrm{diag}\left(\frac{1}{\lambda_0 - \lambda}, \cdots, \frac{1}{\lambda_n - \lambda} \right) (f_0(n), \cdots, f_n(n))^{\mathrm{T}} \right).
$$
$$
= -\sum_{j=0}^{n} \frac{f_j^2(n)}{\lambda - \lambda_j} = -\frac{\pi_n(\lambda)}{\pi_{n+1}(\lambda)}. \tag{11.3.19}
$$

比较 (11.3.17) 和 (11.3.19), 可知

$$
\sum_{j=0}^{n} \frac{f_j^2(n)}{\lambda - \lambda_j} = \frac{\pi_n(\lambda)}{\pi_{n+1}(\lambda)}.
$$

进一步对 λ 求导, 有

$$
\frac{d}{d\lambda}\left(\frac{\pi_n(\lambda)}{\pi_{n+1}(\lambda)} \right) = -\sum_{j=0}^{n} \frac{f_j^2(n)}{(\lambda - \lambda_j)^2} < 0.
$$

在每个小区间 $(\lambda_{i-1}, \lambda_i)$ 内, 函数 $\dfrac{\pi_n(\lambda)}{\pi_{n+1}(\lambda)}$ 可导、严格递减, 并且以正交多项式 $\pi_{n+1}(\lambda)$ 的零点 $\lambda_0, \cdots, \lambda_n$ 为间断点, 见图 11.1.

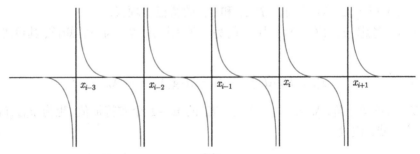

$$x_{i-3} \qquad x_{i-2} \qquad x_{i-1} \qquad x_i \qquad x_{i+1}$$

图 11.1　函数 $\dfrac{\pi_n(\lambda)}{\pi_{n+1}(\lambda)}$ 的单调性和间断点

由于

$$
\frac{\pi_n(\lambda)}{\pi_{n+1}(\lambda)} \longrightarrow +\infty, \quad \lambda \to \lambda_{i-1}^{+}.
$$

$$
\frac{\pi_n(\lambda)}{\pi_{n+1}(\lambda)} \longrightarrow -\infty, \quad \lambda \to \lambda_i^{-}.
$$

由零点定理, 存在 $\xi_i \in (\lambda_{i-1}, \lambda_i)$ 使得 $\pi_n(\xi_i) = 0$, 因此, 正交多项式 $\pi_n(x)$ 的零点夹在正交多项式 $\pi_{n+1}(x)$ 的零点之间, 见图 11.2.

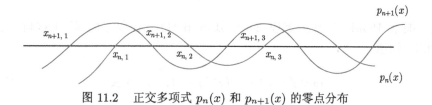

图 11.2　正交多项式 $p_n(x)$ 和 $p_{n+1}(x)$ 的零点分布

11.4　正交多项式与 RH 问题联系

定理 11.4 ([197], CMP, 1991)　设 $w(x)$ 为一个非负可积函数, 并且

$$z^j w(x) \in H^1(\mathbb{R}) \cap L^\infty(\mathbb{R}), \quad j = 0, 1, 2, \cdots,$$

考虑实轴 $\mathbb{R}$ 上的 RH 问题见图 11.3, 即寻找一个 2×2 矩阵值函数 $Y(z)$ 满足以下三个条件

- $Y(z)$ 在 $\mathbb{C} \setminus \mathbb{R}$ 上解析,　　　　　　　　　　　　　　　　　　　(11.4.1)

- $Y_+(z) = Y_-(z) \begin{pmatrix} 1 & w(x) \\ 0 & 1 \end{pmatrix}, \quad z \in \mathbb{R},$　　　　　　　　　(11.4.2)

- $Y(z) = (I + O(z^{-1}))z^{n\sigma_3}, \quad z \to \infty,$　　　　　　　　　　　(11.4.3)

则 RH 问题 (11.4.1)—(11.4.3) 有唯一解

$$Y(z) = Y^{(n)}(z) = \begin{pmatrix} \pi_n(z) & \dfrac{1}{2\pi i} \displaystyle\int \dfrac{\pi_n(s)w(s)}{s - z}ds \\ \gamma_{n-1}\pi_{n-1}(z) & \dfrac{\gamma_{n-1}}{2\pi i} \displaystyle\int \dfrac{\pi_{n-1}(s)w(s)}{s - z}ds \end{pmatrix}, \quad (11.4.4)$$

其中

$$\gamma_{n-1} = -2\pi i k_{n-1}^2,$$

而 k_{n-1} 为标准正交多项式的首项系数

$$k_{n-1} = \left(\int \pi_{n-1}^2(s)w(s)ds \right)^{-1/2}. \quad (11.4.5)$$

证明 先证明唯一性. 由 (11.4.2), 得到

$$\det(Y)_+ = \det(Y)_-, \quad z \in \mathbb{R}. \tag{11.4.6}$$

因此, 根据 Painlevé 开拓定理 3.12, 知道 $\det(Y)$ 在复平面 $\mathbb{C}$ 上解析. 而由 (11.4.3), 知道

$$\det(Y) = 1 + O(z^{-1}) \to 1, \quad z \to \infty \tag{11.4.7}$$

有界. 由 Liouville 定理及 (11.4.7),

$$\det(Y) = 1.$$

因此, $Y(z)$ 可逆, 并且 $Y^{-1}(z)$ 在 $\mathbb{C} \setminus \mathbb{R}$ 解析. 设 $\widetilde{Y}$ 为 RH 问题的另一个解, 则

- $Y\widetilde{Y}^{-1}$ 在 $\mathbb{C} \setminus \mathbb{R}$ 上解析, $\tag{11.4.8}$
- $(Y\widetilde{Y}^{-1})_+(z) = (Y\widetilde{Y}^{-1})_-(z)$, $\tag{11.4.9}$
- $Y(z) = I, \ z \to \infty$, $\tag{11.4.10}$

因此, $Y\widetilde{Y}^{-1}$ 在 $\mathbb{C}$ 上有界解析, 由 Liouville 定理及 (11.4.10),

$$Y\widetilde{Y}^{-1} = I.$$

从而证明了唯一性

$$\widetilde{Y} = Y.$$

图 11.3　RH 问题 $Y(z)$ 对应的跳跃路径

如下我们利用 Plemelj 公式求解上述 RH 问题. 假设

$$Y(z) = \begin{pmatrix} Y_{11} & Y_{12} \\ Y_{21} & Y_{22} \end{pmatrix} \sim \begin{pmatrix} z^n + O(z^{n-1}) & O(z^{-n-1}) \\ O(z^{n-1}) & z^{-n} + O(z^{-n-1}) \end{pmatrix}, \tag{11.4.11}$$

则 (11.4.2) 化为

$$\begin{pmatrix} Y_{11} & Y_{12} \\ Y_{21} & Y_{22} \end{pmatrix}_+ = \begin{pmatrix} Y_{11} & Y_{12} \\ Y_{21} & Y_{22} \end{pmatrix}_- \begin{pmatrix} 1 & w \\ 0 & 1 \end{pmatrix}, \quad z \in \mathbb{R}. \tag{11.4.12}$$

(11.4.13) 的第一行, 得到

$$(Y_{11}, Y_{12})_+ = (Y_{11}, Y_{12})_- \begin{pmatrix} 1 & w \\ 0 & 1 \end{pmatrix}, \tag{11.4.13}$$

即有

$$(Y_{11})_+ = (Y_{11})_-, \tag{11.4.14}$$

$$(Y_{12})_+ = (Y_{12})_- + (Y_{11})_- w, \tag{11.4.15}$$

由 (11.4.14) 及 Painlevé 开拓定理, 知道 Y_{11} 在整个复平面上解析; 而由 (11.4.11), 可知渐近性

$$Y_{11} \sim z^n + O(z^{n-1}),$$

表明 Y_{11} 解析且以无穷远为极点, 因此 Y_{11} 为首一的 n 次多项式 (整个复平面上解析且在无穷远处有非本性奇点的函数是多项式), 设为

$$Y_{11}(z) = \pi_n(z) = z^n + a_{n,n-1} z^{n-1} + \cdots + a_0.$$

由 (11.4.15) 及 Plemelj 公式, 得到

$$Y_{12}(z) = \frac{1}{2\pi i} \int_{\mathbb{R}} \frac{\pi_n(s) w(s)}{s - z} ds. \tag{11.4.16}$$

下面由 (11.4.16) 及 $Y_{12}(z)$ 的渐近性, 证明 $\{\pi_n(z)\}, n = 0, 1, \cdots$ 为正交多项式序列. 事实上,

$$\frac{1}{s-z} = -\sum_{j=0}^{n-1} \frac{s^j}{z^{j+1}} - \frac{s^n}{z^{n+1}} + \frac{s^{n+1}}{z^{n+1}} \frac{1}{s-z}. \tag{11.4.17}$$

将 (11.4.17) 代入 (11.4.16), 得到

$$Y_{12}(z) = -\frac{1}{2\pi i} \sum_{j=0}^{n-1} \frac{1}{z^{j+1}} \int_{\mathbb{R}} s^j \pi_n(s) w(s) ds - \frac{1}{2\pi i} \frac{1}{z^{n+1}} \int_{\mathbb{R}} s^n \pi_n(s) w(s) ds$$

$$+ \frac{1}{2\pi i} \frac{1}{z^{n+1}} \int_{\mathbb{R}} \frac{s^{n+1} \pi_n(s) w(s)}{s-z} ds. \tag{11.4.18}$$

上式后面两个积分有界, 利用如下事实. 如果 $f \in H^1(\mathbb{R})$, 则 Cauchy 积分

$$F(z) = \frac{1}{2\pi i} \int_{\mathbb{R}} \frac{f(s)}{s-z} ds$$

在上半平面或者下半平面一致连续有界. 由 (11.4.11), 注意到渐近性

$$Y_{12}(z) = O(z^{-n-1}),$$

因此

$$\sum_{j=0}^{n-1} \frac{1}{z^{j+1}} \int_{\mathbb{R}} s^j \pi_n(s) w(s) ds,$$

由 $s^{-1}, \cdots, s^{-n}$ 的线性无关性, 得到

$$\int_{\mathbb{R}} s^j \pi_n(s) w(s) ds = 0, \quad j = 0, 1, \cdots, n-1.$$

因此, $\pi_n(z)$ 为首一正交多项式.

再考虑第二行, 有

$$(Y_{21})_+ = (Y_{21})_-, \tag{11.4.19}$$

$$(Y_{22})_+ = (Y_{22})_- + (Y_{21})_- w, \tag{11.4.20}$$

而由 (11.4.19) 及渐近性 $Y_{21} \sim O(z^{n-1})$, 可知 Y_{21} 为 $n-1$ 次多项式. 由 (11.4.20) 及 Plemelj 公式, 得到

$$Y_{22}(z) = \frac{1}{2\pi i} \int_{\mathbb{R}} \frac{Y_{21}(s) w(s)}{s - z} ds. \tag{11.4.21}$$

而

$$\frac{1}{s-z} = -\sum_{j=0}^{n-1} \frac{s^j}{z^{j+1}} - \frac{s^{n-1}}{z^n} + \frac{s^n}{z^n} \frac{1}{s-z}. \tag{11.4.22}$$

将 (11.4.22) 代入 (11.4.21), 得到

$$Y_{22}(z) = -\frac{1}{2\pi i} \sum_{j=0}^{n-2} \frac{1}{z^{j+1}} \int_{\mathbb{R}} s^j \pi_n(s) w(s) ds - \frac{1}{2\pi i} \frac{1}{z^n} \int_{\mathbb{R}} s^{n-1} Y_{21}(s) w(s) ds$$

$$+ \frac{1}{2\pi i} \frac{1}{z^n} \int_{\mathbb{R}} \frac{s^n Y_{21}(s) w(s)}{s-z} ds \sim z^{-n} + O(z^{-n-1}).$$

因此

$$\int_{\mathbb{R}} s^j Y_{21}(s) w(s) ds = 0, \quad j = 0, 1, \cdots, n-2. \tag{11.4.23}$$

并且

$$-\frac{1}{2\pi i} \int_{\mathbb{R}} s^{n-1} Y_{21}(s) w(s) ds = 1. \tag{11.4.24}$$

由 (11.4.23), 可知 $Y_{21}(s)$ 为 $n-1$ 次正交多项式. 假设 $p_n(s)$ 为关于权函数 $w(s)$ 的标准正交多项式, k_n 为首项系数, 则

$$p_n(z) = k_n \pi_n(z).$$

并假设

$$Y_{21}(s) = \gamma_{n-1}(s^{n-1} + \cdots) = \gamma_{n-1}\pi_{n-1}(s), \tag{11.4.25}$$

其中 $\pi_{n-1}(s)$ 为首一正交多项式. 由 (11.4.24), 得到

$$-2\pi i = \int_{\mathbb{R}} s^{n-1} Y_{21}(s) w(s) ds = \gamma_{n-1} \int_{\mathbb{R}} s^{n-1} \pi_{n-1}(s) w(s) ds$$

$$= \gamma_{n-1} \int_{\mathbb{R}} (\pi_{n-1} + 低阶项) \pi_{n-1}(s) w(s) ds = \gamma_{n-1} \int_{\mathbb{R}} \pi_{n-1}^2(s) w(s) ds$$

$$= \gamma_{n-1} k_{n-1}^{-2} \int_{\mathbb{R}} p_{n-1}^2(s) w(s) ds = \gamma_{n-1} k_{n-1}^{-2}.$$

因此

$$Y_{21}(s) = \gamma_{n-1}\pi_{n-1}(s), \quad \gamma_{n-1} = -2\pi i k_{n-1}^2. \tag{11.4.26}$$

概括以上结果, 我们得到 RH 问题的唯一解

$$Y(z) = Y^{(n)}(z) = \begin{pmatrix} \pi_n(z) & \dfrac{1}{2\pi i} \displaystyle\int \dfrac{\pi_n(s)w(s)}{s-z} ds \\ \gamma_{n-1}\pi_{n-1}(z) & \dfrac{\gamma_{n-1}}{2\pi i} \displaystyle\int \dfrac{\pi_{n-1}(s)w(s)}{s-z} ds \end{pmatrix}. \tag{11.4.27}$$

如下我们考虑正交多项式、递推系数以及三项递推公式与 RH 问题解 (11.4.27) 之间的联系. 显然

$$\pi_n(z) = (Y^{(n)}(z))_{11}. \tag{11.4.28}$$

由标准正交多项式的三项递推公式

$$zp_n(z) = b_{n-1}p_{n-1}(z) + a_n p_n(z) + b_n p_{n+1}(z),$$

有

$$(z - a_n)k_n(z^n + a_{n,n-1}z^{n-1} + \cdots)$$

$$= b_{n-1}k_{n-1}(z^{n-1} + \cdots) + b_n k_{n+1}(z^{n+1} + a_{n,n+1}z^n + \cdots). \tag{11.4.29}$$

比较 z^{n+1} 次系数, 得到

$$b_n = \frac{k_n}{k_{n+1}} = \sqrt{\frac{\Delta_{n-1}\Delta_{n+1}}{\Delta_n^2}}. \tag{11.4.30}$$

比较 z^n 的系数, 可得到

$$-k_n a_n + a_{n,n-1}k_n = b_n k_{n+1} a_{n+1,n}.$$

由此得到

$$a_n = a_{n,n-1} - a_{n+1,n}. \tag{11.4.31}$$

利用 (11.4.26) 和 (11.4.27), 将 $Y^{(n)}(z)$ 在无穷远点作渐近展开, 得到

$$Y^{(n)}(z) = (I + z^{-1}Y_1 + O(z^{-2})) \begin{pmatrix} z^n & 0 \\ 0 & z^{-n} \end{pmatrix}$$

$$= \begin{pmatrix} z^n + (Y_1^{(n)})_{11}z^{n-1} + \cdots & (Y_1^{(n)})_{12}z^{-n-1} + \cdots \\ (Y_1^{(n)})_{21}z^{n-1} + \cdots & z^{-n} + (Y_1^{(n)})_{22}z^{-n-1} + \cdots \end{pmatrix},$$

$$= \begin{pmatrix} z^n + a_{n,n-1}z^{n-1} + \cdots & -\dfrac{1}{2\pi i} \displaystyle\int \pi_n(s)w(s)\left(\dfrac{s^n}{z^{n+1}} + \cdots\right) ds \\ \gamma_{n-1}(z^{n-1} + \cdots) & z^{-n} + \cdots \end{pmatrix},$$

比较得到

$$a_{n,n-1} = (Y_1^{(n)})_{11}, \tag{11.4.32}$$

$$\gamma_{n-1} = (Y_1^{(n)})_{21} = -2\pi i k_{n-1}^2, \tag{11.4.33}$$

$$(Y_1^{(n)})_{12} = -\frac{1}{2\pi i}\int \pi_n(s)w(s)s^n ds = -\frac{1}{2\pi i}\int \pi_n^2(s)w(s)ds$$

$$= -\frac{1}{2\pi i}k_n^{-2}\int p_n^2(s)w(s)ds = -\frac{1}{2\pi i}k_n^{-2}. \tag{11.4.34}$$

将 (11.4.32) 代入 (11.4.31), 有

$$a_n = (Y_1^{(n)})_{11} - (Y_1^{(n+1)})_{11}.$$

利用 (11.4.30), (11.4.33) 和 (11.4.34), 我们有

$$b_{n-1}^2 = \frac{k_{n-1}^2}{k_n^2} = k_n^{-2}k_{n-1}^2 = -2\pi i(Y_1^{(n)})_{12}\frac{1}{-2\pi i}(Y_1^{(n)})_{21} = (Y_1^{(n)})_{12}(Y_1^{(n)})_{21}.$$

11.5 多重正交多项式

多重正交多项式是单正交多项式的推广, 其正交性被多个权函数刻画, 我们考虑实轴上两个绝对连续的 Lebesgue 测度情况. 设

定义 11.2 设 $\vec{n} = (n_1, n_2) \in \mathbb{N}^2$ 为多重指标, $|\vec{n}| = n_1 + n_2$, 称 $P_{\vec{n}}(x)$ 为关于权函数 w_1, w_2 的第一类多重正交多项式, 如果

$$\int P_{\vec{n}}(x) x^k w_1(x) dx = 0, \quad k = 0, 1, \cdots, n_1 - 1, \tag{11.5.1}$$

$$\int P_{\vec{n}}(x) x^k w_2(x) dx = 0, \quad k = 0, 1, \cdots, n_2 - 1. \tag{11.5.2}$$

正交条件由来自 $P_{\vec{n}}$ 的 $n_1 + n_2$ 个系数对应的 $n_1 + n_2$ 方程决定.

用 $m_j^{(k)}$ 表示权 w_k 的 j 次矩,

$$m_j^{(k)} = \int x^j w_k(x) dx, \quad k = 1, 2; \ j = 0, 1, \cdots.$$

第二类多重正交多项式按照以下方式定义.

定义 11.3 设 $A_{\vec{n}}^{(1)}$, $A_{\vec{n}}^{(2)}$ 分别为关于权函数 w_1, w_2 的第一类多重正交多项式, 如果

$$\deg A_{\vec{n}}^{(1)} \leqslant n_1 - 1, \quad \deg A_{\vec{n}}^{(2)} \leqslant n_2 - 1,$$

并且

$$Q_{\vec{n}} := A_{\vec{n}}^{(1)} w_1(x) + A_{\vec{n}}^{(2)} w_2(x),$$

满足

$$\int P_{\vec{n}}(x) x^k w_1(x) dx = \begin{cases} 0, & k = 0, 1, \cdots, n_1 + n_2 - 2, \\ 1, & k = n_1 + n_2 - 1. \end{cases}$$

如果 $\vec{n}$ 的其中一个分量为零, 第一、二类多重正交多项式约化为普通的单正交多项式. 例如, $\vec{n} = (m, 0)$, 有

$$k_m P_{\vec{n}}(x) = P_m(x) = A_{\vec{n} + \vec{e}_1}^{(1)}(x),$$

其中 $P_m(x)$ 为关于权函数 w_1 的 m 次正交多项式, k_m 为首项系数.

命题 11.1 如果

$$\deg A_{\vec{n} + \vec{e}_1}^{(k)} = n_k, \quad k = 1, 2,$$

则

$$\int x^{n_k} P_{\vec{n}}(x) w_k dx \neq 0, \quad k = 1, 2.$$

命题 11.2　第一、二类多重正交多项式满足双正交关系

$$\int P_{\vec{n}}(x)Q_{\vec{m}}(x)dx = \begin{cases} 0, & \vec{m} < \vec{n}, \\ 0, & n_+n_2 \leqslant m_1 + m_2 - 2, \\ 1, & n_+n_2 = m_1 + m_2 - 1. \end{cases}$$

定义 11.4　设 $\vec{n} = (n_1, n_2)$ 为多重指标, 定义 $n = n_1 + n_2$, w_1, w_2 为 $\mathbb{R}$ 上具有有限矩的两个权函数, 定义函数

$$f_j(x) := x^{j-1}, \quad j = 1, \cdots, n,$$

$$g_j(x) := \begin{cases} x^{j-1}w_1(x), & j = 1, \cdots, n_1, \\ x^{j-n_1-1}w_2(x), & j = n_1 + 1, \cdots, n. \end{cases}$$

第 12 章 随 机 矩 阵

20 世纪 30 年代, Wishart 首先在多元统计中引入随机矩阵, 50 年代, Wigner 在理论物理中利用随机矩阵的特征值刻画原子核的能级水平, 之后被许多学者, 如 Dyson, Gaudin, Mehta 等对随机矩阵发展做了奠基性工作.

随机矩阵是指赋予一定概率测度的矩阵系综, 随机矩阵本身也是一种随机变量. 对于方阵, 主要研究特征值的统计性质, 对于矩形矩阵, 主要研究奇性值的统计性质.

12.1 随机矩阵系综

12.1.1 常见的系综

不变系综 (OE, UE, SE)、Gauss 不变系综 (GOE, GUE, GSE)、Laguerre 系综、Jacobi 系综.

1. 酉系综

考虑 $n \times n$ Hermite 矩阵构成的线性空间

$$\mathcal{M} := \{M \in \mathrm{Mat}(n; n; \mathbb{C}); M_{ij} = \bar{M}_{ji}, M_{ij} = M_{ij}^R + iM_{ij}^I\}. \tag{12.1.1}$$

考虑 $\mathcal{M}$ 上的概率分布

$$P^{(n)}(M)dM = ce^{-F(M)}dM = ce^{-F(M)}\prod_{i=1}^n dM_{ii}\prod_{i<j}(dM_{ij}^R dM_{ij}^I), \tag{12.1.2}$$

其中 c 为归一化常数, 即

$$c\int_{\mathbb{R}^{n^2}} e^{-F(M)}dM = 1.$$

注 12.1   一个 $n \times n$ Hermite 随机矩阵依赖 n^2 个实参数 $M_{ii}, M_{ij}^R, M_{ij}^I$, $1 \leqslant i \leqslant j \leqslant n$, 并且 $\mathcal{M} \simeq \mathbb{R}^{n^2}$, 因此, 一个 $n \times n$ Hermite 矩阵等同于一个 n^2 维的多元随机变量.

从物理角度看, 要求概率分布 (12.1.2) 在酉变换下

$$M \longrightarrow \widetilde{M} = UMU^*, \quad UU^* = I$$

保持不变, 即

$$e^{-F(M)}dM = e^{-F(\widetilde{M})}d\widetilde{M}. \tag{12.1.3}$$

首先, 我们有如下结论.

命题 12.1   对于 Hermite 随机矩阵 M, 有 $dM = d\widetilde{M}$, 即

$$\prod_{i=1}^{n} dM_{ii} \prod_{i<j} (dM_{ij}^{R} dM_{ij}^{I}) = \prod_{i=1}^{n} d\widetilde{M}_{ii} \prod_{i<j} (d\widetilde{M}_{ij}^{R} d\widetilde{M}_{ij}^{I}).$$

证明   由于

$$d\widetilde{M} = \left| \det \left(\frac{\partial \widetilde{M}}{\partial M} \right) \right| dM.$$

我们只需证明

$$\left| \det \left(\frac{\partial \widetilde{M}}{\partial M} \right) \right| = 1.$$

由 $\mathrm{tr}M^2 = \mathrm{tr}\widetilde{M}^2$, 得到

$$\sum_{i,j} \widetilde{M}_{ij} \widetilde{M}_{ji} = \sum_{i,j} M_{ij} M_{ji},$$

$$\sum_{i=1}^{n} \widetilde{M}_{ii}^2 + 2 \sum_{i<j} ((\widetilde{M}_{ij}^{R})^2 + (\widetilde{M}_{ij}^{I})^2) = \sum_{i=1}^{n} M_{ii}^2 + 2 \sum_{i<j} ((M_{ij}^{R})^2 + (M_{ij}^{I})^2), \tag{12.1.4}$$

引入记号 n^2 维向量和 $n^2 \times n^2$ 对角矩阵

$$\vec{M} = (M_{11}, \cdots, M_{nn}, M_{12}^{R}, M_{12}^{I}, \cdots, M_{n-1,n}^{R}, M_{n-1,n}^{I})^{\mathrm{T}},$$
$$\vec{\widetilde{M}} = (\widetilde{M}_{11}, \cdots, \widetilde{M}_{nn}, \widetilde{M}_{12}^{R}, \widetilde{M}_{12}^{I}, \cdots, M_{n-1,n}^{R}, \widetilde{M}_{n-1,n}^{I})^{\mathrm{T}},$$
$$D = \mathrm{diag}(1, \cdots, 1, 2, \cdots, 2),$$

则 (12.1.4) 可写为内积形式

$$(\vec{\widetilde{M}}, D\vec{\widetilde{M}}) = (\vec{M}, D\vec{M}),$$

将线性变换

$$\vec{\widetilde{M}} = T\vec{M}$$

代入上式, 得到

$$(T\vec{M}, DT\vec{M}) = (\vec{M}, T^{\mathrm{T}}DT\vec{M}) = (\vec{M}, D\vec{M}),$$

因此

$$T^{\mathrm{T}}DT = D,$$

由此得到

$$(\det T)^2 = 1.$$

$$\left| \det \left(\frac{\partial \widetilde{M}}{\partial M} \right) \right| = \left| \det \left(\frac{\overrightarrow{\partial \widetilde{M}}}{\overrightarrow{\partial M}} \right) \right| = \left| \det(T) \right| = 1.$$

基于上述结果, 因此要使得 (12.1.3) 成立, 应该对所有的酉矩阵 U 和 Hermite 矩阵, 有

$$e^{-F(UMU^*)} = e^{-F(M)}.$$

选取 U 为对角化 M 的酉矩阵, 则 $F(M)$ 只与特征值有关, 而且为特征值的对称函数. 特别, 如果取

$$F(M) = \mathrm{tr}V(M), \quad V(x) = \gamma_{2m}x^{2m} + \cdots + \gamma_0, \quad \gamma_{2m} > 0,$$

则可以证明

$$e^{-\mathrm{tr}V(\widetilde{M})} = e^{-\mathrm{tr}V(M)}.$$

事实上, 利用

$$\widetilde{M} = UMU^*, \quad UU^* = I, \quad \mathrm{tr}(AB) = \mathrm{tr}(BA),$$

有

$$\mathrm{tr}(\widetilde{M}^k) = \mathrm{tr}(UM^kU^*) = \mathrm{tr}(M^k).$$

因此

$$\mathrm{tr}V(\widetilde{M}) = \mathrm{tr}\sum_{j=1}^{2m}\gamma_j\widetilde{M}^k = \sum_{k=1}^{2m}\gamma_j\mathrm{tr}(\widetilde{M}^k) = \sum_{k=1}^{2m}\gamma_k\mathrm{tr}(M^k) = \mathrm{tr}V(M). \quad (12.1.5)$$

从而有

$$e^{-\mathrm{tr}V(\widetilde{M})} = e^{-\mathrm{tr}V(M)}.$$

称具有概率分布

$$P^{(n)}(M)dM = ce^{-\mathrm{tr}V(M)}dM, \quad V(x) = \gamma_{2m}x^{2m} + \cdots + \gamma_0, \quad \gamma_{2m} > 0$$

的线性空间 (12.1.1) 为酉系综.

反之, 如果 $e^{-F(M)}dM$ 在酉变换 $M \longrightarrow \widetilde{M} = UMU^*$ 下不变, 而且 n^2 个变量 $\{M_{ii}, M_{ij}^R, M_{ij}^I\}$ 具有统计独立性, 则可以证明

$$\mathrm{const.}e^{-F(M)}dM = \mathrm{const.}e^{-\mathrm{tr}V(M)}dM.$$

再适当作尺度变换 $M \to M + \mathrm{const}$, 我们有

$$P^{(n)}(M)dM = ce^{-\mathrm{tr}V(M)}dM.$$

2. 正交系综

由 $n \times n$ 对称矩阵构成的如下线性空间

$$\mathcal{M} := \{M \in \mathrm{Mat}(n; n; R); M_{ij} = M_{ji}\},$$

其矩阵随机元的概率分布

$$P^{(n)}(M)dM = ce^{-\mathrm{tr}V(M)}dM = ce^{-\mathrm{tr}V(M)} \prod_{1 \leqslant i \leqslant j \leqslant n} dM_{ij},$$

在如下酉变换下

$$M \longrightarrow \tilde{M} = UMU^{\mathrm{T}}, \quad UU^{\mathrm{T}} = I$$

保持不变, 即

$$P^{(n)}(M)dM = P^{(n)}(\tilde{M})d\tilde{M}.$$

注 12.2　一个 $n \times n$ 对称矩阵依赖于 $n(n+1)/2$ 实参数 M_{ij}, $1 \leqslant i \leqslant j \leqslant n$. 因此, 一个 $n \times n$ 对称矩阵相当于一个 $n(n+1)/2$ 阶的多元随机变量. 特别当 $\mathrm{tr}Q(M) = \mathrm{tr}M^2$, 如上正交系综称为 Gauss 正交系综.

3. 辛系综

由 $2n \times 2n$ Hermite 自对偶矩阵构成的如下线性空间

$$\mathcal{M} := \left\{M \in \mathrm{Mat}(2n; 2n; \mathbb{C}); M = M^* = JM^{\mathrm{T}}J^{\mathrm{T}}, \ J = \begin{pmatrix} 0 & 1 \\ -1 & 0 \end{pmatrix} \otimes I_n\right\},$$

$$M = (m_{ij})_{n \times n}, \quad m_{ij} = \begin{pmatrix} \alpha_{ij} + i\beta_{ij} & \gamma_{ij} + i\delta_{ij} \\ -\gamma_{ij} + i\delta_{ij} & \alpha_{ij} - i\beta_{ij} \end{pmatrix}.$$

其矩阵随机元的概率分布

$$P^{(n)}(M)dM = ce^{-trV(M)} \prod_{i=1}^{n} d\alpha_{ii} \prod_{i<j} (d\alpha_{ij}d\beta_{ij}d\gamma_{ij}d\delta_{ij}),$$

在酉辛变换

$$M \longrightarrow \tilde{M} = UMU^*, \ UU^* = I, \ UJU^* = J$$

之下保持不变, 即

$$P^{(n)}(M)dM = P^{(n)}(\tilde{M})d\tilde{M}.$$

注 12.3 一个 $2n \times 2n$ Hermite 自对偶矩阵依赖 $n(2n-1)$ 实参数 $\alpha_{ii}, \beta_{ij}, \gamma_{ij}, \delta_{ij}$, 因此, 一个 $2n \times 2n$ Hermite 自对偶矩阵相当于 $2n \times 2n$ 的多元随机变量. 特别当 $\mathrm{tr}Q(M) = \mathrm{tr}M^2$ 时, 如上辛系综称为 Gauss 辛系综.

12.2 特征值的联合概率密度

如上三类随机矩阵分别在 $A \subseteq \mathbb{R}^{n^2}$, $A \subseteq \mathbb{R}^{n(n+1)/2}$, $A \subseteq \mathbb{R}^{n(2n-1)}$ 发生的概率为

$$\int_A P^{(n)}(M)dM = c \int_A e^{-\mathrm{tr}Q(M)}dM, \tag{12.2.1}$$

注意这三类随机矩阵可进行如下对角化

$$M = U\Lambda U^*, \quad \Lambda = \mathrm{diag}(x_1, \cdots, x_n) \quad (\mathrm{UE}),$$

$$M = U\Lambda U^*, \quad \Lambda = \mathrm{diag}(x_1, \cdots, x_{2n}) \quad (\mathrm{SE}),$$

$$M = U\Lambda U^{\mathrm{T}}, \quad \Lambda = \mathrm{diag}(x_1, \cdots, x_n) \quad (\mathrm{OE}),$$

因此, 我们可进行适当的变化 $M \to (\Lambda, U)$, (12.2.1) 化为

$$\int_A P^{(n)}(M)dM = c_n \int_{f(A)} e^{-\mathrm{tr}V(\Lambda)} \left| \det\left(\frac{\partial M}{\partial(\Lambda, U)}\right) \right| d\Lambda dU, \tag{12.2.2}$$

因此, 关键问题是如何求 Jacobi 矩阵

$$\left| \det\left(\frac{\partial M}{\partial(\Lambda, U)}\right) \right|.$$

先看二维情况, 考虑二维对称矩阵

$$M = \begin{pmatrix} a & b \\ b & c \end{pmatrix},$$

假设其特征值 $\lambda_1 \neq \lambda_2$, 则存在正交矩阵

$$U = \begin{pmatrix} \cos\theta & -\sin\theta \\ \sin\theta & \cos\theta \end{pmatrix},$$

使得

$$M = U \begin{pmatrix} \lambda_1 & 0 \\ 0 & \lambda_2 \end{pmatrix} U^{\mathrm{T}},$$

比较两端矩阵元素, 有

$$a = \lambda_1 \cos^2 \theta + \lambda_2 \sin^2 \theta,$$
$$b = (\lambda_1 - \lambda_2) \cos \theta \sin \theta,$$
$$c = \lambda_1 \sin^2 \theta + \lambda_2 \cos^2 \theta.$$

直接计算, 得到

$$\left| \det \left(\frac{\partial M}{\partial (\Lambda, U)} \right) \right| = \left| \det \left(\frac{\partial (a, b, c)}{\partial (\lambda_1, \lambda_2, \theta)} \right) \right|$$

$$= |\lambda_1 - \lambda_2| \left| \det \begin{pmatrix} \cos^2 \theta & \sin^2 \theta & -\sin 2\theta \\ -\sin \theta \cos \theta & \sin \theta \cos \theta & \cos 2\theta \\ \sin^2 \theta & \cos^2 \theta & \sin 2\theta \end{pmatrix} \right| = |\lambda_1 - \lambda_2| f(\theta)|.$$

$$\tag{12.2.3}$$

对于二维 Hermite 矩阵, 有

$$\left| \det \left(\frac{\partial M}{\partial (\Lambda, U)} \right) \right| = (\lambda_1 - \lambda_2)^2 |f(U)|. \tag{12.2.4}$$

对于二维 Hermite 自对偶矩阵, 有

$$\left| \det \left(\frac{\partial M}{\partial (\Lambda, U)} \right) \right| = (\lambda_1 - \lambda_2)^4 |f(U)|. \tag{12.2.5}$$

对于一般的 n 维情形, 我们以 Hermite 矩阵为例来说明特征值与其他变量的可分离性质.

命题 12.2　具有简单谱的 Hermite 矩阵构成的集合是开的且在 $\mathcal{M}$ 中稠密.

证明　假设 Hermite 矩阵具有谱分解

$$M = U \Lambda U^*,$$

选取实参数 $\varepsilon_1, \cdots, \varepsilon_n, \sum |\varepsilon_i| \to 0$, 使得

$$M_\varepsilon = U \begin{pmatrix} \lambda_1 + \varepsilon_1 & & \\ & \ddots & \\ & & \lambda_n + \varepsilon_n \end{pmatrix} U^* = M_\varepsilon^* \tag{12.2.6}$$

具有简单谱, 而且 $M_\varepsilon \to M$. 事实上, 我们假设

$$U = \begin{pmatrix} a_{11} & \cdots & a_{1n} \\ \vdots & & \vdots \\ a_{n1} & \cdots & a_{nn} \end{pmatrix}, \tag{12.2.7}$$

则

$$M_\varepsilon - M = U \begin{pmatrix} \varepsilon_1 & & \\ & \ddots & \\ & & \varepsilon_n \end{pmatrix} U^*$$

$$= \begin{pmatrix} a_{11} & \cdots & a_{1n} \\ \vdots & & \vdots \\ a_{n1} & \cdots & a_{nn} \end{pmatrix} \begin{pmatrix} \varepsilon_1 & & \\ & \ddots & \\ & & \varepsilon_n \end{pmatrix} \begin{pmatrix} \bar{a}_{11} & \cdots & \bar{a}_{n1} \\ \vdots & & \vdots \\ \bar{a}_{1n} & \cdots & \bar{a}_{nn} \end{pmatrix}$$

$$= \begin{pmatrix} \varepsilon_1 a_{11} & \cdots & \varepsilon_n a_{1n} \\ \vdots & & \vdots \\ \varepsilon_1 a_{n1} & \cdots & \varepsilon_n a_{nn} \end{pmatrix} \begin{pmatrix} \bar{a}_{11} & \cdots & \bar{a}_{n1} \\ \vdots & & \vdots \\ \bar{a}_{1n} & \cdots & \bar{a}_{nn} \end{pmatrix} =: (b_{ij})_{n \times n},$$

其中

$$b_{ij} = \sum_{k=1}^{n} \varepsilon_k a_{ik} \bar{a}_{jk},$$

从而

$$|b_{ij}| \leqslant \sum_{k=1}^{n} |\varepsilon_k| |a_{ik}| |\bar{a}_{jk}| \leqslant (|\varepsilon_1| + \cdots + |\varepsilon_n|) \sum_{k=1}^{n} |a_{ik}| |\bar{a}_{jk}|$$

$$\leqslant (|\varepsilon_1| + \cdots + |\varepsilon_n|) \sum_{k=1}^{n} \frac{1}{2} (|a_{ik}|^2 + |\bar{a}_{jk}|^2) = |\varepsilon_1| + \cdots + |\varepsilon_n| \to 0.$$

因此, 具有简单谱的 Hermite 矩阵构成的集合在 $\mathcal{M}$ 中稠密, 进一步证明这种集合是开集.

由于 Hermite 矩阵的特征值为实的, 并基于上述命题, 不妨设 M 具有简单谱, 从而

$$\lambda_1 < \cdots < \lambda_n.$$

考虑变换

$$M \xrightarrow{\varphi} (\Lambda, U),$$

其中 M 依赖 $\lambda_1, \cdots, \lambda_n, p_1, \cdots, p_l, \; l = n^2 - n$, 即

$$M = U(p_1, \cdots, p_l) \Lambda U^*(p_1, \cdots, p_l).$$

由此推得

$$\frac{\partial M}{\partial p_\mu} = \frac{\partial U}{\partial p_\mu} \Lambda U^* + U \Lambda \frac{\partial U^*}{\partial p_\mu}, \quad \mu = 1, \cdots, l,$$

注意到

$$U^*U = I \Longrightarrow \frac{\partial U^*}{\partial p_\mu}U + U^*\frac{\partial U}{\partial p_\mu} = 0.$$

因此

$$S_\mu = U^*\frac{\partial U}{\partial p_\mu} = -\frac{\partial U^*}{\partial p_\mu}U = S_\mu^*.$$

这说明 S_μ 为斜对称的 Hermite 矩阵. 因此

$$U^*\frac{\partial M}{\partial p_\mu}U = U^*\left(\frac{\partial U}{\partial p_\mu}\Lambda U^* + U\Lambda\frac{\partial U^*}{\partial p_\mu}\right)U = [S_\mu, \Lambda], \tag{12.2.8}$$

类似地

$$\frac{\partial M}{\partial \lambda_j} = U\frac{\partial \Lambda}{\partial \lambda_j}U^* \Longrightarrow U^*\frac{\partial M}{\partial \lambda_j}U = \frac{\partial \Lambda}{\partial \lambda_j}. \tag{12.2.9}$$

用 $\mathcal{H}$ 表示 $n \times n$ Hermite 矩阵在范数 $(M, M)_\mathcal{H} = \mathrm{tr}(M^*M)$ 下的 Hilbert 空间. 定义线性映射

$$V_U M = U^*MU,$$

则

$$(V_U M, V_U M)_\mathcal{H} = \mathrm{tr}(U^*M^*MU) = \mathrm{tr}(M^*M) = (M, M)_\mathcal{H}.$$

因此 V_U 为正交变换, 从而 $\det(V_U) = 1$. 利用 (12.2.8) 和 (12.2.9), 可得

$$V_U\left(\frac{\partial M}{\partial \lambda_1}, \cdots, \frac{\partial M}{\partial \lambda_n}, \frac{\partial M}{\partial p_1}, \cdots, \frac{\partial M}{\partial p_l}\right) = \left(\frac{\partial \Lambda}{\partial \lambda_1}, \cdots, \frac{\partial \Lambda}{\partial \lambda_n}, [S_1, \Lambda], \cdots, [S_l, \Lambda]\right).$$

注意到

$$\left(\frac{\partial \Lambda}{\partial \lambda_i}\right)_{jk} = \frac{\partial \Lambda_{jk}}{\partial \lambda_i} = \frac{\partial \lambda_j \delta_{jk}}{\partial \lambda_i} = \frac{\partial \lambda_j}{\partial \lambda_i}\delta_{jk} = \delta_{ij}\delta_{jk},$$

$$[S_\mu, \Lambda]_{jk} = (S_\mu\Lambda - \Lambda S_\mu)_{jk} = (S_\mu\Lambda)_{jk} - (\Lambda S_\mu)_{jk}$$

$$= \sum_{l=1}^n S_{jl}(\lambda_l\delta_{lk}) - \sum_{l=1}^n (\lambda_j\delta_{jl})(S_{lk} - S_\mu)_{jk}\lambda_k - \lambda_j(S_\mu)_{jk}$$

$$= (S_\mu)_{jk}(\lambda_k - \lambda_j),$$

则有

$$\det\left(\frac{\partial M}{\partial(\Lambda, U)}\right) = \det\left(\frac{\partial \Lambda}{\partial \lambda_1}, \cdots, \frac{\partial \Lambda}{\partial \lambda_n}, [S_1, \Lambda], \cdots, [S_l, \Lambda]\right)$$

$$
= \det \begin{bmatrix}
1 & 0 & \cdots & 0 & 0 & \cdots & 0 \\
0 & 1 & \ddots & \vdots & \vdots & \ddots & \vdots \\
\vdots & \ddots & \ddots & 0 & 0 & \cdots & 0 \\
0 & \cdots & & 1 & 0 & \cdots & 0 \\
0 & \cdots & \cdots & 0 & (S_1^R)_{12}(\lambda_2 - \lambda_1) & \cdots & (S_l^R)_{12}(\lambda_2 - \lambda_1) \\
0 & \cdots & \cdots & 0 & (S_1^I)_{12}(\lambda_2 - \lambda_1) & \cdots & (S_l^I)_{12}(\lambda_2 - \lambda_1) \\
\vdots & & \vdots & & \vdots & & \vdots \\
0 & \cdots & \cdots & 0 & (S_1^R)_{n-1,n}(\lambda_n - \lambda_{n-1}) & \cdots & (S_l^R)_{n-1,n}(\lambda_n - \lambda_{n-1}) \\
0 & \cdots & \cdots & 0 & (S_1^I)_{n-1,n}(\lambda_n - \lambda_{n-1}) & \cdots & (S_l^I)_{n-1,n}(\lambda_n - \lambda_{n-1})
\end{bmatrix}
$$

$$
= \prod_{i<j}(\lambda_j - \lambda_i)^2 \det \begin{bmatrix}
(S_1^R)_{12} & \cdots & (S_l^R)_{12} \\
(S_1^I)_{12} & \cdots & (S_l^I)_{12} \\
\vdots & & \vdots \\
(S_1^R)_{n-1,n} & \cdots & (S_l^R)_{n-1,n} \\
(S_1^I)_{n-1,n} & \cdots & (S_l^I)_{n-1,n}
\end{bmatrix} =: \prod_{i<j}(\lambda_j - \lambda_i)^2 f(p_1, \cdots, p_l).
$$

另外, 在注意到

$$
\mathrm{tr} V(M) = \mathrm{tr} V(U^* \Lambda U) = \mathrm{tr} \sum_{j=1}^{2m} \gamma_j \Lambda^j = \sum_{j=1}^{2m} \gamma_j \mathrm{tr} \Lambda^j
$$

$$
= \sum_{j=1}^{2m} \gamma_j \sum_{i=1}^{n} \lambda_i^j = \sum_{i=1}^{n} \sum_{j=1}^{2m} \gamma_j \lambda_i^j = \sum_{i=1}^{n} V(\lambda_i).
$$

因此, (12.2.2) 化为

$$
\int_A P^{(n)}(M) dM
$$

$$
= c_n \int_{f(A)} e^{-\sum V(\lambda_i)} \prod_{1 \leqslant i < j \leqslant n} (\lambda_i - \lambda_j)^2 f_0(p_1, \cdots, p_l) d\lambda_1 \cdots d\lambda_n dp_1 \cdots dp_l
$$

$$
= \tilde{c}_n \int_B e^{-\sum V(\lambda_i)} \prod_{1 \leqslant i < j \leqslant n} (\lambda_i - \lambda_j)^2 d\lambda_1 \cdots d\lambda_n. \tag{12.2.10}
$$

定理 12.1 设 $f(M)$ 为关于 $n \times n$ Hermite 矩阵的酉变换下的不变函数, 即 $f(M) = f(UMU^*)$, $\forall U \in \mathcal{U}(n)$, 从而通过对角化 M, 有

$$
f(M) = f(\lambda_1, \cdots, \lambda_n)
$$

为 M 的特征值的对称函数. 记

$$\widehat{Z}_n = \int_{\lambda_1 < \cdots < \lambda_n} e^{-\sum V(\lambda_i)} \prod_{1 \leqslant i < j \leqslant n} (\lambda_i - \lambda_j)^2 d\lambda_1 \cdots d\lambda_n, \tag{12.2.11}$$

$$Z_n = \int_{\mathbb{R}^n} e^{-\sum V(\lambda_i)} \prod_{1 \leqslant i < j \leqslant n} (\lambda_i - \lambda_j)^2 d\lambda_1 \cdots d\lambda_n, \tag{12.2.12}$$

则

$$c_n \int_A f(M) e^{-\mathrm{tr} V(M)} dM$$

$$= c_n \int_{\mathbb{R}^n} e^{-\sum V(\lambda_i)} \prod_{1 \leqslant i < j \leqslant n} (\lambda_i - \lambda_j)^2 f(\lambda_1, \cdots, \lambda_n) d\lambda_1 \cdots d\lambda_n$$

$$= \frac{1}{\widehat{Z}_n} \int_{\lambda_1 < \cdots < \lambda_n} e^{-\sum V(\lambda_i)} \prod_{1 \leqslant i < j \leqslant n} (\lambda_i - \lambda_j)^2 f(\lambda_1, \cdots, \lambda_n) d\lambda_1 \cdots d\lambda_n$$

$$= \frac{1}{Z_n} \int_{\mathbb{R}^n} e^{-\sum V(\lambda_i)} \prod_{1 \leqslant i < j \leqslant n} (\lambda_i - \lambda_j)^2 f(\lambda_1, \cdots, \lambda_n) d\lambda_1 \cdots d\lambda_n,$$

其中 $Z_n = n! \widehat{Z}_n$.

可见被积函数仅与特征值有关, 因此, 研究随机矩阵问题可以转化为研究特征值问题, 我们称

$$P^{(n)}(x_1, \cdots, x_n) = \frac{1}{Z_n} e^{-\sum V(x_i)} \prod_{1 \leqslant i < j \leqslant n} (x_i - x_j)^2 \tag{12.2.13}$$

为特征值的联合概率密度函数.

12.3　随机矩阵与正交多项式联系

12.3.1　关联核函数

我们以酉系综为例, 说明随机矩阵与正交多项式之间的联系, 假设

$$p_j(x) = k_j x^j + \cdots + k_j \pi_j(x),$$
$$\pi_j(x) = x^j + \cdots, \quad k_j \geqslant 0$$

分别为关于权函数 $e^{-V(x)} dx$ 的标准和首一正交多项式, 即

$$\int p_i(x) p_j(x) e^{-V(x)} dx = k_i k_j \int \pi_i(x) \pi_j(x) e^{-V(x)} dx = \delta_{ij}. \tag{12.3.1}$$

根据 Vandermonde 行列式性质, 有

$$P^{(n)}(x_1, \cdots, x_n) = \frac{1}{Z_n} e^{-\sum V(x_i)} \begin{vmatrix} 1 & 1 & \cdots & 1 \\ x_1 & x_2 & \cdots & x_n \\ \vdots & \vdots & & \vdots \\ x_1^{n-1} & x_2^{n-1} & \cdots & x_n^{n-1} \end{vmatrix}^2$$

$$= \frac{1}{Z_n} \begin{vmatrix} e^{-\frac{V(x_1)}{2}} \pi_0(x_1) & e^{-\frac{V(x_2)}{2}} \pi_0(x_2) & \cdots & e^{-\frac{V(x_n)}{2}} \pi_0(x_n) \\ e^{-\frac{V(x_1)}{2}} \pi_1(x_1) & e^{-\frac{V(x_2)}{2}} \pi_1(x_2) & \cdots & e^{-\frac{V(x_n)}{2}} \pi_1(x_n) \\ \vdots & \vdots & & \vdots \\ e^{-\frac{V(x_1)}{2}} \pi_{n-1}(x_1) & e^{-\frac{V(x_2)}{2}} \pi_{n-1}(x_2) & \cdots & e^{-\frac{V(x_n)}{2}} \pi_{n-1}(x_n) \end{vmatrix}^2$$

$$= \frac{k_0^{-2} \cdots k_{n-1}^{-2}}{Z_n} \begin{vmatrix} e^{-\frac{V(x_1)}{2}} p_0(x_1) & e^{-\frac{V(x_2)}{2}} p_0(x_2) & \cdots & e^{-\frac{V(x_n)}{2}} p_0(x_n) \\ e^{-\frac{V(x_1)}{2}} p_1(x_1) & e^{-\frac{V(x_2)}{2}} p_1(x_2) & \cdots & e^{-\frac{V(x_n)}{2}} p_1(x_n) \\ \vdots & \vdots & & \vdots \\ e^{-\frac{V(x_1)}{2}} p_{n-1}(x_1) & e^{-\frac{V(x_2)}{2}} p_{n-1}(x_2) & \cdots & e^{-\frac{V(x_n)}{2}} p_{n-1}(x_n) \end{vmatrix}^2$$

$$= \frac{k_0^{-2} \cdots k_{n-1}^{-2}}{Z_n} \det(K_n(x_i, x_j))_{i,j=1}^n \quad (|A|^2 = |A^{\mathrm{T}} A|), \tag{12.3.2}$$

其中

$$K_n(x, y) = e^{-\frac{V(x)+V(y)}{2}} \sum_{j=0}^{n-1} p_j(x) p_j(y) \tag{12.3.3}$$

称为关联核函数, 这是随机矩阵中最重要的一个统计量, 很多统计量与关联核有关. 而 $p_j(x)$ 为区间 $(-\infty, +\infty)$ 上关于权函数 $e^{-V(x)}$ 的标准正交多项式, 即

$$\int_{-\infty}^{\infty} p_i(x) p_j(x) e^{-V(x)} dx = \delta_{i,j}.$$

引理 12.1 假设 $J_n = J_n(x) = (J_{ij})_{1 \leqslant i,j \leqslant n}$, $x \in \mathbb{R}^n$ 为 $n \times n$ 矩阵, 使得

(i) $J_{ij} = f(x_i, x_j)$ 为 $\mathbb{R}^2 \to \mathbb{C}$ 上的可测函数;

(ii) $\int f(x, y) f(y, z) d\mu(y) = f(x, z).$

则

$$\int \det J_n(x) d\mu(x_n) = (d - n + 1) \det J_{n-1},$$

其中

$$J_{n-1} = (J_{ij})_{1 \leqslant i,j \leqslant n-1}, \quad d = \int f(x, x) d\mu(x).$$

证明 展开行列式

$$\int \det J_n(x) d\mu(x_n) = \sum_\sigma \mathrm{sgn}\sigma \int f(x_1, x_{\sigma(1)}) \cdots f(x_n, x_{\sigma(n)}) d\mu(x_n)$$

$$= \sum_{k=1}^n \sum_{\sigma(n)=k} \mathrm{sgn}\sigma \int f(x_1, x_{\sigma(1)}) \cdots f(x_n, x_{\sigma(n)}) d\mu(x_n).$$

如果 $\sigma(n) = n$, 则

$$\int f(x_1, x_{\sigma(1)}) \cdots f(x_n, x_{\sigma(n)}) d\mu(x_n)$$

$$= f(x_1, x_{\sigma(1)}) \cdots f(x_{n-1}, x_{\sigma(n-1)}) \int f(x_n, x_{\sigma(n)}) d\mu(x_n)$$

$$= d \times f(x_1, x_{\sigma(1)}) \cdots f(x_{n-1}, x_{\sigma(n-1)}).$$

因此

$$\sum_{\sigma(n)=k} \mathrm{sgn}\sigma \int f(x_1, x_{\sigma(1)}) \cdots f(x_n, x_{\sigma(n)}) d\mu(x_n)$$

$$= d \sum_{\sigma(n)=k} \mathrm{sgn}\sigma f(x_1, x_{\sigma(1)}) \cdots f(x_{n-1}, x_{\sigma(n-1)}) = d \det J_{n-1}.$$

如果 $\sigma(n) = k < n$, 则存在 $j < n$, $\sigma(j) = n$, 有

$$\int f(x_1, x_{\sigma(1)}) \cdots f(x_j, x_n) \cdots f(x_n, x_k) d\mu(x_n)$$

$$= f(x_1, x_{\sigma(1)}) \cdots f(x_j, x_k) \cdots f(x_{n-1}, x_{\sigma(n-1)}).$$

因此, 由 (ii)

$$\int \det J_n(x) d\mu(x_n)$$

$$= d \det J_{n-1} + \sum_{k=1}^{n-1} \sum_{\sigma(n)=k} \mathrm{sgn}\sigma f(x_1, x_{\sigma(1)}) \cdots f(x_j, x_k) \cdots f(x_{n-1}, x_{\sigma(n-1)}).$$

假设 $\hat{\sigma}$ 为由 n 阶排列 $\{1, 2, \cdots, n\}$, $\sigma(n) = k < n$, $\sigma(j) = n$ 约化得到的 $n-1$ 阶排列, 即

$$\{\hat{\sigma}(1), \cdots, \hat{\sigma}(n-1)\} = \{\sigma(1), \cdots, \sigma(j-1), k, \sigma(j+1), \cdots, \sigma(n-1)\},$$

并且

$$\mathrm{sgn}\hat{\sigma} = \mathrm{sgn}\{\sigma(1), \cdots, \sigma(j-1), k, \sigma(j+1), \cdots, \sigma(n-1), n\}$$

$$= -\mathrm{sgn}\{\sigma(1), \cdots, \sigma(j-1), n, \sigma(j+1), \cdots, \sigma(n-1), k\} = -\mathrm{sgn}\sigma.$$
$$(12.3.4)$$

因此

$$\sum_{\sigma(n)=k} \mathrm{sgn}\sigma f(x_1, x_{\sigma(1)}) \cdots f(x_j, x_k) \cdots f(x_{n-1}, x_{\sigma(n-1)})$$

$$= \sum_{j=1}^{n-1} \sum_{\sigma(n)=k, \sigma(j)=n} \mathrm{sgn}\sigma f(x_1, x_{\sigma(1)}) \cdots f(x_j, x_k) \cdots f(x_{n-1}, x_{\sigma(n-1)})$$

$$= \sum_{j=1}^{n-1} \sum_{\hat{\sigma}(j)=k} \mathrm{sgn}\sigma f(x_1, x_{\sigma(1)}) \cdots f(x_j, x_k) \cdots f(x_{n-1}, x_{\sigma(n-1)})$$

$$= -\det J_{n-1}.$$
$$(12.3.5)$$

由此得到

$$\int \det J_n(x) d\mu(x_n) = (d - n + 1) \det J_{n-1}.$$

定理 12.2 关联核具有性质

$$\int_{-\infty}^{\infty} K_n(x, y) K_n(y, z) dy = K_n(x, z), \qquad \int_{-\infty}^{\infty} K_n(x, x) dx = n. \qquad (12.3.6)$$

证明

$$\int_{-\infty}^{\infty} K_n(x, y) K_n(y, z) dy$$

$$= \sum_{i,j} \int e^{-\frac{V(x)+V(y)}{2}} p_i(x) p_i(y) e^{-\frac{V(y)+V(z)}{2}} p_j(y) p_j(z) dy$$

$$= e^{-\frac{V(x)+V(z)}{2}} \sum_{i,j} p_i(x) p_j(z) \int e^{-V(y)} p_i(y) p_j(y) dy$$

$$= e^{-\frac{V(x)+V(z)}{2}} \sum_{i,j} p_i(x) p_j(z) \delta_{ij} = e^{-\frac{V(x)+V(z)}{2}} \sum_{i=0}^{n-1} p_i(x) p_i(z) = K_n(x, z),$$

$$\int_{-\infty}^{\infty} K_n(x, x) dx = \sum_{i=0}^{n-1} \int e^{-V(x)} p_i^2(x) dx = n.$$

可见, $K_n(x_i, x_j)$ 满足引理条件, 因此我们有

$$\int_{-\infty}^{\infty} \det(K_n(x_i, x_j))_{1 \leqslant i,j \leqslant n} dx_n = \det(K_n(x_i, x_j))_{1 \leqslant i,j \leqslant n-1}.$$

进一步

$$\iint \det(K_n(x_i, x_j))_{1\leqslant i,j\leqslant n} dx_{n-1} dx_n = \int \det(K_n(x_i, x_j))_{1\leqslant i,j\leqslant n-1} dx_{n-1}$$
$$= 2\det(K_n(x_i, x_j))_{1\leqslant i,j\leqslant n-2}.$$

利用递推关系

$$\int \cdots \int \det(K_n(x_i, x_j))_{1\leqslant i,j\leqslant n} dx_2 \cdots dx_n = (n-1)!\det(K_n(x_1, x_1)),$$

$$\int \cdots \int \det(K_n(x_i, x_j))_{1\leqslant i,j\leqslant n} dx_1 \cdots dx_n = n!.$$

注意到

$$1 = \int_{-\infty}^{\infty} \cdots \int_{-\infty}^{\infty} P^{(n)}(x_1, \cdots, x_n) dx_1 \cdots dx_n$$
$$= \frac{k_0^{-2}\cdots k_{n-1}^{-2}}{Z_n} \int_{-\infty}^{\infty} \cdots \int_{-\infty}^{\infty} \det(K_n(x_i, x_j)) dx_1 \cdots dx_n$$
$$= \frac{k_0^{-2}\cdots k_{n-1}^{-2}}{Z_n} n!.$$

由此推出

$$\frac{k_0^{-2}\cdots k_{n-1}^{-2}}{Z_n} = \frac{1}{n!}, \tag{12.3.7}$$

以及配分函数

$$Z_n = \frac{n!}{k_0^2 \cdots k_{n-1}^2}.$$

将 (12.3.7) 代入 (12.3.2) 得到特征值的联合概率密度

$$P^{(n)}(x_1, \cdots, x_n) = \frac{1}{n!} \det(K_n(x_i, x_j))_{i,j=1}^n. \tag{12.3.8}$$

12.3.2 m 点关联核函数

定义 R_m 为 $P^{(n)}(x)d^n x$ 的 m 点关联核函数

$$R_m(x_1, \cdots, x_m) = \frac{n!}{(n-m)!} \int_{\mathbb{R}^{n-m}} P^{(n)}(x_1, \cdots, x_m, x_{m+1}, \cdots, x_n) dx_{m+1} \cdots dx_n,$$

则由引理 12.1 知

$$R_m(x_1, \cdots, x_m) = \frac{n!}{(n-m)!} \frac{1}{n!} \int_{R^{n-m}} \det(K_n(x_i, x_j))_{i,j=1}^n dx_{m+1} \cdots dx_n$$
$$= \det(K_n(x_i, x_j))_{i,j=1}^m.$$

由于

$$\int_{\mathbb{R}^m} R_m(x_1, \cdots, x_m) dx_1 \cdots dx_m = \frac{n!}{(n-m)!} \neq 1.$$

因此 R_m 不是概率分布. 但在计算概率中是非常有用的统计量, 例如假设 χ_B 为区间 $B \subset \mathbb{R}$ 上的特征函数, 则

$$\int_B R_1(x_1) dx_1 = \int \chi_B(x_1) R_1(x_1) dx_1 = n \int \chi_B(x_1) P^{(n)}(x_1, \cdots, x_n) dx_1 \cdots dx_n$$
$$= \int \sum_{j=1}^n \chi_B(x_j) P^{(n)}(x_1, \cdots, x_n) dx_1 \cdots dx_n$$
$$= n! \int_{x_1 \leqslant \cdots \leqslant x_n} \sum_{j=1}^n \chi_B(x_j) P^{(n)}(x_1, \cdots, x_n) dx_1 \cdots dx_n$$
$$= \int_{x_1 \leqslant \cdots \leqslant x_n} \sharp\{x_i \in B\} \hat{P}^{(n)}(x) d^n x.$$

上式表示落入区间 B 内特征值数目的期望值.

类似地

$$\int_B R_2(x_1, x_2) dx_1 dx_2 = \int \chi_B(x_1) \chi_B(x_2) R_2(x_1, x_2) dx_1 dx_2$$
$$= n(n-1) \int \chi_B(x_1) \chi_B(x_2) P^{(n)}(x_1, \cdots, x_n) dx_1 \cdots dx_n$$
$$= \int \sum_{i \neq j}^n \chi_B(x_i) \chi_B(x_j) P^{(n)}(x_1, \cdots, x_n) dx_1 \cdots dx_n$$
$$= n! \int_{x_1 \leqslant \cdots \leqslant x_n} \sum_{i \neq j}^n \chi_B(x_i) \chi_B(x_j) P^{(n)}(x_1, \cdots, x_n) dx_1 \cdots dx_n$$
$$= \int_{x_1 \leqslant \cdots \leqslant x_n} \sharp\{\text{pairs } \{i, j\} : x_i, x_j \in B\} \hat{P}^{(n)}(x) dx_1 \cdots dx_n.$$

上式表示落入区间 B 内成对特征值的对数目的期望值.

12.4　随机矩阵与 RH 问题联系

利用 Darboux-Christoffel 公式并注意到关系 $\gamma_{n-1} = -2\pi i k_{n-1}^2$, (12.3.3) 化为

$$
\begin{aligned}
K_n(x, y) &= e^{-\frac{x^2+y^2}{2}} \frac{k_{n-1}}{k_n} \frac{p_n(x)p_{n-1}(y) - p_{n-1}(x)p_n(y)}{x - y} \\
&= e^{-\frac{x^2+y^2}{2}} \frac{-\gamma_{n-1}[\pi_n(x)\pi_{n-1}(y) - \pi_{n-1}(x)\pi_n(y)]}{2\pi i(x - y)},
\end{aligned} \tag{12.4.1}
$$

由于

$$
Y(x) = \begin{pmatrix} \pi_n(x) & C(\pi_n(x)w(x)) \\ \gamma_{n-1}\pi_{n-1}(x) & \gamma_{n-1}C(\pi_{n-1}(x)w(x)) \end{pmatrix},
$$

并且 $\det(Y(y)) = 1$, 因此

$$
Y^{-1}(y) = \begin{pmatrix} \gamma_{n-1}C(\pi_{n-1}(y)w(y)) & -C(\pi_n(y)w(y)) \\ -\gamma_{n-1}\pi_{n-1}(y) & \pi_n(y) \end{pmatrix}.
$$

容易验证

$$
-\gamma_{n-1}[\pi_n(x)\pi_{n-1}(y) - \pi_{n-1}(x)\pi_n(y)] = [Y^{-1}(y)Y(x)]_{21}, \tag{12.4.2}
$$

将 (12.4.2) 代入 (12.4.1), 得到

$$
K_n(x, y) = \frac{e^{-\frac{x^2+y^2}{2}}}{2\pi i(x - y)}[Y^{-1}(y)Y(x)]_{21}.
$$

12.5　间　隙　概　率

具有大小顺序特征值的概率分布

$$
\widehat{P}^{(n)}(x)d^n x = \frac{1}{\widehat{Z}_n} e^{-\sum V(x_i)} \prod_{1 \leqslant i < j \leqslant n} (x_i - x_j)^2 dx_1 \cdots dx_n,
$$

其中

$$
\widehat{Z}_n = \int_{x_1 < \cdots < x_n} e^{-\sum V(x_i)} \prod_{1 \leqslant i < j \leqslant n} (x_i - x_j)^2 d^n x,
$$

$$
\int_{x_1 \leqslant x_2 \leqslant \cdots \leqslant x_n} \widehat{P}^{(n)}(x)d^n x = 1,
$$

没有大小顺序特征值的概率分布

$$P^{(n)}(x)d^n x = \frac{1}{Z_n} e^{-\sum V(x_i)} \prod_{1 \leqslant i < j \leqslant n} (x_i - x_j)^2 d^n x,$$

其中

$$Z_n = \int_{\mathbb{R}^n} e^{-\sum V(x_i)} \prod_{1 \leqslant i < j \leqslant n} (x_i - x_j)^2 d^n x,$$

$$\int_{\mathbb{R}^n} P^{(n)}(x)d^n x = 1.$$

我们记 $A(\theta) = \text{Prob}(x_i \notin (-\theta, \theta), \ i = 1, \cdots, n)$ 表示 $\mathcal{M}$ 中一个随机矩阵在区间 $(-\theta, \theta)$ 中没有特征值的概率, 则

$$
\begin{aligned}
A(\theta) &= \int_{\{|x_i| > \theta, 1 \leqslant i \leqslant n\}} P^{(n)}(x)d^n x \\
&= \frac{1}{Z_n} \int_{\{|x_i| > \theta, 1 \leqslant i \leqslant n\}} e^{-\sum V(x_i)} \prod_{1 \leqslant i < j \leqslant n} (x_i - x_j)^2 d^n x \\
&= \frac{1}{n!} \int_{\{|x_i| > \theta, 1 \leqslant i \leqslant n\}} \det(K_n(x_i, x_j))_{i,j=1}^n d^n x.
\end{aligned}
$$

命题 12.3 $A(\theta)$ 还有另外一种形式

$$A(\theta) = \frac{\displaystyle\int_{\mathbb{R}^n} \tilde{\chi}_\theta(x_1) \cdots \tilde{\chi}_\theta(x_n) e^{-\sum V(x_i)} \prod_{1 \leqslant i < j \leqslant n} (x_i - x_j)^2 d^n x}{\displaystyle\int_{\mathbb{R}^n} e^{-\sum V(x_i)} \prod_{1 \leqslant i < j \leqslant n} (x_i - x_j)^2 d^n x}.$$

证明 依定义

$$A(\theta) = \frac{1}{\widehat{Z}_n} \int_{x_1 \leqslant \cdots \leqslant x_n} \tilde{\chi}_\theta(x_1) \cdots \tilde{\chi}_\theta(x_n) e^{-\sum V(x_i)} \prod_{1 \leqslant i < j \leqslant n} (x_i - x_j)^2 d^n x, \quad (12.5.1)$$

其中 $\tilde{\chi}_\theta(x)$ 为集合 $\{|x| > \theta\}$ 上的特征函数, 由被积函数的对称性

$$
\begin{aligned}
A(\theta) &= \frac{1}{\widehat{Z}_n n!} \sum_\sigma \int_{x_{\sigma(1)} \leqslant \cdots \leqslant x_{\sigma(n)}} \tilde{\chi}_\theta(x_{\sigma(1)}) \cdots \tilde{\chi}_\theta(x_{\sigma(n)}) e^{-\sum V(x_{\sigma(i)})} \\
&\quad \times \prod_{1 \leqslant i < j \leqslant n} (x_{\sigma(i)} - x_{\sigma(j)})^2 d^n x \\
&= \frac{1}{\widehat{Z}_n n!} \sum_\sigma \int_{x_{\sigma(1)} \leqslant \cdots \leqslant x_{\sigma(n)}} \tilde{\chi}_\theta(x_1) \cdots \tilde{\chi}_\theta(x_n) e^{-\sum V(x_i)} \prod_{1 \leqslant i < j \leqslant n} (x_i - x_j)^2 d^n x
\end{aligned}
$$

$$= \frac{\displaystyle\int_{\mathbb{R}^n} \tilde{\chi}_\theta(x_1) \cdots \tilde{\chi}_\theta(x_n) e^{-\sum V(x_i)} \prod_{1 \leqslant i < j \leqslant n} (x_i - x_j)^2 d^n x}{\displaystyle\int_{\mathbb{R}^n} e^{-\sum V(x_i)} \prod_{1 \leqslant i < j \leqslant n} (x_i - x_j)^2 d^n x}.$$

$$A(\theta) = \int \cdots \int P^{(n)}(x_1, \cdots, x_n)(1 - \chi_\theta(x_1)) \cdots (1 - \chi_\theta(x_n)) d^n x$$

$$= \sum_{j=0}^{n} (-1)^j \int \cdots \int P^{(n)}(x_1, \cdots, x_n) \zeta_j(\chi_\theta(x_1), \cdots, \chi_\theta(x_n)) d^n x, \quad (12.5.2)$$

其中 $\zeta_j(\alpha_1, \cdots, \alpha_n)$ 为 $\alpha_1, \cdots, \alpha_n$ 的 j 次对称函数:

$$\prod_{i=1}^{n} (z - \alpha_i) = z^n - \zeta_1(\alpha_1, \cdots, \alpha_n) z^{n-1} + \cdots + (-1)^n \zeta_n(\alpha_1, \cdots, \alpha_n),$$

其中

$$\zeta_0(\alpha_1, \cdots, \alpha_n) = 1,$$
$$\zeta_1(\alpha_1, \cdots, \alpha_n) = \sum_{i=1}^{n} \alpha_i,$$
$$\zeta_2(\alpha_1, \cdots, \alpha_n) = \sum_{i<j} \alpha_i \alpha_j,$$
$$\cdots \cdots$$
$$\zeta_n(\alpha_1, \cdots, \alpha_n) = \alpha_1 \cdots \alpha_n.$$

对于 $1 \leqslant j \leqslant n$,

$$\int \cdots \int P^{(n)}(x_1, \cdots, x_n) \chi_\theta(x_1) \cdots \chi_\theta(x_j) dx_1 \cdots dx_n$$

$$= \frac{(n-j)!}{n!} \int \cdots \int \chi_\theta(x_1) \cdots \chi_\theta(x_j) R_j(x_1, \cdots, x_j) dx_1 \cdots dx_j,$$

$$= \frac{(n-j)!}{n!} \int_{|x_i| < \theta, \ 1 \leqslant i \leqslant j} R_j(x_1, \cdots, x_j) dx_1 \cdots dx_j.$$

由于 $\zeta_j(\alpha_1, \cdots, \alpha_n)$ 是对称函数, 包括 C_n^j 项如上形式的乘积, 因此

$$\int \cdots \int P^{(n)}(x_1, \cdots, x_n) \zeta_j(\chi_\theta(x_1) \cdots \chi_\theta(x_n)) dx_1 \cdots dx_n$$

$$= \frac{(n-j)!}{n!} \mathrm{C}_n^j \int \cdots \int R_j(x_1, \cdots, x_j) dx_1 \cdots dx_j,$$

$$= \frac{1}{j!} \int_{|x_i|<\theta, \, 1\leqslant i\leqslant j} R_j(x_1, \cdots, x_j) dx_1 \cdots dx_j.$$

所以

$$A(\theta) = \sum_{j=0}^n \frac{(-1)^j}{j!} \int_{|x_i|<\theta, \, 1\leqslant i\leqslant j} R_j(x_1, \cdots, x_j) dx_1 \cdots dx_j$$

$$= \sum_{j=0}^n \frac{(-1)^j}{j!} \int_{-\theta}^\theta \cdots \int_{-\theta}^\theta \det \begin{pmatrix} K_n(x_1, x_1) & \cdots & K_n(x_1, x_j) \\ \vdots & & \vdots \\ K_n(x_j, x_1) & \cdots & K_n(x_j, x_j) \end{pmatrix} dx_1 \cdots dx_j.$$

由于 K_n 为迹类算子, 有公式

$$A(\theta) = P(x_i \notin (-\theta, \theta), \forall i = 1, \cdots, n) = \det(I - \lambda K_n)|_{\lambda=1}.$$

下面我们用 Fredholm 行列式来刻画在 $(-\theta, \theta)$ 内含有 m 个特征值的概率. 我们用 $A_m(\theta) = P(x_{i_1}, \cdots, x_{i_m} \in (-\theta, \theta))$ 表示 $\mathcal{M}$ 中一个随机矩阵在区间 $(-\theta, \theta)$ 中恰有 m 个特征值的概率.

命题 12.4

$$A_m(\theta) = \frac{n!}{(n-m)!m!} \int \cdots \int P^{(n)}(x) \chi_\theta(x_1) \cdots \chi_\theta(x_m) \tilde{\chi}_\theta(x_{m+1}) \cdots \tilde{\chi}_\theta(x_n) d^n x.$$

证明

$$A_m(\theta) = \int_{x_1<\cdots<x_n} \widehat{P}^{(n)}(x)[\chi_\theta(x_1) \cdots \chi_\theta(x_m) \tilde{\chi}_\theta(x_{m+1}) \cdots \tilde{\chi}_\theta(x_n) d^n x$$

$$+ \chi_\theta(x_1) \cdots \chi_\theta(x_{m-1}) \tilde{\chi}_\theta(x_m) \chi_\theta(x_{m+1}) \tilde{\chi}_\theta(x_{m+2}) \cdots \tilde{\chi}_\theta(x_n) + \cdots]$$

$$= \int_{x_1<\cdots<x_n} \widehat{P}^{(n)}(x) \sum_{j_1<\cdots<j_m} \tilde{\chi}_\theta(x_1) \cdots \chi_\theta(x_{j_1}) \tilde{\chi}_\theta(x_{j_1+1}) \cdots \chi_\theta(x_{j_2})$$

$$\times \tilde{\chi}_\theta(x_{j_2+1}) \cdots \chi_\theta(x_{j_m}) \tilde{\chi}_\theta(x_{j_m+1}) \cdots \tilde{\chi}_\theta(x_{j_n}) d^n x$$

$$= \frac{1}{n!} \sum_\sigma \int_{x_{\sigma(1)}<\cdots<x_{\sigma(n)}} \widehat{P}^{(n)}(x) \sum_{j_1<\cdots<j_m} (\tilde{\chi}_\theta(x_1) \cdots \chi_\theta(x_{j_1}) \cdots) d^n x$$

$$= \int_{\mathbb{R}^n} P^{(n)}(x) \sum_{j_1<\cdots<j_m} (\tilde{\chi}_\theta(x_1) \cdots \chi_\theta(x_{j_1}) \cdots \chi_\theta(x_{j_m}) \cdots \tilde{\chi}_\theta(x_{j_m})) d^n x$$

$$= \mathrm{C}_n^m \int_{\mathbb{R}^n} P^{(n)}(x) \chi_\theta(x_1) \cdots \chi_\theta(x_m) \tilde{\chi}_\theta(x_{m+1}) \cdots \tilde{\chi}_\theta(x_n) d^n x.$$

命题 12.5

$$A_m(\theta) = \frac{1}{m!}\left(-\frac{d}{d\gamma}\right)^m \det(I - \gamma K_n)\big|_{\gamma=1}. \tag{12.5.3}$$

证明

$$\det(I - \gamma K_n)$$

$$= \int_{\mathbb{R}^n} P^{(n)}(x)(1 - \gamma\chi_\theta(x_1))\cdots(1 - \gamma\chi_\theta(x_n))d^n x$$

$$= \sum_{j=0}^n \frac{(-\gamma)^j}{j!} \int_{-\theta}^\theta \cdots \int_{-\theta}^\theta \det\begin{pmatrix} K_n(x_1,x_1) & \cdots & K_n(x_1,x_j) \\ \vdots & & \vdots \\ K_n(x_j,x_1) & \cdots & K_n(x_j,x_j) \end{pmatrix} dx_1\cdots dx_j.$$

记 $\tilde{\chi}_{\theta,\gamma} = 1 - \gamma K_n$，则

$$-\frac{d}{d\gamma}\det(I - \gamma K_n)\bigg|_{\gamma=1}$$

$$= \int_{\mathbb{R}^n}[\chi_\theta(x_1)\tilde{\chi}_{\theta,\gamma}(x_2)\cdots\tilde{\chi}_{\theta,\gamma}(x_n)$$

$$\qquad + \tilde{\chi}_{\theta,\gamma}(x_1)\chi_\theta(x_2)\cdots\tilde{\chi}_{\theta,\gamma}(x_n) + \cdots]P^{(n)}(x)d^n x\bigg|_{\gamma=1}$$

$$= n\int \chi_\theta(x_1)\tilde{\chi}_{\theta,\gamma}(x_2)\cdots\tilde{\chi}_{\theta,\gamma}(x_n)P^{(n)}(x)d^n x\bigg|_{\gamma=1}$$

$$= A_1(\theta).$$

进一步

$$\frac{1}{2!}\left(-\frac{d}{d\gamma}\right)^2\det(I - \gamma K_n)\bigg|_{\gamma=1}$$

$$= \frac{n}{2}\int_{\mathbb{R}^n}\chi_\theta(x_1)\{\chi_{\theta,\gamma}(x_2)\tilde{\chi}_{\theta,\gamma}(x_3)\cdots\tilde{\chi}_{\theta,\gamma}(x_n)$$

$$\qquad + \tilde{\chi}_{\theta,\gamma}(x_2)\chi_{\theta,\gamma}(x_3)\cdots\tilde{\chi}_{\theta,\gamma}(x_n) + \cdots\}P^{(n)}(x)d^n x\bigg|_{\gamma=1}$$

$$= \frac{n(n-1)}{2}\int \chi_\theta(x_1)\chi_\theta(x_2)\tilde{\chi}_{\theta,\gamma}(x_3)\cdots\tilde{\chi}_{\theta,\gamma}(x_n)P^{(n)}(x)d^n x\bigg|_{\gamma=1}$$

$$= A_2(\theta).$$

利用递推, 可得

$$\frac{1}{j!}\left(-\frac{d}{d\gamma}\right)^j\det(I - \gamma K_n)\bigg|_{\gamma=1}$$

$$= \frac{n(n-1)\cdots(n-j+1)}{j!}$$

$$\cdot \int \chi_\theta(x_1)\cdots\chi_\theta(x_j)\tilde{\chi}_{\theta,\gamma}(x_{j+1})\cdots\tilde{\chi}_{\theta,\gamma}(x_n)P^{(n)}(x)d^n x\Big|_{\gamma=1}$$

$$= A_j(\theta).$$

设 $f(x_1,\cdots,x_n)$ 为对称函数, 则 f 关于 $P^{(n)}(x)$ 的期望值为

$$\int_{-\infty}^{\infty}\cdots\int_{-\infty}^{\infty}f(x_1,\cdots,x_n)P^{(n)}(x_1,\cdots,x_n)dx_1\cdots dx_n.$$

如果 $f(x_1,\cdots,x_n) = \sum_{i=1}^n \chi_{(a,b)}(x_i)$, 则落入区间 (a,b) 内特征值的数目为

$$\frac{1}{n!}\int_{-\infty}^{\infty}\cdots\int_{-\infty}^{\infty}\sum_{i=1}^n \chi_{(a,b)}(x_i)\det K_n(x_i,x_j)_{i,j=1}^n dx_1\cdots dx_n$$

$$= \int_a^b K_n(x,x)dx,$$

其中 $\chi_{(a,b)}(x)$ 为区间 (a,b) 上的特征函数.

12.6 特征值的间距分布

我们感兴趣 GUE 随机矩阵特征值的间距分布, 即对于 $s>0$, 求如下期望值

$$S(s;M) = \sharp\{1 \leqslant j \leqslant n-1; x_{j+1}-x_j \leqslant s\}, \tag{12.6.1}$$

其中 $x_1 \leqslant \cdots \leqslant x_n$ 为 Hermite 矩阵 M 的有序特征值. 为方便, 引入有序 n 元数组: $X = (x_1,\cdots,x_n)$, $x_1 \leqslant \cdots \leqslant x_n$, 则

$$S(s,X) = \sharp\{1 \leqslant j \leqslant n-1; x_{j+1}-x_j \leqslant s\} \tag{12.6.2}$$

表示 X 中相邻元素不超过距离 s 的数量. 令

$$C_m(s,X) = \sharp\{1 \leqslant j_1 < \cdots < j_{m+2} \leqslant n; x_{j_{m+2}}-x_{j_1} \leqslant s\}$$

$$= \sharp\{B = \{j_1,\cdots,j_{m+2}\}; \max_{j_r,j_q}|x_{j_r}-x_{j_q}| \leqslant s\}. \tag{12.6.3}$$

引理 12.2 对任何有序 n 元数组 $X = (x_1,\cdots,x_n)$, $x_1 \leqslant x_2 \leqslant \cdots \leqslant x_n$,

$$S(s,X) = \sum_{m\geqslant 0}(-1)^m C_m(s,X). \tag{12.6.4}$$

12.7　随机矩阵与 Painlevé 方程

关联核的普适性可表示为局部关联核的极限.

谱的内核 (bulk of the spectrum) 由 $\rho(x)$ 的有限非零点构成, 对这种内核点 x_0 和某常数 c, 具有下列极限

$$\lim_{n\to\infty} \frac{1}{nc} K_n\left(x_0 + \frac{x}{nc}, x_0 + \frac{y}{nc}\right) = \frac{\sin(x-y)}{\pi(x-y)}.$$

谱的软边界 (soft edge) 由 $\rho(x)$ 的零点构成,

$$\lim_{n\to\infty} \frac{1}{cn^{2/3}} K_n\left(x_0 + \frac{x}{cn^{2/3}}, x_0 + \frac{y}{cn^{2/3}}\right)$$

$$= \frac{Ai(x)Ai'(y) - Ai(y)Ai'(x)}{\pi(x-y)} = K_{Ai}(x,y).$$

谱的硬边界 (hard edge) 由 $\rho(x)$ 的零点构成,

$$\lim_{n\to\infty} \frac{1}{cn^2} K_n\left(x_0 + \frac{x}{cn^2}, x_0 + \frac{y}{cn^2}\right)$$

$$= \frac{J_\alpha(\sqrt{x})\sqrt{y}J'_\alpha(\sqrt{y}) - J_\alpha(\sqrt{y})\sqrt{x}J'_\alpha(\sqrt{x})}{2(x-y)} = B_\alpha(x,y).$$

1. Painlevé II *方程*

Fredholm 行列式 (Tracy-Widom, 1993)

$$F(s) = \det(I - K_{Ai}) = \sum_{n=0}^{\infty} \frac{(-1)^n}{n!} \int_{(s,\infty)^n} \det K_{Ai}(x_i, x_j) dx_1 \cdots dx_n. \quad (12.7.1)$$

可以写为

$$F(s) = \exp\left(-\int_s^\infty (x-s)q(x)dx\right), \quad \partial_s^2 F(s) = -q^2(s),$$

其中 q 为 Painlevé II 方程的 Hasting-Mcleod 解

$$q''(s) = 2q^3(s) + sq(s).$$

2. 最大特征值 $x_{\max} \geqslant s$ 的概率为

$$P(x_{\max} \geqslant s) = \det(I - K_{Ai}) = \sum_{n=0}^{\infty} \frac{(-1)^n}{n!} \int_{(s,\infty)^n} \det K_{Ai}(x_i, x_j) dx_1 \cdots dx_n.$$

$$(12.7.2)$$

3. sine 和 Airy 核的普适性为

$$Ai''(x) - xAi(x) = 0.$$

$$Ai(x) = \frac{1}{\pi} \int_0^\infty \cos\left(\frac{1}{3}t^3 + xt\right) dt.$$

第 13 章 平 衡 测 度

13.1 变 分 法

早在 1696 年, Bernoulli 就开始研究捷线问题, 即在连接定点 A, B 的所有曲线中, 找出一条曲线 C, 使初始速度为零的质点, 自 A 沿着 C 到 B 所需时间最短. 假设连接 A, B 的曲线为

$$y = y(x), \quad y(0) = 0, \quad y(x_1) = y_1,$$

则速度

$$v = s_t = \frac{\sqrt{1 + y'^2}}{dt} dx.$$

因此

$$dt = \frac{\sqrt{1 + y'^2}}{v} dx.$$

从 A 到 B 所需时间为

$$J(y) = \int_0^{x_1} \frac{\sqrt{1 + y'^2}}{v} dx. \tag{13.1.1}$$

设曲线上一点处的切线与 y 轴方向的夹角为 τ, 质点的质量为 m, 重力加速度为 g, 利用 Newton 第二定律,

$$ms_{tt} = mg \cos \tau = mgy_s,$$

两边乘 $2s_t$, 则

$$2s_t s_{tt} = 2gy_s s_t = 2gy_t.$$

积分得到

$$s_t^2 = 2gy + c.$$

由于初始速度为零, 因此 $c = 0$. 从而 $v = \sqrt{2gy}$. 最后代入 (13.1.1), 问题归结为在条件 $y(0) = 0, y(x_1) = y_1$ 之下, 寻找使得

$$J(y) = \int_0^{x_1} \sqrt{\frac{1 + y'^2}{2gy}} dx \tag{13.1.2}$$

为最小的函数 $y(x)$. 函数 (13.1.2) 的定义域 $\mathcal{D}(J)$ 不再是点集, 而是由一类函数构成的,

$$\mathcal{D}(J) = \{y(x) \,|\, y''(x) \text{ 连续}, \ y(0) = 0, \ y(x_1) = y_1\},$$

$J(y)$ 称为 $\mathcal{D}(J)$ 上的泛函, 捷线问题即为求泛函 $J(y)$ 的极值.

定义 13.1 设泛函 $J(y)$ 的定义域 $\mathcal{D}(J)$ 中的元都是 $[a, b]$ 上的连续函数, 存在 $y_0(x) \in \mathcal{D}(J)$, 使得

$$J(y_0) = \min_{y \in \mathcal{D}} J(y).$$

13.1.1 单重积分

引理 13.1 设 $\mu(x)$ 在 $[a, b]$ 上连续, 如果对 $[a, b]$ 上具有二阶导数, 且在 a, b 处为零的函数 $\eta(x)$ 都有

$$\int_a^b \mu(x)\eta(x)dx = 0,$$

则

$$\mu(x) = 0, \quad \forall x \in [a, b].$$

证明 如果 $\mu(x)$ 在 x_0 处不为零, 则 $\mu(x)$ 在 x_0 附近也不为零, 设

$$\mu(x) > 0, \quad \xi_1 < x < \xi_2.$$

令

$$\eta_0(x) = \begin{cases} (x - \xi_1)^4 (x - \xi_2)^4, & \xi_1 \leqslant x \leqslant \xi_2, \\ 0, & \text{其他}, \end{cases} \tag{13.1.3}$$

则 $\eta_0''(x)$ 在 $[a, b]$ 上连续, 且 $\eta_0(x)$ 在 a, b 处为零, 由假设

$$0 = \int_a^b \mu(x)\eta_0(x)dx = \int_{\xi_1}^{\xi_2} \mu(x)\eta_0(x)dx > 0. \tag{13.1.4}$$

矛盾, 因此 $\mu(x) = 0$.

考虑泛函

$$J(y) = \int_a^b F(x, y, y')dx, \tag{13.1.5}$$

$$\mathcal{D}(J) = \{y(x) \,|\, y''(x) \text{ 连续}, \ \text{并且 } y(a) = \alpha, \ y(b) = \beta\}.$$

寻找 $y_0(x) \in \mathcal{D}(J)$, 使得

$$J(y_0) = \min_{y \in \mathcal{D}} J(y). \tag{13.1.6}$$

定义
$$\delta J(y, \eta) = \frac{dJ(y + \varepsilon\eta)}{d\varepsilon}\Big|_{\varepsilon=0} = \left\langle \frac{\delta J}{\delta y}, \eta \right\rangle$$

为泛函 $J(y)$ 的变分或者 Gauteaux 导数, 而 $\frac{\delta J}{\delta y}$ 称 $J(y)$ 的变分导数.

定理 13.1 如果泛函 $J(y)$ 在 y_0 处取得极值, 则在 y_0 处的变分导数为零, 即
$$\frac{\delta}{\delta y} J(y_0) = 0.$$

证明 对于 $y_0 \in \mathcal{D}$ 及 $\eta''(x)$ 在 $[a,b]$ 上连续, 且 $\eta(a) = \eta(b) = 0$, 则对 $\forall \varepsilon$, 都有 $y_0 + \varepsilon\eta \in \mathcal{D}$. 构造函数
$$\phi(\varepsilon) = \int_a^b F(x, y_0 + \varepsilon\eta, y_0' + \varepsilon\eta') dx = J(y_0 + \varepsilon\eta).$$

假设 $J(y)$ 在 y_0 处有极小值, 则
$$\phi(0) = J(y_0) \leqslant J(y_0 + \varepsilon\eta) = \phi(\varepsilon).$$

于是 $\phi(\varepsilon)$ 在 $\varepsilon = 0$ 处有极小值, 而
$$\phi'(\varepsilon) = \int_a^b (F_y'\eta + F_{y'}'\eta') dx = \frac{dJ(y_0 + \varepsilon\eta)}{d\varepsilon},$$

以及
$$\int_a^b F_{y'}'\eta' dx = F_{y'}'\eta\Big|_a^b - \int_a^b \eta \frac{d}{dx} F_{y'}' dx = -\int_a^b \eta \frac{d}{dx} F_{y'} dx.$$

由 Fermat 定理,
$$0 = \phi'(0) = \int_a^b \left[F_y'(x, y_0, y_0') - \frac{d}{dx} F_{y'}'(x, y_0, y_0') \right] \eta(x) dx$$
$$= \frac{dJ(y_0 + \varepsilon\eta)}{d\varepsilon}\Big|_{\varepsilon=0} = \left\langle \frac{\delta J(y_0)}{\delta y}, \eta \right\rangle.$$

由引理 13.1, 知道
$$\frac{\delta J(y_0)}{\delta y} = F_y'(x, y_0, y_0') - \frac{d}{dx} F_{y'}'(x, y_0, y_0') = 0.$$

称此式为 Euler-Lagrange 方程.

对第二项使用连锁法则,
$$F_y' - F_{xy'}'' - F_{yy'}'' y' - F_{y'y'}'' y'' = 0.$$

如果 F 不显含 x, 则 $F''_{xy'} = 0$, 从而

$$\frac{d}{dx}(F - F'_{y'}y') = (F'_y y' + F'_{y'} y'') - (F''_{yy'} y' + F''_{y'y'} y'')y' - F'_{y'} y''$$
$$= (F'_y - F''_{xy'} - F''_{yy'} y' - F''_{y'y'} y'')y' = 0. \tag{13.1.7}$$

因此

$$\frac{\delta J(y)}{\delta y} = F - F'_{y'}y' = c. \tag{13.1.8}$$

例 13.1   回头考虑捷线问题, 此时

$$F = \sqrt{\frac{1 + y'^2}{y}}.$$

由公式 (13.1.8),

$$c = \frac{\sqrt{1 + y'^2}}{\sqrt{y}} - \frac{y'^2}{\sqrt{y(1 + y'^2)}} = \frac{1}{\sqrt{y(1 + y'^2)}},$$

从而

$$y(1 + y'^2) = c_1,$$

引入参数 φ, 使得 $y' = \cot\varphi$. 则

$$y = \frac{c_1}{1 + \cot^2\varphi} = c_1 \sin^2\varphi = \frac{1}{2}c_1(1 - \cos 2\varphi).$$

又

$$dx = \frac{dy}{y'} = \frac{2c_1 \sin\varphi \cos\varphi d\varphi}{\cot\varphi} = 2c_1 \sin^2\varphi d\varphi = c_1(1 - \cos 2\varphi)d\varphi.$$

积分得到

$$x = \frac{1}{2}c_1(2\varphi - \sin 2\varphi) + c_2, \tag{13.1.9}$$
$$y = \frac{1}{2}c_1(1 - \cos 2\varphi). \tag{13.1.10}$$

由于曲线过原点, $c_2 = 0$. 再令 $\theta = 2\varphi$, $r = \frac{1}{2}c_1$, 则得到

$$x = r(\theta - \sin\theta), \quad y = r(1 - \cos\theta).$$

这是滚动圆半径为 r 的摆线方程.

13.1.2 多未知函数

考虑泛函

$$J(y_1, \cdots, y_n) = \int_a^b F(x, y_1, \cdots, y_n, y_1', \cdots, y_n')dx, \tag{13.1.11}$$

$$\mathcal{D}(J) = \{y_j(x), \ j = 1, \cdots, n | y_j''(x) \ \text{连续}, \ \text{并且} \ y_j(a) = \alpha_j, \ y_j(b) = \beta_j\}.$$

寻找 $y_{10}, \cdots, y_{n0} \in \mathcal{D}(J)$, 使得

$$J(y_{10}, \cdots, y_{n0}) = \min_{y_1, \cdots, y_n \in \mathcal{D}} J(y). \tag{13.1.12}$$

令

$$\Phi(\varepsilon_1, \cdots, \varepsilon_n) = \int_a^b F(x, y_{10} + \varepsilon_1 \eta, \cdots, y_{n0} + \varepsilon_n \eta, y_{10}' + \varepsilon_1 \eta', \cdots, y_{n0}' + \varepsilon_n \eta')dx,$$

其中 $\eta(x)$ 在 $[a, b]$ 上有连续二阶导数, 且 $\eta(a) = \eta(b) = 0$. 如果 $J(y_1, \cdots, y_n)$ 在 $y_{10}, \cdots, y_{n0}$ 处取得极值, 则 $\Phi(\varepsilon_1, \cdots, \varepsilon_n)$ 在 $\varepsilon_1 = \cdots = \varepsilon_n = 0$ 处取得极值, 因此

$$\Phi_{\varepsilon_1} = 0, \cdots, \Phi_{\varepsilon_n} = 0.$$

而

$$\Phi_{\varepsilon_j} = \int_a^b \left(F_{y_j} - \frac{d}{dx} F_{y_j'} \right) \eta(x)dx, \quad j = 1, \cdots, n.$$

因此, 在 $y_{10}, \cdots, y_{n0}$ 处, 满足 Euler-Lagrange 方程

$$\frac{\delta J}{\delta y_j} = F_{y_j} - \frac{d}{dx} F_{y_j'} = 0, \quad j = 1, \cdots, n.$$

13.1.3 多重积分

考虑泛函

$$J(u) = \iint_D F(x, y, u, u_x, u_y)dxdy, \tag{13.1.13}$$

$$\mathcal{D}(J) = \{u | u_{xy}, u_{yy}, u_{xx} \ \text{连续}, \ \text{并且} \ u|_\Gamma = \varphi\},$$

任取具有二阶连续偏导数的函数 $\eta(x, y)$, 且 $\eta|_\Gamma = 0$, 则有 $u + \varepsilon \eta \in \mathcal{D}$. 构造函数

$$\phi(\varepsilon) = \iint_D F(x, y, u_0 + \varepsilon \eta, u_{0,x}' + \varepsilon \eta_x, u_{0,y}' + \varepsilon \eta_y)dxdy.$$

假设 $J(u)$ 在 u_0 处有极小值, 则

$$\phi'(\varepsilon) = \iint_D \left(F'_u - \frac{\partial}{\partial x} F'_{u_x} - \frac{\partial}{\partial y} F'_{u_y} \right) \eta dx dy = 0.$$

因此, 有

$$F'_u - \frac{\partial}{\partial x} F'_{u_x} - \frac{\partial}{\partial y} F'_{u_y} = 0.$$

13.1.4 条件极值

考虑泛函

$$J(y) = \int_a^b F(x, y, y') dx, \tag{13.1.14}$$

$$\mathcal{D}(J) = \left\{ y \middle| y'' 连续, \ y(a) = \alpha, \ y(b) = \beta, \ 且 \ \int_a^b G(x, y, y') dx = l \right\}.$$

定理 13.2　如果 $y_0(x)$ 处, $J(y)$ 有极值, $G_y - \dfrac{d}{dx} G_y \neq 0$ 连续, 则有常数 λ 使 $y_0(x)$ 满足 Euler 方程

$$(F_y + \lambda G_y) - \frac{d}{dx}(F_{y'} + \lambda G_{y'}) = 0.$$

证明　设 η_1, η_2 二阶连续, 且 $\eta_j(a) = \eta_j(b) = 0$, $j = 1, 2$. 构造函数

$$\psi(\varepsilon_1, \varepsilon_2) = \int_a^b G(x, y_0 + \varepsilon_1 \eta_1 + \varepsilon_2 \eta_2, y_0' + \varepsilon_1 \eta_1' + \varepsilon_2 \eta_2') dx - l,$$

则

$$\begin{aligned}
\psi_{\varepsilon_2}(\varepsilon_1, \varepsilon_2) &= \int_a^b (G_y \eta_2 + G_{y'} \eta_2') dx \\
&= \int_a^b \left(G_y - \frac{d}{dx} G_{y'} \right) \eta_2 dx.
\end{aligned} \tag{13.1.15}$$

由于 $G_y - \dfrac{d}{dx} G_{y'} \neq 0$, 可选取 η_2 使得

$$\psi_{\varepsilon_2}(0, 0) \neq 0.$$

考察

$$\Phi(\varepsilon_1, \varepsilon_2) = \int_a^b F(x, y_0 + \varepsilon_1 \eta_1 + \varepsilon_2 \eta_2, y_0' + \varepsilon_1 \eta_1' + \varepsilon_2 \eta_2') dx.$$

由假设, 它在条件 $\psi(\varepsilon_1, \varepsilon_2) = 0$ 之下, 于 $\varepsilon_1 = \varepsilon_2 = 0$ 处有极值, 根据多元 Lagrange 乘数法, 存在 λ, 使得

$$\frac{\partial \Phi}{\partial \varepsilon_j} + \lambda \frac{\partial \psi}{\partial \varepsilon_j} = 0, \quad j = 1, 2.$$

固定 η_2, 则

$$\frac{\partial \Phi}{\partial \varepsilon_1} + \lambda \frac{\partial \psi}{\partial \varepsilon_1} = \int_a^b (F_y \eta_1 + F_{y'} \eta_1')dx + \lambda \int_a^b (G_y \eta_1 + G_{y'} \eta_1')dx \qquad (13.1.16)$$

$$= \int_a^b \left[(F_y + \lambda G_y) - \frac{d}{dx}(F_{y'} + \lambda G_{y'}) \right] \eta_1 dx = 0. \qquad (13.1.17)$$

由引理 13.1,

$$(F_y + \lambda G_y) - \frac{d}{dx}(F_{y'} + \lambda G_{y'}) = 0.$$

13.2　平衡测度的定义和存在性

13.2.1　平衡测度的定义

在研究 OPS 和 RM 的大 n 渐近性中, 尺度化特征值轴非常重要, 通过尺度化变换, 将特征值压缩到有限区间考虑, 为讨论方便, 我们考虑 $n \times n$ Hermite 矩阵特征值的概率分布

$$P(x_1, \cdots, x_n)d^n x = \frac{1}{Z_n} e^{-\sum V(x_i)} \prod_{i<j} (x_i - x_j)^2 d^n x, \qquad (13.2.1)$$

其中

$$Z_n = \int e^{-\sum V(x_i)} \prod_{i<j} (x_i - x_j)^2 d^n x,$$

权函数

$$V(x) = x^{2m}.$$

作尺度化变换

$$x \to n^{\frac{1}{2m}} x,$$

则 (13.2.1) 化为

$$P(x_1, \cdots, x_n)d^n x = \frac{1}{\tilde{Z}_n} e^{-n \sum V(x_i)} \prod_{i<j} (x_i - x_j)^2 d^n x, \qquad (13.2.2)$$

其中

$$\tilde{Z}_n = \int e^{-n\sum V(x_i)} \prod_{i<j}(x_i - x_j)^2 d^n x.$$

可以证明, 如果

$$\pi_j(x) = x^j + \cdots$$

为关于权函数 $e^{-V(x)}$ 的首一正交多项式, 即

$$\int \pi_k(x)\pi_j(x)e^{-V(x)}dx = h_j\delta_{kj}.$$

则

$$q_j(x) = n^{-\frac{j}{2m}}\pi_j(n^{\frac{1}{2m}}x) = x^j + \cdots$$

为关于权函数 $e^{-nV(x)}$ 的首一正交多项式, 即

$$\int q_k(x)q_j(x)e^{-nV(x)}dx = n^{-\frac{k+j+1}{2m}}h_j\delta_{kj}.$$

同时, (13.2.2) 可写为

$$\frac{1}{\tilde{Z}_n}e^{-n^2(\frac{1}{n}\sum V(x_i)+\frac{1}{n^2}\sum_{i\neq j}\log|x_i-x_j|^{-1})},$$

因此, 对积分的贡献来自能量

$$E = \frac{1}{n}\sum V(x_i) + \frac{1}{n^2}\sum_{i\neq j}\log|x_i-x_j|^{-1} \tag{13.2.3}$$

取极小值.

在 $\mathbb{R}$ 上标准可加测度

$$\mu(x) = \frac{1}{n}\sum \delta_{x_j}(x), \quad \int \mu(x)dx = 1,$$

其中

$$\delta_{x_j}(x) = \lim_{\sigma\to 0}\frac{1}{2\sqrt{\pi\sigma}}e^{-\frac{(x-x_j)^2}{4\sigma}}.$$

我们可以利用广义函数的性质, 将 (13.2.3) 的两部分转化为积分

$$\frac{1}{n}\sum V(x_i) = \frac{1}{n}\sum\langle\delta_{x_j}(x), V(x)\rangle = \langle\mu(x), V(x)\rangle = \int V(x)\mu(x)dx, \quad (13.2.4)$$

$$\frac{1}{n^2}\sum_{i\neq j}\log|x_i-x_j|^{-1} = \frac{1}{n^2}\sum\langle\delta_{x_j}(x)\delta_{y_j}(y), \log|x-y|^{-1}\rangle$$

$$= \langle \mu(x)\mu(y), \log|x-y|^{-1} \rangle = \iint \log|x-y|^{-1}\mu(x)\mu(y)dxdy. \tag{13.2.5}$$

将 (13.2.4)—(13.2.5) 代入 (13.2.3), 则化为变分问题

$$E(\mu) = \int V(x)\mu(x)dx + \iint \log|x-y|^{-1}\mu(x)\mu(y)dxdy \tag{13.2.6}$$

求极小值.

定义 13.2　设

$$\mathcal{M} = \left\{ \mu \text{ 为 } \mathbb{R} \text{ 上的 Borel 测度} : \int d\mu = 1 \right\}.$$

满足变分问题

$$E(\psi) = \min_{\mu \in \mathcal{M}} E(\mu) \tag{13.2.7}$$

的概率测度 $\psi(x)dx$ 称为平衡测度.

在 (13.2.7) 中, $\int V(x)\mu(x)dx$ 为外力场; $\iint \log|x-y|^{-1}\mu(x)\mu(y)dxdy$ 为电荷斥力. 这里尺度化 $x \to n^{\frac{1}{2m}}x$ 的作用是两部分达到平衡. 因此, 在物理上, 平衡测度表示在外力场作用下, 导体电荷的分布. 在数学上, 平衡测度表示 $w(x) = e^{-V(x)}$ 形式权函数的大维数随机矩阵的特征值, 或者正交多项式的零点的极限分布, 即

$$\frac{1}{n}K(x,x)dx \to \psi(x)dx, \quad n \to \infty.$$

13.2.2　平衡测度的存在性

定理 13.3　假设外力场 $V : \mathbb{R} \to \mathbb{R}$ 在无穷处充分快速增长, 即 $\dfrac{V(x)}{\log|x|} \to +\infty, |x| \to \infty$. 对于变分问题 (13.2.7), 存在唯一的平衡测度 $d\mu^V = \psi dx$ 满足

- $\displaystyle\int_{-\infty}^{+\infty} \psi(x)dx = 1,$

- $\displaystyle V(x) + 2\int_{-\infty}^{+\infty} \log|x-y|^{-1}\psi(y)dy = \ell, \quad x \in \operatorname{supp}(\psi), \tag{13.2.8}$

- $\displaystyle V(x) + 2\int_{-\infty}^{+\infty} \log|x-y|^{-1}\psi(y)dy \geqslant \ell, \quad x \notin \operatorname{supp}(\psi), \tag{13.2.9}$

其中 ℓ 称 Lagrange 常数.

推论 13.1　假设 $V(x) : \mathbb{R} \to \mathbb{R}$ 为当 $|x| \to \infty$ 时快速增长的严格凸函数. 则上述平衡测度支撑在有限区间上.

例 13.2 对于权函数 $V(x) = x^{2m}$, 可选取满足 (13.2.8) 和 (13.2.9) 平衡测度

$$\psi(x)dx = \frac{m}{i\pi}(x^2 - a^2)_+^{1/2} h_1(x)\chi_{(-a,a)}(x)dx, \tag{13.2.10}$$

$$h_1(x) = x^{2m-2} + \sum_{j=1}^{m-1} x^{2m-2-2j} a^{2j} \prod_{k=1}^{j} \frac{2k-1}{2k}, \tag{13.2.11}$$

$$a = \left(m \prod_{k=1}^{m} \frac{2k-1}{2k} \right)^{-1/2m}.$$

更具体, 取 $m = 1$, 即对经典 Gauss 权函数 $V(x) = e^{-x^2}$, 则

$$a = \sqrt{2}, \quad \psi(x)dx = \sqrt{2 - x^2}dx, \quad x \in [-\sqrt{2}, \sqrt{2}], \tag{13.2.12}$$

其中 $\psi(x) = \sqrt{2 - x^2}$ 恰好是 Wigner 半圆率.

13.3 计算平衡测度

13.3.1 第一种方法

定理 13.4 设 $w(x)$ 为正交多项式的权函数, 则平衡测度为

$$\psi_n(z) = \mathrm{Re}\, G_+(z),$$

其中

$$G(z) = \frac{\sqrt{(z - \alpha_n)(z - \beta_n)}}{2n\pi^2} \int_{\alpha_n}^{\beta_n} \frac{w'(x)}{w(x)\sqrt{(x - \alpha_n)(x - \beta_n)_+}} \frac{1}{x - z} dx, \tag{13.3.1}$$

α_n, β_n 称 MRS 数 (Mhaskar-Rakhmanov-Saff) 满足

$$\frac{1}{2\pi} \int_{\alpha_n}^{\beta_n} \frac{w'(x)(\beta_n - x)}{w(x)\sqrt{(x - \alpha_n)(\beta_n - x)}} dx = n, \tag{13.3.2}$$

$$\frac{1}{2\pi} \int_{\alpha_n}^{\beta_n} \frac{w'(x)(x - \alpha_n)}{w(x)\sqrt{(x - \alpha_n)(\beta_n - x)}} dx = -n. \tag{13.3.3}$$

推论 13.2 如果 $w(x) = e^{-V(x)}$, 则

$$\psi_n(z) = \frac{\sqrt{(z - \alpha_n)(\beta_n - z)}}{2n\pi^2} \int_{\alpha_n}^{\beta_n} \frac{V'(x) - V'(z)}{\sqrt{(x - \alpha_n)(\beta_n - x)}} \frac{1}{x - z} dx, \tag{13.3.4}$$

α_n, β_n 满足

$$\int_{\alpha_n}^{\beta_n} \frac{V'(x)}{\sqrt{(x - \alpha_n)(\beta_n - x)}} dx = 0, \tag{13.3.5}$$

$$\frac{1}{2\pi}\int_{\alpha_n}^{\beta_n}\frac{xV'(x)}{\sqrt{(x-\alpha_n)(\beta_n-x)}}dx=n.\tag{13.3.6}$$

证明　由 $w(x)=e^{-V(x)}$, 推得 $V(x)=-\log w(x)$, 此时 (13.3.2)—(13.3.3) 化为

$$\frac{1}{2\pi}\int_{\alpha_n}^{\beta_n}\frac{V'(x)(\beta_n-x)}{\sqrt{(x-\alpha_n)(\beta_n-x)}}dx=-n,\tag{13.3.7}$$

$$\frac{1}{2\pi}\int_{\alpha_n}^{\beta_n}\frac{V'(x)(x-\alpha_n)}{\sqrt{(x-\alpha_n)(\beta_n-x)}}dx=n.\tag{13.3.8}$$

(13.3.7)+(13.3.8), 得到

$$\frac{\beta_n-\alpha_n}{2\pi}\int_{\alpha_n}^{\beta_n}\frac{V'(x)}{\sqrt{(x-\alpha_n)(\beta_n-x)}}dx=0,$$

即

$$\int_{\alpha_n}^{\beta_n}\frac{V'(x)}{\sqrt{(x-\alpha_n)(\beta_n-x)}}dx=0.\tag{13.3.9}$$

(13.3.7)—(13.3.8), 得到

$$-\frac{1}{2\pi}\int_{\alpha_n}^{\beta_n}\frac{2xV'(x)}{\sqrt{(x-\alpha_n)(\beta_n-x)}}dx+\frac{\beta_n+\alpha_n}{2\pi}\int_{\alpha_n}^{\beta_n}\frac{V'(x)}{\sqrt{(x-\alpha_n)(\beta_n-x)}}dx=-2n,$$

利用 (13.3.9), 得到

$$\frac{1}{2\pi}\int_{\alpha_n}^{\beta_n}\frac{xV'(x)}{\sqrt{(x-\alpha_n)(\beta_n-x)}}dx=n.$$

注意到

$$\sqrt{(x-\alpha_n)(x-\beta_n)_\pm}=\pm i\sqrt{(x-\alpha_n)(\beta_n-x)}.$$

事实上, 依定义

$$\sqrt{(x-\alpha_n)(x-\beta_n)_+}=\lim_{\substack{x'\to x\\ \mathrm{Im}x'>0}}\sqrt{(x'-\alpha_n)(x'-\beta_n)}$$

$$=\lim_{\substack{x'\to x\\ \mathrm{Im}x'>0}}\sqrt{|x'-\alpha_n|e^{i\theta_1}|x'-\beta_n|e^{i\theta_2}}$$

$$=\sqrt{|x-\alpha_n|e^{i0}|x-\beta_n|e^{i\pi}}=i\sqrt{|x-\alpha_n||x-\beta_n|}.$$

将 $w(x) = e^{-V(x)}$ 代入 (13.3.1), 得到

$$G(z) = -\frac{\sqrt{(z-\alpha_n)(z-\beta_n)}}{2n\pi^2} \int_{\alpha_n}^{\beta_n} \frac{V'(x)}{\sqrt{(x-\alpha_n)(x-\beta_n)_+}} \frac{1}{x-z} dx, \quad (13.3.10)$$

而

$$\int_{\alpha_n}^{\beta_n} \frac{V'(x)}{\sqrt{(x-\alpha_n)(x-\beta_n)_+}} \frac{1}{x-z} dx \qquad\qquad (13.3.11)$$

$$= \frac{1}{2} \int_{\alpha_n}^{\beta_n} \frac{V'(x)}{\sqrt{(x-\alpha_n)(x-\beta_n)_+}} \frac{1}{x-z} dx + \frac{1}{2} \int_{\beta_n}^{\alpha_n} \frac{V'(x)}{\sqrt{(x-\alpha_n)(x-\beta_n)_-}} \frac{1}{x-z} dx.$$

在 $C_1 : x - \alpha_n = r_1 e^{i\theta_1}$ 上,

$$\lim_{r_1 \to 0} (x - \alpha_n) \frac{V'(x)}{\sqrt{(x-\alpha_n)(x-\beta_n)_+}} \frac{1}{x-z} = 0.$$

在 $C_2 : x - \beta_n = r_2 e^{i\theta_2}$ 上,

$$\lim_{r_2 \to 0} (x - \beta_n) \frac{V'(x)}{\sqrt{(x-\alpha_n)(x-\beta_n)_-}} \frac{1}{x-z} = 0.$$

由 Jordan 定理,

$$\int_{C_1} \frac{V'(x)}{\sqrt{(x-\alpha_n)(x-\beta_n)_+}} \frac{1}{x-z} dx = \int_{C_2} \frac{V'(x)}{\sqrt{(x-\alpha_n)(x-\beta_n)_+}} \frac{1}{x-z} dx = 0.$$

选取 $\Gamma = C_1 \cup C_2 \cup (\alpha_n, \beta_n) \cup (\beta_n, \alpha_n)$ (图 13.1), 则 Γ 为一条闭围线, 其中有两个极点 $x = z, x = \infty$. 因此, 利用留数定理

$$\int_{\alpha_n}^{\beta_n} \frac{V'(x)}{\sqrt{(x-\alpha_n)(x-\beta_n)_+}} \frac{1}{x-z} dx = \frac{1}{2} \oint_{\Gamma} \frac{V'(x)}{\sqrt{(x-\alpha_n)(x-\beta_n)}} \frac{1}{x-z} dx$$

$$= \frac{1}{2} \left[2\pi i \frac{V'(z)}{\sqrt{(z-\alpha_n)(z-\beta_n)}} + 2\pi i \operatorname*{Res}_{x=\infty} \left(\frac{V'(x)}{\sqrt{(x-\alpha_n)(x-\beta_n)}} \right) \right]$$

$$= \frac{\pi i V'(z)}{\sqrt{(z-\alpha_n)(z-\beta_n)}} + \pi i \operatorname*{Res}_{x=\infty} \left(\frac{V'(x)}{\sqrt{(x-\alpha_n)(x-\beta_n)}} \right).$$

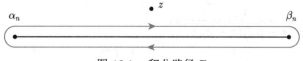

图 13.1　积分路径 Γ

另一方面, 重复上面过程, 可得到

$$
\int_{\alpha_n}^{\beta_n} \frac{V'(z)}{\sqrt{(x-\alpha_n)(x-\beta_n)_+}} \frac{1}{x-z} dx
$$

$$
= \frac{1}{2} V'(z) \oint_\Gamma \frac{1}{\sqrt{(x-\alpha_n)(x-\beta_n)}} \frac{1}{x-z} dx
$$

$$
= \frac{\pi i V'(z)}{\sqrt{(z-\alpha_n)(z-\beta_n)}},
$$

这里 $x = \infty$ 不再是极点. 由此进一步计算, 可知

$$
\left(\frac{\sqrt{(z-\alpha_n)(z-\beta_n)}}{2n\pi^2} \int_{\alpha_n}^{\beta_n} \frac{V'(z)}{\sqrt{(x-\alpha_n)(x-\beta_n)_+}} \frac{1}{x-z} dx \right)_+
$$

$$
= \frac{\sqrt{(z-\alpha_n)(z-\beta_n)_+}}{2n\pi^2} \frac{\pi i V'_+(z)}{\sqrt{(z-\alpha_n)(z-\beta_n)_+}} = \frac{i V'_+(z)}{2n\pi}
$$

为纯虚数, 其实部自然为零. 因此

$$
\psi_n = \operatorname{Re} G_+(z)
$$

$$
= \operatorname{Re} \left[\left(\frac{\sqrt{(z-\alpha_n)(z-\beta_n)}}{2n\pi^2} \int_{\alpha_n}^{\beta_n} \frac{-V'(x)}{\sqrt{(x-\alpha_n)(x-\beta_n)_+}} \frac{1}{x-z} dx \right)_+ \right.
$$

$$
\left. + \left(\frac{\sqrt{(z-\alpha_n)(z-\beta_n)}}{2n\pi^2} \int_{\alpha_n}^{\beta_n} \frac{V'(z)}{\sqrt{(x-\alpha_n)(x-\beta_n)_+}} \frac{1}{x-z} dx \right)_+ \right]
$$

$$
= \frac{\sqrt{(z-\alpha_n)(\beta_n-z)}}{2n\pi^2} \int_{\alpha_n}^{\beta_n} \frac{V'(z)-V'(x)}{\sqrt{(x-\alpha_n)(\beta_n-x)}} \frac{1}{x-z} dx.
$$

例 13.3 考虑权函数 $w(x) = e^{-x^2}, V(x) = x^2$, 则

$$
\psi_n(z) = \frac{\sqrt{(z-\alpha_n)(\beta_n-z)}}{2n\pi^2} \int_{\alpha_n}^{\beta_n} \frac{2x-2z}{\sqrt{(x-\alpha_n)(\beta_n-x)}} \frac{1}{x-z} dx
$$

$$
= -\frac{\sqrt{(z-\alpha_n)(\beta_n-z)}}{n\pi^2 i} \int_{\alpha_n}^{\beta_n} \frac{1}{\sqrt{(x-\alpha_n)(x-\beta_n)_+}} dx, \qquad (13.3.12)
$$

而

$$
\int_{\alpha_n}^{\beta_n} \frac{1}{\sqrt{(x-\alpha_n)(x-\beta_n)_+}} dx
$$

$$
= \frac{1}{2} \int_{\alpha_n}^{\beta_n} \frac{1}{\sqrt{(x-\alpha_n)(x-\beta_n)_+}} dx + \frac{1}{2} \int_{\beta_n}^{\alpha_n} \frac{1}{\sqrt{(x-\alpha_n)(x-\beta_n)_-}} dx
$$

$$= \frac{1}{2} \oint_\Gamma \frac{1}{\sqrt{(x-\alpha_n)(x-\beta_n)}} dx \xlongequal{x=\frac{1}{t}} -\frac{1}{2} \oint_\gamma \frac{1}{\sqrt{(1-\alpha_n t)(1-\beta_n t)}} \frac{1}{t} dt$$

$$= -\left.\frac{\pi i}{\sqrt{(1-\alpha_n t)(1-\beta_n t)}}\right|_{t=0} = -\pi i,$$

这里使用了公式

$$\operatorname*{Res}_{z=\infty}(f(z)) = -\operatorname*{Res}_{t=0}\left(f\left(t^{-1}\right)t^{-2}\right),$$

即有

$$\int_\Gamma f(z)dz = -\int_\gamma f\left(t^{-1}\right)t^{-2}dt,$$

其中

$$\Gamma : r < |x| < \infty, \quad \gamma : 0 < |t| < 1/r.$$

代入 (13.3.12), 得到

$$\psi_n(z) = \frac{1}{n\pi}\sqrt{(z-\alpha_n)(\beta_n-z)}.$$

下面再求 α_n, β_n.

$$\int_{\alpha_n}^{\beta_n} \frac{x}{\sqrt{(x-\alpha_n)(\beta_n-x)}} dx = -\frac{1}{2i}\int_{\alpha_n}^{\beta_n} \frac{2x}{\sqrt{(x-\alpha_n)(x-\beta_n)_+}} dx$$

$$= -\frac{1}{2i}\oint_\Gamma \frac{x}{\sqrt{(x-\alpha_n)(x-\beta_n)}} dx \xlongequal{x=t^{-1}} \frac{1}{2i}\oint_\gamma \frac{1}{\sqrt{(1-\alpha_n t)(1-\beta_n t)}} \frac{1}{t^2} dt = 0,$$

其中

$$1/\sqrt{(1-\alpha_n t)(1-\beta_n t)} = 1 + \frac{\alpha_n+\beta_n}{2}t + O(t^2).$$

因此有

$$\frac{1}{2i} \times 2\pi i \times \frac{\alpha_n+\beta_n}{2} = 0,$$

即有

$$\alpha_n + \beta_n = 0. \tag{13.3.13}$$

另外, 类似地由

$$\frac{1}{2\pi}\int_{\alpha_n}^{\beta_n} \frac{2x^2}{\sqrt{(x-\alpha_n)(\beta_n-x)}} dx = -\frac{1}{2\pi i}\oint_\Gamma \frac{x^2}{\sqrt{(x-\alpha_n)(x-\beta_n)}} dx$$

$$\xlongequal{x=\frac{1}{t}} \frac{1}{2\pi i}\oint_\gamma \frac{1}{\sqrt{(1-\alpha_n t)(1-\beta_n t)}} \frac{1}{t^3} dt = n, \tag{13.3.14}$$

可得到

$$\frac{1}{2\pi i} \times 2\pi i \times \left[\frac{\alpha_n \beta_n}{4} + \frac{3}{8}(\alpha_n^2 + \beta_n^2) \right] = n,$$

$$\frac{\alpha_n \beta_n}{4} + \frac{3}{8}(\alpha_n^2 + \beta_n^2) = n. \tag{13.3.15}$$

解 (13.3.13), (13.3.15) 得到

$$-\alpha_n = \beta_n = \sqrt{2n}.$$

因此

$$\psi_n(z)dz = \frac{\sqrt{2n - z^2}}{n\pi} dz, \quad z \in (-\sqrt{2n}, \sqrt{2n}).$$

作尺度化变换 $z \to \sqrt{n}z$, 则

$$\psi(z)dz = \frac{\sqrt{2 - z^2}}{\pi} dz, \quad z \in (-\sqrt{2}, \sqrt{2}).$$

或者作尺度化变换 $z \to \sqrt{2n}z$, 则

$$\psi(z)dz = \frac{2}{\pi}\sqrt{1 - z^2}dz, \quad z \in (-1, 1).$$

13.3.2 第二种方法

考虑关于权函数 e^{-nV} 正交多项式相应的 RH 问题:

- $Y(z) = Y^{(q)}(z)$ 在 $\mathbb{C} \setminus \mathbb{R}$ 上解析, $\tag{13.3.16}$

- $Y_+(z) = Y_-(z)v(z), \quad v(z) = \begin{pmatrix} 1 & e^{-nV(z)} \\ 0 & 1 \end{pmatrix}, \quad z \in \mathbb{R},$ $\tag{13.3.17}$

- $Y(z) = (I + O(z^{-1}))z^{q\sigma_3}, \quad z \to \infty.$ $\tag{13.3.18}$

为找一个合适的变换, 将 RH 问题 (13.3.16)—(13.3.18) 转化为在无穷远点渐近于单位矩阵的 RH 问题 $\widetilde{Y}(z)$, 使得

$$\widetilde{Y}(z) \to I, \quad z \to \infty. \tag{13.3.19}$$

如果选取变换

$$\widetilde{Y}(z) = Y(z)z^{-n\sigma_3} = Y(z)e^{-n\log z\sigma_3}, \tag{13.3.20}$$

则 $\widetilde{Y}(z)$ 满足 RH 问题:

- $\widetilde{Y}(z) = \widetilde{Y}^{(n)}(z)$ 在 $\mathbb{C} \setminus \mathbb{R}$ 上解析,

- $\widetilde{Y}_+(z) = \widetilde{Y}_-(z) \begin{pmatrix} 1 & z^{2n}e^{-nV(z)} \\ 0 & 1 \end{pmatrix}, \quad z \in \mathbb{R}$,

- $\widetilde{Y}(z) = I + O(z^{-1}), \quad z \to \infty$.

这种变换 (13.3.20) 确实使得 $\widetilde{Y}(z)$ 在 ∞ 渐近为单位矩阵, 但是变换 (13.3.20) 中, $\log(z)$ 在 $z = 0$ 具有奇性, 这样做我们只是将奇性从 $z = \infty$ 转移到 $z = 0$. $\widetilde{Y}(z)$ 不能连续到实轴, 因此这种变换不可取. 为此, 我们找一个新的函数 g 替代 $\log z$. 作变换

$$M = Ye^{-ng(z)\sigma_3},$$

则 RH 问题 (13.3.16)—(13.3.18) 化为

$$M_+ = M_- \begin{pmatrix} e^{-n(g_+ - g_-)} & e^{-n(V(z) - g_+ - g_-)} \\ 0 & e^{n(g_+ - g_-)} \end{pmatrix},$$

其中 g 函数通过平衡测度对 $\log z$ 磨光化给出

$$g(z) = \int \log(z - x)\psi(x)dx. \tag{13.3.21}$$

可以证明 g 函数具有性质

$$g_+(z) - g_-(z) = 2\pi i \int_z^\infty \psi(y)dy,$$

$$V(z) - g_+(z) - g_-(z) = V(z) - 2\int \log|z - y|\psi(y)dy. \tag{13.3.22}$$

上式右边是如下泛函的变分导数

$$V(z) - g_+(z) - g_-(z) = \frac{\delta E}{\delta \psi},$$

其中

$$E[\psi] = \iint \log|z - y|^{-1}\psi(z)\psi(y)dzdy + \int V(z)\psi(z)dz. \tag{13.3.23}$$

事实上

$$\delta E[\psi] = \frac{d}{d\varepsilon} \iint \log|z - y|^{-1}(\psi(z) + \varepsilon\eta(z))(\psi(y) + \varepsilon\eta(y))dzdy$$
$$+ \int V(z)(\psi(z)\varepsilon\eta(z))dz \bigg|_{\varepsilon=0}$$

$$= \iint \log|z-y|^{-1}[\psi(z)\eta(y) + \psi(y)\eta(z)]dzdy + \int V(z)\eta(z)dz$$

$$= \int \left[2\int \log|z-y|^{-1}\psi(y)dy + V(z) \right] \eta(z)dz.$$

因此

$$\frac{\delta E}{\delta \psi} = 2\int \log|z-y|^{-1}\psi(y)dy + V(z).$$

平衡测度由变分条件刻画, 即存在常数 ℓ, 使得

- $\displaystyle\int_{-\infty}^{+\infty} \psi(z)dz = 1,$

- $\dfrac{\delta E(\psi)}{\delta \psi} = V(z) - g_+(z) - g_-(z) = \ell, \quad z \in \mathrm{supp}(\psi),$ (13.3.24)

- $\dfrac{\delta E(\psi)}{\delta \psi} = V(z) - g_+(z) - g_-(z) \geqslant \ell, \quad z \notin \mathrm{supp}(\psi).$ (13.3.25)

由 (13.3.21),

$$g'(z) = \int \frac{\psi(x)}{z-x}dx = -2\pi i C(\psi)(z).$$ (13.3.26)

由 Plemelj 公式

$$\psi(z) = C_+(\psi) - C_-(\psi) = -\frac{1}{2\pi i}(g'_+(z) - g'_-(z)).$$ (13.3.27)

微分 (13.3.24), 得到

$$g'_+(z) + g'_-(z) = V'(z), \quad z \in \mathrm{supp}(\psi).$$ (13.3.28)

而由 (13.3.27), 得到

$$g'_+(z) - g'_-(z) = 0, \quad z \notin \mathrm{supp}(\psi).$$ (13.3.29)

由 (13.3.26), 有

$$g'(z) = z^{-1} + O(z^{-2}), \quad z \to \infty.$$ (13.3.30)

令

$$R(z) = \sqrt{(z-\alpha)(z-\beta)},$$

则直接计算, 可知

$$R_+(z) = R_-(z), \quad z \in \mathbb{R}\backslash[\alpha, \beta],$$ (13.3.31)

$$R_+(z) = -R_-(z), \quad z \in [\alpha, \beta]. \tag{13.3.32}$$

$$R(z) = z + O(1), \quad z \to \infty. \tag{13.3.33}$$

再令

$$h(z) = \frac{g'(z)}{R(z)}, \tag{13.3.34}$$

则利用 (13.3.28) 以及 (13.3.31)—(13.3.33), 得到

$$h_+(z) - h_-(z) = \begin{cases} \dfrac{V'(z)}{R_+(z)}, & z \in [\alpha, \beta], \\ 0, & z \in \mathbb{R}\backslash[\alpha, \beta], \end{cases}$$

并且

$$h(z) = z^{-2} + O(z^{-3}). \tag{13.3.35}$$

由 Plemelj 公式

$$\begin{aligned} h(z) &= \frac{1}{2\pi i} \int_\alpha^\beta \frac{V'(x)}{R_+(x)(x-z)} dx \\ &= -\frac{1}{2\pi i z} \int_\alpha^\beta \frac{V'(x)}{R_+(x)} dx - \frac{1}{2\pi i z^2} \int_\alpha^\beta \frac{xV'(x)}{R_+(x)} dx + O(z^{-3}). \end{aligned} \tag{13.3.36}$$

比较 (13.3.35) 与 (13.3.36) 的 z^{-1}, z^{-2} 的系数, 得到

$$\int_\alpha^\beta \frac{V'(x)}{R_+(x)} dx = 0, \tag{13.3.37}$$

$$\int_\alpha^\beta \frac{xV'(x)}{R_+(x)} dx = -2\pi i. \tag{13.3.38}$$

根据前面 (13.3.11) 的计算结果, $h(z)$ 可化为围线积分

$$\begin{aligned} h(z) &= \frac{1}{2\pi i} \int_\alpha^\beta \frac{V'(x)}{R_+(x)(x-z)} dx = \frac{1}{4\pi i} \oint_\alpha^\beta \frac{V'(x)}{R(x)(x-z)} dx \\ &= \frac{V'(z)}{2R(z)} + \frac{1}{2} \operatorname*{Res}_{x=\infty} \left(\frac{V'(x)}{R(x)(x-z)} \right). \end{aligned} \tag{13.3.39}$$

对于具体的 $V(x)$, 上述两式可计算出来, 例如取 $V(x) = x^2$, 则第一项

$$\frac{V'(z)}{2R(z)} = \frac{z}{R(z)}$$

为计算第二项在 $x = \infty$ 点的留数, 我们展开

$$\frac{1}{x-z} = \frac{1}{x(1-z/x)} = x^{-1} + zx^{-2} + z^2x^{-3} + \cdots, \tag{13.3.40}$$

$$\begin{aligned}\frac{1}{R(x)} &= x^{-1}(1-\alpha/x)^{-1/2}(1-\beta/x)^{-1/2} \\ &= x^{-1} + \frac{1}{2}(\alpha+\beta)x^{-2} + \frac{1}{8}(3\alpha^2 + 2\alpha\beta + 3\beta^2)x^{-3} + \cdots. \end{aligned} \tag{13.3.41}$$

因此

$$\begin{aligned}\frac{V'(x)}{R(x)(x-z)} &= 2x(x^{-1} + zx^{-2} + \cdots)\left(x^{-1} + \frac{1}{2}(\alpha+\beta)x^{-2} + \cdots\right) \\ &= 2x^{-1} + \cdots. \end{aligned}$$

从而

$$\frac{1}{2}\operatorname*{Res}_{x=\infty}\left(\frac{V'(x)}{R(x)(x-z)}\right) = -1. \tag{13.3.42}$$

将 (13.3.41) (x 换成 z) 和 (13.3.42) 代入 (13.3.39), 并利用 (13.3.35), 得到

$$\begin{aligned}h(z) &= \frac{z}{R(z)} - 1 \\ &= \frac{1}{2}(\alpha+\beta)z^{-1} + \frac{1}{8}(3\alpha^2 + 2\alpha\beta + 3\beta^2)z^{-2} + O(z^{-3}) \\ &\sim z^{-2} + O(z^{-3}). \end{aligned} \tag{13.3.43}$$

比较系数得到

$$\alpha + \beta = 0, \quad 3\alpha^2 + 2\alpha\beta + 3\beta^2 = 8.$$

由此得到

$$-\alpha = \beta = \sqrt{2}, \quad R(z) = \sqrt{z^2-2}.$$

由 (13.3.34) 和 (13.3.43), 可知

$$g'(z) = R(z)h(z) = z - R(z).$$

再利用 (13.3.27), 便有

$$\begin{aligned}\psi(z) &= -\frac{1}{2\pi i}(R_-(z) - R_+(z)) = \frac{1}{\pi i}R_+(z) \\ &= \frac{1}{\pi}\sqrt{2-z^2}. \end{aligned}$$

这与我们前面计算结果一致.

第 14 章 特殊函数与 RH 问题

14.1 Airy 函数

14.1.1 定义和性质

考虑复平面内的二阶齐次常微分方程 (Airy 方程)

$$y''(z) - zy(z) = 0 \tag{14.1.1}$$

这个方程可以由 Laplace 方法求解, 作变换

$$y(z) = \tilde{f} = \int_\Gamma e^{z\xi} f(\xi) d\xi,$$

这里选择复平面上的一条积分路径 Γ, 使得 $e^{z\xi} f(\xi)$ 在 Γ 两端趋于零, 则有如下性质:

$$y'(z) = \int_\Gamma e^{z\xi} \xi f(\xi) d\xi = \widetilde{\xi f}(z),$$
$$zy(z) = \int_\Gamma f(\xi) de^{z\xi} = f(\xi) e^{z\xi} \big|_\Gamma - \int_\Gamma f'(\xi) e^{z\xi} d\xi = -\widetilde{f'}(z).$$

因此在上述变换下, Airy 方程化为

$$\int_\Gamma [\xi^2 f(\xi) + f'(\xi)] e^{z\xi} d\xi = 0.$$

所以可以取

$$f(\xi) = e^{-\frac{\xi^3}{3}},$$

得到 Airy 方程的解

$$y(z) = \frac{1}{2\pi i} \int_\Gamma e^{-\xi^3/3 + z\xi} d\xi.$$

为满足 $e^{z\xi - \frac{\xi^3}{3}}$ 在 Γ 两端趋于零, 要求

$$\mathrm{Re}\xi^3 = \mathrm{Re}(re^{i\theta})^3 = r^3 \cos(3\theta) > 0.$$

可见辐角在如下范围

$$2k\pi - \frac{\pi}{2} < 3\theta < 2k\pi + \frac{\pi}{2}, \quad k = 0, 1, 2,$$

即

$$-\frac{\pi}{6} < \theta < \frac{\pi}{6}; \quad \frac{\pi}{2} < \theta < \frac{5\pi}{6}; \quad \frac{7\pi}{6} < \theta < \frac{3\pi}{2}.$$

我们取典型路径如图 14.1.

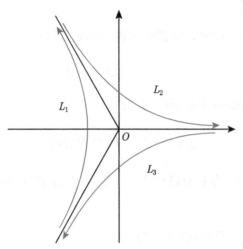

图 14.1　$z > 0$ 时, Airy 函数的积分路径

定义三类 Airy 函数

$$Ai_k(z) = \frac{1}{2\pi i} \int_{L_k} e^{z\xi - \xi^3/3} d\xi, \quad k = 1, 2, 3.$$

可以验证满足如下连接关系

$$Ai(z) + \omega Ai(z\omega) + w^2 Ai(z\omega^2) = 0, \tag{14.1.2}$$

$$Ai'(z) + \omega^2 Ai'(z\omega) + \omega Ai'(z\omega^2) = 0, \tag{14.1.3}$$

其中 $\omega = e^{2\pi i/3}$.

14.1.2　渐近性

为得到 Airy 函数的渐近性, 作如下变换

$$\xi = z^{1/2}s,$$

使得鞍点与 z 没有关系, 此时积分化为

$$2\pi i Ai(z) = z^{1/2} \int_{I_k} e^{z^{3/2}(s-s^3/3)} ds.$$

令 $h(s) = s - s^3/3$, 则有 $h'(s) = 1 - s^2 = 0$, 得到两个鞍点 $s = \pm 1$. 根据 $z \to \infty$ 时辐角范围, 分两种情况讨论:

(1) 当 $z > 0$ 时, 此时 $s = -1$ 为鞍点, 并在 L_1 上, 则 $h(-1) = -2/3$, $h''(-1) = 2$, 速降方向为虚轴方向 $\theta = \pi/2$, 速降线为 $s + 1 = re^{\frac{\pi}{2}i}$, 因此

$$2\pi i Ai(z) = z^{1/2} e^{-\frac{2}{3}z^{3/2}} \int_{L_1} e^{z^{3/2}(s+1)^2} ds \sim z^{1/2} e^{-\frac{2}{3}z^{3/2}} e^{\frac{\pi}{2}i} \int_{-\infty}^{\infty} e^{-z^{3/2}r^2} dr$$

$$= z^{-1/4} i e^{-\frac{2}{3}z^{3/2}} \int_{-\infty}^{\infty} e^{-(z^{3/4}r)^2} d(z^{3/4}r) = z^{-1/4} i \sqrt{\pi} e^{-\frac{2}{3}z^{3/2}}.$$

即

$$Ai(z) = \frac{1}{2\sqrt{\pi}} z^{-1/4} e^{-\frac{2}{3}z^{3/2}} \left(1 + O\left(\frac{1}{z^{3/2}}\right)\right), \quad z \to \infty. \tag{14.1.4}$$

(2) 当 $z < 0$ 时, 在变换 $\xi = z^{1/2}s$ 中, 取 $\arg z = \pi$, 则

$$\xi = |z|^{1/2} e^{\frac{\pi}{2}i} s = is|z|^{1/2},$$

所以积分路径 L_1 已经逆向旋转 $90°$, 变成 L_1'.

$$2\pi i Ai(z) = iz^{1/2} \int_{L_1'} e^{-i|z|^{3/2}(s-s^3/3)} ds.$$

令 $h(s) = i(s - s^3/3)$, 此时, 鞍点仍为 $s = \pm 1$. 但不在 L_1' 上, 积分路径要用 L_2', L_3' 代替, 它们是 L_2, L_3 旋转 $90°$ 得到的, 所以

$$2\pi i Ai(z) = iz^{1/2} \int_{-L_2'-L_3'} e^{-i|z|^{3/2}(s-s^3/3)} ds.$$

这里在 L_2', L_3' 上分别有一个鞍点 $s = -1$ 和 $s = 1$, 在 $s = -1$ 点, 速降方向为 $\theta = -\pi/4$, 速降线为 $s + 1 = re^{\frac{-\pi}{4}i}$; 在 $s = 1$ 点, 速降方向为 $\theta = \pi/4$. 速降线为 $s - 1 = re^{\frac{\pi}{4}i}$. 作 Taylor 展开

$$-i(s - s^3/3) = \begin{cases} \dfrac{2}{3}i - i(s+1)^2 + \cdots, & L_2', \\[2mm] -\dfrac{2}{3}i + i(s-1)^2 + \cdots, & L_3', \end{cases}$$

利用速降法, 得到

$$2\pi i Ai(z) \sim i\sqrt{\pi}|z|^{-1/4}\left[e^{(\frac{2}{3}|z|^{3/2}-\frac{\pi}{4})i} + e^{(-\frac{2}{3}|z|^{3/2}-\frac{\pi}{4})i}\right].$$

因此 (图 14.2)

$$Ai(z) \sim \frac{1}{2\sqrt{\pi}}z^{-1/4}\cos\left(\frac{2}{3}|z|^{3/2} - \frac{\pi}{4}\right), \quad z \to -\infty.$$

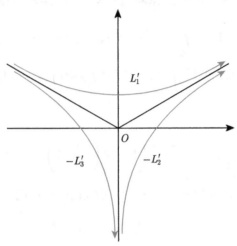

图 14.2 $z < 0$ 时, Airy 函数的积分路径

这里我们看到产生 Stokes 现象的原因是, 当 z 的辐角改变时, 使得积分路径改变, 从而使鞍点位置, 数目和速降方向改变.

从微分方程角度, 可以给出 Airy 函数在整个辐角范围内的渐近表达式

$$Ai(z) \sim \frac{1}{2\sqrt{\pi}}z^{-1/4}e^{-\frac{2}{3}z^{3/2}}\sum_{n=0}^{\infty}(-1)^n c_n z^{-3n/2} + a_2 z^{-1/4}e^{\frac{2}{3}z^{3/2}}\sum_{n=0}^{\infty}c_n z^{-3n/2},$$

其中 $c_0 = 1$, 以及

$$a_2 = \begin{cases} 0, & |\arg z| < \dfrac{2\pi}{3}, \\[2mm] \dfrac{i}{2\pi}, & \dfrac{\pi}{3} < \arg z < \dfrac{5\pi}{3}, \\[2mm] -\dfrac{i}{2\pi}, & -\dfrac{5\pi}{3} < \arg z < -\dfrac{\pi}{3}. \end{cases}$$

显然, 对于 z 为正数、负数 ($\arg z = \pi$) 是上述公式的特殊情况.

14.1.3 Stokes 现象

我们从微分方程角度分析 Airy 函数的渐近性, Airy 方程为

$$y''(z) - zy(z) = 0. \tag{14.1.5}$$

显然, $z = \infty$ 为非正则奇点, 令

$$y \sim e^{s(z)}, \quad s(z) = z^b, \quad b > 0. \tag{14.1.6}$$

根据主项平衡法, 将 (14.1.6) 代入方程 (14.1.5), 得到

$$s''(z) + s'^2(z) - z = 0, \tag{14.1.7}$$

由于 $b > 0$, 则

$$s''(z) = b(b-1)z^{b-2} \ll s'^2(z) = b^2 z^{2b-2} = b^2 z^{b-2} z^b,$$

因此, $s(z)$ 的近似方程为

$$s'^2(z) = z,$$

从而得到

$$s(z) = \pm \frac{2}{3} z^{3/2}.$$

再令

$$s(z) = \pm \frac{2}{3} z^{3/2} + c(z),$$

其中 $c(z) = o(z^{3/2})$. 代入准确方程 (14.1.7) 得到

$$c'' \pm \frac{1}{2} z^{-1/2} + c'^2 \pm 2z^{1/2} c' = 0. \tag{14.1.8}$$

由于 $c' = o(z^{1/2}), c'' = o(z^{-1/2})$, 略去后面两项高阶项, 得到

$$c' = -\frac{1}{4} z^{-1}.$$

因此

$$c(z) = -\frac{1}{4} \log z.$$

最后 Airy 函数完整的渐近展开的一般形式应为

$$y(z) = a_1 z^{-1/4} e^{\frac{2}{3} z^{3/2}} w_1(z^{-3/2}) + a_2 z^{-1/4} e^{-\frac{2}{3} z^{3/2}} w_2(z^{-3/2}), \tag{14.1.9}$$

其中 w_1, w_2 为 $z^{3/2}$ 的负次幂级数. 在某一辐角范围内, 第一项、第二项交替起主要作用, 在某一线上, 这两项又相互平衡, 产生振荡形式的解, 这种现象称为 Stokes 现象.

如下我们分析这种现象, 先给出 Stokes 线的定义.

定义 14.1 对于渐近展开

$$y \sim e^{s(z)}, \tag{14.1.10}$$

称

$$\mathrm{Re}s(z) = 0$$

为 Stokes 线, 在这条线上函数是振荡的, 通过这条线, 渐近表达式可以不同. 称

$$\mathrm{Im}s(z) = 0$$

为反 Stokes 线, 在这条线上, 主部分与被忽略的部分量阶相差最大.

例 14.1 考虑如下函数的渐近展开

$$\mathrm{ch}z = \frac{1}{2}(e^z + e^{-z}).$$

虚轴 ($\theta = \pm\pi/2$) 为 Stokes 线; 实轴 ($\theta = 0, \pi$) 为反 Stokes 线. 在右半平面, e^z 是主要的, e^{-z} 是超越小项; 在左半平面, e^{-z} 是主要的, e^z 是超越小项. 在虚轴上 $z = iy$, 两项互相平衡, 即 $\mathrm{ch}z = \cos y$.

对于 Airy 函数, $s = \frac{2}{3}z^{3/2}$, 它的 Stokes 线在 $\theta = \pm\frac{\pi}{3}$, π 处; 反 Stokes 线在 $\theta = 0$, $\pm\frac{2\pi}{3}$ 处. 由于 Stokes 现象的存在, 某一辐角内会以两种不同的渐近展开, 但实质上, 它们相差超越小的量阶, 为避免这种任意性, 限制渐近展开的改变仅发生在反 Stokes 线上, 在那里逆时针方向旋转时, 增加超越小项乘以一个常数因子, 该常数因子与主要部分系数的比值称为 Stokes 常数 T, 对某一函数来说, 为保证旋转 360° 后函数保持不变, 可以唯一确定 Stokes 常数, 从而由一个辐角的渐近表示导出所有辐角范围的渐近表示.

我们仍然用简单例子来说明, 假设

$$y \sim ae^z + be^{-z}. \tag{14.1.11}$$

在上半平面成立, 逆时针通过反 Stokes 线 A_2 (负实轴), 渐近展开为

$$y \sim (a + Tb_2)e^z + be^{-z}.$$

再从下半平面转到反 Stokes 线 A_1 (正实轴), 通过它后, 渐近展开又发生改变

$$y \sim (a + Tb_2)e^z + [b + T_1(a + Tb_2)]e^{-z}. \tag{14.1.12}$$

表达式 (14.1.12) 与 (14.1.11) 一致, 可得到 $T_1 = T_2 = 0$.

同理可以证明, Airy 函数的 Stokes 常数为 i, 那么假设在 A_1 (正实轴) 上,

$$Ai(z) \sim \frac{1}{2\sqrt{\pi}} z^{-1/4} e^{-\frac{2}{3} z^{3/2}}.$$

在通过反 Stokes 线 $A_2(\theta = 2\pi/3)$ 时, 渐近展开为

$$Ai(z) \sim \frac{1}{2\sqrt{\pi}} z^{-1/4} e^{-\frac{2}{3} z^{3/2}} + \frac{i}{2\sqrt{\pi}} z^{-1/4} e^{\frac{2}{3} z^{3/2}}.$$

在 Stokes 线 S_1 上, 两项互相平衡, 取 $\arg z = \pi$, $z^{1/4} = |z|^{1/4} e^{\pi i/4}$, $z^{2/3} = -|z|^{3/2} i$, 则 (图 14.3)

$$Ai(z) \sim \frac{1}{2\sqrt{\pi}} z^{-1/4} \cos\left(\frac{2}{3} |z|^{3/2} - \frac{\pi}{4}\right) = \frac{1}{2\sqrt{\pi}} z^{-1/4} \sin\left(\frac{2}{3} |z|^{3/2} + \frac{\pi}{4}\right).$$

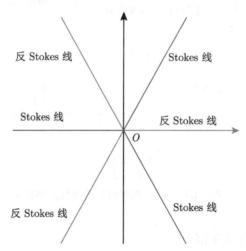

图 14.3 Airy 函数的 Stokes 线和反 Stokes 线

14.1.4 RH 问题刻画

Airy 函数可由如下 RH 问题刻画.

定理 14.1 假设 $\Psi_{Ai}(z)$ 为 2×2 矩阵值函数, 满足如下 RH 问题:

- $\Psi_{Ai}(z)$ 在 $\mathbb{C} \setminus \Sigma$ 内解析, (14.1.13)
- $\Psi_{Ai+}(z) = \Psi_{Ai-}(z) J(z)$, (14.1.14)
- $z \to \infty$,

$$\Psi_{Ai}(z) = \frac{1}{\sqrt{2}} (z^{1/4})^{-\sigma_3} \begin{pmatrix} 1 & i \\ i & 1 \end{pmatrix} (I + O(z^{-3/2})) e^{-\frac{2}{3} z^{3/2} \sigma_3}, \qquad (14.1.15)$$

- $\Psi(z)$ 是有界的, 当 $z \to 0$ 时,   (14.1.16)

其中跳跃路径 Σ_{Ai} 和跳跃矩阵 $J(z)$ 如图 14.4. 则如上 RH 问题具有唯一解

$$
\Psi_{Ai}(z) = \sqrt{2\pi}
\begin{cases}
\begin{pmatrix} Ai(z) & Ai(\omega^2 s) \\ Ai'(z) & \omega^2 Ai'(\omega^2 z) \end{pmatrix}, & \arg z \in (0, 3\pi/4), \\[2.5ex]
\begin{pmatrix} Ai(z) & Ai(\omega^2 s) \\ Ai'(z) & \omega^2 Ai'(\omega^2 z) \end{pmatrix}, & \arg z \in (3\pi/4, \pi), \\[2.5ex]
\begin{pmatrix} Ai(z) & -\omega^2 Ai(\omega z) \\ Ai'(z) & -Ai'(\omega z) \end{pmatrix}, & \arg z \in (-\pi, -3\pi/4), \\[2.5ex]
\begin{pmatrix} Ai(z) & -\omega^2 Ai(\omega z) \\ Ai'(z) & -Ai'(\omega z) \end{pmatrix}, & \arg z \in (-3\pi/4, 0).
\end{cases}
$$

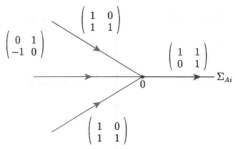

图 14.4 $\Psi(z)$ 的跳跃矩阵和跳跃路径

Airy 核可由如下式子给出

$$
K_{Ai}(x, y) = \frac{Ai(x)Ai'(y) - Ai(y)Ai'(x)}{x - y}. \tag{14.1.17}
$$

对于 $x, y > 0$, Airy 核可表示为

$$
K_{Ai}(x, y) = \frac{1}{2\pi i(x - y)} (0, 1) \Psi_{Ai+}(y)^{-1} \Psi_{Ai+}(x) \begin{pmatrix} 1 \\ 0 \end{pmatrix}.
$$

对于 $x < 0, y > 0$, Airy 核可表示为

$$
K_{Ai}(x, y) = \frac{1}{2\pi i(x - y)} (0, 1) \Psi_{Ai+}(y)^{-1} \Psi_{Ai+}(x) \begin{pmatrix} 1 \\ 1 \end{pmatrix}.
$$

对于 $x > 0, y < 0$, Airy 核可表示为

$$K_{Ai}(x,y) = \frac{1}{2\pi i(x-y)}(-1,1)\Psi_{Ai+}(y)^{-1}\Psi_{Ai+}(x)\begin{pmatrix} 1 \\ 0 \end{pmatrix}.$$

对于 $x < 0, y < 0$, Airy 核可表示为

$$K_{Ai}(x,y) = \frac{1}{2\pi i(x-y)}(-1,1)\Psi_{Ai+}(y)^{-1}\Psi_{Ai+}(x)\begin{pmatrix} 1 \\ 0 \end{pmatrix}.$$

这种 Airy 核通常出现在软边界, 即特征值密度为零的点.

14.2 Bessel 函数

14.2.1 定义和性质

下列二阶常微分方程

$$z^2 y''(z) + z y'(z) + (z^2 - \alpha^2) y(z) = 0 \tag{14.2.1}$$

称 Bessel 方程, 对应方程的解称为 Bessel 函数, 其无法用初等函数表示. Bessel 函数的具体形式随上述方程中任意实数 α 变化而变化, 尽管在上述微分方程中, α 本身的正负号不改变方程的形式, 但实际应用中仍习惯针对 α 和 $-\alpha$ 定义两种不同的 Bessel 函数, 这样做能带来好处, 例如, 消除了函数在 $\alpha = 0$ 点的不光滑性.

构造方程 (14.2.1) 的幂级数解

$$y(z) = \sum_{k=0}^{\infty} a_k x^{k+c}, \quad a_0 \neq 0. \tag{14.2.2}$$

代入方程 (14.2.1), 合并同类项得到

$$(c^2 - \alpha^2)a_0 z^c + [(c+1)^2 - \alpha^2]a_1 z^{c+1} + \sum_{k=2}^{\infty}\{[(c+k)^2 - \alpha^2]a_k + a_{k-2}\}z^{c+k} = 0.$$

由各次幂系数为零, 得到

$$c^2 - \alpha^2 = 0,$$
$$a_1[(c+1)^2 - \alpha^2] = 0,$$
$$[(c+k)^2 - \alpha^2]a_k + a_{k-2} = 0.$$

前两式得到

$$c = \pm\alpha, \quad a_1 = 0.$$

若 $c = \alpha$, 第三个式子推出

$$a_k = -\frac{a_{k-2}}{k(2\alpha + k)},$$

因此

$$a_1 = a_3 = \cdots = a_{2m+1} = \cdots = 0,$$
$$a_{2m} = \frac{(-1)^m a_0}{2^{2m} m!(\alpha + 1) \cdots (\alpha + m)},$$

其中 $a_0 \neq 0$ 为任意常数, 特别取

$$a_0 = \frac{1}{2^\alpha \Gamma(\alpha + 1)},$$

则得到方程 (14.2.1) 的一个特解

$$y(z) = \sum_{m=0}^{\infty} \frac{(-1)^m}{m! \Gamma(\alpha + m + 1)} \left(\frac{z}{2}\right)^{2m+\alpha}.$$

对于 $\alpha > 0$, 这个级数在整个实轴上收敛, 因此定义了 $\mathbb{R}$ 上的一个解析函数. 称第一类 α 阶 Bessel 函数, 记作

$$J_\alpha(z) = \sum_{m=0}^{\infty} \frac{(-1)^m}{m! \Gamma(m + \alpha + 1)} \left(\frac{z}{2}\right)^{2m+\alpha}. \tag{14.2.3}$$

同理, 对于 $c = -\alpha$, 得到方程的另一个特解

$$J_{-\alpha}(z) = \sum_{m=0}^{\infty} \frac{(-1)^m}{m! \Gamma(m - \alpha + 1)} \left(\frac{z}{2}\right)^{2m+\alpha}. \tag{14.2.4}$$

$J_{-\alpha}(z)$ 包含 z 的负次幂, 是实的 Laurent 展式, 收敛域为 $0 < |z| < \infty$. 如果 α 不是整数, $J_\alpha(z)$ 与 $J_{-\alpha}(z)$ 线性无关; 如果 $\alpha = n$ 是整数, $J_{-n}(z) = (-1)^\alpha J_n(z)$. 事实上, 当 $m \leqslant n - 1$ 时, $\Gamma(-n + m + 1) = \infty$, 从而

$$\frac{1}{\Gamma(-n + m + 1)} = 0, \quad m = 0, 1, \cdots, n - 1,$$

因此

$$J_{-n}(z) = \sum_{m=n}^{\infty} \frac{(-1)^m}{m! \Gamma(m - n + 1)} \left(\frac{z}{2}\right)^{2m-n}$$

$$= \sum_{k=0}^{\infty} \frac{(-1)^{n+k}}{(n+k)!\Gamma(1+k)} \left(\frac{z}{2}\right)^{2k+n}$$

$$= (-1)^n \sum_{k=0}^{\infty} \frac{(-1)^k}{k!\Gamma(k+n+1)} \left(\frac{z}{2}\right)^{2k+n} = (-1)^n J_n(z).$$

这说明 $J_{-n}(z)$ 与 $J_n(z)$ 线性相关, 为得到线性无关的特解, 定义

$$K_\alpha(z) = \frac{J_\alpha(z)\cos(\alpha\pi) - J_{-\alpha}(z)}{\sin(\alpha\pi)} \tag{14.2.5}$$

称为第二类 Bessel 函数.

14.2.2 RH 问题刻画

Bessel 函数可以由下列 RH 问题描述.

定理 14.2 假设 $\Psi_{Be}(z)$ 为 2×2 矩阵值函数, 满足如下 RH 问题:

- Ψ_{Be} 在 $\mathbb{C} \setminus \Sigma_{Be}$ 内解析, $\tag{14.2.6}$

- $\Psi_{Be+}(z) = \Psi_{Be-}(z)J_{Be}(z),$ $\tag{14.2.7}$

- $z \to \infty,$

$$\Psi_{Be}(z) = \frac{1}{\sqrt{2}}(\sqrt{2\pi})^{-\sigma_3}(z^{1/4})^{-\sigma_3} \begin{pmatrix} 1 & i \\ i & 1 \end{pmatrix} (I + O(z^{-1/2}))e^{2z^{1/2}\sigma_3}, \tag{14.2.8}$$

- $z \to 0$, $\Psi_{Be}(z) = O\begin{pmatrix} \varepsilon_1(z) & \varepsilon_2(z) \\ \varepsilon_1(z) & \varepsilon_1(z) \end{pmatrix},$ $\tag{14.2.9}$

其中跳跃路径 Σ_{Be} 和跳跃矩阵 $J_{Be}(z)$ 如图 14.5, $\varepsilon_1(z), \varepsilon_2(z)$ 由下式给出

$$(\varepsilon_1(z), \varepsilon_2(z)) = \begin{cases} (z^{\alpha/2}, z^{\alpha/2}), & \alpha < 0, \\ (\log z, \log z), & \alpha = 0, \\ (z^{\alpha/2}, z^{-\alpha/2}), & \alpha > 0, |\arg z| < 3\pi/4, \\ (z^{-\alpha/2}, z^{-\alpha/2}), & \alpha > 0, |\arg z| > 3\pi/4. \end{cases}$$

在 $\mathbb{C} \setminus (-\infty, 0]$ 上, 定义

$$q_1(z) := J_\alpha(2z^{1/2}), \quad q_2(z) := \frac{i}{\pi}K_\alpha(2z^{1/2}), \tag{14.2.10}$$

其中 J_α, K_α 分别为第一、二类 Bessel 函数, 则如上 RH 问题具有唯一解

$$\Psi_{Be}(z) = \begin{cases} \begin{pmatrix} q_1(z) & q_2(z) \\ 2\pi i z q_1'(z) & 2\pi i z q_2'(z) \end{pmatrix}, & |\arg z| < 3\pi/4, \\[4mm] \begin{pmatrix} q_1(z) - e^{\alpha\pi i} q_2(z) & q_2(z) \\ 2\pi i z(q_1'(z) - e^{\alpha\pi i} q_2'(z)) & 2\pi i z q_2'(z) \end{pmatrix}, & 3\pi/4 < \arg z < \pi, \\[4mm] \begin{pmatrix} q_1(z) + e^{\alpha\pi i} q_2(z) & q_2(z) \\ 2\pi i z(q_1'(z) + e^{\alpha\pi i} q_2'(z)) & 2\pi i z q_2'(z) \end{pmatrix}, & -\pi < \arg z < -3\pi/4. \end{cases}$$

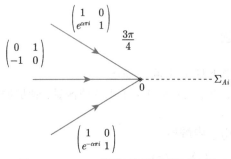

图 14.5　$\Psi(z)$ 的跳跃矩阵和跳跃路径

函数 q_1, q_2 沿负实轴有支割线, 跳跃关系为

$$\begin{pmatrix} q_{1+}(z) \\ q_{2+}(z) \end{pmatrix} = \begin{pmatrix} e^{\alpha\pi i} & 0 \\ 0 & e^{-\alpha\pi i} \end{pmatrix} \begin{pmatrix} q_{1-}(z) \\ q_{2-}(z) \end{pmatrix}, \quad z \in (-\infty, 0).$$

Bessel 核可由如下式子给出

$$K_{Be}(x, y) = \frac{J_\alpha(\sqrt{x})\sqrt{y}J_\alpha'(\sqrt{y}) - J_\alpha(\sqrt{y})\sqrt{x}J_\alpha'(\sqrt{x})}{x - y},$$

其中 J_α 是第一类 Bessel 函数, $x, y > 0$. Bessel 核可由 RH 问题的解刻画

$$K_{Be}(x, y) = \frac{1}{2\pi i(x - y)}(e^{\alpha\pi i}, -1)\Psi_{Be+}(-y/4)^{-1}\Psi_{Be+}(-x/4)\begin{pmatrix} e^{-\alpha\pi i} \\ 1 \end{pmatrix}.$$

这类核通常出现在硬边界. Bessel 函数与 Airy 函数有一定联系

$$Ai(-z) = \frac{\sqrt{3}}{3}\left(J_{\frac{1}{3}}\left(\frac{2}{3}x^{3/2}\right) + J_{-\frac{1}{3}}\left(\frac{2}{3}x^{3/2}\right)\right).$$

14.3 Painlevé 方程

14.3.1 Painlevé 性质

根据常微分方程一般性质, 对于 n 阶线性常微分方程

$$\frac{d^n w}{dz^n} + p_1(z)\frac{d^{n-1} w}{dz^{n-1}} + \cdots + p_{n-1}\frac{dw}{dz} + p_n(z)w = 0, \tag{14.3.1}$$

如果 $p_1(z), \cdots, p_n(z)$ 在复平面 z_0 点附近解析, 则 z_0 称为常微分方程的正则点, 此时方程 (14.3.1) 在 z_0 邻域有 n 个线性无关的解析解. 方程的奇点只能是系数的奇点, 这些奇点的位置与积分常数无关, 称为固定奇点.

但非线性常微分方程不具有这样性质, 可能具有可动奇点, 例如,

$$\frac{dw}{dz} + w^2 = 0, \tag{14.3.2}$$

具有通解

$$w = \frac{1}{z - z_0}, \tag{14.3.3}$$

其中 z_0 为积分常数, 同时也确定了方程 (14.3.2) 解的奇点位置, 由于这个奇点的位置依赖积分常数, 故称为可动奇点. 常微分方程除极点之外的奇点称为临界点, 包括代数和对数的支点与本性奇点. 对二阶常微分方程

$$w'' = F(w', w, z) = 0, \tag{14.3.4}$$

其中 F 是 w', w 的有理函数, 且是 z 的局部解析函数, 19 世纪, Painlevé 等证明了形如 (14.3.4) 的方程中只有 50 个标准方程没有可动的临界点.

定义 14.2 如果一个方程的解没有可动的临界点, 则称此方程具有 Painlevé 性质. 上述 50 个方程可化为已知可解方程, 或者其解不能用已知的特殊函数表示的 6 类方程, 称 Painlevé 方程. 前 4 类方程为

$$w'' = 6w^2 + z,$$
$$w'' = 2w^3 + zw + \alpha,$$
$$w'' = \frac{1}{w}w'^2 - \frac{1}{z}w' + \frac{\alpha w^2 + \beta}{z} + \gamma w^3 + \frac{\delta}{w},$$
$$w'' = \left(\frac{1}{2w} + \frac{1}{w-1}\right)w'^2 - \frac{1}{z}w' + \frac{(w-1)^2}{z^2}\left(\alpha w + \frac{\beta}{w}\right) + \frac{\gamma w}{z}.$$

14.3.2　Painlevé II 方程 RH 问题刻画

Lax 对

$$\Psi_\lambda = A\Psi, \tag{14.3.5}$$

$$\Psi_z = U\Psi, \tag{14.3.6}$$

其中

$$A(\lambda, z) = -i(4\lambda^2 + z + 2w^2)\sigma_3 - (4\lambda w + \alpha/\lambda)\sigma_2 - 2w'\sigma_1, \tag{14.3.7}$$

$$U = -i\lambda\sigma_3 - w\sigma_2, \tag{14.3.8}$$

- $\Psi(\lambda)$ 在 $\mathbb{C} \setminus \Sigma_i$ 内解析，$i = 1, 2, 3, 4, 5, 6$, $\tag{14.3.9}$
- $\Psi_+(\lambda) = \Psi_-(\lambda)J_i(\lambda)$, $\lambda \in \Sigma_i$, $\tag{14.3.10}$

$$J_{2i-1} = \begin{pmatrix} 1 & 0 \\ a_{2i-1} & 1 \end{pmatrix}, \quad J_{2i} = \begin{pmatrix} 1 & a_{2i} \\ 0 & 1 \end{pmatrix}. \tag{14.3.11}$$

Stokes 数满足

$$a_{i+3} = -a_i, \quad a_1 - a_2 + a_3 + a_1 a_2 a_3 = -2\sin\alpha\pi.$$

(1) 当 $z \to \infty$ 时，

$$\Psi = \left(I + \sum \left(\frac{c_1\sigma_3 + c_{2k}\sigma_1}{\lambda^{2k-1}} + \frac{c_{3k}I + c_{4k}\sigma_2}{\lambda^{2k}}\right) + O(\lambda^{-2n-1})\right)e^{-i(4\lambda^3/3 + s\lambda)\sigma_3},$$

其中

$$c_{11} = -\frac{i}{2}D, \quad c_{21} = \frac{1}{2}w, \quad c_{31} = \frac{1}{8}(w^2 - D^2), \quad c_{41} = -\frac{1}{4}(wD + w'),$$

$$D(z) = w'^2 - zw^2 - w^4 + 2\alpha w.$$

(2) 当 $z \to 0$ 时，

$$\Psi = \frac{1}{\sqrt{2}}(I - i\sigma_1)\Psi^{(0)}\lambda^{\alpha\sigma_3}E_i, \quad \alpha - 1/2 \neq 0, 1, 2, \cdots,$$

$$\Psi = \frac{1}{\sqrt{2}}(I - i\sigma_1)\Psi^{(0)}\begin{pmatrix} \lambda^\alpha & \kappa\lambda^\alpha\log\lambda \\ 0 & \lambda^{-\alpha} \end{pmatrix}E_i, \quad \alpha - 1/2 = 0, 1, 2, \cdots,$$

其中 κ 为常数，$E_{i+1} = E_i J_i$, $\psi^{(0)}$ 在 $\lambda = 0$ 附近具有渐近展开

$$\psi^{(0)}(\lambda) = I + \sum_{k=1}^\infty ((d_{1k}\sigma_1 + d_{2k}\sigma_2)\lambda^{2k-1} + (d_{3k}I + d_{4k}\sigma_3)\lambda^{2k}), \quad |\lambda| < \delta.$$

由 Painlevé II 在无穷远的渐近性, 可以获得 Painlevé II (图 14.6) 的解

$$w(z) = 2 \lim_{\lambda \to \infty} \lambda \Psi_{12} e^{-i(4\lambda^3/3 + s\lambda)\sigma_3}.$$

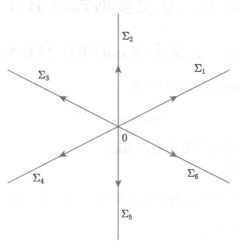

图 14.6   Painlevé II 的 RH 跳跃线

第 15 章　正交多项式的 RH 方法

15.1　正交多项式的 RH 问题刻画

根据定理 11.4, 对于尺度化权函数

$$w(x) = e^{-nV(x)}$$

对应的正交多项式可用如下 RH 问题描述.

定理 15.1　假设

$$z^j e^{-nV(z)} \in H^1(\mathbb{R}) \cap L^\infty(\mathbb{R}), \quad j = 0, 1, 2, \cdots,$$

如下实轴 $\mathbb{R}$ 上的 RH 问题:

- $Y(z) = Y^{(q)}(z)$ 在 $\mathbb{C} \setminus \mathbb{R}$ 内解析, (15.1.1)

- $Y_+(z) = Y_-(z)v(z), \quad v(z) = \begin{pmatrix} 1 & e^{-nV(z)} \\ 0 & 1 \end{pmatrix}, \quad z \in \mathbb{R},$ (15.1.2)

- $Y(z) = (I + O(z^{-1}))z^{q\sigma_3}, \quad z \to \infty$ (15.1.3)

具有唯一解

$$Y(z) = Y^{(q)}(z) = \begin{pmatrix} \pi_q(z) & \dfrac{1}{2\pi i} \displaystyle\int \dfrac{\pi_q(s)e^{-nV(s)}}{s-z}ds \\ \gamma_{q-1}\pi_{q-1}(z) & \dfrac{\gamma_{q-1}}{2\pi i} \displaystyle\int \dfrac{\pi_{q-1}(s)e^{-nV(s)}}{s-z}ds \end{pmatrix}, \quad (15.1.4)$$

其中常数

$$\gamma_{q-1} = -2\pi i k_{q-1}^2,$$

而 k_{q-1} 为首一正交多项式的规范常数

$$k_{q-1} = \left(\int \pi_{q-1}^2(s)e^{-nV(s)}ds \right)^{-1/2}. \quad (15.1.5)$$

从而 $p_j = k_j\pi_j(z)$ 构成标准正交多项式

$$\int p_i(s)p_j(s)e^{-nV(s)}ds = \delta_{ij}.$$

这里我们考虑尺度化权函数 $e^{-nV(z)}$ 对应正交多项式次数关于 $q = n \to \infty$ 下的渐近性, 通常称为 Plancherel-Rotach 渐近性.

15.2 规范化 RH 问题

这节主要目的是寻找一个合适的变换, 将 RH 问题 (15.1.1)—(15.1.3) 转化在无穷远点渐近单位矩阵的 RH 问题 $\widetilde{Y}(z)$, 即

$$\widetilde{Y}(z) \to I, \quad z \to \infty. \tag{15.2.1}$$

如果选取变换

$$\widetilde{Y}(z) = Y(z)z^{-n\sigma_3} = Y(z)e^{-n\log z\sigma_3}, \tag{15.2.2}$$

则 $\widetilde{Y}(z)$ 满足 RH 问题:

- $\widetilde{Y}(z) = \widetilde{Y}^{(n)}(z)$ 在 $\mathbb{C} \setminus \mathbb{R}$ 内解析,

- $\widetilde{Y}_+(z) = \widetilde{Y}_-(z) \begin{pmatrix} 1 & z^{2n}e^{-nV(z)} \\ 0 & 1 \end{pmatrix}, \quad z \in \mathbb{R},$

- $\widetilde{Y}(z) = I + O(z^{-1}), \quad z \to \infty.$

这种变换 (15.2.2) 确实使得 $\widetilde{Y}(z)$ 在 ∞ 渐近单位矩阵, 但是变换 (15.2.2) 中, $\log(z)$ 在 $z = 0$ 具有奇性, 这样做我们只是将奇性从 $z = \infty$ 转移到 $z = 0$! $\widetilde{Y}(z)$ 不能连续到实轴, 因此这种变换不可取.

将上述 RH 问题在 ∞ 规范化的一种有效方法, 以平衡测度作为磨光子, 与函数 $\log(z)$ 作卷积, 将其磨光化, 消除奇性, 即引入如下 g 函数

$$g(z) = \log(z) * \psi(z) = \int_{-a}^{a} \log(z-s)\psi(s)ds$$

$$= \frac{m}{\pi i} \int_{-a}^{a} \log(z-s)(s^2-a^2)_+^{1/2}h_1(s)ds, \tag{15.2.3}$$

其中 $\psi(s)$ 和 $h_1(s)$ 由 (13.2.12) 和 (13.2.11) 给出.

为保证 log 函数的单值性, 我们按如下方式选取 log 函数的解析分支

$$\log(z-s) = \log|z-s| + i\arg(z-s), \quad s \in \mathbb{R}, \ z \in \mathbb{C},$$
$$0 < \arg(z-s) < \pi, \quad \text{Im}\, z > 0,$$
$$-\pi < \arg(z-s) < 0, \quad \text{Im}\, z < 0.$$

性质 15.1　　如上定义的 g 函数 (15.2.3) 具有如下性质:

(1) $g(z)$ 在 $\mathbb{C} \setminus (-\infty, a]$ 内解析;

(2) $g_{\pm}(z) = \int_{-a}^{a} \log|z - s|\psi(s)ds \pm \pi i, \quad z < -a;$ $\qquad\qquad$ (15.2.4)

(3) $g_{\pm}(z) = \int_{-a}^{a} \log|z - s|\psi(s)ds \pm \pi i \int_{z}^{a} \psi(s)ds, \quad -a < z < a;$ $\quad$ (15.2.5)

(4) $g_{\pm}(z) = \int_{-a}^{a} \log|z - s|\psi(s)ds, \quad z > a;$ $\qquad\qquad$ (15.2.6)

(5) $g(z) = \log z + O(z^{-1}), \quad z \to \infty,$ $\qquad\qquad$ (15.2.7)
$$e^{ng(z)\sigma_3} = z^{n\sigma_3}(I + z^{-1}\sigma_3 + \cdots), \quad z \to \infty.$$

证明　(1) 证明略.

(2) 若 $z < -a$. 由于 $-a < s < a$, 因此 $z - s < 0$, 于是

$$
\begin{aligned}
g_{\pm}(z) &= \lim_{\substack{z' \to z \in \Sigma \\ z' \in \pm \mathbb{R}}} \int_{-a}^{a} \log(z' - s)\psi(s)ds = \int_{-a}^{a} \log_{\pm}(z - s)\psi(s)ds \\
&= \int_{-a}^{a} (\log|z - s| \pm \pi i)\psi(s)ds = \int_{-a}^{a} \log|z - s|\psi(s)ds \pm \pi i \int_{-a}^{a} \psi(s)ds \\
&= \int_{-a}^{a} \log|z - s|\psi(s)ds \pm \pi i.
\end{aligned}
$$

(3) 若 $-a < z < a$, 分为两个积分区间 $-a < s < z$ 和 $z < s < a$, 于是

$$
\begin{aligned}
g_{\pm}(z) &= \int_{-a}^{a} \log_{\pm}(z - s)\psi(s)ds \\
&= \int_{-a}^{z} \log_{\pm}(z - s)\psi(s)ds + \int_{z}^{a} \log_{\pm}(z - s)\psi(s)ds, \\
&= \int_{-a}^{z} \log|z - s|\psi(s)ds + \int_{z}^{a} (\log|z - s| \pm \pi i)\psi(s)ds \\
&= \int_{-a}^{a} \log|z - s|\psi(s)ds \pm \pi i \int_{z}^{a} \psi(s)ds.
\end{aligned}
$$
$\qquad\qquad$ (15.2.8)

(4) 若 $z > a$. 由于 $-a < s < a$, 因此 $z - s > 0$, 于是

$$g_{\pm}(z) = \int_{-a}^{a} \log_{\pm}(z - s)\psi(s)ds = \int_{-a}^{a} \log|z - s|\psi(s)ds.$$

(5) $g(z)$ 具有如下渐近逼近

$$g(z) = \int_{-a}^{a} \log(z - s)\psi(s)ds = \int_{-a}^{a} \left(\log z + \log\left(1 - \frac{s}{z}\right)\right)\psi(s)ds$$

$$= \log z \int_{-a}^{a} \psi(s)ds + \int_{-a}^{a}\left(-\frac{s}{z} - \frac{s^2}{2z^2} + \cdots\right)\psi(s)ds$$
$$= \log z + O(z^{-1}), \quad z \to \infty. \tag{15.2.9}$$

注 15.1 现在 g 函数在 $\mathbb{C} \backslash \mathbb{R}$ 上解析, 并从 $\mathbb{C}_\pm$ 连续到实轴 $\mathbb{R}$, 通过平衡测度 $\psi(z)dz$ 磨光了函数 $\log(z)$ 在 $z = 0$ 的奇性.

利用以上引入的 g 函数, 作变换

$$m^{(1)}(z) = e^{\frac{nl}{2}\sigma_3}Y(z)e^{-ng(z)\sigma_3}e^{-\frac{nl}{2}\sigma_3}, \quad z \in \mathbb{C}, \tag{15.2.10}$$

直接计算, 可知 $m^{(1)}(z)$ 满足如下规范化的 RH 问题:

- $m^{(1)}(z)$ 在 $\mathbb{C} \backslash \mathbb{R}$ 内解析, (15.2.11)
- $m_+^{(1)}(z) = m_-^{(1)}(z)v^{(1)}(z), \quad z \in \mathbb{R},$ (15.2.12)
- $m^{(1)}(z) = I + O(z^{-1}), \quad z \to \infty,$ (15.2.13)

其中跳跃矩阵为

$$v^{(1)}(z) = \begin{pmatrix} e^{n(g_-(z)-g_+(z))} & e^{n(g_-(z)+g_+(z)-V(z)+l)} \\ 0 & e^{n(g_+(z)-g_-(z))} \end{pmatrix}, \quad z \in \mathbb{R}. \tag{15.2.14}$$

证明

$$m_+^{(1)}(z) = e^{\frac{nl}{2}\sigma_3}Y_+(z)e^{-ng_+(z)\sigma_3}e^{-\frac{nl}{2}\sigma_3} = e^{\frac{nl}{2}\sigma_3}Y_-(z)v(z)e^{-ng_+(z)\sigma_3}e^{-\frac{nl}{2}\sigma_3}$$
$$= [e^{\frac{nl}{2}\sigma_3}Y_-(z)e^{-ng_-(z)\sigma_3}e^{-\frac{nl}{2}\sigma_3}][e^{\frac{nl}{2}\sigma_3}e^{ng_-(z)\sigma_3}v(z)e^{-ng_+(z)\sigma_3}e^{-\frac{nl}{2}\sigma_3}]$$
$$= m_-^{(1)}(z)v^{(1)}(z),$$

其中

$$v^{(1)}(z) = e^{\frac{nl}{2}\sigma_3}e^{ng_-(z)\sigma_3}v(z)e^{-ng_+(z)\sigma_3}e^{-\frac{nl}{2}\sigma_3}$$
$$= \begin{pmatrix} e^{n(g_-(z)-g_+(z))} & e^{n(g_-(z)+g_+(z)-V(z)+l)} \\ 0 & e^{n(g_+(z)-g_-(z))} \end{pmatrix}.$$

最后, 我们证明 $m^{(1)}(z)$ 在无穷远处的渐近性

$$m^{(1)}(z) = e^{\frac{nl}{2}\sigma_3}Y(z)e^{-ng(z)\sigma_3}e^{-\frac{nl}{2}\sigma_3}$$
$$= e^{\frac{nl}{2}\sigma_3}(I + O(z^{-1}))z^{n\sigma_3}z^{-n\sigma_3}(I + z^{-1}\sigma_3 + \cdots)e^{-\frac{nl}{2}\sigma_3}$$
$$= I + O(z^{-1}), \quad z \to \infty.$$

15.3　标准 RH 问题

这里我们根据 g 函数的性质, 进一步研究跳跃矩阵 (15.2.14) 在不同区间上的性质, 通过形变跳跃路径, 将 RH 问题 (15.2.11)—(15.2.13) 化为标准 RH 问题.

15.3.1　跳跃矩阵分解

(i) 对于 $-a < z < a$.

利用 (15.2.5), 得到

$$g_+(z) + g_-(z) - V(z) + l = 2\int_{-a}^{a} \log|z - s|\psi(s)ds - V(z) + l = 0.$$

$$g_+(z) - g_-(z) = 2\pi i\int_{z}^{a} \psi(s)ds = 2m\int_{z}^{a}(s^2 - a^2)_+^{1/2}h_1(s)ds.$$

此时, 跳跃矩阵 (15.2.14) 化为

$$v^{(1)}(z) = \begin{pmatrix} e^{-2mn\int_{z}^{a}(s^2-a^2)_+^{1/2}h_1(s)ds} & 1 \\ 0 & e^{2mn\int_{z}^{a}(s^2-a^2)_+^{1/2}h_1(s)ds} \end{pmatrix}, \quad z \in \mathbb{R}.$$

$$(15.3.1)$$

(ii)　对于 $|z| > a$.

利用 (15.2.4) 和 (15.2.6), 得到

$$g_+(z) + g_-(z) - V(z) + l = 2\int_{-a}^{a} \log|z - s|\psi(s)ds - V(z) + l \leqslant 0.$$

$$g_+(z) - g_-(z) = 0, \quad z > a; \qquad g_+(z) - g_-(z) = 2\pi i, \quad z < -a.$$

此时, 跳跃矩阵 (15.2.14) 化为

$$v^{(1)}(z) = \begin{pmatrix} 1 & e^{n(g_- + g_+ - V + l)} \\ 0 & 1 \end{pmatrix}, \quad z \in \mathbb{R}. \qquad (15.3.2)$$

下面寻找 (15.3.2) 中, 指数项 $g_+(z) + g_-(z) - V(z) + l$ 的显式形式.

对于 $z > a$,

$$g_+(z) + g_-(z) - V(z) + l$$

$$= g_+(z) + g_-(z) - V(z) - (g_+(a) + g_-(a) - V(a))$$

$$= [g_+(z) + g_-(z)] - [g_+(a) + g_-(a)] - [V(z) - V(a)]$$

$$= 2 \int \log|z-s|\psi(s)ds - 2 \int \log|a-s|\psi(s)ds - \int_a^z V'(t)dt$$

$$= 2 \int_{-a}^a \left(\int_a^z \frac{1}{t-s} dt \right) \psi(s)ds - \int_a^z V'(t)dt$$

$$= 2 \int_a^z \left(\int_{-a}^a \frac{\psi(s)}{t-s} ds - V'(t) \right) dt.$$

定义

$$G(z) = \frac{1}{\pi i} \int \frac{\psi(s)}{s-z} ds,$$

则

$$G(z) = \frac{mi}{\pi} (z^{2m-1} - (z^2 - a^2)^{1/2} h_1(z)).$$

因此, 对于 $z > a$, 有

$$g_+(z) + g_-(z) - V(z) + l = \int_a^z \left(-2\pi i G(t) - V'(t) \right) dt$$

$$= -2m \int_a^z \sqrt{t^2 - a^2} h_1(t)dt < 0. \tag{15.3.3}$$

类似地, 对 $z < -a$,

$$g_+(z) + g_-(z) - V(z) + l = -2m \int_{-a}^z \sqrt{t^2 - a^2} h_1(t)dt < 0.$$

并且进一步可写成与 (15.3.3) 一致的形式

$$g_+(z) + g_-(z) - V(z) + l = -2m \int_{-a}^z (t^2 - a^2)_+^{1/2} h_1(t)dt$$

$$= -2m \int_a^z (t^2 - a^2)_+^{1/2} h_1(t)dt - 2m \int_{-a}^a (t^2 - a^2)_+^{1/2} h_1(t)dt$$

$$= -2m \int_a^z (t^2 - a^2)_+^{1/2} h_1(t)dt - 2\pi i \int_{-a}^a \psi dt$$

$$= -2m \int_a^z (t^2 - a^2)^{1/2} h_1(t)dt - 2\pi i.$$

因此, 对于 $|z| > a$, 有

$$v^{(1)}(z) = \begin{pmatrix} 1 & e^{-2mn \int_a^z (t^2 - a^2)^{1/2} h_1(t)dt} \\ 0 & 1 \end{pmatrix}, \quad z \in \mathbb{R}. \tag{15.3.4}$$

定义复函数

$$\varphi(z) = m \int_a^z (t^2 - a^2)^{1/2} h_1(t) dt, \quad z \in \mathbb{C} \setminus [-a, a], \tag{15.3.5}$$

则 $\varphi(z)$ 有如下性质 (图 15.1).

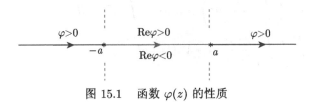

图 15.1 函数 $\varphi(z)$ 的性质

性质 15.2

$$\text{(i)} \quad \varphi_+(z) = \begin{cases} \varphi_-(z) \ (\mathrm{mod}(2\pi i)), & z \leqslant -a, \\ -\varphi_-(z), & -a < z < a, \\ \varphi_-(z), & z \geqslant a, \end{cases}$$

以及

$$\text{(ii)} \quad \begin{cases} |e^{-\varphi}| < 1, & |z| > a, \\ \mathrm{Re}\varphi < 0, & \mathrm{Im}z > 0, \ -a < \mathrm{Re}z < a, \\ \mathrm{Re}\varphi < 0, & \mathrm{Im}z < 0, \ -a < \mathrm{Re}z < a. \end{cases}$$

见图 15.1.

证明 (1) 当 $z \geqslant a$ 时, $a < t < z$, 此时 $(t^2 - a^2)_\pm^{1/2} = (t^2 - a^2)^{1/2}$, 因此

$$\varphi_+(z) - \varphi_-(z) = \lim_{\substack{z' \to z \\ z' \in \mathbb{C}_+}} m \int_a^{z'} (t^2 - a^2)^{1/2} h_1(t) dt$$

$$- \lim_{\substack{z'' \to z \\ z'' \in \mathbb{C}_-}} m \int_a^{z''} (t^2 - a^2)^{1/2} h_1(t) dt$$

$$= m \oint_a^z (t^2 - a^2)^{1/2} h_1(t) dt = 0,$$

因此

$$\varphi_+(z) = \varphi_-(z).$$

(2) 当 $z \leqslant -a$ 时, $t < z \leqslant -a$, 此时

$$\varphi_+(z) - \varphi_-(z) = m \oint_a^z (t^2 - a^2)^{1/2} h_1(t) dt \tag{15.3.6}$$

$$= -2m \int_{-a}^{a} (t^2 - a^2)_+^{1/2} h_1(t) dt = -2\pi i \int_{-a}^{a} \psi(t) dt = -2\pi i. \qquad (15.3.7)$$

(3) 当 $-a < z < a$ 时, $z < t < a$, 此时 $(t^2 - a^2)_+^{1/2} = -(t^2 - a^2)_-^{1/2}$, 因此

$$\varphi_+(z) = m \int_{a}^{z} (t^2 - a^2)_+^{1/2} h_1(t) dt$$

$$= -m \int_{a}^{z} (t^2 - a^2)_-^{1/2} h_1(t) dt = -\varphi_-(z).$$

下面证明性质 (ii). 当 z 是实的, 并且 $|z| > a$ 时, $(t^2 - a^2)^{1/2}$ 为实的, $h_1(t) > 0$, 此时 $\varphi(z)$ 也是实的, 并且

$$\varphi(z) = m \int_{a}^{z} (t^2 - a^2)^{1/2} h_1(t) dt > 0.$$

对于 $|\text{Re} z| < a$, $\varphi(z)$ 在实轴上为纯虚函数, 实轴之外为复函数, 假设

$$\varphi(z) = u(x, y) + iv(x, y), \quad z = x + iy, \qquad (15.3.8)$$

则由 (15.3.5) 和 (15.3.8), 两端取极限为

$$\varphi_+(x) = \lim_{\substack{z \to x \\ y \to 0,\ y > 0}} m \int_{a}^{z} (t^2 - a^2)^{1/2} h_1(t) dt$$

$$= im \int_{a}^{x} (a^2 - t^2)^{1/2} h_1(t) dt$$

$$= \lim_{\substack{z \to x \\ y \to 0,\ y > 0}} (u(x, y) + iv(x, y)) = u(x, 0) + iv(x, 0).$$

比较得到

$$u(x, 0) = 0, \quad v(x, 0) = m \int_{a}^{x} (a^2 - t^2)^{1/2} h_1(t) dt,$$

$$v_x(x, 0) = m(a^2 - x^2)^{1/2} h_1(x) > 0. \qquad (15.3.9)$$

利用 Cauchy-Riemann 方程 $u_y(x, y) = -v_x(x, y)$, 得到

$$u_y(x, 0) = -v_x(x, 0) < 0. \qquad (15.3.10)$$

再利用右导数的定义,

$$u_y(x, 0) = \lim_{y \to 0, y > 0} \frac{u(x, y) - u(x, 0)}{y - 0} = \lim_{y \to 0, y > 0} \frac{u(x, y)}{y} < 0. \qquad (15.3.11)$$

因此, 当 $-a < \text{Re} z < a$, 且 $\text{Im} z = y > 0$ 很小时, 有

$$\text{Re}\, \varphi = u(x, y) < 0.$$

同理, 可证

$$\varphi_-(x) = -im \int_a^x (a^2 - t^2)^{1/2} h_1(t) dt$$

为纯虚数. 由此得到, 当 $-a < \mathrm{Re}z < a$, 且 $\mathrm{Im}z = y < 0$ 很小时, 有

$$\mathrm{Re}\varphi = u(x,y) < 0.$$

基于 φ 的性质, 跳跃矩阵可以改写成如下形式

$$v^{(1)}(z) = \begin{cases} \begin{pmatrix} 1 & e^{-2n\varphi(z)} \\ 0 & 1 \end{pmatrix}, & |z| \geqslant a, \\[4mm] \begin{pmatrix} e^{-2n\varphi_-(z)} & 1 \\ 0 & e^{-2n\varphi_+(z)} \end{pmatrix}, & -a < z < a. \end{cases}$$

跳跃矩阵和跳跃路径, 见图 15.2.

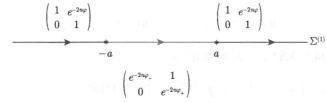

图 15.2　$v^{(1)}(z)$ 的跳跃路径和跳跃矩阵

15.3.2　形变跳跃路径

跳跃矩阵 $v^{(1)}(z)$ 在实轴两个区间 $|z| > a$ 上快速衰减单位矩阵, 无须形变路径, 但在区间 $|z| < a$ 上, $v^{(1)}(z)$ 含有指数振荡项, 需要形变跳跃路径.

注意到在 $-a < z < a$ 上, 跳跃矩阵可分解为

$$\begin{aligned} v^{(1)}(z) &= \begin{pmatrix} e^{-2n\varphi_-(z)} & 1 \\ 0 & e^{-2n\varphi_+(z)} \end{pmatrix} \\[2mm] &= \begin{pmatrix} 1 & 0 \\ e^{2n\varphi_-(z)} & 1 \end{pmatrix} \begin{pmatrix} 0 & 1 \\ -1 & 0 \end{pmatrix} \begin{pmatrix} 1 & 0 \\ e^{2n\varphi_+(z)} & 1 \end{pmatrix}. \end{aligned} \quad (15.3.12)$$

定理 15.2　我们作变换

$$m^{(2)}(z) = \begin{cases} m^{(1)}(z), & \text{透镜之外}, \\[2mm] m^{(1)}(z) \begin{pmatrix} 1 & 0 \\ -e^{2n\varphi_+(z)} & 1 \end{pmatrix}, & \text{透镜内上部}, \\[2mm] m^{(1)}(z) \begin{pmatrix} 1 & 0 \\ e^{2n\varphi_-(z)} & 1 \end{pmatrix}, & \text{透镜内下部}, \end{cases} \quad (15.3.13)$$

则 $m^{(2)}$ 满足

- $m^{(2)}(z)$ 在 $\mathbb{C} \setminus \Sigma^{(2)}$ 内解析, $\hspace{3cm}$ (15.3.14)
- $m_+^{(2)}(z) = m_-^{(2)}(z)v^{(2)}(z), \quad z \in \Sigma^{(2)},$ $\hspace{1.5cm}$ (15.3.15)
- $m^{(2)}(z) \to I, \quad z \to \infty,$ $\hspace{3cm}$ (15.3.16)

其中

$$v^{(2)}(z) = \begin{cases} \begin{pmatrix} 1 & e^{-2n\varphi(z)} \\ 0 & 1 \end{pmatrix}, & |z| \geqslant a, \\[2ex] \begin{pmatrix} 1 & 0 \\ e^{2n\varphi_+(z)} & 1 \end{pmatrix}, & \text{透镜上部,} \\[2ex] \begin{pmatrix} 0 & 1 \\ -1 & 0 \end{pmatrix}, & |z| < a, \\[2ex] \begin{pmatrix} 1 & 0 \\ e^{2n\varphi_-(z)} & 1 \end{pmatrix}, & \text{透镜下部.} \end{cases} \hspace{1cm} (15.3.17)$$

跳跃矩阵 $v^{(2)}(z)$ 和跳跃路径见图 15.3.

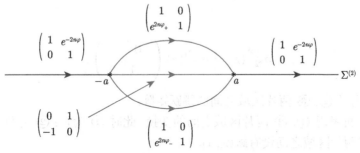

图 15.3　$v^{(2)}(z)$ 的跳跃矩阵和跳跃路径

证明　为叙述方便, 我们分别记透镜之外、透镜内上部、透镜内下部三部分区域分别为 ①, ② 和 ③, 根据有向曲线的方向, 每片区域在有向曲线附近可以表示不同的正负区域, 例如, 同一片区域 ② 在上 L^p 附近为负域, 实轴附近为正域, 见图 15.4.

假设要寻找的 RH 问题解 $m^{(1)}(z)$ 和 $m^{(2)}(z)$ 之间的变换为

$$m^{(2)}(z) = m^{(1)}(z)\Phi(z) \Longrightarrow m^{(1)}(z) = m^{(2)}(z)\Phi^{-1}(z). \hspace{1cm} (15.3.18)$$

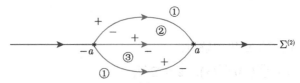

$$\text{图 15.4} \quad m^{(2)}(z) \text{ 的跳跃路径}$$

首先, 考虑 ②, ③ 两片区域之间的变换, 此时 ① 为正, ② 为负. 已经知道 $m^{(1)}(z)$ 在两片区域之间的跳跃情况

$$m_2^{(1)} = m_3^{(1)} \begin{pmatrix} 1 & 0 \\ e^{2n\varphi_-(z)} & 1 \end{pmatrix} \begin{pmatrix} 0 & 1 \\ -1 & 0 \end{pmatrix} \begin{pmatrix} 1 & 0 \\ e^{2n\varphi_+(z)} & 1 \end{pmatrix}. \tag{15.3.19}$$

将变换 (15.3.18) 代入 (15.3.19), 则有

$$m_2^{(2)} = m_3^{(2)} \Phi_3^{-1} \begin{pmatrix} 1 & 0 \\ e^{2n\varphi_-(z)} & 1 \end{pmatrix} \begin{pmatrix} 0 & 1 \\ -1 & 0 \end{pmatrix} \begin{pmatrix} 1 & 0 \\ e^{2n\varphi_+(z)} & 1 \end{pmatrix} \Phi_2.$$

为去掉两端可以上/下半平面解析延拓的矩阵, 选取

$$\Phi_3 = \begin{pmatrix} 1 & 0 \\ e^{2n\varphi_-(z)} & 1 \end{pmatrix}, \quad \Phi_2 = \begin{pmatrix} 1 & 0 \\ -e^{2n\varphi_+(z)} & 1 \end{pmatrix}, \tag{15.3.20}$$

从而有

$$m_2^{(2)}(z) = m_3^{(2)}(z) \begin{pmatrix} 0 & 1 \\ -1 & 0 \end{pmatrix}. \tag{15.3.21}$$

这里也给出了 ②, ③ 两片区域之间的跳跃矩阵.

其次, 再考虑 ①, ② 两片区域之间的变换, 此时 ① 为正, ② 为负. 已经知道 $m^{(1)}(z)$ 在两片区域之间没有跳跃, 即

$$m_1^{(1)}(z) = m_2^{(1)}(z). \tag{15.3.22}$$

将变换 (15.3.18) 代入 (15.3.22), 则有

$$m_1^{(2)} = m_2^{(2)} \Phi_2^{-1} \Phi_1.$$

选取

$$\Phi_1(z) = I, \tag{15.3.23}$$

并利用 (15.3.20), 则给出了 ①, ② 两片区域之间的跳跃关系

$$m_1^{(2)}(z) = m_2^{(2)}(z) \begin{pmatrix} 1 & 0 \\ e^{2n\varphi_+(z)} & 1 \end{pmatrix}. \tag{15.3.24}$$

最后, 考虑 ①, ③ 两片区域之间的变换, 我们可得到

$$m_3^{(2)}(z) = m_1^{(2)}(z) \begin{pmatrix} 1 & 0 \\ e^{2n\varphi_-(z)} & 1 \end{pmatrix}. \tag{15.3.25}$$

合并结果 (15.3.20) 和 (15.3.23), Φ_1, Φ_2, Φ_3 代表 $m^{(1)}(z)$ 到 $m^{(2)}(z)$ 所需要作的变换 (15.3.13). 合并结果 (15.3.21), (15.3.24) 和 (15.3.25), 获得 $m^{(2)}(z)$ 的跳跃矩阵 (15.3.17).

15.3.3 取极限

这里我们考虑 RH 问题 (15.3.14)—(15.3.16) 的极限, 即

$$(\Sigma^{(2)}, v^{(2)}) \longrightarrow (\Sigma^{(2)}, v^{\infty}), \quad n \to \infty.$$

目的就是去除跳跃矩阵中快速衰减单位矩阵的积分路径, 化为可解的 RH 问题.

由图 15.5, 可以看出跳跃路径 $\Sigma^{(2)}$ 由 5 条线构成, 记 $\Sigma^{(2)} = \Sigma_1^{(2)} \cup \Sigma_2^{(2)} \cup \Sigma_3^{(2)} \cup \Sigma_4^{(2)} \cup \Sigma_5^{(2)}$. 我们考虑当 $n \to \infty$ 时, 跳跃矩阵 $v^{(2)}(z)$ 在 5 条线上的极限情况.

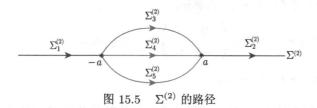

图 15.5 $\Sigma^{(2)}$ 的路径

对于 $\Sigma_1^{(2)}$, $\Sigma_2^{(2)}$ 上的跳跃矩阵, 如果 $\varphi(z) > 0$, 则有

$$e^{-\varphi(z)} < 1, \quad e^{-2n\varphi(z)} = (e^{-\varphi})^{2n} \to 0, \quad n \to \infty,$$

于是

$$\begin{pmatrix} 1 & e^{-2n\varphi(z)} \\ 0 & 1 \end{pmatrix} \longrightarrow I, \quad n \to \infty. \tag{15.3.26}$$

对于 $\Sigma_3^{(2)}$, $\Sigma_5^{(2)}$ 上的跳跃矩阵, 如果 $\operatorname{Re}\varphi(z) < 0$, 则有

$$e^{\operatorname{Re}\varphi(z)} < 1, \quad |e^{2n\varphi(z)}| = e^{2n\operatorname{Re}\varphi(z)} \to 0, \quad n \to \infty,$$

于是

$$\begin{pmatrix} 1 & 0 \\ e^{2n\varphi(z)} & 1 \end{pmatrix} \longrightarrow I, \quad n \to \infty. \tag{15.3.27}$$

而 $\Sigma_4^{(2)}$ 上的跳跃矩阵为常数矩阵, 当 $n \to \infty$ 时, 极限仍然为本身, 即

$$\begin{pmatrix} 0 & 1 \\ -1 & 0 \end{pmatrix} \longrightarrow \begin{pmatrix} 0 & 1 \\ -1 & 0 \end{pmatrix}, \quad n \to \infty. \tag{15.3.28}$$

综合结果 (15.3.26)—(15.3.28), 可知当 $n \to \infty$ 时,

$$v^{(2)}(z) \to v^{\infty}(z) = \begin{cases} v_1^{\infty}, v_2^{\infty}, v_3^{\infty}, v_5^{\infty} = I, & z \in \Sigma_1^{(2)} \cup \Sigma_2^{(2)} \cup \Sigma_3^{(2)} \cup \Sigma_5^{(2)}, \\ v_4^{\infty} = \begin{pmatrix} 0 & 1 \\ -1 & 0 \end{pmatrix}, & z \in \Sigma_4^{(2)} = \{z| -a < z < a\}. \end{cases}$$

根据前面分析, 我们可知, 由于在 $\Sigma_1^{(2)} \cup \Sigma_2^{(2)} \cup \Sigma_3^{(2)} \cup \Sigma_5^{(2)}$ 上, 跳跃矩阵为单位矩阵, 这部分对 RH 问题 $(\Sigma^{(2)}, v^{\infty})$ 的解没有贡献, 即 RH 问题 $(\Sigma^{(2)}, v^{\infty})$ 的解与 RH 问题 $(\Sigma_4^{(2)}, v_4^{\infty})$ 的解相同, 因此我们自然考虑 $\Sigma_4^{(2)}$ 上的如下标准的 RH 问题:

- $m^{\infty}(z)$ 在 $\mathbb{C} \setminus [-a, a]$ 内解析, $\tag{15.3.29}$

- $m^{\infty+}(z) = m^{\infty-}(z) \begin{pmatrix} 0 & 1 \\ -1 & 0 \end{pmatrix}, \quad z \in (-a, a),$ $\tag{15.3.30}$

- $m^{\infty}(z) \to I, \quad z \to \infty,$ $\tag{15.3.31}$

这是一个常数跳跃矩阵的 RH 问题, 可以将其转化为标量 RH 问题, 然后利用 Plemelj 公式求解.

15.4　求解标准 RH 问题

定理 15.3　标准 RH 问题 (15.3.29)—(15.3.31) 有解

$$m^{\infty}(z) = \begin{pmatrix} \dfrac{\beta + \beta^{-1}}{2} & \dfrac{\beta - \beta^{-1}}{2i} \\ -\dfrac{\beta - \beta^{-1}}{2i} & \dfrac{\beta + \beta^{-1}}{2} \end{pmatrix}, \quad \beta = \left(\frac{z-a}{z+a}\right)^{1/4}, \tag{15.4.1}$$

这里 $m^{\infty}(z)$ 在 $z = \pm a$ 具有 4 次根式奇点, 在 $\mathbb{C} \setminus [-a, a]$ 上解析.

证明 将 (15.3.30) 中的跳跃矩阵对角化

$$\begin{pmatrix} 0 & 1 \\ -1 & 0 \end{pmatrix} = \begin{pmatrix} 1 & 1 \\ i & -i \end{pmatrix} \begin{pmatrix} i & 0 \\ 0 & -i \end{pmatrix} \begin{pmatrix} 1 & 1 \\ i & -i \end{pmatrix}^{-1},$$

作变换

$$\widehat{m}^\infty(z) = \begin{pmatrix} 1 & 1 \\ i & -i \end{pmatrix}^{-1} m^\infty(z) \begin{pmatrix} 1 & 1 \\ i & -i \end{pmatrix}, \tag{15.4.2}$$

则 $\widehat{m}^\infty$ 满足 RH 问题:

- $\widehat{m}^\infty(z)$ 在 $\mathbb{C} \setminus [-a, a]$ 内解析,

- $\widehat{m}_+^\infty(z) = \widehat{m}_-^\infty(z) \begin{pmatrix} i & 0 \\ 0 & -i \end{pmatrix}, \quad z \in (-a, a),$ $\tag{15.4.3}$

- $\widehat{m}^\infty(z) \to I, \quad z \to \infty.$ $\tag{15.4.4}$

为了将上述矩阵 RH 问题化为标量 RH 问题, 我们假设

$$\widehat{m}^\infty(z) = \begin{pmatrix} \widehat{m}_{11} & \widehat{m}_{12} \\ \widehat{m}_{21} & \widehat{m}_{22} \end{pmatrix}, \tag{15.4.5}$$

将 (15.4.5) 代入 (15.4.3), 得到四个标量 RH 问题

$$\widehat{m}_{11+} = i\widehat{m}_{11-}, \tag{15.4.6}$$

$$\widehat{m}_{12+} = -i\widehat{m}_{12-}, \tag{15.4.7}$$

$$\widehat{m}_{21+} = i\widehat{m}_{21-}, \tag{15.4.8}$$

$$\widehat{m}_{22+} = -i\widehat{m}_{22-}. \tag{15.4.9}$$

对于标量 RH 问题 (15.4.6), 利用 Plemelj 公式 (3.5.29), 可得

$$\widehat{m}_{11} = c_{11} \exp\left(\frac{1}{2\pi i} \int_{-a}^{a} \frac{\log i}{\xi - z} d\xi \right) = c_{11} \exp\left(\frac{1}{2\pi i} \log i \, \log(z - \xi) \Big|_{-a}^{a} \right)$$

$$= c_{11} \exp\left(\frac{1}{2\pi i} \frac{\pi i}{2} \log\left(\frac{z - a}{z + a} \right) \right) = c_{11}\beta,$$

其中记

$$\beta = \left(\frac{z - a}{z + a} \right)^{1/4} \longrightarrow 1, \quad z \to \infty. \tag{15.4.10}$$

类似地, 对标量 RH 问题 (15.4.7)—(15.4.9), 利用 Plemelj 公式, 可得到

$$\widehat{m}_{12} = c_{12}\beta^{-1}, \quad \widehat{m}_{21} = c_{21}\beta, \quad \widehat{m}_{22} = c_{22}\beta^{-1}.$$

利用渐近条件 (15.4.4) 和 (15.4.10), 可得到

$$c_{12} = c_{21} = 0, \quad c_{11} = c_{22} = 1.$$

因此

$$\widehat{m}^{\infty}(z) = \begin{pmatrix} \beta & 0 \\ 0 & \beta^{-1} \end{pmatrix}. \tag{15.4.11}$$

将 (15.4.11) 代入 (15.4.2), 得到 RH 问题 (15.3.29)—(15.3.31) 的解

$$m^{\infty}(z) = \begin{pmatrix} 1 & 1 \\ i & -i \end{pmatrix} \widehat{m}^{\infty} \begin{pmatrix} 1 & 1 \\ i & -i \end{pmatrix}^{-1} = \begin{pmatrix} \dfrac{\beta + \beta^{-1}}{2} & \dfrac{\beta - \beta^{-1}}{2i} \\ -\dfrac{\beta - \beta^{-1}}{2i} & \dfrac{\beta + \beta^{-1}}{2} \end{pmatrix}. \tag{15.4.12}$$

最后, 我们反推 RH 问题的形变过程

$$\pi_n(z) \leftarrow Y(z) \rightleftarrows m^{(1)}(z) \rightleftarrows m^{(2)}(z) \rightleftarrows m^{\infty}(z),$$

我们可以得到正交多项式 $\pi_n(z)$ 的渐近性

$$\begin{aligned} Y(z) &= e^{-\frac{nl}{2}\sigma_3} m^{(1)}(z) e^{ng(z)\sigma_3} e^{\frac{nl}{2}\sigma_3} \quad (\mathbb{C} \setminus \mathbb{R}) \\ &= e^{-\frac{nl}{2}\sigma_3} m^{(2)}(z) e^{ng(z)\sigma_3} e^{\frac{nl}{2}\sigma_3} \quad (\text{透镜之外}) \\ &\sim e^{-\frac{nl}{2}\sigma_3} m^{\infty}(z) e^{ng(z)\sigma_3} e^{\frac{nl}{2}\sigma_3} \quad (\operatorname{Im} z \neq 0). \end{aligned} \tag{15.4.13}$$

特别, 我们有

$$\begin{aligned} \pi_n(z) &= (Y(z))_{11} \sim (m^{\infty})_{11}(z) e^{ng(z)} \\ &= \frac{1}{2} \left[\left(\frac{z-a}{z+a} \right)^{1/4} + \left(\frac{z+a}{z-a} \right)^{1/4} \right] e^{ng(z)}, \quad \operatorname{Im} z \neq 0. \end{aligned} \tag{15.4.14}$$

15.5   标准 RH 问题解的逼近

15.5.1   一般理论

在 15.3.3 节, 我们通过对 RH 问题 $(\Sigma^{(2)}, v^{(2)})$ 的跳跃矩阵 $v^{(2)}$ 取极限, 获得标准的 RH 问题 $(\Sigma^{\infty}, v^{\infty})$, 并且在 15.4 节, 求解了这种 RH 问题 $(\Sigma^{\infty}, v^{\infty})$.

现在还有一个问题需要解决：两个 RH 问题之间的跳跃矩阵逼近, 是否能保证两个 RH 问题解之间的逼近, 即

$$v^{(2)}(z) \to v^\infty(z) \Longrightarrow m^{(2)}(z) \to m^\infty(z) ?$$

为回答这个问题, 我们对两个 RH 问题解之间逼近关系建立一般理论. 为此考虑 RH 问题:

- $m(z)$ 在 $\mathbb{C} \setminus \Sigma$ 内解析, $\quad\quad\quad\quad\quad\quad\quad\quad\quad\quad$ (15.5.1)
- $m_+(z) = m_-(z)v(z), \quad z \in \Sigma,$ $\quad\quad\quad\quad\quad\quad$ (15.5.2)
- $m(z) \longrightarrow I, \quad z \to \infty,$ $\quad\quad\quad\quad\quad\quad\quad\quad\quad$ (15.5.3)

并且假设跳跃矩阵 $v(z)$ 具有如下性质: (i) $v(z)$ 在 Σ 上光滑; (ii) $v(z)$ 有界; (iii) 在 Σ 的无界跳跃路径部分 $v(z) - I \to 0$; (iv) $\det v(z) = 1$.

假设跳跃矩阵 $v(z)$ 具有分解

$$v(z) = b_-^{-1}b_+,$$

其中 $b_\pm$ 有界且可逆. 由此, 我们可以构造

$$w_\pm = \pm(b_\pm - I), \quad w = w_+ + w_- = b_+ - b_-. \quad (15.5.4)$$

对于 $f \in L^2(\Sigma)$, $w_\pm \in L^\infty(\Sigma)$, 定义算子

$$C_w f = C_+(fw_-) + C_-(fw_+), \quad\quad\quad\quad\quad (15.5.5)$$

其中

$$(C_\pm f)(z) = \lim_{\substack{z' \to z \in \Sigma \\ z' \in \pm\Sigma}} \frac{1}{2\pi i} \int_\Sigma \frac{f(\xi)}{\xi - z'} d\xi. \quad\quad\quad (15.5.6)$$

则可以证明 $C_\pm, C_w : L^2 \to L^2$ 上的有界算子, 且 $C_+ - C_- = 1$.

$$\|C_\pm f\|_{L^2(\Sigma)} \leqslant c\|f\|_{L^2(\Sigma)},$$

$$\|C_w f\|_{L^2(\Sigma)} = \|C_+(fw_-) + C_-(fw_+)\|_{L^2(\Sigma)} \leqslant c\|f\|_{L^2(\Sigma)}.$$

引理 15.1 RH 问题 (Σ, v) 具有唯一解 $\Longleftrightarrow$ 算子 $(I - C_w)^{-1}$ 存在, 并且 $(I - C_w)^{-1}$ 可用 RH 问题的解 $m(z)$ 显式表示为

$$(I - C_w)^{-1}g = (C_+(g(v - I)m_+^{-1}))m_+b_+^{-1} + gb_+^{-1}. \quad (15.5.7)$$

这个引理表明：RH 问题 (Σ, v) 可解性等价于奇异积分方程 $(I - C_w)\mu = I$ 的可解性.

证明　如果算子 $(I - C_w)^{-1}$ 存在, 则奇异积分方程 $(I - C_w)\mu = I$ 可解, 由 Beals-Coifman 定理 3.16 知道, 可构造 RH 问题 (15.5.1)—(15.5.3) 的唯一解

$$m(z) = I + \frac{1}{2\pi i} \int_\Sigma \frac{\mu(\xi)w(\xi)}{\xi - z} d\xi. \tag{15.5.8}$$

反之, 如果 RH 问题 (Σ, v) 有唯一解, 我们要证明 $(I - C_w)^{-1}$ 存在, 即证明 $I - C_w$ 为一一映射. 假设

$$(I - C_w)\mu = 0, \quad \mu \in L^2(\Sigma). \tag{15.5.9}$$

令

$$m^\sharp(z) = C(\mu w)(z), \quad z \in \mathbb{C}\backslash\Sigma. \tag{15.5.10}$$

则满足如下 RH 问题:

- $m^\sharp(z)$ 在 $\mathbb{C} \setminus \Sigma$ 内解析,
- $m^\sharp_+(z) = m^\sharp_-(z)v(z), \quad z \in \Sigma$,
- $m^\sharp(z) \longrightarrow 0, \quad z \to \infty$,

因此, 对任意 $\gamma \neq 0$, $m_\gamma(z) = m(z) + \gamma m^\sharp(z)$ 为 RH 问题 (15.5.1)—(15.5.3) 的解, 由唯一性知

$$m(z) + \gamma m^\sharp(z) = m(z),$$

$\gamma \neq 0$, 推出 $m^\sharp(z) = 0$, 从而 $C_\pm(\mu w) = 0$. 借此, 我们发现

$$
\begin{aligned}
0 = C_+(\mu w) &= C_+(\mu w_-) + C_+(\mu w_+) \\
&= C_+(\mu w_-) + C_-(\mu w_+) + C_+(\mu w_+) - C_-(\mu w_+) \\
&= (C_w - I)\mu + \mu + \mu w_+ = \mu(I + w_+) = \mu b_+.
\end{aligned}
$$

由于 b_+ 可逆, 因此 $\mu = 0$. 从而证明了算子 $I - C_w$ 可逆.

下面给出算子 $(I - C_w)^{-1}$ 的显式表示, 即给定 $g \in L^2(\Sigma)$ 求解方程

$$(I - C_w)f = g.$$

定义

$$M(z) = C(fw)(z) = \frac{1}{2\pi i} \int_\Sigma \frac{f(s)w(s)}{s - z} ds, \quad z \in \mathbb{C} \setminus \Sigma.$$

则

$$M_+(z) = C_+(fw) = C_+(fw_-) + C_+(fw_+) = C_+(fw_-) + (C_- + I)(fw_+)$$
$$= C_w f + fw_+ = f - g + fw_+ = fb_+ - g. \tag{15.5.11}$$

类似地

$$M_-(z) = fb_- - g \Longrightarrow f = (M_-(z) + g)b_-^{-1}.$$

由此得到

$$M_+(z) = fb_+ - g = (M_- + g)b_-^{-1}b_+ - g = M_- v + g(v - I). \tag{15.5.12}$$

对跳跃矩阵使用标准分解

$$m_+ = m_- v \Longrightarrow m_+^{-1} = v^{-1}m_-^{-1}. \tag{15.5.13}$$

利用 (15.5.12)—(15.5.13), 得到

$$(Mm^{-1})_+ = M_+ m_+^{-1} = (Mm^{-1})_- + g(v - I)m_+^{-1}.$$

利用 Plemelj 公式

$$M(Z) = \left(\frac{1}{2\pi i} \int \frac{g(s)(v(s) - I)m_+^{-1}(s)}{s - z} ds \right) m(z)$$
$$= [C(g(v - I)m_+^{-1})](z)m(z). \tag{15.5.14}$$

从 (15.5.11) 中, 解出 f, 并利用 (15.5.14), 有

$$f = (M_+ + g)b_+^{-1} = (C_+(g(v - I)m_+^{-1}))m_+ b_+^{-1} + gb_+^{-1},$$

或者

$$(I - C_w)^{-1}g = C_+(g(v - I)m_+^{-1})m_+ b_+^{-1} + gb_+^{-1}.$$

定理 15.4 假设

$$v^{(2)} = (b_-^{(2)})^{-1}b_+^{(2)} = (I - w_-^{(2)})^{-1}(I + w_+^{(2)}), \tag{15.5.15}$$
$$v^\infty = (b_-^\infty)^{-1}b_+^\infty = (I - w_-^\infty)^{-1}(I + w_+^\infty) \tag{15.5.16}$$

为路径 Σ 上的两个跳跃矩阵, $v^{(2)}$ 表示对原始跳跃矩阵 v 经过形变得到的跳跃矩阵, v^∞ 表示对 $v^{(2)}$ 取极限 $n \to \infty$ 得到的跳跃矩阵. 进一步假设

(i) 算子 $(I - C_{w^\infty})^{-1}$ 存在;

(ii) $||w_\pm^{(2)} - w_\pm^\infty||_{L^\infty(\Sigma) \cap L^2(\Sigma)} \to 0, \quad n \to \infty.$

则两个 RH 问题 $(\Sigma, v^{(2)})$ 和 (Σ, v^∞) 相应的解 $m^{(2)}$ 和 m^∞ 分别存在, 并且

$$||m_\pm^{(2)} - m_\pm^\infty||_{L^2(\Sigma)} \to 0, \quad n \to \infty.$$

证明 首先, 估计两个算子 C_{w^∞}, $C_{w^{(2)}}$ 之间的逼近

$$||C_{w^\infty} f - C_{w^{(2)}} f||_{L^2(\Sigma)} = ||C_+ f(w_-^\infty - w_-^{(2)}) + C_- f(w_+^\infty - w_+^{(2)})||_{L^2(\Sigma)}$$
$$\leqslant c||f||_{L^2(\Sigma)} \left(||w_+^\infty - w_+^{(2)}||_{L^\infty(\Sigma)} + ||w_-^\infty - w_-^{(2)}||_{L^\infty(\Sigma)} \right).$$

因此

$$||C_{w^\infty} - C_{w^{(2)}}||_{L^2 \to L^2} = \sup_{f \in L^2(\Sigma)} \frac{||C_{w^\infty} f - C_{w^{(2)}} f||_{L^2(\Sigma)}}{||f||_{L^2(\Sigma)}}$$
$$\leqslant c \left(||w_+^\infty - w_+^{(2)}||_{L^\infty(\Sigma)} + ||w_-^\infty - w_-^{(2)}||_{L^\infty(\Sigma)} \right) \to 0, \quad n \to \infty.$$

因此由 (i) 及第二预解式, 知道算子 $(I - C_{w^{(2)}})^{-1}$ 存在, 并且

$$||(I - C_{w^\infty})^{-1} - (I - C_{w^{(2)}})^{-1}||_{L^2 \to L^2} \to 0, \quad n \to \infty.$$

其次, 估计两个预解 $\mu^{(2)}$, μ^∞ 之间的逼近

$$||\mu^{(2)} - \mu^\infty||_{L^2(\Sigma)} = ||(I - C_{w^{(2)}})^{-1} I - (I - C_{w^\infty})^{-1} I||_{L^2(\Sigma)}$$
$$= ||(I - C_{w^{(2)}})^{-1}[(I - C_{w^\infty}) - (I - C_{w^{(2)}})](I - C_{w^\infty})^{-1} I||_{L^2(\Sigma)}$$
$$= ||(I - C_{w^{(2)}})^{-1}(C_{w^{(2)}} - C_{w^\infty})(I - C_{w^\infty})^{-1}(I - C_{w^\infty} + C_{w^\infty}) I||_{L^2(\Sigma)}$$
$$= ||(I - C_{w^{(2)}})^{-1}(C_{w^{(2)}} - C_{w^\infty})(I + (I - C_{w^\infty})^{-1} C_{w^\infty}) I||_{L^2(\Sigma)}$$
$$\leqslant ||(I - C_{w^{(2)}})^{-1}||_{L^2 \to L^2} ||C_+(w_-^{(2)} - w_-^\infty) + C_-(w_+^{(2)} - w_+^\infty)||_{L^2(\Sigma)}$$
$$\quad + ||(I - C_{w^{(2)}})^{-1}||_{L^2 \to L^2} ||C_{w^\infty} - C_{w^{(2)}}||_{L^2 \to L^2} ||(I - C_{w^\infty})^{-1}||_{L^2 \to L^2} ||C_+ w_-^\infty$$
$$\quad + C_- w_+^\infty||_{L^2(\Sigma)}$$
$$\leqslant c \left(||C_+(w_-^{(2)} - w_-^\infty)||_{L^2(\Sigma)} + ||C_-(w_+^{(2)} - w_+^\infty)||_{L^2(\Sigma)} \right)$$
$$\quad + c||C_{w^\infty} - C_{w^{(2)}}||_{L^2 \to L^2} ||C_+ w_-^\infty + C_- w_+^\infty||_{L^2(\Sigma)}$$
$$\leqslant c \left(||w_+^\infty - w_+^{(2)}||_{L^\infty(\Sigma)} + ||w_-^\infty - w_-^{(2)}||_{L^\infty(\Sigma)} \right) \to 0, \quad n \to \infty.$$

最后, 我们给出 RH 解 $m^{(2)}$, m^∞ 之间的逼近

$$||m_\pm^{(2)} - m_\pm^\infty||_{L^2(\Sigma)} = ||\mu^{(2)} b_\pm^{(2)} - \mu^\infty b_\pm^\infty||_{L^2(\Sigma)}$$

$$= ||b_\pm^{(2)}(\mu^{(2)} - \mu^\infty) + \mu^\infty(b_\pm^{(2)} - b_\pm^\infty)||_{L^2(\Sigma)}$$

$$\leqslant ||b_\pm^{(2)}||_{L^\infty(\Sigma)}||\mu^{(2)} - \mu^\infty||_{L^2(\Sigma)} + ||\mu^\infty||_{L^2(\Sigma)}||b_\pm^{(2)} - b_\pm^\infty||_{L^\infty(\Sigma)} \to 0, \quad n \to \infty.$$

注 15.2　我们回头验证跳跃矩阵之间的逼近 $v^{(2)}(z) - v^\infty(z) \to 0$, 是否可以推出证明定理所需要的

$$w^{(2)}(z) - w^\infty(z) \to 0.$$

假设跳跃矩阵 $v^{(2)}(z)$ 和 $v^\infty(z)$ 分别具有分解

$$v^{(2)}(z) = (b_-^{(2)})^{-1}b_+^{(2)}, \quad v^\infty(z) = (b_-^\infty)^{-1}b_+^\infty, \tag{15.5.17}$$

并且

$$v^{(2)}(z) \to v^\infty(z) \Longleftrightarrow b_\pm^{(2)}(z) \to b_\pm^\infty(z). \tag{15.5.18}$$

事实上, 对于跳跃矩阵的一般性分解 (15.5.17), 有

$$w_+^{(2)}(z) = b_+^{(2)}(z) - I, \quad w_-^{(2)}(z) = I - b_-^{(2)}(z), \quad w^{(2)}(z) = b_+^{(2)}(z) - b_-^{(2)}(z),$$

$$w_+^\infty(z) = b_+^\infty(z) - I, \quad w_-^\infty(z) = I - b_-^\infty(z), \quad w^\infty(z) = b_+^\infty(z) - b_-^\infty(z).$$

从而, 利用 (15.5.18), 得到

$$||w_\pm^{(2)}(z) - w_\pm^\infty(z)||_{L^2 \cap L^\infty} = ||(b_\pm^{(2)} - b_\pm^\infty)||_{L^2 \cap L^\infty} \to 0, \quad n \to \infty,$$

$$||w^{(2)}(z) - w^\infty(z)||_{L^2 \cap L^\infty} = ||(b_+^{(2)} - b_+^\infty) - (b_-^{(2)} - b_-^\infty)||_{L^2 \cap L^\infty}$$

$$\leqslant ||b_+^{(2)} - b_+^\infty||_{L^2 \cap L^\infty} + ||b_-^{(2)} - b_-^\infty||_{L^2 \cap L^\infty} \to 0, \quad n \to \infty.$$

15.5.2　具体应用

我们具体分析 RH 问题 $(\Sigma^{(2)}, v^{(2)}(z))$ 的跳跃矩阵与标准 RH 问题 $(\Sigma^{(2)}, v^\infty(z))$ 的跳跃矩阵之间的逼近情况.

对 RH 问题 $(\Sigma^{(2)}, v^{(2)}(z))$, 选取

$$b_+^{(2)} = v^{(2)}, \quad b_-^{(2)} = I, \quad b_+^\infty = v^\infty, \quad b_-^\infty = I, \tag{15.5.19}$$

则直接计算可知

$$b_-^{(2)} - b_-^\infty = w_-^{(2)} - w_-^\infty = 0, \tag{15.5.20}$$

$$b_+^{(2)} - b_+^\infty = w_+^{(2)} - w_+^\infty = \begin{cases} \begin{pmatrix} 0 & e^{-2n\varphi(z)} \\ 0 & 0 \end{pmatrix}, & |z| \geqslant a, \\[2mm] \begin{pmatrix} 0 & 0 \\ e^{2n\varphi_\pm(z)} & 0 \end{pmatrix}, & \text{透镜上}, \\[2mm] 0, & |z| < a, \end{cases}$$

因此, 矩阵取模长

$$|b_-^{(2)} - b_-^\infty| = |w_-^{(2)} - w_-^\infty| = 0,$$

$$|b_+^{(2)} - b_+^\infty| = |w_+^{(2)} - w_+^\infty| = \begin{cases} e^{-2n\varphi(z)}, & |z| \geqslant a, \\ e^{2n\mathrm{Re}\varphi_\pm(z)}, & \text{透镜上}, \\ 0, & |z| < a, \end{cases}$$

对任意固定 $\varepsilon_0 > 0$, 在 $\widetilde{\Sigma}^{(2)} = \Sigma^{(2)} \setminus \{|z \pm a| \leqslant \varepsilon_0\}$, 有

$$||w_\pm^{(2)} - w_\pm^\infty||_{L^2 \cap L^\infty(\widetilde{\Sigma}^{(2)})} \to 0, \quad n \to \infty.$$

由定理 15.4, 知道

$$||m_\pm^{(2)} - m_\pm^\infty||_{L^2(\widetilde{\Sigma}^{(2)})} \to 0, \quad n \to \infty.$$

而由于在区间端点 $z = \pm a$ 附近, $m^{(2)}(m^\infty)^{-1}$ 是无界的, 因此 $m^{(2)}(z)$ 不能一致逼近 $m^\infty(z)$.

15.6　RH 问题参数化构造

15.6.1　局部参数化

为获得一致渐近逼近, 关键是在 $z = \pm a$ 附近重新显式求解关于 $m^{(2)}$ 的局部 RH 问题. 为后面处理方便, 我们先去除跳跃矩阵中的振荡因子, 为此作变换

$$\hat{\psi}^{(2)}(z) = m^{(2)}(z)e^{-n\varphi\sigma_3},$$

则 $\hat{\psi}^{(2)}(z)$ 满足 RH 问题:

- $\hat{\psi}^{(2)}(z)$ 在 $\mathbb{C} \setminus \Sigma^{(2)}$ 内解析,
- $\hat{\psi}_+^{(2)}(z) = \hat{\psi}_-^{(2)}(z)\hat{v}^{(2)}(z), \quad z \in \Sigma^{(2)},$ \hfill (15.6.1)
- $\hat{\psi}^{(2)}(z)e^{n\varphi\sigma_3} \to m^\infty, \quad z \to \infty,$

其中跳跃矩阵 $\hat{v}^{(2)}$ 在 $\Sigma^{(2)}$ 上为逐点常数矩阵, 见图 15.6.

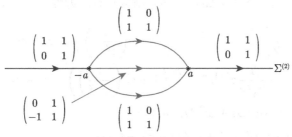

图 15.6　$\hat{\psi}^{(2)}(z)$ 的跳跃矩阵和跳跃路径

特别 $\hat{\psi}^{(2)}(z)$ 在 $z = \pm a$ 的邻域 $O_{\pm a}$ 内的 4 条小路径 $\Sigma^{(2)} \cap O_{\pm a}$ 上满足 RH 问题 (15.6.1). 我们首先考虑 O_a 内的局部 RH 问题, 见图 15.7.

- $\hat{\psi}_p(z)$ 在 $O_a \setminus \Sigma^{(2)}$ 内解析, $\qquad\qquad\qquad\qquad\qquad\qquad$ (15.6.2)
- $\hat{\psi}_{p+}(z) = \hat{\psi}_{p-}(z)\hat{v}^{(2)}(z), \quad z \in \Sigma^{(2)} \cap O_a,$ $\qquad\qquad$ (15.6.3)
- $\hat{\psi}_p(z)e^{n\varphi\sigma_3} \sim m^\infty(z), \quad n \to \infty, z \in \partial O_a.$ $\qquad\qquad$ (15.6.4)

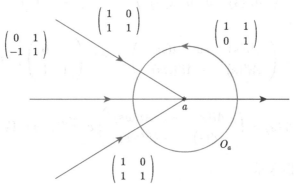

图 15.7　$\hat{\psi}_p(z)$ 的跳跃矩阵和跳跃路径

我们利用 Airy 函数构造上述 RH 问题的解 $\hat{\psi}_p(z)$. Airy 函数

$$Ai(z) = \frac{1}{2\pi i} \int_\Gamma e^{-t^3/3 + zt} dt$$

为复平面内二阶常微分方程

$$Ai''(z) - zAi(z) = 0$$

的一个特殊解. Γ 为复平面内由无穷远点沿辐角 $\arg t = -2\pi/3$ 到辐角 $\arg t = 2\pi/3$ 的无穷远点的一条积分路径. Airy 函数具有渐近性

$$Ai(z) = \frac{1}{2\sqrt{\pi}} z^{-1/4} e^{-\frac{2}{3} z^{3/2}} \left(1 + O\left(\frac{1}{z^{3/2}} \right) \right), \quad z \to \infty, \tag{15.6.5}$$

$$Ai'(z) = -\frac{1}{2\sqrt{\pi}} z^{1/4} e^{-\frac{2}{3} z^{3/2}} \left(1 + O\left(\frac{1}{z^{3/2}} \right) \right), \quad z \to \infty, \tag{15.6.6}$$

$$Ai(z) + \omega Ai(z\omega) + w^2 Ai(z\omega^2) = 0, \tag{15.6.7}$$

$$Ai'(z) + \omega^2 Ai'(z\omega) + \omega Ai'(z\omega^2) = 0, \tag{15.6.8}$$

其中 $|\arg z| < \pi$, $\omega = e^{2\pi i/3}$.

定理 15.5　考虑 s 平面内由 4 条直线构成的有向路径 $\hat{\Sigma}$, 见图 15.8, 在四个区域 I, II, III, IV 中分别取

$$\Psi(s) = \begin{pmatrix} Ai(s) & Ai(\omega^2 s) \\ Ai'(s) & \omega^2 Ai'(\omega^2 s) \end{pmatrix} e^{-\frac{\pi i}{6} \sigma_3}, \quad s \in \text{I}, \tag{15.6.9}$$

$$\Psi(s) = \begin{pmatrix} Ai(s) & Ai(\omega^2 s) \\ Ai'(s) & \omega^2 Ai'(\omega^2 s) \end{pmatrix} e^{-\frac{\pi i}{6} \sigma_3} \begin{pmatrix} 1 & 0 \\ -1 & 1 \end{pmatrix}, \quad s \in \text{II},$$

$$\Psi(s) = \begin{pmatrix} Ai(s) & -\omega^2 Ai(\omega s) \\ Ai'(s) & -Ai'(\omega s) \end{pmatrix} e^{-\frac{\pi i}{6} \sigma_3} \begin{pmatrix} 1 & 0 \\ 1 & 1 \end{pmatrix}, \quad s \in \text{III},$$

$$\Psi(s) = \begin{pmatrix} Ai(s) & -\omega^2 Ai(\omega s) \\ Ai'(s) & -Ai'(\omega s) \end{pmatrix} e^{-\frac{\pi i}{6} \sigma_3}, \quad s \in \text{IV},$$

则 $\Psi(s)$ 满足跳跃关系

$$\Psi_+(s) = \Psi_-(s)\hat{v}^{(2)}(s), \quad s \in \hat{\Sigma} \backslash \{0\} = \bigcup_{i=1}^{4} \gamma_i, \tag{15.6.10}$$

其中跳跃矩阵 $\hat{v}^{(2)}$ 见图 15.9.

证明　根据定义, 在 $\gamma_2 \cup \gamma_4$ 上, 显然

$$\Psi_+(s) = \Psi_-(s) \begin{pmatrix} 1 & 0 \\ 1 & 1 \end{pmatrix}. \tag{15.6.11}$$

对于 $s \in \gamma_1$, 利用 (15.6.7)—(15.6.8), 有

$$\Psi_-(s)\begin{pmatrix} 1 & 1 \\ 0 & 1 \end{pmatrix} = \begin{pmatrix} Ai(s) & -\omega^2 Ai(\omega s) \\ Ai'(s) & -Ai'(\omega s) \end{pmatrix} e^{-\frac{\pi i}{6}\sigma_3} \begin{pmatrix} 1 & 1 \\ 0 & 1 \end{pmatrix}$$

$$= \begin{pmatrix} Ai(s) & -\omega^2 Ai(\omega s) \\ Ai'(s) & -Ai'(\omega s) \end{pmatrix} \begin{pmatrix} 1 & e^{-\frac{\pi i}{3}} \\ 0 & 1 \end{pmatrix} e^{-\frac{\pi i}{6}\sigma_3}$$

$$= \begin{pmatrix} Ai(s) & e^{-\frac{\pi i}{3}} Ai(s) - e^{\frac{4\pi i}{3}} Ai(\omega s) \\ Ai'(s) & e^{-\frac{\pi i}{3}} Ai'(s) - Ai'(\omega s) \end{pmatrix} e^{-\frac{\pi i}{6}\sigma_3}$$

$$= \begin{pmatrix} Ai(s) & e^{-\frac{\pi i}{3}}(Ai(s) + e^{\frac{2\pi i}{3}} Ai(\omega s)) \\ Ai'(s) & e^{-\frac{\pi i}{3}}(Ai'(s) + e^{\frac{4\pi i}{3}} Ai'(\omega s)) \end{pmatrix} e^{-\frac{\pi i}{6}\sigma_3}$$

$$= \begin{pmatrix} Ai(s) & e^{-\frac{\pi i}{3}}(-\omega^2 Ai(\omega^2 s)) \\ Ai'(s) & e^{-\frac{\pi i}{3}}(-\omega Ai'(\omega^2 s)) \end{pmatrix} e^{-\frac{\pi i}{6}\sigma_3}$$

$$= \begin{pmatrix} Ai(s) & Ai(\omega^2 s) \\ Ai'(s) & \omega^2 Ai'(\omega^2 s) \end{pmatrix} e^{-\frac{\pi i}{6}\sigma_3} = \Psi_+(s).$$

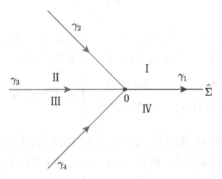

图 15.8 s 平面的路径

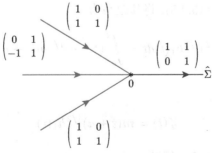

图 15.9 $\Psi(s)$ 的跳跃矩阵和路径

对于 $s \in \gamma_3$, 用 (15.6.7)—(15.6.8), 有

$$\Psi_-(s)\begin{pmatrix} 0 & 1 \\ -1 & 0 \end{pmatrix} = \begin{pmatrix} Ai(s) & -\omega^2 Ai(\omega s) \\ Ai'(s) & -Ai'(\omega s) \end{pmatrix} e^{-\frac{\pi i}{6}\sigma_3} \begin{pmatrix} 1 & 0 \\ 1 & 1 \end{pmatrix} \begin{pmatrix} 0 & 1 \\ -1 & 0 \end{pmatrix}$$

$$= \begin{pmatrix} Ai(s) & -\omega^2 Ai(\omega s) \\ Ai'(s) & -Ai'(\omega s) \end{pmatrix} \begin{pmatrix} 1 & 0 \\ e^{\frac{\pi i}{3}} & 1 \end{pmatrix} e^{-\frac{\pi i}{6}\sigma_3} \begin{pmatrix} 0 & 1 \\ -1 & 0 \end{pmatrix}$$

$$= \begin{pmatrix} Ai(s) - \omega^2 e^{\frac{\pi i}{3}} Ai(\omega s) & -\omega^2 Ai(\omega s) \\ Ai'(s) - e^{\frac{\pi i}{3}} Ai'(\omega s) & -Ai'(\omega s) \end{pmatrix} \begin{pmatrix} 0 & e^{-\frac{\pi i}{3}} \\ -e^{\frac{\pi i}{3}} & 0 \end{pmatrix} e^{-\frac{\pi i}{6}\sigma_3}$$

$$= \begin{pmatrix} -\omega^2 Ai(\omega^2 s) & -\omega^2 Ai(\omega s) \\ -\omega Ai'(\omega^2 s) & -Ai'(\omega s) \end{pmatrix} \begin{pmatrix} 0 & e^{-\frac{\pi i}{3}} \\ -e^{\frac{\pi i}{3}} & 0 \end{pmatrix} e^{-\frac{\pi i}{6}\sigma_3}$$

$$= \begin{pmatrix} \omega^2 e^{\frac{\pi i}{3}} Ai(\omega s) & -\omega^2 e^{-\frac{\pi i}{3}} Ai(\omega^2 s) \\ e^{\frac{\pi i}{3}} Ai'(s) & -\omega e^{-\frac{\pi i}{3}} Ai'(\omega^2 s) \end{pmatrix} e^{-\frac{\pi i}{6}\sigma_3}.$$

另一方面

$$\Psi_+(s) = \begin{pmatrix} Ai(s) & Ai(\omega^2 s) \\ Ai'(s) & \omega^2 Ai'(\omega^2 s) \end{pmatrix} \begin{pmatrix} 1 & 0 \\ e^{-\frac{\pi i}{3}} & 1 \end{pmatrix} e^{-\frac{\pi i}{6}\sigma_3}$$

$$= \begin{pmatrix} Ai(s) - e^{\frac{\pi i}{3}} Ai(\omega^2 s) & Ai(\omega^2 s) \\ Ai'(s) - e^{\frac{\pi i}{3}} \omega^2 Ai'(\omega^2 s) & \omega^2 Ai'(\omega^2 s) \end{pmatrix} e^{-\frac{\pi i}{6}\sigma_3}$$

$$= \begin{pmatrix} -\omega Ai(\omega s) & Ai(\omega^2 s) \\ -\omega^2 Ai'(\omega s) & \omega^2 Ai'(\omega^2 s) \end{pmatrix} e^{-\frac{\pi i}{6}\sigma_3} = \Psi_-(s) \begin{pmatrix} 0 & 1 \\ -1 & 0 \end{pmatrix}.$$

下面我们打算用 $\Psi(s)$ 来构造 $\hat{\psi}_p(z)$, 从图 15.7 和图 15.9, 看到 $\hat{\psi}_p(z)$ 在 $z = a$ 点邻域 RH 问题的跳跃矩阵与 $\Psi(s)$ 在 $s = 0$ 点的 RH 问题的跳跃矩阵相同, 但它们的跳跃路径不同. 为此, 我们利用 $\varphi(z)$ 在 $z = a$ 点与 $s = 0$ 点两个小邻域之间建立保形保角的共形映射.

根据 $\varphi(z)$ 的定义 (15.3.5), 将其改写为

$$\varphi(z) = m \int_a^z (t^2 - a^2)^{1/2} h_1(t) dt = \int_a^z (t - a)^{1/2} m(t + a)^{1/2} h_1(t) dt. \tag{15.6.12}$$

将部分被积函数

$$f(t) = m(t + a)^{1/2} h_1(t)$$

在 $z = a$ 点附近进行 Taylor 展开

$$f(t) = f(a) + f'(a)(t - a) + \frac{1}{2} f''(a)(t - a)^2 + \cdots. \tag{15.6.13}$$

将 (15.6.13) 代入 (15.6.12) 并积分, 可知 (15.6.12) 写为

$$\varphi(z) = \frac{2}{3}f(a)(z-a)^{3/2} + \frac{2}{5}f'(a)(z-a)^{5/2} + \cdots$$
$$= \frac{2}{3}(z-a)^{3/2}G(z),$$

其中 $G(z)$ 在 a 的邻域解析, 且 $G(a) = f(a) = m(2a)^{1/2}h_1(a) > 0$. 定义映射

$$\lambda = \lambda(z) = (z-a)G^{2/3}(z). \tag{15.6.14}$$

显然 $\lambda(z)$ 解析, 且 $\lambda(a) = 0$, $\lambda'(a) = G^{2/3}(a) \neq 0$, 由定理 3.6 知, 存在足够小的邻域 $\delta_r = \{|z-a| < r\}$, 使得 $\lambda(z)$ 在 δ_r 上单叶解析的, 由定理 3.9, $w = \lambda(z)$ 将 δ_r 共形映射为 $\lambda(\delta_r)$; 同时逆映射 λ^{-1} 在 $\lambda(\delta_r)$ 内存在, 并且也是单叶解析的, 因此, 也将 $\lambda(\delta_r)$ 共形映射为 δ_r.

任意固定 $\varepsilon > 0$ 充分小, 分别定义 $\lambda = 0$ 和 $z = a$ 的如下两个邻域, 并且使得

$$D_\varepsilon = \{\lambda : |\lambda| = |\lambda(z)| < \varepsilon\} \subset \lambda(\delta_r), \quad O_a = \lambda^{-1}(D_\varepsilon).$$

由共形映射的保域、保角性质, 两个邻域 D_ε, O_a 中四片区域, 四条线之间具有如下映射关系, 见图 15.10.

$$\lambda(\lambda^{-1}(\alpha \cap D_\varepsilon)) = \alpha \cap D_\varepsilon, \quad \alpha = \mathrm{I}, \mathrm{II}, \mathrm{III}, \mathrm{IV},$$
$$\lambda(\lambda^{-1}(\gamma_j \cap D_\varepsilon)) = \gamma_j \cap D_\varepsilon, \quad j = 1, 2, 3, 4.$$

反之也有

$$\lambda^{-1}(\lambda(\alpha' \cap O_a)) = \alpha' \cap O_a, \quad \alpha' = \mathrm{I}', \mathrm{II}', \mathrm{III}', \mathrm{IV}',$$
$$\lambda^{-1}(\lambda(\gamma_j' \cap O_a)) = \gamma_j' \cap O_a, \quad j' = 1, 2, 3, 4.$$

并且当 ε 充分小时, $\lambda(z)$ 与映射

$$\lambda(z) = (z-a)G^{2/3}(a) \tag{15.6.15}$$

仅相差一个高阶无穷小, 由此得到

$$\mathrm{Im}\lambda(z) = G^{2/3}(a)\mathrm{Im}(z-a),$$

由于 $G(a) > 0$, 可见将 $z = a$ 小邻域内部的上/下半平面部分映为 $\lambda = 0$ 小邻域内部的上/下半平面部分.

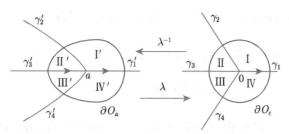

图 15.10   两个邻域之间的共形映射

作变换

$$\psi_p(z) = \Psi(s) = \Psi(n^{2/3}\lambda(z)), \tag{15.6.16}$$

则由 (15.6.10), 得到

$$\psi_{p+}(z) = \psi_{p-}(z)\hat{v}^{(2)}(z), \quad \lambda^{-1}(\hat{\Sigma} \cap D_\varepsilon). \tag{15.6.17}$$

注 15.3   为使得 $\Psi(s)$ 与 $\widehat{\psi}_p(z)$ 匹配, 本质就是匹配两个指数项 $e^{-\frac{2}{3}s^{3/2}}$ 和 $e^{-n\varphi(z)}$, 为此, 我们要求

$$\frac{2}{3}s^{3/2} = n\varphi(z) = \frac{2}{3}n(z-a)^{3/2}G(z),$$

因此有

$$s = n^{2/3}(z-a)G^{2/3}(z),$$

于是

$$\lambda(z) = (z-a)G^{2/3}(z), \quad s = n^{2/3}\lambda(z).$$

这就是我们所建立共形映射 (15.6.14) 以及作变换 (15.6.16) 的根源.

我们由 $\Psi(s)$ 构造的 $\psi_p(z)$ 能够满足局部 RH 问题的前两条 (15.6.2) 和 (15.6.3), 但 (15.6.4) 还没满足. 为此, 在 O_a 内, 选取解析可逆的矩阵 $E(z)$, 使得

$$m_p(z) \doteq \hat{\psi}_p(z)e^{n\varphi\sigma_3} = E(z)\psi_p(z)e^{n\varphi\sigma_3} \sim m^\infty, \quad z \in \partial O_a.$$

首先注意到边界 ∂O_a 由四部分组成 $\mathrm{I}' \cap \partial O_a$, $\mathrm{II}' \cap \partial O_a$, $\mathrm{III}' \cap \partial O_a$ 和 $\mathrm{IV}' \cap \partial O_a$.

对于边界 $z \in \mathrm{I}' \cap \partial O_a$, 由于 $z \in \mathrm{I}'$, 则 $n^{2/3}\lambda(z) \in \mathrm{I}$, 由 (15.6.9),

$$m_p(z) = E(z)\begin{pmatrix} Ai(n^{2/3}\lambda(z)) & Ai(\omega^2 n^{2/3}\lambda(z)) \\ Ai'(n^{2/3}\lambda(z)) & \omega^2 Ai'(\omega^2 n^{2/3}\lambda(z)) \end{pmatrix} e^{-\frac{\pi i}{6}\sigma_3}e^{n\varphi(z)\sigma_3}$$

$$\triangleq E(z)A(z)e^{-\frac{\pi i}{6}\sigma_3}e^{n\varphi(z)\sigma_3} = E(z)(A_1, A_2)e^{-\frac{\pi i}{6}\sigma_3}e^{n\varphi(z)\sigma_3}. \tag{15.6.18}$$

对于所有 $z \in I'$, 由于 $0 < \arg(n^{2/3}\lambda(z)) < \pi$ 和 $-\pi < \arg(\omega^2 n^{2/3}\lambda(z)) < 0$, 因此, 我们可用 Airy 函数展开 (15.6.5) 和 (15.6.6) 评价 (15.6.18) 中的矩阵 $A(z)$. 注意到对于 $z \in I' \cap \partial O_a$, $|n^{2/3}\lambda(z)| = |\omega^2 n^{2/3}\lambda(z)| = n^{2/3}\varepsilon \to \infty$, 我们有

$$A_1 = \begin{pmatrix} \dfrac{1}{2\sqrt{\pi}}(n^{2/3}\lambda(z))^{-1/4}e^{-\frac{2}{3}(n^{2/3}\lambda(z))^{3/2}}\left(1+O\left(\dfrac{1}{n}\right)\right) \\[3mm] -\dfrac{1}{2\sqrt{\pi}}(n^{2/3}\lambda(z))^{-1/4}e^{-\frac{2}{3}(n^{2/3}\lambda(z))^{3/2}}\left(1+O\left(\dfrac{1}{n}\right)\right) \end{pmatrix}, \tag{15.6.19}$$

$$A_2 = \begin{pmatrix} \dfrac{1}{2\sqrt{\pi}}(\omega^2 n^{2/3}\lambda(z))^{-1/4}e^{-\frac{2}{3}(\omega^2 n^{2/3}\lambda(z))^{3/2}}\left(1+O\left(\dfrac{1}{n}\right)\right) \\[3mm] -\dfrac{\omega^2}{2\sqrt{\pi}}(\omega^2 n^{2/3}\lambda(z))^{-1/4}e^{-\frac{2}{3}(\omega^2 n^{2/3}\lambda(z))^{3/2}}\left(1+O\left(\dfrac{1}{n}\right)\right) \end{pmatrix}. \tag{15.6.20}$$

注意到 $(\lambda(z))^{3/2} = \dfrac{3}{2}\varphi(z)$, 我们有

$$e^{-\frac{2}{3}(n^{2/3}\lambda(z))^{3/2}} = e^{-n\varphi(z)}, \tag{15.6.21}$$

$$(\omega^2\lambda(z))^{3/2} = (\lambda(z))^{3/2}e^{-\pi i} = -\frac{3}{2}\varphi(z), \quad e^{-\frac{2}{3}(n^{2/3}\omega^2\lambda(z))^{3/2}} = e^{n\varphi(z)}. \tag{15.6.22}$$

将 (15.6.19)—(15.6.22) 代入 (15.6.18), 得到

$m_p(z)$

$$= E(z)\begin{pmatrix} \dfrac{1}{2\sqrt{\pi}}(n^{2/3}\lambda(z))^{-1/4}\left(1+O\left(\dfrac{1}{n}\right)\right) & \dfrac{1}{2\sqrt{\pi}}(n^{2/3}\omega^2\lambda(z))^{-1/4}\left(1+O\left(\dfrac{1}{n}\right)\right) \\[3mm] -\dfrac{1}{2\sqrt{\pi}}(n^{2/3}\lambda(z))^{-1/4}\left(1+O\left(\dfrac{1}{n}\right)\right) & -\dfrac{\omega^2}{2\sqrt{\pi}}(n^{2/3}\omega^2\lambda(z))^{-1/4}\left(1+O\left(\dfrac{1}{n}\right)\right) \end{pmatrix}e^{-\frac{\pi i}{6}\sigma_3}.$$

上式又可进一步简化为

$$m_p(z) = E(z)\frac{(n^{2/3}\lambda(z))^{\frac{-\sigma_3}{4}}}{2\sqrt{\pi}}\begin{pmatrix} e^{-\frac{\pi i}{6}} & e^{\frac{\pi i}{3}} \\[2mm] -e^{-\frac{\pi i}{6}} & -e^{-\frac{4\pi i}{3}} \end{pmatrix}\left(1+O\left(\frac{1}{n}\right)\right).$$

可见, 在 $z \in I' \cap \partial O_a$ 上, 要使得 $m_p(z)$ 一致渐近 $m^\infty(z)$, 我们可选取 $E(z)$, 满足

$$E(z)\frac{(n^{2/3}\lambda(z))^{\frac{-\sigma_3}{4}}}{2\sqrt{\pi}}\begin{pmatrix} e^{-\frac{\pi i}{6}} & e^{\frac{\pi i}{3}} \\[2mm] -e^{-\frac{\pi i}{6}} & -e^{-\frac{4\pi i}{3}} \end{pmatrix} = m^\infty(z)$$

$$= \frac{1}{2}\begin{pmatrix} 1 & 1 \\ i & -i \end{pmatrix}\left(\frac{z-a}{z+a}\right)^{\sigma_3/4}\begin{pmatrix} 1 & -i \\ 1 & i \end{pmatrix}. \tag{15.6.23}$$

而

$$\begin{pmatrix} e^{-\frac{\pi i}{6}} & e^{\frac{\pi i}{3}} \\ -e^{-\frac{\pi i}{6}} & -e^{\frac{4\pi i}{3}} \end{pmatrix} = e^{-\frac{\pi i}{6}} \begin{pmatrix} 0 & 1 \\ -1 & 0 \end{pmatrix} \begin{pmatrix} 1 & -i \\ 1 & i \end{pmatrix}. \tag{15.6.24}$$

将 (15.6.24) 代入 (15.6.23), 并利用 (15.6.14), 得到

$$E(z) = \sqrt{\pi} e^{\frac{\pi i}{6}} \begin{pmatrix} 1 & 1 \\ i & -i \end{pmatrix} \left(\frac{z-a}{z+a} \right)^{\sigma_3/4} \begin{pmatrix} 0 & -1 \\ 1 & 0 \end{pmatrix} (n^{2/3}\lambda(z))^{\frac{-\sigma_3}{4}}$$

$$= \begin{pmatrix} 1 & -1 \\ -i & -i \end{pmatrix} \sqrt{\pi} e^{\pi i/6} n^{\frac{\sigma_3}{6}} ((z+a)G^{\frac{2}{3}}(z))^{\sigma_3/4}. \tag{15.6.25}$$

类似地计算可知, 在其余三条边界 $\mathrm{II}' \cap \partial O_a$, $\mathrm{III}' \cap \partial O_a$ 和 $\mathrm{IV}' \cap \partial O_a$ 上, 选取与 (15.6.25) 一样可逆解析矩阵 $E(z)$, 有 $m_p(z)$ 一致渐近于 $m^\infty(z)$.

定义

$$m_p(z) = E(z)\psi_p(z)e^{n\varphi\sigma_3}, \quad z \in O_a \backslash \lambda^{-1}(\hat{\Sigma} \cap D_\varepsilon).$$

显然 $m_p(z)$ 满足跳跃关系

$$m_{p+}(z) = m_{p-}(z)v^{(2)}(z), \quad \lambda^{-1}(\hat{\Sigma} \cap D_\varepsilon), \tag{15.6.26}$$

$$m_p(z) = m^\infty(z)v_p(z),$$

$$v_p(z) = I + O(n^{-1}), \quad n \to \infty, \ \text{一致有} \ z \in \partial O_a, \tag{15.6.27}$$

则

$$\hat{\psi}_p(z) = E(z)\psi_p(z) = m_p(z)e^{-n\varphi\sigma_3},$$

满足局部 RH 问题 (15.6.2)—(15.6.4).

回顾局部参数化过程步骤如下

$$\text{Airy} \longrightarrow \Psi(s) \longrightarrow \psi_p(z) \longrightarrow \hat{\psi}_p(z) \longrightarrow m_p(z).$$

下面我们利用对称的方式, 将 $z = a$ 点局部参数化结果映射为 $z = -a$ 点局部参数化结果. 为此, 我们证明如下定理.

定理 15.6　设 $m^{(2)}(z)$ 为 $\Sigma^{(2)}$ 上关于跳跃矩阵 $v^{(2)}(z)$ 的 RH 问题, 即

$$m_+^{(2)}(z) = m_-^{(2)}(z)v^{(2)}(z). \tag{15.6.28}$$

定义 $z = -a$ 的邻域 $O_{-a} = -O_a$. 则 $z = -a$ 和 $z = a$ 两个点邻域的局部 RH 问题具有如下对称关系

$$m^{(2)}(z) = \sigma_3 m^{(2)}(-z)\sigma_3, \quad v^{(2)}(z) = \sigma_3(v^{(2)}(-z))^{-1}\sigma_3,$$

$$m^\infty(z) = \sigma_3 m^\infty(-z)\sigma_3, \quad v_p(z) = \sigma_3(v_p(-z))^{-1}\sigma_3.$$

证明 令

$$H(z) = \sigma_3 m^{(2)}(-z)\sigma_3,$$

则对于 $z > a$,

$$
\begin{aligned}
H_+(z) &= \lim_{\substack{z' \to z \\ z' \in \mathbb{C}_+}} \sigma_3 m^{(2)}(-z')\sigma_3 = \lim_{\substack{-z' \to -z \\ -z' \in \mathbb{C}_-}} \sigma_3 m^{(2)}(-z')\sigma_3 \\
&= \sigma_3 m_-^{(2)}(-z)\sigma_3 = \sigma_3 m_+^{(2)}(-z)(v^{(2)}(-z))^{-1}\sigma_3 \\
&= H_-(z)\sigma_3 \begin{pmatrix} 1 & -e^{-2n\varphi(-z)} \\ 0 & 1 \end{pmatrix} \sigma_3 = H_-(z) \begin{pmatrix} 1 & e^{-2n\varphi(-z)} \\ 0 & 1 \end{pmatrix}.
\end{aligned}
$$

$$(15.6.29)$$

由于 $h_1(z)$ 为偶函数, $(z^2 - a^2)^{1/2}$ 为奇函数, 所以

$$\frac{d}{dz}(\varphi(z) - \varphi(-z)) = m(z^2 - a^2)^{1/2}h_1(z) + m((-z)^2 - a^2)^{1/2}h_1(-z) = 0.$$

由此推出

$$\varphi(z) = \varphi(-z) + \text{const}.$$

注意到

$$
\begin{aligned}
\varphi(z) &= m \int_a^z (t^2 - a^2)^{1/2}h_1(t)dt \xrightarrow{t \to -t} m \int_{-a}^{-z} (t^2 - a^2)^{1/2}h_1(t)dt \\
&= m \int_{-a}^a (t^2 - a^2)^{1/2}h_1(t)dt + m \int_a^{-z} (t^2 - a^2)^{1/2}h_1(t)dt \\
&= \pi i \int_{-a}^a \psi(t)dt + \varphi(-z) = \varphi(-z) + \pi i.
\end{aligned}
$$

$$(15.6.30)$$

而 $-z < -a$, 由定理 15.2, 知道 $\varphi_+(-z) = \varphi_-(-z) + 2k\pi i$, 因此

$$\varphi(z) = \varphi(-z) + (2k + 1)\pi i.$$

从而

$$e^{-2n\varphi(-z)} = e^{-2n\varphi(z)}.$$

$$(15.6.31)$$

将 (15.6.31) 代入 (15.6.29), 得到

$$H_+(z) = H_-(z) \begin{pmatrix} 1 & e^{-2n\varphi(z)} \\ 0 & 1 \end{pmatrix} = H_-(z)v^{(2)}(z).$$

类似地, 可以证明更一般结论

$$H_+(z) = H_-(z)v^{(2)}(z), \quad \forall z \in \Sigma^{(2)}. \tag{15.6.32}$$

显然

$$H(z) \to \sigma_3 I \sigma_3 = I, \quad z \to \infty.$$

由 RH 问题解的唯一性, 得到

$$H(z) = m^{(2)}(z) = \sigma_3 m^{(2)}(-z)\sigma_3.$$

与上述 $m^{(2)}(z)$ 完全一样的方法, 可以证明 $m^\infty(z)$ 的对称性

$$m^\infty(z) = \sigma_3 m^\infty(-z)\sigma_3.$$

由 (15.6.32),

$$\begin{aligned}
v^{(2)}(z) &= (H_-(z))^{-1}H_+(z) = (\sigma_3 m_+^{(2)}(-z)\sigma_3)^{-1}\sigma_3 m_-^{(2)}(-z)\sigma_3 \\
&= \sigma_3 m_-^{(2)}(-z)(m_+^{(2)}(-z))^{-1}\sigma_3^{-1}.
\end{aligned} \tag{15.6.33}$$

而由 (15.6.28), 知道

$$(v^{(2)}(-z))^{-1} = (m_+^{(2)}(-z))^{-1}m_-^{(2)}(-z). \tag{15.6.34}$$

将 (15.6.34) 代入 (15.6.33), 则有

$$v^{(2)}(z) = \sigma_3(v^{(2)}(-z))^{-1}\sigma_3.$$

对 $z \in O_{-a}\backslash(-\lambda^{-1}(\hat\Sigma \cap D_\varepsilon))$, 令

$$m_p(z) = \sigma_3 m_p(-z)\sigma_3,$$

则

$$\begin{aligned}
m_p(z) &= \sigma_3 m_p(-z)\sigma_3 = \sigma_3 m^\infty(-z)v_p(-z)\sigma_3 \\
&= m^\infty(z)\sigma_3 v_p(-z)\sigma_3 = m^\infty(z)(v_p(z))^{-1}.
\end{aligned}$$

由此, 得到 $v_p(z)$ 的对称性

$$v_p(z) = \sigma_3(v_p(-z))^{-1}\sigma_3 = I + O(n^{-1}).$$

15.6.2 整体参数化

以下考虑 RH 问题 $(\Sigma^{(2)}, v^{(2)})$ 对应的整体参数化 $m_p(z)$. 将 $\Sigma^{(2)}$ 扩充为 $\Sigma_p = \Sigma^{(2)} \cup O_a \cup O_{-a}$ 并在 $\mathbb{C} \backslash \Sigma_p$ 上定义 $m_p(z)$, 见图 15.11. 则 $m_p(z)$ 在 Σ_p 上满足 RH 问题:

- $m_p(z)$ 在 $\mathbb{C} \backslash \Sigma_p$ 内解析,

- $m_{p+}(z) = m_{p-}(z)v_p(z)$, $z \in \Sigma_p$, $\qquad$ (15.6.35)

- $m_p(z) \sim I$, $z \to \infty$.

在 Σ_p 上的跳跃矩阵 v_p 见图 15.12.

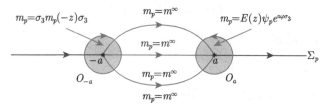

图 15.11 m_p 的整体参数化

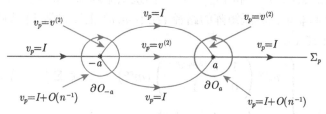

图 15.12 v_p 的跳跃矩阵和跳跃路径

另外将 $m^{(2)}$ 自然的方式扩展为 Σ_p 上的 RH 问题:

- $m^{(2)}(z)$ 在 $\mathbb{C} \backslash \Sigma_p$ 内解析,

- $m_+^{(2)}(z) = m_-^{(2)}(z)v^{(2)}(z)$, $z \in \Sigma_p$, $\qquad$ (15.6.36)

- $m^{(2)}(z) \sim I$, $z \to \infty$,

其中跳跃矩阵 $v^{(2)}$ 在 $\Sigma_p \backslash (\partial O_a \cup \partial O_{-a})$ 不变, 在 $\partial O_a \cup \partial O_{-a}$ 上, $v^{(2)} = I$, 见图 15.13.

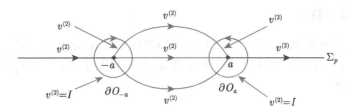

图 15.13　$v^{(2)}$ 的跳跃矩阵和跳跃路径

15.7　正交多项式的一致渐近性

15.7.1　实轴 $\mathrm{Im}\, z = 0$ 之外

在 Σ_p 上有两个 RH 问题 $m^{(2)}$ 和 m_p, 定义误差矩阵

$$L(z) = m^{(2)} m_p^{-1}(z),$$

则 $L(z)$ 满足 RH 问题:

- $L(z)$ 在 $\mathbb{C} \setminus \Sigma_L$ 内解析,
- $L_+(z) = L_-(z) v_L(z), \quad z \in \Sigma_L,$　　　　　　　　　　(15.7.1)
- $L(z) \sim I, \quad z \to \infty,$

其中 Σ_L 为 Σ_p 去除 $m^{(2)}$ 和 $m_p(z)$ 在相同跳跃矩阵部分相互抵消为单位矩阵的路径之后剩余的非单位跳跃矩阵的路径 (在 $(-a, a)$ 上没有跳跃). 跳跃矩阵 v_L 的路径 Σ_L 见图 15.14.

$$v_L(z) = \begin{cases} m^\infty \begin{pmatrix} 1 & e^{-2n\varphi(z)} \\ 0 & 1 \end{pmatrix} (m^\infty)^{-1}, & z \in \Sigma_L^{(1)} \cup \Sigma_L^{(2)}, \\[3mm] m^\infty \begin{pmatrix} 1 & 0 \\ e^{2n\varphi_+(z)} & 1 \end{pmatrix} (m^\infty)^{-1}, & z \in \Sigma_L^{(3)} \cup \Sigma_L^{(4)}, \\[3mm] m^\infty v_p^{-1} (m^\infty)^{-1}, & z \in \partial O_a \cup \partial O_{-a}. \end{cases}$$

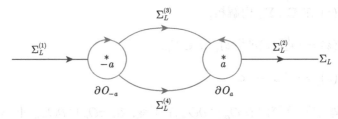

图 15.14　$v_L(z)$ 的跳跃路径 Σ_L

使用小范数定理, 我们可以证明如下命题.

命题 15.1 $L = m^{(2)} m_p^{-1}$ 满足 RH 问题 (Σ_L, v_L), 并且

$$||v_L(z) - I||_{L^2 \cap L^\infty} = O\left(\frac{1}{n}\right), \quad n \to \infty, \tag{15.7.2}$$

$$|L(z) - I| \leqslant \frac{c}{n}. \tag{15.7.3}$$

根据 Beals-Coifman 定理, 考虑平凡的分解

$$v_L = (b_L)_-^{-1}(b_L)_+, \quad (b_L)_- = I, \quad (b_L)_+ = v_L,$$

从而有

$$(\omega_L)_- = 0, \quad (\omega_L)_+ = v_L - I,$$
$$\omega_L = (\omega_L)_+ + (\omega_L)_- = v_L - I.$$
$$C_{\omega_L} f = C_-(f(\omega_L)_+) + C_+(f(\omega_L)_-) = C_-(f(v_L - I)), \tag{15.7.4}$$

则上述 RH 问题的解可表示为

$$L(z) = I + \frac{1}{2\pi i} \int_{\Sigma_L} \frac{\mu_L(s)(v_L(s) - I)}{s - z} ds, \tag{15.7.5}$$

其中 μ_L 满足

$$(1 - C_{\omega_L})\mu_L = I. \tag{15.7.6}$$

利用 (15.7.2), (15.7.4) 和 (15.7.6), 可得到

$$||\mu_L - I||_{L^2} = ||C_{\omega_L}\mu_L||_{L^2} = ||C_-(\mu_L(v_L - I))||_{L^2}$$
$$\leqslant c||\mu_L||_{L^2}||v_L - I||_{L^\infty} = O\left(\frac{1}{n}\right). \tag{15.7.7}$$

将 (15.7.5) 改写为如下形式

$$L(z) = I + \frac{1}{2\pi i} \int_{\Sigma_L} \frac{v_L(s) - I}{s - z} ds + \frac{1}{2\pi i} \int_{\Sigma_L} \frac{(\mu_L(s) - I)(v_L(s) - I)}{s - z} ds, \tag{15.7.8}$$

再利用 (15.7.2) 和 (15.7.7), 有

$$|L(z) - I| \leqslant c||v_L(s) - I||_{L^2} \left(\int_{\Sigma_L} \frac{1}{|s - z|^2} ds\right)^{1/2}$$
$$+ \frac{c||\mu_L(s) - I||_{L^2}||v_L(s) - I||_{L^2}}{\text{dist}(z, \Sigma_L)} \leqslant \frac{c}{n}. \tag{15.7.9}$$

因此

$$m^{(2)}(z) = m^\infty(I + O(n^{-1})),$$

而在透镜之外, $m^{(1)}(z) = m^{(2)}(z)$ 以及 ε 任意固定, 因此我们证明了如下命题.

命题 15.2 对于 $\mathrm{Im}z \neq 0$,

$$m^{(1)}(z) = m^{(2)}(z) = m^\infty(I + O(n^{-1})), \tag{15.7.10}$$

$$\pi_n(z) = \frac{1}{2}\left(\left(\frac{z-a}{z+a}\right)^{1/4} + \left(\frac{z+a}{z-a}\right)^{1/4} + O(n^{-1})\right)e^{ng(z)}. \tag{15.7.11}$$

15.7.2 实轴 $\mathrm{Im}z = 0$ 上

对 $z \in \Sigma_L^{(2)}$, 我们形变路径 $\Sigma_L \to \Sigma_{\widehat{L}}$ (对 $z \in \Sigma_L^{(1)}$ 类似处理), 在 z 点附近, 将 z 点附近的跳跃路径下压, 使得在 z 点不再有跳跃, 即解析, 见图 15.15. 为此, 引入如下定理.

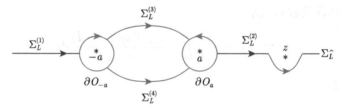

图 15.15 跳跃矩阵 $v_{\widehat{L}}$ 的路径

定理 15.7 我们定义

$$\widehat{L}(z) = \begin{cases} L(z)v_L(z), & \text{凹陷内部,} \\ L(z), & \text{凹陷外部.} \end{cases} \tag{15.7.12}$$

可以验证其满足 RH 问题

$$\widehat{L}_+(z) = \widehat{L}_-(z)v_{\widehat{L}}(z), \quad z \in \Sigma_{\widehat{L}}, \tag{15.7.13}$$

其中跳跃矩阵为

$$v_{\widehat{L}}(z) = \begin{cases} v_L(z), & \text{其他,} \\ I, & \text{虚线上.} \end{cases} \tag{15.7.14}$$

见图 15.16.

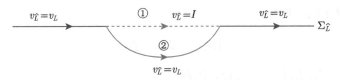

图 15.16　跳跃矩阵 $v_{\widehat{L}}$ 的路径

证明　将 z 点附近实轴下压形成区域凹陷内部、凹陷外部分别记为 ② 和 ①, 见图 15.16. 在虚线部分 ② 和 ① 两片区域之间的变换, 我们已知 $L(z)$ 的跳跃情况

$$L_1(z) = L_2(z)v_L(z), \tag{15.7.15}$$

假设我们要找的变换为

$$\widehat{L}(z) = L(z)\Psi(z) \Longrightarrow L(z) = \widehat{L}(z)\Psi^{-1}(z). \tag{15.7.16}$$

将 (15.7.16) 代入 (15.7.15), 得到

$$\widehat{L}_1(z) = \widehat{L}_2(z)\Psi_2^{-1}(z)v_L(z)\Psi_1(z), \tag{15.7.17}$$

为使得 $\widehat{L}(z)$ 在虚线上的跳跃矩阵 $v_{\widehat{L}}(z) = I$, 要求

$$\Psi_2^{-1}(z)v_L(z)\Psi_1(z) = I,$$

为此, 我们选取

$$\Psi_1(z) = I, \quad \Psi_2(z) = v_L(z). \tag{15.7.18}$$

从而得到定义的变换 (15.7.12).

下面求 $\widehat{L}(z)$ 在凹陷部分小圆弧上的跳跃. 事实上, 我们已知 $L(z)$ 在小圆弧上没有跳跃, 即

$$L_2(z) = L_1(z), \tag{15.7.19}$$

(15.7.16) 代入 (15.7.19), 并利用 (15.7.18), 得到

$$\widehat{L}_2(z) = \widehat{L}_1\Psi_1^{-1}(z)\Psi_2(z) = \widehat{L}_1(z)v_L(z). \tag{15.7.20}$$

因此, 在小圆弧上跳跃矩阵 $v_{\widehat{L}}(z) = v_L(z)$.

利用命题 15.1, 并注意到 $v_{\widehat{L}}(z)$ 的性质 (15.7.14), 可以验证

$$\|v_{\widehat{L}}(z) - I\|_{L^2 \cap L^\infty} = \|v_L(z) - I\|_{L^2 \cap L^\infty} = O(n^{-1}),$$

因此, 由命题 15.1, 可知

$$|\widehat{L}(z) - I| \leqslant c/n. \tag{15.7.21}$$

由于在 z 点, $\widehat{L}_+(z) = \widehat{L}_-(z)$, 因此

$$\widehat{L}(z) = L_+(z) = m_+^{(2)}(z)(m_+^{\infty}(z))^{-1} = m_+^{(1)}(z)(m^{\infty}(z))^{-1},$$

我们有

$$m_+^{(1)}(z) = m^{\infty}(I + O(n^{-1})), \quad z \in \Sigma_L^{(2)},$$

而在 $z \in \Sigma_L^{(2)}$ 上

$$m_-^{(1)}(z) = m_+^{(1)}(z)(I + O(e^{-cn})),$$

因此

$$m_-^{(1)}(z) = m^{\infty}(I + O(n^{-1})), \quad z \in \Sigma_L^{(2)}.$$

所以, 在实轴 $z \in \Sigma_L^{(1)} \cup \Sigma_L^{(2)}$ 上, 我们得到与 (15.7.10) 和 (15.7.11) 相同形式的渐近性.

如果 $-a < z < a$, 并且 z 在 $O_a \cup O_{-a}$ 之外, 记这段区间为 Γ, 见图 15.17 中虚线部分. 此时将原来的 RH 问题 (Σ_L, L) 扩展为 RH 问题 $(\Sigma_{\widehat{L}}, \widehat{L})$, 其中

$$\Sigma_{\widehat{L}} = \Sigma_L \cup \Gamma,$$
$$v_{\widehat{L}} = v_L, \quad \Sigma_L; \quad v_{\widehat{L}} = I, \quad \Gamma. \tag{15.7.22}$$

则 $\widehat{L}$ 满足 RH 问题

$$\widehat{L}_+(z) = \widehat{L}_-(z)v_{\widehat{L}}.$$

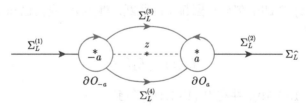

图 15.17　跳跃矩阵 $v_{\widehat{L}}$ 的路径

由注 3.10, 可知这部分跳跃 Γ 对 RH 问题的解没有贡献, 即 RH 问题 $(\Sigma_{\widehat{L}}, \widehat{L})$ 的解与 RH 问题 (Σ_L, L) 的解相同, 因此

$$|\widehat{L}(z) - I|_{\Sigma_{\widehat{L}}} = |L(z) - I|_{\Sigma_L} \leqslant c/n.$$

由于 $-a < z < a$, 并且 z 在 $O_a \cup O_{-a}$ 之外, $L(z) = m^{(2)}(z)(m^\infty(z))^{-1}$ 以及 $L_+(z) = L_-(z)$, 因此, 有

$$m_\pm^{(2)} = m_\pm^\infty (I + O(n^{-1})),$$

于是得到

$$m_+^{(1)}(z) = m_+^\infty (I + O(n^{-1})) \begin{pmatrix} 1 & -0 \\ e^{2n\varphi_+} & 1 \end{pmatrix}, \quad -a < z < a, \qquad (15.7.23)$$

$$m_-^{(1)}(z) = m_-^\infty (I + O(n^{-1})) \begin{pmatrix} 1 & 0 \\ -e^{2n\varphi_-} & 1 \end{pmatrix}, \quad -a < z < a. \qquad (15.7.24)$$

基于上述渐近性, 我们给出首一正交多项式 $\pi_n(z)$ 在区间 $-a < z < a$ 上的一致渐近性, 由 (15.4.13), 我们知道在实轴之外, 有

$$\pi_n(z) = Y_{11}(z) = (e^{-\frac{nl}{2}\hat\sigma_3} m^{(1)}(z) e^{ng(z)\sigma_3})_{11} = m_{11}^{(1)}(z) e^{ng(z)}, \quad \mathrm{Im}\, z \neq 0. \quad (15.7.25)$$

注意到 $\pi_n(z)$ 是多项式函数为整函数, 在复平面上连续且解析, 当然在实轴上连续, 特别函数 $\pi_n(z)$ 在点 $z \in (-a, a)$ 有定义且连续, 由复函数连续定义

$$\pi_n(z) = \lim_{\substack{z' \to z \\ z' \in \mathbb{C}}} \pi_n(z'),$$

这里 $z' \in \mathbb{C}$, 而极限为复平面 z 点邻域内沿任何方式趋于 z 的极限. 因此, 我们特别考虑 z' 从上半平面 $\mathbb{C}_+$ 趋于 z, 并利用 (15.7.25), 便有

$$\pi_n(z) = \lim_{\substack{z' \to z \\ z' \in \mathbb{C}_+}} \pi_n(z') = \lim_{\substack{z' \to z \\ z' \in \mathbb{C}_+}} Y_{11}(z') = (Y_{11}(z))_+ = (m_{11}^{(1)}(z))_+ e^{ng_+(z)}.$$

同理考虑 z' 从下半平面 $\mathbb{C}_-$ 趋于 z, 也有

$$\pi_n(z) = \lim_{\substack{z' \to z \\ z' \in \mathbb{C}_-}} \pi_n(z') = (m_{11}^{(1)}(z))_- e^{ng_-(z)}.$$

利用 (15.7.23), 直接计算知道

$$\pi_n(z) = (m_{11}^{(1)}(z))_+ e^{ng_+(z)} = \left(m_{11,+}^\infty(z) + m_{12,+}^\infty(z) e^{2n\varphi_+(z)} + O\left(\frac{1}{n}\right) \right) e^{ng_+(z)}. \tag{15.7.26}$$

而由 (15.2.5), (15.3.5), 知道

$$g_+(z) = \int_{-a}^a \log|z - s| \psi(s) ds - \pi i \int_a^z \psi(s) ds = \int_{-a}^a \log|z - s| \psi(s) ds - \varphi_+(z),$$

因此, (15.7.26) 化为

$$\pi_n(z) = \left(m_{11,+}^\infty(z)e^{-n\varphi_+(z)} + m_{12,+}^\infty(z)e^{n\varphi_+(z)} + O\left(\frac{1}{n}\right) \right) e^{n \int_{-a}^a \log|z-s|\psi(s)ds},$$

(15.7.27)

其中 $m_{11,+}^\infty(z)$ 和 $m_{12,+}^\infty(z)$ 可由 (15.4.12) 计算

$$m_{11,+}^\infty(z) = \frac{1}{2}\left(\beta_+ + \beta_+^{-1} \right) = \frac{1}{2}\left(|\beta_+|e^{\pi i/4} + |\beta_+|^{-1}e^{-\pi i/4} \right),$$

(15.7.28)

$$m_{12,+}^\infty(z) = \frac{1}{2i}\left(\beta_+ - \beta_+^{-1} \right) = \frac{1}{2}\left(|\beta_+|e^{-\pi i/4} + |\beta_+|^{-1}e^{\pi i/4} \right).$$

(15.7.29)

将 (15.7.27) 和 (15.7.29) 代入 (15.7.26), 得到

$$\begin{aligned}
\pi_n(z) &= \Bigg[\frac{1}{2}\left(|\beta_+|e^{\frac{\pi i}{4}-n\varphi_+} + |\beta_+|^{-1}e^{\frac{-\pi i}{4}-n\varphi_+} \right) \\
&\quad + \frac{1}{2}\left(|\beta_+|e^{\frac{-\pi i}{4}+n\varphi_+} + |\beta_+|^{-1}e^{\frac{\pi i}{4}+n\varphi_+} \right) \\
&\quad + O\left(\frac{1}{n}\right) \Bigg] e^{n \int_{-a}^a \log|z-s|\psi(s)ds} \\
&= \Bigg[|\beta_+|\cos\left(\frac{\pi}{4}+in\varphi_+\right) + |\beta_+|^{-1}\cos\left(\frac{\pi}{4}-in\varphi_+\right) \\
&\quad + O\left(\frac{1}{n}\right) \Bigg] e^{n \int_{-a}^a \log|z-s|\psi(s)ds}.
\end{aligned}$$

将 β_+ 和 $\varphi_+(z)$ 代入上式, 并总结如上结果, 我们获得正交多项式在整个复平面上一致渐近逼近.

　　定理 15.8

　　(1) 对 $z \in (-a, a)$,

$$\pi_n(z) = \left(\left| \frac{z-a}{z+a} \right|^{1/4} \cos\left(n\pi \int_z^a \psi(s)ds + \frac{\pi}{4} \right) \right.$$
$$\left. + \left| \frac{z+a}{z-a} \right|^{1/4} \cos\left(n\pi \int_z^a \psi(s)ds - \frac{\pi}{4} \right) + O(n^{-1}) \right) e^{n \int_{-a}^a \ln|z-s|\psi(s)ds},$$

　　(2) 对 $z \in \mathbb{C} \setminus [-a, a]$,

$$\pi_n(z) = \frac{1}{2}\left(\left(\frac{z-a}{z+a} \right)^{1/4} + \left(\frac{z+a}{z-a} \right)^{1/4} + O(n^{-1}) \right) e^{n \int_{-a}^a \ln|z-s|\psi(s)ds}.$$

15.8 随机矩阵统计量的普适性

m 点关联核函数为

$$R_m(x_1, \cdots, x_m) = \det(K_n(x_i, x_j))_{1 \leqslant i,j \leqslant m}, \tag{15.8.1}$$

其中 $K_n(x, y) = e^{-(V(x)+V(y))/2} \sum p_j(x) p_j(y)$, 而 $p_j(x) = k_j \pi_j(x)$ 为关于权函数 $e^{-V(x)} = e^{-x^{2m}}$ 的标准正交多项式, 而 $\pi_j(x)$ 为关于权函数 $e^{-V(x)}$ 的首一正交多项式, 即

$$k_i k_j \int e^{-V(x)} \pi_i(x) \pi_j(x) dx = \int e^{-V(x)} p_i(x) p_j(x) dx = \delta_{ij}.$$

如果令

$$\phi_j = k_j e^{-V(x)/2} \pi_j(x), \tag{15.8.2}$$

则上式可写为

$$\int \phi_i(x) \phi_j(x) dx = \delta_{ij}, \tag{15.8.3}$$

但此时 ϕ_j 不再是多项式, 不能说正交多项式, 而是正交函数序列.

在尺度变换 $x \to n^{\frac{1}{2m}} x$ 下, $\widetilde{\pi}_j(x) = n^{-\frac{j}{2m}} \pi_j(n^{\frac{1}{2m}} x)$ 为关于权函数 $e^{-nV(x)}$ 的首一正交多项式, 即

$$\widetilde{k}_i \widetilde{k}_j \int e^{-nV(x)} \widetilde{\pi}_j(x) \widetilde{\pi}_j(x) dx = \int \widetilde{\phi}_i(x) \widetilde{\phi}_j(x) dx = \delta_{ij},$$

其中

$$\widetilde{\phi}_j(x) = \widetilde{k}_j e^{-nV(x)/2} \widetilde{\pi}_j(x), \quad \widetilde{k}_j = n^{\frac{1}{2m}(j+1/2)} k_j.$$

对于尺度化权 $e^{-nV(x)} dx$, 平衡测度 $\psi(x) dx$ 支撑在有限区间 $(-a, a)$ 上.

对固定 $x \in (-a, a)$, 考虑

$$D_{x,n}(\xi, \eta) = \frac{1}{\mathcal{K}_n(x, x)} \mathcal{K}_n \left(\frac{\xi}{\mathcal{K}_n(x, x)} + x, \frac{\eta}{\mathcal{K}_n(x, x)} + x \right), \tag{15.8.4}$$

其中 $-\theta \leqslant \xi, \eta \leqslant \theta, \ \theta > 0$, 而

$$\mathcal{K}_n(x, y) = \sum_{j=0}^{n-1} \widetilde{\phi}_j(x) \widetilde{\phi}_j(y) = \sum_{j=0}^{n-1} n^{\frac{1}{2m}(2j+1)} k_j^2 e^{-\frac{n}{2}(V(x)+V(y))} \widetilde{\pi}_j(x) \widetilde{\pi}_j(y)$$

$$= n^{\frac{1}{2m}} \sum_{j=0}^{n-1} k_j^2 e^{-\frac{n}{2}[V(n^{\frac{1}{2m}}x) + V(n^{\frac{1}{2m}}y)]} \pi_j(n^{\frac{1}{2m}}x) \pi_j(n^{\frac{1}{2m}}y)$$

$$= n^{\frac{1}{2m}} \sum_{j=0}^{n-1} \phi_j(n^{\frac{1}{2m}}x) \phi_j(n^{\frac{1}{2m}}y) = n^{\frac{1}{2m}} K_n(n^{\frac{1}{2m}}x, n^{\frac{1}{2m}}y). \tag{15.8.5}$$

因此

$$D_{x,n}(\xi, \eta)$$
$$= \frac{1}{K_n(n^{\frac{1}{2m}}x, n^{\frac{1}{2m}}x)} K_n\left(\frac{\xi}{K_n(n^{\frac{1}{2m}}x, n^{\frac{1}{2m}}x)} + n^{\frac{1}{2m}}x, \frac{\eta}{K_n(n^{\frac{1}{2m}}x, n^{\frac{1}{2m}}x)} + n^{\frac{1}{2m}}x\right).$$

15.8.1　关联核的普适性

我们使用 (15.8.4) 分析关联核的渐近性.

引理 15.2　(1) 当 $n \to \infty$ 时, $m^{(2)}(z)$ 和 $\dfrac{d}{dz}m^{(2)}$ 在 x 附近有界;

(2) 当 $n \to \infty$ 时, $\mathcal{K}_n(x, x) = n\psi(x) + O(1)$.

定理 15.9 (关联核的普适性)　对于固定点 $x \in (-a, a)$, 以及 $\xi \neq \eta$, $-\theta \leqslant \xi, \eta \leqslant \theta$,

$$\lim_{n \to \infty} \frac{1}{\mathcal{K}_n(x, x)} \mathcal{K}_n\left(\frac{\xi}{\mathcal{K}_n(x, x)} + x, \frac{\eta}{\mathcal{K}_n(x, x)} + x\right)$$
$$= \frac{\sin \pi(\xi - \eta)}{\pi(\xi - \eta)} = \mathbb{S}(\xi - \eta).$$

证明　利用 Darboux-Christoffel 公式,

$$D_{x,n}(\xi, \eta) = \frac{1}{\xi - \eta} \widetilde{k}_{n-1}^2 e^{-\frac{n}{2}[V(\xi') + V(\eta')]} [\widetilde{\pi}_n(\xi') \widetilde{\pi}_{n-1}(\eta') - \widetilde{\pi}_n(\eta') \widetilde{\pi}_{n-1}(\xi')],$$
$$\tag{15.8.6}$$

其中

$$\xi' = \frac{\xi}{\mathcal{K}_n(x, x)} + x, \quad \eta' = \frac{\eta}{\mathcal{K}_n(x, x)} + x.$$

而由定理 11.4 知道,

$$Y_{11}(z) = \widetilde{\pi}_n(z), \quad Y_{21}(z) = -2\pi i \widetilde{k}_{n-1}^2 \widetilde{\pi}_{n-1}(z),$$

将其代入 (15.8.6), 可得到

$$D_{x,n}(\xi, \eta) = \frac{e^{-\frac{n}{2}[V(\xi') + V(\eta')]}}{2\pi i(\xi - \eta)} [Y_{11}(\eta') Y_{21}(\xi') - Y_{11}(\xi') Y_{21}(\eta')]. \tag{15.8.7}$$

注意到 $Y_{11}(z)$, $Y_{21}(z)$ 都是多项式, 因此是解析的, 由 (15.2.10), 知道

$$(m_{11}^{(1)}(z))_+ = (Y_{11}(z))_+ e^{-ng_+(z)} = Y_{11}(z)e^{-ng_+(z)},$$

$$(m_{21}^{(1)}(z))_+ = (Y_{21}(z))_+ e^{-nl}e^{-ng_+(z)} = Y_{21}(z)e^{-nl}e^{-ng_+(z)}.$$

将这些公式代入 (15.8.7) 得到

$$D_{x,n}(\xi, \eta) = \frac{e^{-\frac{n}{2}[V(\xi')+V(\eta')]}}{2\pi i(\xi - \eta)} e^{n[g_+(\xi')+g_+(\eta')+l]}$$

$$\times \left[m_{11+}^{(1)}(\eta') m_{21+}^{(1)}(\xi') - m_{11+}^{(1)}(\xi') m_{21+}^{(1)}(\eta') \right]. \tag{15.8.8}$$

对于 $-a < z < a$,

$$2g_+(z) - V(z) + l = g_+(z) - g_-(z) = -2\varphi_+(z).$$

而由 (15.3.13), 得到

$$m_{11+}^{(1)}(z) = m_{11+}^{(2)}(z) + m_{12+}^{(2)}(z)e^{2n\varphi_+(z)},$$

$$m_{21+}^{(1)}(z) = m_{21+}^{(2)}(z) + m_{22+}^{(2)}(z)e^{2n\varphi_+(z)},$$

因此

$$D_{x,n}(\xi, \eta) = \frac{e^{-n[\varphi_+(\xi')+\varphi_+(\eta')]}}{2\pi i(\xi - \eta)} \left[\left(m_{11+}^{(2)}(\eta') + m_{12+}^{(2)}(\eta')e^{2n\varphi_+(\eta')} \right) \right.$$

$$\cdot \left(m_{21+}^{(2)}(\xi') + m_{22+}^{(2)}(\xi')e^{2n\varphi_+(\xi')} \right)$$

$$\left. - \left(m_{11+}^{(2)}(\xi') + m_{12+}^{(2)}(\xi')e^{2n\varphi_+(\xi')} \right) \left(m_{21+}^{(2)}(\eta') + m_{22+}^{(2)}(\eta')e^{2n\varphi_+(\eta')} \right) \right]. \tag{15.8.9}$$

注意到

$$\varphi_+(z) = \pi i \int_a^z \psi(s)ds,$$

因此, 由引理 15.2,

$$n\varphi_+(\xi') = n \left(\varphi_+(x) + i\pi\psi(x)\frac{\xi}{\mathcal{K}_n(x,x)} + O(n^{-2}) \right)$$

$$= n\varphi_+(x) + i\pi\xi + O(n^{-1}).$$

代入

$$D_{x,n}(\xi, \eta) = \frac{1}{2\pi i(\xi - \eta)} \left[\left(m_{11+}^{(2)}(x)e^{-n\varphi_+(x)-i\pi\eta} + m_{12+}^{(2)}(x)e^{n\varphi_+(x)+i\pi\eta} \right) \right.$$

$$\times \left(m_{21+}^{(2)}(x)e^{-n\varphi_+(x)-i\pi\xi} + m_{22+}^{(2)}(x)e^{n\varphi_+(x)+i\pi\xi} \right)$$

$$- \left(m_{11+}^{(2)}(x)e^{-n\varphi_+(x)-i\pi\xi} + m_{12+}^{(2)}(x)e^{n\varphi_+(x)+i\pi\xi} \right)$$

$$\times \left(m_{21+}^{(2)}(x)e^{-n\varphi_+(x)-i\pi\eta} + m_{22+}^{(2)}(x)e^{n\varphi_+(x)+i\pi\eta} \right) + O(n^{-1}) \Big]$$

$$= \frac{1}{2\pi i(\xi-\eta)} \Big[\left(m_{11+}^{(2)}(x)m_{22+}^{(2)}(x) - m_{12+}^{(2)}(x)m_{21+}^{(2)}(x) \right)$$

$$\cdot (e^{i\pi(\xi-\eta)} - e^{-i\pi(\xi-\eta)}) + O(n^{-1}) \Big]$$

$$= \frac{\sin\pi(\xi-\eta)}{\pi(\xi-\eta)} \left[m_{11+}^{(2)}(x)m_{22+}^{(2)}(x) - m_{12+}^{(2)}(x)m_{21+}^{(2)}(x) \right] + O(n^{-1})$$

$$= \frac{\sin\pi(\xi-\eta)}{\pi(\xi-\eta)} \det(m^{(2)}(x))_+ + O(n^{-1})$$

$$= \frac{\sin\pi(\xi-\eta)}{\pi(\xi-\eta)} + O(n^{-1}) \quad (因为 \det(m^{(2)}(x))_+ = 1).$$

这里我们回头证明引理.

由 (15.8.9),

$$\mathcal{K}_n(x,x) = \lim_{\xi\to\infty} \mathcal{K}_n(x,x) D_{x,n}(\xi,0)$$

$$= \mathcal{K}_n(x,x) \frac{e^{-2n\varphi_+(x)}}{2\pi i} \lim_{\xi\to\infty} \frac{1}{\xi} \Big[\left(m_{11+}^{(2)}(x) + m_{12+}^{(2)}(x)e^{2n\varphi_+(x)} \right)$$

$$\times \left(m_{21+}^{(2)}(\xi') + m_{22+}^{(2)}(\xi')e^{2n\varphi_+(\xi')} \right)$$

$$- \left(m_{11+}^{(2)}(\xi') + m_{12+}^{(2)}(\xi')e^{2n\varphi_+(\xi')} \right) \left(m_{21+}^{(2)}(x) + m_{22+}^{(2)}(x)e^{2n\varphi_+(x)} \right) \Big]$$

$$= \frac{e^{-2n\varphi_+(x)}}{2\pi i} \Big[\left(m_{11+}^{(2)}(x) + m_{12+}^{(2)}(x)e^{2n\varphi_+(x)} \right)$$

$$\times \left(\frac{d}{dx}m_{21+}^{(2)}(x) + \frac{d}{dx}m_{22+}^{(2)}(x)e^{2n\varphi_+(x)} + m_{22+}^{(2)}(x)e^{2n\varphi_+(x)}2ni\pi\psi(x) \right)$$

$$- \left(\frac{d}{dx}m_{11+}^{(2)}(x) + \frac{d}{dx}m_{12+}^{(2)}(x)e^{2n\varphi_+(x)} + m_{12+}^{(2)}(x)e^{2n\varphi_+(x)}2ni\pi\psi(x) \right)$$

$$\times \left(m_{21+}^{(2)}(x) + m_{22+}^{(2)}(x)e^{2n\varphi_+(x)} \right) \Big].$$

因此

$$\lim_{n\to\infty} \frac{1}{n}\mathcal{K}_n(x,x) = \lim_{n\to\infty} \left[m_{11+}^{(2)}(x)m_{22+}^{(2)}(x) - m_{12+}^{(2)}(x)m_{21+}^{(2)}(x) \right] \psi(x) = \psi(x).$$

可见

$$\frac{1}{n}\mathcal{R}_1(x)dx = \frac{1}{n}\mathcal{K}_n(x,x)dx \to \psi(x)dx.$$

我们再证明 (1), 由 (15.7.5) 知道, $L(z) = m^{(2)}(z)m_L^{-1}(z)$ 满足 Σ_p 上的 RH 问题, 其解可用公式给出

$$L(z) = I + \frac{1}{2\pi i}\int_{\Sigma_L}\frac{\mu_L(s)(v_L(s)-I)}{s-z}ds,$$

从而

$$L'(z) = \frac{1}{2\pi i}\int_{\Sigma_L}\frac{\mu_L(s)(v_L(s)-I)}{(s-z)^2}ds,$$

由 (15.7.9), 知道 $L(z)$ 有界. 而

$$|L'(z)| \leqslant \frac{1}{2\pi}\|(v_L(s)-I)\|_{L^\infty}\|\mu_L(s)\|_{L^2}\left(\int_{\Sigma_L}\frac{1}{(s-z)^4}ds\right)^{1/2} \leqslant c,$$

因此 $L'(z)$ 在 $x \in (-a,a)$ 附近对 z 有界. 但 $x \in (-a,a)$ 附近, $L_+(z) = L_-(z)$, 因此

$$m_+^{(2)}(z) = L(z)(m_p(z))_+ = L(z)(m^\infty(z))_+$$

有界.

15.8.2 Fredholm 行列式的普适性

我们可以进一步证明如下引理.

引理 15.3

$$\sup_{-\theta\leqslant\xi,\eta\leqslant\theta,\ \xi\neq\eta}|D_{x,n}(\xi,\eta)| \leqslant c < \infty, \quad n \to \infty. \qquad (15.8.10)$$

证明

$$\begin{aligned}
D_{x,n}(\xi,\eta) =\ & \frac{e^{-\frac{n}{2}[V(\xi')+V(\eta')]}}{2\pi i(\xi-\eta)}e^{n[g_+(\xi')+g_+(\eta')+l]} \\
& \times\Big[\left(m_{11+}^{(1)}(\eta') - m_{11+}^{(1)}(\xi')\right)m_{21+}^{(1)}(\xi') \\
& \quad -m_{11+}^{(1)}(\xi')\left(m_{21+}^{(1)}(\eta') - m_{21+}^{(1)}(\xi')\right)\Big].
\end{aligned}$$

我们知道, 对于酉系综 $e^{-n\mathrm{tr}(M^{2m})}dM$, 如下 Fredholm 行列式

$$A(\theta) = A_{x,n}(\theta)$$

表示微区间 $\left(x - \dfrac{\theta}{\mathcal{K}_n(x,x)}, x + \dfrac{\theta}{\mathcal{K}_n(x,x)}\right)$, $x \in (-a,a)$ 内没有特征值的概率. 利用 (15.8.10) 的有界性, 可以证明如下定理.

定理 15.10

$$\lim_{n\to\infty} A_{x,n}(\theta) = \det(I - \mathbb{S}), \tag{15.8.11}$$

其中 $\mathbb{S} = \dfrac{\sin \pi(\xi - \eta)}{\pi(\xi - \eta)}$ 是作用在 $L^2(-\theta, \theta)$ 上的 sine 核算子.

证明   注意到

$$A_{x,n}(\theta) = \det(I - \mathcal{K}_n \mid_{L^2(x-\theta/\mathcal{K}_n(x,x), x+\theta/\mathcal{K}_n(x,x))}). \tag{15.8.12}$$

15.8.3 m 点关联核函数的普适性

定理 15.11   对 $x \in (-a, a)$, 以及 m 个不同的数 $\xi_1, \cdots, \xi_m$.

$$\lim_{n\to\infty} \frac{1}{\mathcal{K}_n(x,x)^m} \mathcal{R}_m \left(\frac{\xi_1}{\mathcal{K}_n(x,x)} + x, \cdots, \frac{\xi_m}{\mathcal{K}_n(x,x)} + x \right)$$
$$= \det(\mathbb{S}(\xi_j - \xi_k)) \Big|_{1 \leqslant j, k \leqslant m}, \tag{15.8.13}$$

其中 $\mathbb{S}(x) = \dfrac{\sin \pi x}{\pi x}$.

证明   我们证明比定理 15.9 更一般的结果

$$\lim_{n\to\infty} \frac{1}{\mathcal{K}_n(x,x)} \mathcal{K}_n \left(\frac{\xi}{\mathcal{K}_n(x,x)} + x', \frac{\eta}{\mathcal{K}_n(x,x)} + x' \right) = \mathbb{S}(\xi - \eta). \tag{15.8.14}$$

将 ξ, η 换为

$$\xi' = \frac{\xi}{\mathcal{K}_n(x,x)} + x', \quad \eta' = \frac{\eta}{\mathcal{K}_n(x,x)} + x'.$$

注意到

$$n\varphi_+(\xi') = n \left(\varphi_+(x) + i\pi\psi(x') \frac{\xi}{\mathcal{K}_n(x,x)} + o(n^{-2}) \right)$$
$$= n\varphi_+(x) + i\pi\psi(x') \frac{\xi}{\psi(x') + o(n^{-1})} + o(n^{-2})$$
$$= n\varphi_+(x) + i\pi\xi + o(n^{-1}).$$

类似于定理 15.9 的证明过程

$$\frac{1}{\mathcal{K}_n(x,x)} \mathcal{K}_n \left(\frac{\xi}{\mathcal{K}_n(x,x)} + x', \frac{\eta}{\mathcal{K}_n(x,x)} + x' \right)$$
$$= \frac{1}{2\pi i(\xi - \eta)} \left[\left(m_{11+}^{(2)}(x) e^{-n\varphi_+(x') - i\pi\eta} + m_{12+}^{(2)}(x') e^{n\varphi_+(x') + i\pi\eta} \right) \right.$$

$$\times \left(m_{21+}^{(2)}(x')e^{-n\varphi_+(x')-i\pi\xi} + m_{22+}^{(2)}(x')e^{n\varphi_+(x')+i\pi\xi} \right)$$

$$- \left(m_{11+}^{(2)}(\xi')e^{-n\varphi_+(x')-i\pi\xi} + m_{12+}^{(2)}(\xi')e^{n\varphi_+(x')+i\pi\xi} \right)$$

$$\times \left(m_{21+}^{(2)}(x')e^{-n\varphi_+(x')-i\pi\eta} + m_{22+}^{(2)}(x')e^{n\varphi_+(x')i\pi\eta} \right) + o(n^{-1}) \bigg]$$

$$= \frac{1}{2\pi i(\xi-\eta)} \bigg[\left(m_{11+}^{(2)}(x')m_{22+}^{(2)}(x') - m_{12+}^{(2)}(x')m_{21+}^{(2)}(x') \right)$$

$$\cdot (e^{i\pi(\xi-\eta)} - e^{-i\pi(\xi-\eta)}) + o(n^{-1}) \bigg]$$

$$= \frac{\sin\pi(\xi-\eta)}{\pi(\xi-\eta)} \det(m^{(2)}(x'))_+ + o(n^{-1})$$

$$= \frac{\sin\pi(\xi-\eta)}{\pi(\xi-\eta)} + o(n^{-1}).$$

取极限则得到 (15.8.14).

定理 15.12 (m 点关联核的普适性) 固定 m, 对于 $y_1,\cdots,y_m$ 属于一个紧集, 且 $y_1,\cdots,y_m$ 互不相同, 则

$$\lim_{n\to\infty} \frac{1}{K_n(0,0)^m} R_m \left(\frac{y_1}{K_n(0,0)}+r,\cdots,\frac{y_m}{K_n(0,0)}+r \right) = \det(\mathbb{S}(y_j-y_k))\big|_{1\leqslant j,k\leqslant m}.$$

证明 特别取 $x=0$, $x'=\dfrac{r}{n^{1/2m}}$, 则有

$$\lim_{n\to\infty} \frac{1}{\mathcal{K}_n(0,0)}\mathcal{K}_n \left(\frac{\xi}{\mathcal{K}_n(0,0)}+\frac{r}{n^{1/2m}}, \frac{\eta}{\mathcal{K}_n(0,0)}+\frac{r}{n^{1/2m}} \right) = \mathbb{S}(\xi-\eta).$$

利用关系 (15.8.5) 和上式,

$$\frac{1}{K_n(0,0)}K_n \left(\frac{\xi}{K_n(0,0)}+r, \frac{\eta}{K_n(0,0)}+r \right)$$

$$= \frac{1}{\mathcal{K}_n(0,0)}\mathcal{K}_n \left(\frac{\xi}{\mathcal{K}_n(0,0)}+\frac{r}{n^{1/2m}}, \frac{\eta}{\mathcal{K}_n(0,0)}+\frac{r}{n^{1/2m}} \right) \to \mathbb{S}(\xi-\eta).$$

因此

$$\lim_{n\to\infty} \frac{1}{K_n(0,0)^m} R_m \left(\frac{y_1}{K_n(0,0)}+r,\cdots,\frac{y_m}{K_n(0,0)}+r \right)$$

$$= \lim_{n\to\infty} \det \left(\frac{1}{K_n(0,0)}K_n \left(\frac{y_j}{K_n(0,0)}+r, \frac{y_k}{K_n(0,0)}+r \right) \right) \bigg|_{1\leqslant j,k\leqslant m}$$

$$= \det(\mathbb{S}(y_j-y_k))\big|_{1\leqslant j,k\leqslant m}.$$

15.8.4　P_s 的渐近性

考虑

$$P_s = \det\left(I - \mathbb{S}\Big|_{L^2(-s,s)}\right) \tag{15.8.15}$$

表示关于权函数 $e^{-V(x)}$ 的 $n \times n$ Hermite 矩阵, 当 $n \to \infty$ 时, 在区间 $(x - s/K_n(0,0), x + s/K_n(0,0))$ 没有特征值概率的极限. 我们预期当 $s \to \infty$ 时, $P_s \to 0$.

为了方便, 我们尺度化区间 $(-s,s) \to (-1,1) \equiv J$. 则

$$P_s = \det\left(I - K_s\Big|_{L^2(J)}\right), \tag{15.8.16}$$

其中

$$K_s(z,z') = \frac{\sin \pi s(z-z')}{\pi(z-z')}.$$

令

$$x = \pi s, \quad v = \begin{pmatrix} 0 & 1 \\ -1 & 2 \end{pmatrix},$$

$$v_x(z) = e^{izx\sigma_3}ve^{-izx\sigma_3} = \begin{pmatrix} 0 & e^{2izx} \\ -e^{-2izx} & 2 \end{pmatrix},$$

其中 J 的方向从左到右.

定理 15.13　对于固定 $x \geqslant 0$, 假设矩阵值函数

$$m(z) = m(z,x) = I + \frac{m_1(x)}{z} + O(z^{-2}), \quad z \to \infty,$$

满足如下 RH 问题

$$m(z)\text{在 } \mathbb{C} \setminus \bar{J} \text{上解析},$$
$$m_+(z) = m_-(z)v_x(z), \quad z \in J,$$
$$m(z) \to I, \quad z \to \infty,$$

则

$$\frac{d}{dx}\log P_{x/\pi} = \frac{d}{dx}\log\det(I - K_{x/\pi}) = i[(m_1(x))_{22} - (m_1(x))_{11}].$$

证明　由恒等式

$$\log P_{x/\pi} = \mathrm{tr}\log(I - K_{x/\pi}),$$

得到

$$\frac{d}{dx}\log P_{x/\pi} = -\mathrm{tr}\left(\frac{1}{I - K_{x/\pi}}\frac{d}{dx}K_{x/\pi}\right), \tag{15.8.17}$$

而

$$\left(\frac{d}{dx}K_{x/\pi}\right)(z,z') = \frac{1}{2\pi}\left(f(z), \begin{pmatrix} 0 & 1 \\ 1 & 0 \end{pmatrix}f(z')\right), \tag{15.8.18}$$

其中

$$f(z) = \begin{pmatrix} e^{izx} \\ e^{-izx} \end{pmatrix}.$$

令

$$F(z) = (I - K_{x/\pi})^{-1}f(z), \tag{15.8.19}$$

由 (15.8.17)—(15.8.19) 得到

$$\frac{d}{dx}\log P_{x/\pi} = -\frac{1}{2\pi}\int_J\left(F(z), \begin{pmatrix} 0 & 1 \\ 1 & 0 \end{pmatrix}f(z')\right)dx, \tag{15.8.20}$$

取 $b_- = v_x^{-1}$, $b_+ = I$, 则

$$w_+ = 0, \quad w_- = I - v_x^{-1} = \begin{pmatrix} -1 & e^{2izx} \\ -e^{-2izx} & 1 \end{pmatrix}, \tag{15.8.21}$$

则 $\mu = m_+(z)b_+^{-1} = m_+(z)$, 并且

$$m(z) = I + \frac{1}{2\pi i}\int_J\frac{m_+(s)w_-(s)}{s-z}ds. \tag{15.8.22}$$

因此

$$m_+(z) = I + \lim_{\varepsilon\to 0}\frac{1}{2\pi i}\int_J\frac{m_+(s)\begin{pmatrix} -1 & e^{2isx} \\ -e^{-2isx} & 1 \end{pmatrix}}{s-z-i\varepsilon}ds$$

$$= I + \lim_{\varepsilon\to 0}\frac{1}{2\pi i}\int_J\frac{\left(-e^{-isx}m_+(s)\begin{pmatrix} e^{isx} \\ e^{-isx} \end{pmatrix}, e^{isx}m_+(s)\begin{pmatrix} e^{isx} \\ e^{-isx} \end{pmatrix}\right)}{s-z-i\varepsilon}ds$$

$$= I + \lim_{\varepsilon \to 0} \frac{1}{2\pi i} \int_J \frac{(m_+(s)f(z))(-e^{-isx}, e^{isx})}{s - z - i\varepsilon} ds, \tag{15.8.23}$$

两端右乘 $f(z)$, 得到

$$m_+(z)f(z) = f(z) + \lim_{\varepsilon \to 0} \frac{1}{2\pi i} \int_J \frac{(m_+(s)f(s))(e^{-i(z-s)x} - e^{i(z-s)x})}{s - z - i\varepsilon} ds$$

$$= f(z) + \int_J \frac{\sin x(z - s)}{\pi(z - s)} (m_+(s)f(s)) ds$$

$$= f(z) + (K_{x/\pi}(m_+ f))(z),$$

即

$$(I - K_{x/\pi})m_+ f = f.$$

从而

$$F(z) = m_+(z)f(z).$$

从 (15.8.23) 出发直接计算可得到 ((15.8.23) 去掉极限)

$$m_+(z) = I + \frac{1}{2\pi i} \int_J \frac{F(s)(-e^{-isx}, e^{isx})}{s - z} ds, \quad z \notin [-1, 1].$$

于是

$$m_1(x) = -\frac{1}{2\pi i} \int_J F(s)(-e^{-isx}, e^{isx}) ds = \frac{1}{2\pi i} \int_J F(s)f(s)^{\mathrm{T}} \begin{pmatrix} 0 & -1 \\ 1 & 0 \end{pmatrix} ds.$$

但

$$i[(m_1(x))_{22} - (m_1(x))_{11}] = -i\mathrm{tr}(m_1(x)\sigma_3)$$

$$= -\frac{1}{2\pi} \int_J \mathrm{tr} F(s)f(s)^{\mathrm{T}} \begin{pmatrix} 0 & 1 \\ 1 & 0 \end{pmatrix} ds$$

$$= -\frac{1}{2\pi} \int_J \left(F(s), \begin{pmatrix} 0 & 1 \\ 1 & 0 \end{pmatrix} f(s) \right) ds$$

$$= \frac{d}{dx} \log P_{x/\pi} \quad (\text{通过 } (15.8.20)).$$

作变换

$$m^{(1)}(z) = m(z)e^{-ixg(z)\sigma_3}, \quad g(z) = (z^2 - 1)^{1/2} - z,$$

则 $m^{(1)}(z)$ 满足如下 RH 问题

$m^{(1)}(z)$ 在 $\mathbb{C} \setminus \bar{J}$ 上解析,

$m_+^{(1)}(z) = m_-^{(1)}(z) v_x^{(1)}(z), \quad z \in J,$

$m^{(1)}(z) \to I, \quad z \to \infty,$

其中

$$v_x^{(1)}(z) = \begin{pmatrix} 0 & e^{ix(2z+g_+(z)+g_-(z))} \\ -e^{-ix(2z+g_+(z)+g_-(z))} & 2e^{ix(g_+(z)-g_-(z))} \end{pmatrix},$$

注意到, 在 J 上,

$$g_+(z) + g_-(z) = -2z,$$
$$g_+(z) - g_-(z) = 2(z^2-1)_+^{1/2}.$$

因此

$$v_x^{(1)}(z) = \begin{pmatrix} 0 & 1 \\ -1 & 2e^{2ix(z^2-1)_+^{1/2}} \end{pmatrix}.$$

由于 $(z^2-1)_+^{1/2} \in i\mathbb{R}, z \in J$, 进一步, $\mathrm{Re}\, i(z^2-1)_+^{1/2} < 0, \quad z \in J$. 因此

$$v_x^{(1)}(z) \to \begin{pmatrix} 0 & 1 \\ -1 & 0 \end{pmatrix}, \quad x \to \infty,$$

从而 $m^{(1)}(z) \to m^\infty(z), x \to \infty, m^\infty(z)$ 满足 RH 问题

$m^\infty(z)$ 在 $\mathbb{C} \setminus \bar{J}$ 上解析,

$m_+^\infty(z) = m_-^\infty(z) \begin{pmatrix} 0 & 1 \\ -1 & 0 \end{pmatrix}, \quad z \in J,$

$m^\infty(z) \to I, \quad z \to \infty,$

由前面知道, 这是可解的 RH 问题, 且有唯一解

$$m^\infty(z) = \begin{pmatrix} \dfrac{\beta + \beta^{-1}}{2} & \dfrac{\beta - \beta^{-1}}{2i} \\ -\dfrac{\beta - \beta^{-1}}{2i} & \dfrac{\beta + \beta^{-1}}{2} \end{pmatrix}, \tag{15.8.24}$$

其中

$$\beta = \left(\frac{z-1}{z+1}\right)^{1/4} = 1 - \frac{1}{2z} + O(z^{-2}),$$

$$m(z) = m^{(1)}(z)e^{ixg(z)\sigma_3}$$

$$= \left(I + \frac{m_1^{(1)}(x)}{z} + O(z^{-2})\right)\left(I + xi\left(-\frac{1}{2z}\right)\sigma_3 + O(z^{-2})\right)$$

$$= I + \left(m_1^{(1)}(x) + \frac{x}{2i}\sigma_3\right)\frac{1}{z} + O(z^{-2}).$$

由此导出

$$m_1(x) = m_1^{(1)}(x) + \frac{x}{2i}\sigma_3 \to m_1^\infty(x) + \frac{x}{2i}\sigma_3,$$

以及

$$i[(m_1(x))_{22} - (m_1(x))_{11}] = i\left[(m_1^\infty(x))_{22} - (m_1^\infty(x))_{11} - \frac{x}{i} + o(1)\right].$$

但由 (15.8.24) 看出，$(m_1^\infty(x))_{22} = (m_1^\infty(x))_{11}$，因此

$$\frac{d}{dx}\log P_{x/\pi} = -x + o(1), \quad \log P_{x/\pi} = -\frac{1}{2}x^2 + o(x),$$

要获得更严格的渐近结果，在 $z = \pm 1$ 邻域用零阶 Hankel 函数可得到比前面 Airy 函数更合适的渐近结果，由此得到

$$\log P_{x/\pi} = -\frac{1}{2}x^2 - \frac{1}{2}\log x + \text{const} + o(1).$$

参 考 文 献

[1] Hilbert D. Mathematics problem. Gott. Nachr., 1900: 253-297.

[2] Plemelj J. Riemannsche funktionenscharen mit gegebener monodromiegruppe. Math. Phys., 1908, 19: 211-245.

[3] Birkhoff G D. Collected Mathematical Papers. New York: Dover Publication Inc., 1968.

[4] Deligne P. Equations Differentielles a Points Singuliers Reguliers. Berlin, Heidelberg: Springer, 1970.

[5] Anosov D V, Bolibruch A A. The Riemann-Hilbert Problem. Wiesbaden: Springer, 1994.

[6] Gardner C S, Greene J M, Kruskal M D, Miura R M. Method for solving the Korteweg-de Vries equation. Phys. Rev. Lett., 1967, 19(19): 1095-1097.

[7] Faddeyev L D. The Inverse Problem in the Quantum Theory of Scattering. New York: New York Univ., 1960.

[8] Lax P D. Integrals of nonlinear equations of evolution and solitary waves. Commun. Pure Appl. Math., 1968, 21: 467-490.

[9] Zakharov V E, Shabat A B. Exact theory of two-dimensional self-focusing and one-dimensional self-modulation of waves in nonlinear media. Sov. Phys. JETP., 1972, 34: 62-69.

[10] Ablowitz M J, Kaup D J, Newell A C, Segur H. Method for solving the sine-Gordon equation. Phys. Rev. Lett., 1973, 30: 1262-1264.

[11] Ablowitz M J, Kaup D J, Newell A C, Segur H. The inverse scattering transform - Fourier analysis for nonlinear problems. Stud. Appl. Math., 1974, 53: 249-315.

[12] Miura R M. Bäcklund Transformations, the Inverse Scattering Method, Solitons, and Their Applications. Berlin, Heidelberg: Springer-Verlag, 1976.

[13] Eckhaus W, Harten A V. The Inverse Scattering Transformation and the Theory of Solitons: An Introduction. Amsterdam: Elsevier, 1981.

[14] Chadan K, Colton D, Päivärinta L, Rundell W. An Introduction to Inverse Scattering and Inverse Spectral Problems. Philadelphia: Society for Industrial and Applied Mathematics, 1997.

[15] Faddeev L D, Takhtajan L A. Hamiltonian Methods in the Theory of Solitons. New York: Springer, 1987.

[16] Novikov S, Manakov S V, Pitaevskii L P, Zakharov V E. Theory of Solitons: The Inverse Scattering Method. New York: Springer, 1984.

[17] Beals R, Deift P, Tomei C. Direct and Inverse Scattering on the Line. Philadelphia: American Mathematical Society, 1988.

[18] 郭柏灵, 庞小峰. 孤立子. 北京: 科学出版社, 1987.

[19] 谷超豪. 孤立子理论与应用. 杭州: 浙江科学技术出版社, 1990.

[20] 黄念宁. 孤子理论和微扰方法. 上海: 上海科技教育出版社, 1996.

[21] 李翊神. 孤子与可积系统. 上海: 上海科技教育出版社, 1999.

[22] 陈登远. 孤子引论. 北京: 科学出版社, 2006.

[23] Shabat A B. Inverse-scattering problem for a system of differential equations. Func. Anal. Appl., 1975, 9: 244-247.

[24] Zakharov V E, Shabat A B. A scheme for integrating the nonlinear equations of mathematical physics by the method of the inverse scattering problem. I. Func. Anal. Appl., 1974, 8: 226-235.

[25] Wang D S, Zhang D J, Yang J K. Integrable properties of the general coupled nonlinear Schrödinger equations. J. Math. Phys., 2010, 51: 023510.

[26] Wang D S, Yin S J, Tian Y, et al. Integrability and bright soliton solutions to the coupled nonlinear Schrödinger equation with higher-order effects. Appl. Math. Comput., 2014, 229: 296-309.

[27] Xiao Y, Fan E G. A Riemann-Hilbert Approach to the Harry-Dym equation on the line. Chin. Ann. Math. Series B, 2016, 37: 373-384.

[28] Kang Z Z, Xia T C, Ma X. Multi-soliton solutions for the coupled modified nonlinear Schrödinger equations via Riemann-Hilbert approach. Chin. Phys. B, 2018, 27: 070201.

[29] Yang B, Chen Y. High-order soliton matrices for Sasa-Satsuma equation via local Riemann-Hilbert Problem. Nonl. Aanal. Real World and Appl., 2019, 45: 918-941.

[30] Ma X, Xia T C. Riemann-Hilbert approach and N-soliton solutions for the generalized nonlinear Schrödinger equation. Phys. Scrip., 2019, 94: 095203.

[31] Yang J K. Nonlinear Waves in Integrable and Nonintegrable Nonlinear Systems. Philadelphia: Society for Industrial and Applied Mathematics, 2010.

[32] Dubrovin B A, Novikov S P. A periodic problem for the Korteweg-de Veries and Sturm-Liouville equations: Their connection with algebraic geometry. Sov. Math. Doklady, 1974, 219: 531-534.

[33] Dubrovin B A. Theta functions and non-linear equations. Russ. Math. Surv., 1981, 36: 11-92.

[34] Dubrovin B A, Novikov S P. Hydrodynamics of weakly deformed soliton lattices: Differential geometry and Hamiltonian theory. Russian Math. Surveys., 1989, 44: 35-124.

[35] Krichever I M. An algebraic-geometric construction of the Zakharov-Sabat equations and their periodic solutions. Dokl. Akad. Nark., 1976, 227: 219-394.

[36] Krichever I M. Integration of nonlinear equations by the methods of algebraic geometry. Funct. Anal. Appl., 1977, 11: 12-26.

[37] Krichever I M. Methods of algebraic geometry in the theory of nonlinear equations. Russ. Math. Surv., 1977, 32: 185-213.

[38] Krichever I M, Novikov S P. Holomorphic bundles over Riemann surfaces and the KP equations. I. Funct. Anal. Appl., 1978, 12: 276-286.

[39] Dubrovin B A, Novikov S P. Hamiltonian formalism of one dimensional systems of Hydrodynamic type and the Bogolyubov-Whitman averaging method. Sov. Math. Doklady, 1983, 27: 654-665.

[40] Belokolos E D, Bobenko A I, Enol'skii V Z, Its A R, Matveev V B. Algebro-Geometric Approach to Nonlinear Integrable Equations. Berlin: Springer-Verlag, 1994: 337.

[41] Mumford D. Tata Lectures on Theta. I and II. Progress in Mathematics 28 and 43, Respectively: Birkhäuser Boston, Inc., 1983, 1984.

[42] Klein C, Korotkin D, Shramchenko V. Ernst equation, Fay identities and variational formulas on hyperelliptic curves. Math. Res. Lett., 2002, 9: 27-45.

[43] Kalla C, Klein C. New construction of algebro-geometric solutions to the Camassa-Holm equation and their numerical evaluation. Proc. R. Soc. A: Math. Phys. Eng. Sci., 2012, 468: 1371-1390.

[44] Kalla C, Klein C. On the numerical evaluation of algebro-geometric solutions to integrable equations. Nonlinearity, 2012, 25: 569-596.

[45] Kalla C. New degeneration of Fay identity and its application to integrable systems. Int. Math. Res. Notices, 2013, 18: 4170-4222.

[46] Gesztesy F, Holden H. Soliton Equations and Their Algebro-Geometric Solutions. Cambridge: Cambridge University Press, 2003.

[47] Gesztesy F, Holden H, Michor J, Teschl G. Soliton Equations and Their Algebro-Geometric Solutions. Cambridge: Cambridge University Press, 2008.

[48] Deift P, Its A, Kapaev A, Zhou X. On the Algebro-geometric integration of the Schlesinger equations. Comm. Math. Phys., 1999, 203: 613-633.

[49] Kotlyarov V, Shepelsky D. Planar unimodular Baker-Akhiezer function for the nonlinear Schrödinger equation. Ann. Math. Sci. Appl., 2017, 2: 343-384.

[50] Zhao P, Fan E G. Finite gap integration of the derivative nonlinear Schrödinger equation: A Riemann-Hilbert method. Physica D: Nonlinear Phenomena, 2020, 402: 132213.

[51] Qiao Z J. The Camassa-Holm hierarchy, N-dimensional integrable systems, and algebro-geometric solution on a symplectic submanifold. Comm. Math. Phys., 2003, 239: 309-341.

[52] Geng X G, Wu L H, He G L. Algebro-geometric constructions of the modified Boussinesq flows and quasi-periodic solutions. Physica D: Nonlinear Phenomena, 2011, 240(16): 1262-1288.

[53] He G L, Geng X G, Wu L H. Algebro-geometric quasi-periodic solutions to the three-wave resonant interaction hierarchy. SIAM J. Math. Anal., 2014, 46: 1348-1384.

[54] Hou Y, Zhao P, Fan E G, Qiao Z J. Algebro-geometric solutions for the degasperis: Procesi hierarchy. SIAM J. Math. Anal., 2013, 45: 1216-1266.

[55] Hou Y, Fan E G, Zhao P. Algebro-geometric solutions for the Hunter-Saxton hierarchy. Z. Angew. Math. Phys., 2014, 65: 487-520.

[56] Hou Y, Fan E G, Qiao Z J, Wang Z. Algebro-geometric solutions for the derivative Burgers hierarchy. J. Nonl. Sci., 2015, 25: 1-35.

[57] Beals R, Coifman R R. Scattering, transformations spectrales et equations d'evolution nonlineare. I. Seminaire Goulaouic-Meyer-Schwartz, Ecole Polytechnique, Palaiseau Exp, 1981, 22.

[58] Beals R, Coifman R R. Scattering, transformations spectrales et equations d'evolution nonlineare. II. Seminaire Goulaouic-Meyer-Schwartz, Ecole Polytechnique, Palaiseau Exp, 1982, 21.

[59] Manakov S V. The inverse scattering transform for the time-dependent Schrödinger equation and Kadomtsev-Petviashvili equation. Physica D: Nonlinear Phenomena, 1981, 3: 420-427.

[60] Fokas A S, Ablowitz M J. The inverse scattering transform for the Benjamin-Ono equation-a pivot to multidimensional problems. Stud. Appl. Math., 1983, 68: 1-10.

[61] Fokas A S, Santini P M. Dromions and a boundary value problem for the Davey-Stewartson 1 equation. Physica D: Nonlinear Phenomena, 1990, 44: 99-130.

[62] Ablowitz M J, Yaacov D B, Fokas A S. On the inverse scattering transform for the Kadomtsev-Petviashvili equation. Stud. Appl. Math., 1983, 69: 135-143.

[63] Fokas A S, Ablowitz M J. On the inverse scattering transform of multidimensional nonlinear equations related to first-order systems in the plane. J. Math. Phys., 1984, 25: 2494-2505.

[64] Fokas A S, Zakharov V E. The dressing method and nonlocal Riemann-Hilbert problem. J. Nonlinear Sci., 1992, 2: 109-134.

[65] Beals R, Coifman R R. Scattering and inverse scattering for first order systems. Comm. Pure Appl. Math., 1984, 37: 39-90.

[66] Beals R, Coifman R R. The Dbar approach to inverse scattering and nonlinear evolutions. Physica D: Nonlinear Phenomena, 1986, 18: 242-249.

[67] Beals R, Coifman R R. Linear spectral problems, non-linear equations and the δ-method. Inverse Problems, 1989, 5: 87-130.

[68] Konopelchenko B G, Matkarimov B T. Inverse spectral transform for the nonlinear evolution equation generating the Davey-Stewartson and Ishimori equations. Stud. Appl. Math., 1990, 82: 319-359.

[69] Konopelechenko B G, Alonso L M. Dispersionless scalar integrable hierarchies, Whitham hierarchy, and the quasiclassical $\bar{\partial}$-dressing method. J. Math. Phys., 2002, 43: 3807-3823.

[70] Bogdanov L V, Dryuma V S, Manakov S V. Dunajski generalization of the second heavenly equation: Dressing method and the hierarchy. J. Phys. A: Math. Gen., 2007, 40: 14383-14393.

[71] Bogdanov L V, Manakov S V. The non-local delta problem and (2+1)-dimensional soliton equations. J. Phys. A: Math. Gen., 1988, 21: L537-L544.

[72] Zhu J Y, Geng X G. The AB equations and the $\bar{\partial}$-dressing method in semi-characteristic coordinates. Math. Phys. Anal. Geom., 2014, 17: 49-65.

[73] Kuang Y H, Zhu J Y. A three-wave interaction model with self-consistent sources: The

∂-dressing method and solutions. J. Math. Anal. Appl., 2015, 426: 783-793.

[74] Biondini G, Wang Q. Discrete and continuous coupled nonlinear integrable systems via the dressing method. Stud. App. Math., 2019, 142: 139-161.

[75] Konopelechenko B G, Rogers C. Introduction to Multidimensional Integrable Equations: The Inverse Spectral Transform in 2+1 Di-Mensions. New York: Springer, 1992.

[76] Doktorov E V, Leble S B. A Dressing Method in Mathematical Physics. New York: Springer-Verlag, 2007.

[77] Zakharov V E, Shabat A B. Interaction between solitons in a stable medium. Sov. Phys. JETP., 1973, 37: 823-828.

[78] Aktosun T, Demontis F, van der Mee C. Exact solutions to the focusing nonlinear Schrödinger equation. Inverse Problems, 2007, 23: 2171-2195.

[79] Prinari B, Vitale F. Inverse scattering transform for the focusing nonlinear Schrödinger equation with a one-sided nonzero boundary conditions. Contem. Math., 2010: 1-38.

[80] Biondini G, Kovačič G. Inverse scattering transform for the focusing nonlinear Schrödinger equation with nonzero boundary conditions. J. Math. Phys., 2014, 55: 031506.

[81] Kraus D, Biondini G, Kovačič G. The focusing Manakov system with nonzero boundary conditions, Nonlinearity, 2015, 28: 3101-3151.

[82] Biondini G, Kraus D. Inverse Scattering transform for the defocusing manakov system with nonzero boundary conditions. SIAM J. Math. Anal., 2015, 47: 706-757.

[83] Pichler M, Biondini G. On the focusing non-linear Schrödinger equation with non-zero boundary conditions and double poles. IMA J. Appl. Math., 2017, 82: 131-151.

[84] Sulem C, Sulem P L. The Nonlinear Schrödinger Equation: Self-Focusing and Wave Collapse. New York: Springer, 1999.

[85] Zakharov V E, Ostrovsky L A. Modulation instability: The beginning. Phys. D, 2009, 238: 540-548.

[86] Zhang G Q, Yan Z Y. A unified inverse scattering transform and soliton solutions of the nonlocal modified KdV equation with non-zero boundary conditions. arXiv:1810.12143v1.

[87] Zhang G Q, Yan Z Y. Inverse scattering transforms and N-double-pole solutions for the derivative NLS equation with zero/non-zero boundary conditions. J. Nonl. Sci., 2020, 30: 3089-3127.

[88] Yang Y L, Fan E G. Riemann-Hilbert approach to the modified nonlinear Schrödinger equation with non-vanishing asymptotic boundary conditions. Phys. D, 2021, 417: 132811.

[89] Zhao Y, Fan E G. N-soliton solution for a higher-order Chen-Lee-Liu equation with nonzero boundary conditions. Mod. Phys. Lett. B, 2020, 34: 2050054.

[90] Fokas A S. A unified transform method for solving linear and certain nonlinear PDEs. Proc. Soc. Lond A: Math. Phys. Eng. Sci., 1997, 453: 1411-1443.

[91] Fokas A S. Integrable nonlinear evolution equations on the half-line. Commun. Math. Phys., 2002, 230: 1-39.

[92] de Monvel A B, Fokas A S, Shepelsky D. Integrable nonlinear evolution equations on a finite interval. Commun. Math. Phys., 2006, 263: 133-172.

[93] Forkas A S, Lenells J. The unified method: I. Nonlinearizable problems on the half-line. J. Phys. A: Math. Theor., 2012, 45: 195201.

[94] Lenells J, Fokas A S. The unified method: II. NLS on the half-line witht-periodic boundary conditions. J. Phys. A: Math. Theor., 2012, 45: 195202.

[95] Lenells J, Fokas A S. The unified method: III. Nonlinearizable problem on the interval. J. Phys. A: Math. Theor., 2012, 45: 195203.

[96] Fokas A S, Its A R, Sung L Y. The nonlinear Schr dinger equation on the half-line. Nonlinearity, 2005, 18: 1771-1822.

[97] Fokas A S, Its A R. The linearization of the initial-boundary value problem of the nonlinear Schrödinger equation. SIAM J. Math. Anal., 1996, 27: 738-764.

[98] Boutet A, de Monvel A B, Fokas A S, Shepelsky D. The mKdV equation on the half-line. J. Inst. Math. Jussieu, 2004, 3: 139-164.

[99] Boutet A, de Monvel A B, Shepelsky D. The Camassa-Holm equation on the half-line: A Riemann-Hilbert approach. J. Geom. Anal., 2008, 18: 285-323.

[100] Boutet A, de Monvel A B, Shepelsky D. Initial-boundary value problem for the mKdV equation on a finite interval. Ann. Inst. Fourier, 2004, 54: 1477-1495.

[101] Xu J, Fan E G. A Riemann-Hilbert approach to the initial-boundary problem for derivative nonlinear Schrödinger equation. Acta Math. Sci., 2014, 34: 973-994.

[102] Tian S F. Initial-boundary value problems for the general coupled nonlinear Schrödinger equation on the interval via the Fokas method. J. Diff. Equ., 2017, 262: 506-558.

[103] Lenells J. Initial-boundary value problems for integrable evolution equations with 3×3 Lax pairs. Phys. D: Nonlinear Phenomena, 2012, 241: 857-875.

[104] Xu J, Fan E G. The unified transform method for the Sasa-Satsuma equation on the half-line. Proc. Royal Society A Math. Phys. Eng. Sci., 2013, 469: 20130068.

[105] Xu J, Fan E G. The three-wave equation on the half-line. Phys. Lett. A, 2014: 26-33.

[106] Xu J, Fan E G. Initial-boundary value problem for integrable nonlinear evolution equation with 3×3 Lax pairs on the interval. Stud. Appl. Math., 2016, 136: 321-354.

[107] Yan Z Y. An initial-boundary value problem for the integrable spin-1 Gross-Pitaevskii equations with a 4×4 Lax pair on the half-line. Chaos: an Int. J. Nonl. Sci., 2017, 27: 053117.

[108] Yan Z Y. Initial-boundary value problem for the spin-1 Gross-Pitaevskii system with a 4×4 Lax pair on a finite interval. J. Math. Phys., 2019, 60: 083511.

[109] Manakov S V. Nonlinear Fraunhofer diffraction. Sov Phys-JETP, 1974, 38: 693-696.

[110] Ablowitz M J, Newell A C. The decay of the continuous spectrum for solutions of the Korteweg-de Vries equation. J. Math. Phys., 1973, 14: 1277-1284.

[111] Zakharov V E, Manakov S V. Asymptotic behavior of non-linear wave systems

integrated by the inverse scattering method. World Scientific Series in 20th Century Physics 30 Years of the Landau Institute—Selected Papers, 1996: 358-364.

[112] Manakov S V. Example of a completely integrable nonlinear wave field with nontrivial dynamics (Lee model). Teor. Mat. Phys., 1976, 28: 709-714.

[113] Ablowitz M J, Segur H. Asymptotic solutions of the Korteweg-de Vries equation. Stud. Appl. Math., 1977, 57: 13-44.

[114] Segur H, Ablowitz M J. Asymptotic solutions of nonlinear evolution equations and a Painlevé transcedent, Phys. D: Nonlinear Phenomena, 1981, 3: 165-184.

[115] Its A R. Asymptotics behavior of the solutions of the nonlinear Schrödinger equation, and isompnpdromic deformations of systems of linear differential equations. Dokl. Akad. Nark SSSR., 1981, 261: 14-18.

[116] Manakov S V. Nonlinear Fraunhofer diffraction. Soviet Journal of Experimental and Theoretical Physics, 1974, 65: 1392-1398.

[117] Deift P, Zhou X. A steepest descent method for oscillatory Riemann: Hilbert problems. Asymptotics for the mKdV equation. Ann Math., 1993, 137: 295-368.

[118] Deift P A, Its A R, Zhou X. Long-time Asymptotics for Integrable Nonlinear Wave Equations. Berlin, Heidelberg: Springer, 1993: 181-204.

[119] Deift P A, Zhou X. Long-time behavior of the non-focusing nonlinear Schrödinger equation: A case study. Tokyo University Lecture, 1994.

[120] Deift P A, Zhou X. Long-time asymptotics for integrable systems: Higher Order Theory. Commun. Math. Phys., 1994, 165: 175-191.

[121] Deift P, Venakides S, Zhou X. New results in small dispersion KdV by an extension of the steepest descent method for Riemann-Hilbert problems. Int Math. Res. Notices, 1997, 6: 285-299.

[122] Grunert K, Teschl G. Long-time asymptotics for the Korteweg: de Vries equation via nonlinear steepest descent. Math. Phys. Anal. Geom., 2009, 12: 287-324.

[123] de Monvel A B, Shepelsky D. Riemann-Hilbert approach for the Camassa-Holm equation on the line. C. R. Math., 2006, 343: 627-632.

[124] de Monvel A B, Shepelsky D. Long-time asymptotics of the Camassa-Holm equation on the line. Amer. Math. Soc., Providence, 2008: 99-116.

[125] de Monvel A B, Kostenko A, Shepelsky D, Teschl G. Long-time asymptotics for the Camassa-Holm equation. SIAM J. Math. Anal., 2009, 41: 1559-1588.

[126] de Monvel A B, Shepelsky D. A Riemann-Hilbert approach for the Degasperis-Procesi equation. Nonlinearity, 2013, 26: 2081-2107.

[127] de Monvel A B, Shepelsky D, Zielinski L. The short pulse equation by a Riemann-Hilbert approach. Lett. Math Phys., 2017, 107: 1345-1373.

[128] Xu J. Long-time asymptotics for the short pulse equation. J. Diff. Equ., 2018, 265: 3494-3532.

[129] Xu J, Fan E G. Long-time asymptotics for the Fokas-Lenells equation with decaying initial value problem: Without solitons. J. Diff. Equ., 2015, 259: 1098-1148.

[130] Huang L, Xu J, Fan E G. Long-time asymptotic for the Hirota equation via nonlinear steepest descent method. Nonlinear Analysis: Real World Applications, 2015, 26: 229-262.

[131] Huang L, Xu J, Fan E G. Higher order asymptotics for the Hirota equation via Deift-Zhou higher order theory. Phy. Lett. A, 2015, 379: 16-22.

[132] Zhu Q Z, Xu J, Fan E G. The Riemann-Hilbert problem and long-time asymptotics for the Kundu-Eckhaus equation with decaying initial value. Appl. Math. Lett., 2018, 76: 81-89.

[133] Tian S F, Zhang T T. Long-time asymptotic behavior for the Gerdjikov-Ivanov type of derivative nonlinear Schrödinger equation with time-periodic boundary condition. Proc. American Math. Society, 2018, 146: 1713-1729.

[134] Wang D S, Wang X L. Long-time asymptotics and the bright N-soliton solutions of the Kundu-Eckhaus equation via the Riemann-Hilbert approach. Nonl. Anal. Real World Appl., 2018, 41: 334-361.

[135] Liu H, Geng X G, Xue B. The Deift-Zhou steepest descent method to long-time asymptotics for the Sasa-Satsuma equation. J. Diff. Equ., 2018, 265: 5984-6008.

[136] Xu J. Long-time asymptotics for the short pulse equation. J. Diff. Equ., 2018, 265: 3494-3532.

[137] Guo B L, Liu N. The Gerdjikov-Ivanov-type derivative nonlinear Schrödinger equation: Long-time dynamics of nonzero boundary conditions. Math. Meth. Appl. Sci., 2019, 42: 4839-4861.

[138] Xiao Y, Fan E G. Long time behavior and soliton solution for the Harry Dym equation. J. Math. Anal. Appl., 2019, 480: 123248.

[139] Krüger H, Teschl G. Long-time asymptotics for the Toda lattice in the soliton region. Math. Z., 2009, 262: 585-602.

[140] Yamane H. Long-time asymptotics for the defocusing integrable discrete nonlinear Schrödinger equation. Journal of the Mathematical Society of Japan, 2014, 66: 765-803.

[141] Chen M S, Fan E G. Long-time asymptotic behavior for the discrete defocusing mKdV equation. J. Nonl. Sci., 2020, 30: 953-990.

[142] Ablowitz M J, Musslimani Z H. Integrable nonlocal nonlinear Schrödinger equation. Phys. Rev. Lett., 2013, 110: 064105.

[143] Ablowitz M J, Musslimani Z H. Inverse scattering transform for the integrable nonlocal nonlinear Schrödinger equation. Nonlinearity, 2016, 29: 915-946.

[144] Ablowitz M J, Luo X D, Musslimani Z H. Musslimani, Inverse scattering transform for the nonlocal nonlinear Schrödinger equation with nonzero boundary conditions. J. Math. Phys., 2018, 59: 011501.

[145] Rybalko Y, Shepelsky D. Long-time asymptotics for the integrable nonlocal nonlinear Schrödinger equation. J. Math. Phys., 2019, 60: 031504.

[146] He F J, Fan E G, Xu J. Long-time asymptotics for the nonlocal mKdV equation. Commun. Theor. Phys., 2019, 71: 475-488.

[147] Deift P. Some Open Problems in Random Matrix Theory and the Theory of Integrable Systems. Mathematical Physics temporary Mathematics, AMS, 458, 2008.

[148] Vartanian A H. Long-time asymptotics of solutions to the Cauchy problem for the defocusing nonlinear Schrödinger equation with finite-density initial data. II. dark solitons on continua. Math. Phys., Anal. Geom., 2002, 5: 319-413.

[149] Kamvissis S, McLaughlin K D T R, Miller P D. Semiclassical Soliton Ensembles for the Focusing Nonlinear Schrödinger Equation AM-154. Princeton: Princeton University Press, NJ, 2003.

[150] Deift P, Zhou X. Perturbation theory for infinite-dimensional integrable systems on the line. A case study. Acta Math., 2002, 188: 163-262.

[151] Deift P, Zhou X. Long-time asymptotics for solutions of the NLS equation with initial data in a weighted Sobolev space. Commun. Pure. Appl. Math., 2003, 56: 1029-1077.

[152] Tovbis A, Zhou X. On the long-time limit of semiclassical solutions of focusing NLS equation: Pure radiation, Commun. Pure. Appl. Math., 2006, 59: 1379-1432.

[153] McLaughlin K T R, Miller P D. The Formula steepest descent method and the asymptotic behavior of polynomials orthogonal on the unit circle with fixed and exponentially varying nonanalytic weights. Int. Math. Res. Pap., 2006, 48673.

[154] Dieng M, McLaughlin K D T R, Miller P D. Dispersive Asymptotics for Linear and Integrable Equations by the Dbar Steepest Descent Method. New York: Springer, 2019.

[155] McLaughlin K T R, Miller P D. The ∂̄ steepest descent method for orthogonal polynomials on the real line with varying weights. Int. Math. Res. Not., 2008.

[156] Cuccagna S, Jenkins R. On the asymptotic stability of N-soliton solutions of the defocusing non-linear Schrödinger equation. Commun. Phys. Math., 2016, 343: 921-969.

[157] Liu J Q, Perry P A, Sulem C. Long-time behavior of solutions to the derivative nonlinear Schrödinger equation for soliton-free initial data. Ann. I. H. Poincare-AN, 2018, 35: 217-265.

[158] Giavedoni P. Long-time asymptotic analysis of the Korteweg-de Vries equation via the dbar steepest descent method: The soliton region. Nonlinearity, 2017, 30: 1165-1181.

[159] Jenkins R, Liu J Q, Perry P, Sulem C. Soliton resolution for the derivative nonlinear Schrödinger equation. Commun. Math. Phys., 2018, 363: 1003-1049.

[160] Biondini G, Mantzavinos D. Long-Time asymptotics for the focusing nonlinear Schrödinger equation with nonzero boundary conditions at infinity and asymptotic stage of modulational instability. Commun. Pure Appl. Math., 2017, 70: 2300-2365.

[161] Biondini G, Li S T, Mantzavinos D. Long-time asymptotics for the focusing nonlinear Schrödinger equation with nonzero boundary conditions in the presence of a discrete spectrum. Commun. Math. Phys., 2021, 382: 1495-1577.

[162] de Monvel A B, Lenells J, Shepelsky D. The focusing NLS equation with step-like oscillating Background: Scenarios of long-time asymptotics. Commun. Math. Phys., 2021, 383: 893-952.

[163] de Monvel A B, Shepelsky D. Long time asymptotics of the Camassa-Holm equation on

the half-line. Ann. Inst. Fourier, 2009, 59: 3015-3056.

[164] Lenells J. Nonlinear Fourier transforms and the mKdV equation in the quarter plane. Stud. Appl. Math., 2016, 136: 3-63.

[165] Lenells J. The nonlinear steepest descent method: asymptotics for initial-boundary value problems. SIAM J. Math. Anal., 2016, 48: 2076-2118.

[166] de Monvel A B, Lenells J, Shepelsky D. long-time asymptotics for the Degasperis-Procesi equation on the half-line. https://arxiv.org/abs/1508.04097.

[167] Lenells J. Matrix Riemann-Hilbert problems with jumps across Carleson contours. Monatshefte Für Mathematik, 2018, 186: 111-152.

[168] Lenells J. The nonlinear steepest descent method for Riemann-Hilbert problems of low regularity. Indiana Univ. Math. J., 2017, 66: 1287-1332.

[169] Arruda L K, Lenells J. Long-time asymptotics for the derivative nonlinear Schrödinger equation on the half-line. Nonlinearity, 2017, 30: 4141-4172.

[170] Huang L, Lenells J. Nonlinear Fourier transforms for the sine-Gordon equation in the quarter plane. J. Diff. Equ., 2018, 264: 3445-3499.

[171] Huang L, Lenells J. Construction of solutions and asymptotics for the sine-Gordon equation in the quarter plane. Journal of Integrable Systems, 2017, 3: 1-92.

[172] Wishart J. Generalized product moment distribution in samples. Biometrika, 1928, 20A: 32-52.

[173] Wigner E P. Characteristic vectors of bordered matrices with infinite dimensions. Ann. Math., 1955, 62: 548-564.

[174] Wigner E P. On the distribution of the roots of certain symmetric matrices. Ann. Math., 1958, 67: 325.

[175] Marčenko V A, Pastur L A. Distribution of eigenvalues for some sets of random matrices. Math USSR-Sb, 1967, 1: 457-483.

[176] Mehta M L. On the statistical properties of the level-spacings in nuclear spectra. Nucl. Phys., 1960, 18: 395-419.

[177] Mehta M L. Random Matrices. New York: Academic Press, 2004.

[178] Forrester P J. Log-gases and Random Matrices. Princeton: Princeton University Press, 2010.

[179] Dyson F J. Statistical theory of the energy levels of complex systems I, II, III. J. Math. Phys., 1962, 3: 140-175.

[180] Dyson F J. A Brownian-motion model for the eigenvalues of a random matrix. J. Math. Phys., 1962, 3: 1191-1198.

[181] 卢昌海. 黎曼猜想漫谈. 北京: 清华大学出版社, 2016.

[182] Akemann G, Baik J, di Francesco P. The Oxford Handbook of Random Matrix Theory. Oxford: Oxford University Press, 2015.

[183] Deift P. Orthogonal Polynomials and Random Matrices: A Riemann-Hilbert Approach. Providence, Rhode Island: American Math. Society, 2000.

[184] Tulino A M, Verdú S. Random matrix theory and wireless communications. Foundations and Trends™ in Communications and Information Theory, 2004, 1: 1-182.

[185] Anderson G W, Guionnet A, Zeitouni O. An Introduction to Random Matrices. Cambridge: Cambridge University Press, 2009.

[186] Grant A J, Alexander P D. Random sequence multisets for synchronous code-division multiple-access channels. IEEE Trans. Inf. Theory, 1998, 44: 2832-2836.

[187] Tse D N C, Hanly S V. Linear multiuser receivers: Effective interference, effective bandwidth and user capacity. IEEE Trans. Inf. Theory, 1999, 45: 641-657.

[188] Verdu S, Shamai S. Spectral efficiency of CDMA with random spreading. IEEE Trans. Inf. Theory, 1999, 45: 622-640.

[189] Liang Y C, Pan G M, Bai Z D. Asymptotic performance of MMSE receivers for large systems using random matrix theory. IEEE Trans. Inf. Theory, 2007: 53: 4173-4190.

[190] Tulino A M, Verdú S. Random matrix theory and wireless communications. Foundations and Trends™ in Commun. Inf. Theory, 2004, 1: 1-182.

[191] Adler M, van Moerbeke P. Hermitian, symmetric and symplectic random ensembles: PDEs for the distribution of the spectrum. Ann. Math., 2001, 153: 149.

[192] Adler M, Shiota T, van Moerbeke P. Random matrices, Virasoro algebras and noncommutative KP. Duke Math. J., 1998, 94: 379-431.

[193] Bertola M, Gekhtman M. Biorthogonal laurent polynomials, Toeplitz determinants, minimal toda orbits and isomonodromic Tau functions. Constr. Approx., 2007, 26: 383-430.

[194] Tracy C A, Widom H. Introduction to Random Matrices. Geometric and Quantum Aspects of Integrable Systems. Berlin, Heidelberg: Springer-Verlag, 1993: 103-130.

[195] Chang X K, He Y, Hu X B. Partial-skew-orthogonal polynomials and related integrable lattices with pfaffian tau-functions. Commun. Math. Phys., 2018, 364: 1069-1119.

[196] Chang X K, Hu X B, Szmigielski J, et al. Isospectral flows related to frobenius-Stickelberger-Thiele polynomials. Commun. Math. Phys., 2020, 377: 387-419.

[197] Fokas A S, Its A R, Kitaev A V. The isomonodromy approach to matric models in 2D quantum gravity. Commun. Math. Phys., 1992, 147: 395-430.

[198] Deift P A, Its A R, Zhou X. A Riemann-Hilbert approach to asymptotic problems arising in the theory of random matrix models, and also in the theory of integrable statistical mechanics. Ann. Math., 1997, 146: 149.

[199] Deift P, Kriecherbauer T, McLaughlin K T R, et al. Strong asymptotics of the orthogonal polynomials with respect to exponential weights. Commun. Pure Appl. Math., 1999, 52: 1491-1552.

[200] Deift P, Usa N Y U. Some open problems in random matrix theory and the theory of integrable systems. II. SIGMA, 2017, 13: 23.

[201] Xu S X, Dai D, Zhao Y Q. Critical edge behavior and the bessel to airy transition in the singularly perturbed laguerre unitary ensemble. Commun. Math. Phys, 2014, 332: 1257-1296.

[202] Wu X B, Xu S X, Zhao Y Q. Gaussian unitary ensemble with boundary spectrum singularity and σ-form of the Painlevé II equation. Stud. Appl. Math., 2018, 140: 221-251.

[203] Delvaux S, Kuijlaars A B J, Zhang L. Critical behavior of nonintersecting Brownian motions at a tacnode. Commun. Pure Appl. Math., 2011, 64: 1305-1383.

[204] Kuijlaars A B J, Zhang L. Singular values of products of Ginibre random matrices, multiple orthogonal polynomials and hard edge scaling limits. Commun. Math. Phys., 2014, 332: 759-781.

[205] Geudens D, Zhang L. Transitions between critical kernels: From the tacnode kernel and critical kernel in the two-matrix model to the pearcey kernel. Inter. Math. Res. Notices, 2015, 14: 5733-5782.

后 记

1999 年, 我有幸来到复旦大学, 在谷超豪院士、胡和生院士指导下从事博士后研究工作, 于 2001 年留在复旦大学工作. 谷先生和胡先生每周坚持为我们青年教师开设讨论班, 两位先生的学术思想影响了我的研究. 谷先生教诲我, 在复旦大学不能追求论文数量, 要做深入和有难度的数学研究. 郭柏灵院士也在每年的偏微分方程与可积系统学术会议上, 反复强调和提醒可积系统界应该做深入有意义的工作.

自 2007 年去美国密苏里大学留学一年后, 作者有意识地去尝试做有难度的数学研究, 不断探索和改变自己的研究方向, 先后从事了可积系统与 Hamilton 结构、超对称系统、双线性与 Bell 多项式、代数几何解、可积系统与 RH 方法、正交多项式、随机矩阵、可积系统与 $\bar{\partial}$-方法、可积系统与单值形变理论等研究. 自 2009 年开始, 作者带领博士研究生徐建在国内率先开展用 Deift-Zhou 非线性速降法研究可积系统, 从第二年开始博士研究生黄林、肖羽、朱巧珍等陆续加入研究队伍, 其间我们做了正交多项式和随机矩阵研究, 开始我们确实感觉到这些方向的难学和困难, 但最后我们克服困难, 逐步掌握了其中的思想和方法. 作者为在可积系统界推广 RH 方法做了不懈努力, 在国内高校和科研机构做若干专场报告、各类会议上做大量学术报告. 令作者欣慰的是, 目前可积系统界很多学者已经意识到这种方法的重要性, 开始融入这一领域研究, 并且取得了诸多成果, 引起了国际同行的关注、在国内外形成了重要影响.

本书是作者近年来对 RH 方法的学习和体会, 基本知识取材于一些教材, 在可积系统前沿应用的主题取材于近年来 Deift, McLaughlin, Biondini, Jenkins 等一些学者的前沿成果. 由于 RH 方法本身不断发展和改进, 以及它的应用领域越来越多, 这些方面知识量很大, 远不能被一本著作全面覆盖, 为此在绪论中作者尽量概括 RH 方法其他新发展方向, 以便读者进一步追查文献去深入学习. 为了大家便于学习掌握方法, 我始终用可积系统最有代表性的 Schrödinger 方程为例介绍几种最新的和前沿性 RH 方法和技巧. 学习高深的数学理论和方法并非容易的事情, 其中会遇到很多 "障碍或者地雷", 要彻底掌握它, 要排除这些障碍或者地雷. 对于学习这些方法的关键点, 作者加入了很多自己的理解, 但限于作者水平和时间仓促, 这些理解未必正确或者是最好的, 分享给大家作为学习参考. 著作中也可能会有遗漏、叙述不严格或打印错误的地方, 希望读者指正, 以便改进.

作者编写本书的目的是希望可积系统界有兴趣的年轻人很快进入这个领域，为我国数学的发展尽自己微薄之力. "古来圣贤皆寂寞"，只有耐得住寂寞，才能专心地学好数学. 当然一个人的成功除了对数学的热爱和努力，还与方向选择、机遇和天分等因素有关，能成为明星者毕竟是少数. 数学大师丘成桐先生说："我研究了一辈子数学，不为赚钱拿奖做教授，就是想深刻了解大自然的奥秘."作者也很欣赏可积系统著名数学家 Zakharov 在法国 Montpellier 召开的反散射国际会议 (*Multicentennials Meeting on Inverse Problems, Montpellier*, Nov. 27th-Dec.1st, 1989) 上一段讲话：

A mathematician could be compared with a fishman, plunging his net into the sea. He does not know what a fish he will pull out. He hopes to catch a goldfish, of course. But too often his catch is something that could not be used for any known to him purpose. He invents more and more sophisticated nets and equipments and plunge all that deeper and deeper. As a result he pulls on the shore after a hard work more and more strange creatures. He should not despair, nevertheless. The strange creatures may be interesting enough if you are not too pragmatic. And who knows how deep in the sea do goldfishes live?

最后，感谢我的博士后导师谷超豪先生、胡和生先生对我的教诲和帮助；感谢复旦大学洪家兴院士、中国工程物理研究院郭柏灵院士对作者从事 RH 问题及其应用研究工作的肯定和支持；感谢可积系统领域各位专家学者对作者多年来的支持和帮助；感谢我的师兄弟多年来对作者的情谊和支持，每当作者从事一个新的方向，都会有师弟跟上来支持，并将这个方向发扬光大；感谢我的博士研究生积极参与我主持的 RH 问题研究课题以及对完成课题的贡献；感谢国家自然科学基金和教育部博士点基金对作者研究工作的大力支持；感谢科学出版社胡庆家编辑对本书出版的支持和帮助.

《现代数学基础丛书》已出版书目

（按出版时间排序）

1　数理逻辑基础(上册)　1981.1　胡世华　陆钟万　著

2　紧黎曼曲面引论　1981.3　伍鸿熙　吕以辇　陈志华　著

3　组合论(上册)　1981.10　柯召　魏万迪　著

4　数理统计引论　1981.11　陈希孺　著

5　多元统计分析引论　1982.6　张尧庭　方开泰　著

6　概率论基础　1982.8　严士健　王隽骧　刘秀芳　著

7　数理逻辑基础(下册)　1982.8　胡世华　陆钟万　著

8　有限群构造(上册)　1982.11　张远达　著

9　有限群构造(下册)　1982.12　张远达　著

10　环与代数　1983.3　刘绍学　著

11　测度论基础　1983.9　朱成熹　著

12　分析概率论　1984.4　胡迪鹤　著

13　巴拿赫空间引论　1984.8　定光桂　著

14　微分方程定性理论　1985.5　张芷芬　丁同仁　黄文灶　董镇喜　著

15　傅里叶积分算子理论及其应用　1985.9　仇庆久等　编

16　辛几何引论　1986.3　J. 柯歇尔　邹异明　著

17　概率论基础和随机过程　1986.6　王寿仁　著

18　算子代数　1986.6　李炳仁　著

19　线性偏微分算子引论(上册)　1986.8　齐民友　著

20　实用微分几何引论　1986.11　苏步青等　著

21　微分动力系统原理　1987.2　张筑生　著

22　线性代数群表示导论(上册)　1987.2　曹锡华等　著

23　模型论基础　1987.8　王世强　著

24　递归论　1987.11　莫绍揆　著

25　有限群导引(上册)　1987.12　徐明曜　著

26　组合论(下册)　1987.12　柯召　魏万迪　著

27　拟共形映射及其在黎曼曲面论中的应用　1988.1　李忠　著

28　代数体函数与常微分方程　1988.2　何育赞　著

29　同调代数　1988.2　周伯壎　著

30　近代调和分析方法及其应用　1988.6　韩永生　著

31　带有时滞的动力系统的稳定性　1989.10　秦元勋等　编著

32　代数拓扑与示性类　1989.11　马德森著　吴英青　段海豹译

33　非线性发展方程　1989.12　李大潜　陈韵梅　著

34　反应扩散方程引论　1990.2　叶其孝等　著

35　仿微分算子引论　1990.2　陈恕行等　编

36　公理集合论导引　1991.1　张锦文　著

37　解析数论基础　1991.2　潘承洞等　著

38　拓扑群引论　1991.3　黎景辉　冯绪宁　著

39　二阶椭圆型方程与椭圆型方程组　1991.4　陈亚浙　吴兰成　著

40　黎曼曲面　1991.4　吕以辇　张学莲　著

41　线性偏微分算子引论(下册)　1992.1　齐民友　徐超江　编著

42　复变函数逼近论　1992.3　沈燮昌　著

43　Banach 代数　1992.11　李炳仁　著

44　随机点过程及其应用　1992.12　邓永录等　著

45　丢番图逼近引论　1993.4　朱尧辰等　著

46　线性微分方程的非线性扰动　1994.2　徐登洲　马如云　著

47　广义哈密顿系统理论及其应用　1994.12　李继彬　赵晓华　刘正荣　著

48　线性整数规划的数学基础　1995.2　马仲蕃　著

49　单复变函数论中的几个论题　1995.8　庄圻泰　著

50　复解析动力系统　1995.10　吕以辇　著

51　组合矩阵论　1996.3　柳柏濂　著

52　Banach 空间中的非线性逼近理论　1997.5　徐士英　李　冲　杨文善　著

53　有限典型群子空间轨道生成的格　1997.6　万哲先　霍元极　著

54　实分析导论　1998.2　丁传松等　著

55　对称性分岔理论基础　1998.3　唐　云　著

56　Gel'fond-Baker 方法在丢番图方程中的应用　1998.10　乐茂华　著

57　半群的 S-系理论　1999.2　刘仲奎　著

58　有限群导引(下册)　1999.5　徐明曜等　著

59　随机模型的密度演化方法　1999.6　史定华　著

60　非线性偏微分复方程　1999.6　闻国椿　著

61　复合算子理论　1999.8　徐宪民　著

62　离散鞅及其应用　1999.9　史及民　编著

63　调和分析及其在偏微分方程中的应用　1999.10　苗长兴　著

64　惯性流形与近似惯性流形　2000.1　戴正德　郭柏灵　著

65　数学规划导论　2000.6　徐增堃　著

66　拓扑空间中的反例　2000.6　汪　林　杨富春　编著

67　拓扑空间论　2000.7　高国士　著

68　非经典数理逻辑与近似推理　2000.9　王国俊　著

69　序半群引论　2001.1　谢祥云　著

70　动力系统的定性与分支理论　2001.2　罗定军　张　祥　董梅芳　编著

71　随机分析学基础(第二版)　2001.3　黄志远　著

72　非线性动力系统分析引论　2001.9　盛昭瀚　马军海　著

73　高斯过程的样本轨道性质　2001.11　林正炎　陆传荣　张立新　著

74　数组合地图论　2001.11　刘彦佩　著

75　光滑映射的奇点理论　2002.1　李养成　著

76　动力系统的周期解与分支理论　2002.4　韩茂安　著

77　神经动力学模型方法和应用　2002.4　阮炯　顾凡及　蔡志杰　编著

78　同调论 —— 代数拓扑之一　2002.7　沈信耀　著

79　金兹堡-朗道方程　2002.8　郭柏灵等　著

80　排队论基础　2002.10　孙荣恒　李建平　著

81　算子代数上线性映射引论　2002.12　侯晋川　崔建莲　著

82　微分方法中的变分方法　2003.2　陆文端　著

83　周期小波及其应用　2003.3　彭思龙　李登峰　谌秋辉　著

84　集值分析　2003.8　李　雷　吴从炘　著

85　数理逻辑引论与归结原理　2003.8　王国俊　著

86　强偏差定理与分析方法　2003.8　刘　文　著

87　椭圆与抛物型方程引论　2003.9　伍卓群　尹景学　王春朋　著

88　有限典型群子空间轨道生成的格(第二版)　2003.10　万哲先　霍元极　著

89　调和分析及其在偏微分方程中的应用(第二版)　2004.3　苗长兴　著

90　稳定性和单纯性理论　2004.6　史念东　著

91　发展方程数值计算方法　2004.6　黄明游　编著

92　传染病动力学的数学建模与研究　2004.8　马知恩　周义仓　王稳地　靳　祯　著

93　模李超代数　2004.9　张永正　刘文德　著

94　巴拿赫空间中算子广义逆理论及其应用　2005.1　王玉文　著

95　巴拿赫空间结构和算子理想　2005.3　钟怀杰　著

96　脉冲微分系统引论　2005.3　傅希林　闫宝强　刘衍胜　著

97　代数学中的 Frobenius 结构　2005.7　汪明义　著

98 生存数据统计分析 2005.12 王启华 著

99 数理逻辑引论与归结原理(第二版) 2006.3 王国俊 著

100 数据包络分析 2006.3 魏权龄 著

101 代数群引论 2006.9 黎景辉 陈志杰 赵春来 著

102 矩阵结合方案 2006.9 王仰贤 霍元极 麻常利 著

103 椭圆曲线公钥密码导引 2006.10 祝跃飞 张亚娟 著

104 椭圆与超椭圆曲线公钥密码的理论与实现 2006.12 王学理 裴定一 著

105 散乱数据拟合的模型方法和理论 2007.1 吴宗敏 著

106 非线性演化方程的稳定性与分歧 2007.4 马 天 汪守宏 著

107 正规族理论及其应用 2007.4 顾永兴 庞学诚 方明亮 著

108 组合网络理论 2007.5 徐俊明 著

109 矩阵的半张量积:理论与应用 2007.5 程代展 齐洪胜 著

110 鞅与 Banach 空间几何学 2007.5 刘培德 著

111 非线性常微分方程边值问题 2007.6 葛渭高 著

112 戴维-斯特瓦尔松方程 2007.5 戴正德 蒋慕蓉 李栋龙 著

113 广义哈密顿系统理论及其应用 2007.7 李继彬 赵晓华 刘正荣 著

114 Adams 谱序列和球面稳定同伦群 2007.7 林金坤 著

115 矩阵理论及其应用 2007.8 陈公宁 著

116 集值随机过程引论 2007.8 张文修 李寿梅 汪振鹏 高勇 著

117 偏微分方程的调和分析方法 2008.1 苗长兴 张波 著

118 拓扑动力系统概论 2008.1 叶向东 黄文 邵松 著

119 线性微分方程的非线性扰动(第二版) 2008.3 徐登洲 马如云 著

120 数组合地图论(第二版) 2008.3 刘彦佩 著

121 半群的 S-系理论(第二版) 2008.3 刘仲奎 乔虎生 著

122 巴拿赫空间引论(第二版) 2008.4 定光桂 著

123 拓扑空间论(第二版) 2008.4 高国士 著

124 非经典数理逻辑与近似推理(第二版) 2008.5 王国俊 著

125 非参数蒙特卡罗检验及其应用 2008.8 朱力行 许王莉 著

126 Camassa-Holm 方程 2008.8 郭柏灵 田立新 杨灵娥 殷朝阳 著

127 环与代数(第二版) 2009.1 刘绍学 郭晋云 朱彬 韩阳 著

128 泛函微分方程的相空间理论及应用 2009.4 王克 范猛 著

129 概率论基础(第二版) 2009.8 严士健 王隽骧 刘秀芳 著

130 自相似集的结构 2010.1 周作领 瞿成勤 朱智伟 著

131 现代统计研究基础 2010.3 王启华 史宁中 耿直 主编

132 图的可嵌入性理论(第二版) 2010.3 刘彦佩 著

133 非线性波动方程的现代方法(第二版) 2010.4 苗长兴 著

134 算子代数与非交换 L_p 空间引论 2010.5 许全华 吐尔德别克 陈泽乾 著

135 非线性椭圆型方程 2010.7 王明新 著

136 流形拓扑学 2010.8 马 天 著

137 局部域上的调和分析与分形分析及其应用 2011.6 苏维宜 著

138 Zakharov 方程及其孤立波解 2011.6 郭柏灵 甘在会 张景军 著

139 反应扩散方程引论(第二版) 2011.9 叶其孝 李正元 王明新 吴雅萍 著

140 代数模型论引论 2011.10 史念东 著

141 拓扑动力系统——从拓扑方法到遍历理论方法 2011.12 周作领 尹建东 许绍元 著

142 Littlewood-Paley 理论及其在流体动力学方程中的应用 2012.3 苗长兴 吴家宏
   章志飞 著

143 有约束条件的统计推断及其应用 2012.3 王金德 著

144 混沌、Mel'nikov 方法及新发展 2012.6 李继彬 陈凤娟 著

145 现代统计模型 2012.6 薛留根 著

146 金融数学引论 2012.7 严加安 著

147 零过多数据的统计分析及其应用 2013.1 解锋昌 韦博成 林金官 编著

148 分形分析引论 2013.6 胡家信 著

149 索伯列夫空间导论 2013.8 陈国旺 编著

150 广义估计方程估计方法 2013.8 周 勇 著

151 统计质量控制图理论与方法 2013.8 王兆军 邹长亮 李忠华 著

152 有限群初步 2014.1 徐明曜 著

153 拓扑群引论(第二版) 2014.3 黎景辉 冯绪宁 著

154 现代非参数统计 2015.1 薛留根 著

155 三角范畴与导出范畴 2015.5 章 璞 著

156 线性算子的谱分析(第二版) 2015.6 孙 炯 王 忠 王万义 编著

157 双周期弹性断裂理论 2015.6 李 星 路见可 著

158 电磁流体动力学方程与奇异摄动理论 2015.8 王 术 冯跃红 著

159 算法数论(第二版) 2015.9 裴定一 祝跃飞 编著

160 偏微分方程现代理论引论 2016.1 崔尚斌 著

161 有限集上的映射与动态过程——矩阵半张量积方法 2015.11 程代展 齐洪胜
   贺风华 著

162 现代测量误差模型 2016.3 李高荣 张 君 冯三营 著

163 偏微分方程引论 2016.3 韩丕功 刘朝霞 著

164 半导体偏微分方程引论 2016.4 张凯军 胡海丰 著

165 散乱数据拟合的模型、方法和理论(第二版) 2016.6 吴宗敏 著

166 交换代数与同调代数(第二版) 2016.12 李克正 著

167 Lipschitz 边界上的奇异积分与 Fourier 理论 2017.3 钱 涛 李澎涛 著

168 有限 p 群构造(上册) 2017.5 张勤海 安立坚 著

169 有限 p 群构造(下册) 2017.5 张勤海 安立坚 著

170 自然边界积分方法及其应用 2017.6 余德浩 著

171 非线性高阶发展方程 2017.6 陈国旺 陈翔英 著

172 数理逻辑导引 2017.9 冯 琦 编著

173 简明李群 2017.12 孟道骥 史毅茜 著

174 代数 K 理论 2018.6 黎景辉 著

175 线性代数导引 2018.9 冯 琦 编著

176 基于框架理论的图像融合 2019.6 杨小远 石 岩 王敬凯 著

177 均匀试验设计的理论和应用 2019.10 方开泰 刘民千 覃 红 周永道 著

178 集合论导引(第一卷:基本理论) 2019.12 冯 琦 著

179 集合论导引(第二卷:集论模型) 2019.12 冯 琦 著

180 集合论导引(第三卷:高阶无穷) 2019.12 冯 琦 著

181 半单李代数与 BGG 范畴 $\mathcal{O}$ 2020.2 胡 峻 周 凯 著

182 无穷维线性系统控制理论(第二版) 2020.5 郭宝珠 柴树根 著

183 模形式初步 2020.6 李文威 著

184 微分方程的李群方法 2021.3 蒋耀林 陈 诚 著

185 拓扑与变分方法及应用 2021.4 李树杰 张志涛 编著

186 完美数与斐波那契序列 2021.10 蔡天新 著

187 李群与李代数基础 2021.10 李克正 著

188 混沌、Melnikov 方法及新发展(第二版) 2021.10 李继彬 陈凤娟 著

189 一个大跳准则——重尾分布的理论和应用 2022.1 王岳宝 著

190 Cauchy-Riemann 方程的 L^2 理论 2022.3 陈伯勇 著

191 变分法与常微分方程边值问题 2022.4 葛渭高 王宏洲 庞慧慧 著

192 可积系统、正交多项式和随机矩阵——Riemann-Hilbert 方法 2022.5 范恩贵 著